高等学校"十三五"规划教材

河南科技大学教材出版基金资助项目

有机化学

（第二版）

马军营　郭进武　主编

刘泽民　张景会　王峻岭　田欣哲　牛睿祺　副主编

·北京·

《有机化学》是根据教育部化学类专业教学指导委员会和大学化学课程教学指导委员会对有机化学内容的基本要求编写而成的。全书按照绪论、烷烃和环烷烃、烯烃和炔烃、芳香烃、旋光异构、卤代烃、醇酚醚、醛酮、羧酸及其衍生物、含氮和含磷有机物、杂环化合物和生物碱、油脂和类脂、碳水化合物、氨基酸和蛋白质、有机波谱分析基础等十五章内容进行编排，并给出了相应有机物的英文名称。每一章都附有习题，书后附有参考答案，以便读者加强和巩固所学内容。

　　本书可作为化学、应用化学、化学工程与工艺、生命科学、环境科学、高分子化学、临床医学、护理学、法医学、医学工程、制药、食品科学、农学、林学、动物科学等学科学生的教材及供化工、化学技术与管理工作者参阅。

图书在版编目（CIP）数据

有机化学/马军营，郭进武主编. —2 版 . —北京：化学工业出版社，2016.1 （2025.1 重印）
高等学校"十三五"规划教材
ISBN 978-7-122-25861-8

Ⅰ.①有… Ⅱ.①马…②郭… Ⅲ.①有机化学-高等学校-教材 Ⅳ.O62

中国版本图书馆 CIP 数据核字（2015）第 299131 号

责任编辑：宋林青　　　　　　　　　　　　　装帧设计：史利平
责任校对：蒋　宇

出版发行：化学工业出版社（北京市东城区青年湖南街 13 号　邮政编码 100011）
印　　装：三河市双峰印刷装订有限公司
787mm×1092mm　1/16　印张 20½　字数 529 千字　　2025 年 1 月北京第 2 版第 10 次印刷

购书咨询：010-64518888　　　　　　　售后服务：010-64518899
网　　址：http://www.cip.com.cn
凡购买本书，如有缺损质量问题，本社销售中心负责调换。

定　　价：39.80 元

版权所有　违者必究

前　言

　　2010 年，编者根据教育部关于化学与应用化学的基本教学内容要求，参考全国"面向21 世纪课程教材"有机化学研讨会指定的《有机化学》课程体系和教学内容改革方案，结合编者多年的教学实践与经验，吸收和融入当时国内外教材的优点，经内容精选和认真组织编写了《有机化学》。该书出版以来，成为我校临床医学、法医学、农学、林学、动物科学及食品科学等近化学化工专业的教材，也成为部分院校相关专业师生的参考教材，受到了许多师生的高度评价。

　　此次再版是为了给广大师生提供一本特点更突出、内容更科学、编排更合理的大学本科通识课程教材。在编写过程中，编者始终坚持通俗易懂与简明实用并重，力求体现"经典与创新"的有机结合。

　　与第一版相比，本书的主要变化如下：

　　1. 所有章、节和标题（包括图表）等均以中英双语方式编写，并在第一版基础上进一步扩充了有机物名称和专业术语名称的英文对照范围，使学生在学习有机化学专业知识的同时，初步提高化学科技英语素质，以便与后期的专业课双语教学进行良性衔接。

　　2. 补充部分章节中涉及有机物的"来源或制备"等内容，并将该内容统一调整至相应章节中的"重要化合物"之前。

　　3. 针对部分读者的意见和建议，对书中个别内容进行了特别审校和订正。

　　本书内容是按 70 个学时编写的，由于各专业和各学科对《有机化学》的教学内容和教学时数有不同的要求，因此，在使用本教材时各学校可根据专业特点和教学时数，对内容进行取舍。

　　参加本书修订的老师有：郭进武（第一、二、三章），刘泽民（第四、五章），马军营（第六、七、十五章），田欣哲（第八章），牛睿祺（第十一、十二章），张景会（第九、十章），王峻岭（第十三、十四章）。本书由马军营教授和郭进武教授任主编，由马军营教授统审定稿。

　　在本书的修订过程中，得到了河南科技大学教材出版基金委员会、教务处、化工与制药学院的领导及专家等的大力支持和帮助，并提出了许多宝贵意见和建议，在此表示衷心谢意。

　　限于编者的水平，疏漏和不妥之处在所难免，恳请读者批评指正，不吝赐教。

编者于河南洛阳

2015 年 8 月

第一版前言

本书是根据教育部化学和应用化学专业基本教学内容要求，并参考全国"面向 21 世纪课程教材"有机化学研讨会指定的《有机化学》课程体系和教学内容改革方案进行编写的。

本书根据作者多年的教学经验，吸取了近年来国内外教材的优点和精髓，认真组织、精选内容、细心编写而成。内容的编写以"基础"和"创新"为突破点，以价键理论、电子效应和立体效应为主轴，以结构和性质之间的内在关系为基础，阐述了有机化学的基础知识和基本理论，比较全面地反映了有机化学的最新技术和最新进展。为分散难点，编排时把反应历程和动态立体化学的内容分散到各章节进行介绍。在内容安排上既兼顾与中学化学、大学化学和后续课程的衔接，又突出与相关专业和学科之间的联系。

本书共 15 章，包括五大部分内容。第一部分为基础知识和基本原理；第二部分为各类化合物的分类、命名、结构、性质、制备和应用；第三部分为天然有机化合物及次生物质；第四部分为有机化合物的波谱；第五部分为习题。全书基本上是按官能团的分类进行编排的。

由于各专业和各学科对《有机化学》的教学内容和教学时数有不同的要求，本书是按70 个学时编写的，在使用本教材时各学校可根据专业特点和教学时数，进行取舍。为检验学生对知识点的掌握情况，每章后均附有大量习题，其中有 * 者为提高型。

考虑到现今学生的英语基础普遍较好，为满足学生高年级毕业设计（论文）和后续学习的需求，在有机化合物的命名中，给出了相应的英文命名方法和名称。

本书是河南科技大学教材出版基金资助项目，参加本书编写（按章节顺序）的有：郭进武（第一章～第三章），刘泽民（第四章～第六章），马军营（第六章、第七章、第十五章），顾少华（第八章、第十一章、第十二章），张景会（第九章、第十章），王峻岭（第十三章、第十四章）。

本书由马军营教授、郭进武副教授任主编，由马军营教授整理定稿。

在本书编写过程中，得到了河南科技大学教材出版基金委员会、教务处、化工与制药学院的领导和专家的大力支持和帮助，并提出了许多宝贵的意见和建议；同时参阅和借鉴了国内外有机化学教材的有关内容，不再一一列出，在此编者深致谢意。

限于编者的水平，疏漏和不妥之处在所难免，恳请读者批评指正，不吝赐教。

编者于河南洛阳

2010 年 8 月

目　录

第一章 绪 论

(Introduction)

第一节 有机化合物和有机化学
(Organic Compounds and Organic Chemistry)

有机化合物（organic compounds）最初是指来源于动植物体内的化学物质。由于这类物质与生命有着密切的关系，并认为它们是具有"生命力"的，不能人工合成。故将其赋予"有机"含义，以示不同于来自矿物中的无机化合物。1828 年，德国化学家沃勒（Wöhler）首次在实验室中人工合成了有机化合物尿素（urea，NH_2CONH_2）。这一发现不仅提供了同分异构现象——尿素与异氰酸铵（NH_4NCO）同分异构——的早期事例，成为有机结构理论的实验证明，同时，也强烈地冲击了"生命力论"，促使了此后关于乙酸（acetic acid）、脂肪（fat）、糖类物质（carbohydrates）等一系列有机合成的成功。

大量的实验研究表明，有机化合物的分子中都含有碳（carbon），多数含有氢（hydrogen），此外，也常含有氧（oxygen）、氮（nitrogen）、卤素（halogen）、硫（sulphur）和磷（phosphorus）等元素。于是，就把只含有碳和氢两种元素的化合物称为碳氢化合物（carbureted hydrogens）或烃（hydrocarbons），而把含有其他元素的化合物看作是碳氢化合物的衍生物（derivatives）。因此，有机化合物可以定义为碳氢化合物及其衍生物。不过，有些含碳的化合物如 CO、CO_2 及碳酸盐等因其性质与无机物相似而划归无机化合物。

有机化学（organic chemistry）是研究有机化合物的组成、结构、性质、合成方法、应用及其变化规律的一门学科。

第二节 有机化合物的特点
(Characteristics of Organic Compounds)

在有机化合物分子中，碳原子不仅可以与氢、氧、氮、卤素、硫及磷等原子以共价键（covalent bonds）相连，而且碳原子与碳原子之间也可以共价单键（single bond）、双键（double bond）或叁键（triple bond）相连，形成含有不同碳原子数的各种链状化合物（chain compounds）或环状化合物（cyclic compounds）。因此，尽管所组成的元素种类并不多，但其数目却十分惊人，多达千万种，并且还不断有新的有机化合物诞生，而无机化合物的数目仅有几十万种。总体来看，有机化合物主要有以下特点。

（1）可燃性（Flammability） 大多数有机化合物的热稳定性较差，易燃烧。这与分子中含有碳和氢有关。如甲烷（methane）、乙炔（acetylene）、酒精（ethylalcohol）及纤维素（cellulose）等。而无机化合物一般不易燃烧。

（2）低熔点（Low melting point） 有机化合物在常温下为气体、液体或低熔点固体，其熔点一般在 400℃以下。如环己烷的熔点为 6.4℃，醋酸的熔点为 16.6℃，这是由于在有机化合物分子中，原子之间主要以共价键相连，分子间作用力（intermolecular forces）比较弱。因此，仅需较少的能量即可使其熔化。而在无机化合物晶体中，由于离子之间存在着作用力很强的静电引力（electrostatic attraction），需要较高的能量才能将其破坏，故其熔点较高。如氯化钠的熔点为 800℃，氧化铝的熔点为 2050℃。

（3）难溶于水（Poor water solubility）　大多数有机化合物难溶于水或不溶于水，而易溶于弱极性或非极性的有机溶剂。

（4）不导电（Non-conducting）　由于大多数有机化合物为非电解质（non-electrolytes），故在溶液中或在熔融状态下都是不良导体（poor conductors）。

（5）反应速率慢（Slow chemical reaction speed）　大多数有机化学反应速率较慢，通常需要以加热、加压、加催化剂或光照等方式以提高反应速率，并且往往伴随有副反应（side reactions），生成多种产物的混合物。

（6）异构现象多（Variety of isomerism）　有机化合物中普遍存在着各种各样的异构现象（isomerism），如碳链异构（carbon chain isomerism）、位置异构（positional isomerism）、官能团异构（function group isomerism）、构象异构（conformational isomerism）、顺反异构（*cis-trans* isomerism）及旋光异构（optical isomerism）等。而无机化合物很少有异构现象。

第三节　共价键的类型与属性
（Classes and Properties of Covalent Bonds）

一、共价键的类型（Classes of covalent bonds）

按成键时原子轨道（atomic orbitals）重叠方式不同，共价键可分为 σ 键和 π 键两种（表 1-1）。

1. σ 键（σbond）

成键原子轨道沿着键轴（bond axis）方向以"头碰头"的形式重叠所形成的共价键叫做 σ 键。其特点是轨道重叠部分沿键轴呈圆柱状对称分布（symmetric distribution），两原子核间电子云密度（electron cloud density）最大，且两个成键原子能以键轴为旋转轴自由旋转。s 轨道、p 轨道、sp^3 杂化轨道、sp^2 杂化轨道和 sp 杂化轨道自身或任何二者之间均可重叠形成 σ 键。

2. π 键（πbond）

两个相互平行的 p 轨道以"肩并肩"的形式重叠形成的共价键叫做 π 键。其特点是轨道重叠部分对称分布于 σ 键轴线的上方和下方，且成键的两个原子不能自由旋转。

例如，在乙烯（ethylene）分子中，当两个碳原子之间的 σ 键由 sp^2 杂化轨道以"头碰头"方式形成后，未参与杂化的 2p 轨道因垂直于 σ 键轴，就只能采取"肩并肩"的方式重叠，形成 π 键。

一般而言，共价单键是 σ 键；共价双键中，一个是 σ 键，另一个只能是 π 键；共价叁键中，则有一个 σ 键和两个 π 键。

表 1-1　σ 键和 π 键的特点比较

(The characteristics comparison of σ bond and π bond)

类别 Class	σ 键 σ bond	π 键 π ibond
形成	"头碰头"正面重叠,重叠程度大	"肩并肩"平行重叠,重叠程度小
存在	可以单独存在	不能单独存在,只能与 σ 键共存
分布	沿键轴呈圆柱形对称分布	对称分布于 σ 键所在平面的上下
性质	①键能较大,较稳定 ②成键原子可沿键轴自由旋转 ③受原子核束缚大,不易极化	①键能较小,不稳定 ②成键原子不能沿键轴自由旋转 ③受原子核束缚小,容易极化

二、 共价键的属性（ Properties of covalent bonds ）

共价键的属性包括键长、键角、键能及键的极性等。它们是阐述有机化合物结构和性质的基础。

1. 键长（Bond length）

键长是指分子中两个成键原子核之间的距离,单位为 pm（$1pm = 10^{-12}$ m）。例如,H_2 中两个 H 原子核间距离为 74pm,即表示 H—H 键的键长是 74pm。一些常见共价键的键长见表 1-2。

表 1-2　常见共价键的键长

(Data of selected bond lengths)

共价键 Bond	键长/pm Bond length	共价键 Bond	键长/pm Bond length
H—H	74	C—Br	194
C—H	109	C—I	214
C—C	154	C=C（烯烃）	134
C—N	147	C=C（苯环）	139
C—O	143	C=O	122
C—F	141	C≡C	120
C—Cl	176	C≡N	116

2. 键角（Bond angle）

在多原子分子中,一个原子与另外两个原子所形成的两个共价键之间的夹角,称为键角（bond angle）。键角和键长都是表征分子几何构型（geometrical configuration） 等的重要参数。如 CH_4 中 H—C—H 的键角为 $109°28'$,键长为 109pm,因此,CH_4 的几何构型是正四面体。又如 H_2O 中 H—O—H 的键角为 $104°45'$,其几何构型为 "V" 形,NH_3 中 H—N—H 为 $107°$,其几何构型为三角锥形。

3. 键能（Bond energy）

在标准状态下（25℃,100kPa）,使单位物质的量的气态双原子分子离解为气态原子所需要的能量,称为该双原子分子共价键的离解能（dissociation energy）或键能（bond energy）,单位为 $kJ \cdot mol^{-1}$。

对于双原子分子,其离解能等于键能。对于多原子分子,其离解能则不等于键能。例如，CH_4 中有 4 个等同的 C—H 键，但每个键的离解能是不同的：

$$CH_4 \longrightarrow \cdot CH_3 + \cdot H + 435.1 kJ \cdot mol^{-1}$$

$$\cdot CH_3 \longrightarrow \cdot \overset{\cdot}{C}H_2 + \cdot H + 443.5 kJ \cdot mol^{-1}$$

$$\cdot \overset{\cdot}{C}H_2 \longrightarrow \cdot \overset{\cdot}{C}H + \cdot H + 443.5 kJ \cdot mol^{-1}$$

$$\cdot \overset{\cdot}{C}H \longrightarrow \cdot \overset{\cdot}{C} \cdot + \cdot H + 338.9 kJ \cdot mol^{-1}$$

CH_4 中 C—H 键键能为上述 4 个 C—H 键离解能的平均值（415.3 kJ·mol^{-1}）。键能是表征共价键稳定性大小的重要参数，即键能越大，键越稳定。一些常见共价键键能见表 1-3。

表 1-3　常见共价键的键能
（Data of selected bond energy）

共价键 Bond	键能/kJ·mol^{-1} Bond energy	共价键 Bond	键能/kJ·mol^{-1} Bond energy
C—H	415	C—Br	285
C—C	347	C—I	218
C—N	305	C=C	611
C—O	360	C≡C	837
C—S	272	C=O	736
C—F	485	C=N	749
C—Cl	339	C≡N	880

4. 键的极性和极化 （Polarity and polarization of covalent bonds）

（1）键的极性（Bond polarity）　根据共享电子对是否发生偏移，共价键可分为非极性共价键和极性共价键。当两个相同元素的原子以共价键结合时，由于电负性（electronegativity）相同，两个原子间的共享电子对不发生偏移，即正负电荷中心重合，因此，这种共价键没有极性，故称为非极性共价键（non-polar bond）。如 H_2、O_2、N_2 等分子中的共价键均为非极性共价键。当两个不同原子之间形成共价键时，由于电负性不同，使得共享电子对偏向电负性较大的原子，即正负电荷中心不能重合，因此，这种共价键具有极性，故称为极性共价键（polar bond）。如 HCl 中的 H—Cl 键、CH_4 中的 C—H 键等都属于极性共价键。对于极性共价键来说，其极性的大小主要取决于成键的两个原子的电负性之差，差值越大，极性越大。

共价键的极性大小可以用偶极矩（dipole moment）来标度，符号为 μ。偶极矩是指正负电荷中心的距离 d 与正或负电荷中心上的电量 q 的乘积，即

$$\mu = d \cdot q$$

式中，μ 的单位为 C·m（库仑·米）。在实验中直接测出来的是整个分子的偶极矩，键的偶极矩是根据分子的偶极矩计算出来的平均值。偶极矩越大，共价键的极性就越大。共价键的极性是影响有机化合物分子的极性及其理化性质的重要因素。一些常见共价键的偶极矩见表 1-4。

表 1-4 常见共价键的偶极矩
（Dipole moments of common covalent bonds）

共价键 Bond	$\mu/10^{-30}C \cdot m$ Dipole moment	共价键 Bond	$\mu/10^{-30}C \cdot m$ Dipole moment
C—H	1.33	H—N	4.37
C—N	3.83	H—O	5.00
C—O	5.00	H—S	2.26
C—Cl	7.67	H—Cl	3.43
C—Br	7.33	H—Br	2.60
C—I	6.67	H—I	1.26

（2）键的极化（Bond polarization） 在外界电场（通常为极性的试剂和极性的溶剂）影响下，共价键的极性发生改变的现象称为键的极化（polarization of covalent bond）。极化使极性键的极性更强，非极性键具有暂时极性。成键原子电子云流动性越大，键的极化度就越大。例如，碳卤键的极化度顺序为 C—I＞C—Br＞C—Cl＞C—F。

第四节 研究有机化合物的方法
（ Research Methods of Organic Compounds ）

无论是从天然资源中提取或者是工业生产、实验室合成的有机化合物都不可能直接得到纯净物。因此，首先必须对所得到的产品进行分离提纯，然后再进行分析和鉴定。一般而言，研究有机化合物的方法主要包含以下几个步骤，即分离提纯、元素分析、相对分子质量测定和分子结构鉴定等。

1. 分离提纯 （Separation and purification）

分离提纯有机化合物的基本原理是利用被提纯物质与杂质的物理性质（如沸点、溶解度、分配系数、分子量及吸附性等）的差异，选择适当的实验手段将杂质除去。其方法主要有蒸馏 (distillation)、重结晶（recrystallization）、升华（sublimation）、萃取（extraction）和色谱（chromatography）等。必要时，通过测定化合物的物理常数（如熔点或沸点）等方法检验纯度。

2. 元素分析 （Elemental analysis）

元素分析包括定性分析（qualitative analysis）和定量分析（quantitative analysis）。定性分析的目的在于鉴定某有机化合物是由哪些元素组成的。其主要方法是将试样分解，使元素转变成离子，再利用化学或物理方法进行定性分析。定量分析是测定各元素的含量和最小比例以确定该化合物的实验式。

实验式是最简单的化学式，表示组成化合物分子的元素种类和各元素间的最小个数比。例如，某含 C、H、O 三种元素的未知物，经燃烧分析实验测定该未知物中碳的质量分数为 40.00%，氢的质量分数 6.66%，氧的质量分数 53.34%。该未知物的实验式可如下计算：

$$C:H:O=\frac{40.00}{12.01}:\frac{6.66}{1.01}:\frac{53.34}{16.00}=1:2:1$$

其实验式为 CH_2O。

实验式仅表示分子中各元素间的原子个数比，一般不代表分子中实际所含原子的个数。因此，实验式不能代表化合物的分子式。只有测定了相对分子量后，才能确定化合物的分子式。分子式与实验式是倍数关系。

3. 相对分子质量测定 （Determination of relative molecular mass）

相对分子质量是指化学式中各原子的相对原子质量的总和，即分子量（formula

weight）。测定方法主要有经典的物理化学法（如沸点升高法和凝固点降低法等）以及现代的质谱法等。

4. 结构鉴定（Structural identification）

由于有机化合物中异构现象较多，因此，确定了化合物的分子式后，还要鉴定其结构式（structural formula）。目前鉴定有机化合物结构的方法主要是借助红外光谱（IR，infrared spectroscopy）、紫外光谱（UV，ultraviolet spectrum）、核磁共振谱（NMR，nuclear magnetic resonance spectrum）和质谱（MS，mass spectrum）等波谱技术来完成的。其中红外光谱与核磁共振谱比较常用，而许多共轭的不饱和化合物需要紫外光谱。

第五节 有机酸碱概念
（Acid-base Theory of Organic Chemistry）

在有机化学反应中，有许多反应属于酸碱反应。因此，熟悉有机酸碱概念对理解有机反应及其机理很有帮助。有关酸碱的理论主要有阿伦尼乌斯（Arrhenius）的电离理论（ionization theory）、勃朗斯特-劳里（Bronsted-Lowry）的质子理论（proton theory of acid-base）和路易斯（Lewis）的电子理论（Lewis theory）。这些理论从不同的角度对酸碱的概念进行了阐述，其中电离理论和质子理论已经熟悉，不再赘述。本节仅就电子理论作以介绍。

酸碱电子理论，也称广义酸碱理论或路易斯酸碱理论。它认为凡是可以接受外来电子对的分子或离子为酸；凡是可以提供电子对的分子或离子为碱。也就是说，酸是能接受一对电子形成共价键的物质；碱是可以提供一对电子形成共价键的物质。根据路易斯酸碱理论，缺电子的分子、原子或正离子等都属于路易斯酸。如 BF_3 分子中的硼原子、$AlCl_3$ 分子中的铝原子均为缺电子原子，可以接受一对电子形成共价键：

$$F\!-\!\overset{\overset{\textstyle F}{|}}{\underset{\underset{\textstyle F}{|}}{B}} + \overset{\cdot\cdot}{N}H_2CH_3 \longrightarrow F\!-\!\overset{\overset{\textstyle F}{|}}{\underset{\underset{\textstyle F}{|}}{B}}{}^-N^+H_2CH_3$$

　　三氟化硼　　甲胺
　　boron fluoride　methylamine

$$Cl\!-\!\overset{\overset{\textstyle Cl}{|}}{\underset{\underset{\textstyle Cl}{|}}{Al}} + :O(CH_2CH_3)_2 \longrightarrow Cl\!-\!\overset{\overset{\textstyle Cl}{|}}{\underset{\underset{\textstyle Cl}{|}}{Al}}{}^-O^+(CH_2CH_3)_2$$

　　三氯化铝　　乙醚
　　alchlor　　ether

因此，BF_3 和 $AlCl_3$ 都属于路易斯酸。路易斯碱通常是含有孤电子对的分子、原子或负离子等。如 NH_3（氨）、NH_2R（胺类）、ROR（醚类）、ROH（醇类）和 RO^-（烷氧负离子）等。

第六节 有机化学反应类型
（Classes of Organic Reactions）

有机化学反应（organic reactions）的实质是旧共价键的断裂和新共价键的形成过程。在有机化学反应中，共价键的断裂方式有均裂（homolytic bond cleavage）和异裂（heterolytic bond cleavage）两种。

一、 共价键的均裂 （ Homolysis of covalent bonds ）

共价键断裂时，原共价键的两个电子平均分配到两个原子上：
$$X{:}Y \longrightarrow X\cdot + Y\cdot$$
这种共价键的断裂方式称为均裂（homolytic cleavage）。均裂生成的带有未成对电子的原子或原子团，称为自由基或游离基（radical）。自由基是非常活泼的中间体，能很快反应生成产物。按照共价键均裂方式进行的反应称为自由基反应或游离基反应（radical reaction）。自由基反应通常是在加热、光照或引发剂（如过氧化物）存在下进行的。

二、共价键的异裂 （ Heterolysis of covalent bonds ）

共价键断裂时，原共价键的两个电子分配到其中一个原子上：
$$X{:}Y \longrightarrow X^+ + Y^-$$
$$X{:}Y \longrightarrow X^- + Y^+$$
这种共价键的断裂方式称为异裂（heterolytic cleavage）。异裂生成的正离子或负离子也是较活泼的中间体，进一步反应生成产物。按照共价键异裂方式进行的反应称为离子型反应（ionic reaction）。离子型反应通常是在酸、碱等催化下或在极性溶剂中进行。

除了上述两种反应类型外，还有一类反应是旧共价键断裂与新共价键生成同时进行，反应过程中既不生成自由基也不生成离子，这类反应称为协同反应（concerted reactions），如催化加氢双分子系核取代及双分子消除等反应。

第七节 有机化合物的分类
（ Classes of Organic Compounds ）

有机化合物的数目繁多，结构和性质各异。为了便于学习，我们可以根据它们在结构或性质上的特点进行分类。

一、 按碳架分类 （ Classification by different carbon skeleton ）

根据分子中碳架进行分类，有机化合物可分为开链化合物、碳环化合物和杂环化合物。

1. 开链化合物 （Chain compounds）

由分子中的碳原子连接成链状结构的化合物称为开链化合物（open chain compounds）。例如：
$$CH_3CH_2CH_2CH_3 \quad CH_3CH{=}CH_2 \quad CH_3OCH_2CH_3 \quad CH_3CH_2COOH$$
由于这种开链化合物最初是从脂肪中发现的，所以又称为脂肪族化合物（aliphatic compounds）。

2. 碳环化合物 （Carbocyclic compounds）

由分子中的碳原子连接成环状结构的化合物称为碳环化合物（carbon cyclic compounds）。碳环化合物又可分为脂环族化合物和芳香族化合物。

（1）脂环族化合物（Alicyclic compounds） 分子中的碳原子连接成环，性质与脂肪族化合物相似的化合物，称为脂环族化合物（alicyclic compounds）。例如：

环丁烷　　　环戊烷　　　环己烷
cyclobutane　cyclopentane　cyclohexane

（2）芳香族化合物（Aromatic compounds） 分子中含有苯环结构的化合物，称为芳香族化合物（aromatic compounds）。例如：

苯	萘	蒽
benzene	naphthalene	anthracene

3. 杂环化合物（Heterocyclic compounds）

组成环的原子除碳原子外还有其他原子（如 N、O、S 等杂原子）的环状化合物，称为杂环化合物（heterocyclic compounds）。例如：

呋喃	噻吩	吡啶
furan	thiophene	pyridine

二、按官能团分类（Classification by different functional groups）

官能团（functional group）是有机化合物分子中性质比较活泼的原子或原子团（atomic qroups），它决定了有机化合物的主要化学性质。含有相同官能团的化合物具有相似的化学性质。一些常见官能团及其名称见表 1-5。

表 1-5 有机物类别及其对应官能团
（Classes of organics and the corresponding functional groups）

有机物类别 Organics class	官能团结构 Group structure	官能团名称 Group name	化合物举例 Example
烯烃	$\overset{|}{C}{=}\overset{|}{C}$	碳碳双键	$CH_2{=}CH_2$
炔烃	$-C{\equiv}C-$	碳碳叁键	$HC{\equiv}CH$
卤代烃	$-X(F、Cl、Br、I)$	卤素	CH_3Cl
醇	$-OH$	醇羟基	CH_3CH_2OH
酚	$-OH$	酚羟基	⬡$-OH$
醚	$R-O-R$	醚键	CH_3OCH_3
醛	$-CHO$	醛基	CH_3CHO
酮	C=O（羰基）	羰基	CH_3COCH_3
羧酸	C=O, OH（羧基）	羧基	CH_3COOH
酯	C=O, O（酯键）	酯键	CH_3COOCH_3
酸酐	O, O（酐键）	酐键	CH_3COCCH_3 (O O)
酰胺	C=O, N（酰氨基）	酰氨基	CH_3CONH_2
胺	$-NH_2$	氨基	CH_3NH_2
硝基化合物	$-NO_2$	硝基	⬡$-NO_2$

续表

有机物类别 Organics class	官能团结构 Group structure	官能团名称 Group name	化合物举例 Example
硫醇	—SH	巯基	CH_3CH_2SH
硫酚	—SH	巯基	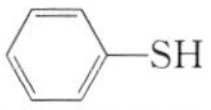 ⬡—SH
磺酸	—SO_3H	磺酸基	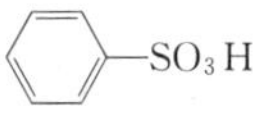 ⬡—SO_3H

习题（Exercises）

1. 有机化合物数目众多的主要原因是什么？

2. σ 键和 π 键的特点有哪些？

3. 键能和键的离解能有何异同？

4. 共价键的断裂方式有哪两种？

5. 简述研究有机化合物的一般步骤。

6. 名词解释：

    （1）键长　　（2）键角　　（3）同分异构现象　　（4）官能团

7. 请分别排列出下列共价键键长、键能和键的极性大小顺序：

    （1）C—H　（2）C—C　（3）C—N　（4）C—O　（5）C—Cl　（6）C—Br

8. 根据碳架或官能团不同，分别指出下列化合物属于哪一类化合物？

    （1）$CH_3CH_2CH_2CH_2CH_3$　（2）$CH_3CH_2CH\!=\!CH_2$　（3）$CH_3OCH_2CH_3$　（4）$CH_3CH_2CH_2COOH$

    （5）$CH_3CH_2CH_2CH_2Cl$　（6）$CH_3CH_2C\!\equiv\!CH$　（7）CH_3CH_2CN　（8）$CH_3CH_2CH_2CH_2SH$

    （9）甲基环己烷　（10）苯甲醛　（11）苯乙酮　（12）苯甲醚

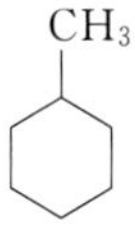

    （13）苯胺　（14）硝基苯　（15）苯磺酸　（16）吡啶

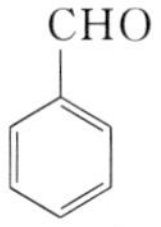

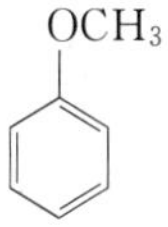

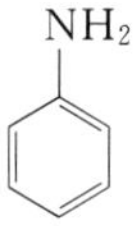

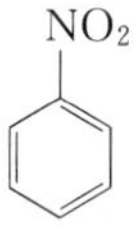

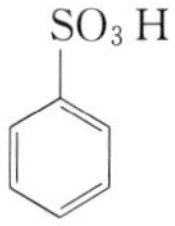

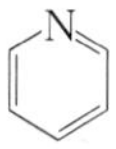

第二章　烷烃和环烷烃

（ Alkanes and Cycloalkanes ）

由碳氢两种元素组成的化合物称为碳氢化合物（carbureted hydrogens）或烃（hydrocarbons）。根据碳架不同，可以把烃分为开链烃（chain hydrocarbons）和环状烃（cyclic hydrocarbons）两大类。开链烃又分为饱和烃（saturated hydrocarbons）和不饱和烃（unsaturated hydrocarbons）。环状烃又可分为脂环烃（aliphatic hydrocarbons）和芳香烃（aromatic hydrocarbons）。

$$\text{烃}\begin{cases}\text{开链烃}\begin{cases}\text{饱和烃(烷烃)}\\ \text{不饱和烃(烯烃、炔烃)}\end{cases}\\ \text{环状烃}\begin{cases}\text{脂环烃(环烷烃、环烯烃等)}\\ \text{芳香烃(苯、萘等)}\end{cases}\end{cases}$$

在烃分子中，凡原子间均以共价单键（σ 键）相连的化合物称为饱和烃（saturated hydrocarbons）。如果分子中的碳原子以链状方式相连，称为烷烃（alkanes）；若以环状方式相连，则称为环烷烃（cycloalkanes）。

第一节　烷烃
（ Alkanes ）

一、 烷烃的通式和结构（General molecular formula and structures of alkanes）

1. 烷烃的通式 （General molecular formula of alkanes）

烷烃的通式为 C_nH_{2n+2} （n 为正整数）。常见的简单正烷烃如下：

CH_4 （$n=1$）	甲烷 （methane）
CH_3CH_3 （$n=2$）	乙烷 （ethane）
$CH_3CH_2CH_3$ （$n=3$）	丙烷 （propane）
$CH_3CH_2CH_2CH_3$ （$n=4$）	丁烷 （butane）
$CH_3CH_2CH_2CH_2CH_3$ （$n=5$）	戊烷 （pentane）
$CH_3CH_2CH_2CH_2CH_2CH_3$ （$n=6$）	己烷 （hexane）

可以看出，相邻的两个烷烃在组成上只相差一个"CH_2"（亚甲基），这种具有相同分子通式和结构特征的一系列化合物称为同系列（homologous series）。同系列中的各化合物互称同系物（homolog）。"CH_2"称为同系列差（或系差）。同系物具有相似的结构和化学性质，而物理性质则随着碳原子数的增加呈规律性变化。

2. 烷烃的结构 （Structures of alkanes）

在烷烃的结构中，碳原子分别与另外 4 个原子（或碳原子或氢原子）以 σ 键相连，其键角等于或接近 109.5°，C—C 和 C—H 的键长分别为 109pm 和 153pm 或与此接近。例如，最简单的烷烃——甲烷（CH_4），其分子的三维构型为正四面体形，分子中的 H—C—H 键角为 109.5°，其 C—H 键长为 109pm［如图 2-1（a）所示］。

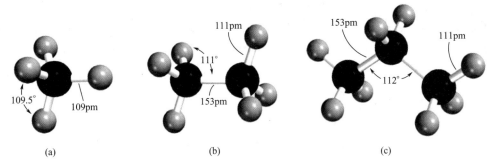

图 2-1　甲烷、乙烷和丙烷分子结构的球棍模型
(Ball-and-stick models of methane，ethane and propane)

杂化轨道理论认为，甲烷分子中的碳原子采用的是 sp³ 杂化，即碳原子在成键过程中，2s 轨道中的一个电子吸收能量激发（excited）到 $2p_z$ 空轨道中，使每个原子轨道各含一个电子，然后由一个 2s 轨道和 3 个 2p 轨道杂化，形成 4 个能量和形状完全相同的 sp³ 杂化轨道（图 2-2）并组成一个正四面体构型（图 2-3）。这 4 个 sp³ 杂化轨道分别与 4 个 H 的 1s 轨道以"头碰头"方式重叠形成 4 个稳定的 C—Hσ 键。

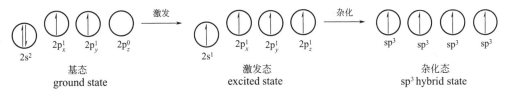

图 2-2　碳原子杂化轨道的 sp³ 杂化过程
(sp³ orbital hybridization of the carbon atom)

(a) sp³杂化轨道的形状
(Shape of the sp³orbitals)

(b) 4个sp³杂化轨道的伸展方向
(Spatial orientations of four sp³orbitals)

图 2-3　碳原子的 4 个 sp³ 杂化轨道形状及伸展方向
(Shapes and spatial orientations of four sp³ orbitals of the carbon atom)

其他烷烃具有与甲烷类似的结构特征。所不同的是，分子中除了 C—H 键外，还有 C—C 单键，其键角和键长参数亦有差异［如图 2-1（b）和（c）所示］。由于烷烃分子中原子之间均以 σ 键相连，因此，烷烃是一类化学性质比较稳定的化合物。

二、 碳原子和氢原子的类型（Classes of carbonm and hydrogen atoms）

烷烃中的各个碳原子因完全以 σ 键分别与另外 4 个原子相连，故将这种碳原子称为饱和碳原子（saturated carbon atom）。根据与它直接相连的碳原子数目不同，碳原子可分为四种类型。

只与一个碳原子相连的碳原子称为伯碳原子（或一级碳原子，primary carbon atom），用1°表示；分别与两个、三个或四个碳原子相连的碳原子则相应地称为仲碳原子（或二级碳原子，secondary carbon atom）、叔碳原子（或三级碳原子，tertiary carbon atom）和季碳原子（或四级碳原子，quaternary carbon atom），并分别用2°、3°和4°表示。

例如：

$$
\begin{array}{ccccccc}
& & & & & & \overset{1°}{CH_3} \\
& & & & & & | \\
\overset{1°}{CH_3}-\overset{2°}{CH_2}-\overset{3°}{CH}-\overset{2°}{CH_2}-\overset{4°}{C}-\overset{1°}{CH_3} \\
& & & | & & | \\
& & & \underset{1°}{CH_3} & & \underset{1°}{CH_3}
\end{array}
$$

除季碳原子外，伯、仲和叔碳原子上所连的氢原子，相应的称为伯氢原子（primary hydrogen）、仲氢原子（secondary hydrogen）和叔氢原子（tertiary hydrogen），并分别可用1°氢、2°氢和3°氢表示。不同类型的氢原子其反应活性不同。

三、 烷烃的构造异构（ Constitutional isomerism of alkanes ）

分子中原子间相互连接的次序或方式称为构造（constitution）。构造异构（constitutional isomerism）是指分子式相同，分子中因原子间相互连接的次序或方式不同而形成不同化合物的现象。构造异构又可分为碳链异构（carbon chain isomerism）、位置异构（position isomerism）和官能团异构（functional group isomerism）。在烷烃中存在的构造异构属于碳链异构。

分子式相同，仅由于碳链结构不同而产生的同分异构现象（isomerism），称为碳链异构（carbon chain isomerism），由碳链异构所产生的异构体（isomers）称为碳链异构体（carbon chain isomers）。烷烃中除了甲烷、乙烷和丙烷外，其他烷烃均存在着数目不等的碳链异构体，并且随着碳原子数的增加，异构体的数目迅速增多。例如，丁烷（C_4H_{10}）有两种异构体：

$$
CH_3CH_2CH_2CH_3 \qquad\qquad CH_3\overset{\overset{CH_3}{|}}{CH}CH_3
$$

戊烷（C_5H_{12}）有三种异构体：

$$
CH_3CH_2CH_2CH_2CH_3 \qquad CH_3CH_2\overset{\overset{CH_3}{|}}{CH}CH_3 \qquad CH_3-\overset{\overset{CH_3}{|}}{\underset{\underset{CH_3}{|}}{C}}-CH_3
$$

一些烷烃的异构体数目见表2-1。

表 2-1　烷烃的碳原子数及对应的异构体数目比较
(Contrast of the number of carbon atoms and constitutional isomers in selected alkanes)

碳原子数 Carbon number	异构体数 Isomer number	碳原子数 Carbon number	异构体数 Isomer number
4	2	9	35
5	3	10	75
6	5	15	4347
7	9	20	366319
8	18	40	62491178805831

四、 烷烃的命名（ Nomenclature of Alkanes ）

烷烃的命名方法主要有普通命名法（common nomenclature） 和系统命名法（systematic nomenclature）。

1. 普通命名法（Common nomenclature）

含有 1～10 个碳原子的直链烷烃分别用天干（甲、乙、丙、丁、戊、己、庚、辛、壬和癸）表示碳原子的个数，含有 11 个以上碳原子的直链烷烃用中文数字表示碳原子的个数，称（正）某烷，"正"字可以省略。

烷烃的英文名称是用词头 meth-、eth-、prop-和 but-等加上词尾-ane 组成。例如：

$$CH_4 \qquad CH_3CH_3 \qquad CH_3CH_2CH_3 \qquad CH_3CH_2CH_2CH_3$$

甲烷	乙烷	丙烷	丁烷
methane	ethane	propane	butane

烷烃的异构体可用词头"正、异、新"来区分，"正"（normal-或 n-）表示直链烷烃，"异"（iso-或 i-）和"新"（neo-）分别表示链端具有如下两种结构且再无其他支链的烷烃：

$$CH_3CH- \qquad\qquad CH_3-\overset{\displaystyle CH_3}{\underset{\displaystyle CH_3}{C}}-$$

前者称为"异"某烷，后者称为"新"某烷。

例如：

$$CH_3CH_2CH_2CH_3 \qquad CH_3(CH_2)_3CH_3 \qquad CH_3(CH_2)_{10}CH_3$$

（正）丁烷	（正）戊烷	（正）十二烷
n-丁烷	n-戊烷	n-十二烷
n-butane	n-pentane	n-dodecane

$$CH_3\overset{\displaystyle CH_3}{\underset{}{CH}}CH_2CH_3 \qquad CH_3-\overset{\displaystyle CH_3}{\underset{\displaystyle CH_3}{C}}-CH_3$$

异戊烷	新戊烷
iso-pentane	neo-pentane

普通命名法的特点是命名简便，适用于简单烷烃的命名。但对于复杂烷烃则需使用系统命名法。

2. 系统命名法（Systematic nomenclature）

系统命名法（systematic nomenclature） 是根据国际纯粹与应用化学联合会（IUPAC，International Union of Pure and Chemistry） 提出的命名原则并结合我国文字特点而制定的。

（1）直链烷烃的命名（IUPAC names of unbranched alkanes） 直链烷烃的系统命名法与普通命名法基本相同。例如：

$$CH_3CH_2CH_2CH_2CH_3 \qquad\qquad CH_3CH_2CH_2CH_2CH_2CH_3$$

普通命名法	正戊烷	正己烷
	n-pentane	n-hexane
系统命名法	戊烷	己烷
	pentane	hexane

（2）烷基的命名（Names of alkyl groups） 带有侧链的烷烃，可把其侧链部分按烷基

取代基（substituents）对待。烷烃分子中去掉一个氢原子，所剩余的基团称为烷基（alkyl groups），通式为—C_nH_{2n+1}。命名烷基时，把相应烷烃名称中的"烷"字改为"基"字。烷基的英文命名是将相应烷烃的英文名称的词尾"-ane"改为"-yl"即可。常见烷基的结构及其名称如表 2-2。

表 2-2 常见烷基结构及其名称
(Some alkyl structures and the corresponding names)

烷基名称 Name of alkyl	烷基结构 Structure of alkyl	对应的烷烃结构 Structure of alkane	对应的烷烃名称 Name of the alkane
甲基 methyl(Me)	CH_3—	CH_4	甲烷 methane
乙基 ethyl(Et)	CH_3CH_2—	CH_3CH_3	乙烷 ethane

（正）丙基
n-propyl(n-Pr)
异丙基
isopropyl(iso-Pr)
	$CH_3CH_2CH_2$—
	
	CH_3CH—
	    ｜
	    CH_3
		$CH_3CH_2CH_3$	丙烷
			propane

（正）丁基
n-butyl(n-Bu)
仲丁基
secbutyl(sec-Bu)
	$CH_3CH_2CH_2CH_2$—
	
	CH_3CH_2CH—
	      ｜
	      CH_3
		$CH_3CH_2CH_2CH_3$	丁烷
			n-butane

异丁基
isobutyl(iso-Bu)
叔丁基
tertbutyl(t-Bu)
	CH_3
	    ｜
	CH_3CHCH_2—
	
	    CH_3
	    ｜
	CH_3—$\overset{\displaystyle}{\underset{\displaystyle CH_3}{C}}$—
	
		CH_3
		   ｜
		CH_3CHCH_3
			异丁烷
			iso-butane

（3）次序规则（Sequence rule——Cahn-Ingold-Prelog priority rule） 次序规则是不同取代基按照优先顺序排列的规则，普遍适用于有机化合物的系统命名和立体异构体（stereisomers）构型的确定。其基本规则如下。

① 原子 取代基为原子时，原子序数大者排在前面，即为较优基团（high-priority group）；若是同位素，则原子质量大者优先。几种常见原子的优先次序为：

$$I>Br>Cl>S>P>O>N>C>D>H$$

例如：

$$CH_3\underset{\displaystyle F}{\overset{\displaystyle |}{CH}}CHCH_2\underset{\displaystyle Cl}{\overset{\displaystyle |}{CH}}\overset{\displaystyle Br}{\overset{\displaystyle |}{CH}}CH_3$$

在上例中，连接在主链上的原子（取代基）分别为—F、—Cl 和—Br，因此，主链上三个取代基由大到小的排列顺序为：

$$—Br>—Cl>—F$$

② 饱和基团 取代基为饱和基团时，先比较第一原子（与主链直接相连的原子）的原子序数，若取代基中第一原子相同，则比较与第一原子相连的其他原子（称为第二原子），依此类推。常见的烷基优先次序为：

$$— C(CH_3)_3> —CH(CH_3)_2> —CH_2CH_2CH_3> —CH_2CH_3> —CH_3$$

例如：

$$CH_3\underset{\displaystyle CH_2CH_3}{\overset{\displaystyle CH_3}{CHCHCH_2}}\overset{\displaystyle CH(CH_3)_2}{\overset{\displaystyle |}{CHCH_2CH_2CH_3}}$$

在上例中，连接在主链上的取代基分别为—CH_3、—CH_2CH_3 和—$CH(CH_3)_2$，其各自对应的第一原子（列于括号前）和第二原子（列于括号内）如下：

$$—CH_3 \qquad\qquad —CH_2CH_3 \qquad\qquad —CH(CH_3)_2$$
$$C(H,H,H) \qquad\qquad C(C,H,H) \qquad\qquad C(C,C,C)$$

不难看出，甲基第二原子为氢原子，乙基第二原子中原子序数较大的是碳原子，故乙基优于甲基；而异丙基的第二原子中有两个碳原子，因此，异丙基优于乙基。上述三个取代基的排列顺序如下：

$$—CH(CH_3)_2 > —CH_2CH_3 > —CH_3$$

③ 不饱和基团　如果取代基为不饱和基团（如—CH＝CH_2、—C≡CH 和—C≡N 等），可看作是第一原子分别与两个或三个相同的原子以单键相连。如：

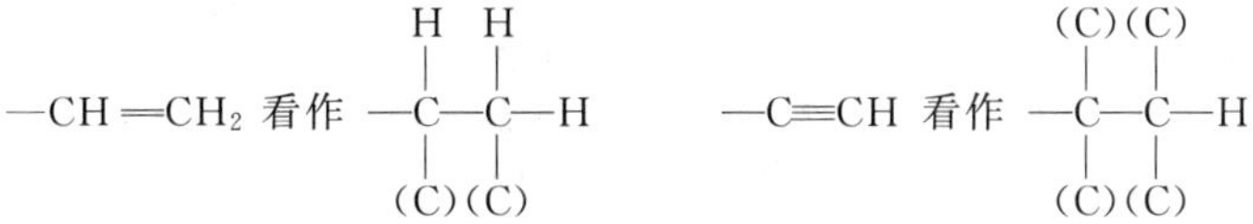

$$
\begin{array}{ccc}
& H\ H & & (C)(C) \\
—CH＝CH_2 \text{ 看作 } & —\overset{|}{\underset{|}{C}}-\overset{|}{\underset{|}{C}}-H & —C≡CH \text{ 看作 } & —\overset{|}{\underset{|}{C}}-\overset{|}{\underset{|}{C}}-H \\
& (C)(C) & & (C)(C)
\end{array}
$$

因此，二者的第一和第二原子各自分布情况如下：

$$—CH＝CH_2 \qquad\qquad —C≡CH$$
$$C(C,C,H) \qquad\qquad C(C,C,C)$$

显然，后者优于前者，即—C≡CH > —CH＝CH_2。

几种复杂基团按优先次序排列如下：

$$—CH＝O > —C≡N > —C≡CH > —C(CH_3)_3 > —CH＝CH_2 > —CH(CH_3)_2$$

（4）侧链烷烃的命名(IUPAC names of branched alkanes)　侧链烷烃是指分子主链上连有烷基的复杂结构烷烃。其命名方法如下：

① 选主链（Picking out the parent chain）　选碳原子数最多的碳链为主链（parent chain 或 main chain），并按主链碳原子数称为某烷。例如：

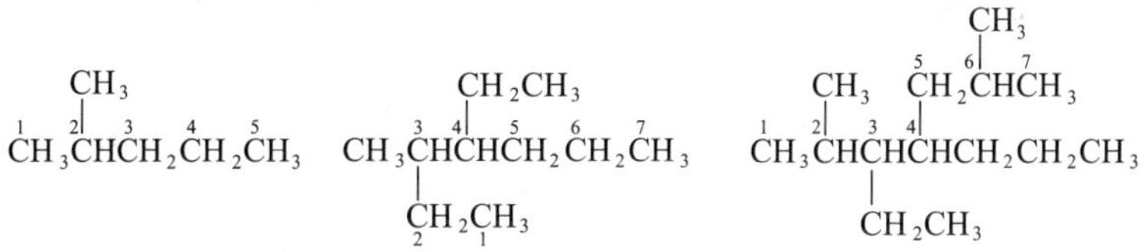

$$
\begin{array}{ccc}
CH_3 & CH_2CH_3 & CH_3 \quad CH_2CHCH_3 \\
\overset{1}{C}H_3\overset{2}{C}H\overset{3}{C}H_2\overset{4}{C}H_2\overset{5}{C}H_3 & \overset{1}{C}H_3\overset{2}{C}H\overset{3}{C}H\overset{4}{C}H_2\overset{5}{C}H_2\overset{6}{C}H_2\overset{7}{C}H_3 & \overset{1}{C}H_3\overset{2}{C}H\overset{3}{C}H\overset{4}{C}H_2\overset{5}{C}H_2\overset{6}{C}H_3 \\
& CH_2CH_3 & CH_2CH_3 \\
a & b & c
\end{array}
$$

若分子中有两条或两条以上等长碳链时，应选含取代基最多的碳链为主链（如上例 c）。

② 编号（Numbering）　从靠近取代基一端将主链碳原子用阿拉伯数字（1、2、3、…）依次编号，并使主链上各取代基编号之和最小。例如：

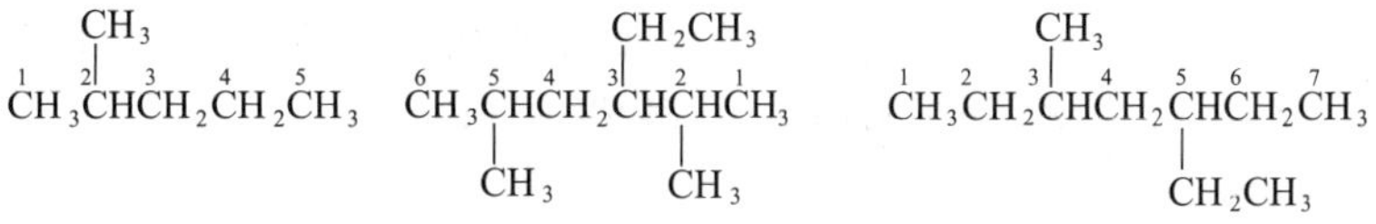

$$
\begin{array}{ccc}
CH_3 & CH_2CH_3 & CH_3 \\
\overset{1}{C}H_3\overset{2}{C}H\overset{3}{C}H_2\overset{4}{C}H_2\overset{5}{C}H_3 & \overset{1}{C}H_3\overset{2}{C}H\overset{3}{C}H_2\overset{4}{C}H\overset{5}{C}H\overset{6}{C}H_3 & \overset{1}{C}H_3\overset{2}{C}H_2\overset{3}{C}H\overset{4}{C}H_2\overset{5}{C}H\overset{6}{C}H_2\overset{7}{C}H_3 \\
& CH_3 \quad CH_3 & CH_2CH_3 \\
a & b & c
\end{array}
$$

当主链两端等距离位置上均连有取代基时，从排列次序"较低"的取代基（low-priority group）一端开始（如上例中 c）。

③ 命名（Naming）　取代基的位次和名称在前，主链名称在后。取代基的位次与名称之间用半字线"-"隔开。例如：

$$
\begin{array}{cc}
CH_3 & CH_2CH_3 \\
\overset{1}{C}H_3\overset{2}{C}H\overset{3}{C}H_2\overset{4}{C}H_2\overset{5}{C}H_3 & \overset{1}{C}H_3\overset{2}{C}H_2\overset{3}{C}H\overset{4}{C}H_2\overset{5}{C}H_2\overset{6}{C}H_3
\end{array}
$$

2-甲基戊烷   3-乙基己烷
2-methylpentane   3-ethylhexane

如果主链上连有不同取代基时，取代基在名称中的列出顺序按次序规则中排列次序"较低"者在前，"较优"者在后。英文名称则是按取代基第一个字母在字母表中的排序依次列出。例如：

$$\overset{CH_3}{\underset{CH_2CH_3}{\overset{1}{C}H_3\overset{2}{C}H\overset{3}{C}H_2\overset{4}{C}H_2\overset{5}{C}H_3}}$$

2-甲基-3-乙基己烷
3-ethyl-2-methylhexane

$$\overset{CH_3\quad CH_2CH_2CH_3}{\underset{CH_2CH_3}{\overset{1}{C}H_3\overset{2}{C}H\overset{3}{C}H_2\overset{4}{C}H\overset{5}{C}H\overset{6}{C}H_2\overset{7}{C}H_3}}$$

2-甲基-5-乙基-4-正丙基庚烷
5-ethyl-2-methyl-4-propylheptane

需要注意的是，下述情况在用英文命名时，不仅乙基先列出，编号也是从右端开始：

中文编号 ⟶ $\overset{CH_3}{\underset{CH_2CH_3}{\overset{1}{C}H_3\overset{2}{C}H_2\overset{3}{C}H\overset{4}{C}H_2\overset{5}{C}H\overset{6}{C}H\overset{7}{C}H_3}}$ ⟵ 英文编号

3-甲基-5-乙基庚烷
3-ethyl-5-methylheptane

如果主链上连有相同取代基时，其名称可合并，并在取代基名称前加中文数字（二、三、四、……）来表示相同取代基的数目，而位次之间用逗号"，"隔开。例如：

$$\overset{1}{C}H_3\overset{2}{C}H\overset{3}{C}H_2\overset{4}{C}H\overset{5}{C}H_2\overset{6}{C}H_3 \qquad \text{2,4-二甲基己烷}$$
$$\underset{CH_3\quad\quad CH_3}{} \qquad\qquad\qquad \text{2,4-dimethylhexane}$$

五、 烷烃的构象（ Conformations of alkanes ）

因连接于共价单键上的两个碳原子绕键轴自由旋转，使分子中的其它原子或基团在空间具有不同的排列方式，这种不同的排列方式称为构象（conformation）或构象异构（conformational isomerism），因构象不同而产生的异构体称为构象异构体（conformational isomers）。构象异构体的分子构造相同，但其空间排列方式不同，因此，构象异构属于立体异构（stereoisomerism）。

在烷烃中，由于原子间均以共价单键（σ键）相连，因此，除甲烷外，其他烷烃都存在着构象异构现象。下面仅就乙烷和正丁烷的构象作以介绍。

1. 乙烷的构象（Conformation of ethane）

在乙烷分子中，若固定一个甲基，使另一个甲基围绕 C—Cσ 键旋转，则两个甲基中的氢原子在空间的相对位置逐渐改变，从而产生了许多不同的空间排列方式，每一种排列方式就是一种构象。由于两个甲基间相对转动的角度可以无限小，因此，乙烷分子有无数个构象。在这些构象中，有能量最高和能量最低的两种典型构象，即重叠式（eclipsed-form）和交叉式（staggered-form）。乙烷的构象常用锯架式（Sawhorse formula）和纽曼投影式（Newman projection）表示：

重叠式	交叉式		重叠式	交叉式
eclipsed	staggered		eclipsed	staggered

锯架式
Sawhorse

纽曼式
Newman projection

锯架式是从侧面观察分子，能直接反映碳原子和氢原子的空间排列情况。纽曼式是沿

C—C 键键轴的延长线观察分子，从圆圈中心伸出的三条线表示离观察者较近的碳原子上的三个 C—H 键，其交点为碳原子，另三条短线则表示较远的碳原子上的三个 C—H 键。

在乙烷的重叠式构象中，前后两个碳原子上的氢原子相距最近（两个氢原子核之间的距离为 229pm），小于两个氢原子的范德华半径之和（氢原子的范德华半径为 120pm）240pm，排斥力最大，体系的能量最高，是最不稳定构象。在交叉式中，两个碳原子上的氢原子相距最远（二者之间的距离为 250pm），大于两个氢原子的范德华半径之和，排斥力最小，体系的能量最低，是最稳定构象，称为优势构象（dominant conformation）。这两种构象的能量差为 $12.6kJ \cdot mol^{-1}$。由于在室温下，分子间的碰撞能提供 $83.8kJ \cdot mol^{-1}$ 的能量，足以使 C—C 键"自由"旋转，因此，乙烷的各种构象异构体间可迅速互变，形成各种异构体的动态平衡混合物，并且无法分离出其中某一种构象异构体。但大多数乙烷分子是以最稳定的交叉式构象存在。

2. 正丁烷的构象 （Conformation of *n*-butane）

正丁烷可以看作是乙烷分子中 C2 和 C3 上各有一个氢原子被甲基取代的化合物。当这两个碳原子绕 C2—C3 键轴旋转时，同乙烷相似，也可以产生无数种构象。丁烷的典型构象有四种，即以两个甲基在构象中的相对位置分为对位交叉式（anti staggered）、邻位交叉式（gauche）、部分重叠式（partially eclipsed）和全重叠式（fully eclipsed 或 methyl-methyl eclipsed），其纽曼投影式为：

对位交叉式	邻位交叉式	部分重叠式	全重叠式
anti staggered	gauche	partially eclipsed	fully lipsed

在正丁烷的四种典型构象中，全重叠式中的两个甲基相距最近，存在较大的排斥力，体系能量最高，是正丁烷的最不稳定构象。部分重叠式中的两个甲基分别与两个氢原子存在着排斥力，体系能量较高。对位交叉式中的两个甲基相距最远，相互排斥力最小，体系能量最低，是正丁烷的优势构象。邻位交叉式中的两个甲基处于邻位，存在着排斥力，能量高于对位交叉式。因此，正丁烷的四种典型构象稳定性次序为：

对位交叉式＞邻位交叉式＞部分重叠式＞全重叠式

与乙烷相似，由于正丁烷分子间的碰撞所产生的能量超过了使 C2—C3 键自由旋转所需要的能量，因此，室温下，正丁烷是以各种构象异构体的动态平衡混合物形式存在，但主要以对位交叉式（占约 63%）和邻位交叉式（约占 37%）这两种典型构象存在。

六、烷烃的物理性质（Physical properties of alkanes）

有机化合物的物理性质一般是指物态、沸点、熔点、密度、溶解度、折射率、旋光度和光谱性质等。烷烃的物理性质常随碳原子数的增加而呈规律性变化。某些烷烃的物理常数见表 2-3。

表 2-3　烷烃的物理常数
(Physical constants of selected alkanes)

烷烃 Alkane	结构式 Structural formula	熔点/℃ Melting point	沸点/℃ Boiling point	密度/g·cm⁻³,20℃ Density
甲烷	CH_4	−182.6	−161.6	0.424(−160℃)
乙烷	CH_3CH_3	−183	−88.5	0.546(−88℃)
丙烷	$CH_3CH_2CH_3$	−187.1	−42.1	0.582(−42℃)
丁烷	$CH_3(CH_2)_2CH_3$	−138	−0.5	0.597(0℃)

续表

烷烃 Alkane	结构式 Structural formula	熔点/℃ Melting point	沸点/℃ Boiling point	密度/g·cm^{-3},20℃ Density
戊烷	$CH_3(CH_2)_3CH_3$	−129.7	36.1	0.626
己烷	$CH_3(CH_2)_4CH_3$	−95	68.8	0.659
庚烷	$CH_3(CH_2)_5CH_3$	−90.5	98.4	0.684
辛烷	$CH_3(CH_2)_6CH_3$	−56.8	125.7	0.703
壬烷	$CH_3(CH_2)_7CH_3$	−53.7	150.7	0.718
癸烷	$CH_3(CH_2)_8CH_3$	−29.7	174.1	0.730
十一烷	$CH_3(CH_2)_9CH_3$	−25.6	195.9	0.740
十二烷	$CH_3(CH_2)_{10}CH_3$	−9.7	216.3	0.749
十三烷	$CH_3(CH_2)_{11}CH_3$	−5.5	235.4	0.756
十四烷	$CH_3(CH_2)_{12}CH_3$	6	253.5	0.763
十五烷	$CH_3(CH_2)_{13}CH_3$	10	270.5	0.769
十六烷	$CH_3(CH_2)_{14}CH_3$	18	287	0.773
十七烷	$CH_3(CH_2)_{15}CH_3$	22	303	0.778
十八烷	$CH_3(CH_2)_{16}CH_3$	28	316.7	0.777
十九烷	$CH_3(CH_2)_{17}CH_3$	32	330	0.777
二十烷	$CH_3(CH_2)_{18}CH_3$	36.4	343	0.779
异丁烷	$(CH_3)_2CHCH_3$	−159	−12	0.603
异戊烷	$(CH_3)_2CHCH_2CH_3$	−160	28	0.620
新戊烷	$(CH_3)_4C$	−17	9.5	0.614
异己烷	$(CH_3)_2CH(CH_2)_2CH_3$	−154	60.3	0.654
3-甲基戊烷	$CH_3CH_2CH(CH_3)CH_2CH_3$	−118	63.3	0.676
2,2-二甲基丁烷	$(CH_3)_3CCH_2CH_3$	−98	50	0.649
2,3-二甲基丁烷	$(CH_3)_2CHCH(CH_3)_2$	−129	58	0.662

1. 物态 （Physical states）

在常温常压下，$C_1 \sim C_4$ 的正烷烃为气体，$C_5 \sim C_{17}$ 的正烷烃为液体，C_{18} 和更高级的正烷烃为固体。

2. 沸点 （Boiling point）

正烷烃的沸点随着分子中碳原子数的增多而呈规律性升高。除了某些小分子烷烃外，链上每增加一个碳原子，沸点升高 20～30℃。这是由于液体的沸点高低主要取决于分子间作用力的大小。随着烷烃分子中碳原子数的增多，其分子间的作用力增大，因此，沸点就升高。

在碳原子数相同的烷烃异构体中，其沸点随着侧链的增多而降低。这是由于随着侧链的增多，分子的形状趋于球形，减小了分子间有效接触的面积，从而使分子间的作用力减弱。如戊烷有三种异构体，正五烷的沸点为 36.1℃，有一个侧链的异戊烷为 28℃，有两个侧链的新戊烷为 9.5℃。

3. 熔点 （Melting point）

正烷烃的熔点变化规律与其沸点相似，即随着碳原子数的增多而升高，不同的是含偶数碳原子的烷烃比含奇数碳原子烷烃的熔点升高幅度大。由图 2-4 可以看出，正烷烃的熔点曲线（实线部分）呈锯齿形，其中，偶数碳和奇数碳烷烃分别构成两条熔点曲线（虚线部分），即偶数碳烷烃在上、奇数碳烷烃在下（甲烷除外），并随着碳原子数增加而趋于一致。这种现象也存在于其他同系列中。其原因是含偶数碳烷烃较含奇数碳烷烃的对称性好，晶格排列比较紧密，增大了分子间的作用力。

4. 密度 （Density）

正烷烃的密度随分子中碳原子数的增多而增大，最后趋于最大值 0.78。在有机化合物中，烷烃的密度最小。

5. 溶解度（Solubility）

烷烃属于非极性或弱极性分子，因此，根据"相似相溶"原理，烷烃都不溶于水，而能溶于非极性或极性较小的四氯化碳、氯仿、乙醚和苯等有机溶剂。

七、 烷烃的化学性质（ Chemical properties of alkanes ）

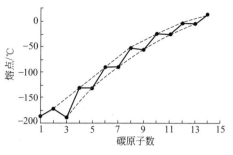

图 2-4　直链烷烃的熔点曲线
（Melt curve of unbranched alkanes）

烷烃是饱和烃，分子中存在着键能较大的 C—C σ 键和 C—H σ 键。因此，烷烃具有较高的化学稳定性。在室温下，烷烃与强酸（如浓硫酸）、强碱（如熔融的氢氧化钠）、强氧化剂（如高锰酸钾）和强还原剂（如锌加盐酸）等都不发生化学反应或反应速度极慢。但在适当条件下（如光照、加热或催化剂作用下），烷烃可发生共价键均裂的自由基反应，如卤代、氧化（或燃烧）和裂解等反应。

1. 卤代反应（Halogenation）

有机化合物分子中氢原子被其他原子或基团取代的反应，称为取代反应（substitution reactions）。若被卤素原子取代，称为卤代反应（halogenation）。

（1）甲烷的氯代反应（Chlorination of methane）　在紫外光照射或在 250～400℃ 的条件下，甲烷与氯气能发生剧烈的氯代反应，生成一氯甲烷、二氯甲烷、三氯甲烷（氯仿）、四氯甲烷（四氯化碳）及氯化氢等的混合物：

$$CH_4 \xrightarrow[\text{光照}]{Cl_2} CH_3Cl \xrightarrow[\text{光照}]{Cl_2} CH_2Cl_2 \xrightarrow[\text{光照}]{Cl_2} CHCl_3 \xrightarrow[\text{光照}]{Cl_2} CCl_4$$

如果用超过量的甲烷与氯气反应，产物主要为一氯甲烷。

不同卤素与甲烷反应活性也不相同，其活性顺序为：

$$F_2 > Cl_2 > Br_2 > I_2$$

其中，氟代反应（fluorination）因反应剧烈而难以控制，碘代反应（iodination）则难以进行。

（2）甲烷的氯代反应机理（Mechanism for the chlorination of methane）　反应方程式一般只表示反应物与产物之间的数量关系，并不说明反应物是如何变成产物的。那么，在化学变化过程中反应要经过哪些中间步骤？化学键是如何断裂和形成的？反应条件起何作用？这些问题正是反应机理所要说明的。简而言之，反应机理（reaction mechanism）就是指反应物转变为产物所经历的具体途径，故反应机理又称反应历程（reaction course）。

实验表明，甲烷的氯代反应是一个自由基反应或链锁反应（chain reaction），其反应历程可分为链引发、链增长和链终止三个阶段。

① 链引发（Chain initiation）　在光照或加热时，氯分子吸收光能，Cl—Cl 键发生均裂，分解成化学活性较高的两个氯原子（自由基）：

$$Cl\!:\!Cl \xrightarrow{\text{光照}} Cl\cdot + Cl\cdot$$

② 链增长（Chain growth）　氯原子使甲烷分子中的 C—H 键均裂，生成甲基自由基（·CH$_3$）和氯化氢分子；甲基自由基又使 Cl—Cl 键均裂，生成氯原子和一氯甲烷；当一氯甲烷达到一定浓度时，氯原子可与一氯甲烷作用生成新的自由基·CH$_2$Cl，……。最终得到各种氯代物的混合物：

$$Cl\cdot + CH_4 \longrightarrow \cdot CH_3 + HCl$$
$$\cdot CH_3 + Cl_2 \longrightarrow Cl\cdot + CH_3Cl$$
$$Cl\cdot + CH_3Cl \longrightarrow \cdot CH_2Cl + HCl$$

$$\cdot CH_2Cl + Cl_2 \longrightarrow Cl\cdot + CH_2Cl_2$$
$$Cl\cdot + CH_2Cl_2 \longrightarrow \cdot CHCl_2 + HCl$$
$$\cdot CHCl_2 + Cl_2 \longrightarrow Cl\cdot + CHCl_3$$
$$Cl\cdot + CHCl_3 \longrightarrow \cdot CCl_3 + HCl$$
$$\cdot CCl_3 + Cl_2 \longrightarrow CCl_4 + \cdot Cl$$

③ 链终止（Chain termination） 自由基相互作用生成稳定的分子而使自由基反应终止：

$$Cl\cdot + \cdot Cl \longrightarrow Cl_2$$
$$Cl\cdot + \cdot CH_3 \longrightarrow CH_3Cl$$
$$\cdot CH_3 + \cdot CH_3 \longrightarrow CH_3CH_3$$

甲烷的氯代反应机理同样也适用于甲烷的溴代等反应。

自由基反应是一类重要的化学反应。不同的烷烃在卤代反应过程中可产生不同的烷烃自由基，而这些自由基的稳定性是不同的。实验表明（见表 2-4），不同类型的烷烃自由基的稳定性顺序如下：

叔碳自由基＞仲碳自由基＞伯碳自由基

一些常见的烷烃自由基稳定性大小顺序为：

$$\cdot C(CH_3)_3 > \cdot CH(CH_3)_2 > \cdot CH_2CH_3 > \cdot CH_3$$

表 2-4 不同类型烷烃自由基与碳氢键的离解能
（Dissociation energy of selected carbon-hydrogen bonds and the alkane radicals）

烷烃 Alkane	自由基 Free radical	自由基名称 Radical name	$E_d/\ kJ\cdot mol^{-1}$ Dissociation energy
CH_4	$\cdot CH_3$	甲基	434.7
CH_3CH_3	$\cdot CH_2CH_3$	乙基	409.6
$CH_3CH_2CH_3$	$\cdot CH_2CH_2CH_3$	丙基	409.6
$CH_3CH_2CH_3$	$\cdot CH(CH_3)_2$	异丙基	397.1
$CH(CH_3)_3$	$\cdot C(CH_3)_3$	叔丁基	384.6

2. 氧化反应（Oxidation）

烷烃的氧化反应属于自由基反应，反应时能释放出大量的热量。如：

$$CH_4 + O_2 \Longrightarrow CO_2 + 2H_2O + 890kJ\cdot mol^{-1}$$

如果控制在着火温度以下，烷烃不完全氧化可分别生成醇、醛、酮或羧酸等。

3. 裂解反应（Lytic reactions）

烷烃在无氧条件下加热时，碳链断裂生成较小分子的反应称为裂解反应。烷烃的裂解反应分热裂解和催化裂解。例如：

$$CH_3CH_2CH_2CH_3 \xrightarrow{600℃} CH_4 + CH_2=CHCH_3$$

$$CH_3CH_2CH_2CH_2CH_2CH_3 \xrightarrow[500℃]{硅酸铝} CH_2=CH_2 + CH_2=CHCH_3 + CH_2=CHCH_2CH_3$$

热裂解属于自由基反应，催化裂解属于离子型反应。烷烃的裂解是制备烯烃或由高级烷烃制备较低级烷烃的重要方法。

4. 异构化反应（Isomerization）

直链烷烃在强酸催化下，可进行异构反应。例如：

$$CH_3CH_2CH_2CH_3 \xrightarrow[90\text{-}95\text{℃}，2\text{MPa}]{AlCl_3，HCl} CH_3\overset{\overset{\displaystyle CH_3}{|}}{C}HCH_3$$

工业上常用这种反应，将直链烷烃转化成支链烷烃，提高油品的质量。

八、 烷烃的制备方法（Preparation of alkanes）

1. 石油分馏（Fractional distillation from petroleum）

石油分馏是烷烃的主要来源，从油田得到的原油通常是深褐色黏稠状液体，根据不同需要经分馏得到不同馏分（表 2-5）。

表 2-5　石油的主要馏分和用途
(The various fractions from petroleum and the main uses)

名称 Name	主要成分 Main components	主要用途 Main uses
石油气	$C_1 \sim C_4$	化工原料、燃料
石油醚	$C_5 \sim C_6$	溶剂
汽油	$C_7 \sim C_9$	内燃机燃料、溶剂
航空煤油	$C_{10} \sim C_{15}$	飞机燃料
煤油	$C_{11} \sim C_{16}$	燃料、工业洗涤用油
柴油	$C_{15} \sim C_{19}$	柴油机燃料
润滑油	$C_{16} \sim C_{20}$	机械润滑
凡士林	$C_{18} \sim C_{22}$	制药、防锈涂料
石蜡	$C_{17} \sim C_{35}$	制皂、蜡烛、脂肪酸原料
沥青		防腐、铺路、建筑用材料

2. 其他制法（Other methods）

从石油分馏获得的烷烃往往是混合物，很难分离。通过合成的方法可制备纯粹的单一烷烃。工业上，利用柯尔伯（Kolbe）反应来制备纯粹的烷烃，即羧酸或羧酸盐在电解条件下，阳极产生高级对称的烷烃：

$$RCOOK + 2H_2O \xrightarrow{电解} R\!-\!R + 2CO_2 + 2KOH + 2H_2$$

在实验室中，烷烃可通过多种方法制备，如烯烃和炔烃等的催化氢化、醛酮等的还原、羧酸盐脱羧、Grignard 反应、Wurtz 反应和 Corey-House 反应等。这里不再详述。

九、 常见的烷烃化合物（Common alkanes）

1. 甲烷（Methane）

甲烷，俗称瓦斯（gas），是最简单的有机物，也是含碳量最少、含氢量最大的烃，相对密度为 0.65，比空气轻，具有无色、无味、无毒等特性。甲烷在自然界中的分布很广，是天然气、沼气、油田气、煤矿坑道气及可燃冰（$CH_4 \cdot 8H_2O$）等的主要成分。可用作燃料及制造氢气、炭黑、一氧化碳、乙炔、氢氰酸及甲醛等物质的原料。

在实验室中，常利用醋酸钠与碱石灰（CaO 和 NaOH）混合加热的方法来制备少量的甲烷：

$$CH_3COONa + NaOH \xrightarrow[\triangle]{CaO} CH_4 + Na_2CO_3$$

2. 石油醚（Petroleum ether）

石油醚别名石油精（benzoline），常温下为无色透明液体，是低级烷烃混合物。按沸程分30～60℃、60～90℃和 90～120℃等规格。其中含 $C_5 \sim C_6$ 烷烃的混合物沸程为 30～60℃，主要成分为戊烷和己烷，主要用作有机溶剂。主要来源是由高级烷烃裂解和分馏获得。

3. 石蜡 （Paraffin）

（1）液体石蜡 （Liquid paraffin）　液体石蜡是 $C_9 \sim C_{16}$ 的正烷烃混合物，能溶于乙醚和氯仿等有机溶剂，主要用作洗涤剂原料、化妆品及日用品的稀释剂、溶剂等，医学上用作配制滴鼻剂或喷雾剂的基质等。

（2）固体石蜡 （Paraffin wax）　固体石蜡是固态高级烷烃的混合物，主要组分为 $C_{17} \sim C_{35}$ 的直链烷烃，还有少量带个别支链的烷烃和带长侧链的单环环烷烃。直链烷烃中主要是正二十二烷（$C_{22}H_{46}$）和正二十八烷（$C_{28}H_{58}$）。固体石蜡广泛用于防潮、防水的包装纸、纸板、某些纺织品的表面涂层和蜡烛生产。

4. 凡士林 （Vaseline）

凡士林是 $C_{18} \sim C_{22}$ 的烷烃混合物，常温下呈软膏状的半固体，一般为白色或微黄色。常用作润滑剂、化妆品和软膏基质等。

第二节　环烷烃
（Cyclanes）

链状烷烃碳链的首尾两个碳原子以共价单键相连所形成的环状结构化合物称为环烷烃（cyclanes 或 cycloalkanes）。根据分子中环的类型不同，环烷烃可分为单环、双环（螺环和桥环）和多环环烷烃：

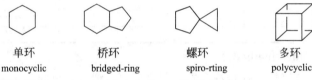

单环	桥环	螺环	多环
monocyclic	bridged-ring	spiro-rting	polycyclic

本节仅就单环环烷烃（monocyclic cyclanes）作以介绍。

一、环烷烃的分类和命名 （Classification and nomenclature of cycloalkanes）

1. 分类 （Classification）

环烷烃 （cyclanes） 的分子通式为 C_nH_{2n} （与单烯烃相同）。根据组成环的碳原子数不同，环烷烃可分类如下：

$$
单环环烷烃
\begin{cases}
小环（3\sim4元环）\\
普通环（5\sim7元环）\\
中环（8\sim11元环）\\
大环（\geqslant12元环）
\end{cases}
$$

2. 命名 （IUPAC names）

环烷烃的命名与烷烃相似，只是在烷烃名称前加一个"环"字。用英文命名时，则加词头 "cyclo-"。例如：

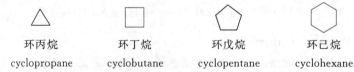

环丙烷	环丁烷	环戊烷	环己烷
cyclopropane	cyclobutane	cyclopentane	cyclohexane

当环上连有一个取代基时，取代基的位次可省略；若连有两个或两个以上取代基时，应使取代基位次代数和最小；如果环上连有复杂基团时，可将环作为取代基命名。例如：

甲基环丁烷
methylcyclobutane

1,3-二甲基环戊烷
1,3-dimethylcyclopentane

1-甲基-2-异丙基环己烷
1-methyl-2-isopropylcyclohexane

3-甲基-1-环丙基戊烷
3-methyl-1-cyclopropylpentane

二、 环烷烃的结构 （ Structures of cyclanes ）

在环烷烃分子中，碳原子均采用的是 sp^3 杂化。因此，应有与烷烃相似的化学稳定性。但事实不尽如此。例如，三元环和四元环的环烷烃有着较高的化学活性。为了说明这一现象，1885 年，拜尔（Baeyer）提出了张力学说（tension theory）。他假设成环的碳原子处于同一平面上，依据碳原子 sp^3 杂化轨道的空间构型（steric configuration），C—C—C 的键角为 109°28′，若键角偏离（小于或大于）此角度，必将产生角张力。例如，环丙烷分子中的键角仅为 60°，远小于正常角度，这种角度偏差使碳原子的 sp^3 杂化轨道不能沿着键轴方向进行最大程度重叠，因此，减弱了 σ 键的稳定性。环丙烷的分子结构如图 2-5 所示。

同理可知，环丁烷的化学稳定性也较差。但环戊烷和环己烷等环烷烃则因键角接近或等于 109°28′，使它们的化学性质比较稳定。根据表 2-6 数据可知，常见环烷烃稳定性大小顺序为：

环己烷＞环戊烷＞环丁烷＞环丙烷

7～11 碳环的稳定性与环戊烷接近，12 碳环以上的稳定性与环己烷接近。表 2-6 所列数据为不同环烷烃分子中每个亚甲基（CH_2）的燃烧热。

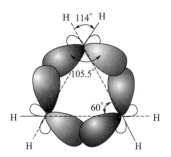

图 2-5　环丙烷的结构
（Structure of cyclopropane）

三、 环烷烃的异构现象 （ Isomerism of cyclanes ）

环烷烃的异构现象主要涉及构造异构（constitutional isomerism）、顺反异构（*cis-trans* isomerism）和构象异构（conformational isomerism）。

表 2-6　不同环烷烃中每个亚甲基的燃烧热
(Combustion heats of per CH₂ in cyclanes)

环烷烃名称 Cyclane name	CH_2 燃烧热/kJ·mol^{-1} Combustion heat of per CH₂	环烷烃名称 Cyclane Name	CH_2 燃烧热/kJ·mol^{-1} Combustion heat of per CH₂
环丙烷	697.0	环癸烷	663.6
环丁烷	686.2	环十一烷	662.3
环戊烷	664.0	环十二烷	658.8
环己烷	658.6	环十三烷	659.6
环庚烷	662.3	环十四烷	657.9
环辛烷	664.2	环十五烷	659.0
环壬烷	664.4	环十七烷	657.1

1. 构造异构（Constitutional isomerism）

在环烷烃中，除了环丙烷无异构体外，其他环烷烃均有异构体。如环丁烷（除了环丁烷本身外）还有一个异构体为甲基环丙烷，而环戊烷则有四个异构体：

环烷烃与含有相同碳原子数的单烯烃属于官能团异构。

2. 顺反异构（Cis-trans isomerism）

在环烷烃分子中，当环上的两个碳原子各连有两个不同的原子或原子团（取代基）时，由于C—C键受环的限制而不能自由旋转，从而可产生顺式和反式两种异构体。这种现象即称为顺反异构现象（cis-trans isomerism），简称顺反异构。若两个取代基位于环平面同侧，称为顺式异构体（cis-form isomer）；若两个取代基位于环平面异侧，称为反式异构体（trans-form isomer）。例如：

顺-1,2-二甲基环丙烷   反-1,2-二甲基环丙烷

cis-1,2-dimethylcyclopropane trans-1,2-dimethylcyclopropane

3. 构象异构（Conformational isomerism）

环烷烃的构象异构是由于环的扭曲或变形而产生的非平面构象。如环己烷及连有一个取代基的甲基环己烷就存在着多种非平面构象。

（1）环己烷的椅式和船式构象（Chair and boat conformations of cyclohexane）　如果环己烷分子中的碳原子在同一平面上（即正六边形）时，其键角为120°，即存在较大的角张力。为了减小这种张力，环己烷分子可通过环的扭曲而形成多种非平面的构象。其中的两个典型构象分别为椅式构象（chair conformation）和船式构象（boat conformation）：

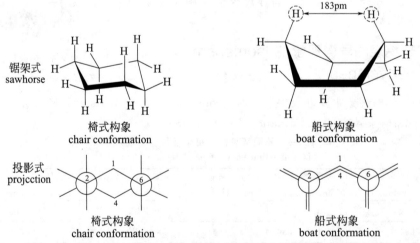

在环己烷的椅式构象中，C—C键的键角均接近于109°28′，几乎没有角张力，且环上的氢原子均处在交叉式位置上，相距较远（距离为250pm，大于两个氢原子的范德华半径之和240pm），氢原子之间几乎没有空间排斥力，因此，分子比较稳定。故椅式构象为环己烷的优势构象。

在环己烷的船式构象中，虽然也无角张力，但同位于"船底"的四个碳原子上的氢原子处在重叠式构象状态，相距较近（229pm）。另外，处于船头和船尾的碳原子上的氢原子也

相距较近（相距 183pm），因此，这些氢原子之间具有空间排斥力。故船式构象为环己烷的不稳定构象。根据计算，船式构象的能量比椅式构象高 29.7kJ·mol^{-1}。在室温下，虽然环己烷分子的热运动可使船式与椅式互变，但 99.9% 的环己烷分子是以椅式构象状态存在。

（2）a 键和 e 键（Axial and equatorial bonds） 在椅式构象的环己烷分子中，共有 12 个 C—H 键，它们可以按取向分为两组：垂直于 C1、C3 和 C5 或 C2、C4 和 C6 所构成的平面的 6 个 C—H 键，称为竖键（直立键）或叫 a 键（axial bond），其中，3 个竖键位于平面的上方，另 3 个则处于下方。其余 6 个 C—H 键则因近似平行于上述平面，故称为横键（平伏键）或叫 e 键（equatorial bond）。

（3）取代环己烷的构象（Conformations of substituted cyclohexanes） 取代环己烷是指环上的一个或多个氢原子被其他原子或原子团取代而得到的化合物。

① 一取代环己烷的构象（Conformations of monosubstituted cyclohexanes） 若环己烷分子中的一个氢原子被其他原子或原子团取代时，取代基既可以处在 e 键上，也可以处在 a 键上，形成两种构象。例如，在甲基环己烷（methylcyclohexane）分子中，甲基既可以处在 e 键上，也可以处在 a 键上。当甲基处在 e 键上时，与相邻碳原子所连的亚甲基（—CH$_2$—）形成对位交叉式（指"4"位与"7"位），即两个较大的基团（CH$_3$—和—CH$_2$—）相距较远，因此比较稳定；而当甲基处在 a 键上时，则因与—CH$_2$—形成邻位交叉式，使 CH$_3$—和—CH$_2$—相距较近，所以较不稳定。故 CH$_3$—处在 e 键上的构象为甲基环己烷的优势构象。

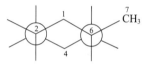

甲基在e键上的构象
conformation of the methyl
on e-bond position

甲基在a键上的构象
conformation of the methyl
on a-bond position

此外，若环己烷上所连的取代基体积越大，则取代基处于 e 键位置的倾向就越大。如在室温下，甲基环己烷分子中的甲基处在 e 键上的构象为 95%，而叔丁基环己烷中的叔丁基位于 e 键上的构象为 99.9%。

② 二取代环己烷的构象（Conformations of disubstituted cyclohexanes） 当环己烷分子中两个碳原子上的氢原子被其他原子或原子团取代时，则存在顺反异构体。例如，1,2-二甲基环己烷（1,2-dimethylcyclohexane）有顺式和反式两种构型。

反-1,2-二甲基环己烷有两种椅式构象，一种是两个甲基均处于横键（ee 键）位置，另一种则都处在竖键（aa 键）位置。显然，前者比后者稳定。

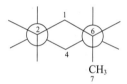

ee   aa

反-1,2-二甲基环已烷的两种椅式构象
two chair conformations of *trans*-1,2-dimethylcyclohexane

顺-1,2-二甲基环己烷的两种椅式构象中，均有一个甲基处在 a 键，另一个处在 e 键。这两种构象的能量相等，稳定性相同。

ae   ea

顺-1,2-二甲基环已烷的两种椅式构象

two chair conformations of *cis*-1,2-dimethylcyclohexane

显然，反式异构体比顺式异构体稳定。实验证明，顺式异构体的能量比反式异构体（优势构象）高 $7.8kJ \cdot mol^{-1}$。

在 1-甲基-4-叔丁基环己烷（4-tertbutyl-1-methylcyclohexane）分子中，由于叔丁基属于较大原子团，如果处于 a 键位置，则与其他原子相距较近而出现相互排斥作用，使体系能量较高。因此，无论是反式还是顺式构象，叔丁基都处于 e 键位置，其顺式和反式异构体的优势构象分别为：

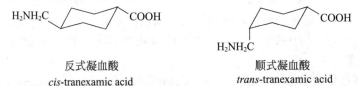

顺-1-甲基-4-叔丁基环己烷   反-1-甲基-4-叔丁基环己烷

cis-4-tertbulyl-1-methylcyclohexane   *trans*-4-tertbulyl-1-methylcyclohexane

判断取代环己烷的优势构象，一般可以根据下列几方面进行分析：

a. 椅式构象是最稳定构象；

b. 有一个取代基时，取代基处于 e 键的构象；

c. 有两个或两个以上取代基时，处于 e 键取代基最多的构象；

d. 有不同取代基时，较大基团（如叔丁基等）处于 e 键的构象。

在含有环己基的药物分子结构中，其构象不同，生理活性也不相同。例如，凝血酸（促凝血药）的反式异构体有较好的止血效果，而顺式异构体的药效却很差。

H_2NH_2C ⟶ COOH   ⟶ COOH

H_2NH_2C

反式凝血酸   顺式凝血酸

cis-tranexamic acid   *trans*-tranexamic acid

四、 环烷烃的物理性质（ Physical properties of cyclanes ）

环烷烃的物理性质与烷烃基本相似。在常温常压下，小环环烷烃为气体，普通环环烷烃为液体，大环环烷烃为固体。不同的是它们的熔点、沸点和密度均大于同数碳原子的烷烃。一些常见环烷烃的物理性质见表 2-7。

表 2-7   常见环烷烃的物理性质

(Physical properties of some cyclanes)

环烷烃 Cyclane	沸点/℃ Boiling point	熔点/℃ Melting point	密度/$g \cdot cm^{-3}$,20℃ Density
环丙烷	−33	−127	0.677(−30℃)
环丁烷	13	−80	0.703(5℃)
环戊烷	49	−94	0.746
环己烷	81	6.5	0.778
环庚烷	118	−12	0.810
甲基环戊烷	72	−142	0.749

环烷烃 Cyclane	沸点/℃ Boiling point	熔点/℃ Melting point	密度/g·cm⁻³,20℃ Density
甲基环己烷	101	−126	0.769
顺-1,2-二甲基环戊烷	99	−62	0.772
反-1,2-二甲基环戊烷	92	−120	0.750

五、 环烷烃的化学性质 （ Chemical properties of cyclanes ）

环烷烃的化学性质与烷烃相似，在一般条件下，不与强酸、强碱、强氧化剂和强还原剂等发生反应，而能发生自由基取代反应。但由于小环环烷烃（环丙烷和环丁烷）分子中存在着角张力，因此易发生加成反应（addition reactions）而开环。

1. 加成反应（Addition reactions）

环烷烃的加成反应是指环上的一个共价键发生断裂后，原共价键上的两个原子各连接一个新的原子或原子团的开环反应（ring-opening reactions）。在环烷烃中，小环环烷烃在一定条件下可以分别与氢气、卤素及卤化氢等发生加成反应。

（1）催化加氢(Catalytic hydrogenation) 在催化剂镍的存在下，环丙烷和环丁烷均可以发生催化加氢反应，生成相应的开链烷烃：

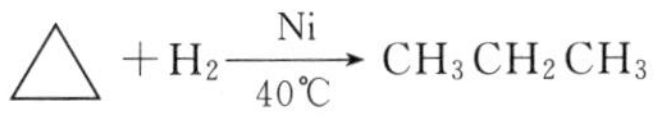

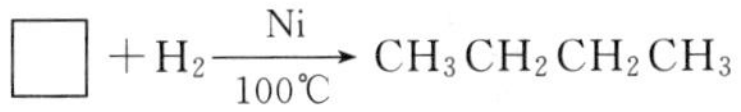

$$\triangle + H_2 \xrightarrow[40℃]{Ni} CH_3CH_2CH_3$$

$$\square + H_2 \xrightarrow[100℃]{Ni} CH_3CH_2CH_2CH_3$$

环戊烷和环己烷在高温下用高活性催化剂铂催化也可以发生加氢反应。例如：

$$\hexagon + H_2 \xrightarrow[300℃]{Pt} CH_3CH_2CH_2CH_2CH_2CH_3$$

（2）加卤素(Addition of halogen) 环丙烷在室温下即可与溴发生加成反应，使溴水褪色，而环丁烷与溴的加成则需要加热才能进行：

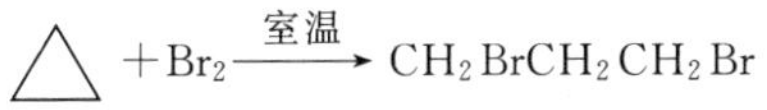

$$\triangle + Br_2 \xrightarrow{室温} CH_2BrCH_2CH_2Br$$

$$\square + Br_2 \xrightarrow{\triangle} CH_2BrCH_2CH_2CH_2Br$$

环戊烷、环己烷等则难与卤素发生加成反应。

（3）加卤化氢(Addition of hydrogen halide) 环丙烷在室温下可与溴化氢发生加成反应，生成溴代烷：

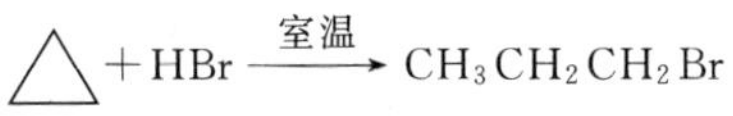

$$\triangle + HBr \xrightarrow{室温} CH_3CH_2CH_2Br$$

当环丙烷上连有取代基时，开环主要发生在含氢较多和含氢较少的相邻碳原子之间，且卤化氢中的卤原子加在含氢较少的碳原子上。例如：

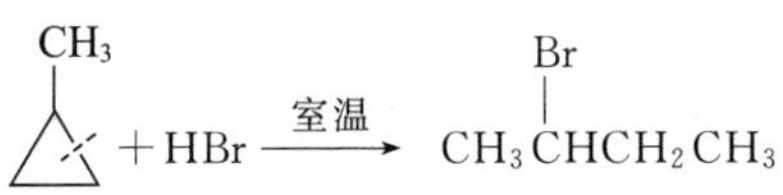

$$\underset{CH_3}{\triangle} + HBr \xrightarrow{室温} CH_3\underset{Br}{CH}CH_2CH_3$$

环丁烷和环戊烷等不与溴化氢发生加成反应。

2. 取代反应 （Substitution）

环戊烷等较大的环烷烃在光照或高温下可与卤素发生自由基取代反应。例如：

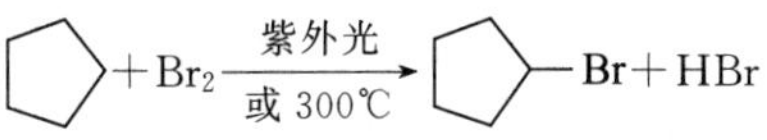

$$\pentagon + Br_2 \xrightarrow[或300℃]{紫外光} \pentagon-Br + HBr$$

$$\text{◯} + Cl_2 \xrightarrow{\text{紫外光}} \text{◯—Cl} + HCl$$

六、 环己烷 （ Cyclohexane ）

环己烷为无色液体，沸点 80.8℃，密度 0.779，有汽油气味，易燃，不溶于水而易溶于有机溶剂。其蒸气与空气能形成爆炸性混合物，爆炸极限 （1.3～8.3）% （体积）。化学性质与烷烃相似。

环己烷的制备方法主要有石油馏分分离法和苯催化加氢法。例如，将环烷烃为基本组分的汽油进行分离，其中 65.6～85.3℃ 的馏分主要含环己烷和甲基环戊烷，然后在 80℃，用 AlCl$_3$ 催化，此时甲基环戊烷异构化为环己烷：

$$\text{五元环-CH}_3 \xrightarrow[80℃]{AlCl_3} \text{◯}$$

苯催化加氢法的反应如下：

$$\text{◯} + 3H_2 \xrightarrow[150～250℃, 2.3～5.3MPa]{Ni} \text{◯}$$

环己烷主要用于制备尼龙 66 和尼龙 6 的单体己二酸、己二胺和己内酰胺。

$$\text{◯} + O_2 \xrightarrow[100℃, 1MPa]{\text{环烷酸钴}} \begin{array}{l} CH_2CH_2COOH \\ CH_2CH_2COOH \end{array}$$

环己烷也是树脂、涂料、清漆和制造聚乙烯等的优良溶剂，其毒性比苯小。

习 题 （Exercises）

1. 烷烃和环烷烃分子中都有哪些共价键？属于什么类型？碳原子采用了何种杂化态？

2. 环己烷的构象为什么是非平面结构而不是平面六边形？

3. 请分别用纽曼投影式和锯架式画出丙烷的重叠式和交叉式构象。

4. 请画出 1,3-二甲基环己烷和 1,4-二甲基环己烷可能的椅式构象，并指出何者为优势构象。

5. 解释下列名词：
   (1) 烷基   (2) 构象   (3) 仲碳原子   (4) 加成反应

6. 按次序规则比较下列各组基团的优先次序，并说明为什么？
   (1) —CH＝CH$_2$ 和 —CH(CH$_3$)$_2$
   (2) —C≡CH 和 —C(CH$_3$)$_3$
   (3) —CH＝O 和 —C≡N
   (4) —COOH 和 —COCH$_3$

7. 命名下列化合物：

(1) $CH_3CH_2\overset{\underset{\displaystyle CH_3}{|}}{\underset{\underset{\displaystyle CH_3}{|}}{C}}CH_3$

(2) $CH_3\underset{\underset{\displaystyle CH_3}{|}}{CH}CH\underset{\underset{\displaystyle CH_3}{|}}{\overset{\overset{\displaystyle CH_2CH_3}{|}}{CH}}CH_2\underset{\underset{\displaystyle CH_3}{|}}{CH}CH_3$

(3) $CH_3CH_2\underset{\underset{\displaystyle CH_2CH_3}{|}}{\overset{\overset{\displaystyle CH_2CH_3}{|}}{CH}}CHCH_2CH_3$

(4) $CH_3CH_2\underset{\underset{\displaystyle CH_2CH_2CH_2CH_3}{|}}{CH}CHCH(CH_3)_2$

(5) $CH_3CH_2CH\underset{\underset{\displaystyle \triangle}{|}}{CH}CHCH_2CH_3$ （含 CH$_3$ 支链）

(6) 环己烷环上带 CH$_3$ 和 CH(CH$_3$)$_2$

(7) $CH_3(CH_2)_{10}CH_3$ (8)

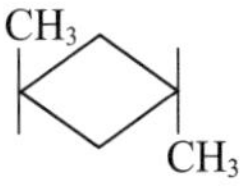

8. 写出下列化合物的结构式：

    （1）异丁烷   （2）新戊烷

    （3）3-甲基-4-乙基己烷   （4）2,6-二甲基-3,6-二乙基辛烷

9. 试写出分子式为 C_8H_{18}，且只含有伯氢的烷烃结构式。

10. 请用 1°、2°、3°和 4°标出下列化合物的碳原子类型，并分别指出每个化合物中的伯、仲和叔氢原子数目：

    （1）1,1,2-三甲基环丙烷   （2）2,3-二甲基-3-乙基戊烷

11. 分子式为 C_6H_{14} 的烷烃共有几种碳链异构体？请分别写出其结构式。

12. 写出下列反应的主要产物：

    (1) $CH_3CH_2CH_3 + Cl_2 \xrightarrow{光照}$

    (2)  $+ Br_2 \longrightarrow$

    (3) 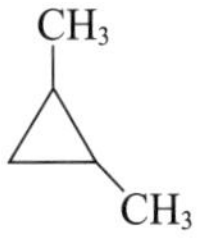 $+ HBr \longrightarrow$

    (4) $+ Br_2 \xrightarrow{光照}$

    (5) 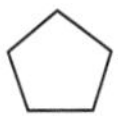 $+ Br_2 \xrightarrow{加热}$

13. 试写出乙烷与氯气反应生成一氯乙烷的反应机理。

14. 写出 1-甲基-3-乙基环己烷的顺式和反式结构。

15. 试写出单环环烷烃 C_5H_{10} 所有的碳链异构体并命名。

16. 分子式为 C_6H_{14} 的两种碳链异构体 A 和 B，分别与 Cl_2 反应时，都能得到 3 种一氯代烷烃，但 A 异构体中含有 8 个仲氢原子，而 B 异构体中只有 2 个仲氢原子。试推测 A 和 B 的结构。

17. 分子式为 C_6H_{12} 的两种化合物 A 和 B。A 在室温下即能使 Br_2 褪色，且分子中含有 3 个叔碳原子。B 在光照时可与 Br_2 发生取代反应，且分子中含有 12 个仲氢原子。试推测 A 和 B 的结构。

第三章 烯烃、炔烃和二烯烃

(Alkenes, Alkynes, and Dialkenes)

分子中含有碳碳双键（C═C）或碳碳叁键（C≡C）的烃称为不饱和烃（unsaturated hydrocarbons）。分子中含有碳碳双键的不饱和烃称为烯烃（alkenes 或 olefins），含有碳碳叁键的不饱和烃称为炔烃（alkynes）。

在烯烃和炔烃的分子中，除含有 σ 键外，还含有 π 键。因此，这两类化合物的化学性质较烷烃活泼得多。

第一节 烯烃和炔烃
(Alkenes and Alkynes)

分子中只含有一个碳碳双键的烯烃称为单烯烃（monoalkenes），简称烯烃（alkenes），分子通式为 C_nH_{2n}。炔烃分子中通常只含有一个碳碳叁键，其通式为 C_nH_{2n-2}。

一、烯烃和炔烃的结构（Structures of alkenes and alkynes）

1. 烯烃的结构（Structures of alkenes）

烯烃的官能团为碳碳双键，双键上的两个碳原子在成键时采用的是 sp^2 杂化，即碳原子在成键过程中，2s 轨道中的一个电子吸收能量被激发到 2p 空轨道中，使最外层每个原子轨道各含一个电子，然后由一个 2s 轨道和两个 2p 轨道发生杂化，形成三个能量和形状均完全相同的 sp^2 杂化轨道，剩余一个 2p 轨道未参与杂化。碳原子的 sp^2 杂化过程见图 3-1。

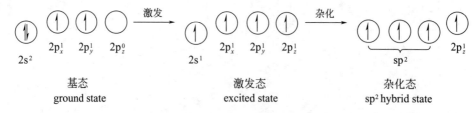

图 3-1 双键碳原子的 sp^2 杂化过程

(sp^2 orbital hybridization of the double bond carbon atom)

每个 sp^2 杂化轨道含有 1/3s 轨道成分和 2/3p 轨道成分。sp^2 杂化轨道的形状与 sp^3 杂化轨道相似，为宝葫芦形，三个 sp^2 杂化轨道的对称轴处于同一平面，夹角互为 120°，在空间呈平面三角形 [图 3-2(a)]。未参与杂化的一个 2p 轨道的对称轴垂直于该平面 [图 3-2(b)]。

现以乙烯（ethene 或 ethylene）为例，说明烯烃的结构。在乙烯分子中，两个碳原子各以一个 sp^2 杂化轨道沿键轴方向"头碰头"相互重叠，形成 C—C σ 键，又各用两个 sp^2 杂化轨道分别与氢原子的 1s 轨道重叠，形成 4 个 C—H σ 键，分子中所有 σ 键处于同一平面。两个碳原子各有一个未参与杂化的 2p 轨道，其轨道轴相互平行，从侧面"肩并肩"重叠，

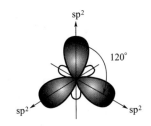

(a) 3个sp² 杂化轨道的空间去向
(spatial orientations of three sp² orbitals)

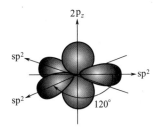

(b) 3个sp²杂化轨道与未杂化的2p_z轨道
(three sp² orbitals and unhybridized 2p_z orbital)

图 3-2 碳原子的 sp² 杂化轨道与未参加杂化的 p 轨道
(sp² hybridized orbitals and unhybridized 2p orbital of the carbon atom)

形成了碳碳间的另一个共价键——π 键。乙烯分子的结构如图 3-3 所示。乙烯分子为平面构型，分子中的所有原子及原子间的 σ 键都处于同一平面，而 π 键垂直于该平面。

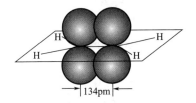

(a) 两个2p轨道的平行重叠情况
(side by side overlap of two 2p orbitals)

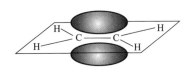

(b) π键的电子云分布情况
(electron cloud distribution of the π bond)

图 3-3 乙烯分子的结构
(Structure of ethylene molecule)

烯烃中的碳碳双键是由一个 σ 键和一个 π 键组成，其键能为 611kJ·mol^{-1}，小于 C—C 单键键能（347kJ·mol^{-1}）的两倍，说明 π 键的键能小于 σ 键。由于形成 π 键时，2p 轨道的重叠程度比 σ 键小，因此 π 键不如 σ 键稳定，较易断裂。碳碳双键的键长为 134pm，比 C—C 单键的键长（154pm）短。一方面是因为 sp² 杂化的碳原子 s 成分较多，距原子核较近，两个原子要更加靠近才能重叠成键。另一方面是由于 π 键的存在增加了原子核对电子的引力，缩短了核间的距离。

在烯烃分子中，π 电子云呈块状 [图 3-3(b)]对称分布于分子平面的上方和下方，离成键的原子核较远，受原子核的约束力较小。因此，π 电子的流动性较大，在外电场影响下，π 键较 σ 键易发生极化，化学活性较高。

由于 π 键是由两个碳原子的 2p 轨道从侧面平行重叠而形成的，因此，以双键相连的两个碳原子不能像 C—C 单键那样能绕 σ 键键轴自由旋转。

2. 炔烃的结构（Structures of alkynes）

炔烃的结构特征是分子中含有碳碳叁键，碳碳叁键中的碳原子为 sp 杂化，其杂化过程见图 3-4。

碳原子在成键过程中，其激发态的一个 2s 轨道和一个 2p$_x$ 轨道发生杂化，形成两个能量、形状完全相同的 sp 杂化轨道。每个 sp 杂化轨道都含有 1/2s 轨道成分和 1/2p 轨道成分，其形状与 sp² 及 sp³ 杂化轨道相似。轨道间夹角为 180°，呈直线形。余下两个互相垂直的 2p 轨道都垂直于 sp 杂化轨道的对称轴（图 3-5）。

在乙炔分子中，两个碳原子各以一个 sp 杂化轨道沿轨道对称轴"头碰头"互相重叠，形成 C—C σ 键；每个碳原子的另一个 sp 杂化轨道分别与氢原子的 1s 轨道重叠，形成两个

图 3-4 叁键碳原子的 sp 轨道杂化过程
（sp orbital hybridization of the triple bond carbon atom）

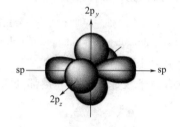

(a) 2个sp杂化轨道分布图
(spatial orientations of two sp orbitals)

(b) 2个sp轨道与2个p轨道分布图
(spatial orientations of two sp orbitals and two 2p orbitals)

图 3-5 碳原子的两个 sp 杂化轨道与未参与杂化的两个 2p 轨道
（sp orbitals and unhybridized 2p orbitals in the carbon atom）

C—H σ 键，这三个 σ 键在一条直线上。未参加杂化的 2p 轨道（即 $2p_y$-$2p_y$，$2p_z$-$2p_z$）两两平行重叠，形成两个彼此相垂直的 π 键（图 3-6）。

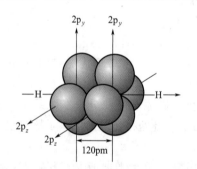

图 3-6 乙炔分子中两个 π 键的形成示意图
(Formation of two π bonds in the ethyne molecule)

从表面上看，乙炔分子中的碳碳叁键是由一个 σ 键和两个 π 键组成，但由于这两个 π 键的相互作用，使二者的电子云融为一体并呈圆柱形对称地分布在 σ 键的周围，整个分子呈线形结构。

乙炔分子中碳碳叁键的键长为 120pm，比碳碳双键（134pm）短，键能为 835kJ·mol^{-1}，比碳碳双键的键能（611kJ·mol^{-1}）大。由于叁键碳原子为 sp 杂化，s 成分较 sp^2 杂化轨道多，距原子核更近，且核对 sp 杂化轨道中的电子约束力更大，使得乙炔分子中两个碳原子之间的结合更加紧密，不易极化。因此乙炔的亲电加成反应活性较乙烯小，而 C—H 键的极性比乙烯大，显示出极弱的酸性。

碳原子 3 种杂化轨道的特点比较见表 3-1。

表 3-1 碳原子 3 种杂化轨道的特点比较
（**Contrast of the characteristics of three kinds of hybridized orbitals in carbon atoms**）

杂化类型 Hybrid orbital type	sp^3	sp^2	sp
参与杂化的轨道种类	2s+2p+2p+2p	2s+2p+2p	2s+2p
参与杂化的轨道数目	4	3	2
形成杂化轨道的数目	4	3	2
杂化轨道成分	1/4s+3/4p	1/3s+2/3p	1/2s+1/2p
杂化轨道形状	一头大一头小	一头大一头小	一头大一头小
空间构型	正四面体形	正三角形	直线形
杂化轨道间的夹角	109.5°	120°	180°

二、 烯烃和炔烃的异构现象 （ Isomerism of alkenes and alkynes ）

由于 π 键的存在，烯烃和炔烃的异构现象较烷烃复杂。不仅如此，许多烯烃还存在立体异构现象——顺反异构。

1. 构造异构 （Constitutional isomerism）

烯烃和炔烃的构造异构包括两类，即碳链异构（carbon chain isomerism）和位置异构（positional isomerism）。位置异构是因官能团位置不同而引起的异构现象。例如，丁烯和戊炔各有三个构造异构体：

$$
\begin{array}{ccc}
CH_3 & & \\
\mid & & \\
CH_3C=CH_2 & CH_2=CHCH_2CH_3 & CH_3CH=CHCH_3 \\
CH_3 & & \\
\mid & & \\
CH_3CHC\equiv CH & CH\equiv CCH_2CH_2CH_3 & CH_3C\equiv CCH_2CH_3 \\
\text{I} & \text{II} & \text{III}
\end{array}
$$

其中，Ⅰ和Ⅱ为碳链异构，Ⅱ和Ⅲ为位置异构。

此外，同数碳原子的烯烃与单环环烷烃、同数碳原子的炔烃与二烯烃互为官能团异构。

2. 烯烃的顺反异构 （*Cis-trans* isomerism of alkenes）

烯烃分子中以双键相连的两个碳原子不能沿 σ 键轴自由旋转，因此与双键碳原子直接相连的原子或基团在空间存在有不同的固定排列方式。如 2-丁烯分子中双键上的两个氢原子和 2 个甲基在空间就存在两种不同的排列方式：

$$
\begin{array}{cc}
\begin{array}{c}
H \qquad H \\
\diagdown \; / \\
C=C \\
\diagup \; \diagdown \\
H_3C \qquad CH_3
\end{array}
&
\begin{array}{c}
H \qquad CH_3 \\
\diagdown \; / \\
C=C \\
\diagup \; \diagdown \\
H_3C \qquad H
\end{array}
\end{array}
$$

上述两个异构体的区别在于分子中的原子或基团在空间的排列方式不同，前者属于顺式异构体（*cis*-form isomer），而后者属于反式异构体（*trans*-form isomer）。这种异构现象与环烷烃的顺反异构现象十分相似。

顺反异构现象在烯烃中普遍存在，但并非所有含有碳碳双键的化合物都存在顺反异构现象。若同一双键碳上连有相同的原子或基团时，就不存在顺反异构现象：

$$
\begin{array}{ccc}
\begin{array}{c}
a \qquad b \\
\diagdown \; / \\
C=C \\
\diagup \; \diagdown \\
a \qquad d
\end{array}
& \equiv &
\begin{array}{c}
a \qquad d \\
\diagdown \; / \\
C=C \\
\diagup \; \diagdown \\
a \qquad b
\end{array}
\end{array}
$$

由此可以得出产生顺反异构必须具备以下两个条件：

① 分子中存在着限制原子自由旋转的因素（如双键、脂环等结构）。

② 在不能自由旋转的两个碳原子上，各自连接着两个不同的原子或基团：

$$
\begin{array}{ccc}
\begin{array}{c}
a \qquad a \\
\diagdown \; / \\
C=C \\
\diagup \; \diagdown \\
b \qquad b
\end{array}
&
\begin{array}{c}
a \qquad a \\
\diagdown \; / \\
C=C \\
\diagup \; \diagdown \\
b \qquad d
\end{array}
&
\begin{array}{c}
a \qquad d \\
\diagdown \; / \\
C=C \\
\diagup \; \diagdown \\
b \qquad e
\end{array}
\end{array}
$$

三、 烯烃和炔烃的命名 （ Nomenclature of alkenes and alkynes ）

不饱和烃的命名主要有普通命名法、系统命名法以及烯烃的顺反异构命名法。

1. 普通命名法 （Common nomenclature）

简单的不饱和烃常用普通命名法，即根据碳原子数称为某烯（炔）或异某烯（炔）。烯烃英文名称的词尾为"-ene"；炔烃的英文名称的词尾为"-yne"。例如：

CH₂=CH₂	CH₂=CH—CH₃	CH₂=C—CH₃ （CH₃）
乙烯	丙烯	异丁烯
ethylene	propylene	isobutylene

$$CH_2{=}CH_2 \qquad CH_2{=}CH{-}CH_3 \qquad \overset{\displaystyle CH_3}{\underset{}{CH_2{=}C{-}CH_3}}$$

乙烯　　　　　　　　丙烯　　　　　　　　异丁烯

ethylene　　　　　　propylene　　　　　isobutylene

$$CH{\equiv}CH \qquad CH_3C{\equiv}CH \qquad CH_3\overset{\displaystyle CH_3}{\underset{}{CHC{\equiv}CH}}$$

乙炔　　　　　　　　丙炔　　　　　　　　异戊炔

ethyne　　　　　　　propyne　　　　　　isopentyne

2. 系统命名法 （Systematic nomenclature）

复杂的不饱和烃常采用系统命名法。其命名原则如下。

（1）选主链（Picking out the parent chain）　选择含有不饱和碳（双键碳或叁键碳）的最长碳链为主链，按主链碳原子的数目命名为某烯（或某炔）。若主链碳原子的数目超过十个时，则在"烯（炔）"字前加一"碳"字。

（2）编号（Numbering）　从靠近不饱和碳一端开始给主链碳原子依次编号，以两个不饱和碳原子中编号较小的阿拉伯数字表示双键（或叁键）的位次，写于烯（或炔）烃名称之前，并用半字线"-"隔开。若双键（或叁键）正好在主链中央，则应从靠近取代基的一端给主链碳原子编号。

（3）命名（Naming）　将取代基的位次、名称及双键（或叁键）的位次依次写在烯（或炔）烃名称之前。例如：

CH₃CH=CHCH₃	CH₂=CHCH₂CH₂CH₃	CH₃CH₂CH=CHCH₂CH₃
2-丁烯	1-戊烯	3-己烯
2-butene	1-pentene	3-hexene

CH₃CH₂C=CHCHCH₃（CH₃上下）	CH₂=CHCHCH₂CH₃（CH₂CH₂CH₃上，CH₃下）	CH₃CH=CHCH₂(CH₂)₁₃CH₃
2,4-二甲基-3-己烯	3-甲基-4-乙基-1-庚烯	2-十八碳烯
2,4-dimethyl-3-heptene	4-ethyl-3-methyl-1-heptene	2-octadecene

CH₃CH₂C≡CH	CH₃C≡CCHCH₃（CH₃上）	HC≡CCHCH₂CH₂CH₃（CH₂CH₃上）
1-丁炔	4-甲基-2-戊炔	3-乙基-1-己炔
1-butyne	4-methyl-2-pentyne	3-ethyl-1-hexyne

若分子中同时含有双键和叁键时，命名时则选择含有双键和叁键在内的最长碳链为主链，主链的编号应从靠近不饱和碳一端开始，并按先"烯"后"炔"的顺序命名。若主链上的双键和叁键距离相等，则编号从靠近双键一端开始。例如：

HC≡CCHCH=CHCH₃（CH₃上） 1　2　3　4　5　6	CH₃C≡CCH₂CH=CHCH₃ 7　6　5　4　3　2　1
3-甲基-4-己烯-1-炔	2-庚烯-5-炔
3-methyl-4-hexene-1-yne	2-heptene-5-yne

3. 不饱和基团的命名（Names of unsaturated groups）

常见的不饱和基团及其名称如下：

CH$_2$=CH—   CH$_3$CH=CH—   CH$_2$=CHCH$_2$—   HC≡C—

乙烯基   丙烯基（1-丙烯基）   烯丙基（2-丙烯基）   乙炔基

ethenyl（vinyl）   propenyl（1-propenyl）   allyl（2-propenyl）   ethynyl

4. 顺反异构体的命名（Nomenclature of *cis-trans* isomers）

顺反异构体在命名时需在该化合物名称之前注明其构型（configuration）。所谓构型是指分子中原子或原子团在空间的排列方式。与构象的区别在于构型的改变须经化学变化，而构象则无需化学变化，只需一定能量即可相互转化。

顺反异构体的命名方法有顺-反命名法和 Z/E 命名法两种。

（1）顺-反命名法（Naming by term *cis-trans*） 两个相同的原子或基团处于双键同侧的异构体称为"顺"，处于异侧者称为"反"。例如：

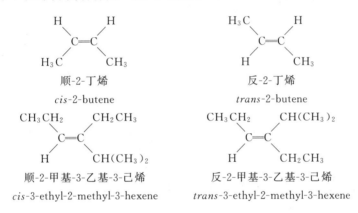

顺-2-丁烯   反-2-丁烯

cis-2-butene   *trans*-2-butene

顺-2-甲基-3-乙基-3-己烯   反-2-甲基-3-乙基-3-己烯

cis-3-ethyl-2-methyl-3-hexene   *trans*-3-ethyl-2-methyl-3-hexene

（2）Z/E 命名法（Naming by the E/Z notational system） 顺-反命名法只适用于双键碳原子上各连有一个彼此相同的原子或基团的构型，若双键碳原子上连接的四个原子或基团均不相同，就难以命名。为此，国际上提出了以次序规则为基础的 Z/E 命名法。

首先按次序规则确定每个双键碳原子上所连的两个原子或基团的优先顺序。当两个较优基团位于同侧时，用"（Z）"（Z：德文 *Zusammen* 的缩写，意为"共同"，并注意将该字母加小括号）表示其构型；若处在异侧，则以"（E）"（E：德文 *Entgegen* 的缩写，意为"相反"）表示其构型。例如：

Z-E 命名法	（Z）-2-丁烯	（E）-2-丁烯
	（Z）-2-bntene	（E）-2-bntene
顺反命名法	顺-2-丁烯	反-2-丁烯
	cis-2-bntene	*trans*-2-bntene

Z/E 命名法适用于所有的顺反异构体，与顺-反命名法相比，更具有广泛性。但需注意，这两种命名方法之间没有固定的联系，Z 构型中有顺式也有反式，E 构型亦是如此。例如：

（E)-2-甲基-3-乙基-3-己烯　　　　　　（Z)-2-甲基-3-乙基-3-己烯

（E)-3-ethyl-2-methyl-3-hexene　　　　（Z)-3-ethyl-2-methyl-3-hexene

（顺-2-甲基-3-乙基-3-己烯）　　　　　（反-2-甲基-3-乙基-3-己烯）

（cis-3-ethyl-2-methyl-3-hexene)　　　（trans-3-ethyl-2-methyl-3-hexene)

顺反异构体的物理性质是不同的，如顺-2-丁烯的熔点为－139.5℃，而反-2-丁烯为－105.5℃。

某些顺反异构体的化学性质也存在着一定差异。如顺-丁烯二酸在140℃时即可失水生成酸酐，而反-丁烯二酸只有在275℃时才有部分酸酐生成。

顺反异构体除了理化性质不同外，在生理活性或药理作用上有时也表现出很大差异。例如，乙烯雌酚是雌性激素，它有顺反两种异构体，供药用的是反式异构体，其顺式异构体生理活性较弱。

顺式乙烯雌酚　　　　　　　　　　　反式乙烯雌酚

cis-diethylstilbestrol　　　　　　　trans-diethylstibestrol

另外，维生素A分子中的四个双键全部为反式构型，具有降血脂作用的亚油酸和花生四烯酸则全部为顺式构型。

四、 烯烃和炔烃的物理性质（ Physical properties of alkenes and alkynes ）

常温常压下，$C_2 \sim C_4$ 的烯、炔烃为气体，$C_5 \sim C_{18}$ 的烯烃和 $C_5 \sim C_{15}$ 的炔烃为液体，C_{19} 以上的烯烃和 C_{16} 以上的炔烃为固体。烯烃的沸点、熔点和密度均随碳原子数的增加而升高，且直链烯烃的沸点比其支链烯烃异构体高，顺式异构体的沸点一般高于反式，熔点则比反式低。烯烃的密度均小于1。烯烃不溶于水，易溶于苯、乙醚和氯仿等有机溶剂。常见烯烃的物理常数见表 3-2。

表 3-2　常见烯烃的物理常数
（Physical constants of some alkenes)

名称 Name	结构 Structure	熔点/℃ Melting point	沸点/℃ Boiling point	密度/g·cm^{-3},20℃ Density
乙烯	$CH_2 = CH_2$	－169.2	－103.7	0.569(液体)
丙烯	$CH_3CH = CH_2$	－185.2	－47.2	0.595(液体)
1-丁烯	$CH_3CH_2CH = CH_2$	－183.4	－6.3	0.625(沸点)
2-甲基丙烯	$(CH_3)_2C = CH_2$	－140.4	－6.9	0.590
顺-2-丁烯	$CH_3CH = CHCH_3$	－139.5	－3.5	0.621
反-2-丁烯	$CH_3CH = CHCH_3$	－105.5	－0.9	0.602
1-戊烯	$CH_3(CH_2)_2CH = CH_2$	－166.2	30.1	0.641
1-己烯	$CH_3(CH_2)_3CH = CH_2$	－139	63.5	0.673
1-庚烯	$CH_3(CH_2)_4CH = CH_2$	－139	93.6	0.697

炔烃的沸点比相应的烯烃略高，密度也稍大些。其原因是炔烃为直线形分子，彼此间结合更紧密，分子间的作用力更强些。炔烃的叁键在中间的比在末端的沸点和熔点都高，这是

由于分子对称性较强的缘故。炔烃分子的极性很弱，在水中的溶解度很小，易溶于苯、丙酮和石油醚等有机溶剂。一些炔烃的物理常数见表 3-3。

表 3-3 常见炔烃的物理常数
(Physical constants of some alkynes)

名称 Name	结构 Structure	熔点/℃ Melting point	沸点/℃ Boiling point	密度/g·cm^{-3},20℃ Density
乙炔	HC≡CH	−80.8	−83.4	0.6181(−82℃)
丙炔	$CH_3C≡CH$	−101.5	−23.2	0.7062(−50℃)
1-丁炔	$CH_3CH_2C≡CH$	−125.7	8.1	0.6784(0℃)
2-丁炔	$CH_3C≡CCH_3$	−32.3	27.0	0.6910
1-戊炔	$CH_3CH_2CH_2C≡CH$	−90.0	40.2	0.6901
2-戊炔	$CH_3CH_2C≡CCH_3$	−101.0	50.1	0.7107
3-甲基-1-丁炔	$CH_3CH(CH_3)C≡CH$	−89.1	29.4	0.6660
1-己炔	$CH_3(CH_2)_3C≡CH$	−131.9	71.3	0.7155
2-己炔	$CH_3(CH_2)_2C≡CCH_3$	−89.6	84.0	0.7315
3-己炔	$CH_3CH_2C≡CCH_2CH_3$	−103.0	81.5	0.7231

五、 烯烃和炔烃的化学性质（ Chemical properties of alkenes and alkynes ）

烯烃和炔烃的化学性质较烷烃活泼，这是因为它们的分子中除了存在较稳定的 σ 键外，还有较活泼的 π 键。所以烯烃和炔烃可以与许多试剂作用，发生诸如加成、氧化和聚合等反应，其中最典型的反应是发生在碳碳双键或碳碳叁键上的加成反应。

1. 催化加氢反应（Catalytic hydrogenation）

在 Ni、Pd 或 Pt 等催化剂作用下，烯烃与氢气发生加成反应生成烷烃。例如：

$$CH_3CH{=\!=}CH_2 + H_2 \xrightarrow{Ni} CH_3CH_2CH_3$$

炔烃在镍等催化剂的作用下，可分别加一分子氢和两分子氢生成烯烃和烷烃，但在该反应条件下难以得到烯烃：

$$HC≡CH \xrightarrow{H_2}{Ni} CH_2{=\!=}CH_2 \xrightarrow{H_2}{Ni} CH_3{-}CH_3$$

如果使用活性较低的 Lindlar 催化剂（Pd/BaSO$_4$/喹啉），炔烃可以只加一分子氢生成烯烃：

$$CH_3CH_2C≡CCH_2CH_3 + H_2 \xrightarrow{Lindlar\ 催化剂} CH_3CH_2CH{=\!=}CHCH_2CH_3$$

一般认为催化加氢反应的机理是氢和烯烃或炔烃都被吸附于催化剂的表面所进行的加成反应，属于协同反应。

2. 亲电加成反应（electrophilic addition）

由于烯烃和炔烃的 π 键电子云受原子核的约束力较小，在反应中易给出电子，故进攻试剂往往是具有亲电性的缺电子试剂，即亲电试剂（electrophilic reagents）。由亲电试剂进攻反应底物而发生的加成反应称为亲电加成反应（electrophilic addition），亲电加成反应是烯烃和炔烃的重要反应。常见的亲电加成试剂有 X_2、HX、H_2SO_4、H_2O 及 HOCl 等。

（1）加卤素(Addition of halogen) 烯烃容易与 Cl$_2$ 或 Br$_2$ 发生加成反应，生成邻二卤代烷。如将乙烯通入溴的四氯化碳溶液中，溴的棕红色立即退去，生成无色的 1,2-二溴乙烷：

$$CH_2\!=\!CH_2 + Br_2 \xrightarrow{CCl_4} \underset{Br}{CH_2}\!\!-\!\!\overset{Br}{CH_2}$$

炔烃与卤素加成先生成二卤代烯烃，继续加成则生成四卤代烷，如：

$$HC\!\equiv\!CH \xrightarrow{Br_2/CCl_4} \underset{Br}{CH}\!=\!\overset{Br}{CH} \xrightarrow{Br_2/CCl_4} \underset{Br}{\overset{Br}{CH}}\!-\!\underset{Br}{\overset{Br}{CH}}$$

因此，常用溴水或溴的四氯化碳溶液鉴定碳碳双键（叁键）的存在，并可与烷烃区别。

不同卤素的反应活性为：

$$F_2 > Cl_2 > Br_2 > I_2$$

氟气与烯烃的反应非常剧烈，产物复杂；碘的活性太低，与烯烃和炔烃难于加成。因此，烯烃或炔烃与卤素的加成，一般是指与氯或溴的加成。

（2）加卤化氢（Addition of hydrogen halide）　当对称烯烃与卤化氢加成时，只得到一种卤代产物，例如：

$$CH_2\!=\!CH_2 + HBr \longrightarrow CH_3CH_2Br$$

若不对称烯烃与卤化氢加成时，则得到两种产物，其中一种为主要产物，另一种为副产物。例如：

$$CH_3CH\!=\!CH_2 + HBr \longrightarrow \underset{Br}{CH_3CHCH_3} + \underset{Br}{CH_3CH_2CH_2}$$

主要产物　　　　次要产物
main product　　by product

大量实验事实证明，不对称烯烃与卤化氢等不对称试剂进行加成反应时，试剂中带正电荷部分（如 H^+）主要加在含氢较多的双键碳原子上，而带负电荷部分（如 X^- 等）则加到含氢较少的双键碳原子上，这一规律叫做马尔可夫尼克夫规则（Markovnikov rule），简称马氏规则。应用马氏规则，可以正确地预测许多反应的主要产物。不对称试剂除 HX 外，还有 H_2SO_4、HOX 和 H_2O 等。

对于同一种烯烃，卤化氢的加成活性顺序为：

$$HI > HBr > HCl$$

炔烃与卤化氢的加成也遵循马氏规则：

$$HC\!\equiv\!CH \xrightarrow{HCl} \underset{Cl}{CH_2\!=\!CH} \xrightarrow{HCl} \underset{Cl}{\overset{Cl}{CH_3CH}}$$

$$CH_3C\!\equiv\!CH \xrightarrow{HBr} \underset{Br}{CH_3C\!=\!CH_2} \xrightarrow{HBr} \underset{Br}{\overset{Br}{CH_3CCH_3}}$$

炔烃与卤化氢的加成反应活性小于烯烃，并且进一步加成的反应速度更慢。因此，可通过控制条件制备卤代烯烃。

当有过氧化物（如 H_2O_2、ROOR 等）存在时，烯烃与 HBr 的加成不遵守马氏规则，而是反马氏规则（anti Markovnikov rule）。例如：

$$CH_3CH\!=\!CH_2 + HBr \xrightarrow{H_2O_2} CH_3CH_2CH_2Br$$

该反应属于自由基加成，其反应机理比较复杂，这里不再详述。

（3）加硫酸（Addition of sulfuric acid）　将烯烃与硫酸在较低的温度下混合，即可生成加成产物烷基硫酸（硫酸氢酯），该产物溶于硫酸，故可利用此法除去烷烃或卤代烃等中的少量烯烃。硫酸氢酯如果与水一起加热可水解生成醇：

$$CH_3CH=CH_2 + HO-\overset{\overset{O}{\|}}{\underset{\underset{O}{\|}}{S}}-OH(80\%) \longrightarrow CH_3\underset{OSO_2OH}{CH}CH_3 \xrightarrow[\Delta]{H_2O} CH_3\underset{OH}{CH}CH_3 + H_2SO_4$$

这是工业上制备醇的方法之一，称为间接水合法。

（4）加水（Hydration）　烯烃在催化剂存在下可直接加水生成醇：

$$CH_2=CH_2 + H_2O \xrightarrow[300℃,7MPa]{H_3PO_4/硅藻土} CH_3CH_2OH$$

这种方法称为直接水合法。

将乙炔通入含有硫酸汞的稀硫酸溶液中，乙炔与水作用生成乙烯醇，乙烯醇不稳定，重排变成乙醛，其他炔烃则生成酮：

$$CH\equiv CH + H_2O \xrightarrow{HgSO_4/H_2SO_4} [CH_2=CH-OH] \longrightarrow CH_3-\overset{\overset{O}{\|}}{C}-H$$

$$乙烯醇$$

$$CH_3C\equiv CH + H_2O \xrightarrow{HgSO_4/H_2SO_4} [CH_3\underset{OH}{\overset{|}{C}}=CH_2] \longrightarrow CH_3-\overset{\overset{O}{\|}}{C}-CH_3$$

（5）加次氯酸（Addition of hypochloric acid）　烯烃与次氯酸钠或次溴酸钠的酸性溶液作用可生成卤代醇。例如：

$$CH_3CH=CH_2 + HOCl \longrightarrow CH_3\underset{OH}{\overset{|}{CH}}CH_2Cl$$

该反应遵循马氏规则，即 Cl$^+$ 加在含氢较多的双键碳上而 HO$^-$ 则加在含氢较少的碳原子上。

3. 氧化反应 （Oxidation）

（1）高锰酸钾氧化 （Oxidation by potassium permanganate solution）　烯烃在中性或碱性条件下用高锰酸钾氧化，生成邻二醇，高锰酸钾溶液的紫色退去，生成棕色的二氧化锰沉淀：

$$CH_3CH=CH_2 + KMnO_4 + H_2O \longrightarrow CH_3\underset{HO}{\overset{|}{CH}}\underset{OH}{\overset{|}{CH_2}} + MnO_2\downarrow + KOH$$

在酸性条件下，烯烃的双键则发生断裂，其氧化产物是：连两个氢的双键碳一端生成 CO_2 和 H_2O；连一个氢的双键碳一端生成相应的羧酸；若不连氢，则产物为相应的酮。例如：

$$CH_2=CH_2 \xrightarrow{KMnO_4+H^+} 2CO_2 + 2H_2O$$

$$CH_3CH=CH_2 \xrightarrow{KMnO_4+H^+} CH_3COOH + CO_2 + H_2O$$

$$CH_3CH_2CH=CHCH_3 \xrightarrow{KMnO_4+H^+} CH_3CH_2COOH + CH_3COOH$$

$$(CH_3)_2C=CHCH_3 \xrightarrow{KMnO_4+H^+} (CH_3)_2C=O + CH_3COOH$$

据此，不仅可以检验不饱和键的存在，而且还可以从产物推断烯烃的结构（表 3-4）。

炔烃在酸性条件下也能与 $KMnO_4$ 等强氧化剂作用，叁键断裂，生成羧酸、二氧化碳等产物，例如：

$$CH_3C\equiv CH + H_2O \xrightarrow{KMnO_4/H^+} CH_3COOH + CO_2$$

$$CH_3CH_2C\equiv CCH_3 + H_2O \xrightarrow{KMnO_4/H^+} CH_3CH_2COOH + CH_3COOH$$

表 3-4 烯烃和炔烃的结构及对应的氧化产物
(Structures of alkenes and alkynes with the corresponding oxidation products)

烯烃结构 Alkene structures	炔烃结构 Alkyne structures	氧化产物 Oxidation products
$CH_2{=}CH_2$	$HC\equiv CH$	$CO_2 + H_2O$
$RCH{=}CH_2$	$RC\equiv CH$	$RCOOH + CO_2 + H_2O$
$RCH{=}CHR'$	$RC\equiv CR'$	$RCOOH + R'COOH$
$RC{=}CH_2$ $\vert$ R'		$RC{=}O + CO_2 + H_2O$ $\vert$ R'

（2）臭氧氧化（Ozonation） 在较低温度下，臭氧能迅速定量地与烯烃反应生成臭氧化物。臭氧化物容易发生爆炸，一般不把它分离出来，而是直接加水分解成醛、酮和过氧化氢：

$$\diagdown C{=}C\diagup + O_3 \longrightarrow \diagdown C\underset{O{-}O}{\overset{O}{C}}\diagup \xrightarrow{H_2O} \diagdown C{=}O + O{=}C\diagup + H_2O_2$$

为了避免水解生成的醛被过氧化氢氧化成羧酸，通常将臭氧化物与还原剂（如锌粉或氢气和铂）一起还原分解。例如：

$$CH_3CH_2CH{=}CH_2 \xrightarrow[(2)Zn+H_2O]{(1)O_3} CH_3CH_2CHO + HCHO$$

$$(CH_3)_2C{=}CHCH_3 \xrightarrow[(2)Zn+H_2O]{(1)O_3} (CH_3)_2C{=}O + CH_3CHO$$

由上述两个反应可以看出，C=C双键断裂后，不连氢的双键碳一端生成相应的酮，而连有氢的双键碳一端生成相应的醛。因此，根据臭氧化物还原水解的产物也可以推断烯烃的结构。

（3）催化氧化（Catalyzed oxidation） 乙烯在银催化下与氧作用生成环氧乙烷：

$$CH_2{=}CH_2 + O_2 \xrightarrow[250℃]{Ag} \underset{O}{CH_2{-}CH_2}$$

4. 聚合反应（Polyreaction）

在一定条件下，若干个烯烃分子可以彼此打开双键进行自身加成反应，生成高分子聚合物：

$$nCH_2{=}CH_2 \xrightarrow[60\sim75℃,1000kPa]{TiCl_4/Al(C_2H_5)_3} \{CH_2{-}CH_2\}_n$$

炔烃在一定条件下也能发生聚合反应。例如：

$$2HC\equiv CH \xrightarrow{CuCl/NH_4Cl} CH_2{=}CHC\equiv CH$$

乙烯基乙炔是合成氯丁橡胶的重要原料。

5. 烯烃 α-氢的卤代反应（Halogenation of α-hydrogen in the alkenes）

与官能团直接相连的碳原子称为α-碳原子，α-碳原子上的氢原子称为α-氢原子。如丙烯分子：

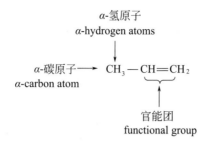

丙烯分子中的 α-氢在高温或光照下，可与卤素发生自由基取代反应：

$$CH_3CH\!\!=\!\!CH_2 + Cl_2 \xrightarrow{500\sim600℃} CH_2ClCH\!\!=\!\!CH_2 + HCl$$

6. 炔烃的特殊反应（Chemical characteristics of alkynes）

（1）端基炔的反应(Reactions of terminal alkynes) 叁键碳位于链段的炔烃称为端基炔(terminal alkynes)，与叁键碳原子直接相连的氢原子（称为炔氢）具有一定的酸性，这是由于 sp 杂化轨道的 s 成分较多，电子云更靠近碳原子核，使—C≡C—H 中 C—H 键的极性增大。因此，叁键碳上的氢原子能被某些金属离子（如 Ag^+、Cu^+ 及 Na^+ 等）取代，生成金属炔化物（metal alkynides）。例如，将乙炔（或丙炔）通入硝酸银的氨溶液或氯化亚铜的氨溶液中，则分别生成白色的炔化锒和砖红色的炔化亚铜沉淀：

$$HC\!\equiv\!CH + 2[Ag(NH_3)_2]NO_3 \longrightarrow AgC\!\equiv\!CAg\!\downarrow + 2NH_3 + 2NH_4NO_3$$
$$CH_3C\!\equiv\!CH + [Ag(NH_3)_2]NO_3 \longrightarrow CH_3C\!\equiv\!CAg\!\downarrow + NH_3 + NH_4NO_3$$
$$HC\!\equiv\!CH + 2[Cu(NH_3)_2]Cl \longrightarrow CuC\!\equiv\!CCu\!\downarrow + 2NH_3 + 2NH_4Cl$$
$$CH_3C\!\equiv\!CH + [Cu(NH_3)_2]Cl \longrightarrow CH_3C\!\equiv\!CCu\!\downarrow + NH_3 + NH_4Cl$$

上述反应很灵敏，常用来鉴定具有（H）R—C≡C—H 结构的炔烃，而 R—C≡C—R 类型的炔烃则不发生上述反应，从而可区分这两种类型炔烃。

干燥的炔化银和炔化亚铜在受热或震动时易发生爆炸，所以反应完成后，立即加硝酸或浓盐酸及时将其分解。

（2）与 HCN 亲核加成(Nucleophilic addition of hydrocyanic acid) 炔烃与 HCN 进行亲核加成反应生成烯腈。例如：

$$HC\!\equiv\!CH + HCN \xrightarrow[80℃]{Cu_2Cl_2} CH_2\!\!=\!\!CHCN$$

丙烯腈（acrylonitrile）是合成橡胶和合成纤维的重要化工原料。

六、 亲电加成反应机理（Mechanism of the electrophilic addition）

现以乙烯与溴的反应为例说明亲电加成反应机理。将乙烯通入溴的氯化钠水溶液，反应除生成 1,2-二溴乙烷外，还有 1-氯-2-溴乙烷和 2-溴乙醇：

$$CH_2\!\!=\!\!CH_2 + Br_2 + NaCl + H_2O \longrightarrow \underset{\substack{|\quad\;| \\ Br\;\;Br}}{CH_2\!-\!CH_2} + \underset{\substack{|\quad\;| \\ Br\;\;Cl}}{CH_2\!-\!CH_2} + \underset{\substack{|\quad\;\; | \\ Br\;\;OH}}{CH_2\!-\!CH_2}$$

在此反应中，如果溴分子中的两个溴原子同时加到双键碳上，则只生成 1,2-二溴乙烷，而不应有 1-氯-2-溴乙烷和 2-溴乙醇的产生，这说明反应是分步进行的。若在无溴的条件下，氯化钠不能与烯烃加成。这一实验事实又说明先加在乙烯双键上的是溴正离子。故烯烃与卤素的加成反应是分步进行的离子型亲电加成反应。乙烯与溴的反应机理如下：

首先，溴分子受 π 电子的排斥作用被极化成一端带部分正电荷，另一端带部分负电荷的极性分子（$Br^{\delta+}$—$Br^{\delta-}$）。然后，溴分子中带部分正电荷的一端与乙烯双键的 π 电子相互作用形成不稳定的 π 配合物，进而使溴分子间的共价键发生断裂，形成溴鎓离子和溴负离子，这是反应的第一步：

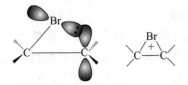

$$\pi\text{配合物}\qquad\qquad\text{溴鎓离子}$$
$$\pi\ \text{complex}\qquad\qquad\text{bromonium ion}$$

溴鎓离子（bromonium ion）是带正电荷的环状中间体，当溴与碳成键后，溴原子上一个含有孤电子对的未成键 4p 轨道，可与另一碳原子的空 2p 轨道从侧面重叠形成 C—Br 键（图 3-7）。这两个 p 轨道不是沿键轴方向重叠，不稳定。反应的第二步是溴负离子进攻溴鎓离子中的一个碳原子，使其开环生成邻二溴乙烷：

图 3-7　环状溴鎓离子的形成示意
(Formation of annular bromonium ion)

如果反应在溴的氯化钠水溶液中进行，带正电荷的溴鎓离子既能与 Br^- 反应，也能与 Cl^-、OH^- 反应，得到的产物为混合物：

$$
\begin{array}{c}
H_2C{-}CH_2 \\
\diagdown\ \overset{+}{}\ \diagup \\
Br
\end{array}
\quad
\begin{cases}
\xrightarrow{\;Br^-\;} & BrCH_2CH_2Br \\
\xrightarrow{Cl^-,\ H_2O} & BrCH_2CH_2Cl + BrCH_2CH_2OH
\end{cases}
$$

七、 马氏规则的理论解释（Theoretical explanation for Markovnikov rule）

马氏规则的理论解释可以从诱导效应或碳正离子稳定性角度进行讨论。

1. 诱导效应（Inductive effect）

诱导效应是由于分子中的原子或基团电负性不同，而引起键的极性改变，并通过静电引力沿着碳链由近及远地依次传递，致使整个分子的极性发生改变的现象。用符号 I 表示。例如，1-氯丙烷分子中的诱导效应可表示如下：

$$
\begin{array}{ccccccc}
 & H & & H & & H & \\
 & | & & | & & | & \\
H{-}\underset{\underset{3}{}}{C} & \!\!\!\!\overset{\delta\delta\delta+}{} & \!\!\!\underset{\underset{2}{}}{C} & \!\!\!\!\overset{\delta\delta+}{} & \!\!\!\underset{\underset{1}{}}{C} & \!\!\!\!\overset{\delta+}{} & \!\!\!Cl^{\ \delta-} \\
 & | & & | & & | & \\
 & H & & H & & H & \\
\end{array}
$$

在 1-氯丙烷分子中，由于氯原子的电负性较强，C—Cl σ 键的电子云向氯原子偏移，使 C1 带部分负电荷（用 $\delta-$ 表示），C1 带有部分正电荷（用 $\delta+$ 表示）。C1 的正电荷又吸引 C1—C2 键的共用电子对，使 C2 带有少量正电荷（用 $\delta\delta+$ 表示）。同理，C3 带有更少量的正电荷（用 $\delta\delta\delta+$ 表示）。由此可见，诱导效应以静电诱导的形式沿着碳链向某一方向由近及远地依次传递，并随传递距离地增加逐渐减弱，一般到第 3 个碳原子以后，可以忽略不计。

诱导效应的方向是以 C—H 键中的氢原子为标准，电负性大于氢的原子或基团（X）为吸电子基，产生吸电子诱导效应，用 $-I$ 表示；电负性小于氢的原子或基团（Y）为斥电子基，产生斥电子诱导效应，用 $+I$ 表示。

$$\underset{\substack{| \\ -\text{C} \\ |}}{\overset{| \\ |}{}}\!\!\rightarrow\! \text{X} \qquad \underset{\substack{| \\ -\text{C} \\ |}}{\overset{| \\ |}{}}\!\!-\!\text{H} \qquad \underset{\substack{| \\ -\text{C} \\ |}}{\overset{| \\ |}{}}\!\!\leftarrow\! \text{Y}$$

$$-I\,效应 \qquad\qquad 比较标准 \qquad\qquad +I\,效应$$
$$-I\,\text{effect} \qquad \text{standard of comparison} \qquad +I\,\text{effect}$$

根据实验结果，一些常见原子或基团的电负性次序如下：

$-\text{F}>-\text{Cl}>-\text{Br}>-\text{I}>-\text{OCH}_3>-\text{OH}>-\text{NHCOCH}_3>-\text{C}_6\text{H}_5>-\text{CH}=$
$\text{CH}_2>-\text{H}>-\text{CH}_3>-\text{C}_2\text{H}_5>-\text{CH(CH}_3)_2>-\text{C(CH}_3)_3$

在氢前面的是吸电子基，在氢之后的是斥电子基。

利用诱导效应可以解释马氏规则。在丙烯分子中，甲基是斥电子基，产生$+I$效应，使双键中π电子云发生偏移，当与溴化氢加成时，首先是H^+加到带部分负电荷的双键碳原子（即含氢较多的碳原子）上形成碳正离子，然后Br^-加到另一个带部分正电荷的双键碳原子（即含氢较少的碳原子）上，生成2-溴丙烷：

$$\text{CH}_3\!\rightarrow\!\overset{\delta+}{\text{CH}}\!=\!\overset{\delta-}{\text{CH}_2} + \text{H}^+ \longrightarrow \text{CH}_3-\overset{+}{\text{CH}}-\text{CH}_3 \longrightarrow \text{CH}_3-\underset{\substack{| \\ \text{Br}}}{\text{CH}}-\text{CH}_3$$

2. 碳正离子的稳定性 （Stability of carbocations）

在离子型反应过程中，一般而言，反应容易向着生成较稳定的碳正离子中间体的方向进行。因此，碳正离子的稳定性对反应的取向起着很重要的作用。

不同碳正离子的稳定性大小与其相连的基团数目有关。就烷基碳正离子而言，如果与其相连的斥电子基团越多，则分散正电荷的能力越强，该碳正离子就越稳定。常见烷基碳正离子的稳定性大小顺序为：

$$\text{R}_3\text{C}^+>\text{R}_2\text{CH}^+>\text{RCH}_2^+>\text{CH}_3^+$$

即　　　　　　叔碳正离子＞仲碳正离子＞伯碳正离子＞甲基碳正离子

利用碳正离子稳定性也可以解释马氏规则。当丙烯与溴化氢加成时，首先是H^+加在双键碳上，于是生成两种碳正离子：

$$\text{CH}_3\!\rightarrow\!\text{CH}=\text{CH}_2 + \text{H}^+ \longrightarrow \text{CH}_3-\overset{+}{\text{CH}}-\text{CH}_3 + \text{CH}_3-\text{CH}_2-\overset{+}{\text{CH}}_2$$

在上述两种碳正离子中，由于仲碳正离子的稳定性大于伯碳正离子，因此，该反应主要朝着生成仲碳正离子的方向进行，因此，最终产物主要是2-溴代丙烷：

$$\text{CH}_3-\overset{+}{\text{CH}}-\text{CH}_3 + \text{Br}^- \longrightarrow \text{CH}_3-\underset{\substack{| \\ \text{Br}}}{\text{CH}}-\text{CH}_3$$

八、　烯烃和炔烃的制备方法（Preparation of alkenes and alkynes）

1. 烯烃的制备方法 （Preparation of alkenes）

工业上，烯烃通常是通过石油馏分或原油直接裂解制得。如：

$$\text{C}_6\text{H}_{14}\xrightarrow{\quad 700\sim900℃\quad}\text{CH}_4+\text{CH}_2=\text{CH}_2+\text{CH}_2=\text{CHCH}_3$$

在实验室中，烯烃可由炔烃控制还原、卤代烷或醇的消除反应（分别参见第六章和第七章）及邻二卤代烷脱卤素（参见第六章）化学方法制取。

2. 炔烃的制备方法 （Preparation of alkynes）

炔烃的制备方法有多种，例如，邻二卤代烷（$-\text{CHX}-\text{CHX}-$）或偕二卤代烷（$-\text{CH}_2-\text{CX}_2-$）脱卤化氢。用于制备高级炔烃的方法有：炔钠（$\text{RC}\equiv\text{C}^-\text{Na}^+$）与卤代烷的反应；乙炔或端基炔烃（$\text{RC}\equiv\text{C}-\text{H}$）与格氏试剂（Grignard reagent，如 RMgX）；有

机锂试剂（RLi）的反应等。这里不再详述。

九、 乙烯和乙炔（Ethene and ethyne）

1. 乙烯（Ethene）

乙烯在常温常压下为无色气体，易溶于四氯化碳等非极性有机溶剂。是合成乙醇、聚乙烯、环氧乙烷和卤代烃等许多化工产品的重要原料。

在工业上，乙烯的主要来源为石油气、裂化气或乙烷的去氢：

$$CH_3CH_3 \xrightarrow{\triangle} CH_2=CH_2 + H_2$$

在实验室中，乙烯可以通过乙醇脱水制得。

2. 乙炔（Ethyne 或 acetylene）

乙炔在常温常压下为无色气体，在水中有一定的溶解度，如在 15.5℃时，1L 水可溶解 1.1L 乙炔。乙炔的化学性质比较活泼，即使在常温下也能慢慢分解变成碳和氢。乙炔对震动、热、电火花或高压均较敏感，易发生猛烈爆炸。乙炔燃烧时，火焰温度很高，可高达 3000℃，因此，可用于金属焊接。但乙炔的主要用途是作为有机合成的基本原料。工业上制备乙炔的方法主要是电石水解和甲烷裂化：

$$CaC_2 + 2H_2O \longrightarrow CH\equiv CH + Ca(OH)_2$$

$$2CH_4 \xrightarrow{\triangle} CH\equiv CH + 3H_2$$

由碳化钙水解制得的乙炔因含有硫化氢和磷化氢等杂质而有气味和毒性。

第二节 二烯烃
（Dialkenes）

一、 二烯烃的分类和命名（Classification and nomenclature of dialkenes）

1. 二烯烃的分类（Classes of dialkenes）

二烯烃（dienes）是指分子中含有两个碳碳双键的烯烃。根据二烯烃分子中两个碳碳双键的相对位置不同，可将其分为以下三种类型。

（1）隔离二烯烃（Isolated dienes） 隔离二烯烃是指分子中的两个碳碳双键被两个或两个以上的碳碳单键隔开，即分子中含有"—CH=CH—(CH$_2$)$_n$—CH=CH—（n=1，2，3，…）"结构的二烯烃。隔离二烯烃分子中的两个双键距离较远，相互影响小，其性质与单烯烃相似。

（2）累积二烯烃（Cumulated dienes） 累积二烯烃是分子中的两个碳碳双键共用一个碳原子，即分子中含有"—CH=C=CH—"结构的二烯烃。累积双键中间的不饱和碳原子为 sp 杂化，两个 π 键相互垂直。由于两个 π 键集中在同一碳原子上，其结构不如隔离二烯烃和共轭二烯烃稳定。这类化合物较为少见。

（3）共轭二烯烃（Conjugated dienes） 共轭二烯烃是分子中的两个碳碳双键被一个碳碳单键隔开，即分子中含有"—CH=CH—CH=CH—"结构的二烯烃。共轭二烯烃具有独特的结构和性质，是本节讨论的主要内容。

2. 二烯烃的命名（Nomenclature of dialkenes）

二烯烃命名时，选择含有两个碳碳双键的最长碳链为主链，从距离碳碳双键最近的一端开始依次给主链碳原子编号，并在主链名称之前注名两个双键的位置，按主链碳原子数命名为某二烯。其余命名原则与单烯烃相同。

CH$_2$=C=CHCH$_2$CH$_3$ CH$_2$=CHCH=CHCH$_2$CH$_3$ CH$_2$=CHCH$_2$CH$_2$CH=CHCH$_3$

    1,2-戊二烯   1,3-己二烯   1,5-庚二烯

  1,2-pentadiene   1,3-hexadiene   1,5-heptadiene

二、 1,3-丁二烯的结构 （ Structure of 1,3-butadiene ）

在 1,3-丁二烯分子中所有的碳原子均为 sp^2 杂化，四个碳原子均以 sp^2 杂化轨道两两重叠形成 C—C σ 键，其余的 sp^2 杂化轨道分别与氢原子的 1s 轨道重叠形成 C—H σ 键。由于 sp^2 杂化轨道是平面结构，因此，分子中所有原子及 σ 键都处于同一平面。而每个碳原子上未参与杂化的 2p 轨道则因彼此平行且垂直于 σ 键，表面上看，两个 π 键形成于 C1 与 C2、C3 与 C4 之间，实际上，由于 C2 与 C3 相邻，使得这二者的 2p 轨道也发生了部分平行重叠而具有部分双键的性质（图 3-8）。

在这种结构中，π 电子的运动范围不再仅局限于 C1—C2 和 C3—C4 两个 π 键上，而是运动于四个碳原子的周围，这种现象称为 π 电子离域（delocalization of π electrons）。π 电子的离域导致键长趋向平均化，即单、双键键长的差别缩小。如 1,3-丁二烯分子中，两个碳碳双键键长均为 137pm，比烯烃的双键键长（134pm）稍长，C2—C3 之间的键长为 147pm，比烷烃的碳碳单键（154pm）短。更重要的是，π 电子的离域使体系的能量降低，分子更稳定。

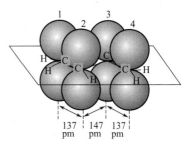

图 3-8　1,3-丁二烯的结构
(Structure of 1,3-butadiene)

三、 共轭体系及共轭效应（ Conjugated systems and conjugative effect ）

1. 共轭体系（Conjugated systems）

由两个或两个以上 π 键重叠或由 p 轨道与 π 键重叠形成的大 π 键称为共轭 π 键或离域 π 键。把含有共轭 π 键的分子、离子和自由基统称为共轭体系（conjugated systems）。常见的共轭体系有 π-π 共轭体系、p-π 共轭体系和超共轭体系。

（1）π-π 共轭体系（π-π conjugated system）　有机分子中具有单双键间隔排列的结构都属于 π-π 共轭体系，如 1,3-丁二烯（CH$_2$=CH—CH=CH$_2$）就是典型的 π-π 共轭体系。

（2）p-π 共轭体系（p-π conjugated system）　有机分子中与双键碳原子以单键相连的某原子上的 p 轨道与 π 键发生"肩并肩"重叠而形成的大 π 键或共轭体系，称为 p-π 共轭体系。常见的 p-π 共轭体系有三种类型（图 3-9）。

① 多电子 p-π 共轭体系（Electron-rich p-π conjugated systems）　多电子 p-π 共轭体系是指与双键碳以单键相连的原子上含有孤电子对的 p 轨道与 π 键重叠形成的大 π 键或共轭体系。在这种共轭体系中，大 π 键的电子数多于组成该共轭体系的原子数。例如，在溴乙烯分子中，溴原子上含一对电子的 4p 轨道与 π 键重叠形成的大 π 键就属于多电子 p-π 共轭体系［图 3-9（a）］。若将溴原子换成含氯、氧、氮、硫原子或碳负离子等具有孤电子对的原子或基团，也能形成此类共轭体系。多电子 p-π 共轭体系的存在使连有较多氢原子的双键碳原子负电性（π 电子云密度）增大，因而易于受到亲电试剂的进攻。

② 缺电子 p-π 共轭体系（Electron-deficient p-π conjugated systems）　缺电子 p-π 共轭体系是指与双键碳以单键相连的原子上空的 p 轨道与 π 键重叠形成的大 π 键或共轭体系。在

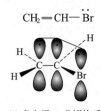

(a) 多电子p-π共轭体系
(electron-rich p-π conjugation)

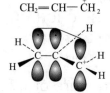

(b) 缺电子p-π共轭体系
(electron-deficient p-π conjugation)

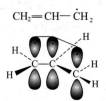

(c) 等电子p-π共轭体系
(isoelectronic p-π conjugation)

图 3-9　三种 p-π 共轭体

(Three kinds of p-π conjugated systems)

这种共轭体系中，大 π 键的电子数少于组成该共轭体系的原子数。例如烯丙基碳正离子，带正电荷的碳原子上的 2p 轨道没有电子，该 p 轨道与 π 键重叠形成的大 π 键即属于缺电子 p-π 共轭体系 ［图 3-9（b）］。由于这种体系中的 π 电子向空的 p 轨道偏移，从而分散了带正电荷的碳原子的正电性，增大了烯丙基碳正离子的稳定性。通常，这类碳正离子的稳定性比叔碳正离子还要稳定。

③ 等电子 p-π 共轭体系(Isoelectronic p-π conjugated systems)　等电子 p-π 共轭体系是指与双键碳以单键相连的原子上含有一个电子的 p 轨道与 π 键重叠形成的大 π 键或共轭体系。在这种共轭体系中，大 π 键的电子数等于组成该共轭体系的原子数。例如烯丙基自由基，碳原子上含单电子的 2p 轨道与 π 键重叠形成的大 π 键即属于等电子 p-π 共轭体系 ［图 3-9（c）］。由于这种体系中的 p 电子在大 π 键中运动，从而可降低该类自由基的活性，使得这类自由基的稳定性比叔碳自由基还大。

（3）超共轭体系(Hyperconjugation systems)　超共轭体系有两类，分别是 σ-π 超共轭系和 σ-p 超共轭系。

① σ-π 超共轭系(σ-π hyperconjugation systems)　有机分子中的一个 σ 键（通常是 C—H σ 键）与 π 键被一个单键所隔开，虽然该 σ 键与 π 键并不平行但仍可从侧面发生部分重叠，这种体系称为 σ-π 超共轭系。例如，在丙烯分子中，由于 C—C σ 键可以转动，每个 C—H 键均可能与 π 键从侧面发生部分重叠，形成 σ-π 超共轭体系（图 3-10）。由于 σ 键与 π 键并不平行，所以这两个键的电子云重叠程度较小。在这种体系中，σ 电子可向 π 键偏移，使 π 键电子云密度增大，而 π 键电子云依次向连有两个氢原子的双键碳原子偏移，这种效应与甲基的斥电子诱导效应的影响结果一致。因此，从这一角度分析，亦能解释马氏规则。

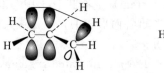

图 3-10　丙烯的 σ-π 超共轭体系

(σ-π hyperconjugated system of propylene)

另外，根据 σ-π 超共轭体系的特点可以看出，饱和碳原子上连的氢原子越多，参与形成 σ-π 超共轭体系机会就越多，超共轭效应就越大，体系越稳定。下列 σ-π 超共轭体系的稳定性顺序为：

$$(CH_3)_2C=C(CH_3)_2 > (CH_3)_2C=CHCH_3 > CH_3CH=CHCH_3 > CH_3CH=CH_2$$

② σ-p 超共轭体系（σ-p hyperconjugated systems）　有机分子中的一个 C—H σ 键与被一个单键所隔开的原子上的 p 轨道从侧面发生部分重叠所形成的体系称为 σ-p 超共轭体系。这种体系可分为缺电子 σ-p 超共轭体系（electron-deficient σ-p hyperconjugated systems）和等电子 σ-p 超共轭体系（isoelectronic σ-p hyperconjugated systems）。例如，在乙基碳正离子和乙基自由基中，首先，带正电荷的碳原子或带单电子的碳原子的杂化类型已由 sp^3 转变为 sp^2，此时，乙基碳正离子中带正电荷的碳原子上未杂化的 2p 轨道不含电子，乙基自由基中碳原子上未杂化的 2p 轨道含有一个电子。由于两个碳原子以 C—C σ 键为轴心自由转动，因此，每个 C—H 键均可能与碳原子上空的 2p 轨道或含单电子的 2p 轨道从侧面发生部分重叠，分别形成缺电子 σ-p 超共轭体系和等电子 σ-p 超共轭体系（图 3-11）。

(a) 缺电子σ-p超共轭体系

(electron-deficientσ-p hyperconjugated system)

(b) 等电子σ-p超共轭体系

(isoelectronicσ-p hyperconjugated system)

图 3-11　两种 σ-p 超共轭体系

（Two kinds of σ-π hyperconjugated systems）

在 σ-p 超共轭体系中，C—H 键越多，参与形成 σ-p 超共轭体系的机会就越多，超共轭效应就越大，体系越稳定。因此，利用这一原理可以阐明不同类型的碳正离子和烷基自由基的稳定性顺序。

2. 共轭效应（Conjugated effect）

在共轭体系中，由于 π 电子的离域，使体系能量降低，分子趋于稳定，键长趋于平均化的现象，称为共轭效应，用符号 C 表示。共轭效应与诱导效应不同，只有共轭体系才存在共轭效应。共轭效应可分为静态共轭效应和动态共轭效应。静态共轭效应是由于电子的离域，从而导致键长平均化和体系能量的降低，是未发生反应就存在于分子内的固有的效应。动态共轭效应是指分子受到外电场（试剂）作用时，共轭链发生极化的现象，如 1,3-丁二烯分子内不存在动态共轭效应，分子无极性，但当受到试剂（如 H^+）进攻时，可引起大 π 键电子云沿共轭链偏移，从共轭体系的一端传递到另一端，使整个体系的电子云密度分布情况发生改变，出现电荷正负相间的现象，即交替极化（alternating polarity）：

$$H^+ \overset{\delta-}{CH_2}=\overset{\delta+}{CH}-\overset{\delta-}{CH}=\overset{\delta+}{CH_2}$$

交替极化现象也可以由分子中的吸电子基团或斥电子基团引起。如在丙烯醛分子中：

$$\overset{\delta-}{O}=\overset{\delta+}{CH}-\overset{\delta-}{CH}=\overset{\delta+}{CH_2}$$

氧原子的吸电子作用使得共轭体系中的 π 电子云发生了交替极化现象。

共轭效应和诱导效应都是影响分子内电子云分布的电子效应（electronic effects），它们可以同时存在于分子中，但二者的产生原因和作用方式是完全不同的。但它们对化合物的反应性能和反应方向均有重要影响。诱导效应与共轭效应特点比较见表 3-5。

表 3-5　诱导效应与共轭效应特点比较
(Comparison of the characteristics of inductive and conjugative effects)

类别 Class	诱导效应(I) Inductive effect	共轭效应(C) Conjugative effect
产生原因	由成键原子电负性不同而引起的静电诱导,使分子中的成键电子云单向偏移	由 π 键与 π 键(或 p 轨道)相互作用而导致电子离域、键长和电子云趋于平均化,体系能量降低
传递方式	沿分子链中的 σ 键传递	沿共轭链传递
传递距离	近程传递,一般至 2~3 个 C 原子	涉及到整个共轭链,不因共轭链延长而减弱
电子运动范围	仍局限在成键的两原子之间	在整个共轭体系之中
极化方式	单向极化	交替极化

四、 共轭二烯烃的化学性质 (Chemical properties of conjugated dienes)

1. 1,2-加成和 1,4-加成 （1,2-Addition and 1,4-addition）

1,3-丁二烯等共轭二烯烃与卤素、卤化氢等亲电试剂加成时，可生成 1,2-加成和 1,4-加成两种产物，如：

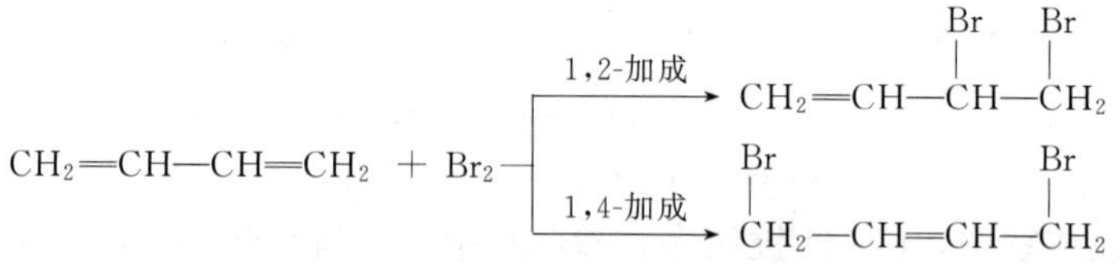

1,2-加成和 1,4-加成是共轭体系的特点，与烯烃的加成反应类似，也属于离子型的亲电加成反应。当 1,3-丁二烯分子与溴分子接近时，首先产生 π 电子云的极化，出现了两个带部分负电荷的碳原子：C1 和 C3，溴正离子可以进攻 C1，也可以进攻 C3，分别形成伯碳正离子和仲碳（烯丙型）正离子：

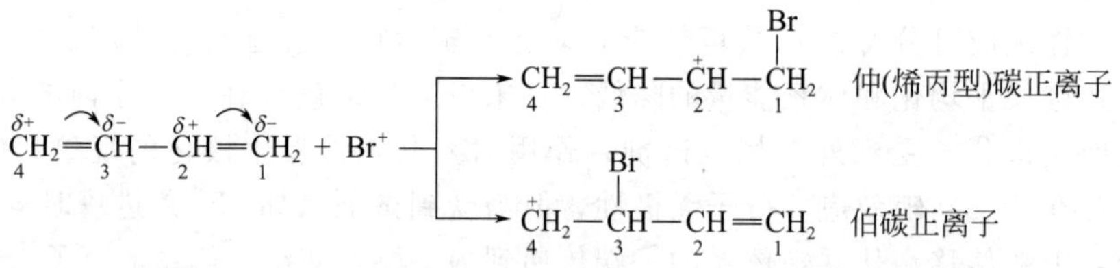

由于烯丙型碳正离子中存在着缺电子 p-π 共轭体系，π 电子发生离域，可以分散 C2 上的正电荷，因此，烯丙型碳正离子较伯碳正离子稳定得多，即反应第一步所生成的碳正离子以烯丙型碳正离子为主。在烯丙型碳正离子中，p-π 共轭体系因受到—CH_2Br 基团吸电子诱导效应影响，而发生交替极化现象，使 C2 和 C4 均带有部分正电荷。这样，Br^- 既可进攻 C2 也可以进攻 C4，从而形成 1,2-和 1,4-加成产物：

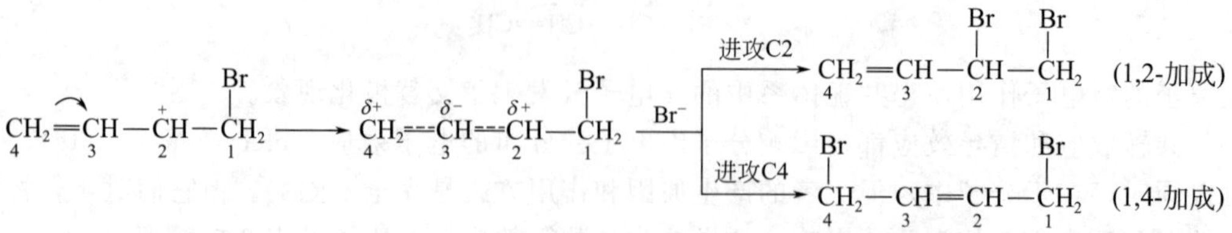

1,2-加成产物和 1,4-加成产物的比例取决于反应条件，一般在较低的温度下以 1,2-加成

产物为主，在较高的温度下以 1,4-加成产物为主。

2. 双烯合成（Conjugated addition of alkene to diene）

共轭二烯烃及其衍生物能与含有碳碳双键或碳碳叁键的化合物在光照或加热条件下发生 1，4 加成反应，生成环状化合物，如：

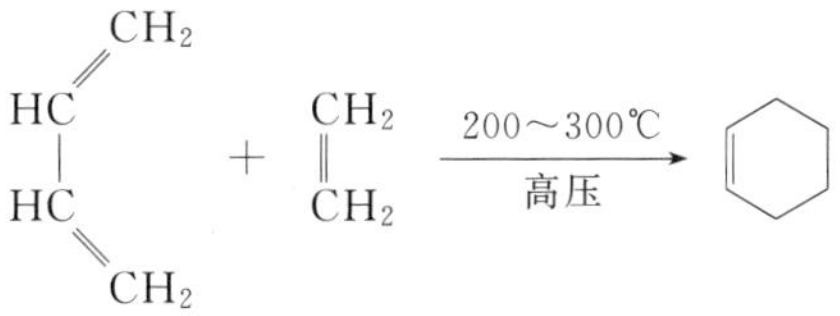

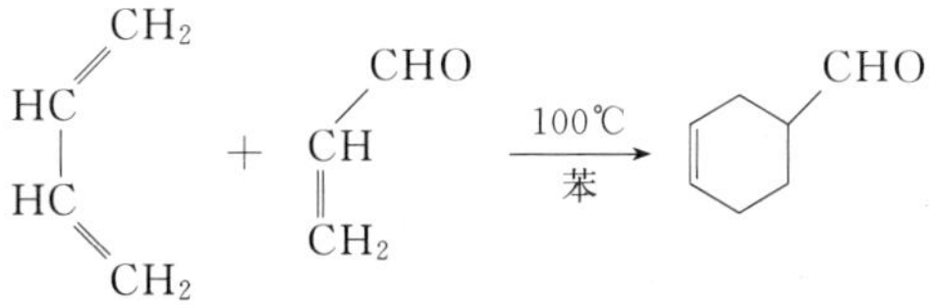

这一类型的反应称为双烯合成，也称狄尔斯-阿尔德反应（Diels-Alder reaction）。狄尔斯-阿尔德反应在有机合成方面具有重要意义。通过双烯合成，可将链状化合物转变成环状化合物。

五、 1,3-丁二烯（1,3-Butadiene）

1,3-丁二烯常温常压下为无色气体，不溶于水而易溶于有机溶剂，是合成橡胶等的重要原料。其主要的工业制法有丁烯脱氢法和乙醇脱水脱氢法等：

$$\begin{matrix} CH_3CH_2CH{=}CH_2 \\ \text{或} \\ CH_3CH{=}CHCH_3 \end{matrix} \xrightarrow[\text{磷酸钙镍，2\%氧化铬}]{600\sim700℃} CH_2{=}CHCH{=}CH_2$$

$$2CH_3CH_2OH \xrightarrow[MgO\text{-}SiO_2]{360\sim370℃} CH_2{=}CHCH{=}CH_2$$

习题（Exercises）

1. 在烯烃和炔烃分子中，双键碳原子和叁键碳原子各采用的杂化态是什么？
2. 产生顺反异构现象的条件是什么？
3. 什么是亲电加成反应？试举例说明。
4. 试比较诱导效应和共轭效应的主要特点有哪些？
5. 试用 σ-p 超共轭效应解释不同类型的烷基碳正离子稳定性顺序。
6. 命名下列化合物：

（1） 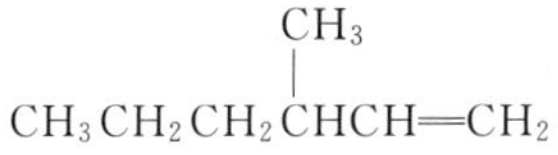
（2） 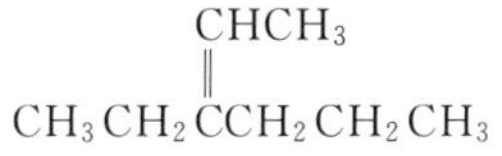

（3） 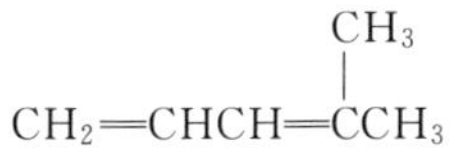
（4） 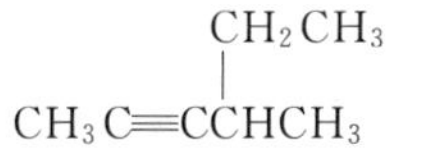

（5） 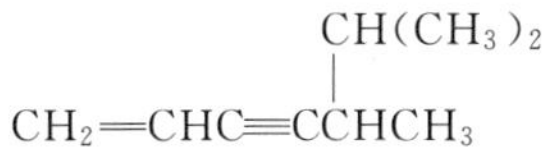
（6） 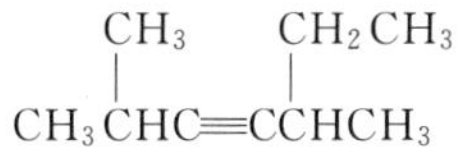

（7） 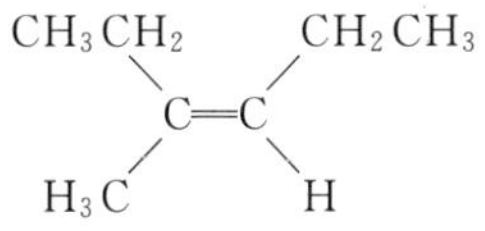
（8） 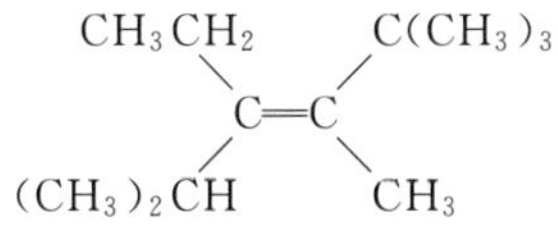

7. 写出下列化合物的结构式：

    (1) 2,3-二甲基-2-丁烯   (2) 3-甲基-1-丁烯

    (3) 3-乙基-1-戊烯-4-炔   (4) 2,3-二甲基-1,3-戊二烯

    (5) 3-甲基-4-乙基-1-己炔   (6) (E)-2-己烯

8. 写出分子组成为 C_5H_8 的同分异构体（只涉及开链烃的构造异构），并用系统命名法命名。

9. 下列烯烃，哪个有顺反异构体？请写出其顺反异构体的构型，并用 Z-E 法命名：

    (1) $(CH_3)_2CHCH{=}CHCH_3$ (2) $CH_3CH_2CH{=}CHCH_2CH_3$

    (3) $CH_2{=}C(CH_3)CH_2CH_3$ (4) $CH_3(C_2H_5)C{=}C(CH_3)CH_2CH_2CH_3$

10. 写出下列反应的主要产物：

              CH_3
               |
    (1) $CH_3CH_2C{=}CH_2 + Br_2 \longrightarrow$ (2) $CH_3CH_2CH{=}CH_2 + HBr \longrightarrow$

    (3) $CH_3C{\equiv}CH \xrightarrow{HBr} ? \xrightarrow{HBr}$ (4) $CH_3CH_2CH{=}CH_2 \xrightarrow{KMnO_4/OH^-}$

    (5) $CH_3CH_2C{\equiv}CH \xrightarrow{KMnO_4/H^+}$ (6) $CH_3CH_2CH{=}CH_2 \xrightarrow{KMnO_4/H^+}$

    (7) $(CH_3)_2C{=}CH_2 + H_2SO_4 \longrightarrow$ (8) $(CH_3)_2C{=}CH_2 + HBr \xrightarrow{H_2O_2}$

    (9) $(CH_3)_2C{=}CH_2 \xrightarrow[(2)\ Zn+H_2O]{(1)\ O_3}$ (10) $CH_3CH_2C{\equiv}CH + H_2O \xrightarrow{HgSO_4/H_2SO_4}$

    (11) $CCl_3CH{=}CH_2 + HCl \longrightarrow$ (12) ▷$-CH_2CH{=}CH_2 + HBr \longrightarrow$

    (13) $CH_2{=}CHCH{=}CH_2 + HCl \longrightarrow$

    (14) $CH_2{=}CHCH{=}CH_2 + CH_3CH{=}CHCH_3 \xrightarrow{\triangle}$

11. 鉴别下列各组化合物：

    (1) 乙烷、乙烯和乙炔   (2) 1-戊炔和 2-戊炔   (3) 丙烷、环丙烷、丙烯和丙炔

12. 请按次序规则比较下列各组原子团的优先次序：

    (1) $CH_3CH_2CH_2{-}$ 与 $(CH_3)_2CH{-}$ (2) $(CH_3)_3C{-}$ 与 $CH{\equiv}C{-}$

    (3) $CH_2{=}CH{-}$ 与 $(CH_3)_2CH{-}$ (4) $NH_2{-}$ 与 $HO{-}$

    (5) $(CH_3)_2CH{-}$ 与 $CH_2{=}CH{-}$ (6) $HC{\equiv}C{-}$ 与 $N{\equiv}C{-}$

13. 请将下列原子或基团按 +I 和 -I 分为两组并排列顺序：

    $-Cl$，$-CH(CH_3)_2$，$-Br$，$-CH_3$，$-CH{=}CH_2$，$-C_2H_5$，$-I$，$-OH$，$-C(CH_3)_3$

14. 请按稳定性大小顺序排列下列各组碳正离子：

    (1) $CH_3CH_2^+$ $(CH_3)_2CH^+$ $(CH_3)_3C^+$ CH_3^+

    (2) $CH_3\overset{+}{C}HCH{=}CH_2$ $CH_2{=}CHCH_2\overset{+}{C}H_2$ $CH_3CH{=}CHCH_2^+$ $(CH_3)_2\overset{+}{C}CH{=}CH_2$

15. 分子式为 C_5H_{10} 的化合物，与高锰酸钾酸性溶液作用可生成一分子丙酮和一分子乙酸，试推测该化合物的结构并写出有关反应式。

16. 分子组成为 C_6H_{10} 的两种化合物，氢化后都生成 2-甲基戊烷，它们都可以与两分子溴加成，但其中一种能使硝酸银的氨溶液产生白色沉淀。试推测两个异构体的结构。

17. 分子式为 C_4H_8 的两种化合物与 HBr 作用，生成相同的溴代烷，试推测原来两种化合物的结构式。

第四章 芳香烃和非苯芳香烃

（Arenes and Nonbenzenoid Arenes）

芳香烃是芳香族碳氢化合物。最早是从天然树脂、香精油中提取出来一些具有芳香气味的物质，并且发现这类化合物的分子中都含有苯环，于是就把这一类化合物称为芳香族化合物（arenes 或 aromatic compounds），简称芳香烃（aromatic hydrocarbons）。后来发现许多不属于这一类的化合物也具有香味，而有些芳香族化合物不仅没有香味，反而具有令人不愉快的气味。因此，芳香烃仅是历史沿用名称而已。芳香烃一般是指分子中含有苯环结构的碳氢化合物。但也有一些不含苯环结构的芳香烃，称为非苯芳烃（nonbenzenoid arenes）。

芳香烃可分为以下几类。

1. 单环芳香烃（Monocyclic arenes）

分子中只含一个苯环的芳香烃，称为单环芳香烃。例如：

| 苯 | 乙苯 | 苯乙烯 | 间二甲苯 |
| benzene | ethylbenzene | styrene | *m*-dimethylbenzene |

2. 多环芳香烃（Polycyclic arenes）

分子中含有两个或两个以上苯环的芳香烃称为多环芳香烃。根据分子中苯环连接的方式不同，多环芳香烃可分为多苯代脂肪烃、联苯烃和稠环芳香烃。

（1）多苯代脂肪烃(Polyphenyl fatty hydrocarbons) 指脂肪烃分子中两个或两个以上的氢原子被苯环取代的化合物。例如：

4,4'-二甲基二苯甲烷　　　　　　1,2-二苯乙烯
4,4'-dimethyldiphenylmathene　　1,2-diphenylethene

（2）联苯烃(Biphenyl hydrocarbons) 指两个或两个以上苯环分别以单键相连而成的多环芳香烃。例如：

4,4'-二甲基联苯　　　　　　1,4-三联苯
4,4'-dimethylbiphenyl　　　　1,4-triphenyl

（3）稠环芳香烃(Polycyclic aromatic hydrocarbons) 指两个或两个以上苯环彼此共用

两个碳原子而成的多环芳香烃。例如：

萘	蒽	菲
naphthalene	anthracene	phenanthrene

3. 非苯芳香烃 （Nonbenzenoid arenes）

指分子中不含苯环的芳香烃。例如：

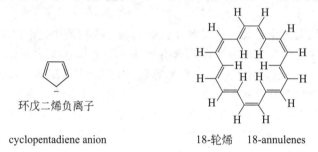

环戊二烯负离子

cyclopentadiene anion   18-轮烯   18-annulenes

第一节   单环芳香烃
（ Monocylic Arenes ）

一、 单环芳香烃的异构现象和命名（ Isomerism and naming of monocylic arenes ）

最简单的单环芳香烃是苯。对简单的一元烷基苯命名时，一般是以苯为母体，烷基为取代基。例如：

乙苯	异丙苯	正丁苯
ethylbenzene	isopropylbenzene	*n*-butylbenzene

对取代基相同的二元取代苯，由于取代基的相对位置不同，可有三种异构体，应以苯环为母体，取代基的位置用阿拉伯数字表示，也可用"邻"或"*o*-（*ortho*）"、"间"或"*m*-（*meta*）"和"对"或"*p*-（*para*）"表示。例如：

1,2-二甲苯	1,3-二甲苯	1,4-二甲苯
邻二甲苯	间二甲苯	对二甲苯
o-二甲苯	*m*-二甲苯	*p*-二甲苯
o-dimetylbenzene	*m*-dimetylbenzene	*p*-dimetylbenzene

当苯环上有三个相同取代基时，以苯环为母体，用阿拉伯数字或"连"、"偏"和"均"表示取代基的相对位置。例如：

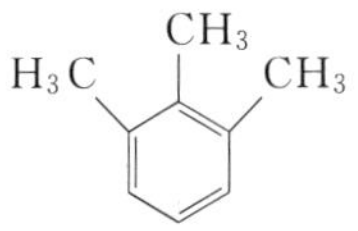

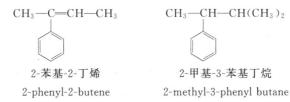

1,2,3-三甲苯　　　1,2,4-三甲苯　　　1,3,5-三甲苯

　连三甲苯　　　　　偏三甲苯　　　　　均三甲苯

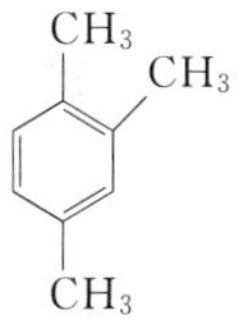

1,2,3-trimethylbenzene　1,2,4-trimethylbenzene　1,3,5-trimethylbenzene

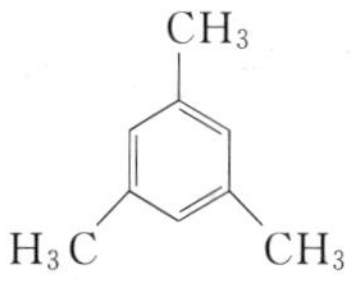

对结构复杂的单环芳香烃和苯环上连有不饱和烃基时，可把苯环看作取代基命名。例如：

　2-苯基-2-丁烯　　　　　2-甲基-3-苯基丁烷

2-phenyl-2-butene　　　2-methyl-3-phenyl butane

当苯环上连有硝基、亚硝基或卤原子时，一般以苯环为母体来命名。而当苯环上连有氨基、羟基、醛基、羧基或磺酸基时，则把苯环看作取代基命名。例如：

硝基苯　　　　溴苯　　　　苯胺　　　　苯酚　　　　苯甲酸

nitrobenzene　bromobenzene　aniline　phenol　benzoic acid

如果苯环上有两个或两个以上的取代基，应先选择一个取代基与苯环一起作母体，排在后面的基团作为取代基。把作为母体的基团所连苯环的碳原子编为 1 号，其他基团按照"最低序列"规则编号，按"较优基团"后列出的顺序进行命名。

取代基优先作为母体的顺序是：

—COOH＞—SO₃H＞—COOR＞—COX＞—CONH₂＞—C≡N＞—CHO＞C＝O＞—OH（醇）＞—OH（酚）＞—SH＞—NH₂＞C＝C＞C≡C＞—R＞—X＞—NO₂ 等

例如：

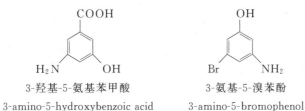

　3-羟基-5-氨基苯甲酸　　　　3-氨基-5-溴苯酚

3-amino-5-hydroxybenzoic acid　3-amino-5-bromophenol

芳香烃分子中去掉一个氢原子后剩下的基团叫芳香基，用 Ar—表示。最常见的芳香基有：

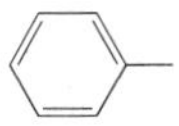

　苯基　　　　苯甲基（苄基）　　　4-甲苯基（对甲苯基）

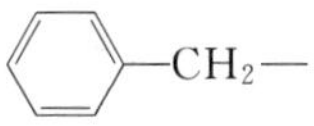

phenyl　　　　benzyl　　　　4-tolyl(p-tolyl)

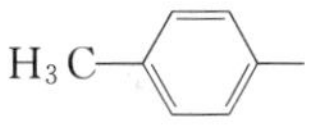

二、 苯的结构 (Structure of benzene)

历史上，人们对苯的结构进行了大量研究。从元素分析与分子量的测定，确定了苯的分子式为 C_6H_6。1865 年德国化学家凯库勒（F. A. KeKulé）根据苯的分子式以及四价碳的观点，首先提出了苯的环状结构，称为凯库勒构造式。

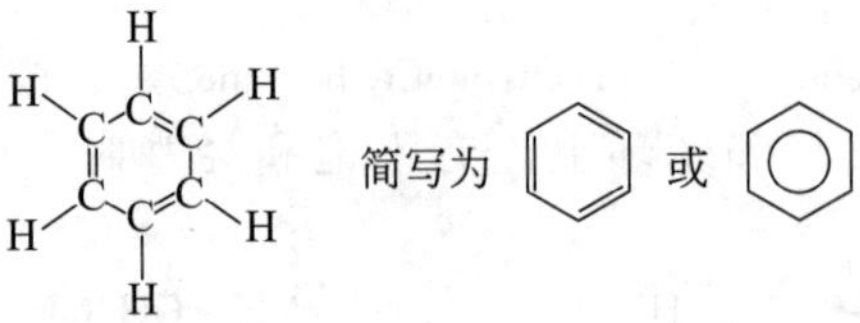

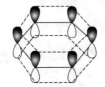

凯库勒构造式虽然可以说明苯分子的组成及原子间的连接次序，但不能解释苯的性质和结构中的某些事实：

① 在苯的凯库勒构造式中含有 3 个碳碳双键，应能发生加成反应和氧化反应，而实际上苯的性质非常稳定。由氢化热可以看出，如果把苯看成环己三烯，其氢化热应是环己烯的 3 倍（$-119.6kJ \cdot mol^{-1} \times 3 = -358.8kJ \cdot mol^{-1}$），实际测得苯的氢化热为 $-208kJ \cdot mol^{-1}$，相差 $150.8kJ \cdot mol^{-1}$。

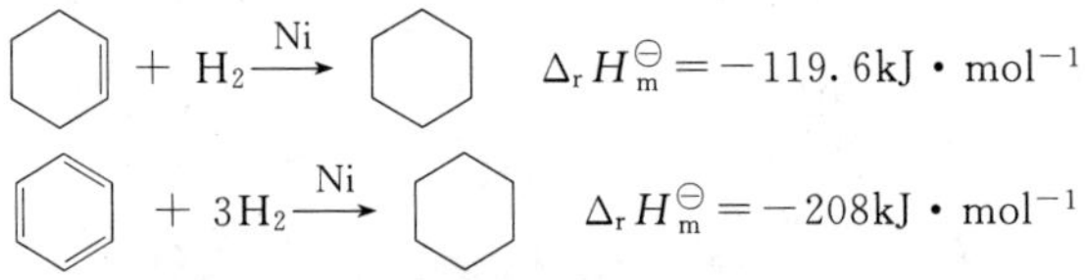

$$\text{环己烯} + H_2 \xrightarrow{Ni} \text{环己烷} \qquad \Delta_r H_m^{\ominus} = -119.6kJ \cdot mol^{-1}$$

$$\text{苯} + 3H_2 \xrightarrow{Ni} \text{环己烷} \qquad \Delta_r H_m^{\ominus} = -208kJ \cdot mol^{-1}$$

② 在凯库勒构造式中单双键是交替排列的，而单双键的键长是不相等的，但实际测得苯分子中所有的碳碳键长都完全相等。

③ 既然在凯库勒构造式中单双键交替排列，那么苯的邻位二取代产物应该有两种，但实际测得是同一种。

因此，凯库勒构造式不能反映苯的真实结构。尽管后来也有人提出各种各样的构造式，但都不能圆满地解释苯的结构与性质的关系。

近代物理方法证明，苯分子中的 6 个碳原子和 6 个氢原子都在一个平面内，6 个碳原子组成一个正六边形，6 个碳碳键长均为 0.139nm，所有键角都是 120°。

杂化轨道理论认为，苯分子的 6 个碳原子都是 sp^2 杂化，每个碳原子的 3 个 sp^2 杂化轨道分别与其相邻的碳原子的 sp^2 杂化轨道及氢原子的 1s 轨道相互重叠，形成 3 个 σ 键，由此使苯分子中的 6 个碳原子和 6 个氢原子都处在同一平面，键角均为 120°。此外，每个碳原子上剩下的 1 个未参加杂化的 2p 轨道彼此以"肩并肩"的方式重叠，形成一个包含 6 个碳原子在内的闭合共轭大 π 键。共轭体系中 π 电子高度离域（图 4-1），形成的碳碳键完全平均化（0.139nm），键角相等（图 4-2）。

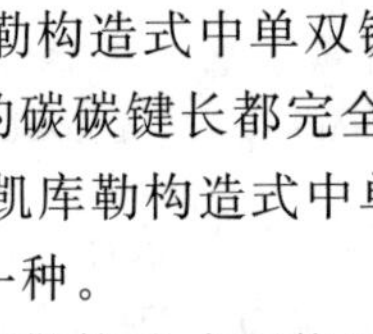

图 4-1　苯分子中的共轭大 π 键

(The conjugated π bond in benzene molecule)

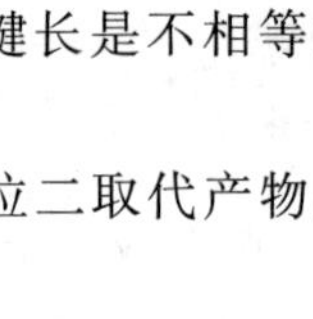

图 4-2　苯分子中的 σ 键

(σ bonds in benzene molecule)

分子轨道理论认为，苯分子中 6 个碳原子彼此形成 σ 键后，6 个碳原子上未参加杂化的 2p 轨道进行线性组合，形成 6 个分子轨道，分别用 ψ_1、ψ_2、ψ_3、ψ_4、ψ_5 和 ψ_6 表示。如图

4-3 所示。

ψ_1 的 6 个 2p 轨道位相相同，没有节面，能量最低。ψ_2 和 ψ_3 各有一个节面，这两个轨道的能量相同，较 ψ_1 高。ψ_1、ψ_2 和 ψ_3 这三个分子轨道的能量都比原来的原子轨道能量低，是成键轨道。ψ_4 和 ψ_5 有两个节面，能量相等，但高于 ψ_2 和 ψ_3。ψ_6 分子轨道中各相邻 2p 轨道的位相都相反，有三个节面，能量最高。ψ_4、ψ_5 和 ψ_6 这三个分子轨道的能量都比原来的原子轨道高，是反键轨道。在基态时，苯分子的 6 个 2p 电子成对地填入成键轨道，即 ψ_1、ψ_2 和

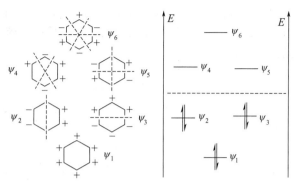

图 4-3 苯分子轨道能级图
(Energy levels of molecular orbitals in benzene structure)

ψ_3 这三个分子轨道中各填充两个电子，ψ_4、ψ_5 和 ψ_6 这三个能量高的反键轨道全空。这种成键轨道全部填满的状态是最稳定状态，因而使苯具有特殊的稳定性。

三、 单环芳香烃的物理性质（Physical properties of monocylic arenes）

苯的同系物一般为无色液体，相对密度小于 1，不溶于水，可溶于乙醇、乙醚、石油醚和四氯化碳等有机溶剂。易燃，燃烧时火焰带有浓烟。

单环芳香烃具有特殊的气味，但它们的蒸气有毒，苯的蒸气可以通过呼吸道对人体产生损害，高浓度的苯蒸气主要作用于中枢神经，引起急性中毒，低浓度的苯蒸气长期接触能损害造血器官。一些单环芳香烃的物理常数见表 4-1。

表 4-1 单环芳香烃的物理常数
(Physical constants of some monocylic arenes)

化合物 Compound	分子式 Molecular formula	熔点/℃ Melting point	沸点/℃ Boiling point	密度/g·cm⁻³ Density
苯	C_6H_6	5.5	80.1	0.8786
甲苯	$C_6H_5CH_3$	−9.5	110.6	0.8669
乙苯	$C_6H_5C_2H_5$	−94.97	136.2	0.8670
邻二甲苯	$C_6H_4(CH_3)_2$	−25.18	144.4	0.8802
间二甲苯	$C_6H_4(CH_3)_2$	−47.87	139.1	0.8642
对二甲苯	$C_6H_4(CH_3)_2$	−13.26	138.35	0.8611
正丙苯	$C_6H_5C_3H_7$	−99.5	169.2	0.8620
异丙苯	$C_6H_5C_3H_7$	−96	152.4	0.8618
1,2,3-三甲苯	$C_6H_3(CH_3)_3$	−25.37	176.1	0.8944
1,2,4-三甲苯	$C_6H_3(CH_3)_3$	−43.8	169.35	0.8758
1,3,5-三甲苯	$C_6H_3(CH_3)_3$	−44.7	164.7	0.8652
苯乙烯	$C_6H_5CH{=}CH_2$	−30.63	145.2	0.9060
苯乙炔	$C_6H_5C{\equiv}CH$	−44.8	142.4	0.9281

四、 单环芳香烃的化学性质（Chemical properties of monocylic arenes）

在单环芳香烃分子中，由于都存在苯环的闭合共轭体系，能表现出特殊的稳定性，所以在化学性质上不易发生加成反应，不易被氧化，但易发生取代反应。通常把这种典型的性质称为芳香性（aromaticity）。

1. 取代反应（Substitution）

（1）卤代反应（Halogenation）　在苯环上引入卤原子的反应称为卤代反应。苯与氯、溴在铁粉或三卤化铁（路易斯酸）的催化下反应，苯环上的氢原子可被卤原子取代，生成卤代芳香烃。如：

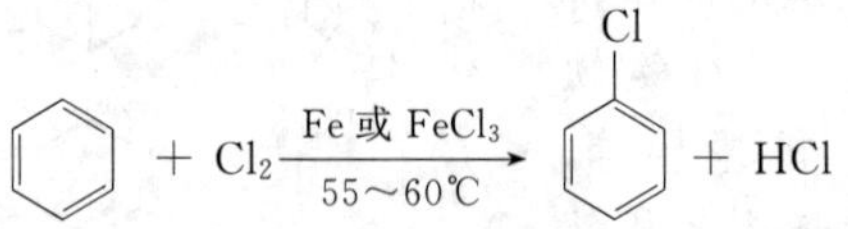

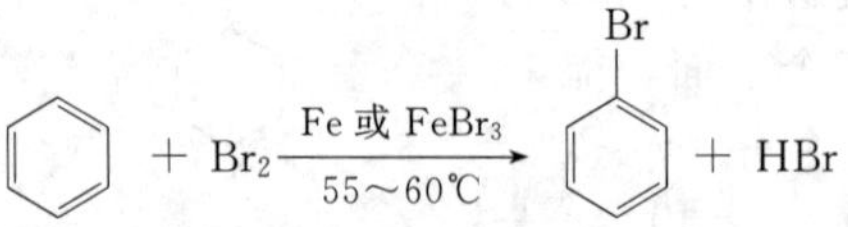

$$\text{苯} + Cl_2 \xrightarrow[55\sim60℃]{Fe \text{ 或 } FeCl_3} \text{氯苯} + HCl$$

$$\text{苯} + Br_2 \xrightarrow[55\sim60℃]{Fe \text{ 或 } FeBr_3} \text{溴苯} + HBr$$

甲苯在铁粉或三氯化铁存在下氯代，主要生成邻氯甲苯和对氯甲苯。

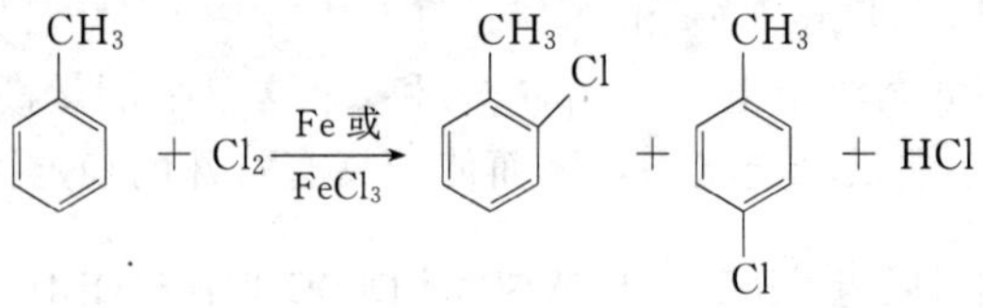

$$\text{甲苯} + Cl_2 \xrightarrow{Fe \text{ 或 } FeCl_3} \text{邻氯甲苯} + \text{对氯甲苯} + HCl$$

若用阳光照射或将氯气通入到沸腾的甲苯中，则氯代反应在侧链上，而不在苯环上。此反应相当于烷烃的自由基反应，反应不会停留在第一步，甲基上的氢原子能逐个被取代。

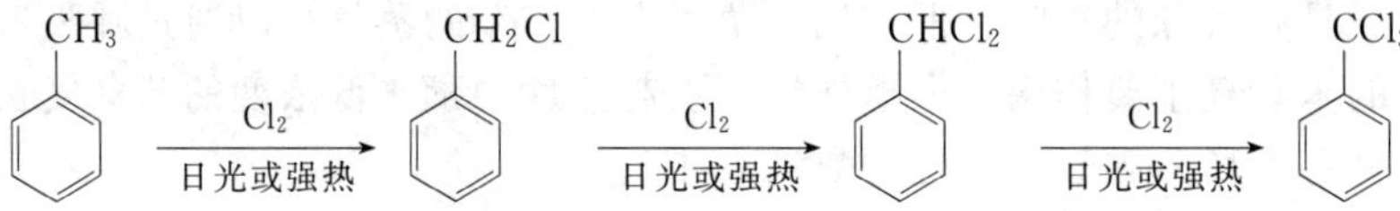

$$CH_3 \xrightarrow[\text{日光或强热}]{Cl_2} CH_2Cl \xrightarrow[\text{日光或强热}]{Cl_2} CHCl_2 \xrightarrow[\text{日光或强热}]{Cl_2} CCl_3$$

卤代反应一般只指氯代和溴代反应。因为氟代反应过于激烈，不易控制。碘代反应生成的碘化氢是强还原剂，能把产物还原为芳香烃且反应是可逆的。

（2）硝化反应（Nitration）　苯与浓硝酸和浓硫酸的混合物（又叫混酸）在 $50\sim60℃$ 反应，苯环上的一个氢原子被硝基（$-NO_2$）取代，生成硝基苯，这类反应叫硝化反应。

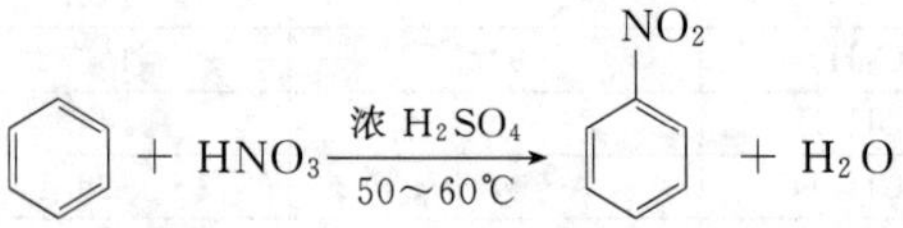

$$\text{苯} + HNO_3 \xrightarrow[50\sim60℃]{\text{浓 } H_2SO_4} \text{硝基苯} + H_2O$$

若在较高温度下，硝基苯可继续与混酸作用，主要生成间二硝基苯。

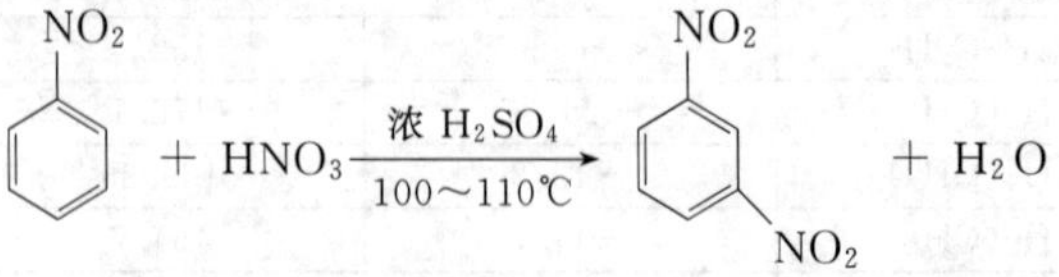

$$\text{硝基苯} + HNO_3 \xrightarrow[100\sim110℃]{\text{浓 } H_2SO_4} \text{间二硝基苯} + H_2O$$

烷基苯在混酸作用下也发生取代，反应比苯容易，主要生成邻位和对位取代物。如：

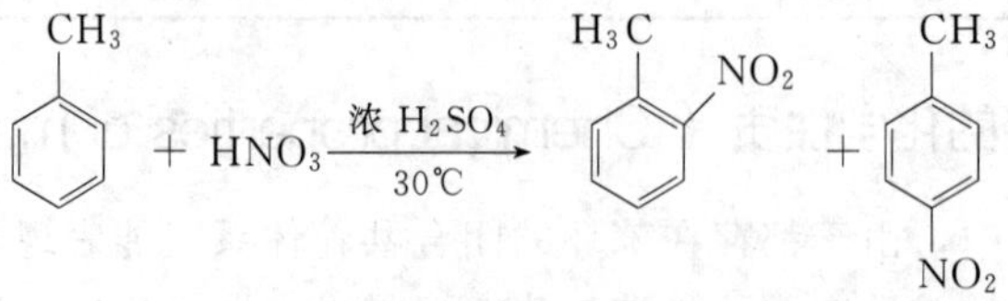

$$\text{甲苯} + HNO_3 \xrightarrow[30℃]{\text{浓 } H_2SO_4} \text{邻硝基甲苯} + \text{对硝基甲苯}$$

（3）磺化反应（Sulfonation）　苯与浓硫酸或发烟硫酸作用，环上的一个氢原子被磺酸基（$-SO_3H$）取代生成苯磺酸。若在较高温度下反应，则生成间苯二磺酸。这类反应称为磺化反应。

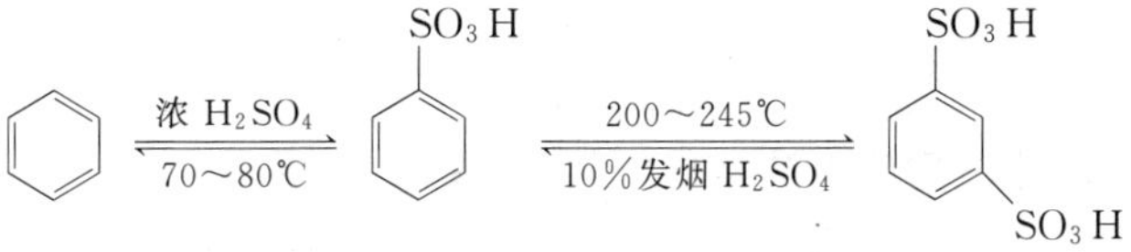

与卤代和硝化反应不同，磺化反应是一个可逆反应，因此在制取苯磺酸时，需从反应液中移去生成的水，以防逆反应的进行。

（4）付瑞达尔-克拉夫茨反应（Friedel-Crafts reactions） 在无水三氯化铝等催化剂的作用下，芳香烃与卤代烷或酰卤、酸酐作用，环上的氢原子被烷基或酰基取代的反应，分别称为烷基化反应（alkylation）和酰基化反应（acylation），统称为 Friedel-Crafts 反应。如：

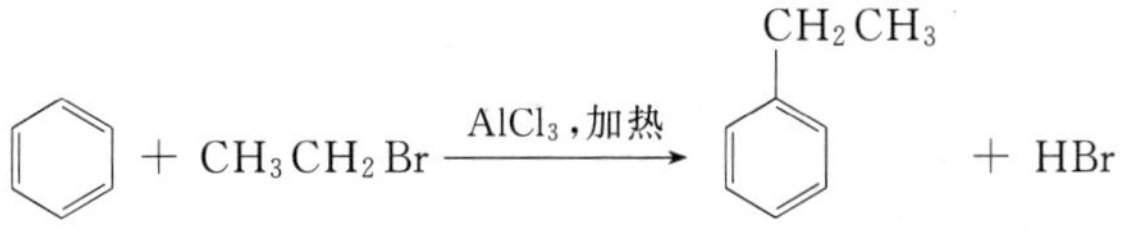

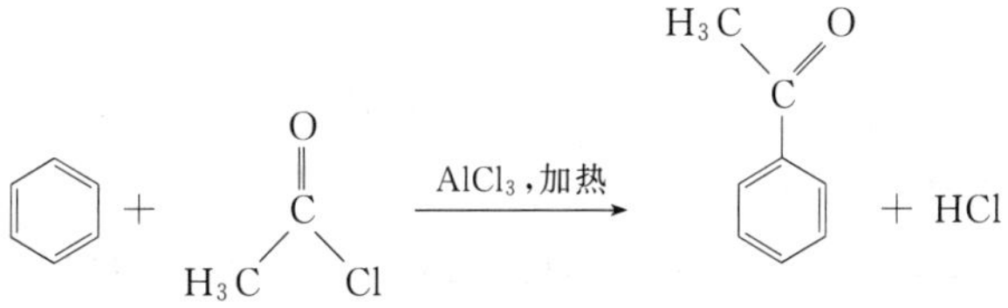

无水三氯化铝是烷基化最有效的催化剂，此外，$FeCl_3$、$SnCl_4$、BF_3、$ZnCl_2$ 等也可作催化剂，但都需在无水条件下进行。

若参与反应的卤代烷烃为三个碳原子以上的直链烷烃，常会伴随烷基的异构化发生，且主要生成异构化产物。如：

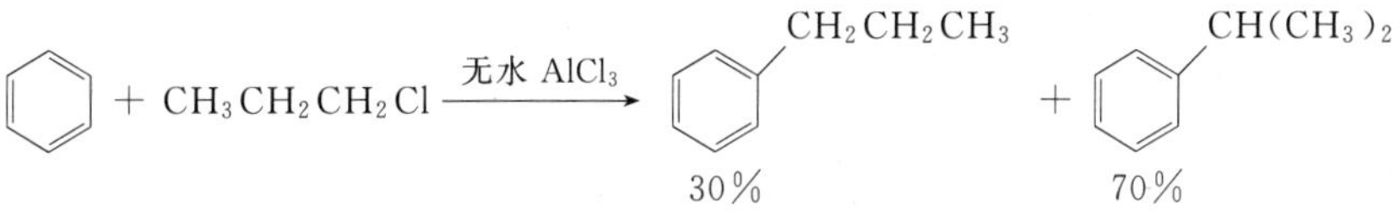

Friedel-Crafts 烷基化反应不会停留在一元取代阶段，通常得到一元、二元和三元取代物的混合物。当苯环上连有吸电子基时，烷基化反应则难以进行。例如在苯环上连有硝基、磺酸基和乙酰基等基团时就不发生付-克反应。

付-克酰基化反应不发生异构化，主要生成一元取代产物酮类。如：

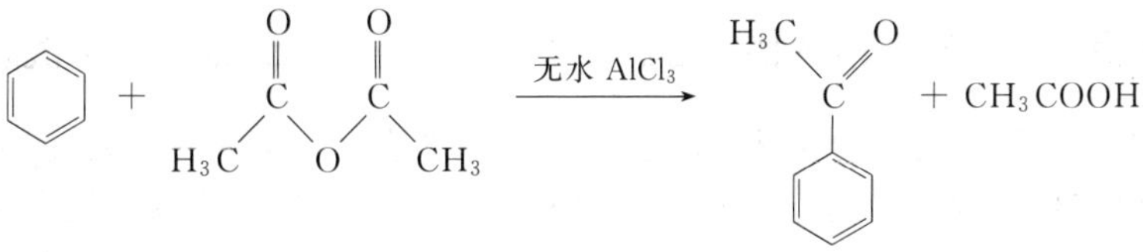

2. 氧化反应 （Oxidation）

常用的氧化剂如高锰酸钾、重铬酸钾加硫酸、稀硝酸等不能使苯氧化。烷基苯在这些氧化剂存在下只发生侧链氧化。

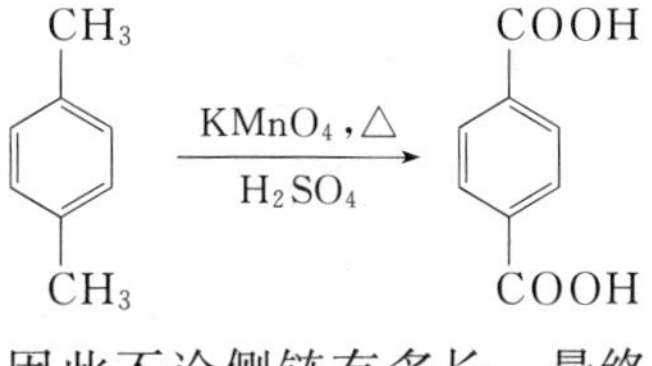

氧化一般发生在 α-氢上，因此不论侧链有多长，最终氧化产物都是苯甲酸。

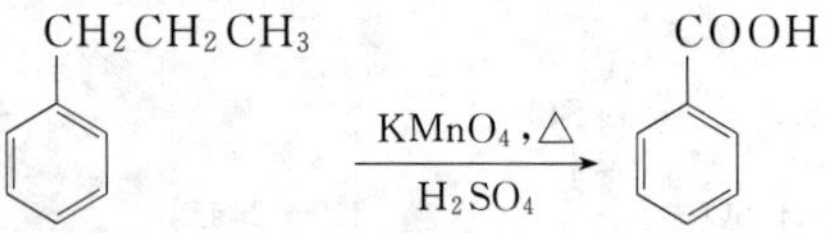

当苯环上不含 α-氢时，侧链不被氧化。如：

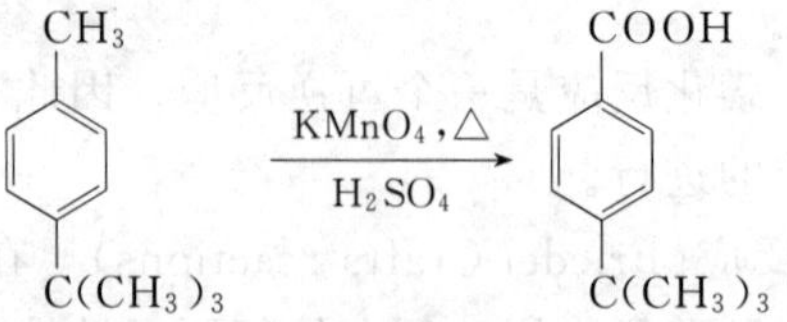

在强烈条件下，如高温或使用特殊催化剂，苯才能被氧化成某些分解产物。如：

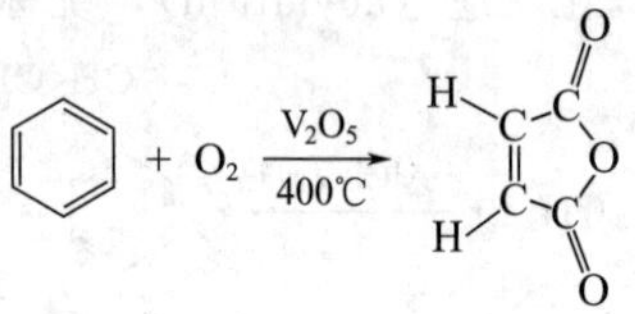

顺丁烯二酸酐

maleic anhydride

3. 加成反应（Addition）

（1）加氢（Hydrogenation） 在镍的催化下，于 180～230℃ 反应，苯加氢生成环己烷。

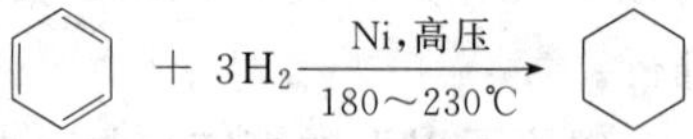

（2）加氯（Addition of chlorine） 在紫外光照射下，苯与氯加成生成六氯环己烷。

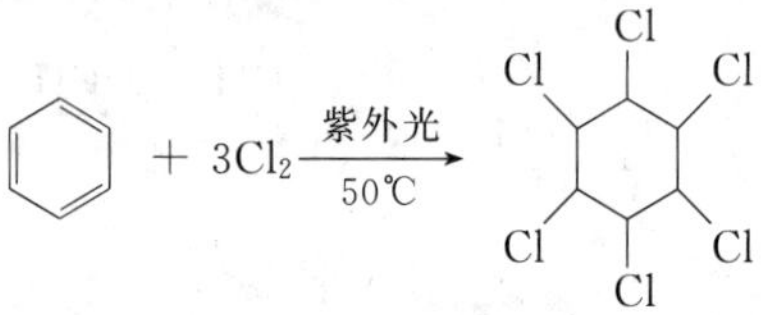

1,2,3,4,5,6-六氯环己烷（简称六六六）

hexachlorocyclohexane

六氯环己烷简称"六六六"，是一种有效的杀虫剂，但因其性质稳定，不易被生物分解，毒性残留大，对人畜有害，现已被淘汰。

五、 亲电取代反应历程（Mechanism of the electrophilic substitution reaction）

前面介绍的卤代、硝化、磺化和付-克烷基化、酰基化，都属于苯环上发生的亲电取代反应。所谓亲电取代反应，是指亲电试剂进攻富电子的苯环共轭体系而发生的环上氢原子被取代的反应。亲电试剂一般是缺电子的试剂，如溴正离子 Br^+。其反应历程如下：

① 在催化剂作用下，试剂与催化剂作用生成活性大的亲电试剂：

$$A-E+催化剂 \longrightarrow E^+（亲电试剂）+ [A-催化剂]$$

如： $Cl_2 + FeCl_3 \longrightarrow Cl^+ + FeCl_4^-$

② 亲电试剂进攻苯环，形成活性中间体 σ-配合物：

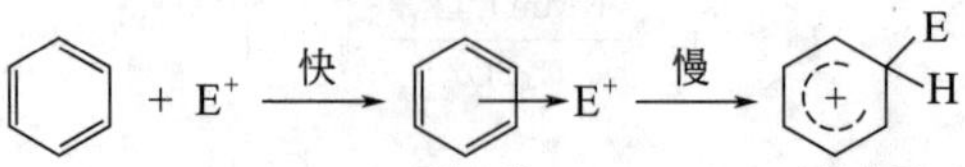

π-配合物　　σ-配合物

π-complex　　σ-complex

如：

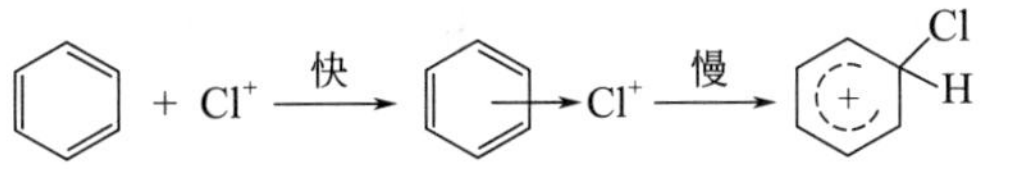

π-配合物 σ-配合物

亲电试剂活性很大，首先进攻苯环的 π 电子离域体系，形成一个 π-配合物，然后亲电试剂继续与 π 电子作用，从 π 体系获得两个电子，与苯环的一个碳原子形成 σ 键，由此形成 σ - 配合物。

③ σ-配合物失去质子，苯环结构复原，生成取代产物：

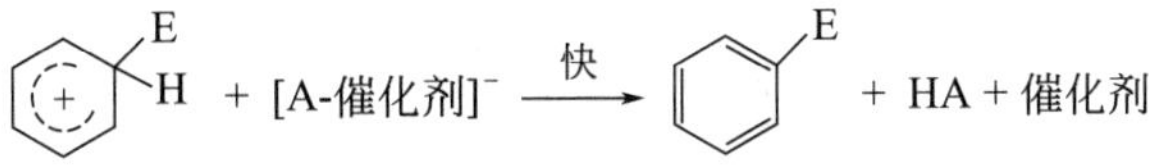

如：

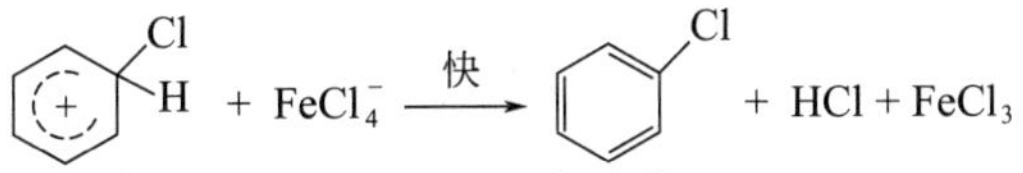

σ-配合物 氯代苯
chlorobenzene

在 σ-配合物中，与亲电试剂相连的碳原子由 sp^2 杂化转变为 sp^3 杂化，使苯的闭合共轭体系被破坏，形成了 4 个电子共用 5 个 2p 轨道的碳正离子中间体，该体系能量高，很不稳定。sp^3 杂化的碳原子很容易失去一个质子，重新恢复到 sp^2 杂化，使苯的稳定结构复原，生成取代产物（表 4-2）。

表 4-2 常见的亲电取代反应类型
(Types of common electrophilic substitution reactions)

类型 Type	试剂 Reagent	催化剂 Catalyst	亲电试剂 Electrophilic reagent	其他离子 Other ions
卤代	X_2	FeX_3	X^+	FeX_4^-
硝化	HNO_3	H_2SO_4	NO_2^+	$HSO_4^- + H_2O$
磺化	H_2SO_4	H_2SO_4	SO_3	$HSO_4^- + H_2O^+$
烷基化	RCl	$AlCl_3$	R^+	$AlCl_4^-$
酰基化	$RCOCl$	$AlCl_3$	$R-C^+=O$	$AlCl_4^-$

付-克烷基化反应中，当烷基化试剂为三个碳原子的直链卤代烷时，主要生成异构化产物的原因是中间体碳正离子不稳定，容易重排成更加稳定的碳正离子。例如苯与氯丙烷反应主要生成异丙苯的历程为：

① $CH_3CH_2CH_2Cl + AlCl_3 \longrightarrow CH_3CH_2CH_2^+ + AlCl_4^-$

$CH_3CH_2CH_2^+ \xrightarrow{\text{重排}} CH_3\overset{+}{C}HCH_3$

②

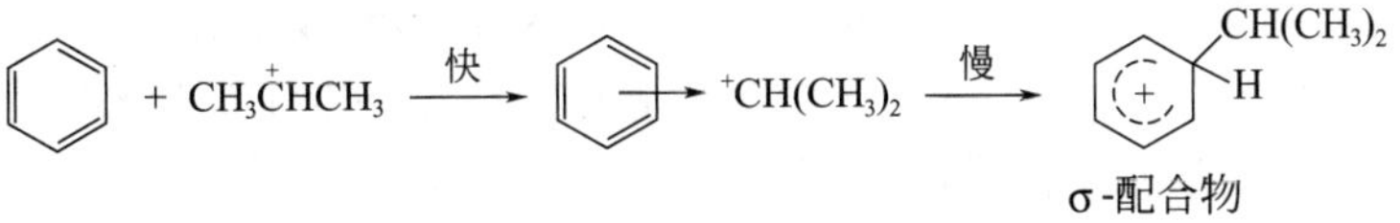

σ-配合物

③

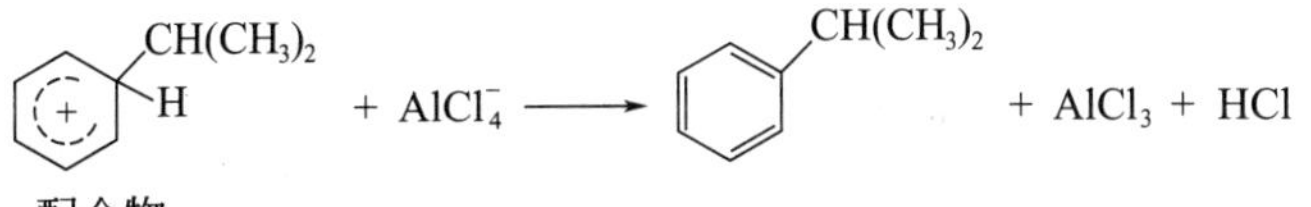

σ-配合物

六、 苯环上亲电取代的定位规律（ Effects of substituents on orientation in electrophilic aromatic substitution ）

如果苯环上原有一个取代基，要在环上引入第二个取代基，则第二个基团进入苯环的位置和难易程度主要取决于原有取代基的性质。通常把苯环上原有的取代基称为定位基。定位基一般分为两大类，如下面两个反应中—CH_3 和—NO_2 就是不同的定位基。

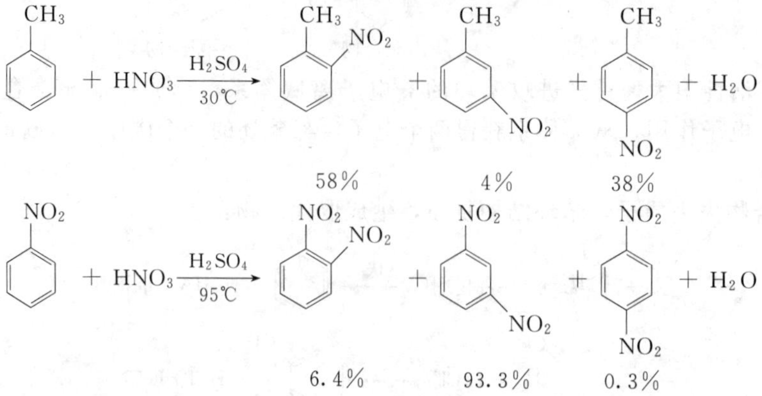

$$CH_3 + HNO_3 \xrightarrow[30℃]{H_2SO_4}$$

58%   4%   38%

$$NO_2 + HNO_3 \xrightarrow[95℃]{H_2SO_4}$$

6.4%   93.3%   0.3%

1. 苯环上二元取代的定位规律 （Effects of substituents on orientation in disubstituted benzenes）

从以上两个反应看出，甲苯硝化主要生成邻位和对位产物 （$o+p>60\%$），硝基苯的硝化主要生间位产物 （$m>40\%$）。通常把类似于甲基这样的定位基称为邻对位定位基 （ortho and para directing activators），像硝基这样的定位基称为间位定位基 （meta directing deactivators）。

常见的邻对位定位基有：

$$\longleftarrow —\overset{..}{\overset{..}{N}}R_2，—\overset{..}{N}HR，—\overset{..}{N}H_2，—\overset{..}{\overset{..}{O}}H，—\overset{..}{\overset{..}{O}}R，—\overset{..}{N}HCOR，—\overset{..}{\overset{..}{O}}COR，—CH_3(R)，—\overset{..}{\overset{..}{X}} 等$$

这类基团的特点是：①与苯环直接相连的原子是饱和原子且绝大多数具有孤对电子；②使新上去的基团主要进入其邻位和对位，使苯环活化，亲电取代反应较易进行 （卤素除外），故又称活化基团；③定位效应沿箭头方向渐强。

常见的间位定位基有：

$$—\overset{+}{N}R_3，—NO_2，—C\equiv N，—SO_3H，—CHO，—COR，—COOH，—COOR，—CONH_2 等 \longrightarrow$$

这类基团的特点是：①与苯环直接相连的原子大多含有不饱和键或正电荷；②使新上去的基团主要进入其间位，使苯环钝化，亲电取代难以进行，故又称钝化基团；③定位效应沿箭头方向渐强。

2. 利用定位规律判断主取代产物 （Applications of substituent effects）

如果苯环上已有两个取代基，则新引入取代基的位置取决于原来两个取代基的性质。

① 苯环上原有的两个取代基属于同类时，第三个取代基进入的位置服从于较强基团的定位效应。如：

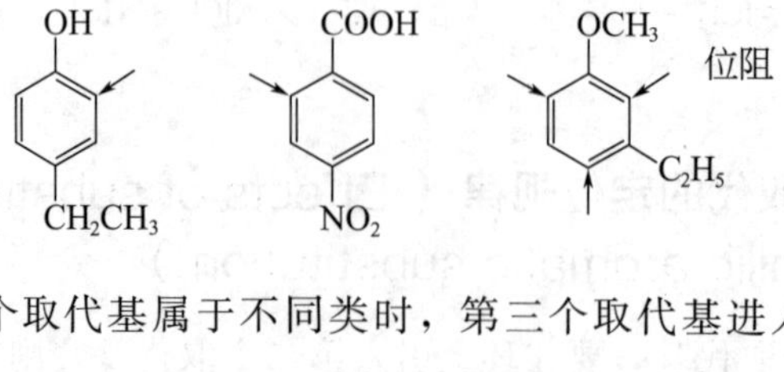

OH   COOH   OCH_3 位阻

CH_2CH_3 NO_2 C_2H_5

② 苯环上原有的两个取代基属于不同类时，第三个取代基进入的位置服从于邻、对位定位基的定位效应。如：

（化学结构图：CH₃、NH₂/SO₃H、OH/位阻/NO₂ 三个苯环结构）

3. 定位规律的理论解释（Theoretical explanation for the substituent effects）

苯环上取代基的定位规律是实验经验的规律性总结，新进入基团的位置和所形成的产物与苯环上亲电取代的反应历程有关。当环上引入取代基以后，原本电子密度完全平均化的闭合共轭体系会进行重新分布，环上碳原子的电子密度出现正负极性交替（稀密交替）现象，导致不同位置的亲电取代活性大小不同，由此得到的取代产物也不同。

（1）邻、对位定位基（ortho and para directing activators）

① 甲基（Methyl） 致活基团，诱导效应和共轭效应作用一致。

甲基是供电子基，通过诱导效应增加了苯环的电子密度，又同时存在苯环大 π 键与甲基上 3 个碳氢键的 σ-π 超共轭，超共轭的结果也使苯环的电子密度增加，且甲基的邻位和对位增加的较多。因此，甲苯在进行亲电取代反应时主要生成邻位和对位产物，故甲基是邻、对位定位基。

甲基的定位效应也可从 σ-配合物活性中间体的稳定性得到解释。当亲电试剂进攻甲基的邻、间、对位时，可生成三种 σ-配合物。由于甲基的诱导效应和超共轭效应都使电子向苯环转移，下面（Ⅰ）和（Ⅲ）式中直接与甲基相连的碳原子上的正电荷得到分散，趋于稳定易形成。所以甲基的亲电取代产物主要为邻、对位产物。

（化学结构图：三种 σ-配合物，标注 CH₃、E、H、δ+ 等，分别为 (Ⅰ)、(Ⅱ)、(Ⅲ)）

② 羟基（Hydroxy） 致活基团，诱导效应和共轭效应作用不一致，以共轭效应为主。

以苯酚为例，羟基中氧原子电负性大于碳原子，具有吸电子的诱导效应（-I），使苯环的电子密度降低。另一方面，羟基氧原子上未共用的电子对所在的 2p 轨道与苯环大 π 键形成 p-π 共轭体系，产生供电子的共轭效应（+C）。因电子离域向苯环偏移使环上电子云密度升高。这两种电子效应的作用结果相反，但共轭效应起主要作用。所以，总的结果使苯环的电子云密度升高，且邻、对位升高较多。当亲电试剂进攻苯环时，主要生成邻、对位产物。

（化学结构图：苯环与 ÖH 的 p-π 共轭，标注 δ-）

同理，羟基的定位效应也可从以下三种 σ-配合物活性中间体的稳定性得到解释。显然，（Ⅰ）和（Ⅲ）式中直接与羟基相连的正电荷得到分散，趋于稳定易形成，所以主要生成邻、对位产物。

（化学结构图：三种 σ-配合物，标注 OH、E、H、δ+ 等，分别为 (Ⅰ)、(Ⅱ)、(Ⅲ)）

③ **卤素原子**（Halogen atoms）致钝基团，诱导效应（−I）和共轭效应（+C）作用不一致，以诱导效应为主。

以氯苯为例，氯原子存在吸电子的诱导效应（−I）和供电子的 p-π 共轭效应（+C），且以吸电子的效应为主，所以是特殊的致钝基团。当苯环被亲电试剂进攻时，氯原子的未共用电子对向苯环转移，使其邻对位电子密度相对升高较多，主要生成邻、对位产物。但反应速率小，需要升温。

（2）**间位定位基**（meta directing deactivators）

间位定位基都是吸电子基，通过诱导效应使苯环的电子密度降低。另一方面，这类基团通过不饱和键与苯环形成 π-π 共轭体系，也使苯环的电子密度降低。因此，间位定位基是钝化基团，使苯环上的亲电取代反应难于进行。

以硝基苯为例，硝基中氮和氧的电负性都较大，能使苯环上的电子密度降低。硝基中 π 键能与苯环中大 π 键形成 π-π 共轭体系，由于吸电子影响使电子向硝基方向转移。诱导效应和共轭效应的作用结果一致，苯环上电子密度下降。共轭体系中出现正负极性交替现象，硝基的邻、对位上电子密度较低，对亲电试剂进攻不利。硝基的间位上电子密度相对较高，有利于亲电试剂进攻，所以主要得到间位取代的产物。

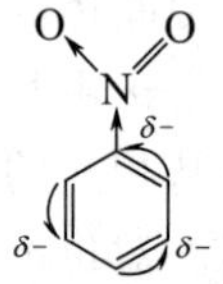

同理，硝基苯在亲电取代反应历程中也生成三种 σ-配合物中间体，其中（Ⅰ）和（Ⅲ）的正电荷更加集中，能量更高，不稳定。只有（Ⅱ）中的硝基不与带部分正电荷的碳原子直接相连，能量较低较稳定，较易形成。故主要是间位产物。

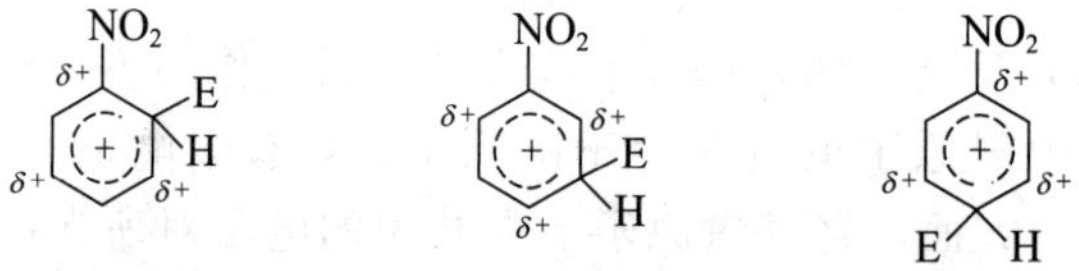

（Ⅰ）　　　　　　　（Ⅱ）　　　　　　　（Ⅲ）

4. 定位规律在合成上的应用（Applications of substituent effects in organic synthesis）

利用定位规律可选择合适的合成路线，合成苯的各种衍生物。例如，由苯合成间硝基氯苯，可先硝化后氯代。由苯合成邻位和对位硝基氯苯时，则应先氯代后硝化。

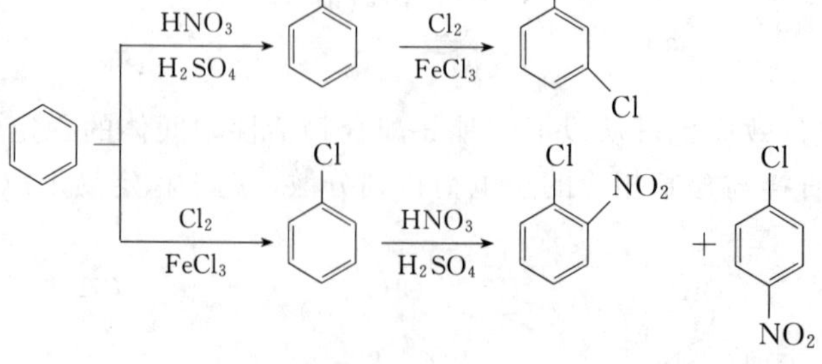

再如，甲苯先氧化后硝化可得到间硝基苯甲酸。如果先硝化后氧化则生成邻位和对位硝基苯甲酸。

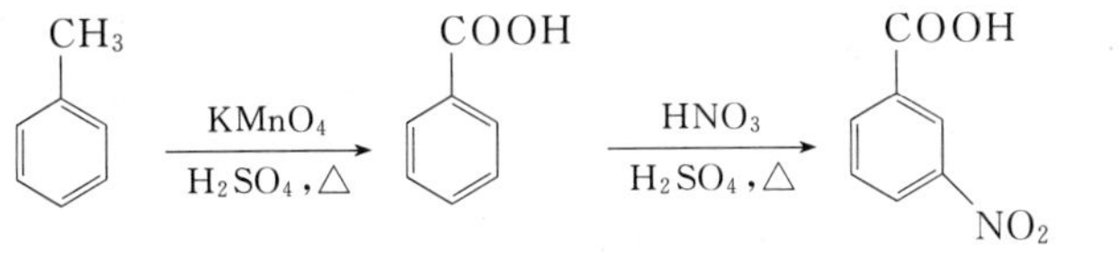

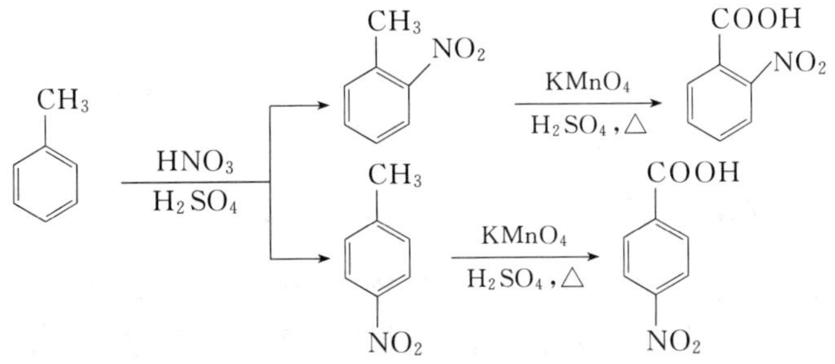

反应条件与试剂：$\xrightarrow[\text{H}_2\text{SO}_4,\triangle]{\text{KMnO}_4}$　$\xrightarrow[\text{H}_2\text{SO}_4,\triangle]{\text{HNO}_3}$　$\xrightarrow[\text{H}_2\text{SO}_4]{\text{HNO}_3}$

七、苯及其同系物的来源和制法（Sources and preparation of benzene and its homologues）

苯、甲苯、二甲苯等是合成塑料、合成纤维、合成橡胶、医药、农药、炸药等工业的基本原料，特别是苯的用途很广，需求量也很大。在十九世纪和二十世纪初期，苯及其同系物由煤焦油的分馏得到，近年来主要从石油制取。

1. 煤焦油的分馏（Fractional distillation from coal tar）

将煤隔绝空气在 $1000\sim1300℃$ 加热，除得到焦炭外，还得到煤气、氨水和煤焦油，煤焦油是黑色黏稠液体，经分离可得到表 4-3 中所列出的多个馏分。苯及其同系物主要存在于低沸点馏分即轻油中，轻油的一部分被煤气带走，因此要用重油洗涤煤气，再蒸馏洗涤油，以回收被带走的轻油。

表 4-3　煤焦油的分馏
(Fractional distillation of coal tar)

馏　分 Fraction	分馏温度/℃ Fractionation temperature	比　率 Ratio	主　要　成　分 Primary component
轻油	180℃以下	(1～3)%	苯、甲苯、二甲苯
中油	180～230	(10～12)%	萘、苯酚、甲苯酚、吡啶
杂酚油(重油)	230～270	(10～15)%	萘、甲苯酚、喹啉
蒽油(绿油)	270～360	(15～20)%	蒽、菲
沥青	360℃以上	(40～50)%	沥青、游离碳

2. 从石油裂解产品中分离（Separation from petroleum-cracking products）

以石油原料裂解制乙烯、丙烯时，所得的副产物中含有芳香烃。将副产物分馏可得到裂解轻油（裂解汽油）和裂解重油。裂解轻油中所含的芳香烃以苯居多，裂解重油中含有烷基萘。

3. 芳构化（Aromatization）

石油中一般含芳香烃较少，但在一定温度和压力下，可使石油中的烷烃和环烷烃经催化去氢转变为芳香烃。其中所起的主要反应大致如下。

环烷烃脱氢形成芳香烃，如：

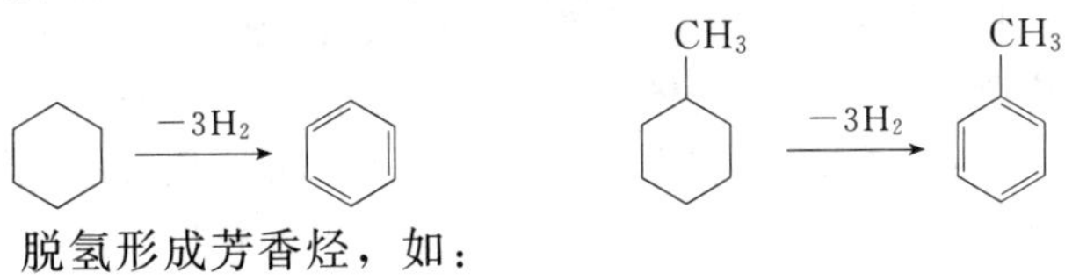

$$\text{环己烷} \xrightarrow{-3\text{H}_2} \text{苯} \qquad \text{甲基环己烷} \xrightarrow{-3\text{H}_2} \text{甲苯}$$

环烷烃异构化、脱氢形成芳香烃，如：

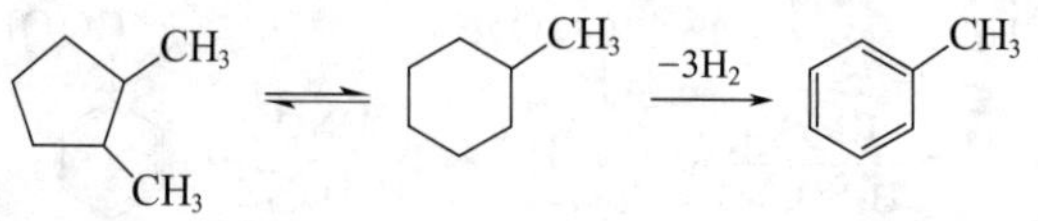

烷烃脱氢环化，再脱氢形成芳香烃，如：

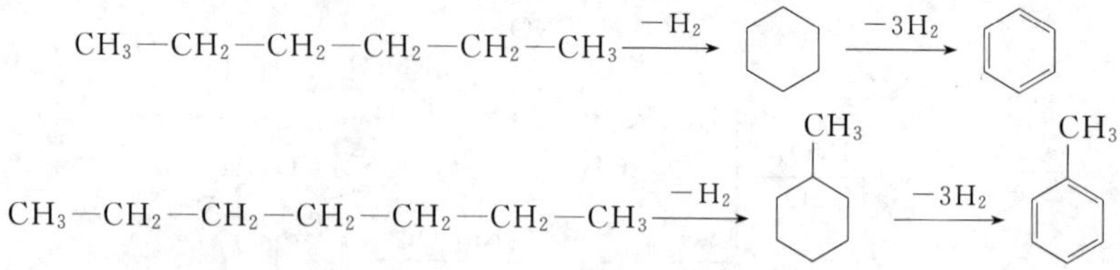

上述反应都是从烷烃或环烷烃形成芳香烃的反应，所以又叫芳构化反应（aromatization）。为从石油中获得芳香烃，工业上常采用铂作催化剂，在 $1.5 \sim 2.5 \mathrm{MPa}$、$430 \sim 510℃$处理石油的 $C_6 \sim C_8$ 馏分，称为铂重整，所得产物叫重整油，其中含苯、甲苯和二甲苯等。

八、　重要芳香族化合物（Important arenes）

1. 甲苯（Toluene）

甲苯，无色透明液体，有类似苯的芳香气味。熔点 $-94.9℃$，沸点 $110.6℃$，不溶于水，可混溶于苯、醇、醚等多种有机溶剂。化学性质活泼，与苯相像。可进行氧化、磺化、硝化和歧化反应，以及侧链氯化反应。甲苯能被氧化成苯甲酸。

甲苯大量用作溶剂和高辛烷值汽油添加剂，也是有机化工的重要原料，但与同时从煤和石油得到的苯和二甲苯相比，目前的产量相对过剩，因此相当数量的甲苯用于脱烷基制苯或歧化制二甲苯。甲苯衍生的一系列中间体，广泛用于染料、医药、农药、火炸药、助剂、香料等精细化学品的生产，也用于合成材料工业。甲苯进行侧链氯化得到的一氯苄、二氯苄和三氯苄，包括它们的衍生物苯甲醇、苯甲醛和苯甲酰氯（一般也从苯甲酸光气化得到），在医药、农药、染料特别是香料合成中应用广泛。甲苯的环氯化产物是农药、医药、染料的中间体。甲苯氧化得到苯甲酸，是重要的食品防腐剂（主要使用其钠盐），也用作有机合成的中间体。甲苯及苯衍生物经磺化制得的中间体，包括对甲苯磺酸及其钠盐、CLT 酸（2-氨基-4-甲基-5-氯苯磺酸）、甲苯-2,4-二磺酸、苯甲醛-2,4-二磺酸、甲苯磺酰氯等，用于洗涤剂添加剂、化肥防结块添加剂、有机颜料、医药、染料的生产。甲苯硝化制得大量的中间体，可衍生得到很多最终产品，其中在聚氨酯制品、染料和有机颜料、橡胶助剂、医药、炸药等方面最为重要。

甲苯对皮肤、黏膜有刺激性，对中枢神经系统有麻醉作用。短时间内吸入较高浓度该品可出现眼及上呼吸道明显的刺激症状、眼结膜及咽部充血、头晕、头痛、恶心、呕吐、胸闷、四肢无力、步态蹒跚、意识模糊。重症者可有躁动、抽搐、昏迷。长期接触可发生神经衰弱综合征，肝肿大，女性月经异常等；也可致皮肤干燥、皲裂、皮炎。甲苯对环境有严重危害，对空气、水环境及水源可造成污染。该品易燃，具刺激性。

2. 硝基苯（Nitrobenzene）

硝基苯，又名密斑油、苦杏仁油，无色或微黄色具苦杏仁味的油状液体。熔点 $5.7℃$，沸点 $210.9℃$。难溶于水，密度比水大；易溶于乙醇、乙醚、苯和油。遇明火、高热会燃烧、爆炸。与硝酸反应剧烈。硝基苯由苯经硝酸和硫酸混合硝化而得。可作为有机合成中间体及用作生产苯胺的原料；也用于生产染料、香料、炸药等有机合成工业。

硝基苯是重要的基本有机中间体。硝基苯用三氧化硫磺化得间硝基苯磺酸，可作为染料中间体、温和氧化剂和防染盐。硝基苯用氯磺酸磺化得间硝基苯磺酰氯，用作染料、医药等中间体。硝基苯经氯化得间硝基氯苯，广泛用于染料、农药的生产，经还原后可得间氯苯胺。用作染料橙色基 GC，也是医药、农药、荧光增白剂、有机颜料等的中间体。硝基苯再硝化可得间二硝基苯，经还原可得间苯二胺，用作染料中间体、环氧树脂固化剂、石油添加剂、水泥促凝剂。间二硝基苯如用硫化钠进行部分还原则得间硝基苯胺，为染料橙色基 R，是偶氮染料和有机颜料等的中间体。

3. 二甲苯（Xylene）

二甲苯为无色透明液体，是苯环上两个氢被甲基取代的产物，存在邻、间、对三种异构体。熔点，邻二甲苯$-25.2℃$，间二甲苯$-47.9℃$，对二甲苯$13.2℃$；沸点，邻二甲苯$144.43℃$，间二甲苯$139.12℃$，对二甲苯$138.36℃$。

在工业上，二甲苯即指上述异构体的混合物。二甲苯具刺激性气味、易燃，与乙醇、氯仿或乙醚能任意混合，在水中不溶。沸点为$137\sim140℃$。二甲苯毒性低等，美国政府工业卫生学家会议（ACGIH，American Conference of Governmental Industrial Hygienists）将其归类为 A4 级，即缺乏对人体、动物致癌性证据的物质。

二甲苯污染主要来自于合成纤维、塑料、燃料、橡胶，各种涂料的添加剂以及各种胶黏剂、防水材料中，还可来自燃料和烟叶的燃烧气体。二甲苯被广泛用于涂料、树脂、染料、油墨等行业做溶剂；用于医药、炸药、农药等行业做合成单体或溶剂；也可作为高辛烷值汽油组分，是有机化工的重要原料；还可用于去除车身的沥青；医院病理科主要用于组织、切片的透明和脱蜡。

二甲苯对眼及上呼吸道有刺激作用，高浓度时，对中枢系统有麻醉作用。急性中毒：短期内吸入较高浓度本品可出现眼及上呼吸道明显刺激症状、眼结膜及咽充血、头晕、头痛、恶心、胸闷、四肢无力、意识模糊、步态蹒跚。重者可有躁动、抽搐或昏迷。有的有癫症样发作。长期接触有神经衰弱综合症，女性有可能导致月经异常。皮肤接触常发生皮肤干燥、皲裂、皮炎。

4. 乙苯（Ethylbenzene）

乙苯，无色液体，有芳香气味。熔点，$-94.9℃$，沸点，$136.2℃$。存在于煤焦油和某些柴油中。易燃，其蒸气与空气可形成爆炸性混合物。遇明火、高热或与氧化剂接触，有引起燃烧爆炸的危险。

乙苯用于有机合成和用作溶剂。主要用于生产苯乙烯，进而生产苯乙烯均聚物以及以苯乙烯为主要成分的共聚物。乙苯少量用于有机合成工业，例如生产苯乙酮、乙基蒽醌、对硝基苯乙酮、甲基苯基甲酮等中间体。在医药上用作合霉素和氯霉素的中间体。也用于香料。此外，还可作溶剂使用。

乙苯主要通过工业废水和废气进入环境，在地表水体中的乙苯主要迁移过程是挥发和在空气中的光解。也有可能包括生物降解和化学降解和迁移转化过程。由于乙苯在水溶液中挥发趋势大，废水中的乙苯很快挥发至大气中，在水体中的残留也很少。乙苯与空气混合形成爆炸性混合物，其蒸气比空气重，可把沿地面扩散到相当距离外的火源点燃，并将火焰引回来。大量乙苯泄漏进入水中时，由于比水轻，漂浮在水面，可造成鱼类和水生生物死亡，被污染水体散发出异味。

本品对皮肤、黏膜有较强刺激性，高浓度有麻醉作用。轻度中毒有头晕、头痛、恶心、呕吐、步态蹒跚、轻度意识障碍及眼和上呼吸道刺激症状。重者发生昏迷、抽搐、血压下降及呼吸循环衰竭。可有肝损害。直接吸入本品液体可致化学性肺炎和肺水肿。慢性影响时眼及上呼吸道刺激症状、神经衰弱综合征；皮肤出现粗糙、皲裂、脱皮。

第二节 稠环芳香烃

（Polycyclic Aromatic Hydrocarbons）

稠环芳香烃是指多个苯环以并联形式组成的多苯环芳香烃。萘、蒽和菲是稠环芳香烃中较为重要的三个化合物，它们是染料、农药工业中重要的化工原料。

一、萘（Naphthalene）

萘来自煤焦油，是煤焦油中含量最多的一种稠环芳香烃（约 5%），无色闪光晶体，有特殊气味，熔点 80.3℃，容易升华。过去用它作驱虫剂，放在衣橱里防虫蛀。因为萘有毒，我国于 1994 年禁止使用萘杀虫。

萘分子中两个苯环并联，所有的环都在一个平面上，每个碳原子以 sp^2 杂化轨道形成碳碳 σ 键，各碳原子的 2p 轨道侧面重叠形成闭合共轭体系，它们都有芳香性。但与苯不同，稠环上各碳原子的 2p 轨道重叠程度不完全相同，π 电子离域程度较差，故环上电子云密度并不是完全平均化，其芳香性比苯差。其结构参数如下：

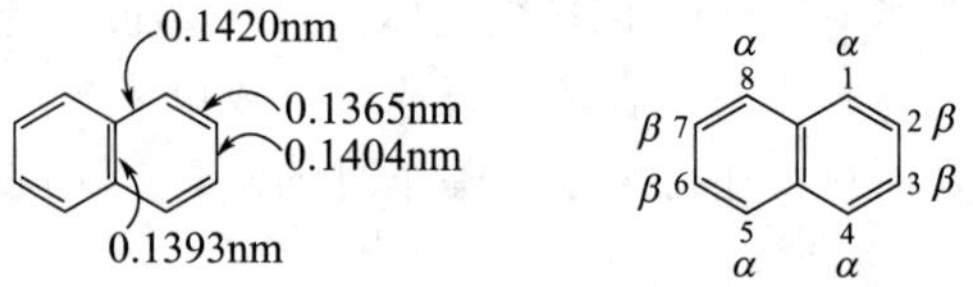

萘分子中 1,4,5,8 四位相同，称为 α 位；2,3,6,7 四位相同，称为 β 位。萘的一元取代物只有两种，命名时用阿拉伯数字或希腊字母标位。例如：

α-乙基萘　　　　　　β-萘磺酸　　　　　　　α-萘乙酸

1-乙基萘　　　　　　2-萘磺酸　　　　　　　1-萘乙酸

1-ethylnaphthalene　2-naphthalene sulfonate　1-naphthyl acetic acid

二元取代物命名时须用阿拉伯数字标位。例如：

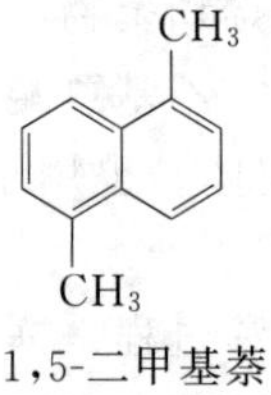

1,5-二甲基萘　　　　6-氯-2-萘磺酸　　　　　7-羟基-1-萘乙酸

1,5-dimethyl naphthalene　6-chlorine-2-naphthalene sulfonate　7-hydroxy-1-naphthylacetic acid

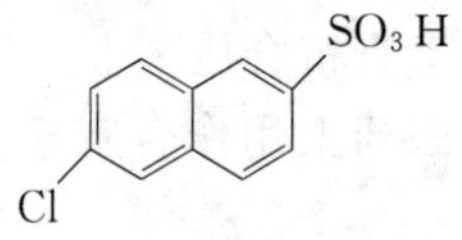

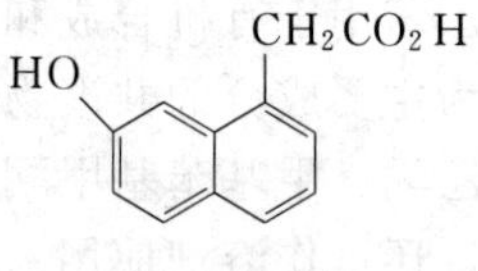

萘可发生亲电取代、加成、氧化等反应，由于 α 位电子密度较 β 位高，因此，一元取代主要生成 α 取代物。

卤代（halogenation）：

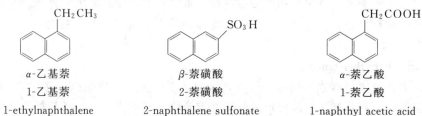

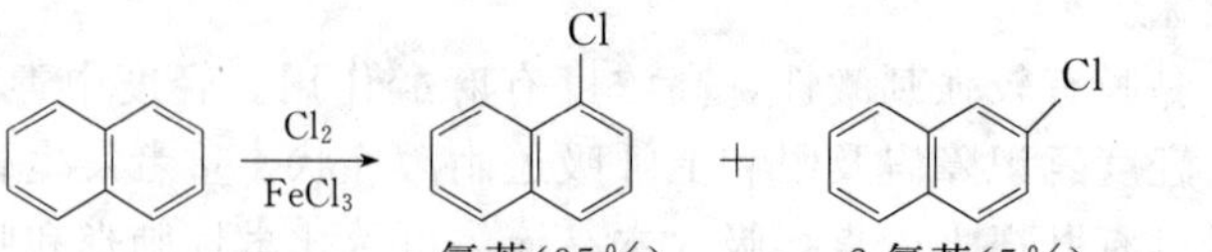

α-氯萘（95%）　　　β-氯萘（5%）

α-chloronaphthalene　β-chloronaphthalene

硝化（nitration）：

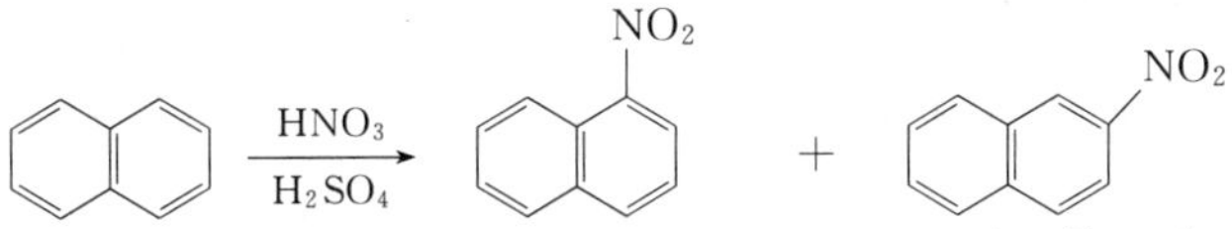

α-硝基萘（95%）　　　　　β-硝基萘（5%）
α-Nitronaphthalene　　　　β-nitronaphthalene

磺化（sulphonation）：

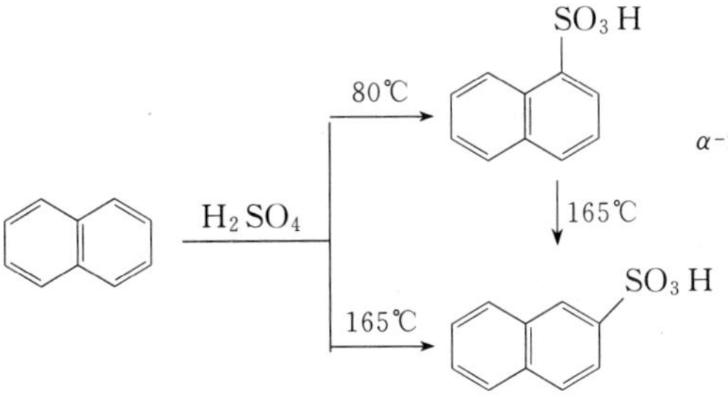

α-萘磺酸
α-naphthalenesulfonic acid

β-萘磺酸
β-naphthalenesulfonic acid

萘比苯活泼，发生氧化反应时，α-位优先被氧化。如：

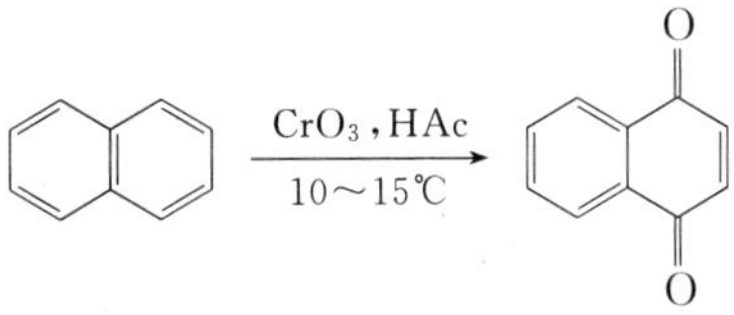

1,4-萘醌
1,4-naphthoquinone

邻苯二甲酸酐是一种很重要的化工原料，广泛用于制造油漆、增塑剂、染料等，其工业生产以萘为原料，五氧化二钒作催化剂，用空气氧化来制备。

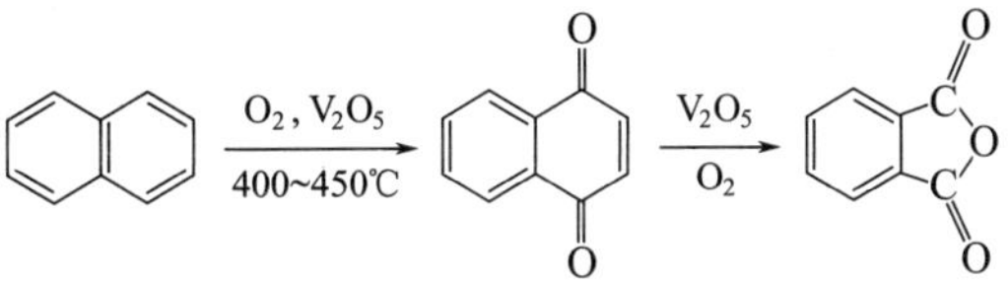

萘也可用伯奇（Birch A. J.）方法还原，其产物是1,4-二氢萘。

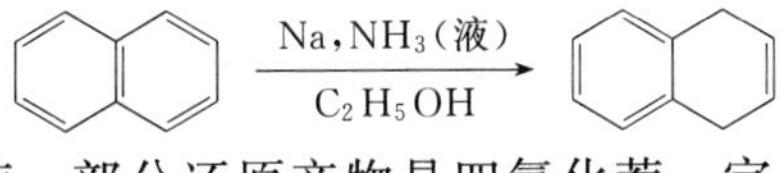

也可用催化氢化法还原萘，部分还原产物是四氢化萘，完全氢化产物是十氢化萘。

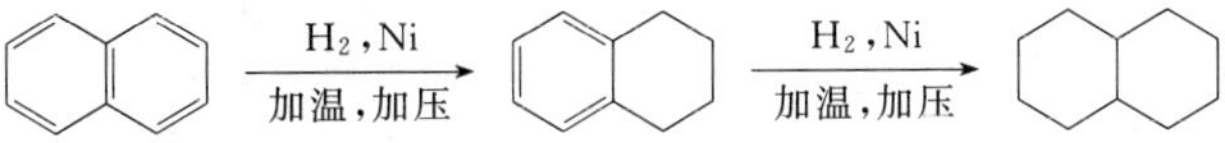

十氢化萘存在顺反异构体，反式异构体比顺式异构体稳定。这两种异构体的稳定构象式如下：

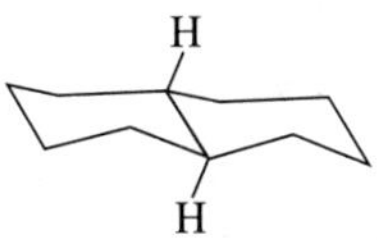

反式
trans-form

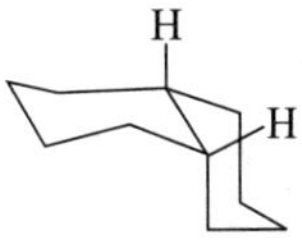

顺式
cis-form

二、蒽（Anthracene）

蒽的分子式 $C_{14}H_{10}$，其结构简式为：

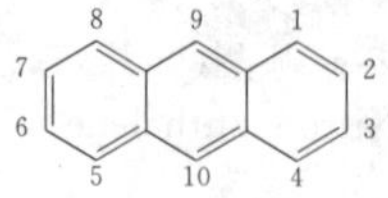

蒽分子由三个苯环稠合而成，分子中碳原子都是 sp^2 杂化，每个碳原子上未参加杂化的 2p 轨道垂直于环平面，以"肩并肩"方式重叠，形成了由 14 个原子 14 个电子组成的大 π 键。蒽分子中的碳原子活性大小不同，其中 γ 位（9 位和 10 位）活性最大，所以反应多发生在 γ 位。

蒽是无色片状晶体，熔点 216℃，沸点 342℃，不溶于水，易溶于苯等溶剂。蒽的芳香性比萘差，稳定性较低，容易发生加成反应和氧化反应。

1. 加成反应（Addition）

蒽比萘容易发生加成反应，主要在 γ 位进行。除发生催化加氢外，还能与卤素发生加成反应。例如：

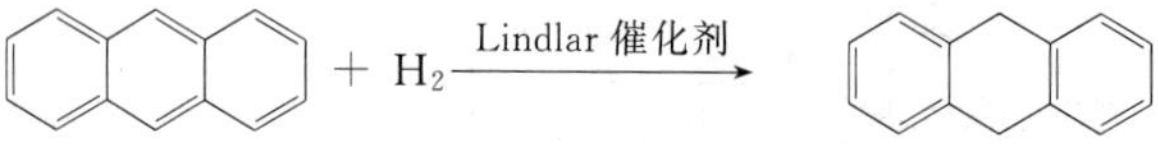

9,10-二氢蒽
9,10-dihydroanthracene

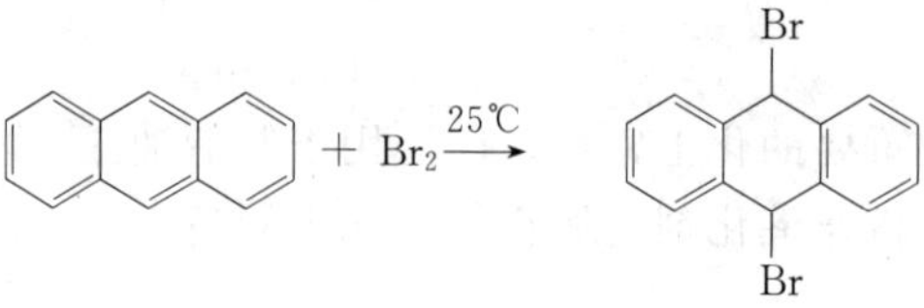

9,10-二溴蒽
9,10-dibromoanthracene

2. 氧化反应（Oxidation）

蒽容易被重铬酸钾-硫酸氧化，生成蒽醌。

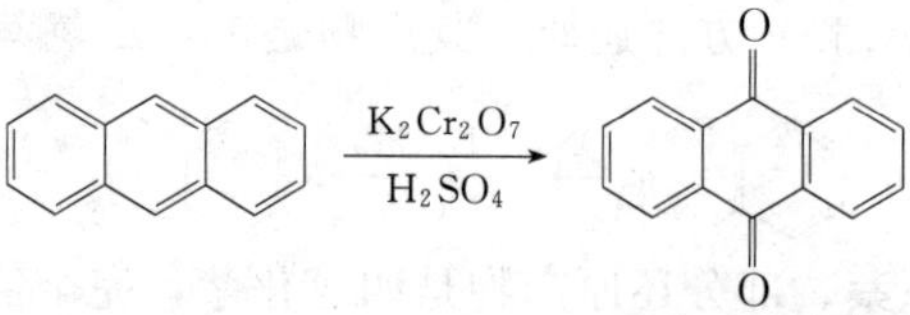

9,10-蒽醌
9,10-anthraquinone

3. 亲电取代反应（Electrophilic substitution reaction）

蒽发生磺化反应时，磺酸基主要进入 α 位。进行卤代和硝化反应时，取代基主要进入 γ 位，同时伴随有加成产物。

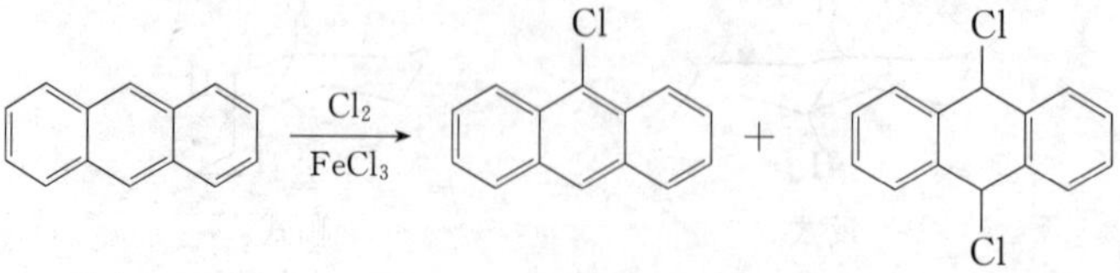

9-氯蒽   9,10-二氯蒽
9-chloroanthracene   9,10-dichloroanthracene

由于蒽的取代产物往往是混合物，因此在有机合成上意义不大。

三、菲（Phenanthrene）

菲是蒽的同分异构体。结构简式为：

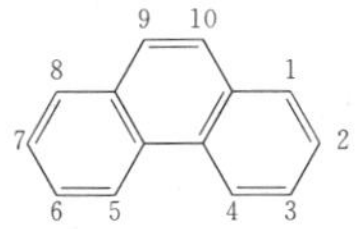

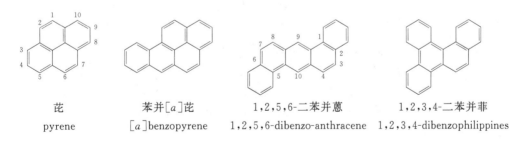

菲是带有光泽的无色片状晶体，熔点 101℃，沸点 340℃，不溶于水，易溶于苯等溶剂，溶液有蓝色荧光。

菲的芳香性比蒽稍强，其稳定性也比蒽稍大。菲也能发生加成、氧化和取代反应，反应主要在 9 位和 10 位。

9,10-二氢菲
9,10-dihydrophilippines

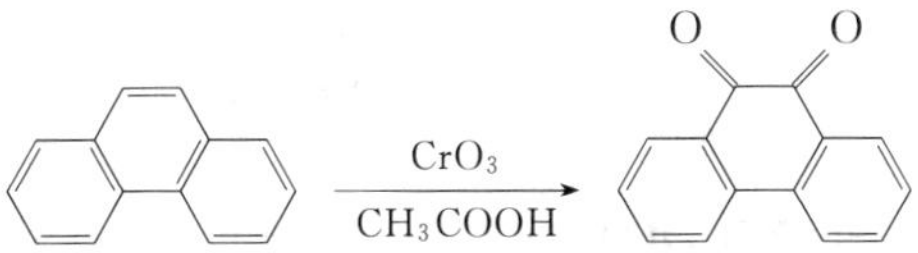

9,10-菲醌
9,10-phenanthrenequinone

四、其他稠环芳香烃（Other polycyclic aromatic hydrocarbons）

稠环芳香烃除萘、蒽和菲以外，还有许多化合物，如芘、苯并[a]芘、1,2,5,6-二苯并蒽、1,2,3,4-二苯并菲等，它们微量存在于煤焦油高沸点的馏分中。应该注意的是，蒽、菲和芘及其衍生物都有致癌作用。1933 年人们曾从煤焦油中分离出致癌物质——苯并[a]芘，后来还合成了 1,2,3,4-二苯并菲和致癌能力比苯并[a]芘强的 3-甲基胆蒽。几微克的苯并[a]芘就可使动物致癌。香烟的毒性不仅是尼古丁，还含有致癌的苯并[a]芘，这些致癌物质严重污染环境，已引起环保部门的高度重视。

芘
pyrene

苯并[a]芘
[a]benzopyrene

1,2,5,6-二苯并蒽
1,2,5,6-dibenzo-anthracene

1,2,3,4-二苯并菲
1,2,3,4-dibenzophilippines

第三节　非苯芳香烃
（Nonbenzenoid Arenes）

前面提到，芳香族化合物均含有苯环，具有芳香性。所谓芳香性（aromaticity），是指分子中含有大 π 键闭合共轭体系，易发生亲电取代而不易进行加成和氧化反应的性质。但人们发现，某些不含苯环的分子如环状共轭多烯也具有芳香性，通常把这类化合物称为非苯芳香烃（nonbenzenoid arenes）。

一、 休克尔规则（Hückel rule）

1931 年德国化学家休克尔（E. Hückel）用分子轨道法计算一些没有芳香性的化合物中 π 电子的能级，并与苯的 π 电子能级比较，发现当一个环状共轭多烯分子中所有的碳原子都处在同一平面时，形成闭合的共轭体系，它们的 π 电子数目等于 $4n+2$（$n=0,1,2,3\cdots\cdots$）个时，就具有芳香性。这称为休克尔规则。例如，苯、萘和蒽中的 π 电子数目符合休克尔规则，具有芳香性。

π 电子数目	6	10	14
	$6=4\times1+2$	$10=4\times2+2$	$14=4\times3+2$

环丁二烯和环辛四烯 π 电子数目分别为 4 和 8，不符合休克尔规则，故没有芳香性。实验证明，环辛四烯不是平面分子，而是一个盆形结构。

环丁二烯　　　　　　　　　　　环辛四烯
cyclobutadiene　　　　　　　cyclooctatetraene

二、 非苯芳香烃（Nonbenzenoid arenes）

1. 环状离子（Cyclic ions）

某些环烃虽没有芳香性，但其变成正离子或负离子后则具有芳香性。例如，环戊二烯没有芳香性，但环戊二烯负离子成环的 5 个碳原子处于同一平面上，且含有 6 个 π 电子，符合休克尔规则，因此具有芳香性。此外，环丙烯正离子，环庚三烯正离子等也有芳香性。

环戊二烯负离子　　　　　　环丙烯正离子　　　　　　环庚三烯正离子
cyclopentadienyl anion　　cyclopropene positive ion　　tropolium positive ion

2. 稠环化合物（Polycyclic compounds）

如果稠环化合物的成环碳原子都在一个平面上，且处于最外层环上时，就可以利用休克尔规则判断其是否具有芳香性。例如，薁（音 yù）是由一个五元环和一个七元环稠合而成，其周边成环原子的 π 电子有 10 个，符合休克尔规则，因而具有芳香性。

薁(azulene)

3. 轮烯（Annulene）

分子中含有单键和双键交替排列的单环多烯烃称为轮烯。当环上的碳原子处于同一平面上且 π 电子数目符合休克尔规则时就有芳香性。例如，[18] 轮烯就有芳香性。但 [10] 轮烯和 [14] 轮烯就没有芳香性，因为尽管 π 电子数目符合休克尔规则，但因环内氢原子之间存在强烈的排斥作用，致使成环碳原子不在一个平面上。

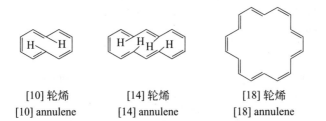

[10] 轮烯　　　　　　　　[14] 轮烯　　　　　　　　[18] 轮烯
[10] annulene　　　　　[14] annulene　　　　　[18] annulene

习题（Exercises）

1. 命名下列化合物：

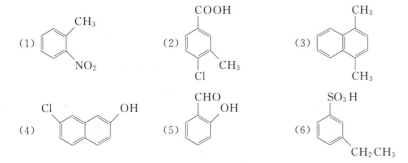

2. 写出下列化合物的构造式：

　（1）对硝基苯甲酸　　　　　（2）对氯苯乙烯　　　　　　（3）4-硝基-3-氯苯磺酸

　（4）2-硝基萘　　　　　　　（5）4-乙基-3-异丙基甲苯　　（6）6-甲氧基-4-氯-2-萘乙酸

3. 完成下列反应式：

（1）　　C_2H_5　　　+ HNO_3 $\xrightarrow{\text{浓 } H_2SO_4}$?　　　　（2）　　+ $CH_3CH_2CH_2Cl$ $\xrightarrow{\text{无水 } AlCl_3}$?

（3）　　CH_3　　　+ Br_2 $\xrightarrow{FeBr_3}$?　　　　（4）　　CH_2CH_3 ... $C(CH_3)_3$ $\xrightarrow[H_2SO_4]{KMnO_4}$?

（5）　　+ $(CH_3CO)_2O$ $\xrightarrow{AlCl_3}$?　　　　（6）　　CH_3　　　+ Cl_2 $\xrightarrow{h\nu}$?

4. 用化学方法鉴别下列各组化合物：

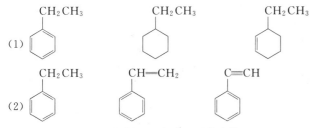

5. 以苯为原料，无机试剂任选，合成下列化合物：

　（1）对氯苯磺酸　　　（2）间溴苯甲酸　　　（3）对硝基苯甲酸　　　（4）邻硝基苯甲酸

6. 完成下列转化：

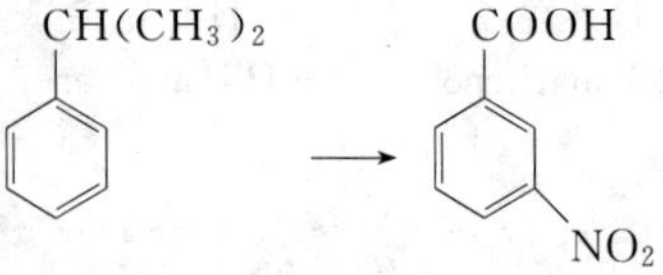

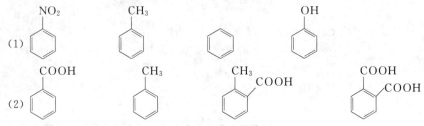

7. 排列以下两组化合物硝化反应时由易到难的次序：

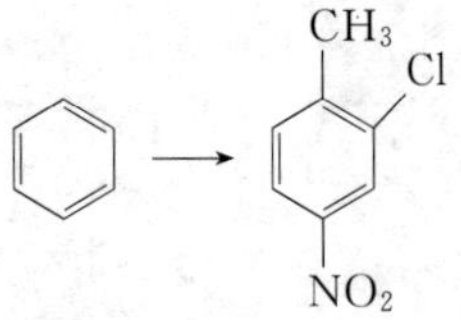

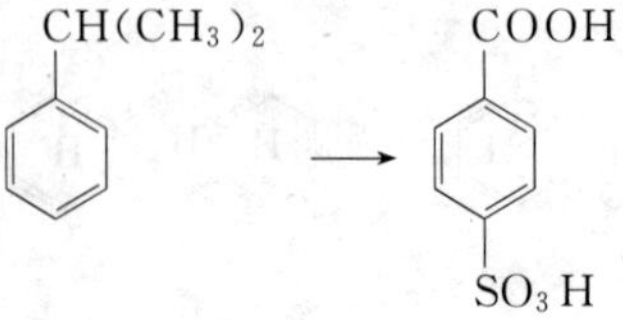

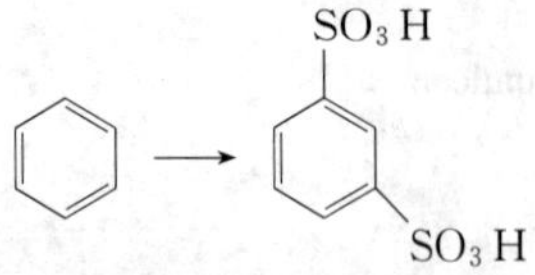

(1)

(2)

8. 用箭头标出下列化合物磺化反应时磺酸基进入的位置：

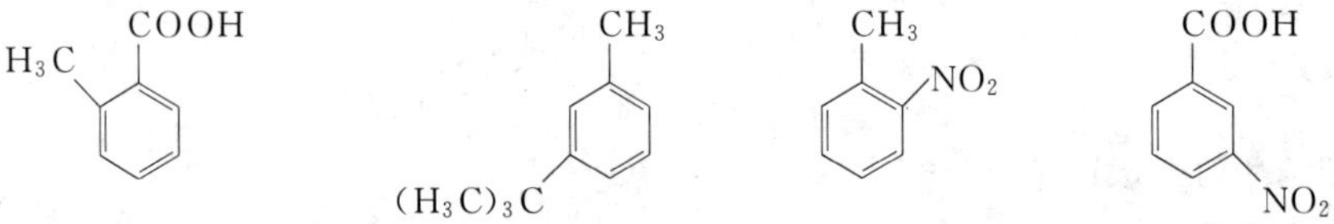

9. 判断下列化合物是否有芳香性？

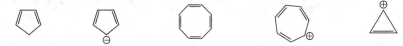

10. 某不饱和烃 A（C_9H_8），与氯化亚铜氨溶液反应产生棕红色沉淀，A 部分氢化得到 B（C_9H_{12}），B 用高锰酸钾溶液氧化得酸性氧化物 C（$C_8H_6O_4$）。写出 A、B、C 可能的构造式和各步反应式。

11. 芳香烃 A（$C_{10}H_{14}$），用酸性高锰酸钾氧化时生成二元羧酸。把 A 硝化后只生成一种一硝基化合物。试推测 A 的构造式，写出有关反应式。

12. 化合物 A（C_9H_{10}），室温下能迅速使溴的四氯化碳溶液褪色，1mol A 在温和条件下氢化时与 1mol H_2 加成，生成化合物 B，A 在强烈条件下氢化时可与 4mol H_2 加成，A 用酸性高锰酸钾溶液氧化时生成邻苯二甲酸。试写出 A 和 B 的构造式。

13. * 推导构造式

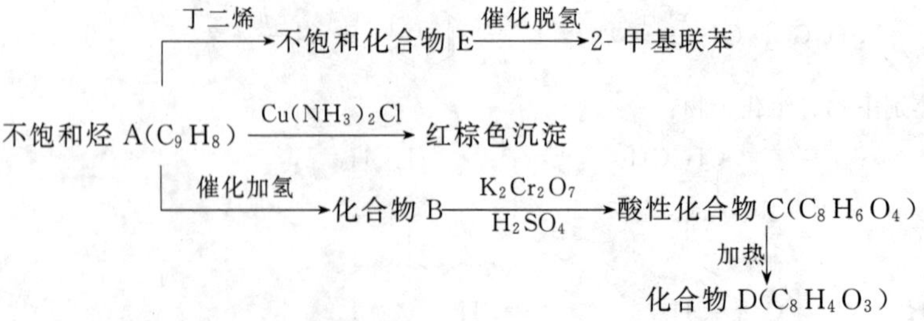

丁二烯 → 不饱和化合物 E —催化脱氢→ 2-甲基联苯

不饱和烃 A（C_9H_8）—$Cu(NH_3)_2Cl$→ 红棕色沉淀

—催化加氢→ 化合物 B —$\dfrac{K_2Cr_2O_7}{H_2SO_4}$→ 酸性化合物 C（$C_8H_6O_4$）

—加热→ 化合物 D（$C_8H_4O_3$）

试写出 A、B、C、D、E 的构造式和各步反应式。

第五章 旋光异构

（ Optical Isomerism ）

旋光异构（optical isomerism）与前面学的顺反异构和构象异构一样，都属于立体异构的范畴。立体异构（stereoscopic isomerism）是指分子中原子间相互连接次序相同，但在空间的排列方式不同而引起的异构现象，包括构型异构和构象异构。有机化合物中普遍存在的异构现象可总结如下：

$$
\text{异构现象} \begin{cases} \text{构造异构} \begin{cases} \text{碳链异构} \\ \text{位置异构} \\ \text{官能团异构} \end{cases} \\ \text{立体异构} \begin{cases} \text{构型异构} \begin{cases} \text{顺反异构} \\ \text{旋光异构} \end{cases} \\ \text{构象异构} \end{cases} \end{cases}
$$

旋光异构又叫光学异构，是一种广泛存在于自然界的立体异构现象。例如糖类、氨基酸、油脂和生物碱都有旋光异构现象，不同的旋光异构体在生物体内有着不同的生理功能，如由动物运动时肌肉分解出的乳酸、与乳糖发酵产生的乳酸以及人工合成的乳酸（都是 α-羟基丙酸），尽管其分子式和构造式相同，且一般的物理性质和化学性质也相同，但它们的旋光方向不同，表现出的生理活性也不同。因此，研究旋光异构对于阐明天然有机物的结构与生理活性的关系，深入探讨有机物反应机理的中间过程，具有非常重要的意义。

第一节 物质的旋光性
（ Optical Activity of Compounds ）

一、偏振光（ Polarized light ）

光是一种电磁波，其振动方向与光波前进的方向垂直。普通光是由多列振动方向各不相同的光波组成的，故其光波可在垂直于前进方向的各个不同平面内振动，如图 5-1 所示。如果使一束普通光通过尼科尔（Nicol）棱镜，由于这种棱镜只能让在与棱镜晶轴平行的平面内振动的光线通过，所以通过尼科尔棱镜后，其光波就只在一个平面上振动，这种只在一个平面上振动的光称为平面偏振光（plane polarized light），简称偏振光或偏光，如图 5-2 所示。

二、 旋光性与比旋光度（ Optical activity and specific rotation ）

当偏光通过某些物质如水、酒精或其溶液时，仍将维持原来的振动平面。当偏光通过乳酸、葡萄糖等物质的溶液时，偏光平面则会旋转一定的角度。这种能使偏光振动平面发生旋转的性质称为物质的旋光性（或光学活性），具有旋光性的物质称为旋光性物质（或光学活性物质），如乳酸，葡萄糖等。不能使偏光发生旋转的物质称为非旋光性物质（或非光学活性物质），如蒸馏水，酒精等。如图 5-3 所示。

图 5-1　普通光的振动平面示意
（双箭头表示光波振动方向）
（Diagram of vibration plane of ordinary light）

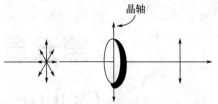

图 5-2　普通光经尼科尔棱镜后变成偏振光
（Ordinary light passing through the Nicol prism is dispersed into polarized light）

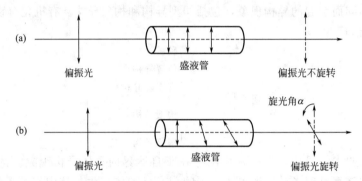

图 5-3　物质的旋光性
（Optical activity of a compound）

当偏振光通过某一旋光性物质时，其振动平面会向着某一方向旋转一定的角度，这一角度叫做旋光角，旋光角加上旋光方向称为旋光度（optical rotation），通常用"α"表示。如某物质在一定条件下能使偏振光向右旋转 17.3°，它的旋光度即为 $\alpha = +17.3°$。物质能使偏振光向右（顺时针方向）偏转称为右旋，用（＋）表示；向左（逆时针方向）偏转的称为左旋，用（－）表示。

旋光度的大小可用旋光仪来测定，旋光仪的构造及其工作原理如图 5-4 所示。图中，起偏镜和检偏镜均为尼科尔棱镜。起偏镜是固定不动的，其作用是将入射光变为偏振光；检偏镜和刻度盘固定在一起，可以旋转，用来测量偏振光振动平面旋转的角度。

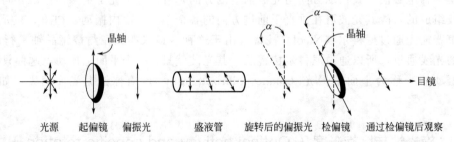

图 5-4　旋光仪的构造和工作原理
（Structure and working principle of polarimeter）

当两个尼科尔棱镜的晶轴相互平行，且盛液管装着蒸馏水或非旋光性物质时，通过起偏镜产生的偏振光便可以完全通过检偏镜，此时由目镜能看到最大的光亮，刻度盘指在零度。当盛液管中装入旋光性物质后，由于旋光性物质能使偏振光的振动平面向左或向右旋转某一角度，此时偏振光的振动平面不再与检偏镜的晶轴平行，因而偏振光不能完全通过检偏镜，此时由目镜观察到的光亮度会减弱。为了重新看到最大的光亮，就必须旋转检偏镜，使其晶轴与旋转后偏振光的振动平面再度平行，此时即为测定的终点。由于检偏镜和刻度盘是固定在一起的，因此偏振光振动平面旋转的角度就等于刻度盘旋转的角度，其数值可以从刻度盘上读出来。

　　随着测试技术的快速发展，旋光度的测定已经实现了自动化，如 WZZ-2A 型自动数显旋光仪，就能很快地测出旋光性物质的旋光方向和旋光度。

　　物质旋光度的大小除取决于物质本身的特性外，还与溶液的浓度、盛液管的长度、测定时的温度、所用光源的波长以及溶剂的性质等因素有关。所以，在比较不同物质的旋光性时，必须限定在相同的条件下，当考虑了各种因素的影响后，旋光度才是每个旋光性化合物的特性。通常规定溶液的浓度为 $1g \cdot mL^{-1}$，盛液管的长度为 1dm，在此条件下测得的旋光度称为比旋光度，用 $[\alpha]_\lambda^t$ 表示，它与旋光度之间有如下关系：

$$[\alpha]_\lambda^t = \frac{\alpha}{cL} \qquad\qquad (5\text{-}1)$$

　　式中，t 为测定时的温度（一般为 20℃）；λ 为所用光源的波长（常用钠光灯，波长 589.3nm，标记为 D）；α 为测得的旋光度；c 为被测物质的浓度，$g \cdot mL^{-1}$，若被测物质是液体，用相对密度表示；L 为盛液管的长度，dm。

　　在表示比旋光度时，不仅要注明所用光源的波长及测定时的温度，还要注明所用的溶剂。例如，用钠光灯作光源，在 20℃ 时测定葡萄糖水溶液的比旋光度为 +52.5°，应记作：$[\alpha]_D^{20} = +52.5°$（水）。

　　比旋光度与熔点、沸点一样，是旋光性物质的物理常数之一。测定旋光性物质的比旋光度，是常用的定性和定量分析的手段之一。通过测定某一未知物的比旋光度，可初步推测该未知物为何种物质（但不能确定，因为比旋光度相同的物质可能有若干种，应继续做化学分析来确定）。通过测定某一已知物的比旋光度，还可计算该已知物的纯度。对于已知比旋光度的纯物质，测得其溶液的旋光度后，可利用关系式（5-1）求出溶液的浓度。在制糖工业中就常利用测定糖溶液的旋光度来计算溶液中蔗糖的含量，此种测定方法称为旋光法。旋光法还常用于食品分析中，如商品葡萄糖的测定以及谷类食品中淀粉的测定等。

第二节　旋光性与分子结构的关系
（ Relationship between Optical Activity and Molecular Structure ）

一、　手性和手性分子（ Chirality and chiral molecular ）

　　人的左手和右手看起来相似，但不能重叠在一起。如果把一只手映入镜面，得到的镜像恰好与另一只手相同，即两手互为实物和镜像的关系。我们把像手一样，实物与其镜像不能重叠的性质称为手性（chirality）（图 5-5）。手性是自然界中的一种普遍现象，如人的左右手、鞋子和手套等都具有该性质。

　　当一个有机化合物分子也具有实物与其镜像不能重叠的性质时，就把这种分子称为手性分子（chiral molecular）。例如乳酸分子中，C2 上连有 4 个互不相同的原子和基团，在空间存在两种不同的排列方式，即具有两种不同空间构型的分子，这两种构型之间互为实物与镜像的关系，因而是手性分子（见图 5-6）。

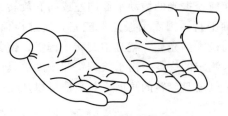

图 5-5　左右手的镜像关系
（Mirror images of the left hand
and the right hand）

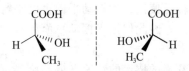

图 5-6　乳酸分子的两种对映体
（Optical isomers of lactic acid molecule）

与 4 个互不相同的原子和基团相连的碳原子称为手性碳原子（chiral carbon atoms），用 C* 表示。例如，乳酸、2-氯丁烷、1-甲基-3-乙基环戊烷等分子中含有手性碳原子，它们都是手性分子，具有旋光性。但这并不意味着所有含手性原子的分子都是手性分子。

$$CH_3-\overset{*}{C}H-COOH$$
$$OH$$

乳酸
lactic acid

1-甲基-3-乙基环戊烷
1-methyl-3-ethyl cyclopentane

$$CH_3-CH_2-\overset{*}{C}H-CH_3$$
$$Cl$$

2-氯丁烷
2-chloride butane

二、 对称因素与手性分子的判据（ Relationship between chiral molecules and symmetry factors ）

一般来说，分子具有手性的化合物都有旋光性。分子的手性和其存在的对称因素有关，对于大多数有机物来说，如果分子内没有对称面，也没有对称中心，则它就是手性分子，就具有旋光性。要知道一个分子是不是手性分子，只要判断它是否存在对称因素即可。对称因素主要包括对称面、对称中心和对称轴。

1. 对称面（Plane of symmetry）

假设有一个平面能把分子分成对称的两部分，其中一部分恰好是另一部分的镜像，则这个平面就是分子的对称面。例如，二氯甲烷、（E）-1-氯-2-溴乙烯分子中存在对称面，如图 5-7 所示。

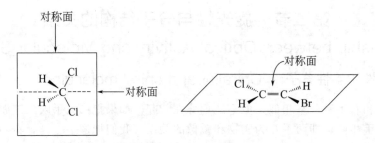

图 5-7　二氯甲烷和（E）-1-氯-2-溴乙烯的对称面
（Symmetric planes of dichloromethane and（E）-1-chloride-2-bromethylene molecules）

2. 对称中心（Symmetric center）

假想分子中心有个点，通过这个点的直线在等距离的两端有相同的原子或基团，则这个中心点称为分子的对称中心。如图 5-8 所示。

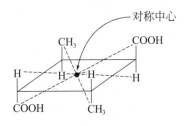

图 5-8　分子内的对称中心
(Symcenter of the molecule)

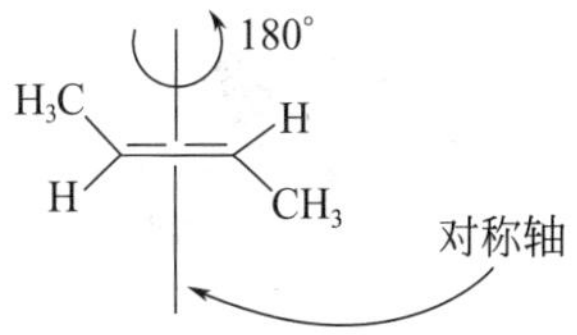

图 5-9　2-丁烯分子中的二重对称轴
(Two-fold axis of symmetry in 2-butene molecule)

3. 对称轴(旋转轴，Symmetry axis or rotation axis) *

设想分子中有一条直线，当分子以此为轴旋转 $360°/n$（n 为正整数）后，得到的分子与原来的相同，则这条直线就是 n 重对称轴。例如，2-丁烯分子中通过 σ 键平面有一个二重对称轴，如图 5-9 所示。

4. 交替对称轴(旋转反映轴，Alternating axis of symmetry or rotation reflection axis) *

设想分子中有一条直线，当分子以此为轴旋转 $360°/n$ 后，再用一个与此直线垂直的平面进行反映（即以此平面为镜面，做出镜像），如果得到的镜像与原来的分子完全相同，则这条直线就是交替对称轴。例如，图 5-10 中（Ⅰ）旋转 90° 后得（Ⅱ），（Ⅱ）以垂直于旋转轴的平面反映后得（Ⅲ），（Ⅲ）与（Ⅰ）是相同分子。

凡是具有对称面、对称中心或交替对称轴的分子，都能与其镜像重合，都是非手性分子。既无对称面，又无对称中心，也没有 4 重交替对称轴的分子，都不能与其镜像重合，都是手性分子。有无对称轴对于判断分子是否具有手性没有决定作用。

在有机化合物中，绝大多数非手性分子都具有对称面或对称中心，或者同时具有 4 重对称轴。没有对称面或对称中心，只有 4 重对称轴的非手性分子是很个别的。因此，只要一个分子既没有对称面，又没有对称中心，一般可以断定它是手性分子。

因此，物质产生旋光性的根本原因是分子结构的不对称性。含有手性碳原子是引起分子旋光的普遍现象，但不是决定因素。

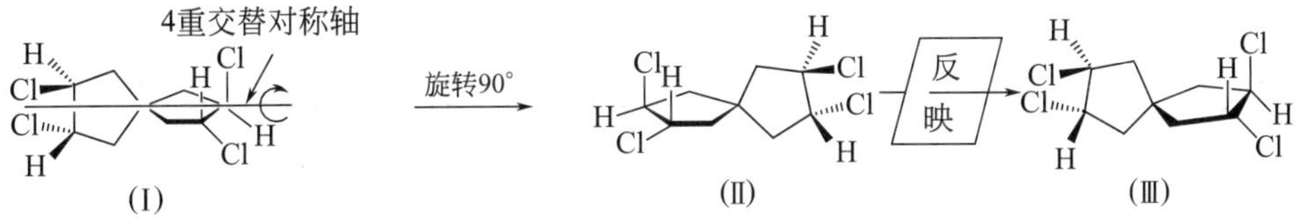

图 5-10　有 4 重交替对称轴的分子
(Quadruple alternating axis of symmetry in the molecule)

第三节　含一个手性碳原子化合物的旋光异构
(Optical Isomerism with one Chiral Carbon Atom)

一、对映体和外消旋体 (Enantiomer and raceme)

含一个手性碳原子的化合物都是手性分子，具有旋光性，存在一对对映体。例如，乳酸分子中 α-碳原子是手性碳原子，它连接的四个原子和基团在空间有两种不同的构型，即存

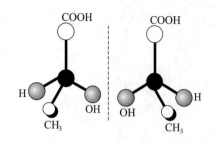

图 5-11　乳酸的一对对映体
(A pair of enantiomers of lactic acid)

在一对互为实物与镜像关系的异构体，但彼此不能重叠。把这两种互为实物与镜像关系的异构体称为对映异构体，简称对映体（enantiomer），如图 5-11 所示。

像乳酸这样，含有一个手性碳原子的化合物都存在一对对映体，其中一个是左旋体，另一个是右旋体，它们是一类重要的旋光异构体。通常情况下，对映体的物理性质和化学性质都相同，但它们的旋光方向不同，比旋光度的数值相等而方向相反。表 5-1 列出了乳酸旋光异构体的物理性质。

表 5-1　乳酸旋光异构体的物理性质
(Physical properties of optical isomers of Lactic acid)

化 合 物 Compound	熔点/℃ Melting point	比旋光度(20%水溶液)$[\alpha]_D^{20}$ Specific rotation	$pK_a^{\ominus}$(25℃)
（＋)-乳酸	53	＋3.82°	3.79
（－)-乳酸	53	－3.82°	3.79

对映体之间除旋光性不同外，它们的生理作用也不同。例如，（＋)-葡萄糖可被动物吸收利用，而（－)-葡萄糖则不能被动物代谢。同理，（－)-氯霉素有抗菌作用，而（＋)-氯霉素无疗效。

由于左旋体和右旋体的比旋光度数值相等而方向相反，如果把左旋体与等量的右旋体混合后，则它们的旋光性能相互抵消，故不显旋光性。这种对映体的等量混合物称为外消旋体（raceme），用（±）表示。例如，从酸败的牛奶中或者用化学方法合成出来的乳酸就没有旋光性，是外消旋体，表示为（±)-乳酸；药用合霉素是左旋氯霉素（有效体）与等量对映体的混合物，没有旋光性，是外消旋体。

外消旋体与相应的左旋体或右旋体之间除旋光性能不同外，其他物理性质（如熔点、沸点、溶解度等）也有差别。如左旋乳酸和右旋乳酸的熔点都为 53℃，而外消旋乳酸的熔点为 18℃。由于所含官能团相同，所以化学性质一样。在生理作用方面，外消旋体仍能发挥所含各自左旋体或右旋体的效能，如合霉素的抗菌能力仅为左旋氯霉素的一半（右旋氯霉素无疗效）。

二、　旋光异构体构型的表示方法——费歇尔投影式（Representation of optical isomer configurations with Fischer projection）

旋光异构体中手性碳原子上原子或基团在空间排列方式的表示，通常采用透视式。这种表示方法比较直观，但书写起来非常麻烦，尤其是对结构复杂的化合物就更加困难。为此，1891 年费歇尔（E. Fischer）首先提出了用投影式表示空间构型的方法，被称为费歇尔投影式（Fischer projection）。

费歇尔投影式的投影规则如下：

① 将碳链竖立，把编号最小的碳原子放在最上端；

②"横前竖后"，即与手性碳原子相连的两个横键伸向前方，两个竖键伸向后方；

③ 用"十"字交叉点表示手性碳原子。

按此投影规则得到乳酸的一对对映体的费歇尔投影式如图 5-12 所示。

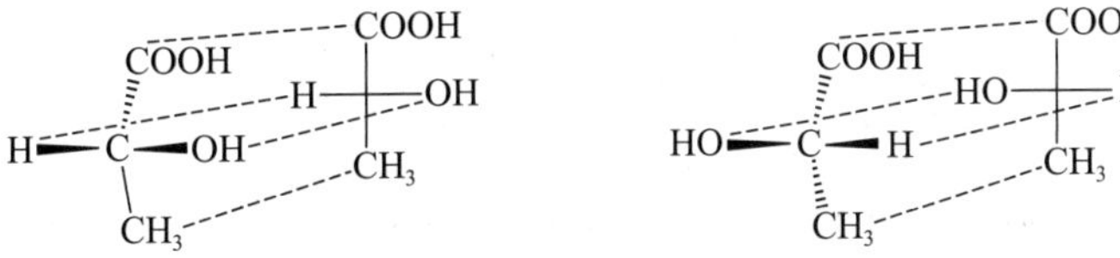

图 5-12 乳酸一对对映体的费歇尔投影式
(Fischer projections of a pair of lactic acid enantiomers)

因费歇尔投影式是用平面式来表示分子的立体结构，有时会遇到不规范的投影式，这时需要遵循一些变换操作，把它转换为规范的费歇尔投影式。这些操作在变换前后的对应关系如下。

① 将原费歇尔投影式在纸平面上旋转 180°（或其整数倍）后，得到的投影式和原投影式相同，构型不变。如：

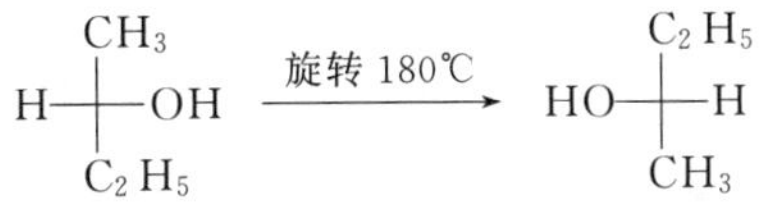

$$H \underset{C_2H_5}{\overset{CH_3}{|}} OH \xrightarrow{\text{旋转 180℃}} HO \underset{CH_3}{\overset{C_2H_5}{|}} H \quad 构型不变$$

② 将原费歇尔投影式在纸平面上旋转 90°（或其奇数倍，顺时针或逆时针均可）后，得到的投影式和原投影式互为对映体。如：

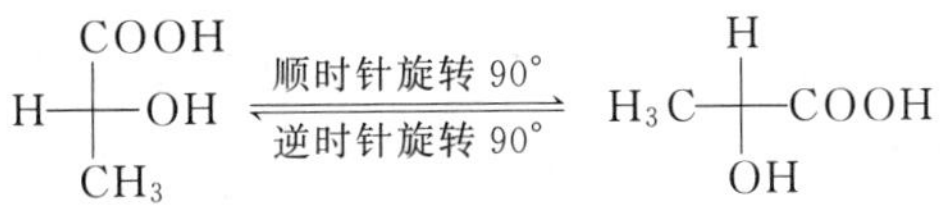

$$H \underset{CH_3}{\overset{COOH}{|}} OH \xrightleftharpoons[\text{逆时针旋转 90°}]{\text{顺时针旋转 90°}} H_3C \underset{OH}{\overset{H}{|}} COOH \quad 互为对映体$$

③ 将费歇尔投影式中手性碳原子上的任意两个原子或基团互换位置后，变为其对映体。如：

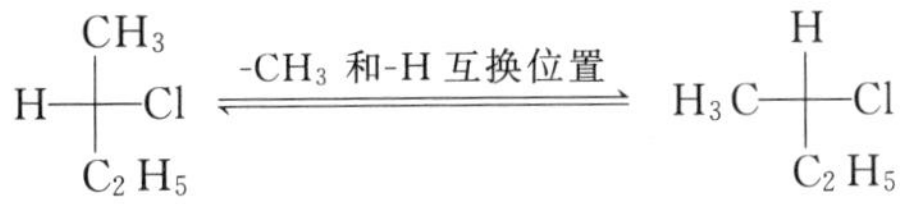

$$H \underset{C_2H_5}{\overset{CH_3}{|}} Cl \xrightarrow{-CH_3 \text{和-H 互换位置}} H_3C \underset{C_2H_5}{\overset{H}{|}} Cl \quad 变为对映体$$

④ 固定一个基团不动，其余三个基团或原子依次轮换，得到的投影式构型不变。如：

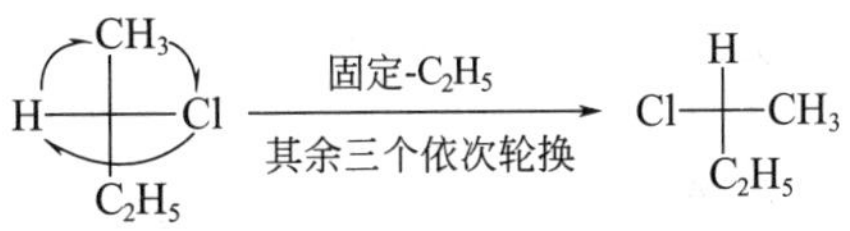

$$H \underset{C_2H_5}{\overset{CH_3}{|}} Cl \xrightarrow[\text{其余三个依次轮换}]{\text{固定-}C_2H_5} Cl \underset{C_2H_5}{\overset{H}{|}} CH_3 \quad 构型不变$$

三、 旋光异构体构型的标记方法（Representation of optical isomer configuration）

1. D/L 构型标记法——相对构型标记法（Representation by the symbol D-L—— representation for the relative configuration）

1951 年以前，人们虽然知道含有一个手性碳原子的化合物具有两种对映体，但还没有实验方法来确定对映体的空间构型，只有选择相对构型的标记方法。费歇尔建议以甘油醛为标准构型物，并人为规定：右旋甘油醛手性碳原子上的羟基在碳链右边，标记为 D-构型；左旋甘油醛手性碳原子上的羟基在碳链左边，标记为 L-构型。由此得到甘油醛一对对映体与其构型的对应关系为：

$$
\begin{array}{c}
\text{CHO} \\
\text{H} \!-\!\!\!-\!\!\!-\! \text{OH} \\
\text{CH}_2\text{OH}
\end{array}
\qquad
\begin{array}{c}
\text{CHO} \\
\text{HO} \!-\!\!\!-\!\!\!-\! \text{H} \\
\text{CH}_2\text{OH}
\end{array}
$$

D-（＋）-甘油醛　　　　　　L-（－）-甘油醛

D-（＋）-glyceraldehyde　　　L-（－）-glyceraldehyde

　　有了甘油醛标准以后，其他旋光性物质的构型可通过相互类比的方法来确定。凡是由 D-甘油醛通过化学反应得到的化合物，或是通过一系列反应可以转变为 D-甘油醛的化合物，只要在化学反应过程中不涉及手性碳原子上各键的断裂，则这些化合物都是 D-构型。与此类似，与 L-甘油醛相联系的化合物为 L-构型。如：

$$
\begin{array}{c}
\text{CHO} \\
\text{H} \!-\!\!\!-\! \text{OH} \\
\text{CH}_2\text{OH}
\end{array}
\xrightarrow{\text{氧化}}
\begin{array}{c}
\text{COOH} \\
\text{H} \!-\!\!\!-\! \text{OH} \\
\text{CH}_2\text{OH}
\end{array}
\xrightarrow{\text{还原}}
\begin{array}{c}
\text{COOH} \\
\text{H} \!-\!\!\!-\! \text{OH} \\
\text{CH}_3
\end{array}
$$

D-（＋）-甘油醛　　　　　D-（－）-甘油酸　　　　　D-（－）-乳酸

D-（＋）-glyceraldehyde　　D-（－）-glyceric acid　　D-（－）-lactic acid

$$
\begin{array}{c}
\text{CHO} \\
\text{HO} \!-\!\!\!-\! \text{H} \\
\text{CH}_2\text{OH}
\end{array}
\xrightarrow{\text{氧化}}
\begin{array}{c}
\text{COOH} \\
\text{HO} \!-\!\!\!-\! \text{H} \\
\text{CH}_2\text{OH}
\end{array}
\xrightarrow{\text{还原}}
\begin{array}{c}
\text{COOH} \\
\text{HO} \!-\!\!\!-\! \text{H} \\
\text{CH}_3
\end{array}
$$

L-（－）-甘油醛　　　　　L-（＋）-甘油酸　　　　　L-（＋）-乳酸

L-（－）-glyceraldehyde　　L-（＋）-glyceric acid　　L-（＋）-lactic acid

　　应该注意，D-构型或 L-构型都是人为规定的，是相对构型，而旋光方向是用旋光仪测出来的。两者的确定方法不同，没有必然联系，亦即 D-型和 L-型都可以是左旋或右旋的化合物。此外，D/L 构型标记法对于含有一个手性碳原子的化合物比较方便，但对含有多个手性碳原子的化合物就容易引起混乱。尽管如此，由于 D/L 构型标记法沿用已久，目前在生物科学中对糖类及氨基酸等的构型标记仍然采用。如对葡萄糖的构型标记，一般规定分子中编号最大的手性碳原子上的羟基在碳链右边的为 D-构型，在左边的为 L-构型。

$$
\begin{array}{c}
^1\text{CHO} \\
\text{H} \!-\!\!\!\overset{2}{-}\!\!\!-\! \text{OH} \\
\text{HO} \!-\!\!\!\overset{3}{-}\!\!\!-\! \text{H} \\
\text{H} \!-\!\!\!\overset{4}{-}\!\!\!-\! \text{OH} \\
\text{H} \!-\!\!\!\overset{5}{-}\!\!\!-\! \text{OH} \\
^6\text{CH}_2\text{OH}
\end{array}
$$

编号最大的 5 号手性碳原子
上的羟基在碳链右边，为
D-型，旋光方向测得为右旋。

D-（＋）-葡萄糖

D-（＋）-glucose

2. R/S 构型标记法——绝对构型标记法（Representation by *R-S* notational system——representation for absolute configuration）

　　手性碳原子上连接的 4 个原子和基团在空间的真实排列情况称为该手性碳原子的绝对构型。上述两种甘油醛的绝对构型直到 20 世纪 50 年代初才得以解决，1951 年毕育特（J. M. Bijvoet）用 X 射线分析法，测得了酒石酸铷钠的绝对构型，并由此推断出人为规定的甘油醛的构型与实际构型完全符合。这样，相对构型就成了绝对构型。鉴于 D/L 标记法在确定含有多个手性碳原子的化合物构型时容易引起混乱，1970 年，IUPAC 建议对旋光异构体的构型采用另一种标记方法，即 *R/S* 构型标记法。

　　R/S 构型标记法是根据手性碳原子上的 4 个原子或基团在空间的真实排列来标记的，

用这种方法标记的构型是真实构型，因此称其为绝对构型。标记规则如下：

① 按照次序规则，将手性碳原子上的 4 个原子或基团按照先后次序排列，较优的原子或基团排在前面。

② 将排在最后的原子或基团放在离眼睛最远的位置，其余 3 个原子或基团放在离眼睛最近的平面上。

③ 按先后次序观察前 3 个原子或基团的排列走向，若为顺时针排列，称为 R 构型（R：Rectus，拉丁文，右），若为逆时针排列，叫做（S）构型（Sinister，拉丁文，左）。

例如，2-氯丁烷分子中手性碳原子上 4 个原子或基团的先后次序为：—Cl＞—C_2H_5＞—CH_3＞—H。将排在最后的—H 放在离眼睛最远的位置，—Cl、—C_2H_5 和—CH_3 三个基团放在离眼睛最近的平面上，按先后次序观察—Cl→—C_2H_5→—CH_3 的排列走向，如果为顺时针，称为(R)-2-氯丁烷，若为逆时针，则叫做(S)-2-氯丁烷（见图 5-13）。

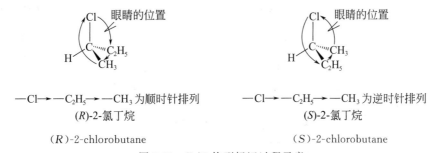

—Cl→—C_2H_5→—CH_3 为顺时针排列　　　　—Cl→—C_2H_5→—CH_3 为逆时针排列

(R)-2-氯丁烷　　　　　　　　　　　　　　　(S)-2-氯丁烷

(R)-2-chlorobutane　　　　　　　　　　　　(S)-2-chlorobutane

图 5-13　R/S 构型标记过程示意

（Map of configuration-determined methods）

R/S 标记法也可对费歇尔投影式的构型进行标记，关键是要想象出基团"横前竖后"的空间位置方向，即与手性碳原子相连的两个横键是伸向纸面前方的，两个竖键是伸向纸面后方的。观察时，将排在最后的原子或基团放在离眼睛最远的位置。

—OH→—COOH→—CH_3 为顺时针排列　　　　—OH→—COOH→—CH_3 为逆时针排列

(R)-乳酸　　　　　　　　　　　　　　　　　(S)-乳酸

(R)-lactic acid　　　　　　　　　　　　　　(S)-lactic acid

因为一对对映体分子互为实物与镜像，故手性碳原子的构型是相反的，因此 2-氯丁烷或乳酸的一对对映体的构型分别是 R 型和 S 型。

值得注意的是，化合物的空间构型可以标记，但不能判断这个化合物的旋光方向。可以肯定的是，如果一对对映体中有一个化合物是左旋的，则另一个必然是右旋的；一个是 R 构型，另一个必然是 S 构型。

还应指出，D/L 标记法和 R/S 标记法只是构型标记方法的不同，两者之间没有必然的联系。R/S 标记法是根据分子的几何形状按次序规则确定的，它只与手性碳原子上的原子和基团的空间方向和大小次序有关；而 D/L 标记法则是通过分子与参照标准物相联系来确定构型的。总之，D 型或 L 型的化合物也可用 R/S 标记法来标记，但二者之间无必然的对应关系，即 D 型也可能是 R 型，也可能是 S 型，反之亦然。

此外，R/S 标记法能够准确标记每一个手性碳原子的构型，有不易出错的优点。但它对含有多个手性碳原子的化合物标记起来较为烦琐，也不易反映出立体异构体之间的构型联系。因此，在确定含有多个手性碳原子的单糖类和氨基酸分子的构型时，一般仍采用较为简单的 D/L 标记法。

第四节　含两个手性碳原子化合物的旋光异构
（Optical Isomerism of the Compounds with Two Chiral Carbon Atoms）

一、含两个不同手性碳原子化合物的旋光异构（Optical isomerism of compounds containing two different chiral carbon atoms）

以氯代苹果酸（chlorinated malic acid）为例，讨论含两个不同手性碳原子化合物的旋光异构。氯代苹果酸分子中含有两个不同的手性碳原子，存在以下四种不同的旋光异构体。

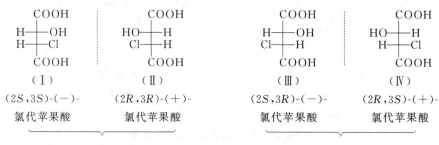

从氯代苹果酸的四种旋光异构体可以看出，（Ⅰ）与（Ⅱ）、（Ⅲ）与（Ⅳ）是两对对映体，（Ⅰ）与（Ⅱ）、（Ⅲ）与（Ⅳ）分别等量混合可组成两种外消旋体。而（Ⅰ）与（Ⅲ）、（Ⅱ）与（Ⅳ）不具备对映关系。像这样实物与镜像之间不呈现对映关系的旋光异构体称为非对映体（diastereomers）。非对映体之间化学性质基本相同，物理性质一般不同。

以此类推，可总结出以下规律，当一个旋光性化合物分子中含有 n 个不同手性碳原子时：

$$旋光异构体的数目 = 2^n$$
$$外消旋体的数目 = 2^{(n-1)}$$

二、含两个相同手性碳原子化合物的旋光异构（Optical isomerism of compounds containing two same chiral carbon atoms）

以酒石酸（tartaric acid）为例，讨论含两个相同手性碳原子化合物的旋光异构。酒石酸分子中含有两个相同的手性碳原子，可以写出以下四种旋光异构体。

COOH	COOH	COOH	COOH
H——OH	HO——H	H——OH	HO——H
HO——H	H——OH	H——OH	HO——H
COOH	COOH	COOH	COOH
(Ⅰ)	(Ⅱ)	(Ⅲ) ══ (Ⅳ)	
(2R, 3R)-(+)-	(2S, 3S)-(−)-	(2S, 3R)	(2R, 3S)
酒石酸	酒石酸	*meso*-酒石酸	
对映体，等量混合组成外消旋体		两者相同，是同一种内消旋体	

从写出的四种旋光异构体看出，（Ⅰ）与（Ⅱ）是一对对映体，等量混合后可组成一种外消旋体。但（Ⅲ）与（Ⅳ）是同一构型的化合物，因为把（Ⅲ）在平面上旋转 180°后刚好和（Ⅳ）重叠。细心观察发现，（Ⅲ）与（Ⅳ）分子中存在一个对称面，为对称分子，分子没有手性，所以没有旋光性。像这种由于分子中存在对称因素使其不显旋光性的化合物叫做内消旋体，用 meso-表示。

以此类推，像酒石酸这样含有两个相同手性碳原子的化合物存在三种旋光异构体，分别是左旋体，右旋体和内消旋体。它们在物理性质上的异同点如表 5-2 所示。注意，内消旋体与外消旋体虽然都没有旋光性，但二者有本质的区别。内消旋体是一种纯物质，而外消旋体是一种混合物，物理性质也不相同。

表 5-2　酒石酸旋光异构体的物理性质
(Physical properties of tartaric acid optical isomers)

酒石酸异构体 Isomers of tartaric acid	熔点/℃ Melting point	比旋光度(20%水溶液)$[\alpha]_D^{25}$ Specific rotation	溶解度/g・(100g 水)$^{-1}$ Solubility	密度(20℃)/g・mL^{-1} Density	pK_1	pK_2
右旋体	170	+12	139	1.760	2.93	4.23
左旋体	170	−12	139	1.760	2.93	4.23
内消旋体	140	0	125	1.667	3.11	4.80

以上事实表明，手性碳原子虽然是导致分子具有手性的主要因素，但不是唯一条件。即含有手性碳原子的化合物不一定具有旋光性。

综上所述，含一个手性碳原子的化合物有两种旋光异构体，含两个不同手性碳原子的化合物有四种旋光异构体，包括两对对映体，分别可组成两种外消旋体。含两个相同手性碳原子的化合物有三种旋光异构体，存在一对对映体及一个内消旋体。

第五节　环状化合物的旋光异构
（Optical Isomerism of Cyclic Compounds）

前面提到，含有手性碳原子的链状手性分子具有旋光性，但单环化合物分子中如果含有手性碳原子也可能具有旋光性。

对单环化合物，由于三元环是平面形的，故可利用平面构型来判断其是否具有旋光性。从四元环开始，因为环不再是平面形的，故应该利用构象式来判断其旋光性。但构象式的判断比较繁杂，通常用平面式来代替构象式，由此得出的结论是一致的。所以，本节内容中所提到的单环化合物，统一利用平面式来判断分子的旋光性。

单环化合物的立体异构比较复杂，往往是顺反异构和旋光异构同时存在。例如，环丙烷的二元取代物有顺反异构体存在，当两个取代基不同时，顺式和反式都存在对映体，且顺式和反式之间还是非对映体的关系。如 1-甲基-2-氯环丙烷的四种旋光异构体：

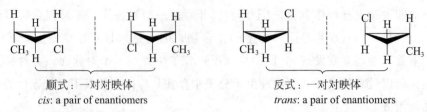

顺式：一对对映体
cis: a pair of enantiomers

反式：一对对映体
trans: a pair of enantiomers

当两个取代基相同时，顺式由于存在对称面而成为一种内消旋体，反式存在一对对映体。如1,2-环丙烷二甲酸的三种旋光异构体：

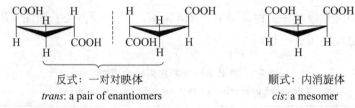

反式：一对对映体
trans: a pair of enantiomers

顺式：内消旋体
cis: a mesomer

环己烷的二元取代物与环丙烷取代物的情况相似，1,2-取代环己烷或1,3-取代环己烷的顺式异构体有对称面，是内消旋体；反式异构体有一对对映体。1,4-二取代环己烷由于分子的对称性高，无论顺式或反式都是内消旋体。例如，1,2-环己二甲酸的三种旋光异构体：

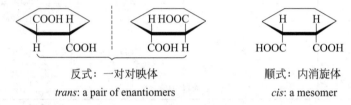

反式：一对对映体
trans: a pair of enantiomers

顺式：内消旋体
cis: a mesomer

第六节 不含手性碳原子化合物的旋光异构

（Optical Isomerism of Compounds without Chiral Carbon Atom）

以上介绍的是含有手性碳原子化合物的旋光异构，事实上，某些不含手性碳原子的化合物由于不存在对称因素而具有手性。因此也有旋光性。这些化合物主要有以下两大类。

一、 丙二烯型化合物（Allene-form compounds）

丙二烯型化合物分子中存在累积双键，两个 π 键平面由于电子的空间排斥作用而相互垂直，如果 C＝C＝C 两端碳原子上各连接两个不同的原子和基团时，其分子内不存在对称面和对称中心，因而是手性分子，具有旋光性，存在一对对映体。例如，1,3-二溴丙二烯分子就有一对对映体存在。

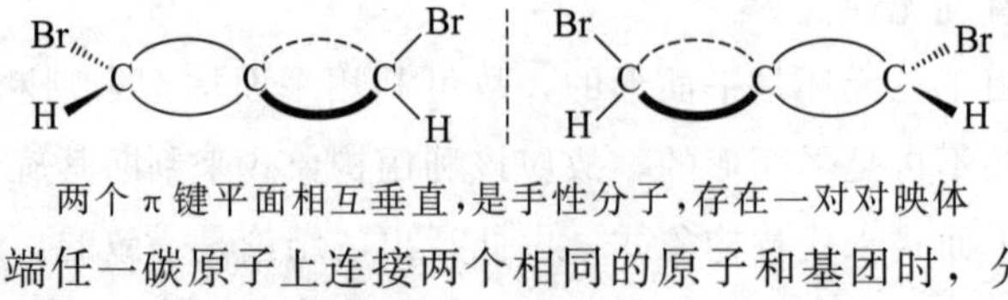

两个 π 键平面相互垂直,是手性分子,存在一对对映体

但当累积双键两端任一碳原子上连接两个相同的原子和基团时，分子内会存在对称面，因而没有旋光性，不存在对映体。如下列两个化合物都没有旋光性：

有一个对称面   有两个对称面

二、 联苯型化合物（ Biphenyl-form compounds ）

联苯分子中的两个苯环可以围绕碳碳单键自由旋转，当两个苯环的邻位上均连有位阻较大的不同基团时，苯环的自由旋转受到阻碍，两个苯环不可能处在同一平面上，这时的分子内不存在对称面和对称中心，是手性分子，具有旋光性，存在一对对映体。如 2，2'-二羧基-6，6'-二硝基联苯的一对对映体：

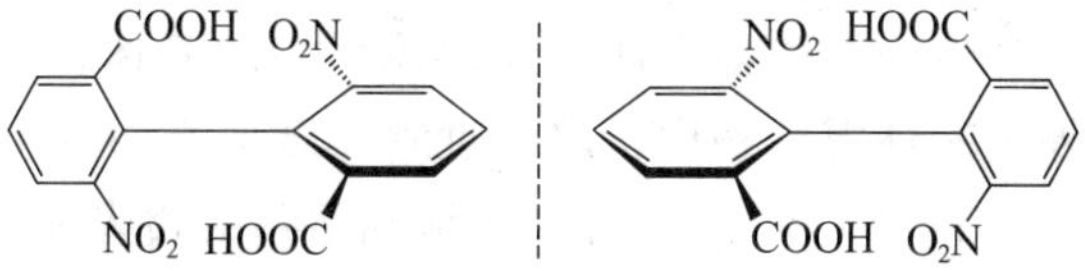

此外，硅化合物、季铵盐和季鏻盐等四价化合物中不含手性碳原子，但含手性硅、手性氮和手性磷原子，也是一个手性分子，具有旋光性。例如 N-甲基-N-乙基苯胺盐存在一对对映体：

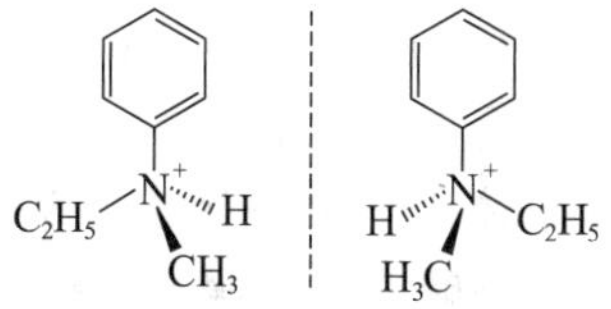

由此可见，含有手性碳原子的化合物不一定具有旋光性，具有旋光性的化合物不一定含有手性碳原子。手性碳原子不是化合物旋光的决定因素，化合物具有旋光性的根本原因是分子的不对称性或手性。

第七节　外消旋体的拆分（阅读材料）
Resolution of Racemates（ Reading Material ）

自然界中有许多分子存在能相互成像但不能重叠的两种不同构型，如同人的左右手一样，这两种不同构型的分子互称为对映异构体（简称对映体）。目前，常用的化学药物约1850 种，其中 40％为手性化合物，大多数是以外消旋体形式投放市场的。药物对杂质的要求是很严格的，药物的纯度一般要求在 98％以上，并对 2％以下的杂质要明确其性质和副作用。外消旋体药物相当于有 50％的杂质。因此人们更着眼于使用高光学纯度的单旋体作为特效药。外消旋体在生物体内往往以不同的途径被吸收而表现出不同的生理活性和毒理作用，甚至会产生不良反应。因此，将对映异构体拆分成具有光学活性的化合物具有巨大的社会效益和经济效益，从而成为手性化合物研究的热点和前沿。

一、外消旋体拆分的概念（ The concept of racemic resolution ）

将一种外消旋体的两个对映体分开，使之成为纯净的状态，称为外消旋体的拆分。其方法主要分为两大类：一类是非色谱法，包括结晶、萃取、酶促法；另一类为色谱法，包括薄层色谱、气相色谱、高效液相色谱、超临界色谱、毛细管电泳法等。拆分的基本原理大多是把对映体的混合物转换成非对映体，然后利用它们在化学性质或物理性质上的差异使之分开。

二、 外消旋体拆分的方法（ The methods of racemic resolution ）

1. 晶体机械分离法（Separation of the crystal with mechanical method）

适用于晶体外形有明显区别的外消旋混合物。当一个外消旋混合物的右旋对映体和左旋对映体以宏观的晶体析出，且这些晶体有明显的区别，则可以在放大镜下用镊子将它们拣开，达到分离的目的。

2. 接种结晶法（Crystallization with method of inoculation）

在外消旋体混合物饱和溶液中，加入两个对映体之一的晶体，小心地接种并适当冷却，则这种旋光性对映体从外消旋体混合物中析出。过滤分离晶体，溶液中另一对映体过量，升温后加入外消旋体混合物的晶体，使其重新成为饱和溶液。冷却后，过量的对映体便会析出。过滤，分离晶体。不断重复上面的操作，便可将外消旋体混合物慢慢分开，此法效率低下。

3. 萃取法（Extraction）

利用萃取法分离对映异构体，除待拆分的外消旋体外，两个互相接触的液相至少有一相要有旋光性。目前至少存在三种萃取体系。

（1）亲和萃取拆分体系（Affinity extraction-resolution system）　如李俊等人分别用合成的酒石酸酯及 D-酒石酸正戊酯等作为萃取剂，以辛烷为稀释剂，并以微量辛醇作为调节剂，就麻黄碱对映体水溶液和假黄碱对映体水溶液先后进行萃取实验，结果发现含有 D-酒石酸酯的辛烷溶液中富集了更多的左旋麻黄碱或左旋假麻黄碱。

（2）配位萃取拆分体系（Complex extraction-resolution system）　如 Toshifumi 等人用正十二烷基脯氨酸或正十二烷基羟脯氨酸的醇溶液萃取拆分含 Cu-亮氨酸水溶液的亮氨酸对映体，结果发现正十二烷基 L-脯氨酸或正十二烷基羟脯氨酸的醇溶液中富集了更多的 L-亮氨酸。

（3）非对映体萃取拆分体系（Diastereomer extraction-resolution system）　它是利用手性试剂使对映体转化成非对映体，依据非对映体物化性质的差异，实现对映体的拆分。

4. 酶促拆分法（Enzymatic resolution method）

20 世纪 80 年代，美国的 Klibanov 等人用胰脂肪酶粉或其固定化酶在几乎无水的有机溶剂中成功地合成了肽、手性醇、酯酰胺，改变了酶促反应只能在水相中进行的传统观念。酶的选择性是多方面的，包括底物专一性、对映体选择性、前手性选择和位置选择等，对药物的拆分起决定作用的是能识别对映体的对映体选择性。对映体选择性越高，产物的光学纯度越高，对手性药物的拆分越有利。

由于生物酶有很高的对映体选择性，可以得到纯度很高的单一对映体药物，因此这一方法比化学方法优越，但酶的成本高是实施拆分过程工业化急需解决的关键问题。

5. 薄层色谱拆分法（Separation with thin layer chromatography）

TLC 是最简便的色谱技术之一，其分离方式有手性试剂衍生化法（CDR，chiral derivatization reagent）、手性流动相添加剂法（CMPA，chiral mobile phase additives）和手性固定相法（CSP，chiral stationary phase），用得较多的是 CSP。

CSP 的技术关键在于制备不同的手性薄层板，常用的有：①纤维素板及预涂纤维素的薄层板可用于拆分氨基酸及其衍生物、二肽等对映体，用非均相乙酰化方法制得的纤维素三醋酸（MCTA）制备成的薄层板可用于拆分氨基酸衍生物、镇痛剂的苯酯、黄酮类化合物及一些具有重要生理活性的手性药物对映体；②浸渍手性选择剂的手性薄层板，主要是浸渍

有 α-氨基酸烷基衍生物的铜（Ⅱ）复合物的薄层板；③分子印记法是制备具有高选择性的合成高分子的方法，常用的载体有硅胶及氨基、氰基、二醇基修饰的硅胶等，对氨基酸、糖及其衍生物、一些手性药物都表现出亲和力，但是有些用作印记分子的物质溶解性差，对手性分离不利；④将手性选择剂化学键合到载体上，进行对映体分离的化学键合的手性薄层板主要有 β-环糊精（β-CD）键合相薄层板、Prickel 型手性薄层板、萘乙基脲型薄层板。最近朱全红将 β-CD 键合相用苯基异氰酸酯及 3,5-二硝基苯甲酰氯进行衍生化，制备了衍生化的 β-CD 键合相薄层板，在反相色谱条件下分离了氨基酸对映体及一些临床常用的手性药物对映体如氧氟沙星等。

6. 气相色谱拆分法（Separation with gas chromatography）

用 GC（gas chromatography）拆分手性化合物对映体，需要有手性固定相。自 1988 年环糊精衍生物用作毛细管 GC 固定相成功拆分了对映体以来，已有几十种改性的环糊精相继合成，成为新一代高选择性的手性色谱固定相。1986 年 Egit-AV 等人在涂有低相对分子质量含氢键的活性固定相的玻璃毛细管柱中分离了 9 对 18 种消旋蛋白质氨基酸的三氟酰酐（TFA）衍生物，1971 年又采用活性金属配位化合物作为手性选择剂分离对映体，从而扩大了气相色谱对映体分离的范畴。手性固定相气相色谱拆分手性药物的步骤如下：

① 合成手性试剂　丁玉强等人以 β-环糊精（β-CD，beta-cyclodextrin）为原料合成了具有较高立体选择性的全甲基化羟丙基-β-环糊精（PMHP-β-CD）；

② 制柱　弹性石英毛细管柱清洗吹干处理后，将手性试剂溶液以适当方法（如静态法）涂柱、吹干、老化即得；

③ 样品衍生化　多数药物样品衍生化后可满足 GC 条件要求，如将醇类药物酰化，将酸类药物酯化等；

④ 设定恰当的色谱条件，包括检测器、汽化室温度、检测室温度等。

7. 高效液相色谱拆分法（Separation with high performance liquid chromatography）

HPLC（high performance liquid chromatography）分离手性药物对映体的方法可分为间接法和直接法两大类，前者又称为手性试剂衍生化法（CDR），后者又可分为手性固定相法（CSP）和手性流动相添加剂法（CMPA）。

间接法是利用手性药物对映体混合物在预处理中进行柱前衍生组成一对非对映体，根据其理化性质的差异，应用液相色谱在非手性柱上得以分离。直接法的分离原理是手性药物对映体之一与手性固定相或手性流动相添加剂发生分子间的三点作用，形成暂时的非对映体的结合物质，前者较后者稳定，通过洗脱使两个对映体分离。

直接法分手性流动相和手性固定相两种方法。手性流动相是手性药物对映体与加入到流动相中的手性添加剂间形成非对映体复合物，再用非手性柱分离。手性固定相则是直接与手性药物消旋物相互作用，其中一个生成具有稳定的暂时的对映体复合物，在色谱洗脱时保留时间不同因而得以分离。

8. 超临界流体色谱拆分法（Separation with supercritical fluid chromatography）

SFC（supercritical fluid chromatography）在手性药物拆分中具有一定的优越性。超临界流体的黏度近于气体，比液体低得多，可减少过程阻力。采用细长色谱柱可以增加柱效。Beoger 曾将 11 根 20cm 硅胶填充柱串联起来，在 SFC 条件下获得了 220000 的塔板数。SFC 色谱柱通常有两种类型：一种为填充柱，内径 4.6nm，长度 150～250mm，这类柱具有高选择性，为强柱性手性分子的拆分提供了可能性；另一种为开管毛细管柱，用于 SFC 手性分离的开管毛细管柱，一般内径为 $50\sim100\mu m$，长度为 $2.5\sim20m$，料粒度为 $0.15\sim0.25\mu m$，这类手性柱具有高的柱效，温和的操作条件，可以使用多种类型的检测器。

9. 毛细管电泳拆分法（Separation with capillary electrophoresis）

CE（capillary electrophoresis）以高压电场为驱动力，以毛细管为分离通道，依据样品各组分之间淌度和分配行为的差异而实现分离，具有高效、快速、简便等特点而被广泛应用于手性分离。

Wren 和 Rowe 对该法的分离机制进行了研究。按照毛细管电泳的操作模式、分离方式可分为毛细管区带电泳、毛细管凝胶电泳、胶体电动色谱和毛细管点色谱体系。毛细管区带电泳分离效果很高，一些位置异构体如反丁烯二酸（富马酸）和顺丁烯二酸（马来酸）等可用其直接分离。胶体电动色谱是毛细管电泳的一种操作方式，特别适用于脂性化合物的分离。毛细管点色谱体系是在毛细管壁上键合涂渍基内填充固定相进行电泳的方式，目的是希望将 HPLC 发展的各种固定相能用到 CE 中去，但又保持 CE 的固有特点，这种方式在对映体分离中也取得了成功。

总之，由于人们对手性化合物认识的不断深化，手性化合物包括农药、兽药在内的研究和生产开发已经成为未来化学分离和合成领域发展的必然趋势。近年来单一对映体药物的增长率已超过 20%，到 2005 年全球约 60% 的上市新药为单一对映体化合物。因此手性对映体的发展必定会产生深远的社会影响，也可获得极大的经济回报。

第八节　烯烃亲电加成反应的立体化学

（Stereochemistry of Electrophilic Addition of Olefins）

烯烃的碳碳双键具有平面结构，在发生亲电加成反应时，试剂是从双键平面的同侧加成（顺式加成），还是从双键平面的异侧加成（反式加成）上去，这涉及亲电加成反应的立体化学。立体化学在研究反应历程方面有着重要的作用。下面以顺-2-丁烯和反-2-丁烯与溴的加成为例，讨论烯烃亲电加成反应的立体化学。

实验结果表明，顺-2-丁烯与溴的加成得到的是外消旋体 2,3-二溴丁烷，由此推知是反式加成。中间体经过环状溴鎓离子：

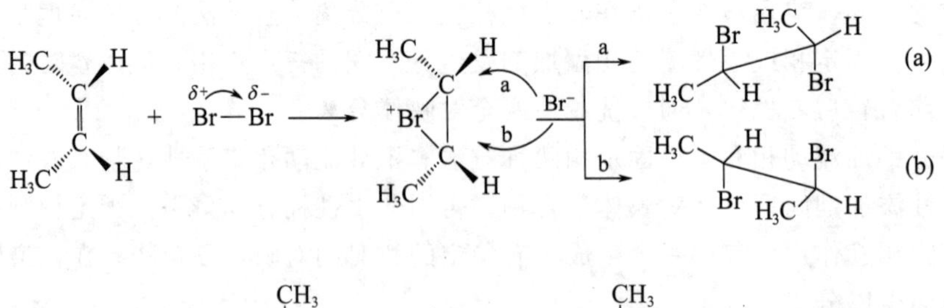

(a) ≡   (b) ≡

(2S, 3S)-2,3-二溴丁烷　　　(2R, 3R)-2,3-二溴丁烷

(2S,3S)-2,3-dibromobutane　(2R,3R)-2,3-dibromobutane

顺-2-丁烯与溴加成时，首先生成环状溴鎓离子中间体，中间体的结构既阻碍了碳碳单键的自由旋转，同时限制了溴负离子只能从环的背后进攻，由此造成反式加成。由于进攻两个碳原子的机会相等，所以生成的是外消旋体。

反-2-丁烯与溴的加成得到的是内消旋的 2,3-二溴丁烷，同样证明是反式加成，也经过中间体环状溴鎓离子：

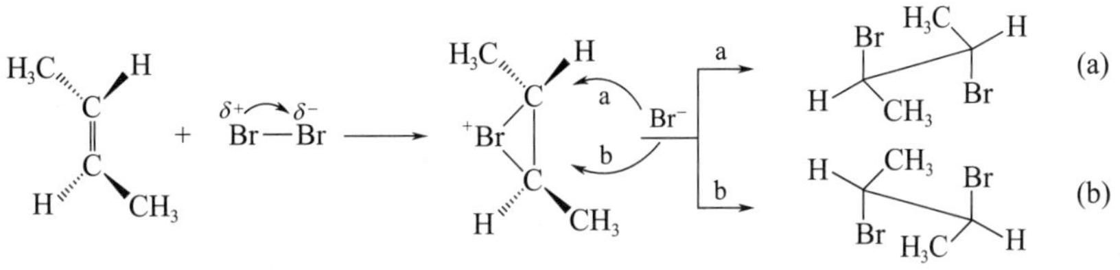

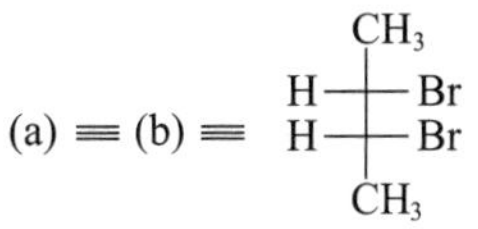

meso-2,3-二溴丁烷

meso-2,3-dibromobutane

关于锯架式与费歇尔投影式的转换，应注意费歇尔投影式对应的一定是锯架式的全重叠式构象，然后再画出费歇尔投影式。例如：

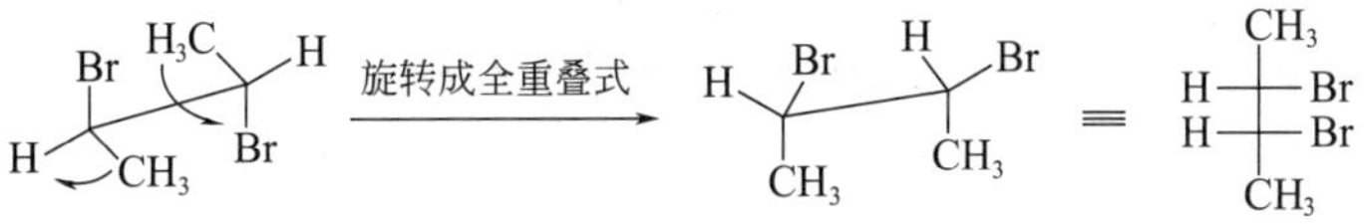

(a) (b)

习题（Exercises）

1. 解释下列基本概念：

（1）比旋光度 （2）手性分子 （3）对映体 （4）外消旋体 （5）内消旋体 （6）非对映体

2. 判断下列化合物是否具有旋光性，为什么？

（1）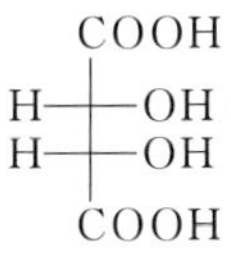 （2）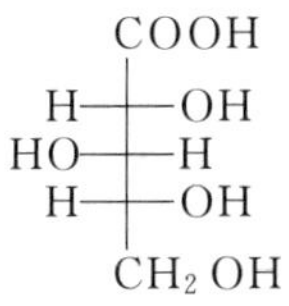 （3）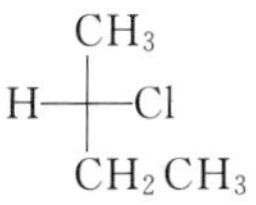

（4）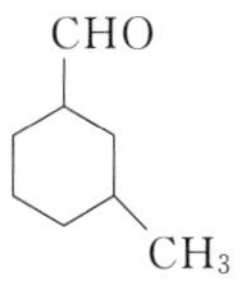 （5）$CH_2=CH-CH_2CH_3$ （6）$CH_3CH_2CH_2OH$

3. 写出下列化合物的费歇尔投影式及其所有旋光异构体，指出其中的对映体、非对映体、外消旋体和内消旋体：

（1）(*R*)-1,2-二溴戊烷 （2）(2*R*,3*R*)-二溴丁二酸

（3）*meso*-1,2-环丙二甲酸 （4）(*R*)-甘油醛

4. 判断以下各组化合物，哪些是相同分子？哪些是对映体或非对映体？

(1)
$$\begin{array}{c} COOH \\ H \underset{\underset{CH_3}{|}}{\overset{|}{\underset{}{-}}} Cl \\ HO \overset{|}{\underset{|}{-}} H \\ CH_3 \end{array}$$
与
$$\begin{array}{c} CH_3 \\ HO \overset{|}{\underset{|}{-}} H \\ H \overset{|}{\underset{|}{-}} Cl \\ COOH \end{array}$$

(2)
$$\begin{array}{c} CH_3 \\ H \overset{|}{\underset{}{-}} Cl \\ NH_2 \end{array}$$
与
$$\begin{array}{c} NH_2 \\ Cl \overset{|}{\underset{}{-}} H \\ CH_3 \end{array}$$

(3)
$$\begin{array}{c} SH \\ H \overset{|}{\underset{}{-}} COOH \\ CH_3 \end{array}$$
$$\begin{array}{c} SH \\ HOOC \overset{|}{\underset{}{-}} H \\ H_3C \end{array}$$

5. 下列化合物中，哪些是手性分子？

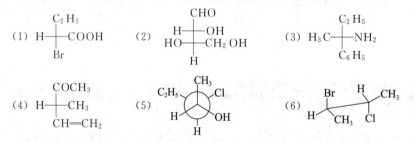

(1)   (2)

(3)   (4)

6. 判断下列说法是否正确？
  (1) 含有手性碳原子的化合物都有旋光性。
  (2) 不含手性碳原子的化合物没有旋光性。
  (3) 手性化合物的左旋体和右旋体的混合物叫做外消旋体。
  (4) 分子具有手性的根本原因是分子的不对称性。
  (5) D 型化合物可以是 R 型或 S 型化合物。
  (6) 内消旋体和外消旋体都没有旋光性，它们的性质相同。

7. 用 R/S 法标记以下化合物中手性碳原子的构型，并写出其名称。

(1)
$$\begin{array}{c} C_2H_5 \\ H \overset{|}{\underset{|}{-}} COOH \\ Br \end{array}$$
  (2)
$$\begin{array}{c} CHO \\ H \overset{|}{\underset{}{-}} OH \\ HO \overset{|}{\underset{|}{-}} CH_2OH \\ H \end{array}$$
  (3)
$$\begin{array}{c} C_2H_5 \\ H_3C \overset{|}{\underset{|}{-}} NH_2 \\ C_6H_5 \end{array}$$

(4)
$$\begin{array}{c} COCH_3 \\ H \overset{|}{\underset{|}{-}} CH_3 \\ CH=CH_2 \end{array}$$
  (5)
  (6)
$$\begin{array}{c} Br \quad\quad H \\ H \overset{|}{\underset{|}{-}} \overset{|}{\underset{|}{-}} CH_3 \\ CH_3 \quad Cl \end{array}$$

8. 具有旋光性的不饱和烃 A（C_6H_{10}），加氢后生成饱和烃 B，试用费歇尔投影式表示 A 的 R-构型，B 是否具有旋光性？

9. 用"＊"号标出胆甾醇结构式中的手性碳原子。（提示：共 8 个手性碳原子）

10.   化合物，A(C_6H_{12}) $\xrightarrow{\text{1mol } H_2O,\ H^+}$ 化合物 B($C_6H_{14}O$)
    能使溴水褪色，无旋光性   有旋光性

    $\xrightarrow[\text{顺式加成机理}]{\text{KMnO}_4,\ OH^-}$ 内消旋体二元醇 C($C_6H_{14}O_2$)

    试推测 A、B、C 的构造式。

11. 化合物 A 的分子式为 C_4H_8O，没有旋光性，分子中有一个环丙烷环，在环上有一个基团，试写出 A 的构造式。

12*. 某光学活性化合物 A （$C_5H_{13}N$），能溶解于过量的稀 HCl 中，加入 $NaNO_2$ 溶液重氮化后转变为无色溶液 B （$C_5H_{12}O$），B 有旋光性，用 $KMnO_4$ 氧化 B 得到 C （$C_5H_{10}O$），C 无旋光性。试推导 A、B、C 的构造式，写出反应过程。

13*. 判断下列各化合物是否有旋光性？

(1) 　　　　(2) 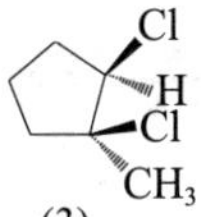　　　　(3) 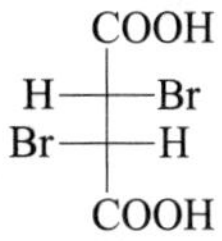　　　　(4)

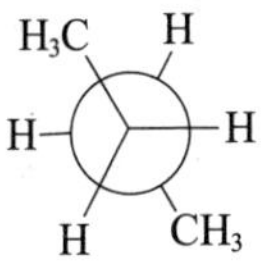

(5) 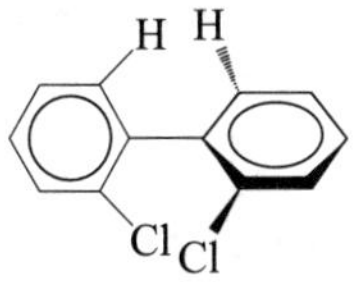　　　　(6) 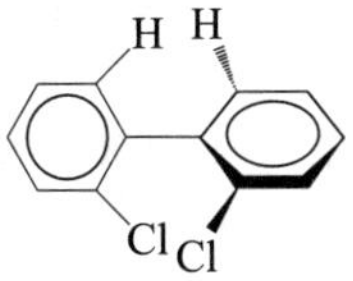　　　　(7)

第六章 卤代烃

（ Alkyl Halides ）

从本章开始，将学习烃的各类衍生物。卤代烃（alkyl halides）是一种简单的烃的衍生物，是烃分子中的一个或多个氢原子被卤原子取代而生成的化合物。一般可以用 R—X 表示，X 代表卤原子（X＝F、Cl、Br 和 I）。由于卤代烃的化学性质主要由卤原子决定，因而 X 是卤代烃的官能团。自然界中天然存在的卤代烃很少，大多数卤代烃都是人工合成的。卤代烃的化学性质比较活泼，能发生多种化学反应而转化为其他种类的有机化合物，因此在有机合成中具有重要的作用。同时，卤代烃也可作为有机溶剂、农药、制冷剂、灭火剂、麻醉剂和防腐剂等应用于日常生活、工农业生产、医药和理论研究等方面，所以，卤代烃是一类重要的有机化合物。

第一节 卤代烷烃

（ Haloalkanes ）

一、 卤代烷烃的分类和命名（ Classification and nomenclature of haloalkanes ）

1. 卤代烷烃的分类 （Classification of haloalkanes）

根据卤代烷烃分子中所含卤原子的种类，卤代烷烃分为：

氟代烷 如：CH_3F，CH_3CH_2F 　　　氯代烷 如：CH_3Cl，CH_3CH_2Cl

溴代烷 如：CH_3Br，CH_3CH_2Br 　　碘代烷 如：CH_3I，CH_3CH_2I

根据卤代烷烃分子中所好卤原子数目的多少，卤代烷烃分为：

一卤代烷 如：CH_3Cl，CH_3CH_2Br，CH_3CHFCH_3

二卤代烷 如：CH_2Cl_2，$ClCH_2CH_2Cl$，CH_2ClCH_2Br

多卤代烷 如：$CHCl_3$，CCl_4，$CH_3ClCHClCH_2Cl$

根据卤代烷烃分子中与卤原子直接相连的碳原子类型不同，卤代烷烃可以分为伯卤代烷（一级卤代烷，用"1°"表示）、仲卤代烷（二级卤代烷，用"2°"表示）和叔卤代烷（三级卤代烷，用"3°"表示）如：

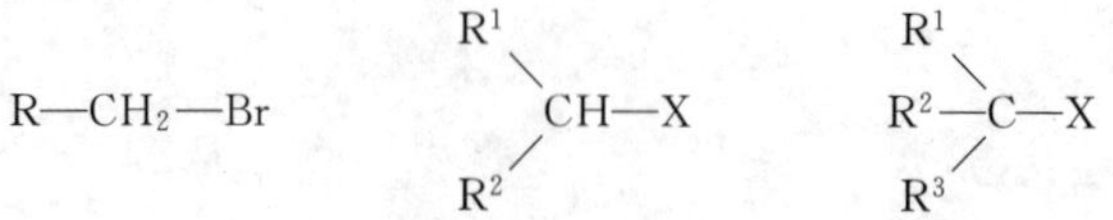

$$R—CH_2—Br \qquad \underset{R^2}{\overset{R^1}{CH—X}} \qquad \underset{R^3}{\overset{R^1}{R^2—C—X}}$$

伯卤代烷（1°）　　　仲卤代烷（2°）　　　叔卤代烷（3°）

2. 卤代烷烃的命名（Nomenclature of haloalkanes）

（1）普通命名法（Common names） 结构比较简单的卤代烷常采用普通命名法命名。根据卤原子的种类和与卤原子直接相连的烷基命名为"某基卤",或按照烷烃的取代物命名为"卤某烷"。在英文命名中,卤素作为后缀,"烷基卤"分别表示为"alkyl fluoride"、"alkyl chloride"、"alkyl bromide"、"alkyl iodide"。如:

CH_3Cl	CH_3CH_2F	$CH_3CH_2CH_2Br$	$CH_3CH_2CH_2CH_2I$
甲基氯	乙基氟	正丙基溴	正丁基碘
methyl chloride	ethyl fluoride	n-propyl bromide	n-butyl iodide
氯甲烷	氟乙烷	正溴丙烷	正碘丁烷
chloromethane	fluoroethane	1-bromopropane	1-iodobutane

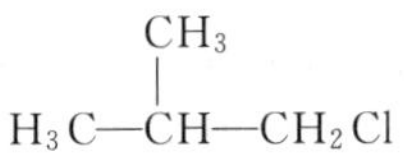

$$H_3C-CH-CH_2Cl \quad(CH_3)$$

异丁基氯
i-buthyl chloride
异氯丁烷
1-chloro-2-methylpropane

$$H_3C-CH-CH_2CH_3 \quad(Br)$$

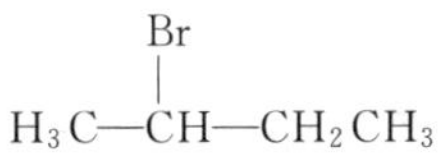

仲丁基溴
sec-butyl bromide
仲溴丁烷
2-bromobutane

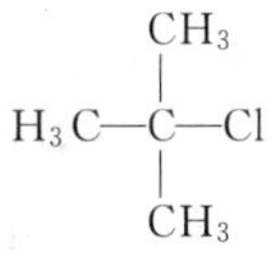

$$H_3C-C-Cl \quad(CH_3)(CH_3)$$

叔丁基氯
t-butyl chloride
叔氯丁烷
2-chloro-2-methylpropane

(2) 系统命名法(IUPAC names）　复杂的卤代烷烃必须采用系统命名法。其命名原则是以烷烃和环烷烃为母体,卤原子作为取代基,按照烷烃的命名原则来进行命名。其命名要点如下。

① 选择连有卤原子的碳原子在内的最长碳链为主链,根据主链的碳原子数称为"某烷"。

② 支链和卤原子均作为取代基。主链碳原子的编号与烷烃相同,也遵循最低系列原则。当主链上连有两个取代基且其一为卤原子时,由于在立体化学规则中,卤原子优于烷基,应给予卤原子所连接碳原子以较大的编号。

③ 将取代基和卤原子的名称和位次写在主链烷烃名称之前,即得全名。取代基排列的先后次序按立体化学中的"次序规则"顺序列出（"较优"基团后列出)。对于连有不同卤素时,按氟、氯、溴、碘次序先后列出。在英文命名中氟、氯、溴、碘作为取代基,其英文名称分别为 fluoro-,chloro-,bromo- 和 iodo-。命名时与其他取代基一样按首字母的先后顺序一一列出。如:

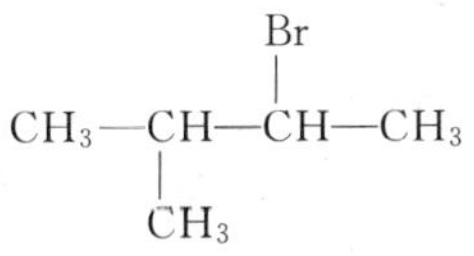

$$CH_3-CH-CH-CH_3 \quad (Br)(CH_3)$$

2-甲基-3-溴丁烷
2-bromo-3-methylbutane

$$CH_3-CH-CH-CH_3 \quad (Br)(Cl)$$

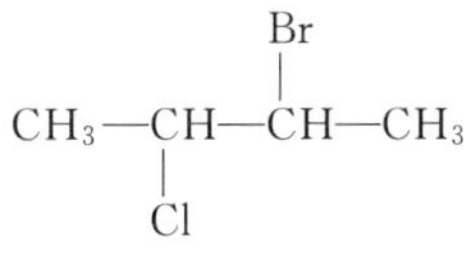

2-氯-3-溴丁烷
2-bromo-3-chlorobutane

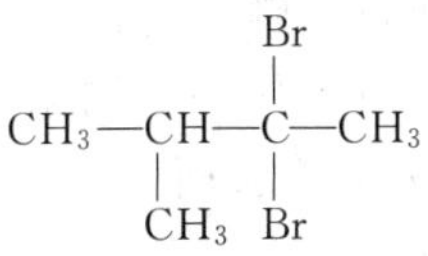

$$CH_3-CH-C-CH_3 \quad (Br)(CH_3)(Br)$$

3-甲基-2,2-二溴丁烷
2,2-dibromo-3-methylbutane

$$CH_3-CH-C-CH-CH_3 \quad (Cl)(Br)(F)(CH_2CH_3)$$

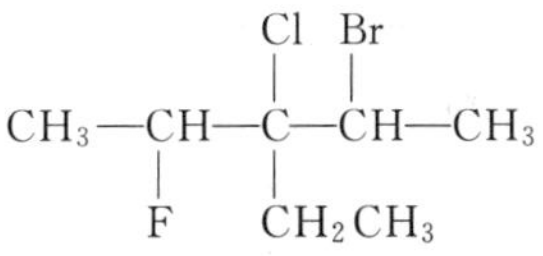

3-乙基-2-氟-3-氯-4-溴戊烷
2-bromo-3-chloro-3-ethyl-4-fluoropentane

$$\begin{array}{ccccc} & \overset{\displaystyle Br}{\vert} & & \overset{\displaystyle CH_3}{\vert} & \\ CH_2 & -CH & -CH_2 & -CH & -CH_3 \\ & \vert & & & \\ & CH_2CH_3 & & & \end{array}$$

4-甲基-2-乙基-1-溴戊烷

4-(bromomethyl)-2-methylhexane

$$\begin{array}{ccccc} \overset{\displaystyle Cl}{\vert} & & \overset{\displaystyle Br}{\vert} & & \\ CH_2 & -CH & -CH & -CH_2 & -CH_3 \\ & \vert & & & \\ & CH_3 & & & \end{array}$$

2-甲基-1-氯-3-溴戊烷

3-bromo-1-chloro-2-methylpentane

$$\begin{array}{cccccc} & \overset{\displaystyle Br}{\vert} & & \overset{\displaystyle CH_3}{\vert} & \overset{\displaystyle CH_3}{\vert} & \\ CH_3 & -CH & -CH_2 & -CH & -CH & -CH_3 \end{array}$$

2,3-二甲基-5-溴己烷

5-bromo-2,3-dimethylhexane

$$\begin{array}{cccccc} & \overset{\displaystyle Br}{\vert} & & & \overset{\displaystyle CH_3}{\vert} & \\ CH_3 & -CH & -CH & -CH_2 & -CH & -CH_3 \\ & & \vert & & & \\ & & CH_3 & & & \end{array}$$

3,5-二甲基-2-溴己烷

2-bromo-3,5-dimethylhexane

卤代环烷烃的命名，除以环烷烃为母体外，其他与卤代烷相同。如：

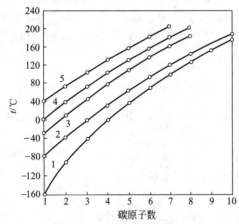

溴（代）环戊烷

bromocyclopentane

三氯甲基环己烷

(trichloromethyl)cyclohexane

1-甲基-2-氯环己烷

1-chloro-2-methylcyclohexane

1-甲基-1-乙基-2-氯环戊烷

2-chloro-1-ethyl-1-methylcyclopentane

二、 卤代烷烃的物理性质 (Physical properties of haloalkanes)

（1）状态（State） C_4 以下的一氟代烷、C_2 以下的一氯代烷和溴甲烷为气体，其他常见的卤代烷多为液体，C_{15} 以上的高级卤代烷为固体。

（2）颜色（Colour） 纯粹的一卤代烷都是无色，但碘代烷在光的作用下易分解析出游离的碘，久置后逐渐变为棕红色。

（3）气味（Odour） 一卤代烷具有不愉快的气味，其蒸汽有毒。

（4）颜色反应（Colour reaction） 卤代烷在铜丝上燃烧时能产生绿色火焰，可作为卤代烷烃定性鉴别的方法。

（5）沸点（Boiling point） 卤代烷的沸点都比相应同碳原子数的烷烃高。主要是由于 C—X 键具有极性，因而增加了分子间的引力。烷基相同而卤原子不同的卤代烷，其沸点随着卤素原子序数的增加而升高，碘代烷的沸点最高，其次是溴代烷、氯代烷和氟代烷。同系列中，卤代烷的沸点随碳原子数的增加而升高；同分异构体中，直链异构体的沸点最高（见图 6-1），支链越多，沸点越低。

（6）相对密度（Relative density） 卤代烷的相对密度大于相应的烷烃。烷基相同而卤原子不

图 6-1 一卤代烷的沸点曲线

(The boiling point curve of haloalkanes)

1—直链烷烃；2——氟代烷；

3——氯代烷；4——溴代烷；

5——碘代烷

同时，其相对密度随卤素原子序数的增加而增大，一氟代烷和一氯代烷的相对密度小于 1，其他卤代烷的相对密度都大于 1。在同系列中，卤代烷的相对密度随碳原子数的增加而降低，由于随着碳原子数的增加，卤素在分子中所占的比例逐渐减少。

（7）**溶解性**(Solubility)　卤代烷均不溶于水，但能以任意比和烃类化合物混溶，并能溶解其他许多弱极性或非极性有机物。二氯甲烷、三氯甲烷（氯仿）、四氯化碳等卤代烷本身就是常用的溶剂，可用于提取动植物组织中的脂肪类物质。一些卤代烃的物理常数见表 6-1。

表 6-1　一些卤代烃的物理常数
（Physical constants of some haloalkanes）

R	氟代物 (Fluoro-compouncl)		氯代物 (Chloro-compouncl)		溴代物 (Bromo-compouncl)		碘代物 (Iodo-compouncl)	
	沸点 /℃	密度(20℃) /g·cm⁻³	沸点 /℃	密度(20℃) /g·cm⁻³	沸点 /℃	密度(20℃) /g·cm⁻³	沸点 /℃	密度(20℃) /g·cm⁻³
CH$_3$—	−78.4	0.843	−24.2	0.916	3.56	1.676	42.4	2.279
CH$_3$CH$_2$—	−37.7	0.718	12.27	0.898	38.4	1.461	72.4	1.933
CH$_3$CH$_2$CH$_2$—	−2.5	0.796	46.6	0.890	71.0	1.354	102.45	1.747
CH$_3$CH$_2$CH$_2$CH$_2$—	32.5	0.779	78.4	0.884	101.6	1.276	130.53	1.617
(CH$_3$)$_2$CH$_2$—	−9.4		35.74	0.8617	59.38	1.223	89.45	1.705
(CH$_3$)$_2$CHCH$_2$—	25.1		68.9	0.875	91.5	1.310	120.40	1.605
CH$_3$CH$_2$(CH$_3$)CH—	25.3	0.766	68.25	0.8723	91.2	1.258	120	1.595
(CH$_3$)$_3$C—	12.1		50.7	0.8420	73.25	1.222	100	1.545
CH$_3$(CH$_2$)$_3$CH$_2$—	68.2	0.7907	108	0.883	130	1.223	157	1.517
⬡	100.2	0.9279	143	1.000	166.2	1.349	180	1.624

三、　卤代烷烃的化学性质（Chemical properties of haloalkanes）

在卤代烷烃分子中，由于卤原子的电负性大于碳原子，使 C—X 键成键电子向卤原子偏移，因此 C—X 是极性共价键，卤原子容易被其他原子或基团取代，发生取代反应（substitution reaction）。另一方面，受卤原子的吸电子诱导效应（inductive effect）的影响，使得 β-C—H 键的极性增大，β-氢原子酸性增强，易受碱进攻，引起 β-C—H 键的断裂，发生脱卤化氢的消除反应（elimination reaction）。

当卤代烷分子中的烃基相同而卤原子不同时，C—X 键极性强弱次序：R-Cl＞R-Br＞R-I。但 C—X 键断裂的活性次序却与极性次序相反：R-I＞R-Br＞R-Cl。这是由于极性的卤代烷分子在试剂电场的影响下，发生诱导极化所致。在 C—X 键中，卤原子半径越大，电子层越多，原子核对核外电子的束缚越小，键的极化度越大，发生化学反应时越容易发生异裂。

1. 亲核取代反应（Nucleophilic substitution reactions）

在一定条件下，卤代烷分子中的卤原子被亲核试剂：Nu⁻（nucleophile，简写 Nu，如 OH⁻、CN⁻、ROH、OR⁻、ONO$_2^-$、H—O—H、NH$_3$ 等）取代，生成相应的烷烃衍生物的反应，称为亲核取代反应（nucleophilic substitution reaction）。取代反应可以用下列通式表示：

$$R—\overset{\displaystyle |}{\underset{\displaystyle |}{C}}{}^{\delta\pm}X \ + \ :Nu^- \ \longrightarrow \ R—\overset{\displaystyle |}{\underset{\displaystyle |}{C}}—Nu \ + \ :X^-$$

卤代烷烃(底物)　　亲核试剂　　取代产物　离去基团

（1）卤原子被羟基取代（Substitution of alkyl halide by hydroxide group）　卤代烷与氢氧化钠（钾）的水溶液共热，卤原子被羟基取代生成相应的醇。这个反应又叫卤代烷烃的水解反应（hydrolysis reaction）。

$$R—X+NaOH \xrightarrow[\triangle]{H_2O} R—OH+NaX$$

由于该反应是可逆的，所以通常在碱性水溶液中进行，以中和反应生成的 HX，使反应向生成醇的方向移动。利用该反应可以制得相应的醇类化合物。例如：

$$\underset{\text{混合物}}{C_5H_{11}Cl}+NaOH \xrightarrow{H_2O} \underset{\text{混合物}}{C_5H_{11}OH}+NaCl$$

这是工业上生产混合戊醇的方法之一。混合戊醇可用作工业溶剂。

一般来讲，不用卤代烷来制备醇，因为自然界醇是大量存在的，而卤代烷是由醇制得的。但对于某些复杂分子，引入羟基比引入卤素困难时，可以先引入卤原子，然后通过水解引入羟基。

（2）卤原子被烷氧基取代（Substitution of alkyl halide by alkoxyl group）　卤代烷和醇钠作用，卤原子可以被烷氧基取代生成醚，这是制备混醚的方法，又称为威廉森（Williamson）合成法：

$$R—X+R'—O—Na \xrightarrow[\triangle]{R'OH} R—O—R'+NaX$$

醇钠　　　　　　　　醚

（3）卤原子被氰基取代（Substitution of alkyl halide by cyano group）　卤代烷与氰化钠或氰化钾的醇溶液共热，则卤原子被氰基取代生成腈。

$$R—X+NaCN \xrightarrow{CH_3CH_2OH} R—CN+NaX$$

氰化钠　　　　　　　腈

例如：

$$\underset{\overset{|}{Cl}}{CH_3CH_2CHCH_3}+NaCN \xrightarrow[3h,\triangle]{\text{二甲亚砜}} \underset{\overset{|}{CN}}{CH_3CH_2CHCH_3}+NaCl$$

氰基（—CN）在有机合成中是很重要的基团，卤代烃变成腈后，分子中增加一个碳原子，而且氰基可转变成羧基（—COOH）、酰胺基（—CONH$_2$）、胺等其他很多官能团。但氰化物毒性极强，应慎用。

腈水解可以生成羧酸：

$$R—CN+H_2O \xrightarrow{H^+} R—COOH+NH_4^+$$

羧酸

腈还原生成胺：

$$R—CN+H_2 \xrightarrow{Ni} R—CH_2NH_2$$

胺

由于生成腈、羧酸、胺都比原来的卤代烷多一个碳原子，所以，在有机合成上常用来制备比原来的卤代烃多一个碳原子的羧酸和其他有机化合物，此取代反应是增长碳链的一种方法。

（4）卤原子被氨基取代（Substitution of alkyl halide by amino group）　卤代烷与氨作用，卤原子被氨基取代生成胺：

$$R—X+NH_3 \longrightarrow R—NH_2+HX$$

生成的胺为有机碱，它可以与反应生成的氢卤酸生成盐，即 $RNH_3^+X^-$ 或写作 $RNH_2 \cdot HX$。例如：

$$ClCH_2CH_2Cl + 4NH_3 \xrightarrow[5h]{115℃} H_2NCH_2CH_2NH_2 + 2NH_4Cl$$

（5）卤原子被硝氧基取代(Substitution of alkyl halide by nitro group)　卤代烷与硝酸银的乙醇溶液作用，卤原子可被硝氧基（—ONO_2）取代生成硝基酯，并伴有卤化银沉淀的生成：

$$R—X + AgONO_2 \xrightarrow[\triangle]{CH_3CH_2OH} R—ONO_2 + AgX \downarrow$$

卤素不同的卤代烷发生亲核取代反应的活性顺序为：$RI > RBr > RCl$。当卤原子相同，烃基结构不同时，其活性顺序为：$3° > 2° > 1°$。

反应过程中生成了卤化银沉淀，有明显的现象，所以，此反应可用来区别卤代烷与其他类有机化合物。由于不同烃基结构的卤代烷与 $AgNO_3\text{-}C_2H_5OH$ 作用时，叔卤代烷反应最快，最先生成沉淀，其次是仲卤代烷，反应最慢的是伯卤代烷，因此，此法也可用于鉴别伯、仲、叔卤代烷。

（6）卤离子互换反应(Interchange reaction of halide ions)　在碘化钠-丙酮溶液中，氯代烷和溴代烷中的卤素可被碘置换，生成碘代烷：

$$RBr + NaI \xrightarrow{丙酮} RI + NaBr \downarrow$$

$$RCl + NaI \xrightarrow{丙酮} RI + NaCl \downarrow$$

卤素相同、烃基结构不同的卤代烷，其活性顺序为：$1° > 2° > 3°$。

碘化钠可溶于丙酮，而氯化钠和溴化钠不能溶于丙酮，生成了沉淀。因此，此反应也可用于鉴别卤代烷，反应最快的是伯卤代烷，其次是仲卤代烷，反应最慢的是叔卤代烷。

2. 消除反应（Elimination reactions）

（1）脱卤化氢(Elimination reactions of hydrogen halide)　卤代烷和碱（氢氧化钠或氢氧化钾）的醇溶液共热，分子中脱去卤化氢，生成烯烃。这种由一个分子中脱去一个简单分子（卤化氢、水等），同时生成双键的反应叫消除反应。消除反应是指从有机分子中消去简单小分子（如 H_2O，HX，NH_3 等）的反应。消除 β-碳上质子的反应，称为 β-消除反应。

$$R—\overset{\beta}{CH}—\overset{\alpha}{CH_2} + NaOH \xrightarrow[\triangle]{CH_3CH_2OH} R—CH=CH_2 + NaX + H_2O$$
$$\underset{H\quad X}{|\quad|}$$

由上面反应可以看出，只有在卤代烷分子中 β-碳原子上有氢时，才能进行消除反应；伯卤代烷发生消除反应只生成一种烯烃。而不对称仲卤代烷和叔卤代烷发生消除反应可生成两种或三种烯烃。例如：

$$H_3C—\underset{H}{\overset{|}{C}H}—\underset{Br}{\overset{|}{C}H}—\underset{H}{\overset{|}{C}H_2} + NaOH \xrightarrow[\triangle]{CH_3CH_2OH} \underset{\text{2-丁烯(81\%)}}{H_3C—CH=CH—CH_3} + \underset{\text{1-丁烯(19\%)}}{H_3C—CH_2—CH=CH_2}$$

可见不对称卤代烷发生消除反应具有方向性，卤原子主要和 β-碳原子上的氢一起脱去。如果分子内含有几种 β-H 时，实验证明，主要消除含氢较少的碳上的氢，生成双键碳上连有较多取代基的烯烃，这一经验规则称扎依采夫（Saytzeff）规则。又如：

2-甲基-2-丁烯(80%)　　　2-甲基-1-丁烯(20%)

卤代烷脱卤化氢是制备烯烃的一种方法。

　　烃基结构不同的卤代烷进行消除时，活性顺序为：3°＞2°＞1°。

　　卤代烷在碱的作用下，即可以发生亲核取代反应，又可以发生消除反应，因此，亲核取代反应和消除反应为竞争反应。所谓竞争反应是指相同的反应物在相同的条件下，可发生两个或多个不同的反应，生成多个不同产物的反应。当碱（如 OH—）进攻卤代烷的 α-C 时，则发生取代反应，碱进攻 β-H 时，则发生 β-消除反应：

$$
\begin{array}{c}
\text{①取代反应} \\
\text{②消除反应}
\end{array}
$$

因此，在卤代烷的水解反应中，常常伴有烯烃的生成。在竞争反应中，究竟哪个产物是主要的，与卤代烷的烃基结构、溶剂极性、温度等因素都有关系。

　　（2）脱卤素（Elimination reactions of halogens）　邻二卤代烷可以脱卤化氢生成炔烃或共轭烯烃，也可以脱卤素得到烯烃。例如：

$$
\text{H}_3\text{C}-\underset{\underset{\text{Br}}{|}}{\text{CH}}-\underset{\underset{\text{Br}}{|}}{\text{CH}}-\text{CH}_3 \xrightarrow[\text{或 NaI-丙酮}]{\text{Zn,C}_2\text{H}_5\text{OH}} \text{H}_3\text{C}-\text{C}\equiv\text{C}-\text{CH}_3
$$
2-丁炔(80%)

一般不用此法制备烯烃，因为邻二卤代物是由烯烃与卤素加成得到的。

3. 与金属的反应 （Reactions of haloalkanes with metals）

　　（1）与金属钠的反应 （Rreactions of haloalkanes with Na）　两分子的伯卤代烷与金属钠作用，各消去一个卤原子而生成较高级的烷烃，此反应叫武兹（Wurtz）反应。如：

$$\text{CH}_3\text{CH}_2\text{CH}_2-\text{Br}+2\text{Na}+\text{Br}-\text{CH}_2\text{CH}_2\text{CH}_3 \longrightarrow \text{CH}_3\text{CH}_2\text{CH}_2\text{CH}_2\text{CH}_2\text{CH}_3+2\text{NaBr}$$

武兹反应也是增长碳链的反应，可用于高级烷烃的合成。但只有用同一种伯卤代烷时，才能得到一种产物，否则，两种不同的卤代烷烃与钠反应，产物为难以分离的混合物，在合成上意义不大。

　　（2）与金属镁的反应 （Reactions of haloalkanes with Grignard reagent）　卤代烷在无水乙醚中与金属镁作用，合成有机镁化合物。这种有机镁化合物叫格利雅试剂（Grignard reagent），简称格氏试剂：

$$\text{R}-\text{X}+\text{Mg} \xrightarrow{\text{无水乙醚}} \text{R}-\text{Mg}-\text{X}$$

由于格氏试剂中的 C—Mg 键的极性很强，所以其性质非常活泼，能发生多种化学反应。与含活泼氢的化合物（H_2O、ROH、RCO_2H、HX、NH_3 等）作用可分解成烷烃。如：

$$\text{R}-\text{Mg}-\text{X}+\text{H}-\text{O}-\text{H} \longrightarrow \text{R}-\text{H}+\text{H}-\text{O}-\text{Mg}-\text{X}$$
$$\text{R}-\text{Mg}-\text{X}+\text{H}-\text{O}-\text{R}' \longrightarrow \text{R}-\text{H}+\text{R}'-\text{O}-\text{Mg}-\text{X}$$
$$\text{R}-\text{Mg}-\text{X}+\text{H}-\text{OCOR}' \longrightarrow \text{R}-\text{H}+\text{R}'\text{CO}_2-\text{Mg}-\text{X}$$
$$\text{R}-\text{Mg}-\text{X}+\text{H}-\text{X} \longrightarrow \text{R}-\text{H}+\text{X}-\text{Mg}-\text{X}$$
$$\text{R}-\text{Mg}-\text{X}+\text{H}-\text{NH}_2 \longrightarrow \text{R}-\text{H}+\text{H}_2\text{N}-\text{Mg}-\text{X}$$

格氏试剂与 CO_2 作用后再水解，可得到多一个碳原子的羧酸：

$$R-Mg-X+O=C=O \xrightarrow{\text{无水乙醚}} R-\overset{\overset{\displaystyle O}{\|}}{C}-OMgX \xrightarrow{H_2O} R-COOH+Mg(OH)X$$

格氏试剂还可以与空气中的 O_2 作用生成烷氧基卤化镁，进一步与水作用生成醇。

$$R-Mg-X+O_2 \longrightarrow R-O-Mg-X \xrightarrow{H_2O} R-OH+Mg(OH)X$$

格氏试剂是一种非常重要的试剂，在有机合成上常用来合成许多有机化合物。但由于能与水、醇、酸、氨、氧、二氧化碳等物质发生反应，所以在制备和保存格氏试剂时，必须防止它与这些物质接触。在使用格氏试剂时，一般用无水乙醚作溶剂，且要求反应体系与空气隔离。

4. 饱和碳原子上的亲核取代反应历程 （Nucleophilic substitution reaction mechanism on the saturated carbon atom）

亲核取代反应是卤代烷的典型反应，卤素被其他亲核试剂取代后，可生成很多类型的化合物，所以，卤代烷在有机合成中占有重要的地位。对其反应机理研究的也较多，其中卤代烷水解反应研究的比较充分。

大量研究表明，有些卤代烷的水解速率仅与底物的浓度有关，而有些卤代烷的反应速率，不仅与底物的浓度有关，而且还与碱的浓度有关。例如：溴甲烷在碱性条件下水解时，反应速率既与溴甲烷浓度成正比，又与碱的浓度成正比，称为双分子亲核取代反应（简写为 S_N2，S 和 N 分别代表 substitution "取代"和 nucleophilic "亲核"的第一个字母）：

$$CH_3Br+OH^- \longrightarrow ROH+Br^-$$

$$v=k[CH_3Br][OH^-]$$

在反应动力学研究中，把反应速率方程中所有浓度项指数相加，即为该反应的级数，因此，溴甲烷的水解为二级反应。

叔丁基溴在上述实验条件下水解，其反应速率仅与底物浓度成正比，而与碱的浓度无关，动力学上属于一级反应，称为单分子亲核取代反应（简写为 S_N1）：

$$(CH_3)_3CBr+OH^- \longrightarrow (CH_3)_3COH+Br^-$$

$$v=k[(CH_3)_3CBr]$$

为了解释上述反应事实，C. K. Ingold 等人提出了亲核取代反应机理。

（1）单分子亲核取代反应历程(Mechanism for the S_N1 reaction) 实验表明，叔卤代烃的碱性水解速率只与底物的浓度有关，而与亲核试剂（OH^-）无关。从反应物（叔丁基卤）到产物（叔醇）涉及 C—Br 键的断裂（不涉及亲核试剂），C—O 键的生成（涉及亲核试剂）。反应速率只与底物的浓度有关，即是说，决定反应速率的一步只有底物参加。这说明反应是分步进行的，而 C—Br 键断裂这一步是决定反应速率的步骤。由此提出叔丁基溴水解反应机理如下。

第一步是在试剂电场的作用下，碳卤键发生异裂生成碳正离子活性中间体和卤素负离子：

$$R^2-\overset{\overset{\displaystyle R^1}{|}}{\underset{\underset{\displaystyle R^3}{|}}{C}}-X \xrightarrow{\text{慢}} \left[R^2-\overset{\overset{\displaystyle R^1}{|}}{\underset{\underset{\displaystyle R^3}{|}}{\overset{\delta+}{C}}}\cdots\overset{\delta-}{X} \right] \longrightarrow R^2-\overset{\overset{\displaystyle R^1}{|}}{\underset{\underset{\displaystyle R^3}{|}}{C^+}} + X^- \quad \text{（第一步）}$$

过渡态

第二步是亲核试剂（这里是: OH^-）与碳正离子活性中间体结合生成最终产物：

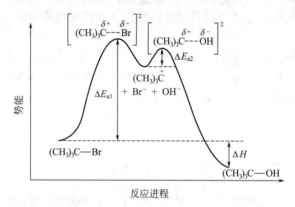

$$R^2-\overset{\overset{\displaystyle R^1}{|}}{\underset{\underset{\displaystyle R^3}{|}}{C}}{}^+\ +:OH^-\ \xrightarrow{\text{快}}\ \left[R^2-\overset{\overset{\displaystyle R^1}{|}}{\underset{\underset{\displaystyle R^3}{|}}{C}}{}^{\delta+}\cdots\overset{\delta-}{OH}\right]\longrightarrow R^2-\overset{\overset{\displaystyle R^1}{|}}{\underset{\underset{\displaystyle R^3}{|}}{C}}-OH\ （第二步）$$

过渡态

在单分子亲核取代反应中，由于碳卤键的断裂必须在试剂电场的作用下，分子进一步极化才能发生，反应速率较慢；但是碳正离子活性中间体一旦生成，它很不稳定，立即与反应体系中的亲核试剂（这里是:OH⁻）结合生成最终产物，反应速率很快。在化学动力学中，对多步反应来说，整个反应速率决定于反应最慢的一步。因此上述反应历程中的第一步是决定整个反应速率的步骤，而这一步的反应速率只与卤代烷的浓度有关，即只与亲核试剂的浓度有关，表现出化学动力学上的一级反应。所以，该历程进行的亲核取代反应叫单分子亲核取代反应，简称 S_N1 反应（1 是指单一反应底物分子）。其反应进程势能曲线如图 6-2 所示。

图 6-2　叔丁基溴 S_N1 水解反应的反应进程势能曲线

（The potential energy curve of t-Bu S_N2 hydrolysis reaction）

立体化学的研究证实了这一反应机理的可能性。S_N1 反应首先生成了碳正离子，其空间构型为平面型，亲核试剂 OH⁻ 从平面两侧进攻碳正离子的概率相同，因此，可以得到"构型保持"和"构型转化"两种产物：

构型保持　　　构型转化

过渡态

由于在试剂电场的作用下，RCl、RBr、RI 分子中 C—X 键异裂的活性次序正好与其极性次序相反，而且离去基团的稳定性顺序为：I⁻＞Br⁻＞Cl⁻，所以烷基相同而卤原子不同的卤代烷发生 S_N1 反应的活性顺序为：RI＞RBr＞RCl。

由于碳正离子越稳定，生成碳正离子的活化能就越低，进行 S_N1 反应的速率就越快，所以伯、仲、叔卤代烷发生 S_N1 反应的活性顺序为：$R_3CX＞R_2CHX＞RCH_2X＞CH_3X$。

（2）双分子亲核取代反应历程（Mechanism for the S_N2 reaction）　实验表明，伯卤代烷的亲核取代反应主要按照 S_N2 反应历程进行。例如，溴甲烷在碱性水溶液中的水解反应，整个反应只有一步完成，C—Br 键的断裂和 C—O 键的形成是协同进行的，反应过程中没有碳正离子活性中间体出现，但要经历一个过渡态：

$$:OH^- + \underset{H}{\overset{H}{\underset{|}{\overset{|}{C}}}} - Br \xrightarrow{\text{慢}} HO---\underset{H}{\overset{H}{\underset{|}{\overset{H}{C}}}}---Br \xrightarrow{\text{快}} HO-\underset{H}{\overset{H}{\underset{|}{\overset{|}{C}}}} H$$

过渡态

由于 α-碳原子的电子云密度较低，便成为亲核试剂（这里为 $:OH^-$）进攻的中心，当 $:OH^-$ 与 α-碳原子接近到一定程度，$:OH^-$ 便与 α-碳原子部分共用氧上的一对电子逐渐形成一个不完整的共价键（虚线），与此同时，C—Br 键被逐渐伸长变弱，但并未完全断裂，这种中间状态是很不稳定的，称为过渡态。当 $:OH^-$ 向 α-碳原子进一步靠近，$:OH^-$ 上的一对电子完全与 α-碳原子共用，最终形成完整的 C—O 键时，C—Br 键就彻底断裂，Br 带着它原来与 α-碳原子共用的一对电子以 $:Br^-$ 的形式离开分子，完成整个亲核取代生成醇。由于反应一步完成，卤代烷与亲核试剂同时参与全过程，因此，整个反应的速率既与卤代烷的浓度有关，又与亲核试剂的浓度有关，即与两种分子的浓度有关，表现出化学动力学上的二级反应，简称 S_N2 反应（2 是指两个反应物分子）。溴甲烷碱性水解反应进程势能曲线如图 6-3 所示。

由于在 S_N2 反应中涉及 C—X 键的伸长和极性的加大，因此从 RCl、RBr、RI 分子中 C—X 键的可极化度的大小顺序，可以得出烃基相同两卤原子不同的卤代烷发生 S_N2 反应的活性顺序与 S_N1 反应的顺序相同：RI＞RBr＞RCl。

在 S_N2 反应中，亲核试剂是沿着 C—X 键轴线从卤原子背面向 α-碳原子进攻的。如果 α-碳原子上所连的烃基越多，体积越大，亲核试剂接近 α-碳原子所受到的空间位阻就越大，就越不利于亲核试剂的进攻，S_N2 反应的速率就越慢。因此，伯、仲、叔卤代烷发生 S_N2 反应的活性顺序为：CH_3—X＞RCH_2—X＞R_2CH—X＞R_3C—X。

应该指出的是：亲核取代反应的两种历程在反应中是同时存在且相互竞争，只是在某一条件下哪个占优势的问题。

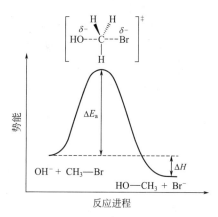

图 6-3　溴甲烷碱性水解反应进程势能曲线
(The potential energy curve of bromomethane basic hydrolysis reaction)

在卤代烷的亲核取代反应中，α-碳原子上的电子云密度的高低和空间位阻效应对反应历程有较大的影响。如果 α-碳原子上的电子云密度越低，空间效应越小，则有利于亲核试剂的进攻，也就是有利于 S_N2 反应历程的进行；反之，α-碳原子上电子云密度越高，空间效应越大，则有利于卤素夺取电子而以 X^- 的形式离解，从而有利于按 S_N1 反应历程进行。

在伯、仲、叔卤代烷中，随着 α-碳原子上烷基的增加，一方面由于烷基的给电子作用使 α-碳原子的电子云密度增高，另一方面也使 α-碳原子上的空间位阻效应增大。因此，在一般情况下，卤代烷的亲核取代反应，叔卤代烷按 S_N1 反应历程进行，伯卤代烷按 S_N2 反应历程进行，仲卤代烷则处于两者之间，两种反应历程进行激烈的竞争。

5. 消除反应历程（Elimination reaction mechanism）

消除反应历程也和亲核取代反应历程类似，也分为单分子消除反应和双分子消除反应，分别用 E1 和 E2 表示（E 代表 Elimination "消除" 的第一个字母）。

（1）单分子消除反应历程（Mechanism for the E1 reaction）　单分子消除反应分两步完

成。第一步是卤代烷分子在试剂电场的作用下，发生碳卤键异裂生成碳正离子活性中间体和卤素负离子，这与 S_N1 反应的第一步是完全相同的。

$$R-CH_2-\underset{\underset{R^2}{|}}{\overset{\overset{R^1}{|}}{C}}-X \xrightarrow{\text{慢}} R-CH_2-\underset{\underset{R^2}{|}}{\overset{\overset{R^1}{|}}{C^+}} + X^- \quad (\text{第一步})$$

第二步则是反应体系中的碱（如 OH^-，RO^-）与 β-碳原子上带部分正电荷的氢（β-氢原子）作用，使之以质子的形式与碱一起脱去，同时在 α-、β-两个碳原子之间形成双键，完成反应：

$$:OH^- + R-CH_2-\underset{\underset{R^2}{|}}{\overset{\overset{R^1}{|}}{C^+}} \xrightarrow{\text{快}} R-CH=\underset{\underset{R^2}{|}}{\overset{\overset{R^1}{|}}{C}} + H_2O \quad (\text{第二步})$$

上述第一步反应的速率较慢，第二步反应的速率较快，整个反应的速率也只与第一步反应物卤代烷的浓度有关，与碱的浓度无关，表现为动力学上的一级反应。所以，按这种历程进行的消除反应叫单分子消除反应，简称 E1 反应。

E1 反应和 S_N1 反应的区别只在第二步反应，如果是亲核试剂与碳正离子的 α-碳原子结合，则发生 S_N1 历程；如果是碱与碳正离子的 β-氢原子结合，则发生 E1 反应。由于很多试剂（如 OH^-，RO^-）既可作为亲核试剂结合碳正离子的 α-碳原子，又可作为碱结合碳正离子的 β-H，所以 E1 和 S_N1 反应是常同时发生的竞争反应。

由于 E1 和 S_N1 反应的第一步反应是完全相同的，都是决定整个反应速率的一步，所以伯、仲、叔卤代烷发生 S_N1 反应的活性顺序为：$R_3CX > R_2CHX > RCH_2X > CH_3X$。

（2）双分子消除反应历程（Mechanism for the E2 reaction）　双分子的消除和双分子的亲核取代反应的历程也很相似，都由一步完成，反应过程中旧键的断裂和新键的形成是协同进行的，不产生碳正离子中间体，但要经历一个过渡态。

$$HO:^- + R-\underset{\underset{H}{|}}{\overset{\overset{H}{|}}{C}}-\underset{\underset{H}{|}}{\overset{\overset{X}{|}}{C}}-H \longrightarrow \left[R-\underset{\underset{\underset{\delta^-}{HO\cdots H}}{|}}{\overset{\overset{X^{\delta-}}{|}}{C}}\cdots\underset{\underset{H}{|}}{\overset{\overset{}{}}{C}}-H \right] \longrightarrow R-CH=CH_2 + H_2O + X^-$$

当碱（这里是 $:OH^-$）与 β-氢原子逐渐接近到一定程度时，$:OH^-$ 便与 β-氢原子之间部分成键，β-氢原子与β-碳原子之间共用的一对电子部分地转移到α，β-碳原子之间，在α，β-碳原子之间形成部分π键，X与α-碳原子之间的C—X键逐渐伸长减弱。当:OH$^-$与β-氢原子进一步接近，与β-氢原子形成完整的O—H键并以H$_2$O的形式离去，卤原子则带着C—X上的一对电子以X$^-$的形式离去，β-氢原子与β-碳原子之间共用的一对电子完全转移到α，β-碳原子之间，α，β-碳原子之间的π键形成，完成整个反应生成烯烃。由于整个反应由一步完成，卤代烷和碱同时参与了全过程，整个反应的速率既与卤代烷的浓度有关，又与碱的浓度有关，表现为动力学上的二级反应，所以，按这种历程进行的消除反应叫双分子消除反应，简称 E2 消除。

由于许多试剂（如:OH$^-$、R—O:$^-$）既可以作为亲核试剂进攻带部分正电荷的α-碳原子，又可作为碱进攻β-氢原子，进攻α-碳原子发生 S$_N$2 反应，进攻β-氢原子发生 E2 反应，所以 E2 和 S$_N$2 反应也经常同时发生。

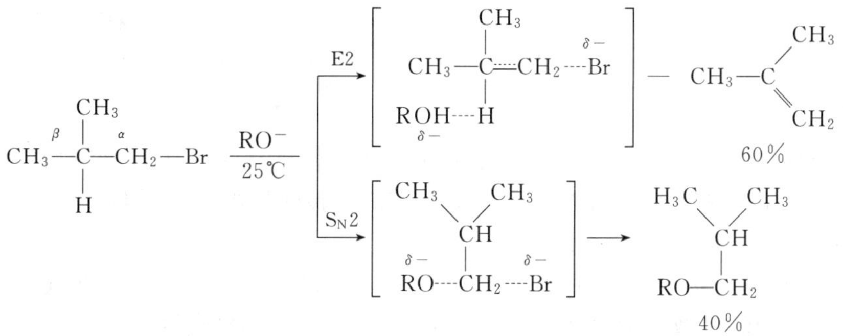

正是由于 E2 和 S$_N$2 反应是同时发生的，所以当试剂向α-碳原子进攻、空间位阻较大时，往往就转向进攻空间位阻较小的β-氢原子，所以伯、仲、叔卤代烷发生 E2 反应的活性顺序为：

$$R_3CX > R_2CHX > RCH_2X > CH_3X。$$

综上所述，卤代烷的亲核取代和消除反应这两类反应同时进行，并且还伴随着单分子历程和双分子历程之间的竞争，产物往往比较复杂。究竟是何种反应占优势取决于卤代烷的结构、试剂的亲核性和碱性的强弱、溶剂的极性、反应温度等多种因素，规律如下。

卤代烷分子中的α-碳原子上所连的烃基越多，越不利于 S$_N$2 而有利于 E2，但从单分子反应与双分子反应的速率上讲，双分子反应速率降低，单分子反应速率增加：

强碱性弱亲核试剂有利于消除反应，强亲核弱碱性试剂有利于亲核取代反应；高温、弱碱性溶剂有利于消除反应，低温、强极性溶剂有利于亲核取代反应。所以，卤代烷水解在碱的水溶液中进行，而脱卤化氢则在碱的醇溶液中进行。

四、亲核取代反应的立体化学（Stereochemistry of the nucleophilic substitution reaction）

1. S$_N$2 反应的立体化学（Stereochemistry for the S$_N$2 reaction）

在 S$_N$2 反应中，亲核试剂是从离去基团的背面进攻α-碳原子，随着亲核试剂与α-碳原子的逐渐靠近，共价键逐渐形成，α-碳原子上的 3 个原子或基团被排斥，逐渐向离去基团的一边偏转，α-碳原子由 sp^3 杂化变为 sp^2 杂化，形成平面构型，亲核试剂和离去基团处在垂直于平面的两侧，形成过渡态。当亲核试剂继续靠近 α-碳原子时，共价键完全形成，离去基团完全离去，恢复其原来的四面体构型。整个过程就好像雨伞被大风吹得由里向外翻转一样，其构型发生了翻转。这种构型的翻转叫瓦尔登（Walden）转化：

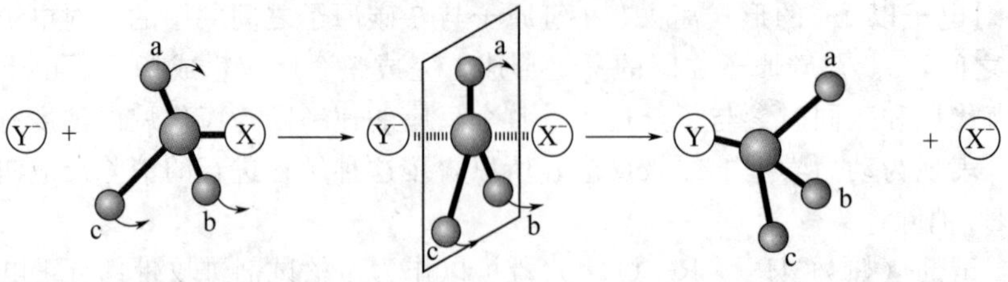

如果卤素所连的碳是手性碳，发生 S_N2 反应后，碳的构型与反应物的构型相反，构型 100% 转化。例如：(S)-2-碘辛烷与放射线的 $^{128}I^-$（用 I^{*-} 表示）作用，则转变为 (R)-2-碘 (I^*) 辛烷。

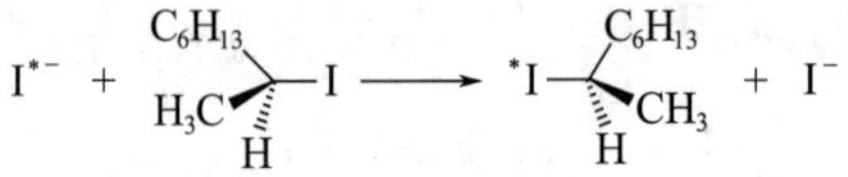

构型完全翻转是 S_N2 反应的标志。如果知道某一取代反应是按 S_N2 反应进行的，就可以从反应物的构型来预测产物的构型。但反应瓦尔登转化后的产物的构型到底属于 R 型还是 S 型，必须用确定构型的方法来定。

值得注意的是，不管与卤素所连的碳（称为中心碳原子）是否为手性碳，只要是发生 S_N2 反应，中心碳的构型都发生瓦尔登转化，只不过是中心碳是手性碳时，可以通过旋光的办法检测出来，而非手性碳无法测定碳构型的翻转。例如，CH_3Br 的中心碳为非手性碳，但它发生 S_N2 反应时，碳原子照样发生构型翻转。

综上所述，S_N2 反应的特点是：反应一步完成，反应速率与反应物及亲核试剂的浓度都有关，动力学表现为二级反应。经 S_N2 反应得到的产物，构型 100% 翻转，即发生瓦尔登转化。

2. S_N1 反应的立体化学（Stereochemistry for the S_N1 reaction）

在 S_N1 反应中，由于反应是通过碳正离子中间体进行的，而碳正离子为平面构型（带正电荷的碳原子为 sp^2 杂化），当碳正离子形成后，亲核试剂从平面的左侧或右侧向碳正离子进攻的机会是均等的，各占 50%。如果该碳原子原来为手性碳原子，并且反应物卤代烷为旋光异构的某一构型，那么产物将为外消旋的混合物，即产物分子中有一半维持原有的结构，而另一半则反生构型转化，这叫外消旋化：

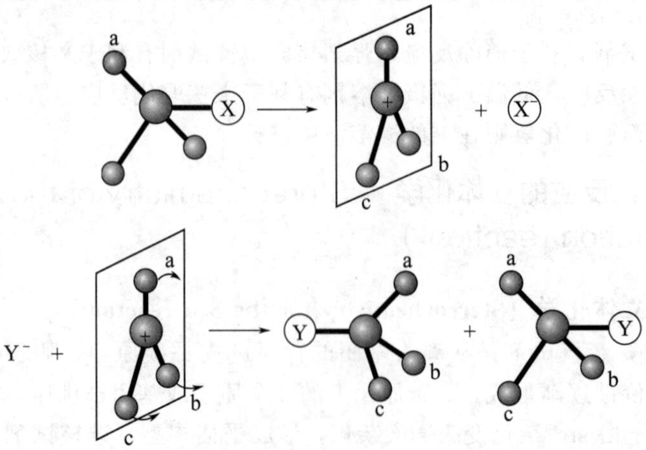

如果卤代烷是手性化合物，经水解可得到几乎等量的构型保持和构型转化的外消旋体。例如：

$$
\underset{\text{(S)-}\alpha\text{-溴代乙苯}}{\overset{\displaystyle C_6H_5}{\underset{\displaystyle H_3C}{H\cdots C - Br}}} + OH^- \longrightarrow \underset{\substack{\text{(S)-1-苯基乙醇49\%} \\ \text{构型保持}}}{\overset{\displaystyle C_6H_5}{\underset{\displaystyle H_3C}{H\cdots C - OH}}} + \underset{\substack{\text{(R)-1-苯基乙醇51\%} \\ \text{构型转化}}}{\overset{\displaystyle C_6H_5}{\underset{\displaystyle CH_3}{HO - C\cdots H}}}
$$

在有些情况下，构型转化的产物多一些，这可能是因为当亲核试剂进攻时，离去基团尚未完全离去，挡住了亲核试剂的进攻，所以，亲核试剂只能从离去基团的背面进攻中心碳，使得构型转化产物占多数。S_N1 反应中生成了碳正离子中间体，因此，可能有重排产物生成。重排时，往往是不稳定的碳正离子重排为稳定的碳正离子。例如：

$$
\underset{\displaystyle CH_3}{\overset{\displaystyle CH_3}{H_3C-\underset{|}{\overset{|}{C}}-CH_2Br}} \longrightarrow \underset{\substack{| \\ CH_3 \\ 1\,℃^+}}{\overset{\displaystyle CH_3}{H_3C-\overset{|}{C}-CH_2^+}} \xrightarrow{\text{重排}} \underset{3\,℃^+}{\overset{\displaystyle CH_3}{H_3C-\overset{+}{C}-CH_2CH_3}} \xrightarrow{C_2H_5OH} \underset{\displaystyle OC_2H_5}{\overset{\displaystyle CH_3}{H_3C-\underset{|}{\overset{|}{C}}-CH_2CH_3}}
$$

因此，有重排产物是 S_N1 反应的标志。

综上所述，S_N1 反应的特点是：反应分两步进行，中间生成碳正离子活性中间体；反应速率只与底物浓度有关，动力学表现为一级反应。如果卤代烃中卤素所连的碳为手性碳，经 S_N1 反应后，得到的产物基本上是外消旋化的。

五、 消除反应中的立体化学（Stereochemistry of the elimination reaction）

1. E2 反应中的立体化学（Stereochemistry for the E2 reaction）

在 E2 反应中，碱进攻 β-氢原子时，β-氢原子和 α-碳原子上的离去基团 X 同时离去。这种反应机理要求 β-氢原子和 α-碳原子上的基团 X 处于对位交叉的位置，这样一方面可以使碱进攻的位阻小，另一方面也能使两个被消除基团处于同一平面上，有利于两个 p 轨道的重叠，形成 π 键。因此，E2 反应的立体化学就是反式共平面消除。

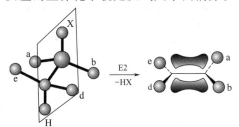

如果两个相邻碳原子能上各只有一个基团可以消除，只有当它们处于反式共平面的构象时，才能顺利地进行 E2 反应。如 1-溴-1,2-二苯基丙烷的消除反应：

$$
\underset{\displaystyle C_6H_5}{\overset{\displaystyle C_6H_5}{\underset{H_3C}{Br-|-H}{-|-H}}} \equiv \quad \xrightarrow[\text{-HBr}]{E2} \quad \underset{\substack{\text{顺式产物}}}{\overset{\displaystyle H}{\underset{H_3C}{C=\underset{C_6H_5}{C}}{C_6H_5}}}
$$

$$
\underset{\displaystyle C_6H_5}{\overset{\displaystyle C_6H_5}{\underset{H}{Br-|-H}{-|-CH_3}}} \equiv \quad \xrightarrow[\text{-HBr}]{E2} \quad \underset{\substack{\text{反式产物}}}{\overset{\displaystyle H}{\underset{C_6H_5}{C=\underset{CH_3}{C}}{C_6H_5}}}
$$

　　如果两个相邻碳原子上有不止一个可供选择的消除基团时，则分子处于优势构象时的反式共平面消除占主导地位。如 2-氯丁烷消除：

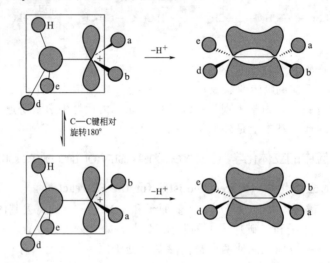

2. E1 反应中的立体化学 （Stereochemistry for the E1 reaction）

　　E1 反应的立体化学相对于 E2 情况要复杂些，当卤素原子在第一步反应中以负离子离去形成碳正离子中间体后，β-氢原子既可以进行反式消除，也可以进行顺式消除，但进行反式消除和顺式消除都必须将 α-碳原子和 β-碳原子之间的 C—C 键相对旋转一定的角度，使 β-氢原子和碳正离子的 p 轨道共平面后，才能进行：

六、 卤代烃的制备 （ Preparation of alkyl halides ）

1. 烃的卤化 （Halogenation reaction of hydrocarbons）

具体介绍见第二章、第三章、第四章。例如：

2. 由不饱和烃制备 （Preparation by unsaturated hydrocarbons）

见第三章第一节五 (2)、第二节四 (1)。例如：

$$CH_2 = CHCH_2Cl_2 + HBr \xrightarrow[20\text{℃}, 73\%]{\text{过氧化苯甲酰}} BrCH_2CH_2CH_2Cl$$

$$CH_3CH_2C\equiv CCH_2CH_3 \xrightarrow[98\%]{\text{乙酸}}$$

$$CH_2=CH-CH=CH_2+2Br_2\xrightarrow[68\%]{CCl_4，回流}CH_2BrCHBrCHBrCH_2Br$$

3. 由醇制备（Preparation by alcohols）

见第七章醇的化学性质（2）。例如

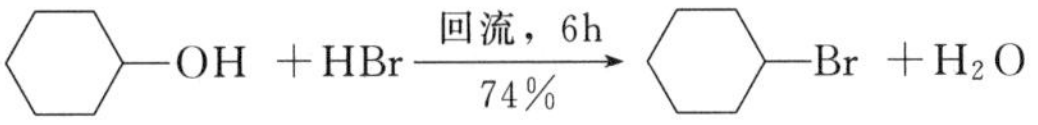

$$CH_3(CH_2)_{10}CH_2OH\xrightarrow[60\%\sim70\%]{SOCl_2，回流 5\sim7h}CH_3(CH_2)_{10}CH_2Cl$$

4. 卤原子交换（Halogen atom exchange）

见本章卤代烷烃的化学性质 1（5）。例如：

$$(CH_3)_2\underset{Cl}{\underset{|}{C}}CH_2CH_3+NaI\xrightarrow[20℃，96\%]{ZnCl_2，CS_2}(CH_3)_2\underset{I}{\underset{|}{C}}CH_2CH_3$$

5. 连二卤代烷部分脱卤化氢（Adjacent dihalohydrocarbon part dehydrohalogenation）

见本章消除反应（1）。例如：

$$\underset{Br}{\underset{|}{CH_3}}-\overset{H}{\underset{Br}{\underset{|}{C}}}-\underset{Br}{\underset{|}{CH_2}}\xrightarrow[74\%\sim84\%]{NaOH，H_2O，\triangle}\underset{Br}{\underset{|}{CH_2}}-\underset{Br}{\underset{|}{C}}=CH_2+HBr$$

6. 氯甲基化反应（Chloromethylation reaction）

在无水氯化锌存在下，芳烃与甲醛及氯化氢作用，环上的氢原子被氯甲基取代，称为氯甲基化反应。在实际操作中，可用三聚甲醛代替甲醛。例如：

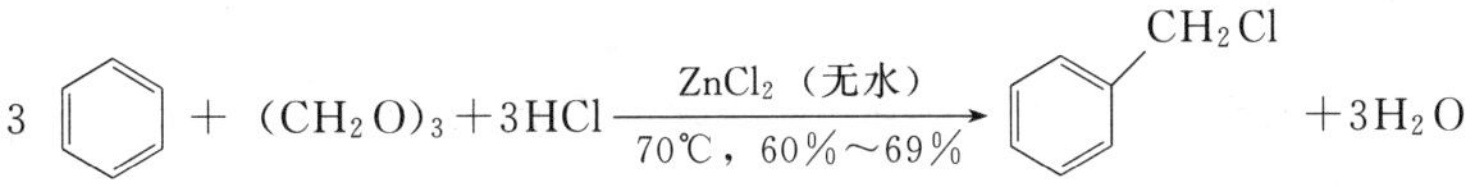

氯甲基化反应对于苯、烷基苯、烷氧基苯和稠环芳烃等都是成功的，但当环上有强吸电子基时，产率低甚至不反应。如硝基苯的氯甲基化产率极低，间二硝基苯一般不发生氯甲基化反应。氯甲基化反应的应用很广，因为—CH_2Cl 可以转化为—CH_3，—CH_2OH，—CH_2CN，—CHO，—CH_2COOH，—$CH_2N(CH_3)_2$ 等官能团。

7. 由重氮盐制备（Preparation by diazonium salt）

见第十章重氮盐的取代反应。例如：

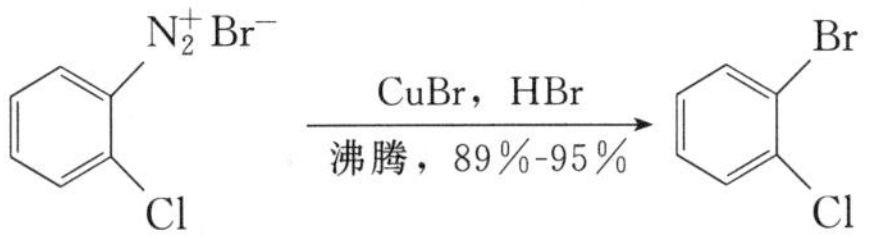

七、重要化合物（Important compounds）

1. 溴甲烷（CH_3Br，bromomethane）

无色气体，一般加压液化储存在耐压容器中。它有强烈的神经毒性，是一种熏蒸杀虫剂，能消灭棉花红铃虫、蚕豆象、米象。但对人畜有毒，慎用。

2. 三氯甲烷（$CHCl_3$，trichloromethane，chloroform）

俗称氯仿，为无色透明液体，是常用的有机溶剂。纯氯仿可以作为大牲畜外科手术的麻醉剂。遇空气和日光能缓慢氧化成极毒的光气：

$$CHCl_3+O_2\xrightarrow{日光}COCl_2+HCl$$

因此，氯仿要保存于密闭的棕色瓶中避免日光照射。光气剧毒，通常采用在氯仿中加入少量乙醇的方法除去：

$$COCl_2 + CH_3CH_2OH \longrightarrow CO(OCH_2CH_3)_2 + HCl$$

3. 三碘甲烷（CHI_3，triiodomethane，iodoform）

俗称碘仿，为黄色固体，熔点 120℃，难溶于水，可用作消毒剂和防腐剂。

4. 四氯化碳（CCl_4，carbon tetrachloride）

无色液体，为常用有机溶剂。容易挥发，蒸气比空气重，且不燃烧，是良好的灭火剂。但在 500℃ 以上时，能发生水解而产生光气，灭火时注意通风。在农业上用作熏蒸杀虫剂和牲畜的驱虫剂。

5. 氟利昂（Freon）

含氟、含氯的多卤代甲烷和多卤代乙烷的统称。例如 CCl_2F_2，$CHClF_2$，CCl_3F 及 $CFCl_2—CF_2Cl$。

CCl_2F_2 商品名为 F12，室温下为无色、无臭气体，沸点为 $-26.8℃$，易压缩成液体，解压缩后能大量吸热，常作为空调机的制冷剂。

氟利昂毒性小，无腐蚀性，不燃，化学性质稳定，还可以用作灭火剂和喷雾剂。但对臭氧层有破坏作用，现已禁用。

第二节 卤代烯烃和卤代芳烃
（Alkenyl Halides and Aryl Halides）

一、 卤代烯烃和卤代芳烃的分类和命名（Classification and nomenclature of alkenyl halides and aryl halides）

1. 卤代烯烃和卤代芳烃的分类（Classification of alkenyl halides and aryl halides）

分子中含有碳碳双键的卤代烃叫卤代烯烃，分子中具有芳环的卤代烃叫卤代芳烃。根据卤原子与双键或芳环的相对位置不同，卤代烯烃和卤代芳烃大致可以分为以下三类。

（1）乙烯基型和芳基型卤代烃（Ethenyl halides and aryl halides） 它们的结构特点是卤原子与双键碳原子或苯环直接相连，即卤原子连在 sp^2 杂化的碳原子上。如：

$$CH_2{=}CH{-}Cl \qquad CH_3{-}CH{=}CH{-}X \qquad \text{〔苯环〕}{-}X$$

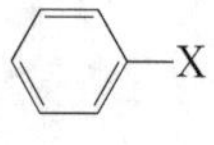

（2）烯丙基型和苄基型卤代烃（Allyl halides and benzyl halides） 卤原子和双键或苯环只相隔一个饱和碳原子。例如：

$$CH_2{=}CH{-}CH_2{-}X \qquad CH_3{-}CH{=}CH{-}CH_2{-}X \qquad \text{〔苯环〕}{-}CH_2{-}X$$

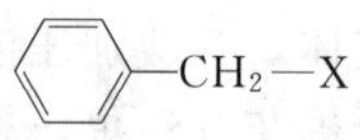

（3）隔离型卤代烃（Isolated halides） 卤原子与双键或芳环相隔两个或两个以上的饱和碳原子。例如：

$$CH_2{=}CH{-}CH_2{-}CH_2{-}X \qquad \text{〔苯环〕}{-}CH_2CH_2X$$

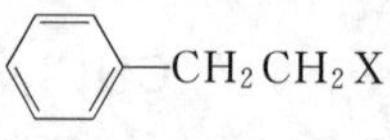

2. 卤代烯烃和卤代芳烃的命名（Nomenclature of alkenyl halides and aryl halides）

原则上以烯烃或芳烃为母体，其余命名原则与卤代烷烃基本相同。例如：

$$CH_2{=}CH{-}Cl \qquad CH_2{=}CH{-}CH_2{-}Cl \qquad CH_2{=}CH{-}CH(Br){-}CH_3$$

氯乙烯　　　　　　3-氯-1-丙烯（烯丙基氯）　　　　　3-溴-1-丁烯

chloroethene　　　3-chloroprop-1-ene　　　　　3-bromobut-1-ene

氯苯　　　　　　苯氯甲烷（苄基氯，氯化苄）　　　　2-苯基-3-溴丁烷

1-chlorobenzene　　1-（chloromethyl）benzene　　　1-（3-bromobutan-2-yl）benzene

二、 烷基结构对卤原子化学性质的影响（The influence of chemical property for alkyl carbon structure to halogen atoms）

由于上述卤代烯烃和卤代芳烃中卤原子和双键或芳环的相对位置不同，所以当它们与亲核试剂作用发生亲核取代反应时，卤原子的活性也就明显不同。烯丙基型和苄基型卤代烃的活性最高，乙烯型和苯基型卤代烃的活性最低，隔离型介于两者之间，与卤代烷相似。

如果将三种类型的卤代烃分别与硝酸银的醇溶液作用，则烯丙基型和苄基型卤代烃在室温下迅速生成卤化银沉淀；隔离型卤代烃则需要加热才能生成沉淀；而乙烯基型和苯基型卤代烷即使加热，也不生成沉淀。利用这种反应活性的不同，可以用硝酸银的醇溶液来鉴别这三类卤代烃。

隔离型卤代烯烃的双键与卤原子相距较远，相互影响较小，所以卤原子的活泼性与相应的卤代烷相似。

在乙烯基和苯基型卤代烃中，由于卤原子直接与 sp^2 杂化的碳原子直接相连，卤原子的 p 轨道可与芳香大 π 键重叠，形成 p-π 共轭体系：

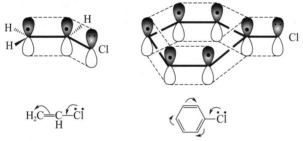

在此共轭体系中，卤原子 p 轨道上的未共用电子对向苯环流动，使 C—X 键的电子密度增大，从而 C—X 键的键长缩短，键能增大，C—X 键的断裂变得困难。因此，乙烯基和苯基型卤代烃中的卤原子不如卤代烷中的卤原子活泼。但是当苯基型卤代烃卤原子的邻位、对位有强吸电子基团时，其卤原子的活泼性将增强。吸电子基团的吸电子能力越强、数目越多，活性就越强。原因：苯环上吸电子基团的吸电子作用一方面使苯环上的电子密度降低，与卤原子相连的碳原子易受到亲核试剂的进攻；另一方面使 C—X 键上电子密度降低，键的强度减弱，易于断裂。

烯丙基型和苄基型卤代烃分子中的卤原子以负离子的形式离去后形成的是烯丙基型和苄基型碳正离子。由于这种碳正离子空的 p 轨道能与双键或苯环碳原子上的 p 轨道重叠形成缺电子的 p-π 共轭体系：

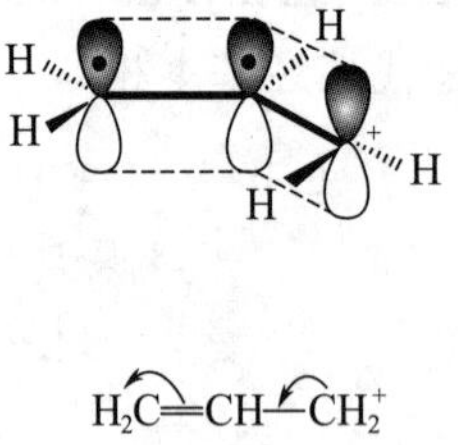

$$H_2C=CH-CH_2^+$$

p-π 共轭体系

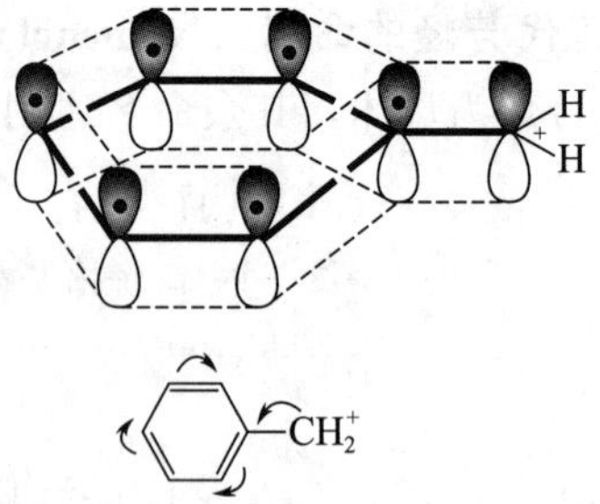

p-π 共轭体系

p-π 共轭体系的形成，导致 π 轨道上的电子向碳正离子空的 p 轨道转移，使碳正离子的正电荷得以分散，因而这种碳正离子比较稳定，易于形成。所以，烯丙基型和苄基型卤代烷的卤原子比较活泼，一般在室温下就发生取代反应。

三、 重要化合物 （Important compounds）

1. 聚氯乙烯 （$\left[CH_2-CHCl\right]_n$，polyvinyl chloride，PVC）

聚氯乙烯是由氯乙烯聚合得到，其平均聚合度 n 一般为 800～1400，是目前国内产量最大的一种塑料。在聚氯乙烯中加入不同的增塑剂，可制得软聚氯乙烯和硬聚氯乙烯。软聚氯乙烯可制成薄膜或纤维，硬聚氯乙烯可加工成薄膜、管、棒等。聚氯乙烯在工农业、医药、食品等行业上应用广泛。但聚氯乙烯制品不耐热，不耐有机溶剂。

2. 聚四氟乙烯 （$\left[CF_2-CF_2\right]_n$，polytetrafluoroethylene，PTEE）

聚四氟乙烯是由四氟乙烯在催化剂存在下聚合而成的。它是一种优良的合成树脂，能耐冷耐热，可在 -100～300℃ 范围内使用，它的化学稳定性超过一切塑料，与强酸、强碱、强氧化剂都不起作用，所以被誉为"塑料王"。

3. 有机氯杀虫剂 （Organochlorine pesticides）

一些具有杀虫、杀螨活性的卤代烃及其衍生物统称为有机氯杀虫剂。例如滴滴涕和六六六是 20 世纪 40 年代以来世界上广泛应用于农业生产和卫生杀虫的有机氯杀虫剂。但长期大量使用后，人们发现它们对环境造成严重污染，危害人畜健康，特别是滴滴涕和六六六残留较长，属高残留农药。因此，国际上已禁止生产和使用（我国于 1982 年已停止生产和使用）。但一些毒性较小，具有可降解性的品种，如硫丹、毒杀芬、三氯杀螨醇、杀螨酯仍在生产和使用。三氯杀螨醇、杀螨酯都是杀螨剂，对高等动物毒性很小，可杀死多种植物上的卵及幼虫。

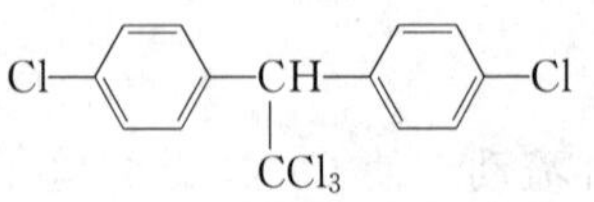

滴滴涕
DDT
(dichloro-diphenyl-
trichloroethane)

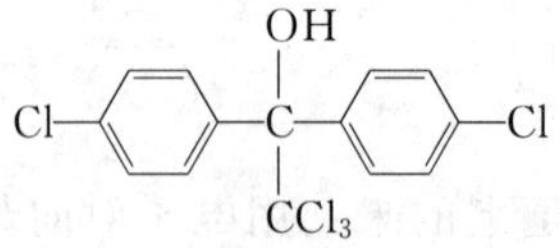

三氯杀螨醇
Dicofol
(1,1-bis(*p*-Chlorophenyl)
-2,2,2-trichloroethanol)

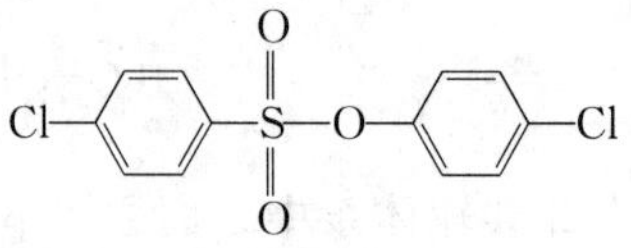

杀螨酯
Chlorfenson
（*p*-chlorophenyl-*p*-
chlorobenzenesulfonate）

含卤素的农药种类繁多，特别是近年来，含氟农药因具有毒性小、药效高、用量少等优良性质，成为世界上各国正在竞争开发和研制的热点领域。

习　题 （Exercises）

1. 写出 C_4H_9Cl 的所有同分异构体，并用系统命名法命名。

2. 用系统命名法命名下列化合物。

(1) CH_3CHCH_2Cl
$\quad\quad\;\; |$
$\quad\quad\; CH_3$

(2) $CH_3CH_2\overset{\overset{\displaystyle Br}{|}}{\underset{\underset{\displaystyle CH_3}{|}}{C}}CH_3$

(3) 环己烯-I

(4) 环己烷-Cl, CH_3

(5) $CH_3CH_2\underset{\underset{\displaystyle CH_3}{}}{\overset{\overset{\displaystyle }{}}{C}}=\underset{\underset{\displaystyle CH_3}{}}{\overset{\overset{\displaystyle Cl}{}}{C}}$

(6) $\underset{CH_3}{\overset{CH_3CH_2}{}}$苯-Cl

(7) 苯$\overset{\overset{\displaystyle Br}{|}}{C}HCH_2CH_3$

3. 写出 1-溴戊烷与下列试剂反应的主要产物：

(1) NaOH（水溶液）　　(2) Mg/无水乙醚　　(3) $AgNO_3$-醇　　(4)* $CH_3C\equiv CNa$

(5) NaCN　　　　　　　(6) C_2H_5ONa/C_2H_5OH　　(7) NaI（丙酮溶液）　(8) KOH-醇

4. 完成下列反应：

(1) $CH_3CH=CH_2 \xrightarrow{NBS} ? \xrightarrow{NaCN} ?$

(2) $CH_3CH=C(CH_3)_2 \xrightarrow[RO-OR]{HBr} ? \xrightarrow[\text{丙酮}]{NaI} ?$

(3) 环己烯 $+Cl_2 \longrightarrow ? \xrightarrow{KOH-醇} ?$

(4) 环戊二烯 $+ Br_2$ （1mol）$\xrightarrow{500℃} ?$

(5) 环己烷-OH $\xrightarrow{PCl_5} ? \xrightarrow{NaCN} ?$

(6) $CH_3\underset{\underset{\displaystyle CH_3}{|}}{C}H-CH_2\underset{\underset{\displaystyle Cl}{|}}{C}HCH_3 \xrightarrow{NH_3} ?$

(7) $CH_3CH_2\underset{\underset{\displaystyle Br}{|}}{C}H-\underset{\underset{\displaystyle CH_3}{|}}{C}HCHCH_3 \xrightarrow{KOH-醇} ?$

(8) 环己烷$\overset{CH_3}{}$-Br $\xrightarrow{KOH-醇} ?$

(9) $CH_3C\equiv CH \xrightarrow[NH_3 \text{（l）}]{NaNH_2} ? \xrightarrow{CH_3I} ?$

5. 将下列各组化合物按指定项目排列大小：

(1) 与 $AgNO_3$-C_2H_5OH 的反应活性。

　　a. 1-溴丁烷　　　　　　　b. 2-溴丁烷　　　　　　　c. 2-甲基-2-溴丙烷

(2) 与 NaI-丙酮的反应活性。

　　a. 3-溴丙烯　　　b. 2-溴丙烯　　　c. 1-溴丁烷　　　d. 2-溴丁烷

(3) 在 KOH-醇溶液中，消除反应活性。

　　a. $CH_3CH_2\overset{\overset{\displaystyle CH_3}{|}}{\underset{\underset{\displaystyle CH_3}{|}}{C}}-Cl$　　　　b. $CH_3CH_2\overset{\overset{\displaystyle CH_3}{|}}{C}H-Cl$　　　c. $CH_3CH_2-CH_2CH_2-Cl$

(4) 与 NaCN 反应活性。

　　a. $CH_3CH_2CH_2Cl$　　　　b. $CH_3CH_2CH_2Br$　　　c. $CH_3CH_2CH_2I$

(5) 烯烃发生亲电加成反应活性。

　　a. $CH_3CH=CHCH_2CH_2Cl$　　b. $CH_2=CHCH_2CH_2Cl$　　c. $CH_3CH_2CH=CHCl$

    d. $CH_3CH_2CH=CHCH_2Cl$

6. 判断下列说法是发生 S_N1 反应还是 S_N2 反应：

(1) 一步完成的反应；　　　　(2) 有重排产物生成；　　　　(3) 碱的浓度增大，水解反应明显增快；

(4) 产物的构型完全转化；　　　(5) 增加溶剂的含水量，反应速率加快；

(6) 一级卤代烷的反应速率比二级的快；　　　(7) 动力学表现为一级反应；

(8) 试剂亲核性越强，反应速率越快。

7. 用化学方法区别下列各组化合物：

(1) a. 氯乙烯　　　　　　b. 2-氯丙烷　　　　　c. 2-甲基-2-氯丙烷

(2) a. 1-氯戊烷　　　　　b. 1-溴戊烷　　　　　c. 1-碘戊烷

8. 分子式为 C_4H_9Br，具有 A、B、C、D 四个异构体，A 具有光学活性，B、C 和 D 是非光学活性的；A 在光照下进行溴代，可得到四种二溴代产物；B 只能得到一种无光学活性的二溴代物；C 在相同条件下能得到三种二溴代产物，且这三种二溴代产物都不具有光学活性；D 有四种二溴代产物，推测 A、B、C、D 的构造式。

9*. 某烃 A 的分子式为 C_5H_{10}，它与溴水不作用，紫外光照射下 A 与溴水反应生成产物 B，B 用 KOH-乙醇溶液处理得到产物 C，C 经臭氧氧化、还原水解得到戊二醛，写出 A、B、C 的构造式及各步反应式。

10*. 化合物 A 分子式为 C_6H_{10}，与 Br_2-CCl_4 溶液作用生成 B，B 用 KOH-乙醇溶液处理生成 C，C 可与顺丁烯二酸酐发生 Diels-Alder 反应；C 经臭氧氧化、还原水解可得到乙二醛（OHC—CHO）和甲基丙二醛 [OHCCH(CH_3)CHO]，推测 A、B、C 的构造，并完成各步反应式。

11*. 某烃 A 的分子式为 C_6H_8，具有光学活性，A 用银氨溶液处理生成灰色沉淀，A 在 Lindlar Pd 的条件下加氢生成 B，B 不具有光学活性，也不能与顺丁烯二酸酐发生反应；A 与 1mol Br_2-CCl_4 反应生成 C，分子式为 $C_6H_8Br_2$，推测 A 的结构。

第七章 醇、酚、醚

（Alcohols, Phenols and Ethers）

醇(alcohols)、酚(phenols)、醚(ethers)都是烃的含氧衍生物，其中醇可以看做是脂肪烃或芳香烃侧链上的氢原子被羟基（—OH）取代或水分子（H—O—H）中的一个氢原子被脂肪烃基或芳香烃基所取代而生成的化合物。常用 R—OH 表示，—OH 为醇的官能团。

酚可以看做是芳香环上的氢原子被羟基取代或水分子中的一个氢原子被芳香烃基取代而生成的化合物。常用 Ar—OH 表示，—OH（酚羟基）是酚的官能团。

醚可以看做是醇或酚分子中羟基上的氢原子被烃基或水分子中的两个氢原子同时被两个烃基取代而生成的化合物，常用 R—O—R′、Ar—O—R、Ar—O—Ar′ 表示，—O—（醚键）是醚的官能团。

氧和硫同属于元素周期表中第Ⅵ主族元素，因此，含硫的有机化合物与相应的含氧化合物在性质上有相似之处，所以把硫醇、硫酚、硫醚也放在本章一并讨论。

第一节 醇
（Alcohols）

一、 醇的分类和命名（Classification and nomenclature of alcohols）

1. 醇的分类 （Classification of alcohols）

根据醇分子与羟基相连的烃基的类型不同，醇可以分为饱和醇、不饱和醇、脂环醇和芳香醇。

CH_3CH_2OH 乙醇（饱和醇）　　　　　$CH_2=CH—CH_2—OH$ 烯丙醇（不饱和醇）

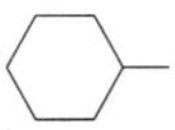

〇—OH 环己醇（脂环醇）　　　　　〇—CH_2OH 苯甲醇（芳香醇）

根据醇分子所含羟基的数目不同可分为一元醇、二元醇和多元醇。

CH_3CH_2OH

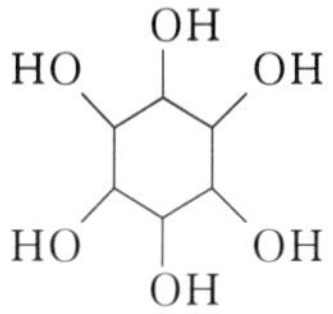

乙醇（一元醇）

$\underset{\underset{OH}{|}\ \underset{OH}{|}}{CH_2-CH_2}$

乙二醇（二元醇）

$\underset{\underset{OH}{|}\ \underset{OH}{|}\ \underset{OH}{|}}{CH_2-CH-CH_2}$

丙三醇（三元醇）

环己六醇（六元醇）

根据醇分子中羟基所连的碳原子的类型，醇可以分为伯醇（一级醇，1°）、仲醇（二级醇，2°）和叔醇（三级醇，3°），它们的通式如下：

$$\underset{\underset{H}{|}}{\overset{\overset{H}{|}}{R-C-OH}}$$

伯醇（一级醇,1°）

$$\underset{\underset{H}{|}}{\overset{\overset{R^1}{|}}{R^2-C-OH}}$$

仲醇（二级醇,2°）

$$\underset{\underset{R^3}{|}}{\overset{\overset{R^1}{|}}{R^2-C-OH}}$$

叔醇（三级醇,3°）

2. 醇的命名（Nomenclature of alcohols）

（1）普通命名法（Common names）　对于简单的一元醇常用普通命名法命名，即根据与羟基相连的烃基来命名，一般在"醇"前加上烃基的名称即可，"基"字一般可以省略。在英文命名中，将烷烃英文名字的最后一个字母"e"去掉加上"ol"。如乙醇的英文名称为由乙烷英文名字（ethane）去掉"e"甲后缀"ol"而得"ethanol"。

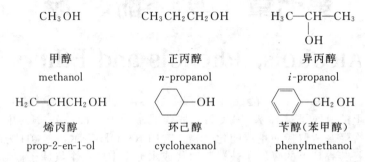

CH_3OH　　　　　$CH_3CH_2CH_2OH$　　　　　$H_3C{-}CH{-}CH_3$
　　　　　　　　　　　　　　　　　　　　　　　　　　　　　$\overset{|}{OH}$

　甲醇　　　　　　　　正丙醇　　　　　　　　　异丙醇
　methanol　　　　　n-propanol　　　　　　i-propanol

$H_2C{=}CHCH_2OH$　　　　〇$-OH$　　　　　〇$-CH_2OH$

　烯丙醇　　　　　　　环己醇　　　　　　苄醇（苯甲醇）
prop-2-en-1-ol　　　　cyclohexanol　　　　phenylmethanol

（2）系统命名法（IUPAC names）　对于比较复杂的醇，常采用系统命名法。

① 饱和醇的命名（Nomenclature of saturated alcohols）　选择连有羟基的最长碳链为主链，并根据主链碳原子的数目命名为"某醇"，将支链作为取代基；主链碳原子的编号从距离羟基最近的一端开始；将取代基的位次、名称和羟基的位次依次分别写在"某醇"前面。在英文名称中，取代基按英文首写字母先后顺序依次列出。如：

$CH_3{-}CH_2{-}\overset{|}{\underset{CH_3}{C}H}{-}CH_2{-}\overset{|}{\underset{OH}{C}H}{-}CH_3$　　　　　$CH_3{-}\overset{|}{\underset{CH_3}{C}H}{-}CH_2{-}CH_2{-}\overset{|}{\underset{OH}{C}H}{-}CH_3$

　4-甲基-2-己醇　　　　　　　　　　　　5-甲基-2-己醇
4-methylhexan-2-ol　　　　　　　　5-methylheptan-2-ol

$CH_3{-}\overset{|}{\underset{CH_3}{C}H}{-}CH_2{-}\overset{CH_2CH_3}{\underset{CH_2CH_2OH}{C}}{-}CH_2{-}CH_2{-}CH_3$　　　　〇$-\overset{CH_3}{\underset{CH_3}{C}}{-}OH$

　5-甲基-3-乙基-3-丙基-1-己醇　　　　　　　　2-苯基-2-丙醇
3-ethyl-5-methyl-3-propylhexan-1-ol　　　　2-phenylpropan-2-ol

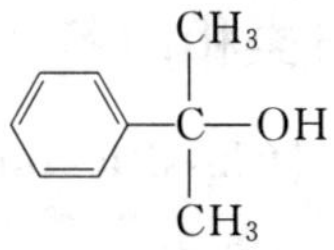

② 不饱和醇的命名（Nomenclature of unsaturated alcohols）　选择含有双键并连有羟基的最长碳链为主链，根据主链所含碳原子的数目命名为"某烯醇"作为母体，将支链作为取代基；主链的编号仍从距离羟基最近的一端开始；除了在"某烯醇"之前注明取代基的位次和名称外，还要在"某烯"和"醇"字前面注明双键和羟基的位次。

$CH_2{=}CH{-}CH_2{-}\overset{|}{\underset{OH}{C}H}{-}CH_3$　　$CH_2{=}CH{-}\overset{|}{\underset{OH}{C}H}{-}CH_2{-}CH_3$　　〇$-CH{=}CH{-}CH_2OH$

　4-戊烯-2-醇　　　　　　　1-戊烯-3-醇　　　　　3-苯基-2-丙烯-1-醇（肉桂醇）
4-penten-2-ol　　　　　　1-penten-3-ol　　　　3-phenyl-2-propen-1-ol
pent-4-en-2-ol　　　　　　pent-1-en-3-ol　　　　3-phenylprop-2-en-1-ol

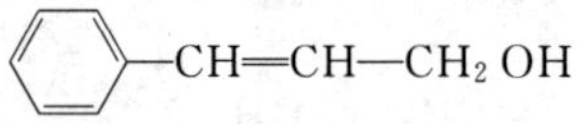

$CH_2{=}CH{-}\overset{OH}{\underset{CH_2CH_2CH_3}{C}}{-}CH_3$　　　　〇$-OH$　　　　　

　（R）3-甲基-1-己烯-3-醇　　　　2-环己烯-1-醇　　　　　4-甲基-2-环戊烯-1-醇
（R）3-methylhex-1-en-3-ol　　　cyclohex-2-enol　　　4-methylcyclopent-2-enol

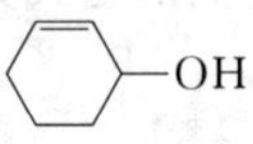

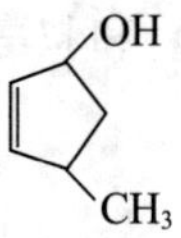

③ 多元醇的命名(Nomenclature of polyhydric alcohols)　选择连有尽可能多羟基的最长碳链为主链，并根据主链所含碳原子数和所连羟基数目命名为"某几醇"作为母体，将支链作为取代基；主链的编号从距离羟基最近的一端开始；在"某几醇"的前面分别依次注明取代基的位次、名称和每个羟基的位次。

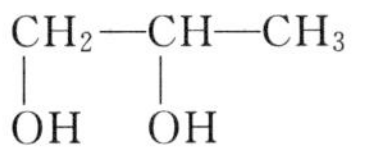

$$
\begin{array}{ccc}
\text{CH}_2\text{—CH—CH}_3 & \text{CH}_2\text{—CH—CH}_2 & \\
| \quad\quad | & | \quad\quad | \quad\quad | & \\
\text{OH} \quad\quad \text{OH} & \text{OH} \quad \text{OH} \quad \text{OH} &
\end{array}
$$

1,2-丙二醇　　　　　　1,2,3-丙三醇　　　　　　顺-1,2-环戊二醇

propane-1,2-diol　　　propane-1,2,3-triol　　　*cis*-cyclopentane-1,2-diol

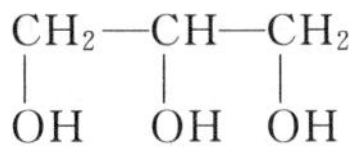

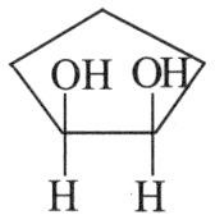

二、　醇的物理性质（ Physical properties of alcohols ）

常温常压下，C_4 以下的饱和一元醇为无色有酒味的液体，$C_5 \sim C_{11}$ 的饱和一元醇为具有不愉快气味的油状液体，C_{12} 以上的醇则为无臭无味的蜡状固体。

直链饱和一元醇的沸点与烷烃的沸点相似，也随着碳原子数的增加而有规律的升高，每增加一个碳原子，沸点升高 18～20℃。在醇的同分异构体中，直链伯醇的沸点最高，带支链醇的沸点要低一些，支链越多，越接近羟基，沸点越低。多元醇的沸点高于摩尔质量相似的一元醇沸点，而一元醇的沸点又远高于摩尔质量相似的烷烃和卤代烷的沸点。这是因为醇在液体时和水一样，醇分子中的 O—H 键是高度极化的，一个醇分子中的羟基上带部分正电荷的氢可以与另一分子中的羟基上带部分负电荷的氧相互吸引而形成氢键，所以，液体状态下的醇实际上是以缔合分子（ROH）$_n$ 的形式存在。

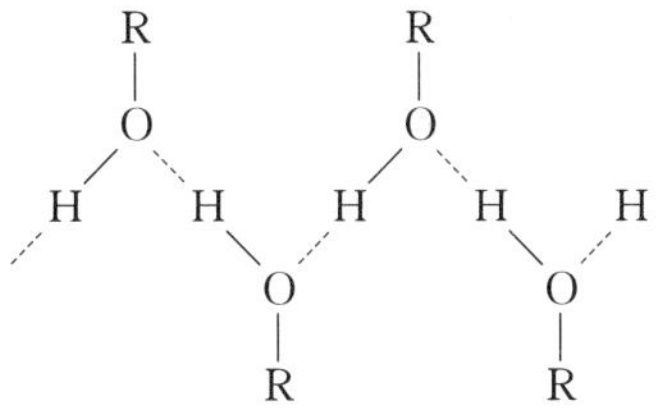

要使以缔合分子形式存在的液态醇转变为以单分子状态存在的气态醇，不仅要克服一般分子间的作用力，而且还必须消耗较大的能量来破坏氢键，所以醇的沸点比摩尔质量相似的烷烃、卤代烷都要高。分子中羟基的数目越多，形成氢键就越多，其沸点也就越高，所以多元醇的沸点高于摩尔质量相似的一元醇的沸点。

醇分子中的烃基对氢键的形成有阻碍作用，烃基越大，阻碍作用也就越大，形成氢键的能力就越弱，因此随着摩尔质量的增加，直链饱和一元醇的沸点与相似的烷烃和一卤代烷的沸点就越接近。

醇的水溶性也与烷烃和卤代烷烃不同。低级醇如甲醇、乙醇、丙醇能与水以任意比互溶，但从丁醇开始，随着烃基的增大，水溶性逐渐减弱，C_{10} 以上的一元醇则难溶于水。醇分子中羟基数目增加，则水溶性增强。例如己醇在水中溶解度很小，而环己六醇则易溶于水，低级醇极易溶于水是因为醇与水的极性相似，而更重要的是醇分子与水分子间可以形成氢键：

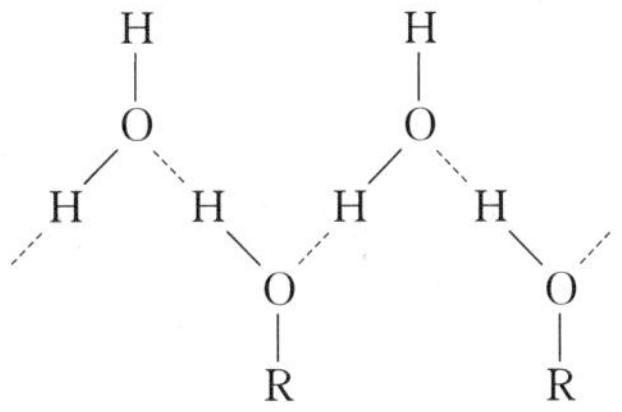

　　但随着醇分子中烃基链的增长，一方面烃基对形成氢键的阻碍作用增强，不利于醇与水分子通过氢键缔合；另一方面烃基与烃基之间的范德华力逐渐增大，更有利于醇与醇分子之间的结合而与水分相，所以高级醇难溶于水。但随着醇分子中羟基数目的增加，与水分子间形成氢键的数目增多，水溶性增大，如表 7-1 所示。

表 7-1　一些常见醇的物理常数
(Physical constants of some common alcohols)

化合物 Compound	结构式 Constitutional formula	熔点/℃ Melting point	沸点/℃ Boiling point	密度/g·cm^{-3} Density	溶解度/g·(100gH$_2$O)$^{-1}$ Solubility
甲醇	CH_3OH	−97.8	64.7	0.792	∞
乙醇	CH_3CH_2OH	−114.7	78.5	0.789	∞
正丙醇	$CH_3CH_2CH_2OH$	−126.5	97.4	0.804	∞
异丙醇	$(CH_3)_2CHOH$	−89.5	82.4	0.786	∞
正丁醇	$CH_3CH_2CH_2CH_2OH$	−89.5	117.3	0.810	8.3
异丁醇	$(CH_3)_2CHCH_2OH$	−108	107.9	0.802	10.0
叔丁醇	$(CH_3)_3COH$	25.5	82.5	0.789	∞
仲丁醇	$CH_3CH_2(CH_3)CHOH$	−114.7	99.5	0.806	26.0
正戊醇	$CH_3(CH_2)_3CH_2OH$	−79	138	0.817	2.4
正己醇	$CH_3(CH_2)_4CH_2OH$	−52	158	0.814	0.6
正庚醇	$CH_3(CH_2)_5CH_2OH$	−34	176	0.822	0.2
正辛醇	$CH_3(CH_2)_6CH_2OH$	−15	195	0.825	0.05
环戊醇	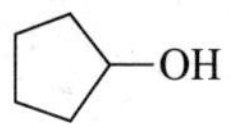 （环戊基）—OH	−19	140	0.949	
环己醇	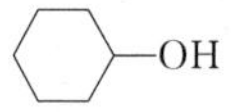 （环己基）—OH	24	161.1	0.962	3.6
烯丙醇	$CH_2=CHCH_2OH$	−129	97	0.855	∞
苯甲醇	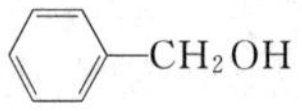 （苯基）—CH_2OH	−15.3	205	1.042	4
三苯甲醇	Ph_3COH	164.2	380	1.199	
乙二醇	$HOCH_2CH_2OH$	−11.5	197	1.113	∞
丙三醇	$HOCH_2CH(OH)CH_2OH$	20	290	1.261	∞

三、　醇的化学性质（ Chemical properties of alcohols ）

　　除羟基与双键碳原子直接相连的不饱和醇中的羟基氧原子为 sp^2 杂化外，其他醇羟基氧原子的杂化状态与水分子中氧的杂化状态完全相同，均为 sp^3 不等性杂化，四个 sp^3 杂化轨道中有两个被未共用电子对所占据，其余两个被单电子占据。两个被单电子占据的 sp^3 杂化轨道分别与碳的 sp^3 杂化轨道和 H 的 1s 轨道正向重叠形成 C—O 和 O—H 键。甲醇的分子结构示意如图 7-1 所示。

　　醇的化学性质主要由官能团羟基（—OH）决定。由于醇分子中氧原子的电负性比碳和氢强，C—O 键和 O—H 键都是极性键而容易断裂；又因为受羟基吸电子诱导效应的影响，使 α-氢原子和 β-氢原子表现出一定的活性。因此，醇的化学反应主要有以下几个部位：

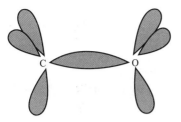
(a) 甲醇分子中原子轨道重叠示意
(The overlap of atomic orbitals in methanol molecules)

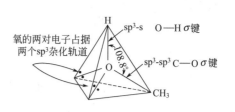
(b) 甲醇分子中氧原子的四面体结构
(Tetrahedral structure of oxygen atom in methanol molecules)

图 7-1 甲醇的分子结构示意
(The structural representation of methanol)

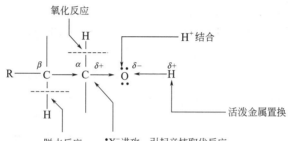

1. 醇的似水性 （Similarity between alcohols and water）

（1）与活泼金属的反应(Reactions of alcohols with active metals) 水分子中的氢被活泼金属钠、钾、镁等置换而放出氢气，醇分子中羟基上的氢也可以被活泼金属置换而放出氢气：

$$2H—O—H+2Na \longrightarrow 2Na—O—H+H_2\uparrow$$
$$2R—O—H+2Na \longrightarrow 2Na—O—R+H_2\uparrow$$
$$2R—O—H+2Mg \longrightarrow RO—Mg—OR+H_2\uparrow$$

由于烷基的供电子能力强于氢，因而醇分子中 O—H 键的极性不如水分子中 O-H 键的极性强，所以醇的酸性比水弱（但比炔氢强），醇与钠的反应较水与钠的反应要温和一些。根据共轭酸碱理论，一个酸的酸性越弱，其对应共轭碱的碱性就越强，所以 RONa 的碱性强于 NaOH 的碱性。

对于烃基不同的醇来说，由于其烃基的结构不同，供电子能力也不同，它与钠反应的活性不同，其酸性也就不同。叔醇有三个烷基供电子，仲醇有两个烷基供电子，伯醇只有一个烷基供电子，甲醇没有供电子的烷基。供电子基团越多，氧原子上的电子密度就越高，氧从氢原子上获得电子的能力就越弱，O—H 键的极性就越小，就越不利于 O—H 键的断裂，所以醇的酸性排列顺序为：$CH_3OH > RCH_2OH > R_2CHOH > R_3COH$；醇钠的碱性顺序：$R_3CONa > R_2CHONa > RCH_2ONa > CH_3ONa$

由于醇钠的碱性强于氢氧化钠，而水的酸性强于醇，所以醇钠与水能够发生反应生成醇和氢氧化钠：

$$RONa+H_2O \longrightarrow ROH+NaOH$$

这个反应叫醇钠的水解反应。从该反应可以看出，醇是不能与强碱的水溶液（如氢氧化钠溶液）作用生成醇钠的。

（2）与强酸作用生成质子化的醇(Reactions of alcohols with strong acids) 水可以结合酸中的 H^+ 形成质子化的水（水合质子），醇同时也可以结合酸中的 H^+ 形成质子化的醇

（RO⁺H₂）或锌盐，表现出醇的碱性：

$$H_2O + HCl \longrightarrow H_3O^+ + Cl^-$$

$$ROH + HCl \longrightarrow \left[\begin{array}{c} H \\ | \\ R-O-H \end{array}\right]^+ Cl^-$$

醇的碱性较弱，只能接受强酸中的质子形成锌盐。由于醇可以与强酸成盐，所以醇能溶于强酸中。

2. 与氢卤酸的反应（Reactions of alcohols with halogen acids）

醇与氢卤酸作用时，醇分子中的羟基可以被卤原子取代而生成卤代烃和水，这实际上是卤代烃水解反应的逆反应，常用在实验室中制备卤代烃：

$$ROH + HX \longrightarrow R-X + H_2O$$

醇与氢卤酸的反应速率与氢卤酸及醇的类别有关，对于相同的醇，与不同的氢卤酸反应，其反应活性顺序为：HI＞HBr＞HCl。

对于相同的氢卤酸，与不同的醇反应，其活性顺序为：$R_3COH > R_2CHOH > RCH_2OH > CH_3OH$。

一般情况下，浓的氢碘酸和氢溴酸能与各类醇顺利反应，而浓盐酸与伯醇、仲醇的反应需要有无水氯化锌的催化，所以一般将无水氯化锌溶解在浓盐酸中配制成溶液一并使用，这种溶液叫卢卡斯试剂（Lucas reagent）。

在实验室中常用卢卡斯试剂来鉴别碳原子数少于6个的伯醇、仲醇和叔醇。这是由于少于6个碳原子的一元醇能溶解在卢卡斯试剂中，而反应后生成的卤代烷则不溶于卢卡斯试剂中。叔醇与卢卡斯试剂在室温下立即反应，迅速出现浑浊、分层现象；仲醇与卢卡斯试剂在室温下反应缓慢，几分钟后才出现浑浊和分层现象；伯醇与卢卡斯试剂要在加热的条件下才缓慢出现浑浊和分层现象。所以利用醇与卢卡斯试剂的反应快慢，就可以鉴别碳原子数少于6个的伯醇、仲醇和叔醇。

$$R_3C-OH + HCl(浓) \xrightarrow[室温]{无水\ ZnCl_2} R_3C-Cl + H_2O$$

$$R_2CH-OH + HCl(浓) \xrightarrow[室温]{无水\ ZnCl_2} R_2CH-Cl + H_2O$$

$$RCH_2-OH + HCl(浓) \xrightarrow[\triangle]{无水\ ZnCl_2} RCH_2-Cl + H_2O$$

醇与氢卤酸的反应仍属于亲核取代反应，其反应历程与卤代烃的亲核取代反应历程相似。叔醇与氢卤酸的反应按照 S_N1 反应历程进行，伯醇与氢卤酸的反应按照 S_N2 反应历程进行。

例如，$(CH_3)_3C-OH$ 与 HX 的反应主要按 S_N1 反应历程进行：

$$(CH_3)_3C-OH + HX \overset{快}{\rightleftharpoons} (CH_3)_3C-\overset{+}{O}H_2 + X^-$$

$$(CH_3)_3C-\overset{+}{O}H_2 \overset{慢}{\rightleftharpoons} (CH_3)_3C^+ + H_2O$$

$$(CH_3)_3C^+ + X^- \overset{快}{\rightleftharpoons} (CH_3)_3C-X$$

甲醇与 HX 反应主要按照 S_N2 反应历程进行：

$$H_3C-OH + HX \rightleftharpoons H_3C-\overset{+}{O}H_2 + X^-$$

$$H_3C-\overset{+}{O}H_2 + X^- \longrightarrow \left[\begin{array}{c} H \quad\quad H \\ \delta^- X \cdots C \cdots \overset{\delta^+}{O}H_2 \\ H \end{array}\right] \longrightarrow H_3C-X + H_2O$$

3. 与卤化磷与亚硫酰氯的反应（Reactions of alcohols with phosphorus halides and thionyl dichloride）

醇与卤化磷（PX_3、PX_5）或亚硫酰氯（$SOCl_2$）反应生成相应的卤代烷：

$$3R-O-H + PX_3 \longrightarrow 3R-X + H_3PO_3$$
$$R-O-H + PX_5 \longrightarrow R-X + POX_3 + HX$$

$$R-OH + Cl-\overset{\overset{O}{\uparrow}}{S}-Cl \longrightarrow R-Cl + SO_2\uparrow + HCl\uparrow$$

醇与亚硫酰氯作用生成氯代烷并放出二氧化硫和氯化氢气体，不但反应进行彻底，而且反应速率快，产物也容易分离提纯，因此该反应是将醇转变为氯代烷最有效的方法。

4. 脱水反应（Dehydration reactions）

醇与强酸共热可以发生脱水反应。脱水的方式有两种：即分子内脱水和分子间脱水。

（1）分子内脱水（Intramolecular dehydration reactions）　在相对较高的温度下，醇与强酸作用，醇分子中的羟基和碳原子上的氢可共同脱水生成烯烃，这是制备烯烃常用的方法：

$$R-\underset{\underset{\boxed{H}}{|}}{CH}-\underset{\underset{\boxed{OH}}{|}}{CH_2} \xrightarrow[\text{相对较高的温度}]{\text{浓 } H_2SO_4} R-CH=CH_2 + H_2O$$

例如，乙醇与浓硫酸在170℃条件下共热发生分子内脱水生成乙烯和水：

$$\underset{\underset{\boxed{H}}{|}}{CH_2}-\underset{\underset{\boxed{OH}}{|}}{CH_2} \xrightarrow[170℃]{\text{浓 } H_2SO_4} CH_2=CH_2 + H_2O$$

对于不对称的仲醇和叔醇进行分子内脱水时，同样遵守扎依采夫规则，即氢原子主要从含氢较少的碳原子上脱去，生成双键上连有烃基较多的烯烃：

$$H_3C-\underset{\underset{\boxed{H}}{|}}{CH}-\underset{\underset{\boxed{OH}}{|}}{CH}-CH_3 \xrightarrow[87℃]{62\% \ H_2SO_4} H_3C-CH=CH-CH_3 \atop >87\%$$

伯醇、仲醇和叔醇进行分子内脱水反应的活性顺序为：$R_3COH > R_2CHOH > RCH_2OH$。

这主要是因为醇在酸性条件下发生分子内脱水是按 E1 反应历程进行的，即质子化的醇先解离出碳正离子，然后再由 β-碳原子上消去 H^+ 而得到烯烃：

$$R-CH_2-\underset{\underset{OH}{|}}{CH_2} + H^+ \underset{}{\overset{\text{快}}{\rightleftharpoons}} R-CH_2-CH_2-O^+H_2$$

$$R-CH_2-CH_2-O^+H_2 \overset{\text{慢}}{\rightleftharpoons} R-CH_2-CH_2^+ + H_2O$$

$$R-CH_2-CH_2^+ \overset{\text{快}}{\rightleftharpoons} R-CH=CH_2 + H^+$$

（2）分子间脱水（Intermolecular dehydration reactions）　在相对较低的温度下，醇与强酸作用，一分子醇的羟基可与另一分子醇羟基上的氢原子共同脱水生成醚。这是制备两个烃基相同的醚的方法之一。

$$R-CH_2-OH + H-O-CH_2-R \xrightarrow[\text{相对较低的温度}]{\text{浓 } H_2SO_4} R-CH_2-O-CH_2-R + H_2O$$

例如，乙醇与浓硫酸在 140℃条件下共热，发生分子间脱水生成乙醚和水。

$$H_3C-CH_2\overset{\cdot}{+}OH + H\overset{\cdot}{+}O-CH_2-CH_3 \xrightarrow[140℃]{浓\ H_2SO_4} H_3C-CH_2-O-CH_2-CH_3 + H_2O$$

醇的分子间脱水主要发生在伯醇之间，而仲醇和叔醇主要发生的是分子内脱水，很少发生分子间脱水。因为在酸性条件下醇的分子间脱水属于 S_N2 反应，仲醇和叔醇不利于按此反应历程进行。

$$H_3C-CH_2-OH + H^+ \overset{快}{\rightleftharpoons} H_3C-CH_2-OH_2^+$$

$$H_3C-CH_2-OH_2^+ + H-O-CH_2-CH_3 \overset{慢}{\longrightarrow} H_3C-CH_2-O^+H-CH_2-CH_3 + H_2O$$

$$H_3C-CH_2-O^+H-CH_2-CH_3 \overset{快}{\rightleftharpoons} H_3C-CH_2-O-CH_2-CH_3 + H^+$$

5. 酯化反应（Esterification reactions）

醇与有机酸或无机含氧酸作用生成酯和水的反应称为酯化反应。

$$R-O-H + H-O-\overset{\overset{O}{\|}}{C}-R' \overset{浓\ H_2SO_4}{\underset{\triangle}{\rightleftharpoons}} R-O-\overset{\overset{O}{\|}}{C}-R' + H_2O$$

$$R-O-H + H-O-NO_2 \rightleftharpoons R-O-NO_2 + H_2O$$

硫酸为二元酸，可与醇形成两种类型的酯：酸性硫酸酯和中性硫酸酯。例如与甲醇可形成硫酸氢甲酯和硫酸二甲酯：

$$H_3C-O-\overset{\overset{O}{\uparrow}}{\underset{O}{S}}-OH \qquad H_3C-O-\overset{\overset{O}{\uparrow}}{\underset{O}{S}}-O-CH_3$$

硫酸氢甲酯　　　　　　　硫酸二甲酯

磷酸为三元酸，它与醇反应可形成三种类型的磷酸酯，即一元磷酸酯、二元磷酸酯和三元磷酸酯。磷酸酯在自然界中主要以一元磷酸酯和二元磷酸酯存在，它在生物体内具有十分重要的作用。

6. 氧化与脱氢反应（Oxidation and dehydrogenation reactions）

伯醇或仲醇分子中，由于 α-氢原子受到羟基的吸电子诱导作用，比较活泼，容易氧化。氧化可以通过加氧和催化脱氢两种方式进行。叔醇分子中无 α-氢原子，所以叔醇不发生氧化。

（1）氧化反应（Oxidation reaction）　醇与强氧化剂酸性重铬酸钾、酸性高锰酸钾或三氧化二铬等作用，伯醇先被氧化成醛，醛很容易继续氧化成酸；仲醇氧化成酮，酮不易继续被氧化。

$$\overset{\overset{\overset{H}{|}}{}}{R-CH-OH} \xrightarrow{K_2Cr_2O_7/H^+} \left[\overset{\overset{O-H}{|}}{R-CH-OH}\right] \xrightarrow{-H_2O} \overset{\overset{O}{\|}}{R-C-H} \xrightarrow{K_2Cr_2O_7/H^+} \overset{\overset{O}{\|}}{R-C-OH}$$

伯醇　　　　　　　不稳定　　　　　　　醛　　　　　　　羧酸

$$\overset{\overset{\overset{H}{|}}{}}{\underset{\overset{|}{R^2}}{R^1-C-OH}} \xrightarrow{K_2Cr_2O_7/H^+} \left[\overset{\overset{O-H}{|}}{\underset{\overset{|}{R^2}}{R^1-C-OH}}\right] \xrightarrow{-H_2O} \overset{\overset{O}{\|}}{R^1-C-R^2}$$

仲醇　　　　　　　不稳定　　　　　　　酮

由于酸性重铬酸钾溶液为橙红色，它氧化了醇后的还原产物 Cr^{3+} 是深绿色，颜色变化非常明显。所以，可以利用叔醇不被酸性重铬酸钾氧化的性质将叔醇与伯醇和仲醇定性鉴定开来。

（2）催化脱氢反应（Catalytic dehydrogenation reaction）　伯醇和仲醇的蒸气在高温下通过灼热的铜、银等催化剂的表面，则可以脱去一分子氢分别生成醛和酮。

$$R-CH_2OH \xrightarrow[325℃]{Cu} R-CHO + H_2$$
醛

$$\underset{R^1-CH-OH}{\overset{R^2}{|}} \xrightarrow[325℃]{Cu} R_1-\overset{O}{\overset{||}{C}}-R_2 + H_2$$
酮

四、多元醇的化学性质（Chemical properties of polyol）

1. 1, 2-二醇的氧化（Oxidation of 1,2-diol）

多元醇除具有一元醇的一般化学性质外，其中1，2-二醇（两个或多个羟基所在碳原子直接相连）还具有一些特殊性质。如能被高碘酸的水溶液、四乙酸铅在冰醋酸或苯等溶剂中氧化，连有羟基的两个碳原子的C—C键断裂生成醛、酮、羧酸等羰基化合物。例如：

$$-\overset{|}{\underset{OH}{C}}-\overset{|}{\underset{OH}{C}}- + HIO_4 \longrightarrow {>}=O + O={<} + H_2O + HIO_3$$

$$\xrightarrow[HOAc或C_6H_6]{Pb(OAc)_4} {>}=O + O={<} + 2CH_3CO_2H + (CH_3CO_2)_2Pb$$

$$\underset{OH}{\overset{|}{H_2C}}-\underset{OH}{\overset{H}{\underset{|}{C}}}-\underset{OH}{\overset{|}{CH_2}} \xrightarrow{2HIO_4} \underset{甲醛}{HCHO} + \underset{甲酸}{HCOOH} + \underset{甲醛}{HCHO}$$

$$CH_2=CH(CH_2)_8-\underset{OH}{\overset{|}{C}}-\underset{OH}{\overset{|}{CH_2}} \xrightarrow[HOAc,50℃]{Pb(OAc)_4} \underset{64\%}{CH_2=CH(CH_2)_8CHO + HCHO}$$

$$\underset{OH\,OH}{\overset{H\ \ CH_3}{\overset{|\ \ |}{Ph-C-C-CH_3}}} \xrightarrow[HOAc,H_2O]{Pb(OAc)_4} \text{—CHO} + CH_3-\overset{O}{\overset{||}{C}}-CH_3$$

2. 频哪醇重排（Pinacol rearrangement）

频哪醇（四烃基乙二醇，pinacol）在酸性条件（如硫酸或盐酸）下可脱去一分子水，生成碳正离子中间体，碳正离子重排生成频哪酮（pinacolone），该反应称为频哪醇重排（pinacol rearrangement）。例如：

$$\underset{OH\ \ OH}{\overset{CH_3\ CH_3}{\overset{|\ \ \ \ |}{CH_3-C-C-CH_3}}} \xrightarrow{H_2SO_4} \underset{CH_3}{\overset{CH_3\ O}{\overset{|\ \ \ ||}{CH_3-C-C-CH_3}}}$$

频哪醇(pinacol) 　　　　　频哪酮(pinacolone)

$$\underset{OH\ OH}{\overset{Ph\ \ CH_3}{\overset{|\ \ \ |}{Ph-C-C-CH_3}}} \xrightarrow[-H_2O]{H_2SO_4} \underset{OH}{\overset{Ph\ CH_3}{\overset{|\curvearrowleft|}{Ph-C^+-C-CH_3}}} \longrightarrow \underset{CH_3}{\overset{Ph\ \ O}{\overset{|\ \ \ ||}{Ph-C-C-CH_3}}}$$

频哪醇(pinacol) 　　　　　　　　　　　　频哪酮(pinacolone)

碳正离子重排时，芳基优先迁移。由于重排过程是富电子基团迁移，故迁移速率顺序为：供电子取代的芳基＞苯基＞烷基。例如：

$$Ph-\underset{\underset{OH}{|}}{\overset{\overset{CH_3}{|}}{C}}-\underset{\underset{OH}{|}}{\overset{\overset{Ph}{|}}{C}}-CH_3 \xrightarrow[-H_2O]{H_2SO_4} Ph-\underset{\underset{OH}{|}}{\overset{+}{C}}\overset{\overset{CH_3 \curvearrowright Ph}{|}}{\underset{|}{C}}-CH_3 \longrightarrow Ph-\underset{\underset{CH_3}{|}}{\overset{\overset{Ph}{|}}{C}}-\overset{\overset{O}{||}}{C}-CH_3$$

频哪醇(pinacol)　　　　　　　　　　　　　　　　　　　频哪酮(pinacolone)

3. 1,2-二醇与氢氧化铜反应（Reaction with cupic hydroxide）

在碱性条件下，1,2-二醇（乙二醇和甘油等）与氢氧化铜反应生成蓝色的铜盐。

$$\underset{\underset{CH_2-OH}{|}}{\overset{\overset{CH_2-OH}{|}}{CH-OH}} + Cu(OH)_2 \longrightarrow \underset{\underset{CH_2-OH}{|}}{\overset{\overset{CH_2-O}{|}}{\underset{CH-O}{}}}Cu + H_2O$$

甘油铜(深蓝色)

1,3-二醇或1,4-二醇等无此现象，故可用此反应对1,2-二醇与1,3-二醇或1,4-二醇进行鉴别。

五、 醇的制备（Preparation of alcohols）

1. 醇的工业制法（Industrial preparation of alcohols）

（1）由合成气合成（Synthesis from synthetic gas）　在工业上甲醇几乎全部由合成气（一氧化碳和氢气）制备，即采用一氧化碳加氢的方法制备。

$$CO+2H_2 \xrightarrow[210\sim270℃,\ 5\sim10MPa]{CuO-ZnO-CR_2O_3} CH_3OH$$

（2）由烯烃合成（Synthesis from alkenes）　见第三章烯烃的加成反应。工业上一些低级饱和一元醇是以烯烃为原料制备的。如乙醇和异丙醇等可由乙烯和丙烯等经直接水合或间接水合制备。乙醇还可由农产品（如甘蔗蜜糖和玉米淀粉）经发酵生产。

$$CH_2=CH_2+H_2O \xrightarrow[300℃,\ 7MPa]{H_3PO_4/硅藻土} CH_3CH_2OH$$

$$CH_2=CH_2 \xrightarrow[60\sim80℃,\ 0.78\sim1.96MPa]{95\%\sim98\%H_2SO_4} CH_3CH_2OSO_3H \xrightarrow{H_2O} CH_3CH_2OH$$

$$CH_2=CH_2 \xrightarrow[170\sim190℃,\ 2.5\sim4.5MP]{H_3PO_4} \underset{\underset{OH}{|}}{CH_3CHCH_3}$$

工业上乙二醇（俗称甘醇）主要由乙烯经氯乙醇法和氧化环氧乙烷法制备。例如：

$$CH_2=CH_2 \begin{cases} \xrightarrow[70\sim80℃]{Cl_2+H_2O} \underset{\underset{Cl\ \ OH}{|\ \ \ |}}{H_2C-CH_2} \xrightarrow[105\sim110℃]{H_2O,\ NaHCO_3} \underset{\underset{OH\ OH}{|\ \ \ |}}{H_2C-CH_2} \\ \qquad\qquad\quad \Big\downarrow Ca(OH)_2 \\ \xrightarrow[250\sim280℃]{Ag,O_2} \underset{O}{\overset{\overset{\diagdown \diagup}{}}{H_2C-CH_2}} \xrightarrow[H^+或OH^-]{H_2O} \underset{\underset{OH\ \ OH}{|\ \ \ |}}{H_2C-CH_2} \end{cases}$$

工业上丙二醇（俗称甘油）可由丙烯经环氧化氯丙烷制备：

$$CH_2=CHCH_3 \xrightarrow[-HCl]{Cl_2,500℃} \underset{\underset{Cl}{|}}{CH_2=CHCH_2} \xrightarrow[25\sim30℃]{Cl_2,H_2O} \underset{\underset{Cl\ OH\ Cl}{|\ \ \ |\ \ \ |}}{\overset{\overset{H}{|}}{H_2C-C-CH_2}} + \underset{\underset{OH\ Cl\ Cl}{|\ \ \ |\ \ \ |}}{\overset{\overset{H}{|}}{H_2C-C-CH_2}}$$

$$\xrightarrow[或NaOH,80\sim90℃]{Ca(OH)_2} \underset{\underset{Cl}{|}}{\overset{\overset{H}{\diagup}\diagdown}{H_2C-C-CH_2}}_{O} \xrightarrow[100\sim150℃]{Na_2CO_3,H_2O} \underset{\underset{OH\ OH\ OH}{|\ \ \ |\ \ \ |}}{\overset{\overset{H}{|}}{H_2C-C-CH_2}}$$

此法有利于甘油的分离和提纯。甘油还可由淀粉或糖发酵制取，或从油脂水解作为肥皂的副产物得到。

（3）羰基合成（Synthesis of carbonyl group）　见第八章。烯烃与一氧化碳和氢气在催化剂作用下，加热、加压生成醛（羰基合成），然后将醛还原得到醇。这是工业上制备醇和醛的重要方法之一。例如：

$$CH_2=CHCH_3+CO+H_2 \xrightarrow[3\sim5MPa,\ 130\sim175℃]{\text{钴催化剂}} CH_3CH_2CH_2CHO+ \ \underset{\underset{CH_3}{|}}{CH_3CHCHO}$$

$$\xrightarrow[3\sim5MPa,\ 130\sim160℃]{H_2,\ Ni\ 或\ Cu} CH_3CH_2CH_2CH_2OH+ \ \underset{\underset{CH_3}{|}}{CH_3CHCH_2OH}$$

利用此法，还可由长直链 α-烯烃生产高级脂肪醇，后者是制备合成洗涤剂的重要原料。

2. 由烯烃制备 （Preparation of alcohols from alkenes）

烯烃经硼氢化-氧化反应是实验室制备伯醇的一种较好的方法。烯烃与硼氢化物（简称硼烷，如乙硼烷 B_2H_6）进行加成反应生成三烷基硼，后者不分离直接用过氧化氢的氢氧化钠水溶液处理，使之氧化同时水解生成醇。例如：

$$3CH_2=CH_2+1/2B_2H_6 \longrightarrow \underset{\text{三乙基硼}}{(CH_3CH_2)_3B} \xrightarrow{H_2O_2,\ OH^-,\ H_2O} 3CH_3CH_2OH+B(OH)_3$$

$$3CH_3(CH_2)_3CH=CH_2 \xrightarrow[\text{甘油二甲醚，94\%}]{1/2B_2H_6} \underset{\text{三己基硼}}{[CH_3(CH_2)_3CH_2CH_2]_3B}$$
$$\underset{\text{遵守马氏规则加成}}{}$$

$$\xrightarrow{H_2O_2OH^-,\ H_2O} 3CH_3(CH_2)_3CH_2CH_2OH$$

遵守马氏规则反式加成

3. 由 Grignard 试剂制备 （Preparation of alcohol from Grignard reagent）

见 Grignard 试剂与环氧化合物、醛、酮或羧酸衍生物的反应，分别制备伯、仲、叔醇。

六、 重要化合物 （ Important compounds ）

1. 甲醇 （MeOH，methanol，wood alcohol）

甲醇最早从木材干馏得到，又称木精。自然界中天然存在的甲醇极少，但它的酯和醚在自然界中却相当普遍。甲醇为具有酒味而略带刺激性气味的无色透明的液体，沸点 65℃。甲醇能与水及许多有机溶剂混溶，与无水氯化钙生成结晶醇（$CaCl_2\cdot4CH_3OH$），所以甲醇不能用无水氯化钙干燥。甲醇有毒，误服少量（10mL）可致人眼睛失明，多量（30mL）使人致死，这是因为它的氧化产物甲醛和甲酸在体内不能吸收利用所致。

2. 乙醇 （EtOH，ethanol，alcohol，grain alcohol）

乙醇是酒的主要成分，俗称酒精。为无色透明有浓厚酒香的液体，沸点 78.5℃。在医药上可作外用消毒剂（70%）。乙醇是一种很好的溶剂，既能溶解许多无机物，又能溶解许多有机物，所以常用乙醇来溶解植物色素或其中的药用成分，也常用乙醇作为反应的溶剂，使参加反应的有机物和无机物均能溶解，增大接触面积，提高反应速率。例如，在油脂的皂化反应中，加入乙醇既能溶解 NaOH，又能溶解油脂，让它们在均相（同一溶剂的溶液）

中充分接触，加快反应速率，提高反应限度。乙醇的物理性质主要与其低碳直链醇的性质有关。分子中的羟基可以形成氢键，因此乙醇黏度很大，也不如分子量相近的有机化合物极性大。室温下，乙醇是无色易燃且有特殊香味的挥发性液体。作为溶剂，乙醇易挥发，且可以与水、乙酸、丙酮、苯、四氯化碳、氯仿、乙醚、乙二醇、甘油、硝基甲烷、吡啶和甲苯等溶剂混溶。此外，低碳的脂肪族烃类如戊烷和己烷，氯代脂肪烃如 1,1,1-三氯乙烷和四氯乙烯也可与乙醇混溶。随着碳数的增加，高碳醇在水中的溶解度明显下降。由于存在氢键，乙醇具有潮解性，可以很快从空气中吸收水分。羟基的极性也使得很多离子化合物可溶于乙醇中，如氢氧化钠、氢氧化钾、氯化镁、氯化钙、氯化铵、溴化铵和溴化钠等。氯化钠和氯化钾则微溶于乙醇。此外，其非极性的烃基使得乙醇也可溶解一些非极性的物质，例如大多数香精油和很多增味剂、增色剂和医药试剂。

3. 丙三醇 (Glycerin, glycerol, glycerine, propanetriol)

俗称甘油，为无色黏稠状具有甜味的液体，与水能以任意比例混溶。甘油具有很强的吸湿性，对皮肤有刺激性，作皮肤润滑剂使用时，应用水稀释。甘油三硝酸酯俗称硝酸甘油，常用作炸药，它具有扩张冠状动脉的作用，可用来治疗心绞痛。

在碱性溶液中，甘油能与 Cu^{2+} 作用得到深蓝色的甘油铜。

$$\begin{array}{c}CH_2—OH\\ |\\ CH—OH\\ |\\ CH_2—OH\end{array} + Cu(OH)_2 \longrightarrow \begin{array}{c}CH_2—O\\ |\quad\quad Cu\\ CH—O\\ |\\ CH_2—OH\end{array} + H_2O$$

甘油铜（深蓝色）

4. 乙二醇 (Ethylene glycol)

乙二醇是无色液体，有甜味，俗称甘醇。能与水、乙醇、丙酮混溶，但不溶于极性小的乙醚。乙二醇中由于相邻两个羟基相互影响的结果，具有一定的酸性，与其他邻二醇一样，可使新制备的氢氧化铜沉淀溶解，得深蓝色溶液。实验常用此法鉴别具有两个相邻羟基的多元醇。主要用作合成涤纶及其高聚物的原料，也可用作防冻剂。

5. 苯甲醇 (Benzyl alcohol, benzoic alcohol, BP)

苯甲醇又称苄醇，是最简单的芳香醇之一，可看作是苯基取代的甲醇。在自然界中多数以酯的形式存在于香精油中，例如茉莉花油、风信子油和秘鲁香脂中都含有此成分。无色液体，有刺激性气味。易溶于乙醇、乙醚等有机溶剂，能溶于水。20℃时溶于水 3.8%。可用于制作香料和调味剂（多数为脂肪酸酯），还可用作明胶、虫胶、酪蛋白及醋酸纤维等的溶剂。可用于药膏剂或药液里作为防腐剂和广泛用于制笔（圆珠笔油）、油漆溶剂等。苯甲醇具有微弱的麻醉作用和防腐性能，用于配制注射剂可减轻疼痛，又被称为"无痛水"。但是临床上发现其有使臀肌挛缩症副作用。这是因为苯甲醇不易被人体吸收，长期积留在注射部位，会导致周围肌肉的坏死，严重者甚至影响骨骼的发育。2005 年，国家药监局发文禁止苯甲醇作为青霉素溶剂注射使用。

6. 三十烷醇 (Melissyl alcohol, triacontanol)

三十烷醇 $[CH_3(CH_2)_{28}CH_2OH]$ 多以酯的形式存在于多种植物（如米糠）和昆虫（如蜜蜂）的蜡质中。外观为白色鳞片状结晶体，熔点 85.5～86.5℃，不溶于水，难溶于冷甲醇、乙醇、丙酮，易溶于乙醚、氯仿、四氯化碳等有机溶剂中。三十烷醇是一种天然的长碳链植物生长调节剂，又称蜂花醇，是从蜜蜂蜡中纯化提取的天然生物产品。

7. 环己六醇 (Inositol, cyclohexanehexol)

环己六醇，又称肌醇，最初在肌肉中发现，后来已在微生物、动物中广泛发现。几乎所有生物都含有游离态或结合态的肌醇。在植物和鸟类红细胞中的六磷酸肌醇是以六磷酸酯（植酸）形式存在的。游离态的肌醇主要存在于肌肉、心脏、肺脏、肝脏中，是磷脂的一种磷脂酰肌醇的组成成分。肌肉肌醇是鸟类、哺乳类的必需营养源，缺乏肌肉肌醇，例如小鼠可引起脱毛、大鼠可引起眼周围异常等症状。植酸以植酸钙镁钾盐的形式广泛存在于植物种子和胚胎内，也存在于动物有核红细胞内，可促进氧合血红蛋白中氧的释放，改善血红细胞功能，延长血红细胞的生存期。种子发芽时，在酶作用下水解，可向幼芽提供生长所需的磷酸。

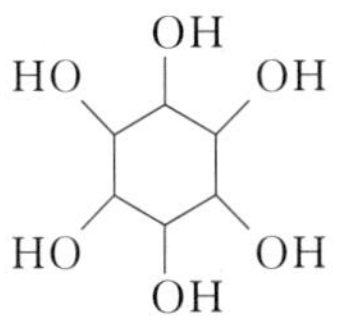

环己六醇（肌醇）
cyclohexanehexol（inositol）

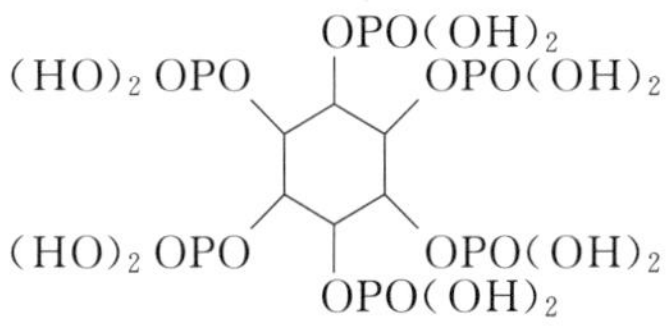

植酸（肌醇六磷酸，环己六醇磷酸酯）
phytic acid（inositolhexaphosphoric acid）

第二节 酚
（Phenols）

一、 酚的分类和命名（Classification and nomenclature of phenols）

酚类化合物按分子所含羟基的数目分为一元酚、二元酚和多元酚；按羟基所连的芳香环的不同，将酚分为苯酚、萘酚和蒽酚。

一般情况下，酚类化合物的命名是在"酚"字前面加上相应的芳环名称作为母体，称为"某酚"。若芳环上连有其他基团时，则按官能团的优先次序命名。

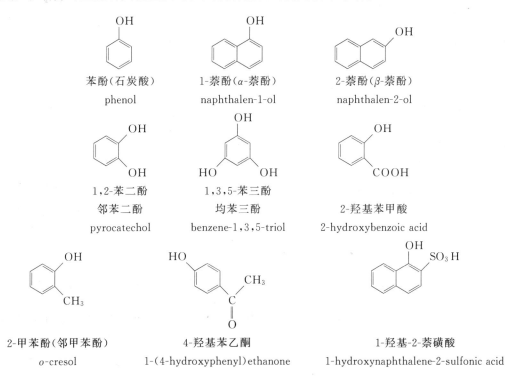

苯酚（石炭酸）
phenol

1-萘酚（α-萘酚）
naphthalen-1-ol

2-萘酚（β-萘酚）
naphthalen-2-ol

1,2-苯二酚
邻苯二酚
pyrocatechol

1,3,5-苯三酚
均苯三酚
benzene-1,3,5-triol

2-羟基苯甲酸
2-hydroxybenzoic acid

2-甲苯酚（邻甲苯酚）
o-cresol

4-羟基苯乙酮
1-(4-hydroxyphenyl)ethanone

1-羟基-2-萘磺酸
1-hydroxynaphthalene-2-sulfonic acid

二、 酚的物理性质 （ Physical properties of phenols ）

除了少数烷基酚为高沸点液体外，大多数酚是结晶性固体，纯净的酚为无色，存放过久的酚因含氧化杂质而带红至褐色。和醇一样，酚可以通过分子间的氢键缔合，因此酚的沸点比相应的芳烃高。例如苯酚的沸点是 182℃，而甲苯的沸点是 111℃。当酚羟基的邻位上有羟基、氯、氟或硝基时，因形成分子内氢键而降低分子间的缔合程度，他们的沸点比间位和对位异构体的沸点低。例如：邻硝基苯酚易形成分子内氢键，不易形成分子间氢键，而对硝基苯酚易形成分子间氢键，难形成分子内氢键。因而邻硝基苯酚的沸点 216℃ 较对硝基苯酚的沸点 279℃ 低。

邻硝基苯酚的分子内氢键　　对硝基苯酚的分子间氢键

酚也能与水形成氢键，所以酚在水中有一定的溶解度，随着羟基数目的增加，它在水中的溶解度也随之增大。酚能溶于乙醇、乙醚等有机溶剂。

三、 酚的化学性质 （ Chemical properties of phenols ）

酚和醇都含有羟基，但是由于酚羟基直接与芳环相连，其羟基氧原子的杂化状态与醇不同，酚羟基中的氧原子为 sp^2 杂化状态，氧原子上的两对未共用电子中的一对分布在未参与杂化的 p 轨道上，它可以和苯环形成 p-π 共轭体系。在共轭体系中，氧原子上的未共用电子对向芳环转移，一方面使得羟基中的 O—H 键的极性加大，键的强度减弱，其酸性增强，表现出比醇更强的弱酸性；另一方面使得 C—O 键的极性降低，C—O 键的断裂比醇难。因此酚不能像醇那样，在酸性条件下发生取代和消除反应。同时，由于芳环上的电子密度增高，芳环上的亲电取代反应较一般的芳烃更为容易（图 7-2）。

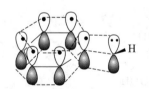

图 7-2　苯酚分子结构示意

(The structural representation of phenol)

1. 酚的弱酸性 （Subacidity of phenols）

酚的酸性强于水和醇，但它的酸性仍然较弱（酚的 $K_a = 1.28 \times 10^{-10}$），它比碳酸的酸性还弱，所以苯酚只能与强碱作用成盐，而不能与 $NaHCO_3$ 或比 $NaHCO_3$ 更弱的碱成盐，例如：

若在酚钠溶液中通入二氧化碳，则可使酚重新游离出来：

$$\text{—ONa} + H_2O + CO_2 \longrightarrow \text{—OH} + NaHCO_3$$

如果芳环上连有取代基，则取代基将会对酚的酸性产生一定的影响。当芳环上连有吸电子基团时，其酸性增强，吸电子基团的吸电子能力越强，数目越多，酸性越强；当芳环上连有供电子基团时，其酸性减弱，供电子基团的供电子能力越强，数目越多，酸性越弱。例如：

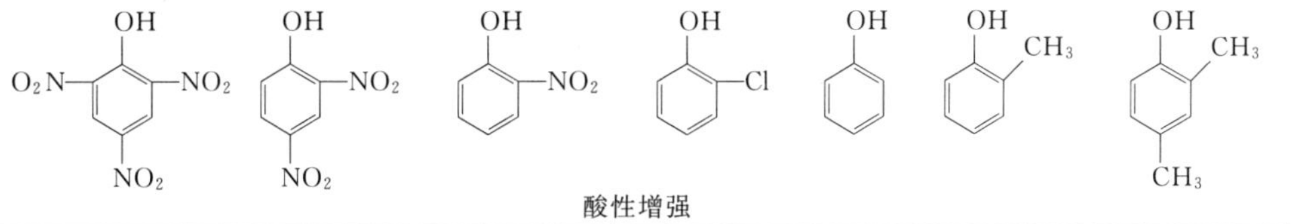

酸性增强

2. 与三氯化铁反应 (Reactions of phenols with irontrichloride)

酚类化合物绝大多数可以与三氯化铁溶液作用生成有色物质，苯酚与三氯化铁反应显紫色。

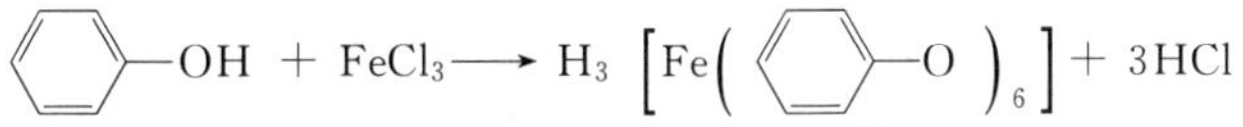

不同的酚与三氯化铁溶液反应产生不同的颜色，如表 7-2 所示。

表 7-2 酚与三氯化铁溶液反应产生的颜色
(Color reactions of common phenols with iron trichloride)

名称 Name	颜色 Color	名称 Name	颜色 Color
苯酚	紫	间苯二酚	紫
邻甲苯酚	蓝	对苯二酚	暗绿色结晶
间甲苯酚	蓝	1,2,3-苯三酚	淡棕
对甲苯酚	蓝	1,3,5-苯三酚	紫色沉淀
邻苯二酚	绿	甽 α-萘酚/β-萘酚	紫色/绿色沉淀

其他的具有烯醇式结构的化合物，也能与三氯化铁发生显色反应。利用这一显色反应，可以定性鉴定酚类化合物或具有烯醇式结构的化合物的存在。

3. 酚醚的形成 (Formation of phenolic ethers)

酚醚不能由酚羟基间直接脱水制备，必须用间接的方法。例如，由酚钠与卤代烃作用，实际上就是酚负离子作为亲核试剂与卤代烃的亲核取代反应。

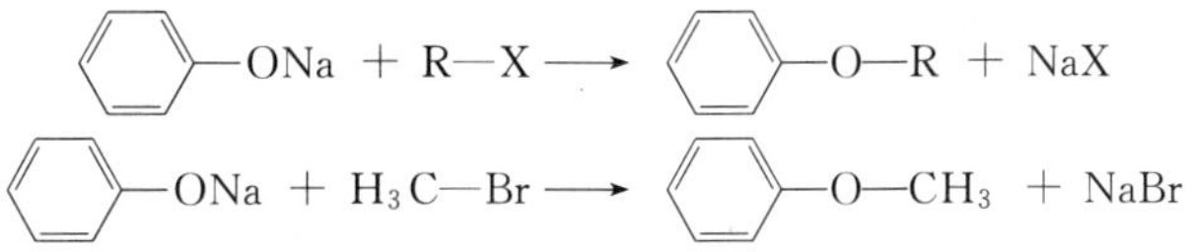

4. 苯环上的亲电取代反应 (Electrophilic substitution on the benzene ring)

由于酚羟基氧原子与苯环形成 p-π 共轭体系，导致芳环上的电子云密度增高，所以酚比芳香烃更容易发生环上的卤代、硝化、磺化等亲电取代反应，并常常生成多取代产物。

(1) 卤代反应(Halogenation reactions) 酚的卤代反应不需要催化剂即可进行。例如苯酚与溴水可在室温下反应：

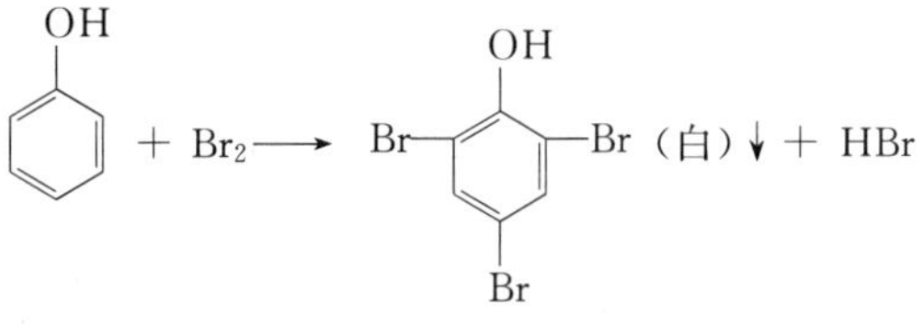

此反应很容易进行，现象非常明显，即使在极稀的苯酚水溶液中加入溴水，都可以出现明显的白色浑浊现象。因此，此反应可以作为对苯酚的定性鉴定或定量测定。

如果反应在非极性的溶剂中进行，并且控制溴的用量，则可得到一溴代酚。

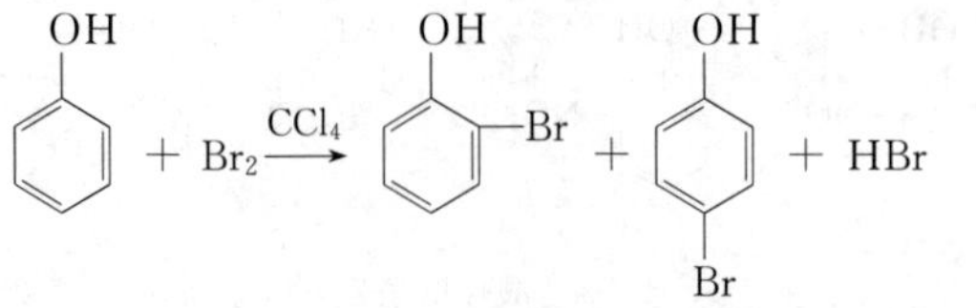

(2) 硝化反应(Nitration reactions) 在室温下，苯酚就可被稀硝酸硝化，生成邻硝基和对硝基苯酚：

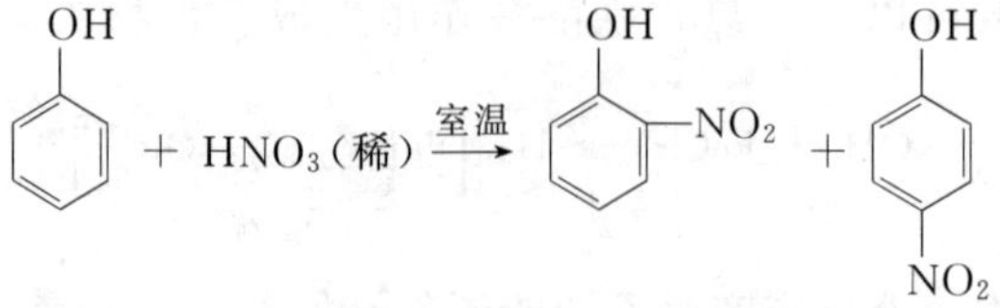

如果用浓硝酸和浓硫酸作用，则生成 2,4,6-三硝基苯酚：

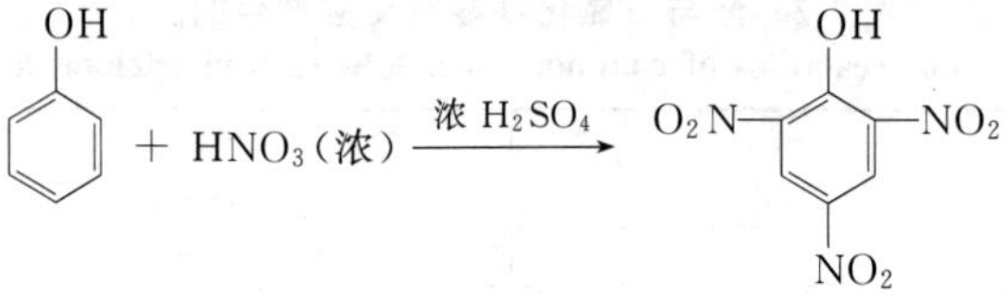

(3) 磺化反应(Sulfonation reactions) 苯酚在室温下就能发生磺化反应，主要产物为邻羟基苯磺酸；在 100℃ 进行磺化，则主要生成对羟基苯磺酸。

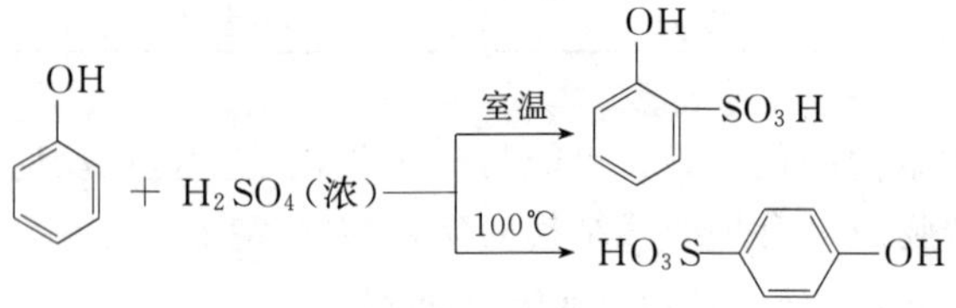

5. 氧化反应 (Oxidation reactions)

酚比醇更容易氧化，空气中的氧就能将酚氧化，生成红色至褐色氧化产物。苯酚与强氧化剂酸性高锰酸钾作用，可被氧化为黄色的对苯醌。

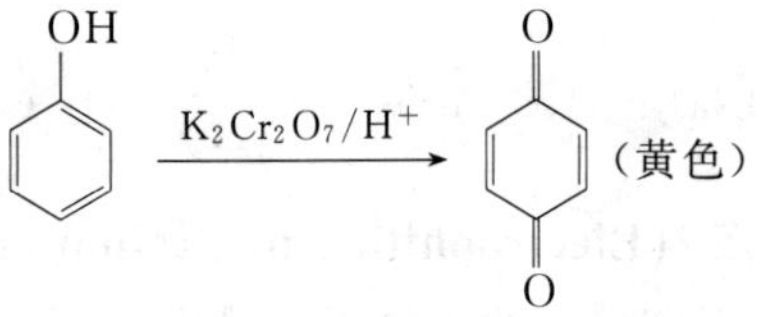

多元酚更容易被氧化，如邻苯二酚和对苯二酚与弱氧化剂 Ag$_2$O、AgBr 等作用，可被氧化为邻苯醌和对苯醌：

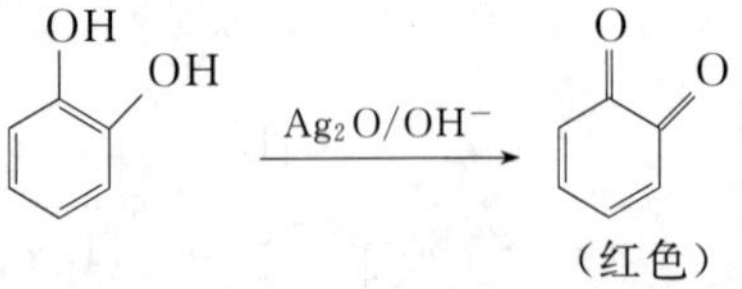

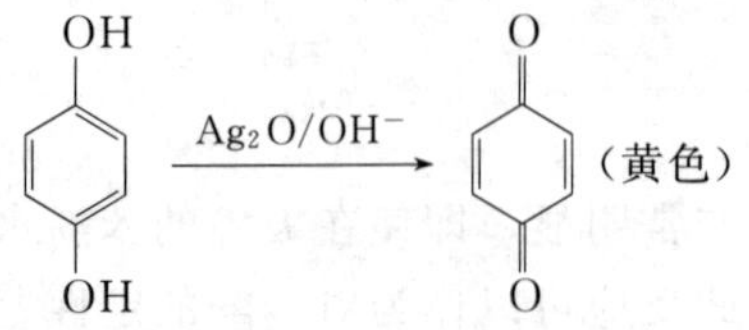

四、 酚的制备 (Preparation of phenols)

1. 酚的工业制法 （Industrial preparation of phenols）

（1）异丙苯法（Preparation from isopropylbenzene） 苯与丙烯反应得到异丙苯，异丙苯经空气氧化生成过氧化异丙苯，后者在强酸或强酸性离子交换树脂作用下，分解成苯酚和丙酮。此法是目前工业上合成苯酚的最重要方法。其优点是原料价廉易得，可连续化生产，产品纯度高，且副产物丙酮也是重要化工原料。例如：

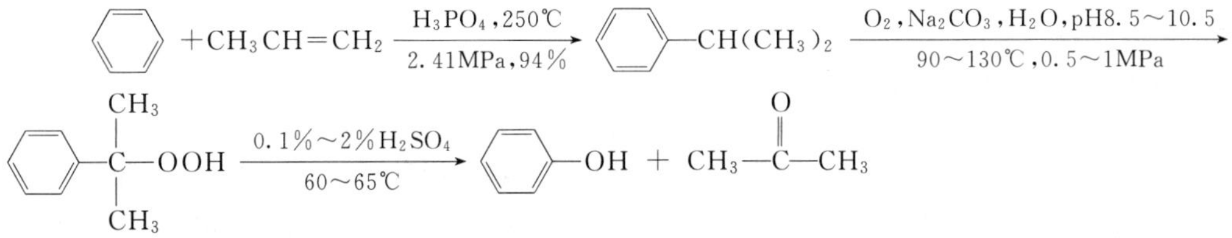

（2）芳卤衍生物的水解（Hydrolysis of aryl halides derivatives） 见第六章卤代芳烃。工业上主要利用此法生产邻、对硝基酚和氯代酚。例如：

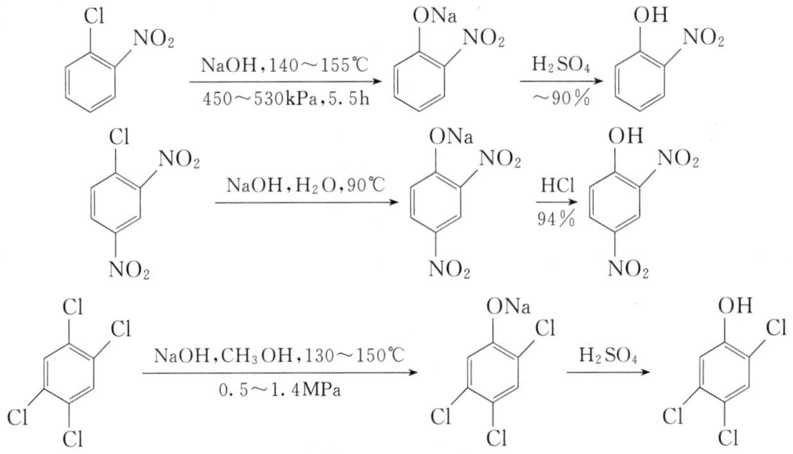

（3）碱熔法（Alkali fusion） 见第四章芳烃的磺化反应。芳磺酸盐和氢氧化钠（钾）在高温下，磺酸基被羟基取代的反应称为碱熔。目前工业上仍用此法制备某些酚及其衍生物。例如：

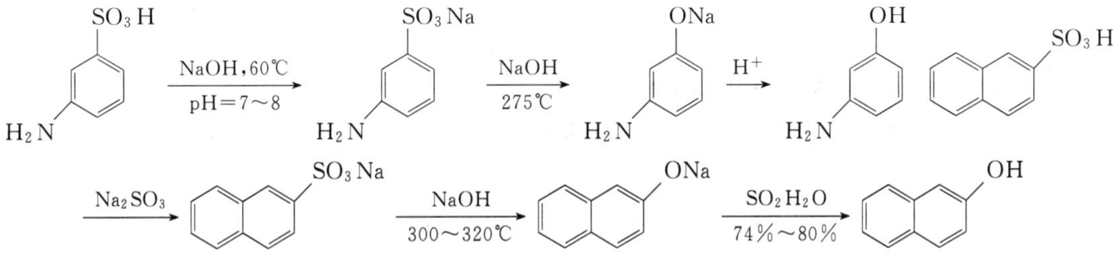

2. 重氮盐的水解 （Hydrolysis of diazonium salt）

见第十章重氮盐的取代反应。重氮盐水解生成酚。例如：

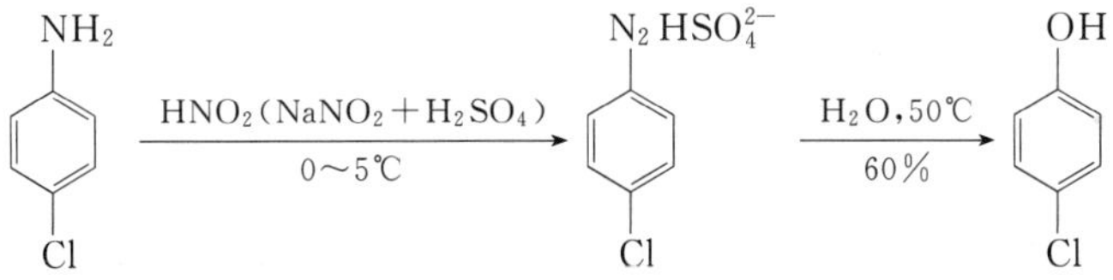

五、 重要化合物（ Important compounds ）

1. 苯酚（Phenol，carbolic acid）

苯酚最初是从煤焦油中分馏得到，由于具有酸性，故俗称为石炭酸。纯的苯酚是无色针状结晶，有刺激性气味，熔点43℃，沸点182℃。苯酚微溶于水，易溶于乙醇和乙醚。在空气中放置因氧化而变红色。

苯酚是有机合成上的重要原料，用于制造塑料、染料、药物等。苯酚能凝固蛋白，因此具有杀菌消毒的作用。

2. 甲苯酚（Cresol，methyl phenol）

甲苯酚也是煤焦油的分馏产物，有与苯酚相似的气味，它有邻、间、对三种异构体，这三种异构体的沸点很接近，难以分离，通常使用它们的混合物。甲苯酚的杀菌能力比苯酚强，医药上用的消毒剂"煤酚皂"（俗称来苏水），就是47％～53％的三种甲苯酚的肥皂水溶液。

苯酚和甲苯酚对皮肤有腐蚀性，使用时应注意。

3. 苯二酚（Benzenediol，hydroquinone）

苯二酚有邻位、间位、对位三种异构体，对苯二酚又称氢醌，邻苯二酚又称儿茶酚或焦儿茶酚，它们的衍生物多存在于植物中。三种苯二酚都是结晶性固体，能溶于水、乙醇、乙醚中。间苯二酚用于合成染料、树脂、黏合剂等；邻苯二酚和对苯二酚由于易被弱氧化剂氧化为醌，故主要用途是还原剂，用作黑白胶片的显影剂等。

4. 苯三酚（Benzenetriol，trihydroxybenzene）

苯三酚有1,2,3-苯三酚和1,3,5-苯三酚两种常见的异构体。1,2,3-苯三酚俗名焦性没食子酸，白色晶体，有毒，易溶于水、乙醇、乙醚。常用于制造染料、混合气体中氧气的定量分析和用作摄影的显影剂。

1,3,5-苯三酚又名均苯三酚，为白色至淡黄色晶体，有甜味，微溶于水，易溶于乙醇、乙醚等。用于制造染料、药物、树脂等，并用作晒图纸的显色剂。

第三节　醚
（ Ethers ）

一、 醚的分类和命名（ Classification and nomenclature of ethers ）

1. 醚的分类（Classification of ethers）

按醚键所连的两个烃基是否相同，可将醚分为单醚和混合醚。与醚键相连的两个烃基相同称为单醚，不同者称为混合醚。

R—O—R 单醚　　　　　　　　　　　　R—O—R′ 混合醚

按醚键相连的两个烃基是否有芳环，可将醚分为脂肪醚和芳香醚：

R—O—R，R—O—R′ 脂肪醚　　　　　　Ar—O—R，Ar—O—Ar 芳香醚

碳链与氧原子连接成环状的醚称为环醚。

2. 醚的命名（Nomenclature of ethers）

（1）普通命名法（Common names）　醚的命名用得较多的是普通命名。命名原则是：分别写出与醚键相连的两个烃基的名称，再加上"醚"即可；如为单醚，醚基前的"二"字可

以省略；如为混合醚，按非优先基团先列出、优先基团后列出的顺序书写。对于同时含有脂肪烃基和芳香烃基的混合醚，为了避免误会，芳香烃基的名称写在脂肪烃基的前面。

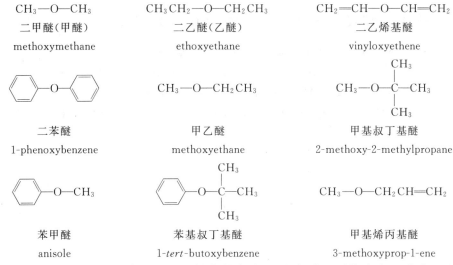

CH₃—O—CH₃	CH₃CH₂—O—CH₂CH₃	CH₂=CH—O—CH=CH₂
二甲醚（甲醚）	二乙醚（乙醚）	二乙烯基醚
methoxymethane	ethoxyethane	vinyloxyethene
二苯醚	甲乙醚	甲基叔丁基醚
1-phenoxybenzene	methoxyethane	2-methoxy-2-methylpropane
苯甲醚	苯基叔丁基醚	甲基烯丙基醚
anisole	1-*tert*-butoxybenzene	3-methoxyprop-1-ene

（2）系统命名法（IUPAC names） 结构较复杂的醚常采用系统命名法命名。它是把醚看成烃的烃氧基衍生物进行命名，一般将复杂的烃基当作母体，把简单的烃基和氧原子组成的烃氧基（—OR）作为取代基进行命名。

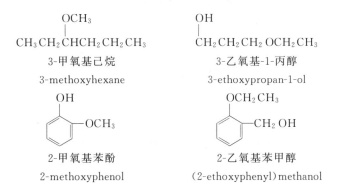

3-甲氧基己烷	3-乙氧基-1-丙醇
3-methoxyhexane	3-ethoxypropan-1-ol
2-甲氧基苯酚	2-乙氧基苯甲醇
2-methoxyphenol	(2-ethoxyphenyl)methanol

环醚一般命名为"环氧某烷"或按杂环化合物的命名方法命名。例如：

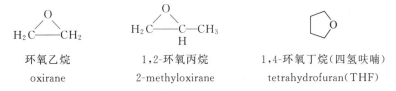

环氧乙烷	1,2-环氧丙烷	1,4-环氧丁烷（四氢呋喃）
oxirane	2-methyloxirane	tetrahydrofuran（THF）

二、 醚的物理性质 （ Physical properties of ethers ）

常温下除甲醚和甲乙醚为气体外，大多数醚为无色有香味的液体。相对密度小于1，醚分子间不能形成氢键，所以低级醚的沸点比相同碳原子数醇的沸点低得多，与摩尔质量相近的烷烃接近。例如：乙醚（摩尔质量74g·mol⁻¹）的沸点34.5℃，1-丁醇（摩尔质量74g·mol⁻¹）的沸点117.8℃，而戊烷（摩尔质量72g·mol⁻¹）的沸点36.1℃。

醚不是线性分子，因为醚中氧原子是sp³杂化状态，C—O—C间有一定的角度，所以醚有极性，而醚分子中的氧原子可以与水分子中的氢原子形成氢键，故有一定的水溶性，其溶解度与相应的醇接近。甲醚、环氧乙烷等可与水混溶，乙醚在水中的溶解度是8g，这与

1-丁醇在水的溶解度（7.9g）很接近。

由于醚类可以与许多有机物相溶，且化学性质稳定，所以是良好的有机溶剂。

三、 醚的化学性质（ Chemical properties of ethers ）

除小环醚外，醚与强碱、强氧化剂以及活泼的金属等在常温下均不发生反应，有类似于烷烃的稳定性，但其稳定性较烷烃差，在一定条件下，它也能发生某些化学反应。

1. 与强酸作用形成锌盐 （The formation of oxonium salts)

醚与无机强酸如硫酸、氢卤酸作用，醚分子中氧原子上有未共用电子对，能接受一个质子形成锌盐而溶解于无机强酸中。

$$R-O-R + HCl(浓) \xrightarrow{低温} \left[\begin{array}{c} H \\ | \\ R-\overset{..}{\underset{..}{O}}-R \end{array} \right]^{+} Cl^{-}$$

$$R-O-R + H_2SO_4(浓) \xrightarrow{低温} \left[\begin{array}{c} H \\ | \\ R-\overset{..}{\underset{..}{O}}-R \end{array} \right]^{+} HSO_4^{-}$$

因此可以利用该反应鉴别醚与烷烃及卤代烷。

$$\left[\begin{array}{c} H \\ | \\ R-\overset{..}{\underset{..}{O}}-R \end{array} \right]^{+} Cl^{-} + H_2O \longrightarrow R-O-R + HCl$$

2. 醚键的断裂 （Acid-catalyzed cleavage of ethers)

醚结合强酸中的一个氢离子而形成锌盐后，分子中氧原子的吸电子能力增强，C—O 键的极性增大，键的牢固程度减弱。所以，醚浓的强酸共热，可以发生醚键的断裂。浓的氢卤酸是醚键断裂的有效试剂，其中浓的氢碘酸的作用最强，当醚与浓的氢碘酸共热时，很容易发生醚键的断裂。例如：

$$CH_3-O-CH_2CH_3 + HI(浓) \xrightarrow{\triangle} CH_3I + CH_3CH_2OH$$

当氢碘酸过量时，生成的醇将进一步与 HI 作用，产物全为碘代烃：

$$CH_3-O-CH_2CH_3 + HI(浓) \xrightarrow[过量]{\triangle} CH_3I + CH_3CH_2I$$

对于芳香醚，与 HI 反应，得到的均为酚和一个碘代烷：

$$\text{⟨⟩}-OCH_3 + HI(浓) \xrightarrow[过量]{\triangle} CH_3I + \text{⟨⟩}-OH$$

环氧化合物在酸性条件下进行亲核取代反应，生成 2-取代乙醇。例如：

$$\overset{\triangle}{\underset{O}{\triangle}} \xrightarrow[87\%\sim92\%]{HBr,10℃} BrCH_2CH_2OH$$

3. 形成过氧化物 （Hyperoxide formation of ethers)

含有 α-氢原子的醚，在空气中长期放置可与氧发生反应生成醚的过氧化物，即自氧化反应（Autoxidation）：

$$CH_3CH_2-O-CH_2CH_3 + O_2 \longrightarrow CH_3CH_2-O-\underset{\underset{O-O-H}{|}}{CH}-CH_3$$

醚与氧形成的过氧化物在受热或摩擦时易于发生爆炸，因此，在使用这类醚时，则必须首先检查是否含有过氧化物。检查的方法是：取少量样品，在弱酸性的条件下加入一定量的 KI-淀粉溶液，若溶液出现蓝色，表明有过氧化物生成。需要除去，方法是在醚中加入一定量的还原剂，然后蒸馏。常用的还原剂是硫酸亚铁、亚硫酸钠、碘化钠等。

四、 环醚和冠醚 （ Cyclic ethers and crown ethers ）

1. 环醚（Cyclic ethers）

环醚中最常见的是三元环、五元环和六元环的环醚。环氧乙烷是最简单的环醚，与水混溶，溶于乙醇、乙醚等有机溶剂。

由于环氧乙烷分子中存在较大的角张力和扭转张力，因此其化学性质非常活泼，在酸或碱催化下可与水、醇、卤化氢等含活泼氢的化合物反应，生成双官能团化合物。如：

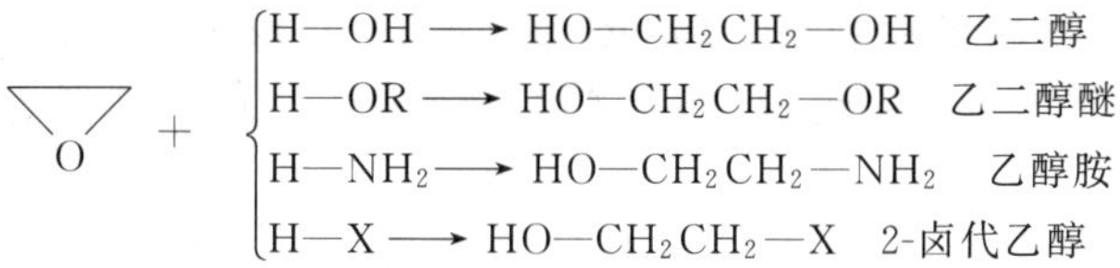

$$\text{（环氧乙烷）} + \begin{cases} \text{H—OH} \longrightarrow \text{HO—CH}_2\text{CH}_2\text{—OH} & \text{乙二醇} \\ \text{H—OR} \longrightarrow \text{HO—CH}_2\text{CH}_2\text{—OR} & \text{乙二醇醚} \\ \text{H—NH}_2 \longrightarrow \text{HO—CH}_2\text{CH}_2\text{—NH}_2 & \text{乙醇胺} \\ \text{H—X} \longrightarrow \text{HO—CH}_2\text{CH}_2\text{—X} & \text{2-卤代乙醇} \end{cases}$$

不对称的环氧化物在酸催化条件下发生 S_N1 反应，优先在取代基较多的碳原子引入新的取代基。如：

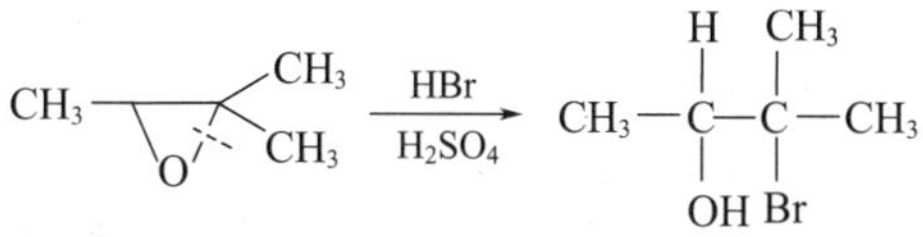

不对称的环氧化物在碱催化条件下发生 S_N2 反应，优先在取代基较少的碳原子引入新的取代基。如：

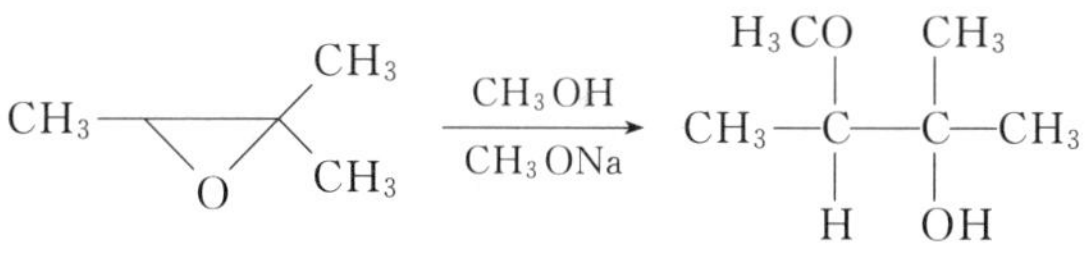

环氧乙烷与 RMgX 反应，是制备增加两个碳原子的伯醇的重要方法。例如：

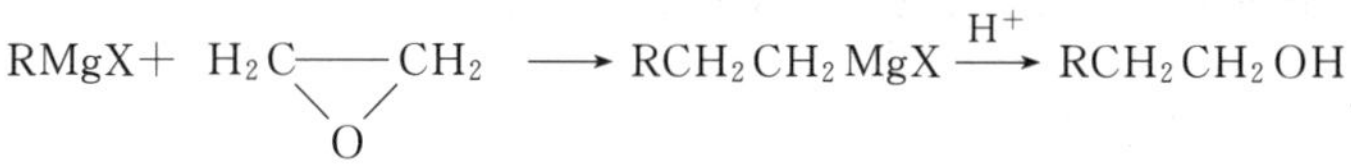

$$\text{RMgX} + \text{H}_2\text{C——CH}_2 \longrightarrow \text{RCH}_2\text{CH}_2\text{MgX} \xrightarrow{\text{H}^+} \text{RCH}_2\text{CH}_2\text{OH}$$

2. 冠醚（Crown ether）

冠醚是含有多个醚键的大环醚。其结构多数是对称的，且具有 $\text{—CH}_2\text{CH}_2\text{O—}$ 重复单元，其形状很像皇冠，故称冠醚。根据分子中所含有碳、氧原子的数目，以 m-冠-n 命名之，m 表示分子中成环碳和氧原子的总数目，n 为其中的氧原子数目。例如：

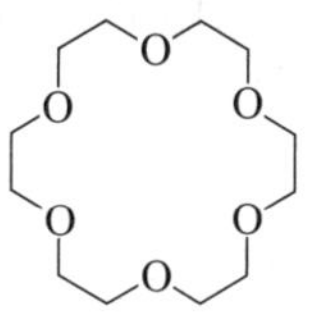

18-冠-6 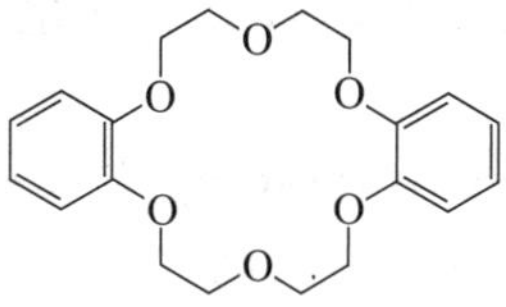　　　　　二苯并18-冠-6

这类化合物是 1967 年由 C. J. Pederson 首先发现的。冠醚的一个重要特点是它能够与金属离子，特别是碱金属离子形成稳定的冠醚-金属离子配合物，并随环的大小不同而与不同的金属离子配合。例如：

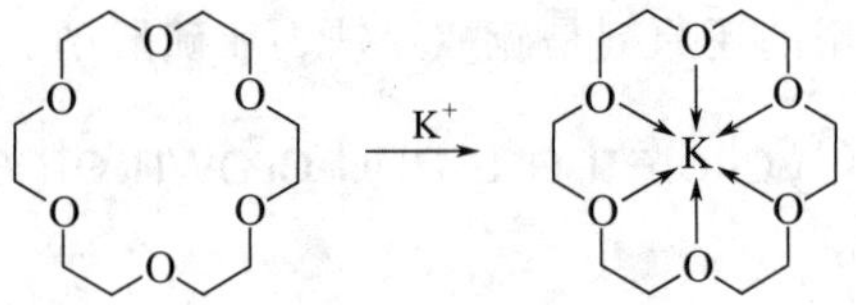

所以冠醚可用以分离各种金属离子混合物。冠醚更重要的用途是在有机合成中可以加快或使难以进行的反应迅速进行，并具有反应选择性强、产品纯度高等优点，是优良的两相反应的相转移催化剂。

五、 醚和环氧化合物的制备（ Preparation of ethers and epoxides ）

1. 醚和环氧化合物的工业制法（Industrial preparation of ethers and epoxides）

工业上，乙醚主要由乙醇经浓硫酸分子间的脱水反应制取（见本章醇的化学性质）。

$$H_3C{-}CH_2{-}\boxed{OH + H}{-}O{-}CH_2{-}CH_3 \xrightarrow[140℃]{浓H_2SO_4} H_3C{-}CH_2{-}O{-}CH_2{-}CH_3 + H_2O$$

乙烯在催化剂作用下与空气中的氧气反应，是工业上制备环氧乙烷的主要方法（见第三章烯烃的催化氧化反应）。

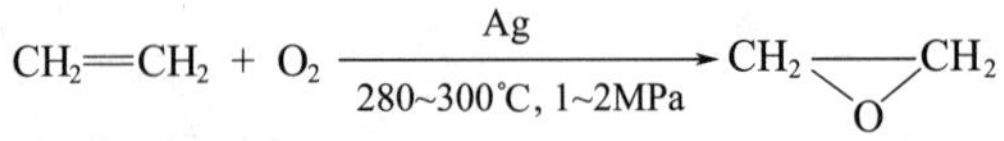

$$CH_2{=}CH_2 + O_2 \xrightarrow[280\sim300℃, 1\sim2MPa]{Ag} CH_2\overset{\displaystyle\diagup\diagdown}{\underset{O}{}}CH_2$$

2. Williamson 合成法（Williamson method）

用醇钠或酚钠与伯卤代烃在无水条件下反应得到醚的方法称为 Williamson 合成法。该方法既可合成对称醚，也可合成不对称醚。除卤代烃外，磺酸酯和硫酸酯也可用于合成醚（见第六章卤代烃的亲核取代反应、本章酚醚的形成）。例如：

$$(CH_3)_2CHCH_2ONa + CH_3CH_2Br \xrightarrow[66\%]{异丁醇} (CH_3)_2CHCH_2OCH_2CH_3 + NaBr$$

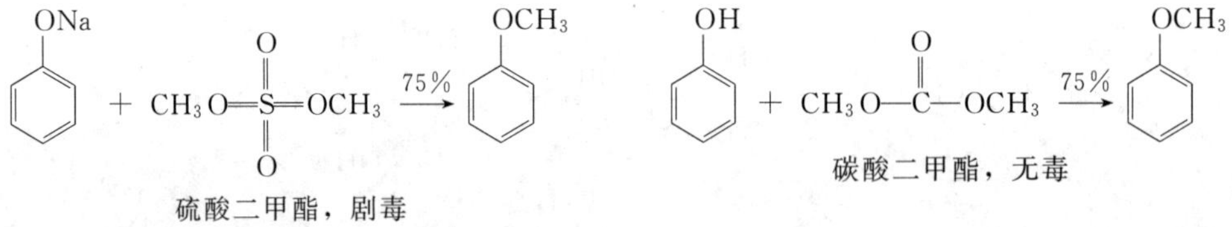

硫酸二甲酯，剧毒　　　　　　　　　　　碳酸二甲酯，无毒

六、 重要化合物（ Important compounds ）

1. 乙醚（Ethylether）

乙醚（ethylether），古老的合成有机化合物之一。无色液体，极易挥发，气味特殊；极易燃，纯度较高的乙醚不可长时间敞口存放，否则其蒸气可能引来远处的明火进而起火。凝固点−116.2℃，沸点 34.5℃，相对密度 0.7138（20℃/4℃）。乙醚能与乙醇、丙酮、苯、氯仿等混溶，是一种优良的有机溶剂。长时间与氧接触和光照，可生成过氧化乙醚，后者为难挥发的黏稠液体，加热可爆炸，为避免生成过氧化物，常在乙醚中加入抗氧剂，如二乙氨基二硫代甲酸钠。

2. 四氢呋喃（Tetrahydrofuran，THF）

THF 是一种澄清、低黏度的油状液体，具有类似乙醚的气味，有毒。沸点 67℃，它既能溶于乙醇、乙醚、脂肪烃、芳香烃、氯化烃、丙酮、苯等有机溶剂，又与水完全混溶，是一种重要的有机合成及精细化工原料和优良的溶剂。

3. 除草醚（Nithophen）

除草醚的化学名称为 2,4-二氯-4′-硝基二苯醚（nithophen，简称 NIP）。纯品为淡黄色针状结晶，工业品为黄棕色或棕褐色粉末，熔点 70～71℃。难溶于水，易溶于乙醇、醋酸等。

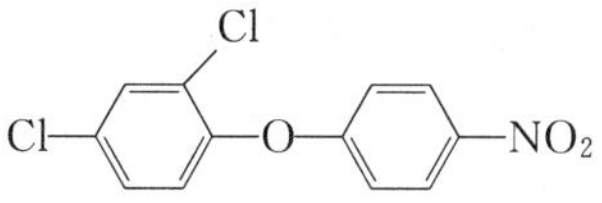

Cl
Cl
O
NO_2

除草醚 nithophen(NIP)

除草醚可除治一年生杂草，对多年生杂草只能抑制，不能致死。毒杀部位是芽，不是根。对一年生杂草的种子胚芽、幼芽、幼苗均有很好的杀灭效果。

第四节 硫醇、硫酚和硫醚

（Thiols, Thiophenol and Sulfoether）

氧和硫处于同一主族，醇、酚、醚中的氧原子被硫原子取代就形成硫醇、硫酚、硫醚。这些化合物都成为有机硫化物。所谓有机硫化物系指硫与碳直接相连的有机化合物。有机硫化物在数量上仅次于含氮和含氧有机化合物。生物体内含有许多有机硫化物，这些硫化物有着多种多样的生理功能，是生命活动不可缺少的部分。如辅酶 A、含巯基的蛋白质等在生物体内都有其不可替代的作用。许多硫化物也是重要的药物，如抗生素青霉素、头孢菌素、维生素 B_1 等。农药、染料、洗涤剂中有许多都是硫化物。

有机硫化物可以分为硫醇、硫酚、硫醚、亚砜、砜、磺酸、亚磺酸等，这里只简单的介绍硫醇、硫酚和硫醚，以及由它们衍生的亚砜、砜和磺酸。

一、 硫醇和硫酚（Thiols and thiophenols）

1. 硫醇和硫酚的命名（Nomenclature of thiols and thiophenols）

硫醇、硫酚中都含有巯基（—SH）。通常情况下，硫醇、硫酚的命名只需在相应的醇和酚的名称之前加上“硫”字即可。如：

CH_3CH_2SH

乙硫醇

ethanethiol

SH

环己硫醇

cyclohexanethiol

CH_2SH

苯甲硫醇

phenylmethanethiol

SH

苯硫酚

benzenethiol

O_2N
SH

4-硝基苯硫酚

4-nitrobenzenethiol

Cl
Cl
SH

2,4-二氯苯硫酚

2,4-dichlorobenzenethiol

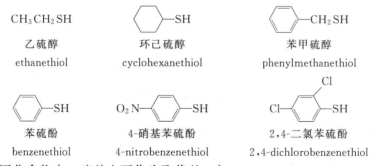

在多官能团化合物中，巯基也可作为取代基。如：

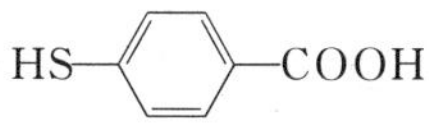

HS
COOH

4-巯基苯甲酸

4-mercaptobenzoic acid

HS
CH_2OH

4-巯基苯甲醇

(4-mercaptophenyl)methanol

$HOCH_2CH_2SH$

2-巯基乙醇

2-mercaptoethanol

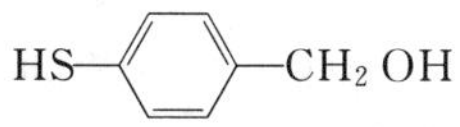

2. 硫醇和硫酚的物理性质（Physical properties of thiols and thiophenols）

硫醇在水中的溶解度比相应的醇小，例如，乙硫醇在常温下在 100mL 水中的溶解度仅为 1.5g。这是因为硫不能与水中的氢形成氢键的原因。硫醇和硫酚具有特殊的臭味，例如丙硫醇具有类似新切碎的葱头发出的气味。随相对分子质量的增加，硫醇的气味也逐渐减弱。

3. 硫醇和硫酚的化学性质 (Chemical properties of thiols and thiophenols)

(1) 酸性(Acidity) 由于硫原子的电负性比氧原子的小，硫氢键的离解能比相应的氧氢键的离解能小，因此硫醇、硫酚的酸性比醇和酚的酸性强。例如，乙硫醇的 $pK_a=10.6$，乙醇的 $pK_a=15.9$；苯硫酚的 $pK_a=7.8$，苯酚的 $pK_a=10$。醇不能与氢氧化钠作用成盐，而硫醇可溶于稀氢氧化钠中形成稳定的硫醇盐；酚的酸性一般比碳酸弱，不能溶解在碳酸氢钠溶液中，而硫酚的酸性比碳酸强，能溶解在碳酸氢钠溶液中形成稳定的硫醇盐。如：

$$RSH+NaOH \longrightarrow RSNa+H_2O$$

$$\text{⟨benzene⟩}-SH + NaHCO_3 \longrightarrow \text{⟨benzene⟩}-SNa + CO_2 + H_2O$$

硫醇不仅可以与碱金属形成硫醇盐，也可以与重金属离子（如 Hg^{2+}、Cu^{2+}、Pb^{2+}）形成不溶于水的重金属盐，例如：

$$2RSH+HgO \longrightarrow (RS)_2Hg+H_2O$$
$$\text{硫醇汞}$$
$$2C_2H_5SH+Pb(OCOCH_3)_2 \longrightarrow Pb(SC_2H_5)_2+2CH_3COOH$$

2,3-二巯基丙醇（dimercapto propanol, dimercaprol, BAL），又称 2,3-二巯基丙醇，是临床上常用的一种解毒剂。当人被汞或铅中毒时，人体内酶的巯基与汞离子或铅离子反应，从而使酶失活。2,3-二巯基丙醇能与汞或铅离子形成下列类型的螯合物而被排出体外，从而解毒。

$$2\ \underset{\substack{|\ \ \ \ |\ \ \ |\\ OH\ \ SH\ \ SH}}{CH_2-CH-CH_2} +Hg^{2+} \longrightarrow$$

(2) 氧化反应(Oxidation reactions) 硫醇远比醇易被氧化，氧化反应发生在硫原子上。较温和的氧化剂（如 I_2，O_2 等）把硫醇氧化为二硫化物，

$$2RSH+I_2 \xrightarrow[25℃]{C_2H_5OH,H_2O} RS-SR+2HI$$

$$2RSH+O_2 \longrightarrow RS-SR+H_2O$$

强氧化剂（如 HNO_3，$KMnO_4$ 等）可把硫醇氧化成磺酸：

$$RSH+KMnO_4 \xrightarrow{H^+} RSO_3H$$

二、 硫醚、 亚砜和砜 (Sulfoethers， sulfides and dissulfides)

在硫醚分子中，若与硫原子相连的两个烃基相同则称为单硫醚，若与硫原子相连的两个烃基不同则称为混硫醚。硫醚的命名与醚相似，只是在醚字前加"硫"字。如

$$CH_3-S-CH_3 \qquad CH_3CH_2-S-CH_2CH_3 \qquad CH_3CH_2-S-CH_3 \qquad \text{⟨benzene⟩}-S-CH_3$$

甲硫醚　　　　　　　乙硫醚　　　　　　　甲乙硫醚　　　　　　苯甲硫醚

dimethylsulfane　　diethylsulfane　　ethyl(methyl)sulfane　　methyl(phenyl)sulfane

硫醚分子中的硫具有较强的亲核性，可以作为亲核试剂与其他化合物反应生成硫盐：

$$RSR + RX \longrightarrow R_3S^+X^-$$
卤化三烷基锍

硫原子中空的 d 轨道能接受电子，因此，硫醚用适当的氧化剂氧化可分别生成亚砜和砜。例如，二甲硫醚在硝酸或过氧化氢等氧化下可分别得到二甲亚砜和二甲砜：

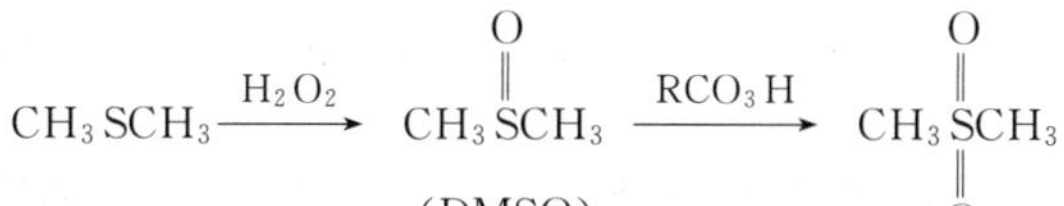

$$CH_3SCH_3 \xrightarrow{H_2O_2} CH_3\overset{O}{\underset{}{S}}CH_3 \xrightarrow{RCO_3H} CH_3\overset{O}{\underset{O}{S}}CH_3$$
(DMSO)
二甲亚砜　　　　二甲砜

在同一族中，从上到下亲核性逐渐增强。因此，RS^- 的亲核性比 RO^- 的强。硫醇在碱性条件下很容易与卤代烃发生 S_N2 亲核取代反应生成硫醚，这是制备硫醚常用的方法，产率较高。

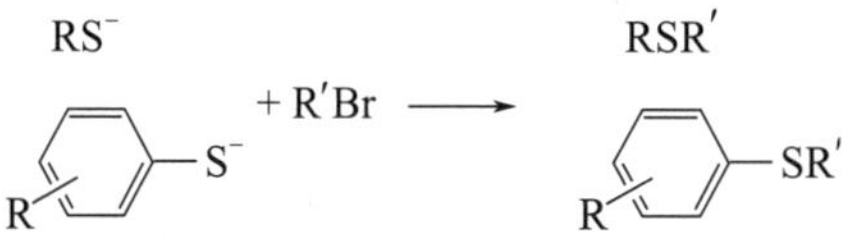

$$\text{(RS}^-\text{)} + R'Br \longrightarrow \text{(RSR}'\text{, SR}'\text{)}$$

习　题（Exercises）

1. 写出分子式为 $C_9H_{11}O$ 的所有芳香类化合物的构造异构体，并用系统命名法命名。
2. 比较下列化合物在水中的溶解度：
   (1) $CH_3CH_2CH_2OH$ (2) $CH_3CH_2CH_2Cl$ (3) $CH_3OCH_2CH_3$
   (4) $CH_2OHCH_2CH_2OH$ (5) $CH_2OHCHOHCH_2OH$
3. 按要求排列次序：
   (1) 酸性大小：Ⅰ. a. 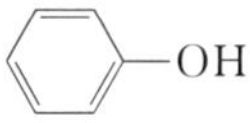 苯酚-OH　b. 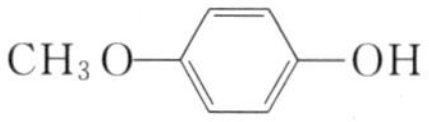 CH_3O-苯-OH　c.  CH_3-苯-OH

   Ⅱ. a. 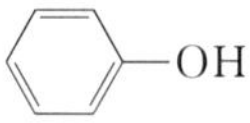 苯酚-OH　b. 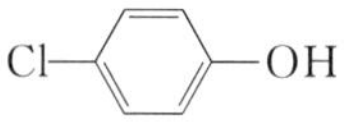 Cl-苯-OH　c.  NO_2-苯-OH

   Ⅲ. a.  NO_2-苯-OH　b. 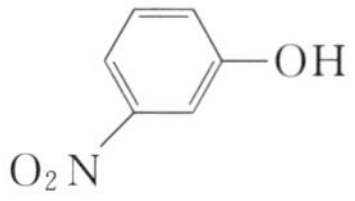 O_2N-苯-OH

   Ⅳ. a. 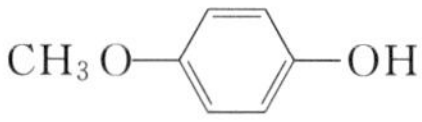 CH_3O-苯-OH　b. 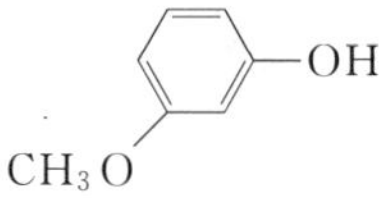 CH_3O-苯-OH

   (2) 与 HBr 反应的相对速率：
   a. 对甲基苄醇、对硝基苄醇、苄醇　　b. α-苯乙醇、β-苯乙醇、苄醇
   c. $CH_3CH_2CH_2CH_2OH$、$(CH_3)_3COH$、$CH_3CH_2CH(OH)CH_3$
   (3) 脱水反应的难易程度：
   a. 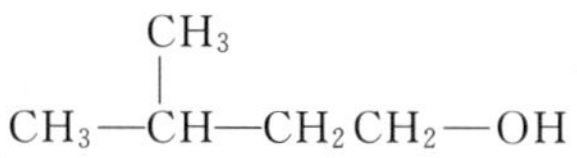 $CH_3-\overset{CH_3}{\underset{}{CH}}-CH_2CH_2-OH$　b. 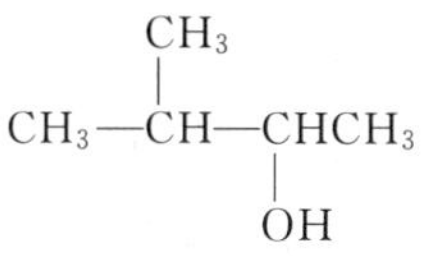 $CH_3-\overset{CH_3}{\underset{}{CH}}-\underset{OH}{CHCH_3}$　c. 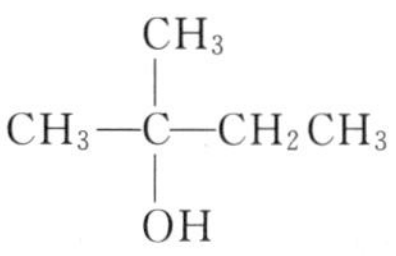 $CH_3-\overset{CH_3}{\underset{OH}{C}}-CH_2CH_3$

4. 用化学方法区别下列化合物：

(1) CH_3—〈苯环〉—CH_2OH 、 CH_3—〈苯环〉—OCH_3 、 HO—〈苯环〉—CH_2CH_3

(2) CH_3—CH_2—$\overset{\overset{\displaystyle CH_3}{|}}{\underset{\underset{\displaystyle OH}{|}}{C}}CH_3$ 、 $CH_3CH_2\underset{\underset{\displaystyle OH}{|}}{CH}CH_2CH_3$ 、 $CH_3CH_2CH_2CH_2OH$

(3) CH_3—$\overset{\overset{\displaystyle Cl}{|}}{CH}$—$CH_2CH_3$ 、 CH_3—CH_2—$\overset{\overset{\displaystyle OH}{|}}{CH}CH_3$ 、 CH_3CH_2—O—CH_2CH_3

5. 用化学方法分离下列化合物:
   (1) 苯酚与环己醇　　　(2) 邻硝基苯酚和对硝基苯酚　　　(3) 苯酚和苯甲醇

6. 写出环己醇与下列试剂反应的产物:
   (1) HBr　(2) $KMnO_4$-H_2SO_4(加热)　(3) PCl_3　(4) $SOCl_2$
   (5) 浓 H_2SO_4,加热　(6) Cu,加热　(7) Na

7. 写出邻甲苯酚与下列试剂反应的产物:
   (1) NaOH 水溶液　　(2) CH_3CH_2I(NaOH 溶液)　　(3) 溴水　(4) $(CH_3CO)_2O$
   (5) 稀 HNO_3　(6) $KMnO_4$-H^+　(7) HCHO,酸或碱催化
   (8) CH_3COCH_3,酸或碱催化　(9) $FeCl_3$　(10) $(CH_3)_2SO_4$/NaOH

8. 确定 A、B、C、D、E 和 F 的结构:

   〈环己烷〉—Br $\xrightarrow[H_2O]{OH^-}$ A $\xrightarrow[-H_2O]{H^+,\triangle}$ B

   B $\xrightarrow{Br_2}$ C $\xrightarrow{KOH/C_2H_5OH}$ 〈环己烯〉
   B $\xrightarrow{RCOOOH}$ D $\xrightarrow{H_2O}$ F $\xrightarrow{H_2SO_4}$ 〈环己烯〉
   B $\xrightarrow[稀,冷]{KMnO_4}$ E $\xrightarrow{H_2SO_4}$ 〈环己烯〉

9*. 用指定原料合成下列化合物(其他试剂任选):
   (1) $(CH_3)_3COH \longrightarrow (CH_3)_3CCH_2CH_2OH$
   (2) $CH_3COCH_3 \longrightarrow CH_3$—$\underset{\underset{\displaystyle CH_3}{|}}{CH}OCH_2CH_2CH_3$

   (3) 〈环戊酮〉=O $\longrightarrow$ 〈环戊烷,带CH_2CH_3和OH〉

   (4) $HC{\equiv}CH \longrightarrow$ 〈顺式戊烯醇，带OH〉

   (5) 〈苯酚〉—OH $\longrightarrow$ O_2N—〈苯环,带NO_2,OC_2H_5,NO_2〉

   (6) 〈苯酚〉—OH $\longrightarrow$ 〈2,6-二溴苯酚,带Br,OH,Br〉

   (7) 〈苯酚〉—OH $\longrightarrow$ 〈邻羟基苯乙酮,带OH,$COCH_3$〉

   (8) 〈苯〉 $\longrightarrow$ 〈苯〉—$CH_2CH_2CH_2CH_2OH$

10. 化合物 A 的分子式为 $C_5H_{10}O$,不溶于水,与溴的四氯化碳溶液或金属钠都没有反应,和稀盐酸或稀氢氧化钠溶液反应得到 B($C_5H_{12}O_2$),B 用高碘酸的水溶液处理得到甲醛和化合物 C(C_4H_8O)。试推测 A、B、C 的结构。

第八章 醛 酮 醌

(Aldehydes, Ketones and Quinones)

醛 (aldehydes)、酮 (ketones) 和醌 (quinones) 是分子中含有羰基 (carbonyl group) 的有机化合物，又称为羰基化合物 (carbonyl compounds)。

醛分子中羰基碳原子分别与烃基和氢原子相连。酮分子中羰基碳原子上连有两个烃基。醛和酮的通式如下：

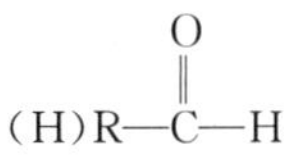

醛

aldehyde

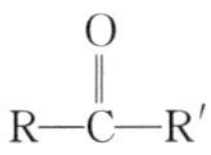

酮

ketone

醛和酮的官能团分别为醛基 (—CHO)、酮基 (— CO —)。

醌是一类不饱和共轭环二酮，对苯醌和邻苯醌结构式如下：

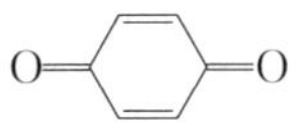

对苯醌

p-benzoquinone

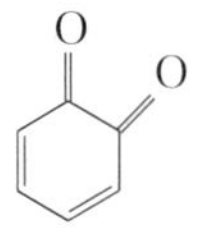

邻苯醌

o-benzoquinone

羰基很活泼，可以发生许多化学反应。醛、酮和醌存在于某些动植物体内，因此，羰基化合物不仅是有机化学和有机合成中十分重要的物质，而且也是动植物代谢过程中重要的中间体。

第一节 醛和酮

(Aldehydes and Ketones)

一、 醛和酮的结构 (Structures of aldehydes and ketones)

在醛和酮的分子中，羰基碳原子和氧原子成键时均采取 sp^2 杂化，碳原子用 3 个 sp^2 杂化轨道分别与氧的 sp^2 杂化轨道以及另外两个原子的原子轨道重叠，形成 3 个 σ 键。这 3 个 σ 键在同一个平面上，键角约为 120°。碳和氧未参与杂化的 2p 轨道相互平行重叠形成 π 键，且垂直于 σ 键所在的平面，π 电子云分布于羰基所在平面的两侧。因此，羰基的碳氧双键是

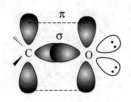

图 8-1 羰基的结构
(Structure of carbonyl group)

由 1 个 σ 键和 1 个 π 键构成的。羰基氧上的两对未共用电子对处于 2 个 sp^2 杂化轨道上。羰基的结构如图 8-1 所示。

由于氧的电负性比碳大，羰基 C=O 双键中的成键电子偏向于氧原子，使碳原子带有部分正电荷，而氧原子带有部分负电荷，形成极性双键，因此，羰基是一个极性基团。

二、醛和酮的分类和命名（Classification andnomenclature of aldehydes and ketones）

1. 醛和酮的分类 (Classes of aldehydes and ketones)

根据羰基连接的烃基是脂肪烃基或芳香烃基，醛和酮可分为脂肪醛、酮和芳香醛、酮；如果羰基碳原子是碳环的一员，则形成脂环酮。例如：

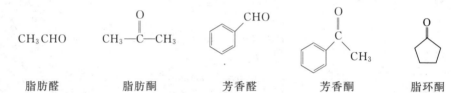

脂肪醛	脂肪酮	芳香醛	芳香酮	脂环酮
aliphatic aldehyde	aliphatic ketone	aromatic aldehyde	aromatic ketone	alicyclic ketone

根据羰基所连接的烃基的饱和程度，醛和酮又可分为饱和醛、酮和不饱和醛、酮。例如：

$$CH_3CH_2CHO \qquad CH_3\overset{O}{\overset{\|}{C}}CH_2CH_3 \qquad CH_2{=}CHCHO \qquad CH_3\overset{O}{\overset{\|}{C}}CH{=}CHCH_3$$

饱和醛	饱和酮	不饱和醛	不饱和酮
saturated aldehyde	saturated ketone	unsaturated aldehyde	unsaturated ketone

根据分子中羰基的数目，醛和酮还可分为一元醛、酮和多元醛、酮。例如：

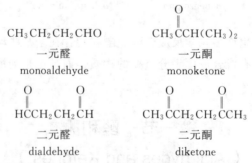

$$CH_3CH_2CH_2CHO \qquad CH_3\overset{O}{\overset{\|}{C}}CH(CH_3)_2$$

一元醛	一元酮
monoaldehyde	monoketone

$$HC\overset{O}{\overset{\|}{C}}CH_2CH_2\overset{O}{\overset{\|}{C}}H \qquad CH_3\overset{O}{\overset{\|}{C}}CH_2CH_2\overset{O}{\overset{\|}{C}}CH_3$$

二元醛	二元酮
dialdehyde	diketone

根据酮分子中的两个烃基是否相同，可把酮分为单酮和混酮。例如：

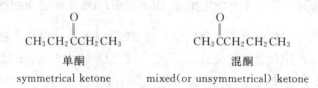

$$CH_3CH_2\overset{O}{\overset{\|}{C}}CH_2CH_3 \qquad CH_3\overset{O}{\overset{\|}{C}}CH_2CH_2CH_3$$

单酮	混酮
symmetrical ketone	mixed(or unsymmetrical) ketone

2. 醛和酮的命名（Nomenclature of aldehydes and ketones）

（1）普通命名法（Common nomenclature） 结构简单的醛、酮可采用普通命名法命名。醛是根据分子中含有的碳原子数及碳链特征称为“某醛”。酮按羰基所连的两个烃基的名称命名为“某（基）某（基）甲酮”，“甲”字可省略。醛的英文普通命名是将相应羧酸普通名称中的“-(o)ic acid”换成“-aldehyde”；酮是在相应的烃基名称后加“ketone”构成。丙酮的英文名称是“acetone”。例如：

甲醛
formaldehyde

乙醛
acetaldehyde

丙醛
propionaldehyde

丁醛
butyraldehyde

异丁醛
isobutyraldehydel

二甲酮
dimethyl ketone

甲乙酮
ethyl methyl ketone

二乙酮
diethyl ketone

苯甲醛
benzaldehyde

苯乙醛
2-phenylacetaldehyde

甲基苯基酮
methyl phenyl ketone

二苯酮
diphenyl ketone

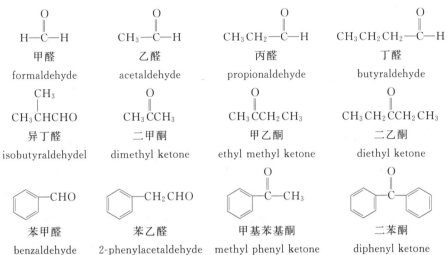

（2）系统命名法(IUPAC nomenclature) 饱和脂肪醛、酮命名时，选择含有羰基碳原子的最长碳链作主链，根据主链的碳原子数称为“某醛”或“某酮”；从醛基一端或靠近酮基一端对主链碳原子进行编号；将取代基的位次、名称以及酮基的位次写于主链名称之前。醛、酮的英文名称分别是将相应烃名称的末尾字母“-e”换成“-al”和“-one”。例如：

3-甲基丁醛
3-methylbutanal

3-甲基-2-戊酮
3-methyl-2-pentanone

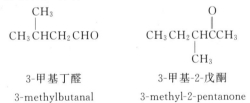

不饱和脂肪醛、酮命名时，选择含有羰基碳和不饱和键在内的最长碳链作主链，称为“某烯（炔）醛”或“某烯（炔）酮”，并且注明不饱和键的位次。例如：

$CH_3CH{=}CHCHO$
2-丁烯醛
2-butenal

3-戊烯-2-酮
3-penten-2-one

芳香醛、酮命名时，以脂肪醛或脂肪酮为母体，芳香烃基作为取代基。例如：

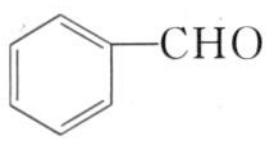

苯甲醛
benzenecarbaldehyde

1-苯基-1-丙酮
1-phenyl-1-propanone

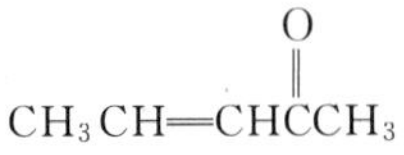

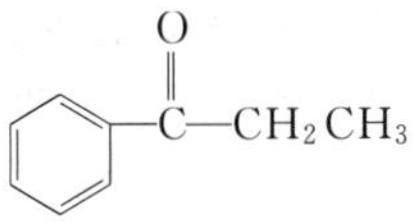

脂环酮命名时，根据构成环的碳原子数称为“环某酮”。若有取代基，将环上碳原子编号，酮基碳编号为1，并使取代基有较低位次。若羰基在脂环的侧链上，则将环作取代基。例如：

环戊酮	3-甲基环己酮	1-环己基-2-丁酮
cyclopentanone	3-methylcyclonexanone	1-cyclonexyl-2-butanone

多元醛、酮命名时，选择含羰基最多的最长碳链作主链并注明酮羰基的位次。例如：

丁二醛	2,4-戊二酮
butanedial	2,4-pentanedione

有些醛酮根据其来源采用俗名。例如：

柠檬醛	茴香醛	肉桂醛
citrl	anisaldehyde	cinnamaldehyde

三、 醛和酮的物理性质（ Physical properties of aldehydes and ketones ）

在室温下，除甲醛是气体外，含 12 个碳原子以下的脂肪醛、酮均为无色液体，高级脂肪醛、酮和芳香酮多为固体。低级醛有刺激性气味，而分子中含 7～16 个碳原子的脂肪醛、酮和芳香醛在浓度较低时往往具有花果香味或令人愉快的气味。常见醛酮的物理常数见表 8-1。

表 8-1　常见醛酮的物理常数
（Physical constants of common aldehydes and ketones）

名称 Name	熔点/℃ Melting point	沸点/℃ Boiling point	密度(20℃) /g·cm⁻³ Density	水溶性 Water solubility	名称 Name	熔点/℃ Melting point	沸点/℃ Boiling point	密度(20℃) /g·cm⁻³ Density	水溶性 Water solubility
甲醛	−92	−21	0.82	溶	丙酮	−95	56	0.7	溶
乙醛	−123	21	0.78	溶	丁酮	−86	80	0.81	易溶
丙醛	−81	49	0.81	溶	2-戊酮	−78	102	0.81	微溶
丙烯醛	−88	53	0.84	溶	3-戊酮	−41	101	0.81	微溶
丁醛	−97	75	0.82	微溶	苯乙酮	21	202	1.02	微溶
戊醛	−91	103	0.82	微溶	二苯酮	48	306	1.10	不溶
己醛	−56	129	0.83	微溶	环己酮	−16	156	0.942	微溶
苯甲醛	−56	179	1.05	微溶					

由于醛、酮分子中羰基的极性较大，分子间的范德华引力较强，因而醛、酮的沸点高于相对分子质量相近的烷烃和醚，但因为醛、酮分子间不能形成氢键，它们的沸点低于相对分子质量相近的醇和羧酸，如表 8-2 所示。

表 8-2　相对分子质量相近的烷烃、醚、醛、酮、醇、羧酸的沸点比较
（Comparsion of the boiling points of similar molecular weight organics）

名称 Name	戊烷 Pentane	乙醚 Ether	丁醛 Butaldehyde	丁酮 Butanone	1-丁醇 1-Butanol	丙酸 Propionic acid
相对分子质量 Molecular weight	72	72	72	72	74	74
沸点/℃ Boiling point	36	35	76	80	118	141

醛、酮可与水分子形成氢键，使其水溶性增强，如甲醛、乙醛、丙醛和丙酮可与水混溶，但随着分子中碳原子数的增加，其水溶性逐渐降低，含 6 个碳以上的醛、酮几乎不溶于水，而易溶于乙醚、苯等有机溶剂中。

四、 醛和酮的化学性质（Chemical properties of aldehydes and ketones）

醛和酮都含有羰基，羰基中氧的电负性大于碳，使得碳氧之间的 π 电子云偏向于氧，氧原子周围的电子云密度较高，带部分负电荷，而碳原子上的电子云密度较低，带部分正电荷，因此羰基是不饱和的极性基团，带部分正电荷的羰基碳的活性较大，易受亲核试剂的进攻而发生加成反应。受羰基吸电子作用的影响，与羰基相连的 α-氢原子的活性增大，可发生 α-氢原子的反应。羰基的结构特点决定了醛和酮具有较高的化学活性和许多相似的化学性质，但醛基与酮基的结构并不完全相同，在化学性质上也会表现出差异。通常醛更活泼，某些醛能发生的反应，而酮则不能发生。醛和酮的化学反应归纳如下：

$$
\begin{array}{c}
\underset{|}{\overset{\displaystyle H}{\underset{\displaystyle H}{|}}} \\
R-C-\overset{\delta+}{C}\overset{\curvearrowleft}{=}\overset{\delta-}{O} \\
\underset{\displaystyle H(R')}{|}
\end{array}
$$

— 羰基的还原 （Reduction of the carbanyl group）
— 亲核加成反应 （Nucleophilic addition）
— 醛的氧化反应 （Oxidation of aldehydes）
— α-氢原子的反应 （Reactions of α-hydrogen atoms）

1. 羰基上的亲核加成反应 （Nucleophilic addition to the carbonyl group）

羰基的加成是亲核试剂进攻带部分正电荷的羰基碳原子，形成氧负离子中间体，然后再与试剂中带正电部分结合，生成加成产物。这种由亲核试剂的进攻而引起的加成反应称为亲核加成反应（nucleophilic addition reaction）。亲核试剂一般是带有负电荷或孤对电子以及含有 C、S、N 和 O 等原子的试剂。亲核加成反应的通式为：

$$
\underset{\displaystyle }{\overset{\displaystyle O}{\overset{\|}{R-C-H(R')}}} + NuA \xrightarrow[-A^+]{} \underset{\displaystyle Nu}{\overset{\displaystyle O^-}{\overset{|}{\underset{|}{R-C-H(R')}}}} \xrightarrow{A^+} \underset{\displaystyle Nu}{\overset{\displaystyle OA}{\overset{|}{\underset{|}{R-C-H(R')}}}}
$$

（1）与氢氰酸加成（Addition of hydrogen cyanide） 醛或酮与氢氰酸加成，生成 α-羟基腈。

$$
\underset{\displaystyle }{\overset{\displaystyle O}{\overset{\|}{R-C-H(CH_3)}}} + HCN \rightleftharpoons \underset{\displaystyle CN}{\overset{\displaystyle OH}{\overset{|}{\underset{|}{R-C-H(CH_3)}}}}
$$

α-羟基腈
α-hydroxy nitriles

上述反应是有机合成中增长碳链的方法之一，而且产物羟基腈性质活泼，易于转化为其他化合物。例如，α-羟基腈可在酸性条件下水解生成 α-羟基酸：

$$
\underset{\displaystyle CN}{\overset{\displaystyle OH}{\overset{|}{\underset{|}{R-C-CH_3}}}} \xrightarrow{H^+/H_2O} \underset{\displaystyle COOH}{\overset{\displaystyle OH}{\overset{|}{\underset{|}{R-C-CH_3}}}}
$$

α-羟基腈   α-羟基酸
α-hyclrosy nirtiles   α-hyclroxy carboxylicacid

实验表明，在醛、酮与氢氰酸的加成反应中，若加入少量的碱能加速加成反应的进行，若加入酸对反应有抑制作用。由于 HCN 是弱电解质，在溶液中存在以下解离平衡：

$$HCN \rightleftharpoons H^+ + CN^-$$

在平衡体系中，碱可以促进 HCN 的解离，增大了亲核试剂 CN^- 的浓度，而酸则抑制 HCN 的解离，使 CN^- 浓度减小。由此可见，反应速率取决于 CN^- 浓度的大小，CN^- 作为进攻试剂，与羰基的加成是反应速率的控制步骤。其反应机理如下：

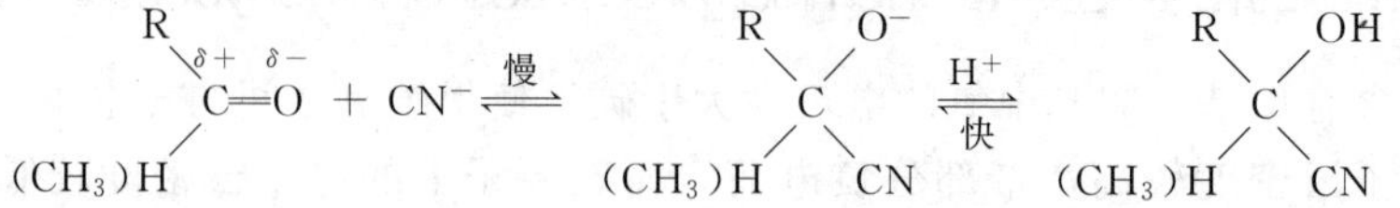

反应开始时亲核试剂 CN^- 进攻带部分正电荷的羰基碳原子，CN^- 提供一对电子与羰基碳原子结合形成碳碳键，同时 C=O 双键中 π 键的一对电子转移到氧原子上，形成氧负离子中间体。这一步是慢反应，决定着整个反应速率；随后，氧负离子立即与 H^+ 结合形成加成产物，第二步是快反应。

亲核加成反应的活性除了与亲核试剂的亲核能力有关以外，更与醛和酮分子本身的结构有关。亲核加成反应活性受醛、酮分子中电子效应和空间效应两种因素的影响。从电子效应上看，羰基碳原子的正电性越强，反应越易进行。酮的羰基碳连有两个烃基，烃基的斥电子作用使羰基碳的正电性减弱，不利于亲核加成。醛只有一个烃基的斥电子作用，因此，醛比酮更活泼；从空间效应考虑，羰基碳上连有的烃基越大，空间位阻作用越大，试剂越不容易接近羰基，反应越难进行。酮羰基碳上的两个烃基与只连一个烃基的醛相比，空间位阻较大，不利于亲核试剂的进攻，所以酮的反应活性较醛低。芳香族醛、酮分子中芳香烃基的斥电子共轭效应，使羰基碳的正电性远低于脂肪族醛、酮，而且芳香环的体积较大，空间位阻也较大，反应活性较低。因此，各种醛、酮的反应活性由高到低的顺序为：

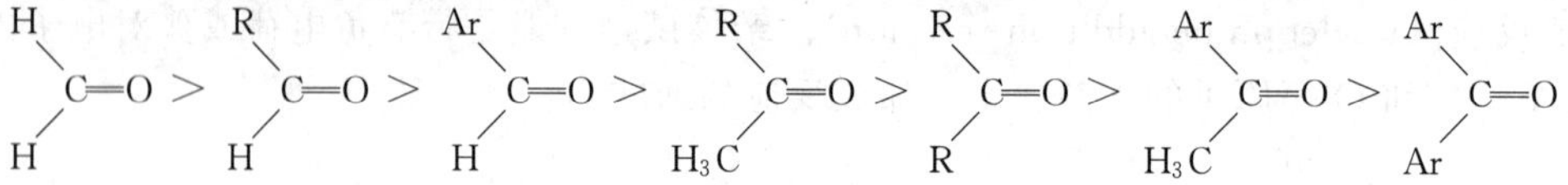

鉴于上述原因，所有的醛都可与 HCN 加成，而酮则只有脂肪族甲基酮及少于 8 个碳的脂环酮，才能与 HCN 发生加成反应。

（2）与亚硫酸氢钠加成（Addition of sodium hydrogen sulfite）　醛、脂肪族甲基酮和少于 8 个碳的脂环酮与过量的亚硫酸氢钠饱和溶液反应，生成 α-羟基磺酸钠。

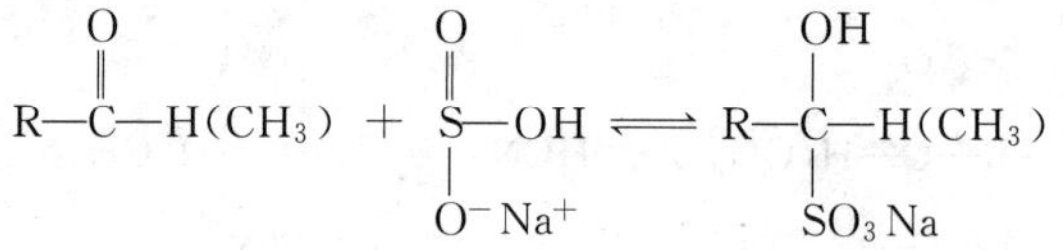

α-羟基磺酸钠
α-hydroxy sodium sulfonates

α-羟基磺酸钠能溶于水，而不溶于饱和亚硫酸氢钠溶液，呈白色晶体析出。利用此反应可鉴定相应的醛、酮；由于反应是可逆的，加成产物与稀酸或稀碱共热时，分解为原来的醛或酮，据此可用于醛、酮的分离和精制；若在药物分子中引入磺酸基，可以增大分子的极性，从而增加药物的水溶性。

（3）与醇加成（Addition of alcohols）　在干燥氯化氢存在下，醇与醛加成生成半缩醛。

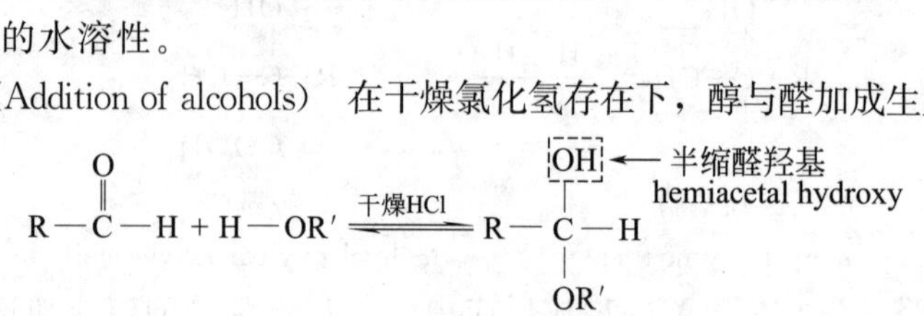

半缩醛
hemiacetals

半缩醛分子中的羟基称为半缩醛羟基（hemiacetalhydroxy）。半缩醛不稳定，在同样条件下，与另一分子醇作用，失去水分子，生成缩醛。

$$R-\overset{\overset{\displaystyle OH}{|}}{\underset{\underset{\displaystyle OR'}{|}}{C}}-H \;+\; H-OR' \;\overset{干燥\ HCl}{\rightleftharpoons}\; R-\overset{\overset{\displaystyle OR'}{|}}{\underset{\underset{\displaystyle OR'}{|}}{C}}-H \;+\; H_2O$$

缩醛
acetals

缩醛具有醚键，对碱和氧化剂很稳定，但在稀酸中易水解，生成原来的醛和醇。在有机合成反应中，常利用生成缩醛的反应保护活泼的醛基，待其他反应完成后，用酸水解重新得到醛基。例如：

$$CH_2\!=\!CHCHO \;+\; 2ROH \;\overset{无水\ HCl}{\longrightarrow}\; CH_2\!=\!CHCH\overset{\displaystyle OR}{\underset{\displaystyle OR}{<}}$$

$$\overset{稀、冷\ KMnO_4}{\underset{OH^-}{\longrightarrow}} \; CH_2-CH-CH\overset{\displaystyle OR}{\underset{\displaystyle OR}{<}} \;\overset{H^+/H_2O}{\longrightarrow}\; CH_2-CH-CHO$$

（中间产物与产物的 OH、OH 取代基）

在同样条件下，酮不易与醇加成生成缩酮，但较易与二元醇反应形成环状缩酮。如在无水酸催化下，酮能与乙二醇生成稳定的环状缩酮：

$$\overset{\displaystyle R}{\underset{\displaystyle R'}{>}}C\!=\!O \;+\; \overset{\displaystyle HO-CH_2}{\underset{\displaystyle HO-CH_2}{}} \;\overset{干燥\ HCl}{\rightleftharpoons}\; \overset{\displaystyle R}{\underset{\displaystyle R'}{>}}C\overset{\displaystyle O-CH_2}{\underset{\displaystyle O-CH_2}{<}} \;+\; H_2O$$

在既含有羰基又含有羟基的分子中，可发生分子内的羟基与羰基的加成作用，生成稳定的环状半缩醛（酮），糖类化合物的环状结构便属于这类环状半缩醛（酮）。

（4）与水加成（Addition of water） 醛和酮与水的加成反应称为水合反应（hydration reaction），反应生成的水合物为同碳二元醇。由于水是较弱的亲核试剂，生成的产物大多不稳定。

一般的醛、酮都难与水加成，但活性较大的醛能与水加成，生成水合物。例如，甲醛水溶液中有 99.9% 是水合甲醛，乙醛水溶液中水合物占 58%，而丙酮中水合丙酮只占 0.1%。醛、酮的水合物不稳定，一般难以分离出来。当羰基碳上连有强吸电子基时，羰基碳的正电性增强，可以生成稳定的水合物。如三氯乙醛可与水分子形成稳定的水合三氯乙醛：

$$CCl_3-\overset{\overset{\displaystyle O}{\|}}{C}-H \;+\; H_2O \;\rightleftharpoons\; CCl_3-\overset{\overset{\displaystyle OH}{|}}{\underset{\underset{\displaystyle OH}{|}}{C}}-H$$

三氯乙醛   水合三氯乙醛
tychloracetic aldehyde   chloral hydrate

水合三氯乙醛简称水合氯醛，为白色晶体，曾用作镇静催眠药。

茚三酮也容易与水形成稳定的水合茚三酮。水合茚三酮是氨基酸和蛋白质的显色剂。

茚三酮   水合茚三酮
triketohydrindene   triketohydrindene hydrate

（5）与氨的衍生物加成（Addition of ammoniacal derivatives）　氨的衍生物用通式 $H_2N—B$ 表示，其分子中氮原子上含有孤对电子，是含氮的亲核试剂。醛和酮都能与氨的衍生物发生亲核加成反应，生成羟胺中间体，然后发生分子内脱水，生成含有碳氮双键的缩合产物。因此羰基化合物与氨的衍生物的反应是加成缩合反应。常见的氨基衍生物有伯胺、羟胺、肼、苯肼、2，4-二硝基苯肼和氨基脲等，其反应用通式表示如下：

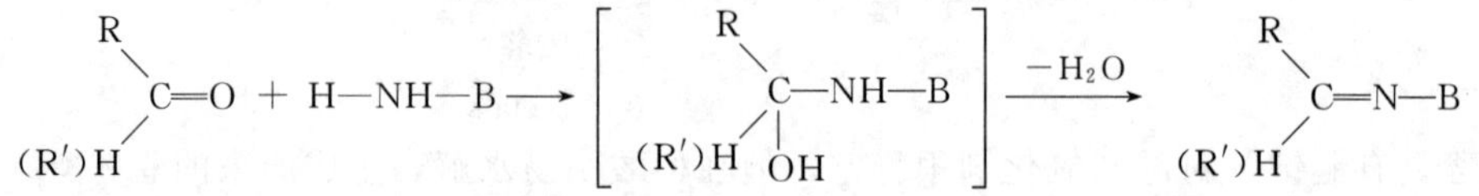

醛、酮与常见氨基衍生物的加成反应为：

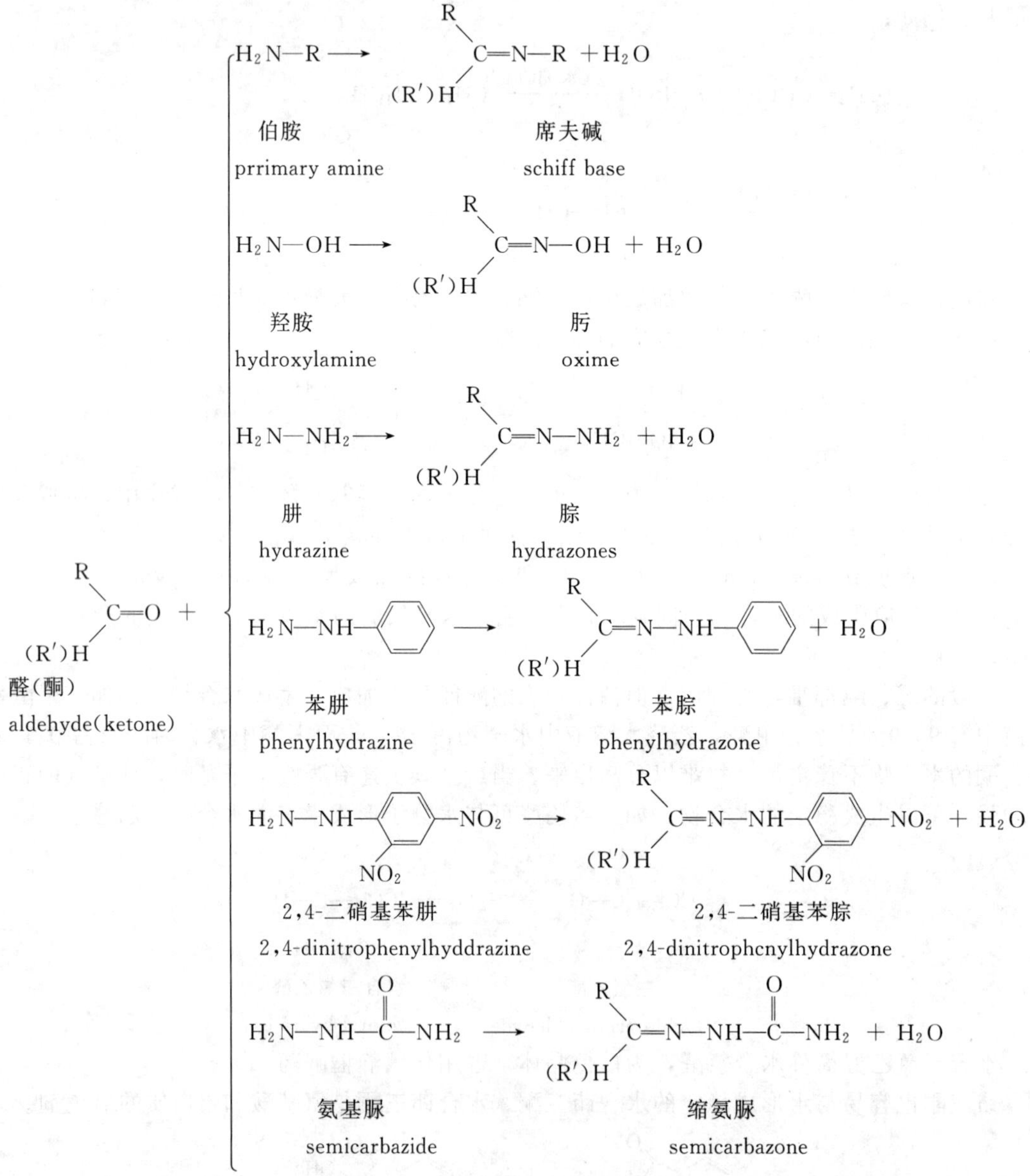

伯胺	席夫碱
prrimary amine	schiff base
羟胺	肟
hydroxylamine	oxime
肼	腙
hydrazine	hydrazones
苯肼	苯腙
phenylhydrazine	phenylhydrazone
2，4-二硝基苯肼	2，4-二硝基苯腙
2,4-dinitrophenylhyddrazine	2,4-dinitrophcnylhydrazone
氨基脲	缩氨脲
semicarbazide	semicarbazone

上述反应所生成的肟、苯腙以及 2，4-二硝基苯腙等均为结晶体，具有一定的熔点，主要用于鉴别羰基化合物，因此这些氨的衍生物又称为羰基试剂。尤其是 2，4-二硝基苯肼与醛、酮反应生成的 2，4-二硝基苯腙为黄色结晶，易于观察，且具有不同的熔点，常用于

醛、酮的鉴定。肟、腙和苯腙等收率高、易于结晶、提纯，在稀酸作用下，能水解为原来的醛、酮，因此常用此反应分离和提纯醛、酮。

（6）与格氏试剂加成（The addition of Grignard reagents） 格氏试剂（RMgX）是一个极性分子，与镁相连的碳带有部分负电荷，是较强的亲核试剂，很容易与羰基发生加成反应，所得产物不用分离便可水解生成相应的醇。反应通式如下：

$$\underset{(R')H}{\overset{R}{\underset{\quad}{}}}C\overset{\delta+}{=}\overset{\delta-}{O} + \overset{\delta-}{R''}\overset{\delta+}{-}MgX \xrightarrow{\text{无水乙醚}} R\underset{H(R')}{\overset{R''}{\underset{|}{\overset{|}{C}}}}OMgBr \xrightarrow[H^+]{H_2O} R\underset{H(R')}{\overset{R''}{\underset{|}{\overset{|}{C}}}}OH + Mg(OH)X$$

格氏试剂与醛、酮的反应是制备不同类型醇的常用方法，醇的类型取决于醛、酮的结构。格氏试剂与甲醛反应，生成比格氏试剂多一个碳的伯醇；与其他醛反应，生成仲醇；与酮反应，则得到叔醇。例如：

$$H\overset{O}{\overset{\parallel}{C}}H + CH_3MgBr \xrightarrow[②H_3O^+]{①无水乙醚} CH_3CH_2OH$$

甲醛　　　　　　　　　　　　　　　　乙醇（伯醇）
formaldehyde　　　　　　　　ethylalcohol（primary alcohol）

$$CH_3\overset{O}{\overset{\parallel}{C}}H + CH_3MgBr \xrightarrow[②H_3O^+]{①无水乙醚} CH_3\overset{OH}{\underset{|}{C}}HCH_3$$

乙醛　　　　　　　　　　　　　　2-甲基丙醇（仲醇）
acetaldehyde　　　　　　　2-propyl alcohol（secondary alcohol）

$$CH_3CH_2\overset{O}{\overset{\parallel}{C}}CH_3 + CH_3MgBr \xrightarrow[②H_3O^+]{①无水乙醚} CH_3CH_2\underset{CH_3}{\overset{OH}{\underset{|}{\overset{|}{C}}}}CH_3$$

2-丁酮　　　　　　　　　　　2-甲基-2-丁醇（叔醇）
2-butanone　　　　　　　2-methyl-2-butanol（tertiary alcohol）

2. α-氢原子的反应 （Reactions of the α-H）

醛、酮分子中羰基相邻碳上的氢称为α-氢原子，受相邻羰基吸电子诱导效应的影响，α碳的C—H键极性增大，α-氢原子有形成质子离去的趋向，α-氢原子较其他碳原子上的氢的酸性增大，如乙烷的$pK_a^{\ominus}$约为40，乙醛或丙酮的$pK_a^{\ominus}$为19～20。因此，醛、酮分子中的α-氢原子表现出较大的活性，又称为α-活泼氢。

（1）卤代反应（Halogenated reactions） 醛、酮的α-氢原子能被卤素（Cl_2、Br_2或I_2）取代，生成α-卤代醛或α-卤代酮。

卤代反应可在酸的催化下进行，常用乙酸作催化剂。

$$\underset{}{\overset{O}{\overset{\parallel}{C}}}-CH_3 + Br_2 \xrightarrow{CH_3COOH} \underset{}{\overset{O}{\overset{\parallel}{C}}}-CH_2Br + HBr$$

上面反应生成的α-卤代酮，还可以进一步发生卤代反应，生成二卤代酮、三卤代酮。若控制卤素的用量，可将反应控制在某一种卤代阶段。

卤代反应也可在碱性条件下进行，碱催化的卤代反应很难停留在一元取代阶段，若α-碳原子上有3个氢原子，则3个氢原子都可被卤素所取代。例如，乙醛或甲基酮与卤素的氢氧化钠溶液作用时，3个α-氢原子全部被卤素取代，生成三卤代醛、酮。三卤代醛、酮在碱性溶液中不稳定，易发生碳碳键的断裂，分解为三卤甲烷（俗称卤仿）和羧酸盐，反应过程如下：

$$X_2 + 2NaOH \longrightarrow NaOX + NaX + H_2O$$
次卤酸钠
sodium hypohalide

$$CH_3-\overset{O}{\underset{}{C}}-H(R) + 3NaOX \longrightarrow CX_3-\overset{O}{\underset{}{C}}-H(R) + 3NaOH$$

$$CX_3-\overset{O}{\underset{}{C}}-H(R) + NaOH \longrightarrow CHX_3 + (R)H-\overset{O}{\underset{}{C}}-ONa$$
卤仿 羧酸盐
haloform carboxylates

总反应式表示为：

$$CH_3-\overset{O}{\underset{}{C}}-H(R) + 3X_2 + 4NaOH \longrightarrow CHX_3 + (R)H-\overset{O}{\underset{}{C}}-ONa + 3NaX + 3H_2O$$

将上述生成卤仿的反应称为卤仿反应（haloform reactions）。若反应用 I₂ 的 NaOH 溶液作试剂，则产物为碘仿，称为碘仿反应（iodoform reactions）。

碘仿反应中的次碘酸钠（NaOI）不仅是碘化剂，而且还是氧化剂，它可以把具有 CH₃—CH(OH)—H(R) 结构的醇氧化为乙醛或甲基酮，所以具有这类结构的醇也能发生碘仿反应。

$$CH_3-\overset{OH}{\underset{}{C}H}-H(R) \xrightarrow{NaIO} CHI_3\downarrow + (R)H-\overset{O}{\underset{}{C}}-ONa$$

碘仿是不溶于水的黄色固体，具有特殊气味，且反应灵敏，易于识别，所以利用碘仿反应不仅可以鉴别乙醛或甲基酮，还可以鉴别具有上述结构的醇。药典中乙醇的鉴别就是利用碘仿反应。

利用卤仿反应可以从甲基酮合成少一个碳原子的羧酸，而且次卤酸钠不影响双键，可用于合成不饱和羧酸。

（2）羟醛缩合反应（Aldol condensation reactions） 在稀碱的作用下，含 α-H 的醛可以与另一分子醛发生加成反应，生成 β-羟基醛，此反应称为羟醛缩合反应。

$$CH_3-\overset{O}{\underset{}{C}}-H + H-CH_2-\overset{O}{\underset{}{C}}-H \xrightarrow[5℃]{稀NaOH} CH_3-\overset{OH}{\underset{}{C}H}-CH_2-\overset{O}{\underset{}{C}}-H$$
β-羟基丁醛
β-hydroxy butyraldehyde

β-羟基丁醛在加热条件下很容易脱水，生成 α,β-不饱和醛：

$$CH_3-\overset{OH}{\underset{}{C}H}-CH_2-\overset{O}{\underset{}{C}}-H \xrightarrow{\triangle} CH_3-CH=CH-\overset{O}{\underset{}{C}}-H + H_2O$$
2-丁烯醛
2-butenal

在有机合成中，利用羟醛缩合反应可以增长碳链。

羟醛缩合反应的机理为，碱首先夺取乙醛分子中的 α-H 形成碳负离子。碳负离子作为亲核试剂进攻另一分子醛的羰基碳原子，发生亲核加成，生成氧负离子。氧负离子从水分子中夺取质子，生成产物 β-羟基丁醛：

$$CH_3-\overset{\overset{O}{\|}}{C}-H + OH^- \rightleftharpoons {}^-CH_2-\overset{\overset{O}{\|}}{C}-H + H_2O$$

$$CH_3-\overset{\overset{O}{\|}}{C}-H + {}^-CH_2-\overset{\overset{O}{\|}}{C}-H \rightleftharpoons CH_3-\overset{\overset{O^-}{|}}{CH}-CH_2-\overset{\overset{O}{\|}}{C}-H$$

$$CH_3-\overset{\overset{O^-}{|}}{CH}-CH_2-\overset{\overset{O}{\|}}{C}-H \xrightarrow{H-O-H} CH_3-\overset{\overset{OH}{|}}{CH}-CH_2-\overset{\overset{O}{\|}}{C}-H + {}^-OH$$

　　两种不同的含有 α-H 的醛分子之间发生交叉羟醛缩合反应（mixed aldol condensation reaction），得到四种产物的混合物，难以分离，无实际意义。含有 α-H 的酮在稀碱的作用下也能发生与醛类似的羟醛缩合反应，产率很低。但不含有 α-H 的醛不仅能与含有 α-H 的醛发生羟醛缩合反应，也能与含有 α-H 的酮发生反应，得到单一产物，而且产率较高，因此可用于有机合成。

$$\text{C}_6\text{H}_5-\overset{\overset{O}{\|}}{C}-H + CH_3CHO \xrightarrow{\text{稀 NaOH}} \text{C}_6\text{H}_5-CH=CH-CHO + H_2O$$

$$\text{C}_6\text{H}_5-\overset{\overset{O}{\|}}{C}-H + CH_3COCH_3 \xrightarrow[100℃]{\text{稀 NaOH}} \text{C}_6\text{H}_5-CH=CH-COCH_3 + H_2O$$

　　羟醛缩合反应及其逆反应都是生物体内的重要反应。如在人体内，含有醛基和酮基的丙糖衍生物在酶的催化下，通过进行羟醛缩合生成己糖衍生物的反应以及在糖代谢中，糖分解为较小分子的反应，均属此类反应。

3. 氧化反应（Oxidation）

　　醛和酮在化学性质上最显著的区别是对氧化剂的敏感性。醛的羰基碳上连有氢原子，因此醛非常容易被氧化。醛不仅可被高锰酸钾、重铬酸钾等强氧化剂氧化成含同数碳原子的羧酸，即使是弱氧化剂如托伦试剂（Tollens reagent）和斐林试剂（Fehling reagent），也可将醛氧化。而酮的羰基碳上没有氢原子，不能被弱氧化剂氧化。醛、酮都能被高锰酸钾、重铬酸钾和浓硝酸等强氧化剂氧化。醛被氧化为含同数碳原子的羧酸。酮在强氧化剂的作用下，分子中羰基碳和 α-碳原子间的碳链发生断裂，生成含碳原子数较少的羧酸混合物。

　　（1）与强氧化剂反应（Reactions with strong oxidizers）

$$CH_3CH_2CH_2-\overset{\overset{O}{\|}}{C}-H \xrightarrow[\text{稀 H}_2\text{SO}_4]{K_2Cr_2O_7} CH_3CH_2CH_2-\overset{\overset{O}{\|}}{C}-OH$$

$$CH_3CH_2-\overset{\overset{O}{\|}}{C}-CH_3 \xrightarrow[\triangle]{\text{浓 HNO}_3} CH_3CH_2-\overset{\overset{O}{\|}}{C}-OH + CH_3-\overset{\overset{O}{\|}}{C}-OH + CO_2$$

　　醛、酮的氧化在工业生产中很重要，例如，工业用的乙酸就是用乙醛在催化剂作用下，通过空气中的氧气氧化而产生的。生产尼龙 66 所需的己二酸是环己酮氧化而得到的。

$$\text{（环己酮）} \xrightarrow[V_2O_5]{HNO_3} HOOC-CH_2CH_2CH_2CH_2-COOH$$

　　（2）与弱氧化剂反应（Reactions with weak oxidizers）

　　① 与托伦试剂反应（Reactions with Tollens reagent）　托伦试剂是硝酸银的氨溶液，

其主要成分是 $[Ag(NH_3)_2]^+$。当托伦试剂与醛共热时，醛被氧化成羧酸，试剂中的银离子被还原成金属银。金属银附着在玻璃器壁上，形成银镜，又称为银镜反应。

$$R-CHO+2[Ag(NH_3)_2]OH \xrightarrow{\triangle} R-COONH_4+2Ag\downarrow+3NH_3+H_2O$$

所有的醛都能发生银镜反应，此反应可用于区别醛、酮。

②与斐林试剂反应（Reactions with Fehling reagent）　斐林试剂是硫酸铜和酒石酸钾钠的氢氧化钠溶液反应生成的配合物溶液，其主要成分是酒石酸钾钠与 Cu^{2+} 形成的配离子。反应时醛被氧化成羧酸，Cu^{2+} 配离子被还原为氧化亚铜砖红色沉淀。

$$R-CHO+Cu^{2+}\xrightarrow[\triangle]{OH^-} R-COO^-+Cu_2O\downarrow$$

只有脂肪醛能与斐林试剂作用，芳香醛则不起反应，此反应可用于鉴别脂肪醛和芳香醛。

这两种弱氧化剂只能氧化醛基，不能氧化碳碳不饱和键。

4. 还原反应（Reduction reactions）

醛和酮都可以被还原，用不同的还原剂可以将醛、酮还原成醇或烃。

（1）还原成醇（Formation of alcohols by reduction）

① 催化加氢（Catalytic hydrogenation）　在金属催化剂（Pt、Pd、Ni 等）的作用下，醛和酮加氢还原为相应的伯醇和仲醇。此反应称为催化氢化（catalytic hydrogenation）。

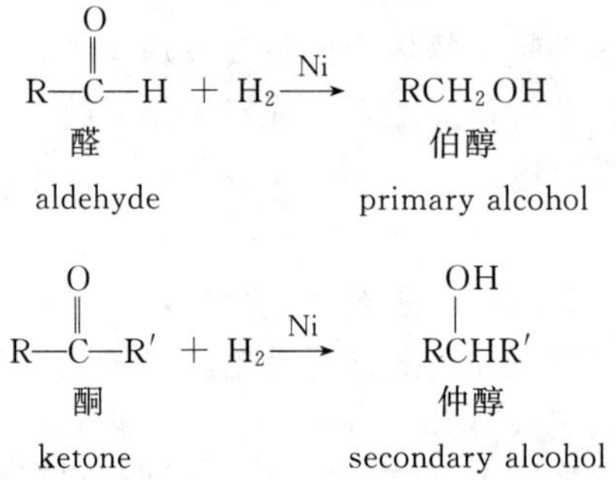

金属催化剂的选择性较低，分子中存在的碳碳不饱和键也会被还原：

$$CH_2=CH-CHO+H_2\xrightarrow{Ni} CH_3CH_2CH_2OH$$

② 金属氢化物还原（Reduction by metal hydrides）　在实验室，用金属氢化物将醛、酮还原为相应的伯醇和仲醇。常用的金属氢化物还原剂是氢化铝锂（$LiAlH_4$）和硼氢化钠（$NaBH_4$）。金属氢化物还原剂的选择性高，只还原羰基，分子中的碳碳不饱和键不会受到影响：

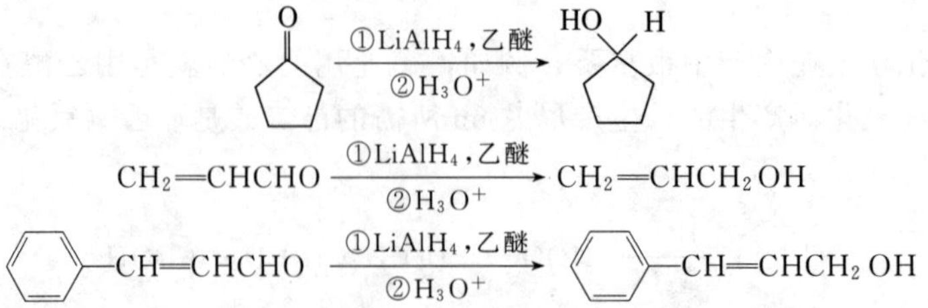

（2）还原成烃（Formation of hydrocarbons by reduction）

①克莱门森还原法（Clemmensen reduction）　醛、酮与锌汞齐和浓盐酸一起回流，可

将羰基还原为亚甲基，生成烃。这种方法称为克莱门森还原法。

$$\text{C}_6\text{H}_5\overset{\text{O}}{\underset{\|}{\text{C}}}-\text{CH}_3 \xrightarrow[\triangle]{\text{Zn-Hg},浓\ \text{HCl}} \text{C}_6\text{H}_5-\text{CH}_2\text{CH}_3$$

克莱门森反应适用于对酸稳定的醛和酮，若分子中含有对酸敏感的基团，如含有醇羟基、碳碳双键的分子，就不能用此法还原。

②乌尔夫-凯惜纳-黄鸣龙反应（Wolff-Kishner-Huang Ming Long reaction） 醛、酮与肼作用生成腙，再将腙与乙醇钠在封管或高压釜中加高温，醛、酮的羰基还原成亚甲基，此法为乌尔夫-凯惜纳反应。我国化学家黄鸣龙对此反应进行了改进，用二聚乙二醇或三聚乙二醇作溶剂，使反应操作简化，产率也很高，称为黄鸣龙改进法。

$$\text{C}_6\text{H}_5\overset{\text{O}}{\underset{\|}{\text{C}}}-\text{CH}_2\text{CH}_3 \xrightarrow[(\text{HOCH}_2\text{CH}_2)_2\text{O},\triangle]{\text{H}_2\text{NNH}_2,\text{NaOH}} \text{C}_6\text{H}_5-\text{CH}_2\text{CH}_2\text{CH}_3$$

沃尔夫-凯惜纳-黄鸣龙反应是在碱性介质中进行的，只适用于对碱稳定的化合物。

利用芳香烃的酰基化反应制得酮，酮基经克莱门森还原法或黄鸣龙还原法还原成亚甲基，因此用这两种还原方法均可合成直链烷基苯。例如

$$\text{C}_6\text{H}_6 + \text{CH}_3\text{CH}_2\text{CH}_2\text{COCl} \xrightarrow{无水\ \text{AlCl}_3} \text{C}_6\text{H}_5-\text{COCH}_2\text{CH}_2\text{CH}_3 + \text{HCl}$$

$$\text{C}_6\text{H}_5-\text{COCH}_2\text{CH}_2\text{CH}_3 \xrightarrow[(\text{HOCH}_2\text{CH}_2)_2\text{O},\triangle]{\text{H}_2\text{NNH}_2,\text{NaOH}} \text{C}_6\text{H}_5-\text{CH}_2\text{CH}_2\text{CH}_3$$

5. 歧化反应（Disproportionation reactions）

不含有 α-氢原子的醛在浓碱溶液中，一分子醛被氧化成羧酸盐，另一分子醛被还原成醇的反应称为歧化反应（disproportionation），又称坎尼扎罗（Cannizzaro）反应。

$$2\text{HCHO} \xrightarrow{浓\ \text{NaOH}} \text{HCOONa} + \text{CH}_3\text{OH}$$

$$2\ \text{C}_6\text{H}_5-\text{CHO} \xrightarrow{浓\ \text{NaOH}} \text{C}_6\text{H}_5-\text{COONa} + \text{C}_6\text{H}_5-\text{CH}_2\text{OH}$$

两种不同的无 α-氢原子的醛在浓碱溶液中，发生交叉坎尼扎罗反应，生成四种产物，不易分离，无应用价值。但如果用甲醛和不含 α-氢原子的醛反应，由于甲醛的还原性较强，在反应中被氧化生成甲酸钠，另一分子醛则被还原生成醇。例如：

$$\text{HCHO} + \text{C}_6\text{H}_5-\text{CHO} \xrightarrow{浓\ \text{NaOH}} \text{HCOONa} + \text{C}_6\text{H}_5-\text{CH}_2\text{OH}$$

五、 醛和酮的制备（ Preparation of aldehydes and ketones ）

1. 烃类的氧化（Oxidation of hydrocarbons）

烯烃通过臭氧氧化、还原可制得醛或酮。

$$\text{CH}_3\text{CH}=\overset{\text{CH}_3}{\underset{|}{\text{C}}}\text{CH}_3 \xrightarrow[②\text{Zn},\text{H}_2\text{O}]{①\text{O}_3} \text{CH}_3\text{CHO} + \text{CH}_3\overset{\text{O}}{\underset{\|}{\text{C}}}\text{CH}_3$$

芳香烃分子中与芳香环直接相连的甲基上的氢原子容易被氧化，控制反应条件可使反应停留在生成芳香醛的阶段。例如

$$\text{（}C_6H_5\text{）}—CH_3 \xrightarrow{MnO_2,65\%H_2SO_4} \text{（}C_6H_5\text{）}—CHO$$

2. 炔烃的水合（Hydration of alkynes）

乙炔与水发生加成反应，得到乙醛，其他炔烃水合后，都得到酮。

$$HC\equiv CH + H_2O \xrightarrow[H_2SO_4]{HgSO_4} CH_3CHO$$

$$HC\equiv CH + H_2O \xrightarrow[H_2SO_4]{HgSO_4} RCOCH_3$$

3. 醇的氧化（Oxidation of alcohols）

伯醇、仲醇在氧化剂作用下，生成醛或酮。例如：

$$CH_3CH_2CH_2OH \xrightarrow[60℃]{K_2Cr_2O_7,稀 H_2SO_4} CH_3CH_2CHO$$

$$\underset{OH}{\text{（环己醇）}} \xrightarrow[60℃]{Na_2Cr_2O_7,CH_3COOH} \underset{O}{\text{（环己酮）}}$$

用伯醇生产醛时，产物醛的还原性比醇更强，反应一般不能停留在醛这一步。所以该方法适合制备小分子、低沸点醛，使生成的醛脱离反应体系才得到醛。由仲醇氧化制得的酮不易氧化，此法更适宜制备酮。

4. 芳香烃的酰化（Acylation of aromatic hydrocarbons）

在三氯化铝作用下，芳香烃与酰氯或酸酐发生反应，可制得芳香酮。例如：

$$\text{（}C_6H_6\text{）} + (CH_3CO)_2O \xrightarrow{AlCl_3} \text{（}C_6H_5\text{）}—\overset{O}{\underset{}{C}}—CH_3 + HCl$$

$$\text{（}C_6H_6\text{）} + \text{（}C_6H_5\text{）}—COCl \xrightarrow{AlCl_3} \text{（}C_6H_5\text{）}—CO—\text{（}C_6H_5\text{）} + HCl$$

5. 氢甲酰化反应（Hydroformylation）

在$[Co(CO)_4]_2$的催化下，烯烃可与 CO 和 H_2 反应，得到一个以直链为主的醛。这一反应是工业上制备醛的常用方法。该反应又称氢甲酰化反应，相当于氢的甲酰基（—CHO）按反马氏规则加成到双键上，得到以直链为主的产物。

$$CH_2\!=\!CH_2 \xrightarrow[120℃,10\text{-}20MPa]{CO+H_2[Co(CO)_4]_2} CH_3CH_2CHO$$

六、 重要的醛和酮（ Important aldehydes and ketones ）

1. 甲醛（Formaldehyde）

甲醛俗名蚁醛，是具有强烈刺激性气味的无色气体，易溶于水和乙醇。甲醛具有凝固蛋白质的作用，因而具有杀菌和防腐能力。40％的甲醛水溶液称福尔马林（Formalin），它可使蛋白质变性，具有广谱杀菌作用。主要用于外科器械的消毒，也用作保存生物标本的防腐剂。

工业上将甲醇蒸气和空气的混合物在高温下通过银催化氧化，生成甲醛。

甲醛在水中主要以水合甲醛形式存在。甲醛容易聚合，可以聚合成环状三聚甲醛，也可以聚合成链状的多聚甲醛。长期放置的福尔马林会产生混浊或白色沉淀，是由于甲醛聚合生成了多聚甲醛。三聚甲醛和多聚甲醛经加热，能解聚重新生成甲醛。因此，多聚甲醛可作为气态甲醛的来源，用于消毒灭菌。甲醛的聚合用下式表示：

$$HCHO + H_2O \longrightarrow HOCH_2OH \xrightarrow{n\,HCHO} HOCH_2(OCH_2)_nOH$$

多聚甲醛
paraformaldehyde

甲醛与氨作用生成结构复杂的环状化合物，称为环六亚甲基四胺，其商品名是乌洛托品（urotropine）。

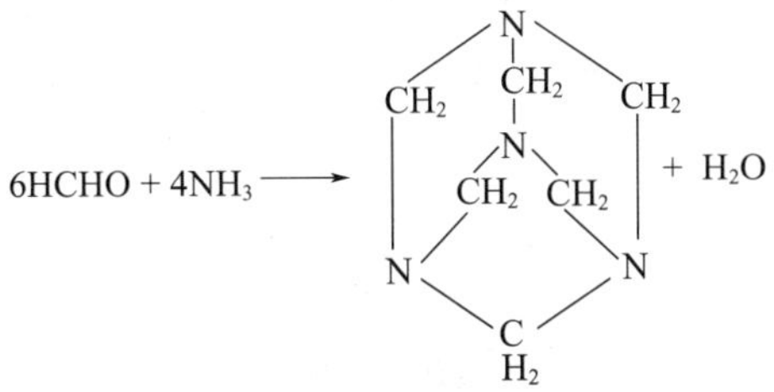

$$6HCHO + 4NH_3 \longrightarrow \text{（环六亚甲基四胺结构式）} + H_2O$$

环六亚甲基四胺
hexamethylenetramine

乌洛托品为白色结晶，熔点 263℃，易溶于水，在医药上常用作尿道消毒剂，还可用作有机合成中的氨基化剂、橡胶硫化促进剂等。

甲醛多用于制造酚醛树脂、脲醛树脂、合成纤维及季戊四醇等。甲醛还作为防腐剂广泛用于各种工业产品中。甲醛是室内环境和食品的污染源之一，甲醛对人类健康有很大的危害，已被世界卫生组织确定为致癌物质和致畸形物质。

2. 乙醛（Aldehyde）

乙醛是具有刺激性气味的无色液体，沸点 21℃，易溶于水和乙醇等有机溶剂中。乙醛可由乙炔加水制得。乙醛是有机合成的重要原料，可用来合成乙酸、乙酸酐、三氯乙醛等。

乙醛在硫酸的作用下，室温就可聚合生成三聚乙醛。

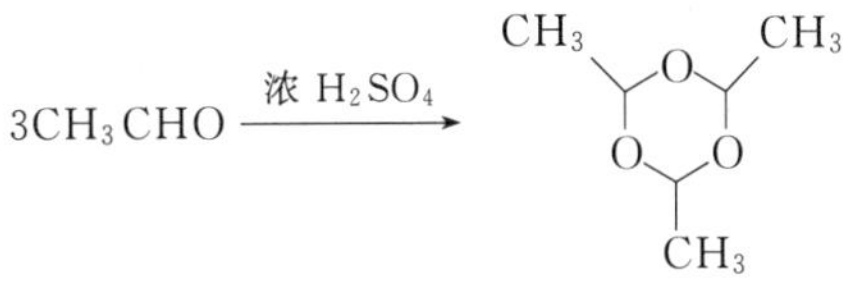

$$3CH_3CHO \xrightarrow{\text{浓 } H_2SO_4} \text{（三聚乙醛结构式）}$$

三聚乙醛

将氯气通入乙醛中，可生成三氯乙醛，三氯乙醛与水加成生成水合三氯乙醛，简称水合氯醛。水合氯醛是较安全的催眠药和镇静药，但由于有刺激性臭味，主要用于灌肠给药，治疗小儿惊厥。

3. 苯甲醛（Benzaldehyde）

苯甲醛是最简单的芳香醛，是具有杏仁香味的液体，沸点 179℃，俗称苦杏仁油，微溶于水，易溶于乙醇和乙醚中。苯甲醛和糖类物质结合存在于杏仁、桃仁等果实的种子中。苯甲醛在空气中放置能被氧化成苯甲酸。苯甲醛可作为制造香料、染料、医药等的原料。

4. 丙酮（Acetone）

丙酮是易挥发、易燃的无色液体，沸点 56.5℃。能与水混溶，能溶解许多有机化合物，是常用的有机溶剂。

丙酮是体内的代谢产物，在人的血液中浓度很低。由于糖尿病患者体内代谢紊乱，常有过量的丙酮从尿中排出或随呼吸呼出。临床上可用亚硝酰铁氰化钠$\{Na_2[Fe(CN)_5NO]\}$碱性溶液的呈色反应检查丙酮。如有丙酮，尿液呈现鲜红色。也可用碘仿反应检查丙酮的存在。

丙酮广泛用于油漆和人造纤维工业。

5. 樟脑 (Camphor)

樟脑是一种脂环族酮类化合物，学名 2-莰酮。樟脑是存在于樟树中的一种芳香性成分。它是我国特产，台湾省的产量约占世界总产量的 70%，居世界第一位，福建、广东、江西等地也有出产。樟脑是为无色半透明固体，具有特殊的芳香气味，熔点 176～177℃，易挥发，不溶于水，能溶于有机溶剂和油脂中。

樟脑在医药上用途甚广，有兴奋血管运动中枢、呼吸中枢及心肌的功效。$100g \cdot L^{-1}$ 的樟脑酒精溶液称樟脑酊，有良好止咳功效。成药清凉油、十滴水、消炎镇痛膏等均含有樟脑。樟脑还可作为驱虫防蛀剂。

第二节 醌
(Quinones)

醌广泛存在于自然界中，许多动物和植物的色素、染料以及指示剂中都含有醌的基本结构。某些醌的衍生物对生物体有重要的生理作用，如辅酶 Q、维生素 K 等都是醌类化合物。

一、 醌的结构和命名 (Structures and nomenclature of quinones)

醌是一类特殊的不饱和环二酮。醌的分类是根据醌分子中所含环状结构不同，而分为苯醌、萘醌、蒽醌等。

命名时，将醌作为芳香烃的衍生物，在"醌"字前面加上芳基的名称，用阿拉伯数字标明羰基的位置，也可用邻、对、远或 α，β 等表示。环上有取代基时，要在某醌前注明取代基的位次、数目和名称。例如：

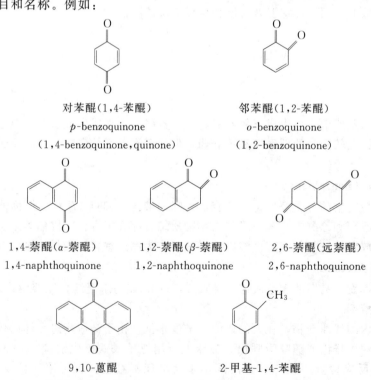

对苯醌(1,4-苯醌)   邻苯醌(1,2-苯醌)

p-benzoquinone   *o*-benzoquinone

(1,4-benzoquinone,quinone)   (1,2-benzoquinone)

1,4-萘醌(α-萘醌)   1,2-萘醌(β-萘醌)   2,6-萘醌(远萘醌)

1,4-naphthoquinone   1,2-naphthoquinone   2,6-naphthoquinone

9,10-蒽醌   2-甲基-1,4-苯醌

9,10-anthraquinone   2-ethyl-1,4-benzoquinone

二、 醌的物理性质 (Physical properties of quinones)

醌为固体结晶，其中对位醌有刺激性气味，可随水蒸气汽化。醌通常都有颜色，对位醌多呈黄色，邻位醌多呈橙色或红色。它们是许多染料和指示剂的母体。

三、 醌的化学性质 (Chemical properties of quinones)

醌类化合物的结构中含有碳碳双键和碳氧双键的共轭体系，具有烯烃和羰基化合物的典型反应。

1. 加成反应 (Addition reactions)

（1）碳碳双键的加成 (Addition to carbon-carbon double bond)　醌分子中含有碳碳双键，与烯烃相似，能与卤素、卤化氢等亲电试剂发生亲电加成反应。例如，苯醌与溴的四氯化碳溶液作用，分别生成二溴化物和四溴化物。

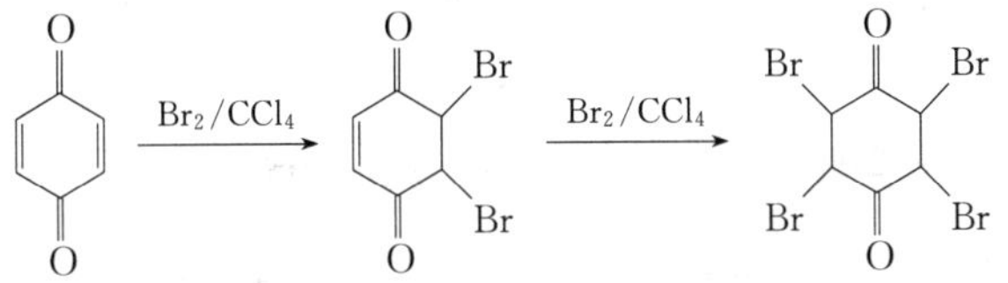

（2）羰基的加成 (Nucleophilic addition to carbonyl group)　醌分子中含有羰基，与醛、酮相似，能与氨的衍生物等亲核试剂发生亲核加成反应。例如，对苯醌与羟胺发生加成缩合反应，分别生成对苯肟和对苯二肟。

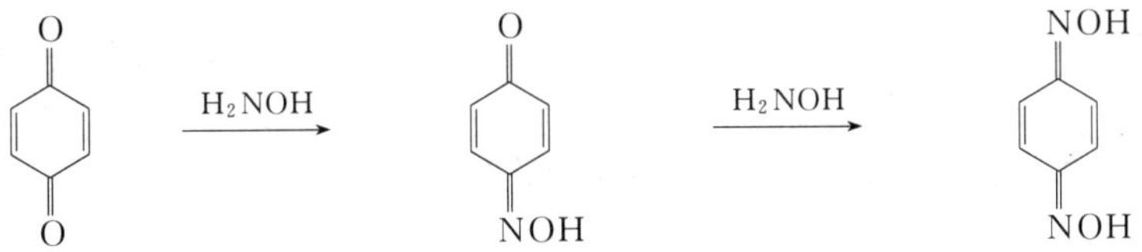

对苯醌　　　　　　　　　对苯醌肟　　　　　　　　对苯醌二肟
1,4-benzoquinone　　parabenzoquinone oxime　parabemzoquinone dioxime

（3）1，4-加成(1,4-Addition)　醌分子中碳碳双键与碳氧双键共轭与 α，β-不饱和醛酮的结构相似，可以发生1，4-加成反应。例如，对苯醌与氢氰酸发生加成反应，生成对苯二酚的衍生物。

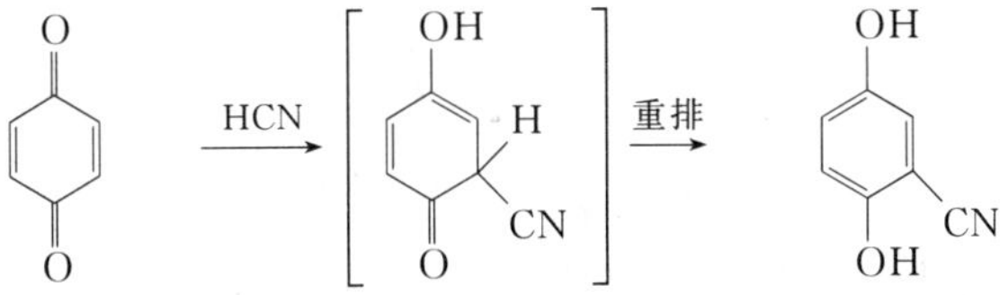

对苯醌　　　　　　　　　　　　　　　　2-氰基-1,4-苯二酚
p-benzoquinonee　　　　　　　　　2-cyano hydroquinone

2. 还原反应 (Reduction reactions)

醌可以还原成酚。对苯醌在亚硫酸水溶液中很容易被还原为对苯二酚（又称为氢醌），而对苯二酚又易氧化成对苯醌：

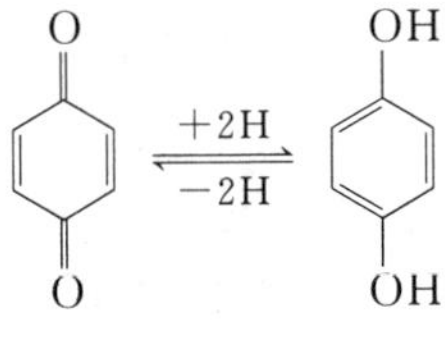

对苯醌和氢醌可通过还原反应与氧化反应相互转变。这一反应在生理生化过程中有着重要意义，生物体内的氧化还原反应通常是以脱氢与加氢的方式进行的。在这一过程中，某些物质在酶的控制下所进行的氢的传递工作可通过酚醌氧化还原反应实现。

若将等量的对苯醌的乙醇溶液与对苯二酚的乙醇溶液混合，则有深绿色的晶体析出，它是由一分子对苯醌和一分子对苯二酚结合而成的分子配合物，称为醌-氢醌：

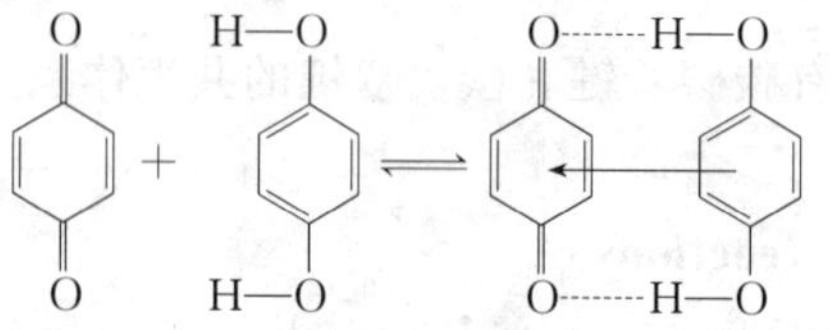

quinhydrone
醌氢醌

在电化学上，利用醌-氢醌之间的氧化还原性质制成氢醌电极，可用于测定溶液的pH值。

四、 重要的醌类化合物（Important quinone compounds）

1. α-萘醌和维生素 K（α-naphthoquinone and Vitamin K）

α-萘醌又称1,4-萘醌，为黄色晶体，有刺激性气味，熔点125℃，可升华，微溶于水，可溶于乙醚和乙醇中。

在动植物体内，许多具有生理作用的化合物都含有α-萘醌的结构。例如，维生素 K_1 和维生素 K_2 是2-甲基-1,4-萘醌的衍生物，它们广泛存在于自然界中，在绿色植物（如苜蓿、菠菜等）、蛋黄、动物肝脏中含量丰富。维生素 K_3 为人工合成的维生素，为增加水溶性将其制成亚硫酸氢钠的加成物。维生素 K 类的结构式如下：

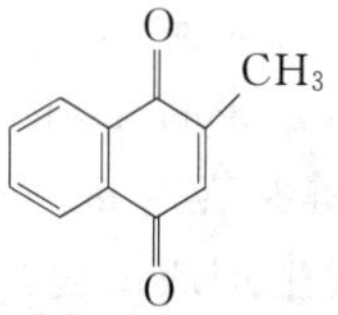

2-甲基-1,4-萘醌
2-methyl-1,4-naphthoquinone

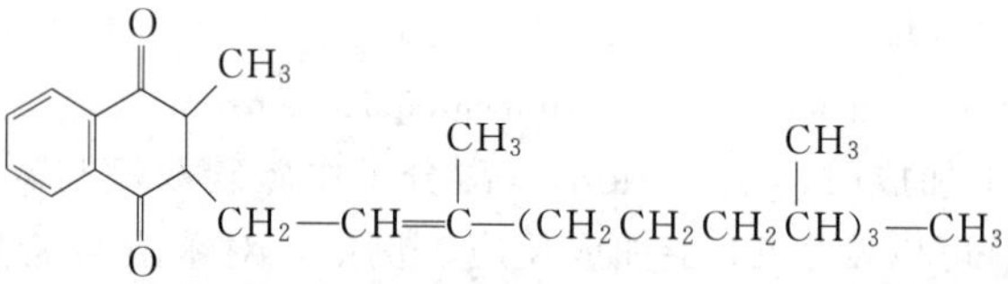

维生素 K_1
Vitamin K_1

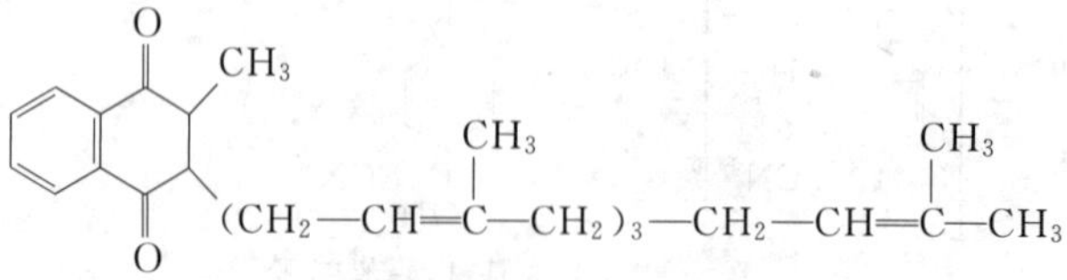

维生素 K_2
Vitamin K_2

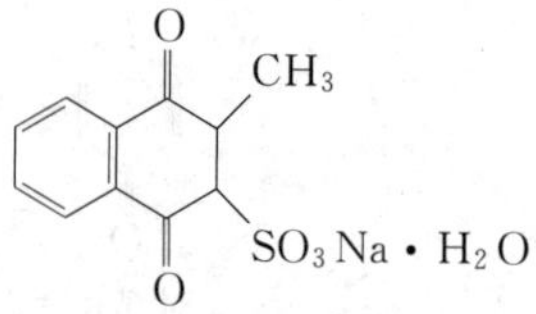

维生素 K_3
Vitamin K_3

维生素 K_1 为黄色油状液体，可由苜蓿中提取。维生素 K_2 为黄色晶体，熔点53.5～54.5℃，能溶于石油醚、乙醚、丙酮等有机溶剂中，可由腐败的鱼肉中提取。维生素 K_3 为黄色晶体，熔点105～107℃，不溶于水，易溶于有机溶剂。

维生素 K 类具有促进血液凝固的作用，可用作止血药。

2. 辅酶 Q（Coenzymes Q）

辅酶 Q 为苯醌的衍生物，广泛存在于动植物体内，是生物体内氧化还原过程中的氧化剂，它通过某些氧化还原反应（如苯醌与氢醌间的氧化还原）在生物体内转移电子。

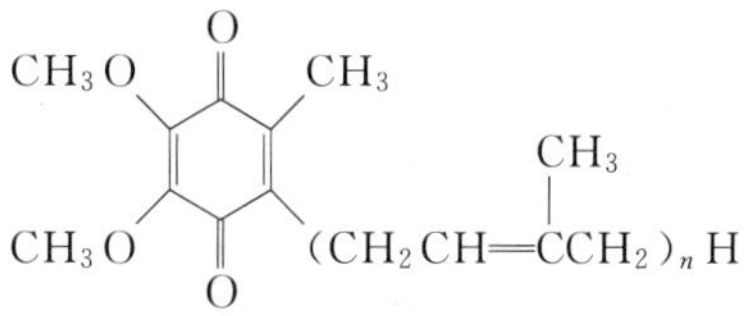

辅酶 Q

coenzyme Q

辅酶 Q 结构中的侧链是由异戊二烯单位组成，在不同的生物体中，辅酶 Q 的结构差别在于侧链异戊二烯单位数目不同，如人体内辅酶 Q 含有 10 个异戊二烯单位，称为辅酶 Q_{10}。

3. 茜红和大黄素（Alizarin red and emodin）

具有醌型结构的物质都有颜色，许多醌的衍生物是染料的中间体。自然界也存在醌类色素。如茜红和大黄素都是蒽醌的衍生物。茜草中的茜红，是最早使用的天然染料之一，也是第一个人工合成的天然染料。大黄素广泛存在于霉菌、真菌、地衣、昆虫及花的色素中。

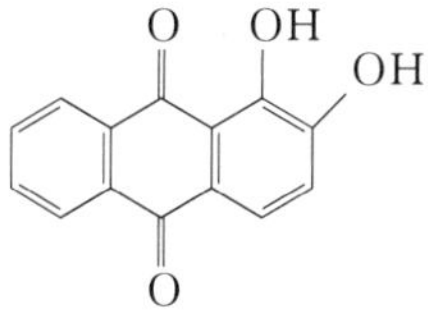

茜红

alizarin red

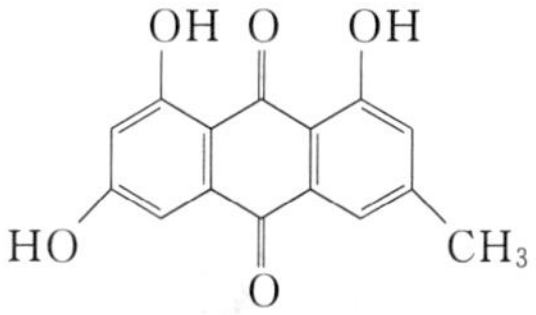

大黄素

emodin

习 题（Exercises）

1. 命名下列化合物：

(1) 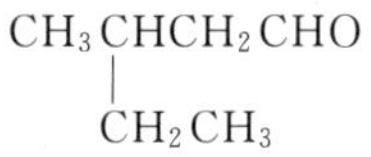 CH₃CHCH₂CHO
|
CH₂CH₃

(2)

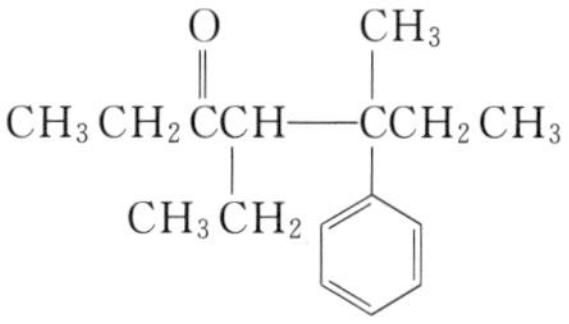

(3) 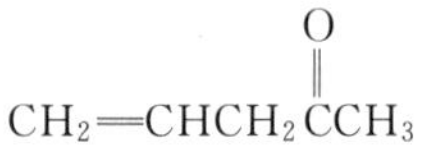 CH₂=CHCH₂CCH₃
‖
O

(4)

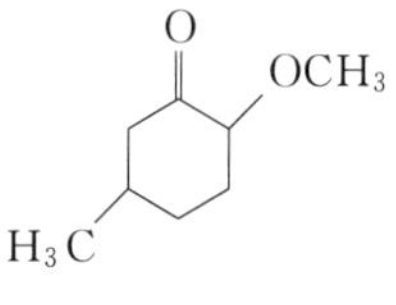

(5)

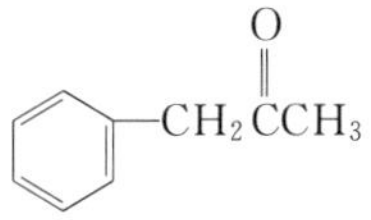

(6)

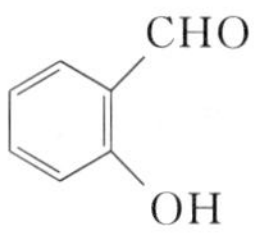

(7)

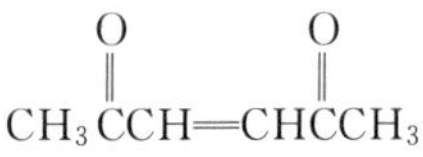

(8)

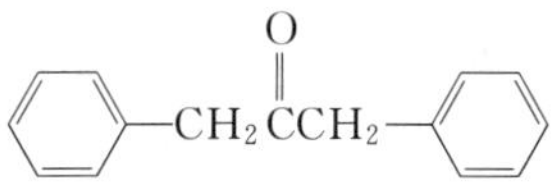

(9)

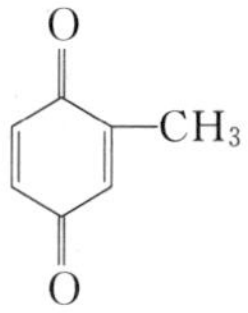

(10)

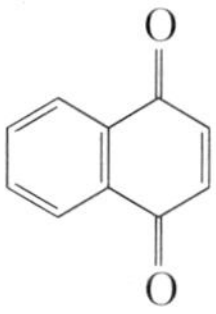

2. 写出下列化合物的构造式：

(1) 3-甲基-2-乙基戊醛　　　(2) 2-甲基环己酮　　　(3) 丙烯醛

(4) 4-溴-1-苯基-2-戊酮　　　(5) 苄基苯基酮　　　(6) 肉桂醛

3. 写出分子式为 $C_5H_{10}O$ 的醛和酮的各种异构体的结构式，并用系统命名法命名。存在对映异构现象的异构体，试写出其费歇尔投影式。

4. 将下列羰基化合物按发生亲核取代反应的活性由大到小的顺序排列：

(1) CH_3CHO、$CH_3CH_2COCH_2CH_3$、CF_3CHO、CH_3COCH_3、CH_2ClCHO、$HCHO$

(2) 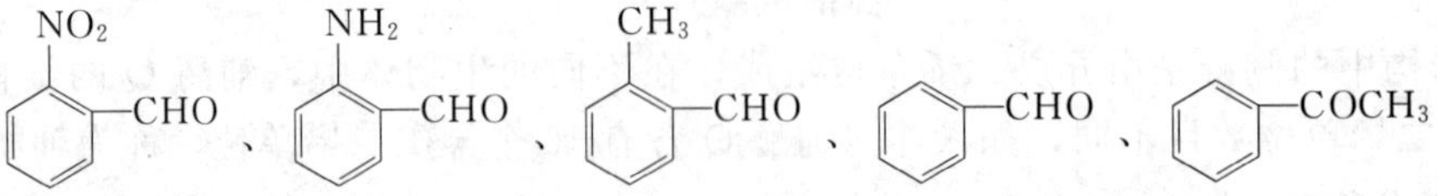 邻-NO_2-苯甲醛、邻-NH_2-苯甲醛、邻-CH_3-苯甲醛、苯甲醛、苯乙酮

5. 写出下列反应的主要产物：

(1) $CH_3COCH_2CH_3 \xrightarrow{HCN} ? \xrightarrow{H_3O^+} ?$

(2) $CH_3CH_2CHO + 2CH_3CH_2OH \underset{}{\overset{干燥\ HCl}{\rightleftharpoons}} ?$

(3) 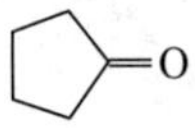 环戊酮 $=O + NaHSO_3 \rightleftharpoons ?$

(4) $2CH_3CH_2CH_2CHO \xrightarrow{稀\ NaOH} ?$

(5) $CH\equiv CH + ? \xrightarrow{?} CH_3CHO \xrightarrow{?} CHI_3 + ?$

(6) $HOCH_2CH_2CH_2CH_2CHO \xrightarrow{干燥\ HCl} ?$

(7) $CH_3COCH_3 + H_2NNH\text{-}(2,4\text{-二硝基苯}) \longrightarrow ?$

(8) 苯-$CHO + CH_3COCH_3 \xrightarrow[\triangle]{稀\ NaOH} ? \xrightarrow{LiAlH_4} ?$

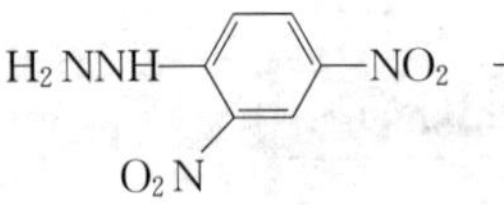

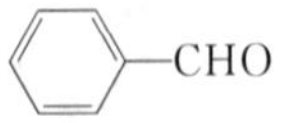

(9) 2 苯-$CHO \xrightarrow{浓\ NaOH} ?$

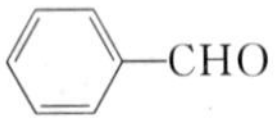

(10) $CH_2=CH-CHO \xrightarrow{NaBH_4} ?$

(11) 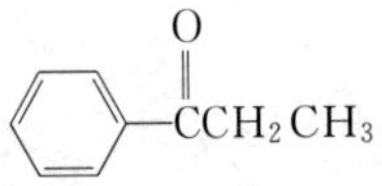 苯-$COCH_2CH_3 \xrightarrow[\triangle]{Zn\text{-}Hg,\ 浓\ HCl} ?$

(12) $HCHO + 环己基\text{-}MgBr \xrightarrow[②H_3O^+]{①无水乙醚} ?$

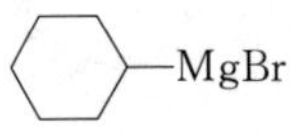

6. 用简单的化学方法鉴别下列各组化合物：

(1) 丙醛、丙酮、丙醇　　(2) 乙醛、苯乙醛、苯乙醇

(3) 2-戊酮、3-戊酮、环戊酮　　(4) 苯甲醛、苯乙酮、苯酚

7. 下列化合物中哪些化合物既能起碘仿反应又能与饱和亚硫酸氢钠加成?

(1) CH_3CH_2CHO　　　　　　(2) $CH_3CH_2COCH_3$

(3) $CH_3COC_6H_5$　　　　　　(4) CH_3CH_2OH

(5) $CH_3CH_2CH(OH)CH_3$　　(6) CH_3CHO

(7) 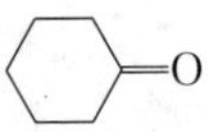 环己酮 $=O$　　　　　　　(8) 苯-$CH(OH)CH_3$

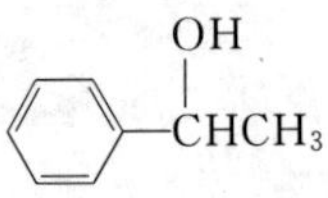

8. 选择适当的试剂和反应条件，完成下列转变：

    (1) $CH_3CHO \longrightarrow CH_3CH=CHCHO$

    (2) $CH_3CH_2OH \longrightarrow CH_3\overset{\overset{\displaystyle OH}{|}}{C}HCOOH$

    (3) 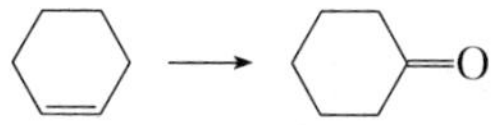 $\longrightarrow$

    (4) 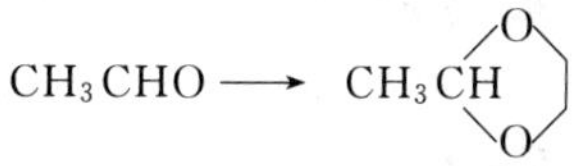 $CH_3CHO \longrightarrow CH_3CH\begin{smallmatrix}O\\O\end{smallmatrix}$

    (5) 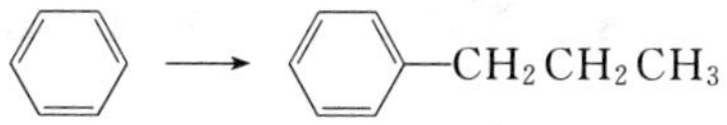 $\longrightarrow$ $-CH_2CH_2CH_3$

    (6) 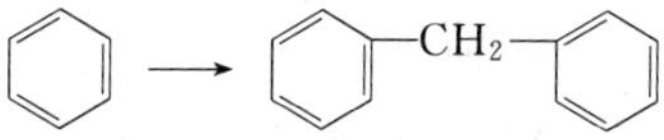 $\longrightarrow$ $-CH_2-$

9. 用 3 个碳原子以下的醛或酮为原料，选适当的试剂制备下列醇：

    (1) 2-甲基-2-丁醇　　　　(2) 5-甲基-3-己醇　　　　(3) 1-苯基-2-丁醇

10. 不查物理常数，比较下列各组化合物的沸点高低，并说明理由。

    (1) 戊醛和 1-戊醇　　　(2) 2-戊醇和 2-戊酮　　　(3) 丙酮和丙烷　　　(4) 2-苯基乙醇和苯乙酮

11. 化合物 A 的分子式为 $C_6H_{12}O$，不与托伦试剂或饱和亚硫酸氢钠溶液反应，但能与羟胺反应，A 经催化氢化得分子式为 $C_6H_{14}O$ 的化合物 B。B 与浓硫酸共热得分子式为 C_6H_{12} 的化合物 C。C 经臭氧氧化再还原水解，生成分子式均为 C_3H_6O 的 D 和 E。D 能发生碘仿反应，但不能发生银镜反应；而 E 能发生银镜反应，而不能发生碘仿反应。试推测 A～E 的结构式。

12. 某化合物 A，分子式为 $C_{10}H_{12}O_2$，它不溶于氢氧化钠溶液，能与羟胺作用生成白色沉淀，A 经 $LiAlH_4$ 还原得到 B，B 的分子式为 $C_{10}H_{14}O_2$，A 与 B 都能发生碘仿反应。A 与浓的 HI 共热生成化合物 C，C 的分子式为 $C_9H_{10}O_2$，C 能溶于氢氧化钠溶液，经克莱门森还原生成化合物 D，D 的分子式为 $C_9H_{12}O$。A 经高锰酸钾氧化生成对甲氧基苯甲酸，试写出 A、B、C、D 的结构式和有关反应式。

第九章　羧酸及其衍生物和取代酸

(Carboxylic Acids and Derivatives, Substituted Acids)

羧酸（carboxylic acids）是一类重要的有机酸。除甲酸外，其余的羧酸可以看作是烃分子中的氢原子被羧基（—COOH）取代后生成的化合物，羧基（carboxyl group）是羧酸的官能团。羧酸能发生许多化学反应，当羧基中的羟基被其他原子或基团取代时，则形成羧酸衍生物（carboxylic acid derivatives），主要有羧酸酯（carboxylic acid esters）酰卤（acylation halogens）、酸酐（anhydrides）和酰胺（amides）等。羧酸烃基上的氢原子被其他原子或基团取代的产物称为取代羧酸（substituted carboxylic acids），简称取代酸，如卤代酸（halogenated acids）、羟基酸（hydroxy acids）、羰基酸（carbonyl acids）和氨基酸（amino acids）等。

羧酸是许多有机化合物氧化的最终产物，常以盐或酯的形式广泛存在于自然界，许多羧酸在生物体的代谢过程中起着非常重要的作用。羧酸及其衍生物和取代酸与人们的日常生活密切相关，也是重要的化工原料和有机合成中间体。

第一节　羧酸
(Carboxylic Acids)

一、羧酸的分类和命名 (Classification and nomenclature of carboxylic acids)

1. 羧酸的分类（Classes of carboxylic acids）

根据羧酸分子中烃基的结构，可把羧酸分为脂肪族羧酸（aliphatic carboxylic acids）、脂环族羧酸（alicyclic carboxylic acids）和芳香族羧酸（aromatic carboxylic acids）等。脂肪族羧酸包括饱和脂肪酸（saturated fatty acids）和不饱和脂肪酸（unsaturated fatty acids），脂环族羧酸包括饱和脂环羧酸（saturated alicyclic carboxylic acids）和不饱和脂环羧酸（unsaturated alicyclic carboxylic acids）。根据分子中羧基的数目又可将羧酸分为一元羧酸（monocarboxylic acids）、二元羧酸（dicarboxylic acids）、多元羧酸（polycarboxylic acids）等。

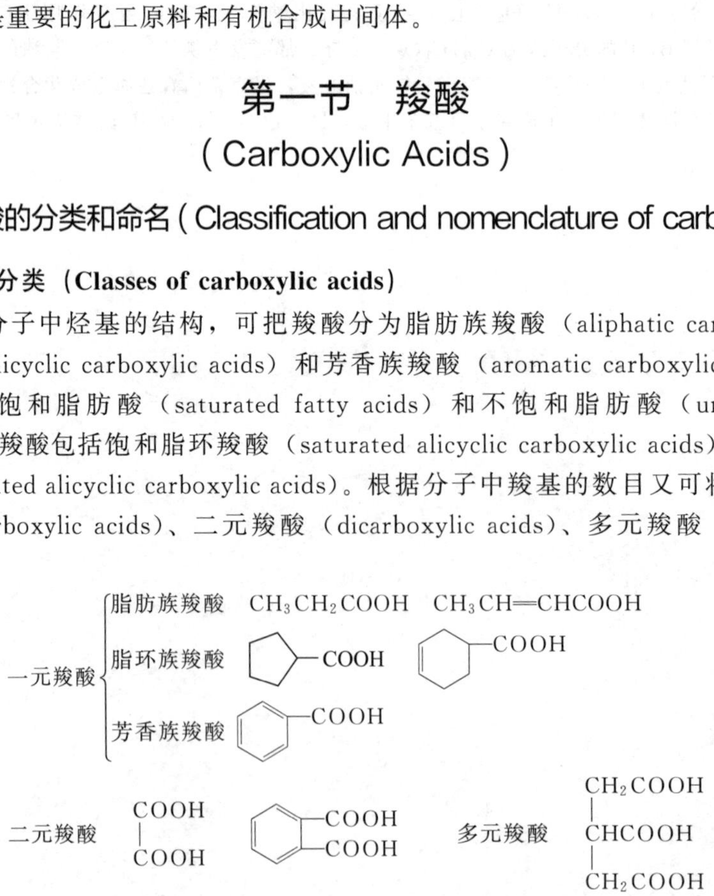

2. 羧酸的命名 (Nomenclature of carboxylic acids)

羧酸的命名有普通命名法和系统命名法两种。

（1）普通命名法（Common nomenclature） 许多羧酸根据其来源而有俗名，如甲酸又称蚁酸（formic acid），因为蚂蚁（ants）会分泌出甲酸（methanoic acid）；乙酸（acetic acid）又称醋酸，它最早是由醋中获得；丁酸（butyric acid）俗称酪酸，奶酪的特殊臭味就有丁酸味；软脂酸（palmitic acid）、硬脂酸（stearic acid）和油酸（oleic acid）则是从油脂水解得到并根据它们的性状而分别加以命名。

（2）系统命名法（IUPAC nomenclature） 羧酸的系统命名法基本上与醛的命名原则相同。脂肪酸命名时，选择包含羧基和不饱和键的最长碳链作为主链，根据主链碳原子的数目称为"某酸"。主链碳原子的编号则自羧基碳原子开始，用阿拉伯数字表示，也可自羧基的邻位碳原子开始，用希腊字母 α、β、γ、δ 等，碳链末端有时以 ω 表示取代基的位次。侧链和不饱和键的位次表示方法与醇、醛、酮的命名相似。在英文命名中，将烷烃的英文名称中最后一个字母"e"去掉，加上后缀"oic acid"。如：

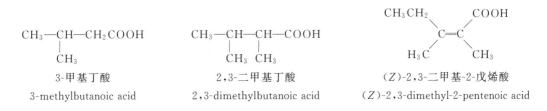

3-甲基丁酸
3-methylbutanoic acid

2,3-二甲基丁酸
2,3-dimethylbutanoic acid

(Z)-2,3-二甲基-2-戊烯酸
(Z)-2,3-dimethyl-2-pentenoic acid

二元脂肪酸的命名是选择包含两个羧基的最长碳链作为主链，根据主链碳原子数称为"某二酸"。在英文命名中，将烷烃的英文名称后直接加上后缀"dioic acid"。当碳原子数超过 10 个时，应在数字后加写"碳"字以免混淆。如：

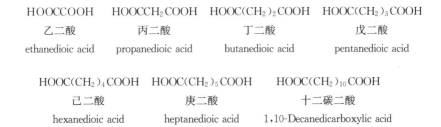

HOOCCOOH
乙二酸
ethanedioic acid

HOOCCH$_2$COOH
丙二酸
propanedioic acid

HOOC(CH$_2$)$_2$COOH
丁二酸
butanedioic acid

HOOC(CH$_2$)$_3$COOH
戊二酸
pentanedioic acid

HOOC(CH$_2$)$_4$COOH
己二酸
hexanedioic acid

HOOC(CH$_2$)$_5$COOH
庚二酸
heptanedioic acid

HOOC(CH$_2$)$_{10}$COOH
十二碳二酸
1,10-Decanedicarboxylic acid

芳香酸和脂环酸的命名，是将脂环或芳环作为取代基来命名，含两个羧基的芳香酸，将羧基的相对位次写在母体名称前面。如：

CH$_3$CHCOOH

2-环戊基丙酸
2-cyclopentyl-propionic acid

CH=CHCOOH

3-苯基丙烯酸
3-phenyl-acrylic acid

COOH
COOH

邻苯二甲酸
phthalate

与羧酸有关的几个基团的名称。羧酸分子中去掉羟基剩下的部分称为酰基，去掉氢剩下的部分称为酰氧基，电离出氢离子剩下的部分称为羧酸根。

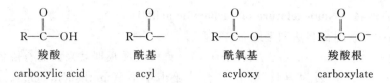

羧酸	酰基	酰氧基	羧酸根
carboxylic acid	acyl	acyloxy	carboxylate

二、 羧酸和羧酸根的结构 （Structures of carboxylic acids and carboxylate）

1. 羧酸的结构 （Structure of carboxylic acids）

羧酸中羧基碳原子是 sp^2 杂化，3 个 sp^2 杂化轨道在一个平面内，键角约为 120°，与羰基氧原子、羟基氧原子、氢原子（甲酸）或碳原子（乙酸等）形成 3 个 σ 键。羰基碳原子的 p 轨道与羰基氧原子的 p 轨道都垂直于 σ 键所在的平面，它们相互平行以"肩并肩"形式重叠形成 π 键。同时，羟基氧原子的未共用电子对所在的 p 轨道与碳氧双键的 π 轨道重叠，形成 p-π 共轭体系（见图 9-1）。

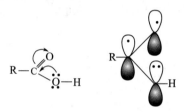

图 9-1　羧酸的结构

（Structure of carboxylic acids）

2. 羧酸根的结构 （Structure of carboxylate）

羧酸离解出质子后生成的羧酸根（$RCOO^-$）负离子，由于共轭效应的存在，氧原子上的负电荷不是集中在一个氧原子上，而是均匀地分布在两个氧原子上，因此比较稳定（见图 9-2）。

图 9-2　羧酸根的结构

（The resonance structure of carboxylate radicals）

X-光衍射证明甲酸根的两个碳氧键键长一样，没有双键与单键的差别，而甲酸的 C═O 键长与 C—O 键长是不一样的：

甲酸根
formate anion

0.123nm
0.136nm
甲酸
formic acid

三、 羧酸的物理性质（Physical properties of carboxylic acids）

低级饱和脂肪酸（甲酸、乙酸、丙酸）是具有强烈刺激性气味的液体；中级的（$C_4 \sim C_9$）羧酸是带有不愉快气味的油状液体；C_{10} 及 C_{10} 以上的羧酸为无味的蜡状固体，挥发性很低，脂肪族二元羧酸和芳香族羧酸都是固体。

低级脂肪酸易溶于水，但随着相对分子质量的增加，在水中的溶解度减小，以至难溶或不溶于水，而溶于有机溶剂。羧酸的沸点比相对分子质量相近的醇还要高。例如，甲酸和乙醇的相对分子质量相同，但乙醇的沸点为 78.5℃，而甲酸为 100.5℃。这是因为羧酸分子间能以氢键缔合成二聚体，羧酸分子间的这种氢键比醇分子间的更稳定。例如，乙醇分子间的氢键键能为 25.94kJ·mol^{-1}，而甲酸分子间的氢键键能则是 30.12kJ·mol^{-1}。低级羧酸即使在气态也是以二缔合体的形式存在。

$$H_3C-C \overset{\displaystyle O\cdots\cdots H-O}{\underset{\displaystyle O-H\cdots\cdots O}{}} C-CH_3$$

乙酸的分子二缔合体

含偶数碳原子的羧酸其熔点比其相邻的两个含奇数碳原子羧酸分子的熔点高。这可能是由于偶数碳原子羧酸分子较为对称，在晶体中排列更紧密的缘故。一些羧酸的物理常数和 $pK_a^{\ominus}$ 值见表 9-1。

表 9-1　一些羧酸的物理常数
(Physical constants of some carboxylic acids)

名称 Name	熔点/℃ Melting point	沸点/℃ Boiling point	$pK_a^{\ominus}$ 或 $pK_{a1}^{\ominus}$ $/pK_{a2}^{\ominus}$,25℃ Dissociation constant	名称 Name	熔点/℃ Melting point	沸点/℃ Boiling point	$pK_a^{\ominus}$ 或 $pK_{a1}^{\ominus}$ $/pK_{a2}^{\ominus}$,25℃ Dissociation constant
甲酸	8.4	100.5	3.77	软脂酸	62.9	269	—
乙酸	16.6	118	4.76	硬脂酸	69.6	287	—
丙酸	−22	141	4.88	丙烯酸	13	141	4.26
正丁酸	−4.7	162.5	4.82	乙二酸	189	—	1.46 / 4.40
正戊酸	−35	187	4.81	己二酸	151	276	4.43/ 5.52
正己酸	−1.5	205	4.84	顺丁烯二酸	131	—	1.92/ 6.59
正庚酸	−11	223.5	4.89	反丁烯二酸	287	—	3.03 / 4.54
正辛酸	16.5	237	4.85	苯甲酸	122	249	4.19
壬酸	12.5	254	4.96	苯乙酸	78	265	4.28
癸酸	31.5	268	—	萘乙酸	131	—	—

四、　羧酸的化学性质（Chemical properties of carboxylic acids）

羧基是由羰基和羟基组成的，由于它们彼此之间的相互影响，羧酸的性质并不是这两类官能团特性的简单加合。根据羧酸分子结构的特点，羧酸的反应可以在分子的四个部位发生：

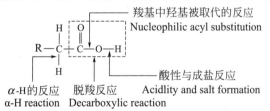

1. 酸性（Acidity）

羧酸在水中可离解出质子而显酸性，其 $pK_a^{\ominus}$ 值一般为 4～5，属于弱酸。羧酸的酸性虽比盐酸、硫酸等无机酸弱得多，但比碳酸（$pK_a^{\ominus}=6.35$）和一般的酚类（$pK_a^{\ominus}=10$）强。故羧酸能分解碳酸盐和碳酸氢盐，放出二氧化碳。

$$2RCOOH + Na_2CO_3 \longrightarrow 2RCOONa + CO_2 + H_2O$$
$$RCOOH + NaHCO_3 \longrightarrow RCOONa + CO_2 + H_2O$$

利用羧酸与碳酸氢钠的反应可将羧酸与酚类相区别。因羧酸可溶于碳酸氢钠溶液并放出二氧化碳，而一般酚类与碳酸氢钠不起作用。低级和中级羧酸的钾盐、钠盐及铵盐溶于水，故一些含羧基的药物制成羧酸盐以增加其在水中的溶解度，便于做成水剂或注射剂使用。

在羧酸分子中，与羧基直接或间接相连的原子或基团对羧酸的酸性有不同程度的影响（见表 9-2）。

表 9-2　一些卤代羧酸的解离常数
(Dissociation constants of some halogenated acids)

化合物 Name	构造式 Structure	$pK_a^{\ominus}$ Dissociation constant	化合物 Name	构造式 Structure	$pK_a^{\ominus}$ Dissociation constant
乙酸	CH_3COOH	4.76	氟乙酸	FCH_2COOH	2.66
氯乙酸	$ClCH_2COOH$	2.86	三氟乙酸	F_3CCOOH	强酸
二氯乙酸	$Cl_2CHCOOH$	1.29	丁酸	$CH_3CH_2CH_2COOH$	4.82
三氯乙酸	Cl_3CCOOH	0.65	α-氯丁酸	$CH_3CH_2CHClCOOH$	2.84
溴乙酸	$BrCH_3COOH$	2.90	β-氯丁酸	$CH_3CHClCH_2COOH$	4.06
碘乙酸	ICH_2COOH	3.18	γ-氯丁酸	$ClCH_2(CH_2)_2COOH$	4.52

饱和脂肪酸中，与羧基相连的烷基具有供电子诱导效应（$+I$），使羧基上的氢较难离解，酸性较甲酸弱（表 9-2 中的序号 1，9）。当卤素取代羧酸分子中烃基上的氢后，由于卤原子的吸电子诱导效应（$-I$），酸性增强。烃基某个碳上引入的卤原子的数目越多，酸性越强。当卤原子相同时，卤原子距羧基越近，酸性越强。当卤原子的种类不同时，它们对酸性的影响是 $F>Cl>Br>I$，所以卤代羧酸的酸性强弱顺序为：

氟乙酸＞氯乙酸＞溴乙酸＞碘乙酸

羧酸具有明显的酸性，故能与氢氧化钠、碳酸钠、碳酸氢钠和氧化镁反应生成羧酸盐。

$$RCOOH \begin{cases} \xrightarrow{\text{MgO}} (RCO_2)_2Mg + H_2O \\ \xrightarrow{\text{NaOH}} RCOONa + H_2O \\ \xrightarrow{Na_2CO_3} RCOONa + CO_2 + H_2O \\ \xrightarrow{NaHCO_3} RCOONa + CO_2 + H_2O \end{cases}$$

羧酸盐具有盐类的一般性质，是离子化合物，不能挥发。羧酸的钠盐和钾盐不溶于非极性溶剂，一般少于 10 个碳原子的一元羧酸的钠盐和钾盐能溶于水（10～18 个碳原子羧酸的钠盐或钾盐在水中形成胶体溶液）。利用羧酸的酸性和羧酸盐的性质，可以把它与中性或碱性化合物分离。

2. 羧酸衍生物的生成(Formation of carboxylic acid derivatives)

羧基中的羟基被其他原子或基团取代的产物称为羧酸衍生物。如果羟基分别被卤素（—X）、酰氧基（—OCOR）、烷氧基（—OR）、氨基（—NH$_2$）取代，则分别生成酰卤、酸酐、酯和酰胺，这些都是羧酸的重要衍生物。

（1）酰卤的生成（Formation of acyl halides）　羧酸与 SO_2Cl、PCl_5、PCl_3 等氯化剂直接反应生成酰卤：

$$\underset{\overset{\|}{O}}{R-C}-OH + PCl_5 \longrightarrow \underset{\overset{\|}{O}}{R-C}-Cl + POCl_3 + HCl$$

因为 $POCl_3$ 沸点低易除去，此法可制备高沸点的酰氯。

$$R-\overset{\overset{\displaystyle O}{\|}}{C}-OH + PCl_3 \longrightarrow R-\overset{\overset{\displaystyle O}{\|}}{C}-Cl + H_3PO_3$$

H_3PO_3 沸点高，可制备低沸点的酰氯：

$$R-\overset{\overset{\displaystyle O}{\|}}{C}-OH + SOCl_2 \longrightarrow R-\overset{\overset{\displaystyle O}{\|}}{C}-Cl + SO_2\uparrow + HCl\uparrow$$

该法产生的 SO_2、HCl 为气体，易除去，因此生成的酰氯纯度高，后处理容易。

（2）酸酐的生成（Formation of anhydrides）　一元羧酸在脱水剂五氧化二磷或乙酸酐的作用下，两分子羧酸受热脱去一分子水，生成酸酐（甲酸脱水时生成一氧化碳）。

$$\begin{array}{c}R-\overset{\overset{\displaystyle O}{\|}}{C}-OH \\ R-\overset{\overset{\displaystyle O}{\|}}{C}-OH\end{array} \xrightarrow[\text{或}(CH_3CO)_2O]{P_2O_5} \begin{array}{c}R-\overset{\overset{\displaystyle O}{\|}}{C} \\ \quad\quad O \\ R-\overset{\underset{\displaystyle O}{\|}}{C}\end{array} + H_2O$$

酸酐

某些二元羧酸分子内脱水形成内酐（一般形成五、六元环）。例如：

$$\text{邻苯二甲酸} \xrightarrow{\text{加热}} \text{邻苯二甲酸酐} + H_2O$$

（3）酯的形成（Formation of esters）

① 酯化反应（Esterification）　羧酸与醇在酸催化下加热作用而生成酯。

$$R-\overset{\overset{\displaystyle O}{\|}}{C}-OH + R'OH \underset{\triangle}{\overset{H^+}{\rightleftharpoons}} R-\overset{\overset{\displaystyle O}{\|}}{C}-OR' + H_2O$$

羧酸和醇作用生成酯的反应，称为酯化反应。在同样条件下，酯和水也可以作用生成醇和羧酸，称为水解反应。所以酯化反应是一个可逆反应。酯化反应的速率很慢，它的平衡常数也很小，如果没有催化剂存在，即使在加热回流的情况下，也需要很长时间才能达到平衡。如乙醇与乙酸作用生成酯的反应，需回流数小时才能达到平衡，其平衡常数为 3.38，若使用等物质的量的乙醇与乙酸反应，当其达到平衡时，只有 65% 转化成乙酸乙酯，为了提高酯的产率，可增加其中一种较便宜、易分离的原料用量，以便使平衡向生成物方向移动。

② 酯化反应历程（Mechanism of esterification reactions）　酯化反应随着羧酸和醇的结构以及反应条件的不同，可按不同的历程进行。酯化时，酸和醇分子间的失水方式有两种可能性：

$$R-\overset{\overset{\displaystyle O}{\|}}{C}-\boxed{OH \quad H}-OR' \qquad R-\overset{\overset{\displaystyle O}{\|}}{C}-O\boxed{H \quad HO}-R'$$

（Ⅰ）酰氧键断裂　　　　　　（Ⅱ）烷氧键断裂

酯化反应到底是按（Ⅰ）还是按（Ⅱ）进行的，与反应的具体条件有关。在大多数情况下反应是按（Ⅰ）式进行的。如用含有 ^{18}O 标记的醇与酸作用，证明生成的酯含 ^{18}O，而生成的水并不含有 ^{18}O。

$$\underset{\overset{\parallel}{O}}{R-C}-OH + H \!-\!^{18}OR' \overset{H^+}{\rightleftharpoons} \underset{\overset{\parallel}{O}}{R-C}-^{18}OR' + H_2O$$

根据以上实验证明，酯化是由羧酸提供羟基与醇中羟基上的氢原子作用而生成水。酯化反应的历程是十分复杂的，常因其反应条件和反应物结构的不同而异。最为常见的酸催化作用下的酯化反应历程如下：

$$\underset{\overset{\parallel}{O}}{R-C}-OH \overset{H^+}{\rightleftharpoons} \underset{\overset{\parallel}{O^+H}}{R-C}-OH \overset{R'OH}{\rightleftharpoons} \underset{\substack{| \\ H^+OR'}}{R-C}\overset{OH}{\underset{|}{-}}OH \rightleftharpoons$$

$$\underset{\substack{| \\ OR'}}{R-C}\overset{OH}{\underset{|}{-}}O^+H_2 \overset{-H_2O}{\longrightarrow} \underset{\overset{\parallel}{O^+H}}{R-C}-OR' \overset{-H^+}{\longrightarrow} \underset{\overset{\parallel}{O}}{R-C}-OR'$$

酯化反应中，醇作为亲核试剂进攻具有部分正电性的羧基碳原子，由于羧基碳原子的正电性较小，很难接受醇的进攻，所以反应很慢。当加入少量无机酸作催化剂时，羧基中的羰基氧接受质子，使羧基碳原子的正电性增强，从而有利于醇分子的进攻，加快酯的生成。

羧酸和醇的结构对酯化反应的速率影响很大，一般 α-碳原子上连有较多烃基或所连基团越大的羧酸和醇，由于空间位阻的因素，使酯化反应速率减慢，不同结构的羧酸和醇进行酯化反应的活性顺序为：

$$RCH_2COOH > R_2CHCOOH > R_3CCOOH$$

$$RCH_2OH（伯醇）> R_2CHOH（仲醇）> R_3COH（叔醇）$$

（4）酰胺的生成（Formation of amides）　羧酸和氨或碳酸铵反应生成羧酸的铵盐，铵盐受热或在脱水剂的作用下加热，可在分子内脱去一分子水形成酰胺。

$$\underset{\overset{\parallel}{O}}{R-C}-OH + NH_3 \longrightarrow \underset{\overset{\parallel}{O}}{R-C}-ONH_4$$

$$\underset{\overset{\parallel}{O}}{R-C}-OH + (NH_4)_2CO_3 \longrightarrow \underset{\overset{\parallel}{O}}{R-C}-ONH_4 + CO_2 + H_2O$$

$$\underset{\overset{\parallel}{O}}{R-C}-ONH_4 \overset{P_2O_5}{\underset{加热}{\longrightarrow}} \underset{\overset{\parallel}{O}}{R-C}-NH_2 + H_2O$$

二元羧酸与氨共热脱水，可形成酰亚胺。例如：

$$\underset{COOH}{\overset{COOH}{\bigcirc}} + NH_3 \overset{加热}{\longrightarrow} \underset{\overset{\parallel}{O}}{\overset{\overset{\parallel}{O}}{\bigcirc}}NH + H_2O$$

3. 脱羧反应（Decarboxylation reactions）

羧酸分子中失去羧基放出二氧化碳的反应叫脱羧反应。一般情况下，羧酸中的羧基较为稳定，不易发生脱羧反应，但在特殊条件下，羧酸能脱去羧基（失去二氧化碳）而生成烃。最常用的脱羧方法是将羧酸的钠盐与碱石灰（CaO＋NaOH）或固体氢氧化钠强热。

一元羧酸的钠盐与强碱共热，生成比原来羧酸少一个碳原子的烃，例如乙酸钠与碱石灰混合加热，发生脱羧反应生成甲烷：

$$CH_3\overset{\overset{\displaystyle O}{\|}}{C}-ONa + NaOH \xrightarrow[\triangle]{CaO} CH_4 + Na_2CO_3$$

这是实验室制备甲烷的方法。

某些低级二元羧酸，由于羧基是吸电子基，在两个羧基的相互影响下，受热更易发生脱羧反应，如乙二酸和丙二酸加热脱去二氧化碳，生成少一个碳原子的一元羧酸。

$$HOOC-COOH \xrightarrow{\triangle} HCOOH + CO_2$$

$$CH_2\overset{\displaystyle COOH}{\underset{\displaystyle COOH}{\big<}} \xrightarrow{\triangle} CH_3COOH + CO_2$$

丁二酸和戊二酸加热到熔点以上仍不发生脱羧反应，而是发生分子内脱水生成稳定的内酸酐。

己二酸和庚二酸在氢氧化钡存在下加热既脱羧又脱水，生成环酮。

$$\begin{array}{l} H_2C-CH_2COOH \\ | \\ H_2C-CH_2COOH \end{array} \xrightarrow[\triangle]{Ba(OH)_2} \text{环戊酮}=O$$

$$H_2C\overset{\displaystyle CH_2CH_2COOH}{\underset{\displaystyle CH_2CH_2COOH}{\big<}} \xrightarrow[\triangle]{Ba(OH)_2} \text{环己酮}=O$$

脱羧反应是生物体内重要的生物化学反应，呼吸作用中所生成的二氧化碳就是羧酸脱羧的结果。生物体内的脱羧是在脱羧酶的作用下完成的。

4. 羧酸 α-H 的反应 （Reactions of α-H in carboxylic acids）

羧基是较强的吸电子基团，它可通过诱导效应和 α-H 的超共轭效应使 α-H 活化。但羰基的致活作用比羰基小得多，所以羧酸的 α-H 被卤素取代的反应比醛、酮困难。但在碘、红磷、硫等的催化下，取代反应可顺利发生在羧酸的 α-位上，生成 α-卤代羧酸。例如：

$$CH_3COOH \xrightarrow[P]{Cl_2} ClCH_2COOH \xrightarrow[P]{Cl_2} Cl_2CHCOOH \xrightarrow[P]{Cl_2} Cl_3CCOOH$$

控制反应条件可使反应停留在一卤取代阶段。

卤代羧酸是合成多种农药和医药的重要原料，有些卤代酸如 α,α-二氯丙酸或 α,α-二氯丁酸还是有效的除草剂。氯乙酸与 2,4-二氯苯酚钠在碱性条件下反应，可制得 2,4-二氯苯氧乙酸（简称 2,4-D），它是一种有效的植物生长调节剂，高浓度时可防治禾谷类作物田中的双子叶杂草；低浓度时，对某些植物有刺激早熟，提高产量，防止落花落果，产生无籽果实等多种作用。

5. 还原反应 （Reduction reactions）

羧基中的羰基由于共轭效应的影响，失去了典型羰基的特性，所以羧基很难用催化氢化或一般的还原剂还原，只有特殊的还原剂如 $LiAlH_4$ 能将其直接还原成伯醇。$LiAlH_4$ 是选择性的还原剂，只还原羧基，不还原碳碳双键。例如：

$$(CH_3)_3CCOOH \xrightarrow{LiAlH_4} (CH_3)_3CCH_2OH$$

$$H_3C-CH=CH-COOH \xrightarrow{LiAlH_4} H_3C-CH=CH-CH_2OH$$

五、 羧酸的制备（Preparation of carboxylic acids）

羧酸的制备一般采用以下几种方法：

1. 油脂水解（Hydrolysis of lipids）

6 个碳原子以下的和高级的偶数碳原子的一元羧酸常以酯的形式存在于动物脂肪、鱼油和植物油之中。$C_6 \sim C_{24}$ 一元羧酸的来源仍主要取自脂肪酸（fatty acids）。油脂是高级脂肪酸的甘油酯，室温下是液体的称为油，是固体或半固体的称为酯。油脂水解即得到羧酸和甘油。

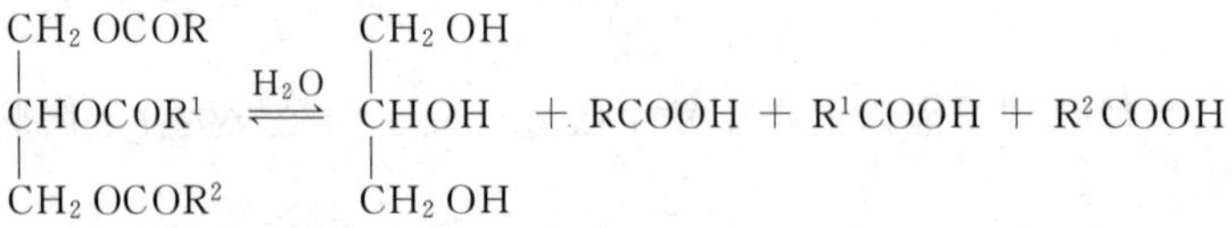

$$
\begin{array}{l}
CH_2OCOR \\
| \\
CHOCOR^1 \\
| \\
CH_2OCOR^2
\end{array}
\xrightleftharpoons{H_2O}
\begin{array}{l}
CH_2OH \\
| \\
CHOH \\
| \\
CH_2OH
\end{array}
+ RCOOH + R^1COOH + R^2COOH
$$

2. 有机物氧化（Oxidation of organic compounds）

羧酸可通过醇、醛、酮、烯、炔及芳烃侧链氧化来制备：

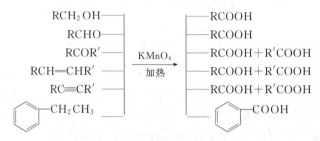

伯醇和醛氧化后可以得到羧酸，羧酸不会继续氧化，又比较容易分离提纯，故在实验操作上比醇氧化制备醛要方便一些。伯醇氧化时得到的中间产物醛易于生成半缩醛，后者继续反应会生成副产物酯。氧化不饱和醛、醇到不饱和酸时要避免双键被氧化，需要用性能温和的弱氧化剂，如湿润的氧化银或 $Ag(NH_3)_2^+$ 等。

结构简单的环酮氧化后可以得到同碳二羧酸，但普通的直链酮氧化产物是一个较复杂的混合物而无实用价值，烷基苯氧化则可以得到苯甲酸。

对称的烯烃氧化也可以得到较纯的羧酸，但其他烯烃氧化得到的羧酸往往是一个混合物。

3. 由金属有机化合物制备（Preparation by metal organic compounds）

格氏试剂和二氧化碳作用后经水解得到羧酸：

$$RMgX + CO_2 \longrightarrow RCO_2MgX \xrightarrow[H^+]{H_2O} RCOOH$$

反应时将干燥的二氧化碳气体通入格氏试剂溶液或将格氏试剂溶液倒入过量的水中，而后用稀酸水解。利用这个方法可以从卤代烷出发，制备多一个碳原子的羧酸，适合于各种脂肪族和芳香族取代甲酸。用有机锂试剂代替格氏试剂也能得到同样的结果。

六、 重要的羧酸（Important carboxylic acids）

1. 甲酸（Methane acid）

甲酸最初是从红蚂蚁体内发现的，所以俗称蚁酸。它是无色有刺激性的液体，沸点 100.5℃，易溶于水。甲酸的腐蚀性很强，能使皮肤起泡。

甲酸的结构不同于其他羧酸，分子中的羧基与氢原子相连，既具有羧基的结构又有醛基的结构。

因而甲酸除具有羧酸的特性外，还具有醛的某些性质。如能发生银镜反应；可被高锰酸钾氧化；与浓硫酸在 $60\sim80℃$ 条件下共热，可以分解为水和一氧化碳。

2. 乙酸（Acetic acid）

乙酸俗名醋酸，是食醋的主要成分。乙酸为无色有刺激气味的液体，熔点 $16.6℃$，沸点 $118℃$。由于乙酸在 $16.6℃$ 以下能凝结成冰状固体，所以常把无水乙酸称为冰醋酸。乙酸易溶于水，也能溶于许多有机溶剂。乙酸还是重要的工业原料。

3. 乙二酸（Ethanedioic acid）

乙二酸俗名草酸，在大部分植物尤其是草本植物中常以盐的形式存在。草酸是无色晶体，常见的草酸含有两分子结晶水。无水草酸的熔点为 $189℃$，加热到 $150℃$ 以上时就开始分解生成甲酸及二氧化碳，甲酸再分解为一氧化碳和水。草酸具有还原性，在分析化学中常用来标定 $KMnO_4$ 溶液的浓度。

4. 苯甲酸（Benzoic acid）

苯甲酸俗名安息香酸。它与苄醇形成的酯存在于天然树脂与安息香胶内。苯甲酸是白色固体，熔点 $121℃$，微溶于水，受热易升华。苯甲酸有抑菌，防腐的作用。可作防腐剂，也可外用。

第二节　羧酸衍生物
（Carboxylic Acid Derivatives）

羧酸衍生物是指经简单的水解反应即可转变为羧酸的化合物。羧酸衍生物主要有酰卤、酸酐、酯和酰胺，它们都是含有酰基的化合物。羧酸衍生物的通式为 $R-\overset{O}{\underset{}{C}}-Y$。取代基 Y 不同，羧酸衍生物的名称也不同（见表 9-3）。

羧酸衍生物的反应活性很高，可以转变为其他多种化合物，是十分重要的有机合成中间体。本节主要讨论酰卤、酸酐、酯和酰胺的结构和性质。

表 9-3　羧酸衍生物的结构通式和名称
（General structural formulas and names of carboxylic acid derivatives）

Y	通式 Generat Structural formula	名称 Name	Y	通式 Generat Structural formula	名称 Name
$X(F,Cl,Br,I)$	$R-\overset{O}{\underset{}{C}}-X$	酰卤	$-NH_2(-NHR',-NR_2')$	$R-\overset{O}{\underset{}{C}}-NH_2$	酰胺
$-O-\overset{O}{\underset{}{C}}-R'$	$R-\overset{O}{\underset{}{C}}-O-\overset{O}{\underset{}{C}}-R'$	酸酐		$R-\overset{O}{\underset{}{C}}-NHR'$	
$-OR'$	$R-\overset{O}{\underset{}{C}}-O-R'$	酯		$R-\overset{O}{\underset{}{C}}-NR_2'$	

一、 羧酸衍生物的命名（Nomenclature of carboxylic acid derivatives）

酰卤根据酰基和卤原子的名称来命名，称为"某酰卤"。例如：

$$CH_3-\overset{O}{\underset{}{C}}-Cl \qquad CH_3CH_2-\overset{O}{\underset{}{C}}-Cl$$

乙酰氯　　　　　　　丙酰溴　　　　　　　对甲基苯甲酰氯
acetyl chloride　　　propionyl bromide　　4-methylbenzoyl chloride

酸酐根据相应的羧酸命名。两个相同羧酸形成的酸酐为简单酸酐（单酐），称为"某酸酐"，简称"某酐"；两个不相同羧酸形成的酸酐为混合酸酐（混酐），命名为"某酸某酸酐"，简称"某某酐"；二元羧酸分子内失去一分子水形成的酸酐为内酐，称为"某二酸酐"。例如：

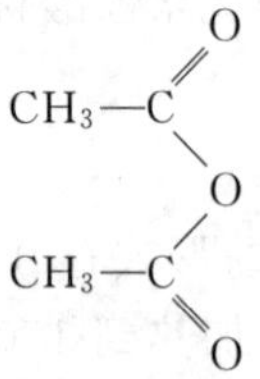

乙（酸）酐 　　　　　　　　乙（酸）丙（酸）酐 　　　　　　　　邻苯二甲酸酐
acetic anhydride 　　　　acetic propanic anhydride 　　　　phthalic anhydride

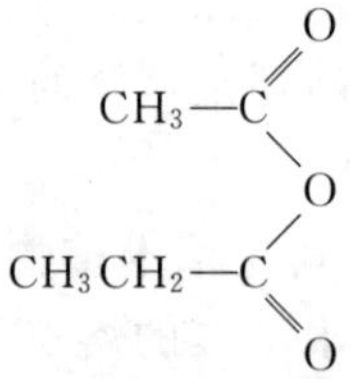

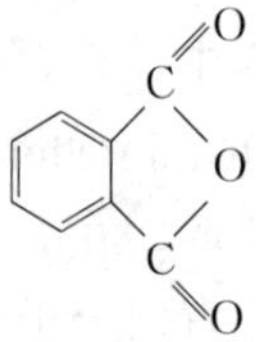

酯根据形成它的羧酸和醇的名称来命名，称为"某酸某酯"。例如：

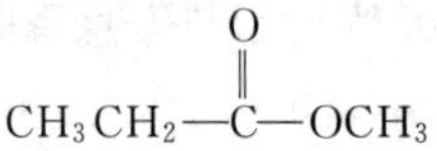

$CH_3CH_2-C-OCH_3$ 　　　　　　　　$CH_3-C-OCH_2CH_3$
丙酸甲酯 　　　　　　　　　　　　　　乙酸乙酯
methyl propionate 　　　　　　　　ethyl acetate

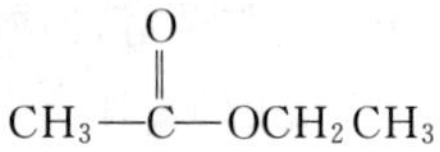

酰胺可以看作是酰基和氨基结合而成的化合物。酰胺的命名与酰卤相似，即在"胺"字前面加上酰基的名称。例如：

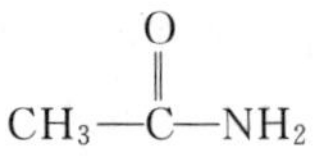

CH_3-C-NH_2 　　　　$CH_3-C-N(CH_3)_2$ 　　　　苯基$-C-NHCH_3$ 　　　　ε-己内酰胺

乙酰胺 　　　　　　N,N-二甲基乙酰胺 　　　　N-甲基苯甲酰胺 　　　　ε-己内酰胺
acetamide 　　　　N,N-dimethylacetamide 　　　N-methylbenzamide 　　　ε-caprolactam

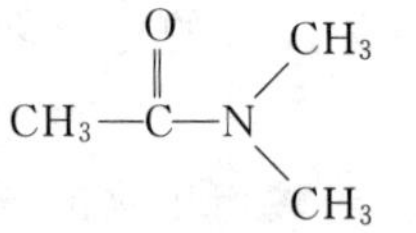

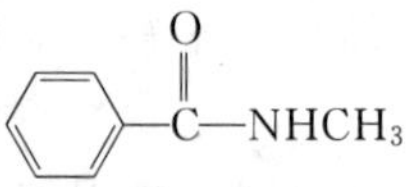

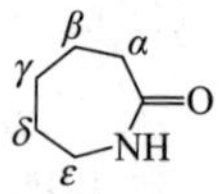

二、 羧酸衍生物的物理性质（Physical properties of carboxylic acid derivatives）

酰卤、酸酐、酯的沸点比相对分子质量相近的羧酸低，这是因为其分子间不能形成氢键的原因。它们与水形成氢键的能力也较弱，故其水溶性也小于同碳羧酸。

酰卤因其在空气中可发生水解生成卤化氢而具有刺激性气味。酰卤中最重要的化合物是酰氯，低级的酰氯是液体，由于分子中没有羟基不能形成氢键，所以它们的沸点较相应的羧酸低，与相对分子质量相近的醛、酮相近。酰氯的水溶性较小，低级的酰氯还会分解。最简单的酰氯是乙酰氯，因为甲酰氯不稳定，在 $-60℃$ 以上就会分解为 CO 和 HCl。

低级酸酐也可发生水解而具有不愉快的刺激性气味。低级酸酐是无色液体，高级酸酐是固体。低级酸酐微溶于水。低级的酰酐可溶于水，但随分子量的增加，在水中的溶解度降低。

低级羧酸酯是具有花果香味的无色液体，高级羧酸酯是液体或蜡状固体。酯的沸点低于相对分子质量相当的酸和醇。

在常温下，除甲酰胺是液体外，其他酰胺多为无色晶体。酰胺分子中含有羰基和氨基，它们分子间能形成氢键。由于酰胺分子间氢键缔合能力较强，因此其熔点、沸点甚至比相对分子质量相近的羧酸还高。当酰胺中氮原子上的氢被烷基取代后，缔合程度减小，熔点和沸点则降低。脂肪族 N-烷基取代酰胺一般为液体。低级酰胺易溶于水，随着相对分子质量的增大，溶解度逐渐减小。液体酰胺不但可以溶解有机物，而且也可以溶解许多无机物，是良好的有机物和无机物溶剂。

三、 羧酸衍生物的化学性质（Chemical properties of carboxylic acid derivatives）

羧酸衍生物由于结构相似，因此化学性质也有相似之处，只是在反应活性上有较大的差异。化学反应的活性次序为：酰氯＞酸酐＞酯≥酰胺

1. 水解、醇解、氨解 （Hydrolysis，alcoholysis and ammonolysis）

（1）水解反应（Hydrolysis reactions） 酰氯、酸酐、酯都可水解生成相应的羧酸，但水解的难易程度却不相同。酰卤水解最快，低级的酰卤遇水迅速反应，高级的酰卤由于在水中溶解度较小，水解反应速率较慢；多数酸酐由于不溶于水，在冷水中缓慢水解，在热水中迅速反应；酯的水解不仅需要较长时间加热回流，还需要加入无机酸或无机碱作催化剂才能顺利进行。

$$
\begin{array}{l}
R-\overset{\overset{O}{\|}}{C}-Cl \\
R-\overset{\overset{O}{\|}}{C}-O-\overset{\overset{O}{\|}}{C}-R' \\
R-\overset{\overset{O}{\|}}{C}-OR' \\
R-\overset{\overset{O}{\|}}{C}-NH_2
\end{array}
\right\} + H-OH \longrightarrow R-\overset{\overset{O}{\|}}{C}-OH + \left\{
\begin{array}{l}
HCl \\
R'COOH \\
R'OH \\
NH_3
\end{array}
$$

酯的水解无论是在理论上还是生产实践中都具有重要的意义。酯在酸催化下的水解反应是酯化反应的逆反应，水解不能进行到底。碱催化下水解生成的羧酸可与碱生成盐而从平衡体系中除去，所以水解反应可以进行到底。酯在碱催化下的水解反应也称为皂化反应。

$$
R-\overset{\overset{O}{\|}}{C}-OR' + H-OH \underset{}{\overset{H^+}{\rightleftharpoons}} R-\overset{\overset{O}{\|}}{C}-OH + R'OH
$$

$$
R-\overset{\overset{O}{\|}}{C}-OR' + H-OH \overset{OH^-}{\longrightarrow} R-\overset{\overset{O}{\|}}{C}-O^- + R'OH
$$

酰胺的水解则需要在催化剂（H$^+$ 或 OH$^-$）存在下，长时间回流才能完成。

（2）醇解反应（Alcoholysis reactions） 酰氯、酸酐、酯都能发生醇解反应，主要产物是酯。它们进行醇解反应的活性顺序与水解相同。酯的醇解反应也叫酯交换反应，即醇分子中的烷氧基取代了酯分子中的酰氧基。酯交换反应不但需要酸催化，而且反应是可逆的。

$$
\begin{array}{l}
R-\overset{\overset{O}{\|}}{C}-Cl \\
R-\overset{\overset{O}{\|}}{C}-O-\overset{\overset{O}{\|}}{C}-R' \\
R-\overset{\overset{O}{\|}}{C}-OR'
\end{array}
\right\} + H-OR'' \longrightarrow R-\overset{\overset{O}{\|}}{C}-OR'' + \left\{
\begin{array}{l}
HCl \\
R'COOH \\
R'OH
\end{array}
$$

酯交换反应常用来制取高级醇的酯，因为结构复杂的高级醇一般难与羧酸直接酯化，往往是先制得低级醇的酯，再利用酯交换反应，即可得到所需要高级醇的酯。生物体内也有类似的酯交换反应，例如：

$$CH_3-\overset{O}{\underset{\|}{C}}-SCoA + [HOCH_2CH_2N^+(CH_3)_3]OH^- \longrightarrow CH_3-\overset{O}{\underset{\|}{C}}-OCH_2CH_2N^+(CH_3)_3OH^- + HSCoA$$

乙酰辅酶 A　　　　　　　胆碱　　　　　　　　　　乙酰胆碱　　　　　　辅酶 A
acetyl CoA　　　　　　　choline　　　　　　　　acetyl choline　　　　coenzyme A

此反应是在相邻的神经细胞之间传导神经刺激的重要反应。

（3）氨解反应（Ammonolysis reactions）　酰氯、酸酐、酯可以发生氨解反应，产物是酰胺。由于氨本身是碱，所以氨解反应比水解反应更易进行。酰氯和酸酐与氨的反应都很剧烈，需要在冷却或稀释的条件下缓慢混合进行反应。

$$\begin{matrix} R-\overset{O}{\underset{\|}{C}}-Cl \\ R-\overset{O}{\underset{\|}{C}}-O-\overset{O}{\underset{\|}{C}}-R' \\ R-\overset{O}{\underset{\|}{C}}-OR' \end{matrix} + H-NH_2 \longrightarrow R-\overset{O}{\underset{\|}{C}}-NH_2 + \begin{matrix} HCl \\ R'COOH \\ R'OH \end{matrix}$$

这些反应都是制备酰胺的重要方法。

羧酸衍生物的水解、醇解、氨解都属于亲核取代反应历程，可用下列通式表示：

$$R-\overset{O}{\underset{\|}{C}}-Z + HNu \rightleftharpoons \left[R-\overset{O-H}{\underset{Nu}{\overset{|}{\underset{|}{C}}}}-Z \right] \rightleftharpoons R-\overset{O}{\underset{\|}{C}}-Nu + HZ$$

$$Z=X, \ O-\overset{O}{\underset{\|}{C}}-R, \ OR ; \ Nu=H_2O, ROH, NH_3$$

反应实际上是通过先加成再消除完成的。第一步由亲核试剂 HNu 进攻酰基碳原子，形成加成中间产物，第二步脱去一个小分子 HZ，恢复碳氧双键，最后酰基取代了活泼氢和 Nu 结合得到取代产物。所以这些反应又称为 HNu 的酰基化反应。

显然，酰基碳原子的正电性越强，亲核试剂 HNu 向酰基碳原子的进攻越容易，反应越快。在羧酸衍生物中，基团 Z 有一对未共用电子对，这个电子对可与酰基中的 C=O 形成 p-π 共轭体系。基团 Z 的给电子能力顺序为：

$$-NH_2 > -OR > -O-COR > -Cl$$

因此酰基碳原子的正电性强弱顺序为：

$$酰氯 > 酸酐 > 酯 > 酰胺$$

另一方面，反应的难易程度也与离去基团 Z 的碱性有关，Z 的碱性愈弱愈容易离去。离去基团 Z 的碱性强弱顺序为：

$$NH_2^- > RO^- > RCOO^- > X^-$$

即离去的难易顺序为：

$$NH_2^- < RO^- < RCOO^- < X^-$$

综上所述，羧酸衍生物的酰氧键断裂的活性（也称酰基化能力）次序为：

$$酰氯 > 酸酐 > 酯 \geqslant 酰胺$$

酰氯和酸酐都是很好的酰基化试剂。

2. 酯的还原反应（Reduction reactions of esters）

酯比羧酸容易还原，在还原剂存在下，酯能被还原为两种醇，一种来自酯的酰基部分，另一种来自酯的烷氧基部分。常用的还原剂是金属钠与乙醇。

$$RCOOR' \xrightarrow[\triangle]{Na+C_2H_5OH} RCH_2OH+R'OH$$

由于羧酸较难还原，有机合成上经常把羧酸转变成酯后再还原。还原剂为金属钠和乙醇时，碳碳双键不受影响。利用酯的还原反应，可以从高级脂肪酸的酯制取高级脂肪醇。例如：

$$CH_3(CH_2)_{10}COOCH_2CH_3 \xrightarrow[\triangle]{Na+C_2H_5OH} CH_3(CH_2)_{10}CH_2OH+CH_3CH_2OH$$

月桂酸乙酯   月桂醇
ethyllaurate   laurinol

氢化锂铝（$LiAlH_4$）是更有效的还原剂，近年来常用于酯的还原。

$$RCOOR' \xrightarrow{LiAlH_4} RCH_2OH+R'OH$$

3. 酯缩合反应（Condensation reactions of esters）

酯分子中的 α-H 由于受到酯基的影响变得较活泼，用醇钠等强碱处理时，两分子的酯脱去一分子醇生成 β-酮酸酯，这个反应称为克来森（Claisen）酯缩合反应。例如：乙酸乙酯在乙醇钠的作用下，发生酯缩合反应，生成乙酰乙酸乙酯。

$$CH_3C\overset{O}{\overset{\|}{|}}\overset{\ulcorner}{}OC_2H_5 + H\overset{}{\lrcorner}CH_2C\overset{O}{\overset{\|}{|}}OC_2H_5 \rightleftharpoons CH_3CCH_2C\overset{O\quad O}{\overset{\|\quad\|}{|}}OC_2H_5 + C_2H_5OH$$

酯缩合反应历程类似于羟醛缩合反应。首先强碱夺取 α-H 形成负碳离子，负碳离子向另一分子酯羰基进行亲核加成，再失去一个烷氧基负离子生成 β-酮酸酯：

$$CH_3C\overset{O}{\overset{\|}{}}OC_2H_5 + {}^-CH_2C\overset{O}{\overset{\|}{}}OC_2H_5 \rightleftharpoons CH_3\overset{O^-}{\underset{CH_2COOC_2H_5}{\overset{|}{\underset{|}{C}}}}OC_2H_5 \rightleftharpoons CH_3CCH_2C\overset{O\quad O}{\overset{\|\quad\|}{}}OC_2H_5 + C_2H_5O^-$$

生物体中长链脂肪酸以及一些其他化合物的生成就是由乙酰辅酶 A 通过一系列复杂的生化过程形成的。从化学角度来说，它是通过类似于酯交换、酯缩合等反应逐渐将碳链加长的。

4. 乙酰乙酸乙酯的制备及应用（Preparation and application of ethyl acetoacetate）

（1）乙酰乙酸乙酯的制备（Preparation of ethyl acetoacetate） 乙酰乙酸乙酯可用克莱森酯缩合反应制备。乙酸乙酯在乙醇钠或金属钠的作用下，发生酯缩合反应，生成乙酰乙酸乙酯。

$$CH_3C\overset{O}{\overset{\|}{}}OC_2H_5 + CH_3C\overset{O}{\overset{\|}{}}OC_2H_5 \rightleftharpoons CH_3CCH_2C\overset{O\quad O}{\overset{\|\quad\|}{}}OC_2H_5 + C_2H_5OH$$

工业上乙酰乙酸乙酯可用二乙烯酮与醇作用制得：

$$\underset{CH_2\text{—}C=O}{\overset{CH_2=C\text{—}O}{\underset{|}{\overset{|}{}}}} + C_2H_5OH \xrightarrow{H_2SO_4} CH_3CCH_2C\overset{O\quad O}{\overset{\|\quad\|}{}}OC_2H_5$$

（2）乙酰乙酸乙酯在合成上的应用（Applications of ethyl acetoacetate in organic synthesis） 乙酰乙酸乙酯是一种十分重要的有机合成原料，乙酰乙酸乙酯在合成上的应用决定于它特有的化学性质。

① 分解反应（Decomposition reactions） 乙酰乙酸乙酯在不同反应条件下能发生不同类型的分解反应，生成酮或酸。乙酰乙酸乙酯在稀碱作用下，发生酯的水解反应，受热后脱羧生成酮，这种反应称为酮式分解（ketone-form decomposition）。

$$CH_3CCH_2C\overset{O\quad O}{\overset{\|\quad\|}{}}OC_2H_5 \xrightarrow[②H^+]{①5\%NaOH} CH_3CCH_2C\overset{O\quad O}{\overset{\|\quad\|}{}}OH \xrightarrow[\text{加热}]{\text{脱羧}} CH_3CCH_3\overset{O}{\overset{\|}{}} + CO_2$$

在浓碱条件下，OH^- 浓度高，除了和酯作用外，还可使乙酰乙酸乙酯中的 α-碳原子与 β-碳原子间的键发生断裂，生成两分子羧酸，这种分解称为酸式分解（acid-form decomposition）。

$$CH_3-\overset{O}{\overset{\|}{C}}-CH_2-\overset{O}{\overset{\|}{C}}-OC_2H_5 \xrightarrow[\text{②}H^+]{\text{①浓 NaOH}} 2CH_3COOH + C_2H_5OH$$

② 取代反应（Substitution reactions） 乙酰乙酸乙酯亚甲基上的氢受到相邻两个吸电子基的影响变得非常活泼，在金属钠或乙醇钠的作用下可以被烷基或酰基取代。选择适当的烷基化试剂与乙酰乙酸乙酯反应，然后再进行酮式分解或酸式分解就可以得到不同结构的酮或羧酸。这是有机合成中制备酮和酸的最重要方法之一。

$$CH_3\overset{O}{\overset{\|}{C}}CH_2\overset{O}{\overset{\|}{C}}OC_2H_5 \xrightarrow[RX]{C_2H_5ONa} CH_3\overset{O}{\overset{\|}{C}}\underset{R}{CH}\overset{O}{\overset{\|}{C}}OC_2H_5$$

$$\begin{array}{l} \xrightarrow[\text{②}H^+,\triangle]{\text{①5\% NaOH}} CH_3\overset{O}{\overset{\|}{C}}CH_2R \\ \xrightarrow[\text{②}H^+]{\text{①浓 NaOH}} RCH_2COOH \end{array}$$

$$CH_3\overset{O}{\overset{\|}{C}}CH_2\overset{O}{\overset{\|}{C}}OC_2H_5 \xrightarrow[RCOX]{C_2H_5ONa} CH_3\overset{O}{\overset{\|}{C}}\underset{RC=O}{CH}\overset{O}{\overset{\|}{C}}OC_2H_5$$

$$\begin{array}{l} \xrightarrow[\text{②}H^+,\triangle]{\text{①5\% NaOH}} CH_3\overset{O}{\overset{\|}{C}}CH_2COR \\ \xrightarrow[\text{②}H^+]{\text{①浓 NaOH}} RCCH_2COOH \end{array}$$

在上面的取代反应中，如果加入过量的卤代烃或酰卤，乙酰乙酸乙酯亚甲基上的两个氢原子都可以被羟基或酰基取代，生成二元取代物。

5. 丙二酸二乙酯的制备及应用 （Preparation and applications of diethyl malonate）

（1）丙二酸二乙酯的制备（Preparation of diethyl malonate） 丙二酸二乙酯 $[CH_2(COOC_2H_5)_2]$ 为无色液体，有芳香气味，熔点 $-48.9℃$，沸点 $199.3℃$，相对密度 1.055（$20℃/4℃$），不溶于水，易溶于乙醇、乙醚等有机溶剂。丙二酸二乙酯是以氯乙酸为原料经过氰解、酯化后得到的二元羧酸酯：

$$\underset{Cl}{CH_2COOH} \xrightarrow[NaOH]{NaCN} \underset{CN}{CH_2COOH} \xrightarrow[H^+]{C_2H_5OH} H_2C\underset{COOC_2H_5}{\overset{COOC_2H_5}{<}}$$

丙二酸二乙酯
diethyl malonate

（2）丙二酸二乙酯在合成上的应用（Applications of diethyl malonate in organic synthesis） 丙二酸二乙酯与乙酰乙酸乙酯相类似，有一个活泼的亚甲基。在醇钠等强碱催化下，亚甲基上的氢可以被烷基取代。水解后生成丙二酸，不稳定，易于脱羧，生成各种羧酸，使得丙二酸二乙酯在合成各种类型的羧酸中有广泛的应用。例如：

$$\underset{COOC_2H_5}{\overset{COOC_2H_5}{CH_2}} \xrightarrow[RX]{C_2H_5ONa} \underset{COOC_2H_5}{\overset{COOC_2H_5}{R-CH}} \xrightarrow[\text{②}H^+]{\text{①}NaOH/H_2O} \underset{COOH}{\overset{COOH}{R-CH}} \xrightarrow[-CO_2]{\triangle} RCH_2COOH$$

丙二酸二乙酯亚甲基上的两个氢可以逐步取代，引入两个烷基。

6. 酰胺的化学性质 （Chemical properties of amides）

（1）酸碱性（Acidity and basicity） 在酰胺分子中，羰基中的 π 电子与氮原子上的孤对电子对占据的轨道形成了共轭，导致了氮原子上的电子云密度降低，因而减弱了它接受质子的能力，即氨基碱性减弱。同时也导致了键的极性增强，氢原子变得稍活泼而较易质子化，表现出微弱的酸性。因此，酰胺一般是近中性的化合物，它不能使石蕊变色。

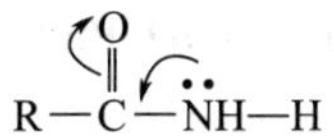

$$R-\overset{\overset{O}{\|}}{C}-\overset{\cdot\cdot}{N}H-H$$

酰胺在一定条件下也显示出很弱的碱性或很弱的酸性。例如把氯化氢气体通入到乙酰胺的乙醚溶液中，则生成不溶于乙醚的盐。

$$CH_3-\overset{\overset{O}{\|}}{C}-NH_2 + HCl \xrightarrow{乙醚} H_3C\overset{\overset{O}{\|}}{C}-NH_2 \cdot HCl \downarrow$$

形成的盐不稳定，遇水即分解为乙酰胺和盐酸，这说明酰胺的碱性非常弱，不能和酸溶液形成稳定的盐。

如将乙酰胺与金属钠在乙醚溶液中作用，生成不稳定的钠盐，它遇水即分解，这说明酰胺具有极弱的酸性：

$$CH_3-\overset{\overset{O}{\|}}{C}-NH_2 + Na \xrightarrow{乙醚} CH_3-\overset{\overset{O}{\|}}{C}-NHNa + H_2$$

如果氨分子中有两个氢原子被两个酰基取代，则生成亚氨基化合物，亚氨基上的 N—H 键受两个酰基的影响而易于失去质子，因而酰亚胺的酸性较酰胺强，可与强碱作用生成盐，且其盐也较稳定。例如：

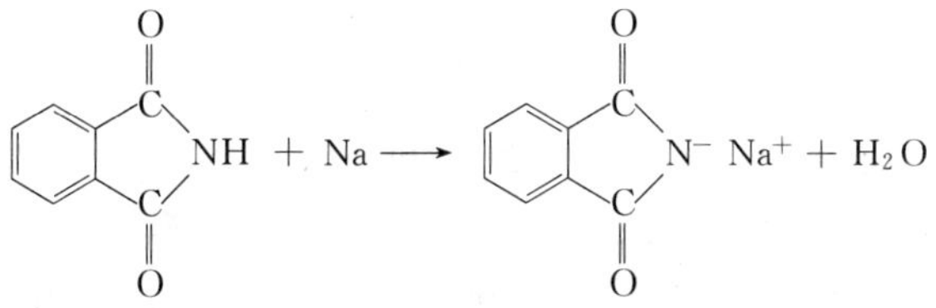

邻苯二甲酰亚胺   邻苯二甲酰亚胺钠

（2）水解反应（Hydrolysis）　酰胺不容易水解，一般要与酸或碱一起加热才可发生水解，例如：

$$CH_3CH_2-\overset{\overset{O}{\|}}{C}-NH_2 \xrightarrow[H_2O]{HCl} CH_3CH_2-\overset{\overset{O}{\|}}{C}-OH + NH_4Cl$$

$$CH_3CH_2-\overset{\overset{O}{\|}}{C}-NHCH_3 \xrightarrow[H_2O]{HCl} CH_3CH_2-\overset{\overset{O}{\|}}{C}-OH + [CH_3NH_3]^+Cl^-$$

在碱性条件下水解，生成羧酸盐和氨（或胺）。

伯酰胺、低级一元与二元取代酰胺的碱性水解能放出氨或胺等，能使石蕊变蓝（气室法），故可用于鉴别酰胺。

（3）与亚硝酸反应（Reactions with nitrous acid）　酰胺能与亚硝酸反应而释放出氮气，这是因为酰胺分子中存在氨基的缘故。例如：

$$R-\overset{\overset{O}{\|}}{C}-NH_2 + HNO_2 \longrightarrow RCOOH + H_2O + N_2 \uparrow$$

（4）霍夫曼降解反应（Hoffmann degradation reactions）　酰胺与溴或氯在碱溶液中作用，脱去羰基生成伯胺，使碳链减少一个碳原子的反应，通常称为霍夫曼降解反应。

霍夫曼降解反应不但可用于制取伯胺，也是从碳链上减少一个碳原子的有效方法。

$$R-\overset{\overset{O}{\|}}{C}-NH_2 + Br_2 + NaOH \longrightarrow RNH_2 + NaBr + Na_2CO_3 + H_2O$$

7. 碳酰胺衍生物（Amide derivatives carbonic acids）

碳酸分子有两个羟基，可形成两种酰胺。

$$
\underset{\text{碳酸}}{\underset{\text{carbonic acid}}{HO-\overset{\displaystyle O}{\overset{\|}{C}}-OH}}
\qquad
\underset{\text{氨基甲酸}}{\underset{\text{carbamic acid}}{HO-\overset{\displaystyle O}{\overset{\|}{C}}-NH_2}}
\qquad
\underset{\text{尿素}}{\underset{\text{urea}}{H_2N-\overset{\displaystyle O}{\overset{\|}{C}}-NH_2}}
$$

（1）**氨基甲酸酯**（Carbamic acid ester）　氨基甲酸是碳酸的一酰胺，它不稳定，在一般情况下，易分解成 CO_2 和 NH_3，但氨基甲酸酯却比较稳定，在农业和医药上有广泛的用途。例如，N-甲基氨基甲酸-1-萘酯，商品名 Sevin（西维因），是白色晶体，熔点 142℃，难溶于水及醇等。

西维因
carbaryl

西维因能杀灭多种农业害虫，而对人畜毒性很低，也不易在体内积累，是一类很有发展前途的农药。

（2）**尿素**（Urea）　尿素，亦称脲，是碳酸二酰胺。尿素是人类和哺乳动物体内蛋白质代谢的最后产物之一，主要存在于尿中，是重要的高效有机氮肥。工业上由氨和二氧化碳在高温高压下制得；

$$
2NH_3 + CO_2 \xrightarrow[\text{加热}]{\text{高温}} H_2N-\overset{\displaystyle O}{\overset{\|}{C}}-NH_2 + H_2O
$$

尿素为白色晶体，熔点 132.7℃，易溶于水和乙醇，难溶于乙醚等有机溶剂。尿素分子中有两个氨基，它的碱性比一般酰胺强，可与强酸形成盐。例如在尿素的浓溶液中加入浓硝酸或草酸，可以得到硝酸脲或草酸脲沉淀，利用此性质，可以从尿中提取尿素。例如：

$$
H_2N-\overset{\displaystyle O}{\overset{\|}{C}}-NH_2 + HNO_3 \longrightarrow H_2N-\overset{\displaystyle O}{\overset{\|}{C}}-NH_2 \cdot HNO_3 \downarrow (\text{白色})
$$

与一般酰胺一样，尿素与酸、碱溶液加热或在尿酶作用下都可以水解：

$$
H_2N-\overset{\displaystyle O}{\overset{\|}{C}}-NH_2 + H_2O
\begin{cases}
\xrightarrow{H^+} NH_4^+ + CO_2 \uparrow \\
\xrightarrow{OH^-} NH_3 + CO_3^{2-}
\end{cases}
$$

尿素在土壤中逐渐水解成铵离子，为植物根系所吸收利用。

尿素与亚硝酸反应放出氮气，又称放氮反应。

$$
H_2N-\overset{\displaystyle O}{\overset{\|}{C}}-NH_2 + 2HNO_2 \longrightarrow CO_2 \uparrow + N_2 \uparrow + 3H_2O
$$

反应可定量进行，并可根据释放出的氮量做尿素的定量测定。

尿素是优良的氮肥，其含氮量为 46.7%，肥效比其他无机氮肥持久，又比土杂肥等见效快。

在工业上，尿素大量用于合成脲醛树脂，也用于其他纤维工业。将尿素晶体缓慢加热，则两分子尿素脱去一分子氨缩合成缩二脲：

$$
H_2N-\overset{\displaystyle O}{\overset{\|}{C}}-NH_2 + H-NH-\overset{\displaystyle O}{\overset{\|}{C}}-NH_2 \xrightarrow{\triangle} H_2N-\overset{\displaystyle O}{\overset{\|}{C}}-NH-\overset{\displaystyle O}{\overset{\|}{C}}-NH_2
$$

缩二脲在碱性溶液中与稀的硫酸铜反应，能产生紫红色化合物，这种显色反应称为缩二脲反应。凡是分子中含有两个或两个以上酰胺键（—CONH—）的化合物，例如多肽、蛋白质等都有这个反应。因此，该反应常用来鉴定多肽和蛋白质。

（3）巴比妥酸（Barbituric acid） 又称丙二酰脲（化学名 2,4,6-嘧啶三酮），白色结晶，微溶于水和乙醇，溶于乙醚，熔点 245℃，显酸性（$pK_a=3.98$），能与金属作用形成盐。能发生互变异构现象：

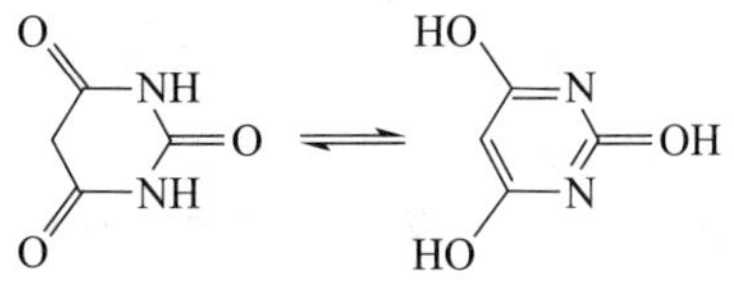

其衍生物——巴比妥类（钠盐）在临床上常用作安眠药或镇静剂表（9-4）。其通式为：

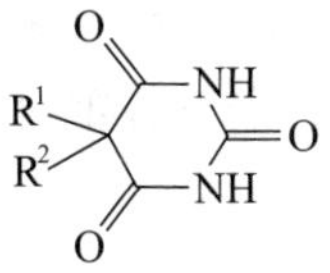

表 9-4 常见巴比妥类药物的结构和名称
(General structures and names of barbiturates)

名称 Name	R^1	R^2
巴比妥(鲁米那) barbital	CH_3CH_2-	CH_3CH_2-
苯巴比妥 phenobarbital	CH_3CH_2-	C_5H_6-
戊巴比妥 pentobarbital	CH_3CH_2-	$CH_3CH_2CH_2CH(CH_3)-$
异戊巴比妥 amobarbital	CH_3CH_2-	$(CH_3)_2CHCH_2CH_2-$
司可巴比妥 secobarbital	$CH_2=CHCH_2-$	$CH_3CH_2CH_2CH(CH_3)-$

（4）胍（Guanidine） 又称亚氨基脲：

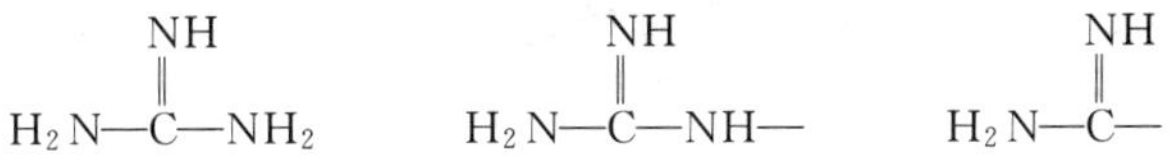

胍 胍基 脒基

guanidine guanidyl guanyl

胍是有机强碱（与 KOH 相近），因此，很多含有胍结构的药物常制成胍盐使用。如降血压作用的胍乙啶（硫酸盐）、有抗病毒作用的吗啉胍（盐酸盐）及治疗糖尿病的苯乙双胍（盐酸盐）等。

8. 磺胺类药物（Sulfonamides，SAs）

磺胺类药物是指具有对氨基苯磺酰胺结构的一类药物的总称，是现代医学中常用的一类抗菌消炎药，其品种繁多，可达数千种，其中应用较广并具有一定疗效的就有几十种。其结构通式如下：

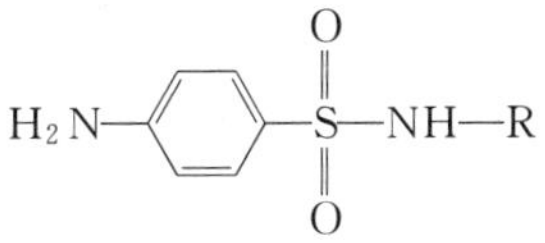

常见的磺胺类药物有磺胺嘧啶（sulfadiazine，SD）、磺胺甲噁唑（sulfamethoxazole，SMZ）和磺胺异噁唑（sulfisoxazole，SIZ）等。

第三节　取代酸
(Substituted Acids)

羧酸分子中羟基上的氢原子被其他原子或基团取代所生成的化合物称为取代酸。根据取代基的种类不同可分为卤代酸（halogenated acids）、羟基酸（hydroxy acids）、羰基酸（carbonyl acids）和氨基酸（amino acids）等。取代酸在有机合成及生物体的代谢过程中都是十分重要的物质。

取代酸是具有两种不同类型官能团的化合物，特称为复合官能团化合物（composite functional compounds）。因此，取代酸不仅具有羧基和另一官能团的典型性质，而且还具有两个官能团之间相互影响而产生的特性。本节着重讨论羟基酸和羰基酸的特性。氨基酸将在第十四章中讨论。

一、羟基酸 (Hydroxy acids)

1. 羟基酸的分类和命名 （Classification and nomenclature of hydroxy acids）

分子中含有羟基的羧酸叫羟基酸，即羧酸烃基上的氢原子被羟基取代的产物。羟基酸可分为醇酸（alkyd acids）和酚酸（phenolic acids），前者羟基和羧基均连在脂肪链上，后者羟基和羧基连在芳环上。醇酸可根据羟基与羧基的相对位置称为 α-、β-、γ-、δ-羟基酸等，羟基连在碳链末端时，称为 ω-羟基酸。

OH CH₃—CH—COOH	OH ⬡—COOH
醇酸	酚酸
alcoholic acid	phenolic acid

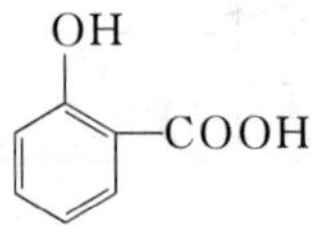

羟基酸广泛存在于植物体中，常根据其来源而用俗名。羟基酸的系统命名是以羧酸为母体，羟基为取代基，选择连有羧基和羟基的最长碳链作主链，按照羧酸的命名原则来命名，依据羟基在烃基上的位次不同，又分别被称作 α-羟基酸、β-羟基酸、γ-羟基酸。例如：

OH CH₃—CH—COOH	OH OH HOOC—CH—CH—COOH
乳酸	酒石酸
（2-羟基丙酸）	（2,3-二羟基丁二酸）
或 α-羟基丙酸	或 α,β-二羟基丁二酸
2-hydroxypropanoic acid	2,3-dihydroxysuccinic acid
OH ⬡—COOH	OH HOOC—CH—CH₂—COOH
水杨酸	苹果酸
（邻羟基苯甲酸）	（2-羟基丁二酸）
2-hydroxybenzoic acid	或 α-羟基丁二酸
	2-hydroxysuccinic acid

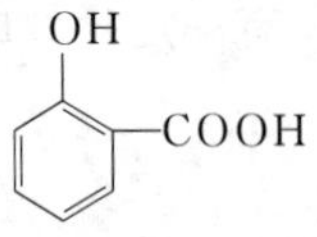

2. 羟基酸的化学性质 （Chemical properties of hydroxy acids）

（1）酸性（Acidity） 醇酸含有羟基和羧基两种官能团，由于羟基具有吸电子效应并能生成氢键，醇酸的酸性较母体羧酸强，水溶性也较大。羟基离羧基越近，其酸性越强。例如，3-羟基丙酸的酸性比丙酸强，而 2-羟基丙酸的酸性比 3-羟基丙酸强。

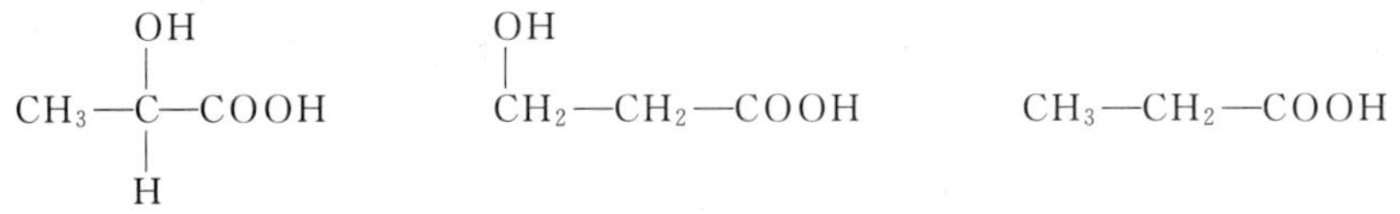

$$
\begin{array}{ccc}
\text{OH} & \text{OH} & \\
| & | & \\
CH_3-C-COOH & CH_2-CH_2-COOH & CH_3-CH_2-COOH \\
| & & \\
H & &
\end{array}
$$

$pK_a^{\ominus}$ 3.87   4.51   4.88

（2）脱水反应（Dehydration reactions） 醇酸受热后容易脱水、脱水方式和脱水产物因羟基的相对位置不同而异。α-醇酸发生分子间交叉脱水反应生成环状交酯：

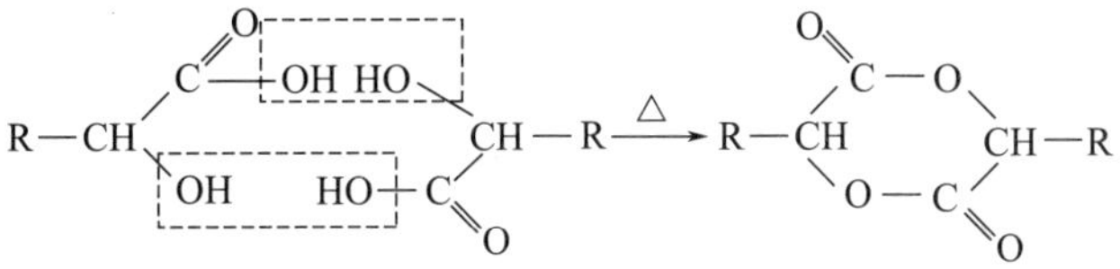

β-醇酸受热易发生分子内脱水，生成 α,β-不饱和酸。这是由于 α-H 同时受到羧基和羟基的影响而比较活泼的缘故：

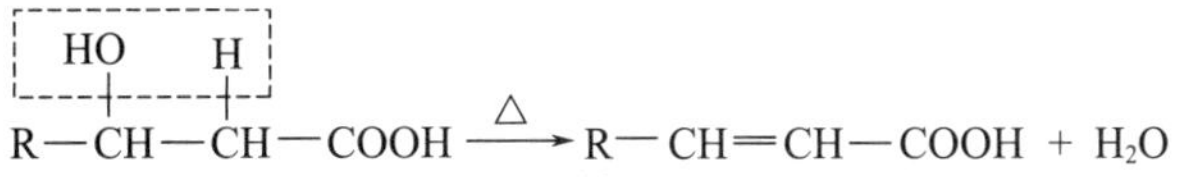

$$R-CH-CH-COOH \xrightarrow{\triangle} R-CH=CH-COOH + H_2O$$

γ-醇酸和 δ-醇酸易发生分子内脱水的酯化反应，产物为五元环内酯和六元环内酯。

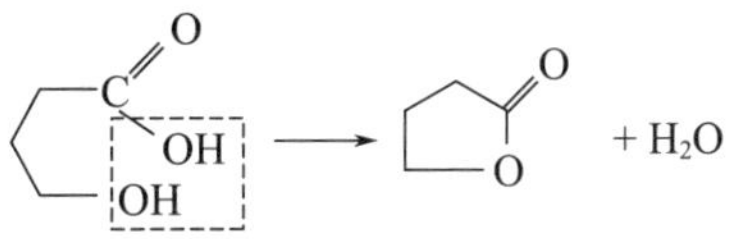

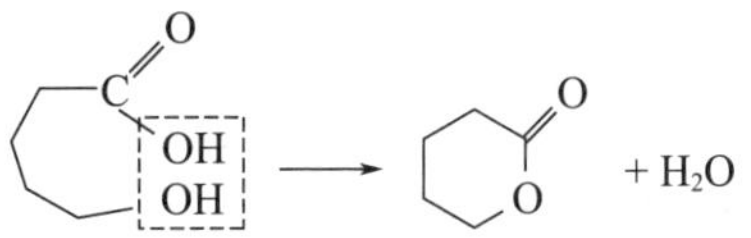

（3）氧化反应（Oxidation） 醇酸中的羟基比醇中的羟基容易氧化，托伦试剂、稀硝酸不能氧化醇，但能把 α-羟基酸氧化为 α-酮酸。例如：

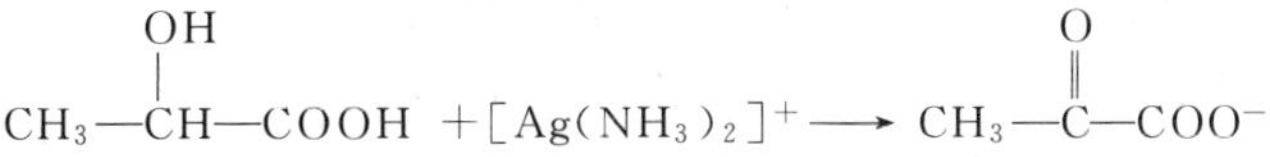

$$
CH_3-\overset{\text{OH}}{\underset{|}{C}}H-COOH + [Ag(NH_3)_2]^+ \longrightarrow CH_3-\overset{\text{O}}{\underset{||}{C}}-COO^-
$$

乳酸   丙酮酸盐
latic acid   acetonate

羟基酸的氧化反应是生物体内的一种重要的生化反应，反应在脱氢酶作用下进行。例如：

$$
HOOC-\overset{\text{OH}}{\underset{|}{C}}H-CH_2-COOH \underset{}{\overset{\text{脱氢酶}}{\rightleftharpoons}} HOOC-\overset{\text{O}}{\underset{||}{C}}-CH_2-COOH
$$

苹果酸   草酰乙酸
malic acid   oxaloacetic acid

3. 羟基酸的制备 （Preparation of hydroxy acids）

（1）卤代酸水解（Hydrolysis of halogenated acids） 由卤代酸水解可以得到羟基酸。

因不同的卤代酸水解产物不同。只有 α-卤代酸水解生成 α-羟基酸，且产率较高。例如：

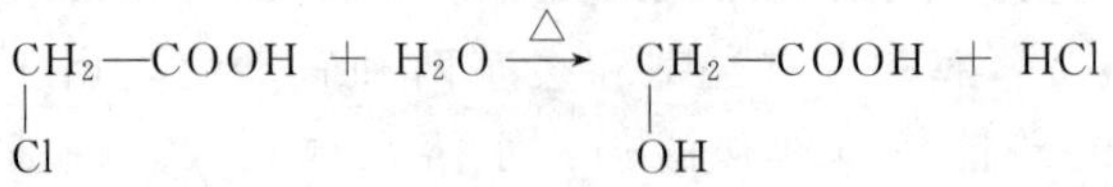

$$CH_2-COOH + H_2O \xrightarrow{\triangle} CH_2-COOH + HCl$$

$$\underset{Cl}{|} \qquad\qquad\qquad \underset{OH}{|}$$

α-羟基乙酸
α-hydroxyacetic acid

β-卤代酸、γ-卤代酸、δ-卤代酸等水解后，所得的主要产物往往不是羟基酸，因此这个方法只适宜于制取 α-羟基酸。

（2）羟基腈水解（Hydrolysis of hydroxy nitriles）　醛或酮与氢氰酸起加成反应，生成羟基腈，羟基腈再水解，得到 α-羟基酸：

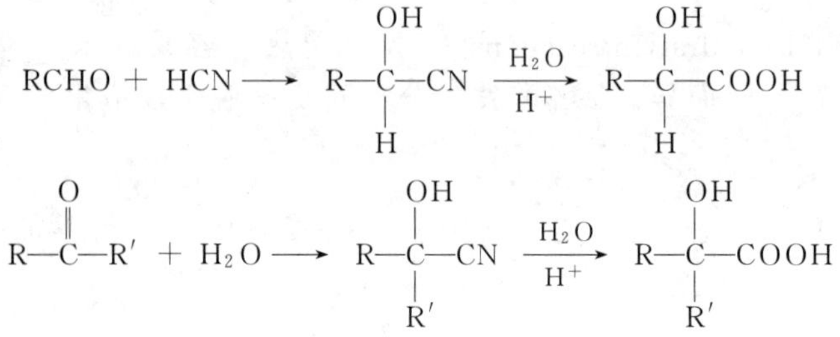

这是制备 α-羟基酸的常用方法。

烯烃与次氯酸加成后再与氰化钾作用制得 β-羟基腈，β-羟基腈经水解得到了 β-羟基酸。例如：

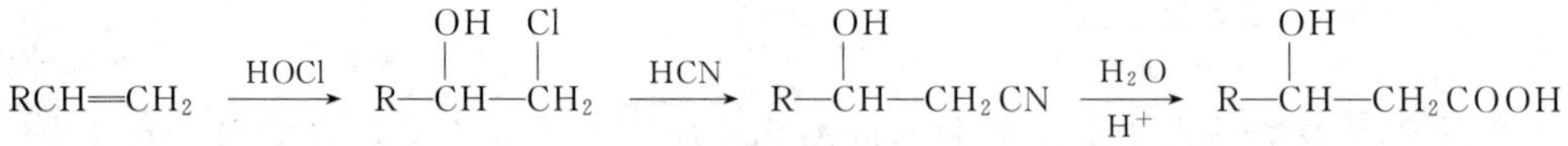

芳香族羟基酸也可由羟基腈制得。例如：

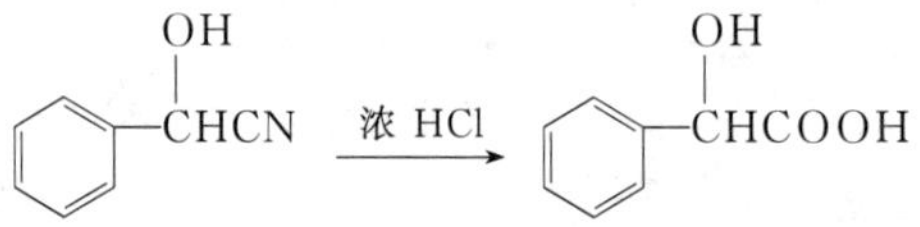

α-羟基苯乙酸
α-hydroxyphenylacetic acid

4. 重要化合物 （Important compounds）

（1）乳酸（Lactic acid）　乳酸的化学名称为 2-羟基丙酸或 α-羟基丙酸，最初是从酸牛奶中发现的，故俗称为乳酸。乳酸也存在于动物的肌肉中，人在剧烈运动时，急需大量能量，通过糖分解成乳酸，同时释放能量以供急需，而肌肉中乳酸含量增加，会使人有酸痛的感觉，休息后，肌肉中的乳酸就转化为水、二氧化碳和糖，酸痛感消失。乳酸是人体中糖代谢的中间产物。

乳酸有两种旋光异构体，乳糖发酵得到的乳酸是左旋体，肌肉中的乳酸是右旋体，其熔点都是 26℃，由酸牛奶中得到的乳酸是外消旋体，熔点为 18℃。

乳酸是无色或微黄的黏稠状液体，有很强的吸湿性，可溶于水、乙醇、乙醚和甘油中，但不溶于氯仿和油脂。乳酸具有消毒防腐作用，加热蒸发乳酸的水溶液，可以进行空气消毒灭菌。临床上常用乳酸钠（$CH_3CHOHCOONa$）治疗酸中毒，用乳酸钙 $[(CH_3CHOHCOO)_2Ca \cdot 5H_2O]$ 治疗因缺钙而引起的疾病，如佝偻病等。乳酸的钙盐不溶于水，因此工业上常用乳酸作除垢剂。乳酸还大量用于食品、饮料工业。

（2）苹果酸（Malic acid）　学名 α-羟基丁酸（α-hydroxybutyric acid），苹果酸因在未成熟的苹果中含量较高而得名。苹果酸为无色针状结晶，熔点 100℃，易溶于水和乙醇，微溶于乙醚。苹果酸是人体内糖代谢过程的中间产物。

苹果酸既是 α-羟基酸，又是 β-羟基酸，由于亚甲基上的氢原子较活泼，苹果酸受热时能以 β-羟基酸的形式脱去一分子水生成丁烯二酸，丁烯二酸加水后，又可得到苹果酸。苹果酸在制药和食品工业中也有重要的应用。

（3）酒石酸（Tartaric acid）　学名 2,3-二羟基丁二酸（2,3-dihydroxybutanedioic acid），酒石酸主要以酸式盐的形式存在于葡萄中，难溶于水和乙醇，所以在以葡萄为原料酿酒的过程中，生成的酒石酸氢钾就以沉淀的形式析出，此沉淀即酒石，酒石再与无机酸作用，生成游离的酒石酸，酒石酸的名称由此而来。

酒石酸是透明结晶，熔点170℃，易溶于水。由酒石酸氢钾锑化可得酒石酸锑钾。酒石酸锑钾又称吐酒石，医药上用作催吐剂，工业上可用做棉、毛、皮碱性染料的固色与尼龙酸性染料的固色以及聚氯乙烯的褪色抑制剂。医疗上也用于治疗血吸虫病，是优良的抗血吸虫病药物。酒石酸钾钠可用作泻药，在实验室也用于配制斐林试剂。

（4）柠檬酸（Citric acid）　学名 3-羧基-3-羟基戊二酸（3-carboxy-3-hydroxy glutaric acid），柠檬酸又名枸橼酸。主要存在于柑橘果实中，尤以柠檬中含量最多。柠檬酸为透明结晶，不含结晶水的柠檬酸熔点为153℃，易溶于水、乙醇，有较强的酸味。在食品工业中用作糖果和饮料的调味剂。在医药上，柠檬酸铁铵是常用的补血药；柠檬酸钠有防止血液凝固的作用，常用作抗凝血剂。

柠檬酸是人体内糖、脂肪和蛋白质代谢的中间产物，是糖有氧氧化过程中三羧酸循环的起始物。在酶的催化下，由柠檬酸经顺乌头酸转化成异柠檬酸，然后进行氧化和脱羧反应，变成 α-酮戊二酸。

$$
\begin{array}{ccc}
\text{CH}_2\text{—COOH} & \text{CH}_2\text{—COOH} & \text{CH}_2\text{—COOH} \\
| & | & | \\
\text{HO—C—COOH} & \text{C—COOH} & \text{CH—COOH} \\
| & || & | \\
\text{CH}_2\text{—COOH} & \text{CH—COOH} & \text{HO—CH—COOH} \\
\text{柠檬酸} & \text{顺乌头酸} & \text{异柠檬酸} \\
\text{citric acid} & \text{aconitate} & \text{isocitric acid}
\end{array}
$$

上述相互转化过程在生物体内的顺乌头酸酶的催化作用下进行，是生物体内酯、脂肪、蛋白质代谢过程中的重要反应。

（5）水杨酸（Salicylic acid）　学名邻羟基苯甲酸（o-hydroxybenzoic acid），水杨酸又名柳酸，存在于柳树、水杨树及其他许多植物中。水杨酸是无色针状结晶，熔点157～159℃，微溶于水，易溶于乙醇。水杨酸属酚酸，具有酚和羧酸的一般性质。例如，与三氯化铁试剂反应显紫色，在空气中易氧化，水溶液显酸性，能成盐、成酯等。

水杨酸具有清热、解毒和杀菌作用，其酒精溶液可用于治疗因霉菌感染而引起的皮肤病。由于水杨酸对肠胃有刺激作用，不宜内服，多用水杨酸的衍生物，可供药用的水杨酸衍生物主要有以下几种：

乙酰水杨酸　　　　　　　对氨基水杨酸　　　　　　水杨酸甲酯

（阿司匹林）　　　　　　（PAS）　　　　　　　　（冬青油）

acetylsalicylic acid(aspirin)　　p-aminosalicylic acid　　methyl salicylate(wintergreen oil)

① 乙酰水杨酸（Acetyl salicylic acid）　乙酰水杨酸的商品名为阿司匹林，可由水杨

酸与乙酐在冰醋酸中加热到 800℃进行酰化而制得。乙酰水杨酸为白色针状结晶，熔点 143℃，微溶于水。常用作解热镇痛药，由阿司匹林、非那西丁与咖啡因三者配伍的制剂为复方阿司匹林，常称为 APC。

② 对氨基水杨酸（p-amino salicylic acid）　对-氨基水杨酸的化学名称为 4-氨基-2-羟基苯甲酸，简称 PAS，为白色粉末，微溶于水，是抗结核药物。与 PAS 相比，其钠盐（PAS-Na）的水溶性较大，而刺激性较小，故一般注射都用 PAS-Na。为增强疗效，常把 PAS-Na 与链霉素或异烟肼合用，治疗各种结核病。

③ 水杨酸甲酯（Methylis salicylas）　水杨酸甲酯是冬青油的主要成分，具有特殊香味，用于配制牙膏、糖果的香精，并具有防腐及抗风湿的作用，也可用作扭伤时的外擦药。

二、 羰基酸（Carbonyl acid）

1. 羰基酸的分类和命名 （Classification and nomenclature of carbonyl acids）

分子中同时含有羰基和羧基的化合物称为羰基酸。根据羰基酸分子中羰基是否在链端可分为醛酸和酮酸，羰基在碳链一端的是醛酸，最简单的醛酸是乙醛酸，羰基在碳链中间的是酮酸，最简单的酮酸是丙酮酸。酮酸按照酮基与羧基的相对位置不同可分为 α-酮酸、β-酮酸、γ-酮酸等，许多酮酸都是生物代谢过程中的重要中间产物。

羰基酸命名时，应选择含有羧基和羰基的最长碳链作为主链，称为某醛酸或某酮酸。酮酸还需用阿拉伯数字或希腊字母（习惯上多用希腊字母）注明羰基的位次。也可用酰基命名，称为"某酰某酸"。例如：

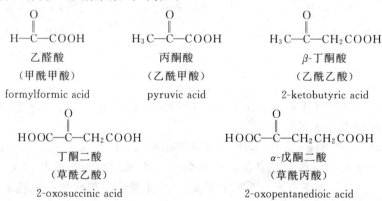

乙醛酸　　　　　　　　丙酮酸　　　　　　　　β-丁酮酸
（甲酰甲酸）　　　　　（乙酰甲酸）　　　　　（乙酰乙酸）
formylformic acid　　pyruvic acid　　　　2-ketobutyric acid

丁酮二酸　　　　　　　　　α-戊酮二酸
（草酰乙酸）　　　　　　　（草酰丙酸）
2-oxosuccinic acid　　　2-oxopentanedioic acid

2. 羰基酸的化学性质 （Chemical properties of carbonyl acids）

（1）酸性（Acidity）　α-酮酸较之相应的羧酸的酸性明显增强。例如，丙酮酸的酸性比丙酸强得多，这是因为 α-位羰基吸电子的诱导效应使羧基的氢氧键极性增强的缘故。

$$CH_3CH_2COOH \qquad\qquad CH_3COCOOH$$
$$pK_a^{\ominus}=4.88 \qquad\qquad\qquad pK_a^{\ominus}=2.25$$

（2）脱羧反应（Decarboxylation reaction）　α-酮酸和 β-酮酸都可发生脱羧反应，但难易程度不同。

α-酮酸在稀硫酸作用下发生非氧化脱羧，生成少一个碳原子的醛。在浓硫酸作用下发生氧化脱羧，生成少一个碳原子的羧酸和一分子 CO。

$$CH_3COCOOH \xrightarrow[\triangle]{\text{稀 } H_2SO_4} CH_3CHO + CO_2$$
丙酮酸　　　　　　　　　　　乙醛

$$CH_3COCOOH \xrightarrow[\triangle]{\text{浓 } H_2SO_4} CH_3COOH + CO$$

β-酮酸比 α-酮酸更容易脱酸，如乙酰乙酸只能在低温下稳定，在室温下能缓慢脱羧，稍微加热则容易脱酸生成酮。

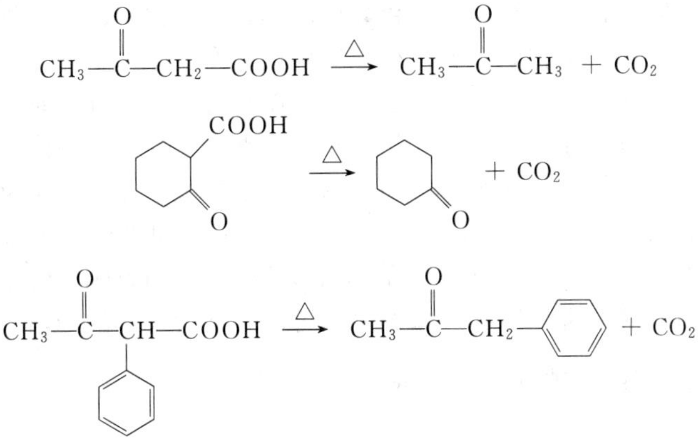

生物体内某些酮酸在酶催化下也能发生脱酸反应。例如：

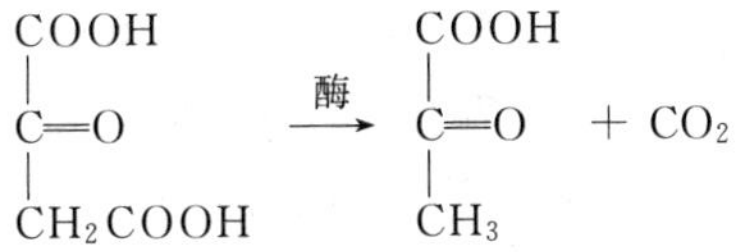

草酰乙酸脱羧生成丙酮酸是生物体内糖类代谢中的重要反应之一，是生物体内呼吸过程中释放二氧化碳的一种途径。

3. 个别化合物 （Individual compounds）

（1）乙醛酸（Glyoxylic acid）　乙醛酸是最简单的醛酸，是一种白色晶体，有不愉快气味，存在于未成熟的水果和嫩叶中。无水乙醛酸的熔点为 98℃，在空气中极易吸水而呈糖浆状，能与一分子水生成结晶水合乙醛酸。一水合物熔点为 50℃ 左右，易溶于水，微溶于乙醇、乙醚和苯。乙醛酸具有醛和羧酸的典型性质，例如它能还原托伦试剂、与羰基试剂反应，因分子中无 α-H，所以与碱共热能发生歧化（Cannizzaro）反应。

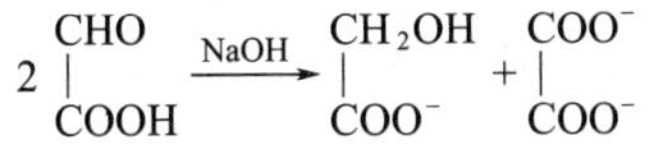

乙醇酸在人或动物肝脏内，在乙醇酸氧化酶作用下，或在叶中在乙醇酸氧化酶（依赖 NAD^+）作用下产生乙醛酸。它也可在肝脏或肾脏中，由甘氨酸及甲氨基乙酸在甘氨酸氧化酶作用下氧化产生。另外，嘌呤代谢的中间产物尿囊酸在尿囊酸酶的作用下分解，产生尿素和乙醛酸。乙醛酸循环的中间产物异柠檬酸在裂解酶的作用下产生琥珀酸和乙醛酸，后者与乙酰 CoA 合成苹果酸。

（2）丙酮酸（Pyruvic acid）　丙酮酸是最简单的酮酸，为无色有刺激性臭味的液体，沸点 165℃（分解），可与水混溶。由于受碳基的影响，丙酮酸的酸性比丙酸的酸性强，也比乳酸的酸性强。丙酮酸是人体内糖、脂肪、蛋白质代谢的中间产物．

丙酮酸是一种用途非常广泛的有机酸，在化工、制药和农用化学品等工业及科学研究中有着广泛的用途。

在医药工业中，丙酮酸是合成丙酮酸钙和 α-羰基苯丁酸的重要原料；在农药方面，可作为阿托酸、谷物保护剂等多种农药的起始原料；在日化行业，丙酮酸可以用作防腐剂和抗氧化剂添加到化妆品和食品中；此外，丙酮酸还广泛用作生物技术诊断试剂、检测试剂，可用作伯醇和仲醇的检定、生化研究转氨酶的测定，还可用作脂肪族胺的显示剂等。

（3）β-丁酮酸（β-ketobutyric acid） β-丁酮酸又称乙酰乙酸或 3-氧代丁酸。β-丁酮酸是人体内脂肪代谢的中间产物，其纯品为无色黏稠液体，酸性比醋酸强，性质不稳定，受热易发生脱羧反应生成丙酮和二氧化碳，亦可被还原生成 β-羟基丁酸。

人体内脂肪代谢时能生成 β-丁酮酸，β-丁酮酸在酶的催化下可还原生成 β-羟基丁酸，脱羧则生成丙酮。医学上将 β-丁酮酸、β-羟基丁酸和丙酮三者总称为酮体。酮体是脂肪酸在人体内不能完全被氧化成二氧化碳和水的中间产物，正常情况下能进一步氧化分解，因此正常人体血液中只存在微量（小于 $0.5\,\text{mmol}\cdot\text{L}^{-1}$）酮体。但长期饥饿或患糖尿病时，由于代谢发生障碍，血液和尿中的酮体含量就会增高。酮体呈酸性，如果酮体的增加超过了血液抗酸的缓冲能力，就会引起酸中毒。因此，检查酮体可以帮助对疾病的诊断。

三、 互变异构现象（Tautomerism）

乙酰乙酸乙酯（ethyl acetoacetate）又叫 β-丁酮酸乙酯，简称三乙，是稳定的化合物，在室温下为无色液体，有愉快香味，微溶于水，易溶于乙醚、乙醇等有机溶剂。乙酰乙酸乙酯具有特殊的化学性质，能发生许多反应，在有机合成中是十分重要的物质。

乙酰乙酸乙酯是 β-酮酸酯，除具有酮和酯的典型反应外，还能发生一些特殊的反应。例如，能使溴水褪色，说明分子中含有不饱和键；能和氢氰酸、亚硫酸氢钠、苯肼、2,4-二硝基苯肼等发生加成或加成消除反应，这是羰基的特殊反应；能与金属钠反应放出氢气，能使溴水褪色，并能和三氯化铁发生颜色反应，这说明分子中有烯醇式结构存在。进一步研究表明，乙酰乙酸乙酯在室温下能形成酮式和烯醇式的互变平衡体系。

$$\underset{\substack{\text{酮式（92.5\%）}\\\text{keto-form}}}{CH_3-\overset{O}{\overset{\|}{C}}-CH_2-\overset{O}{\overset{\|}{C}}-OC_2H_5} \rightleftharpoons \underset{\substack{\text{烯醇式（7.5\%）}\\\text{enol-form}}}{CH_3-\overset{OH}{\overset{|}{C}}=CH-\overset{O}{\overset{\|}{C}}-OC_2H_5}$$

产生互变异构现象的原因是：在酮式结构中亚甲基上的氢原子（α-H）同时受羰基和酯基吸电子效应的双重影响而特别活泼，很容易转移到羰基氧上形成烯醇式异构体。在烯醇式结构中的碳碳双键与酯基中的碳氧双键形成 π-π 共轭体系，使电子离域，降低了体系的能量。

另外，烯醇式通过分子内氢键的缔合形成了一个较稳定的六元环结构：

$$CH_3-\overset{\overset{\displaystyle O-H\cdots\cdots O}{|\qquad\quad\|}}{C=CH-C}-OC_2H_5$$

实际上，具有下列结构的有机化合物都可能产生互变异构现象：

$$R-\overset{O}{\overset{\|}{C}}-CH_2-Y$$

$$\left[Y=-\overset{O}{\overset{\|}{C}}-R'\,,\ -\overset{O}{\overset{\|}{C}}-OR'\,,\ -\overset{O}{\overset{\|}{C}}-OH\,,\ -\overset{O}{\overset{\|}{C}}-H\,,\ -NH-\,,\ -C\equiv N\,,\ -NO_2\right]$$

在生物体内物质的代谢过程中，酮式-烯醇式互变异构现象非常普遍。例如：酮式草酰乙酸在酶的作用下可以转化为烯醇式草酰乙酸：

$$HOOC-CH_2-\overset{O}{\overset{\|}{C}}-COOH \rightleftharpoons HOOC-CH=\overset{OH}{\overset{|}{C}}-COOH$$

习 题（Exercises）

1. 命名下列化合物或写出结构式：

(1) （CH₃）₂CHCH₂COOH

(2)
$$\begin{array}{c} CH_3CH_2 \qquad CH_3 \\ \diagdown \quad \diagup \\ C=C \\ \diagup \quad \diagdown \\ H \qquad CH_2COOH \end{array}$$

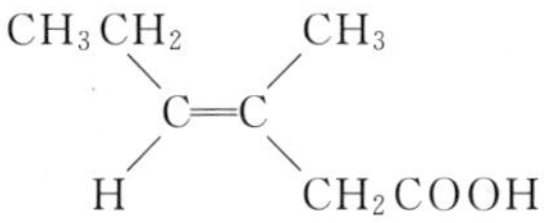

(3)
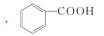

(4) CH₃— （含 O 的六元环二酮内酯）

(5)
$$CH_3\underset{CH_3}{\overset{}{CH}}CH_2-\overset{O}{\overset{\|}{C}}-OC_2H_5$$

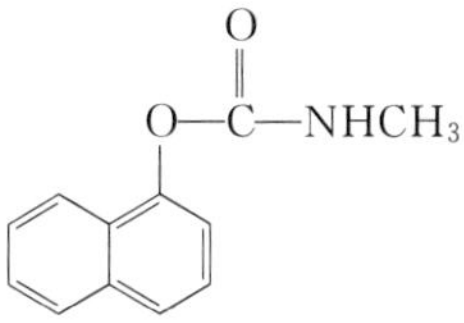

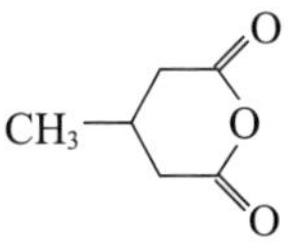

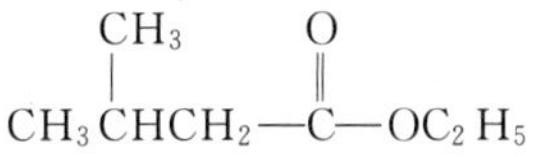

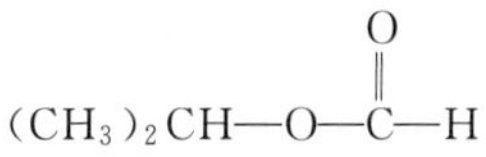

(6) （CH₃）₂CH—O—$\overset{O}{\overset{\|}{C}}$—H

(7) CH₃CH$\overset{O}{\diagup\diagdown}$CHCOOH

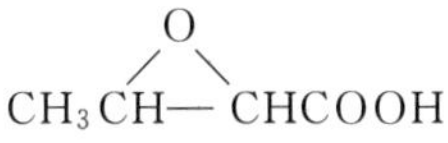

(8) 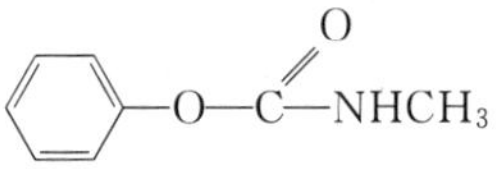
C₆H₅—O—$\overset{O}{\overset{\|}{C}}$—NHCH₃

(9) 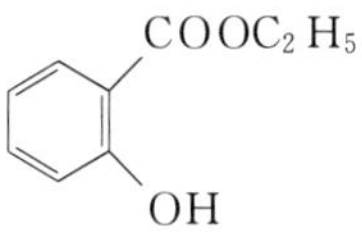
（苯环，COOC₂H₅，OH）

(10) 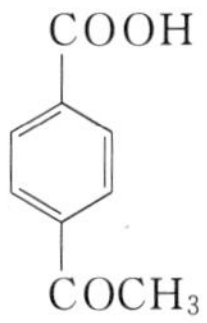
（苯环，COOH，COCH₃）

(11) 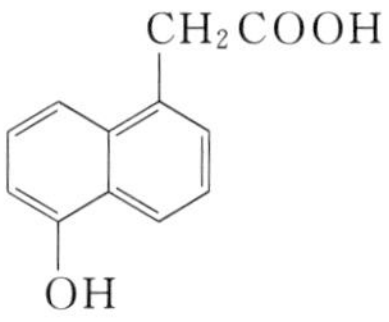
（萘环，CH₂COOH，OH）

(12) 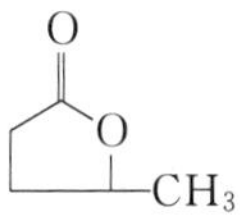
（五元环内酯，CH₃）

(13) 乙酰水杨酸

(14) 草酰乙酸乙酯

2. 用简便的化学方法鉴别下列各组化合物：

(1) 水杨酸、苯甲酸、肉桂酸

(2) 草酸、丙酮酸、丙酸

(3)
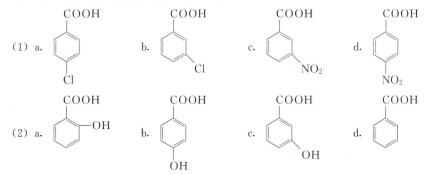

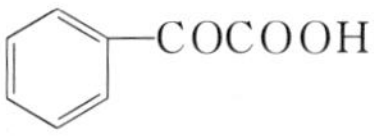

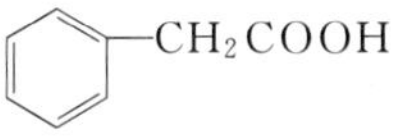

(4) 丙酸、丙酮酸、β-丁酮酸

(5) α-氨基丙酸、α-氯丙酸、丙酮酸

(6) 水杨酸、苯酚、苯甲醇

(7) 甲酸、乙酸、甲酸乙酯

3. 将下列化合物按酸性由强到弱的顺序排列：

(1) a. （苯环，COOH，对位Cl）　b. （苯环，COOH，间位Cl）　c. 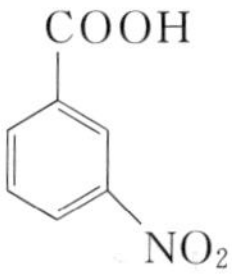 （苯环，COOH，间位NO₂）　d. （苯环，COOH，对位NO₂）

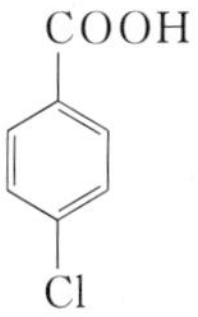

(2) a. （苯环，COOH，邻位OH）　b. （苯环，COOH，对位OH）　c. （苯环，COOH，间位OH）　d. （苯环，COOH）

4. 完成下列反应：

(1) $CH_3CHCOOH \xrightarrow{[O]} ? \xrightarrow[\triangle]{稀 H_2SO_4} ? \xrightarrow{[H]} ?$
　　　　|
　　　OH

(2) 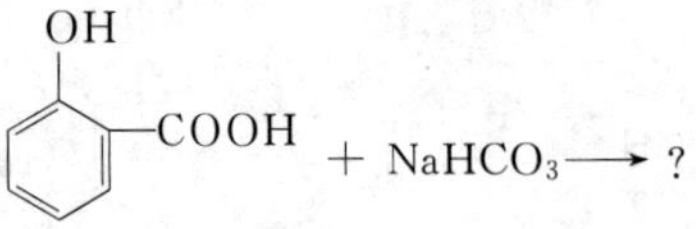
OH
—COOH $+ NaHCO_3 \longrightarrow ?$

(3)
$\xrightarrow[\triangle]{KMnO_4/H^+} ? \xrightarrow[浓 H_2SO_4]{C_2H_5OH} ?$

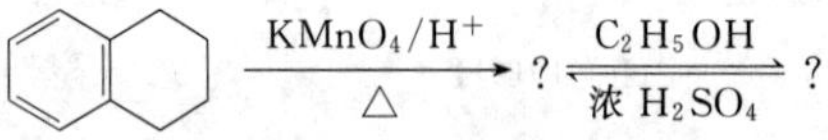

(4)
—COCOOH $\xrightarrow[\triangle]{稀硫酸} ? \xrightarrow{[O]} ? \xrightarrow{SOCl_2} ? \xrightarrow[\triangle]{NH_3} ?$

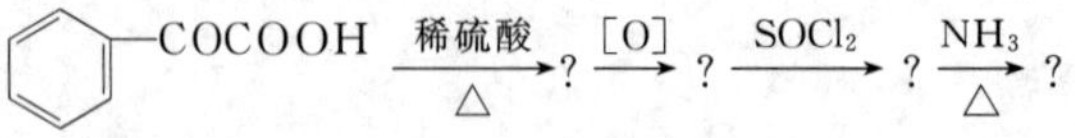

(5) $HOCH_2CH_2CHCOOH \xrightarrow{\triangle} ? \xrightarrow[\triangle]{NH_3} ? \xrightarrow{HNO_2} ?$
　　　　　　　　　|
　　　　　　　　CH_3

(6) $HOOC\overset{O}{\underset{||}{C}}CH_2COOH \xrightarrow{\triangle} ? \xrightarrow{NaOH+I_2} ?$

(7) 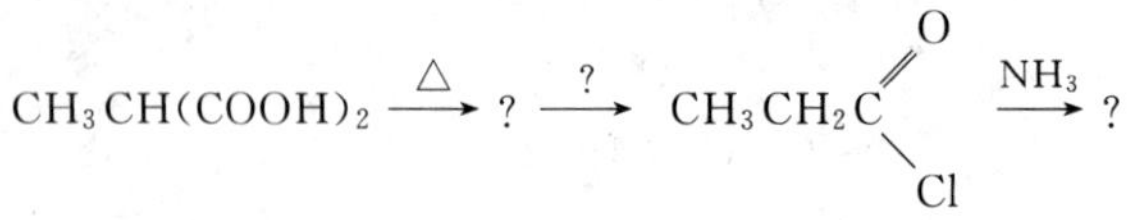 $CH_3CH(COOH)_2 \xrightarrow{\triangle} ? \xrightarrow{?} CH_3CH_2\overset{O}{\underset{|}{C}}Cl \xrightarrow{NH_3} ?$

(8) 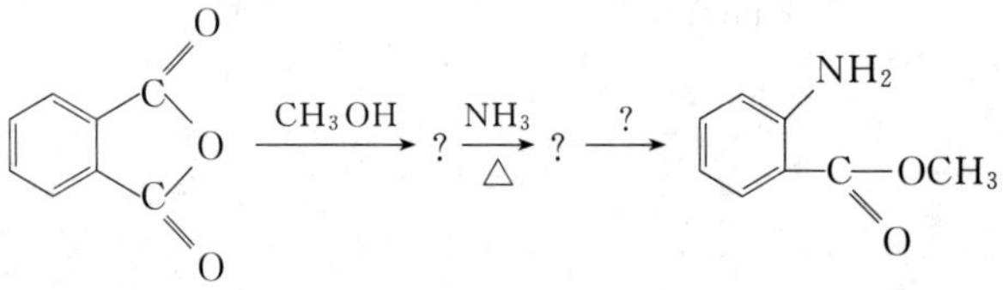
$\xrightarrow{CH_3OH} ? \xrightarrow[\triangle]{NH_3} ? \xrightarrow{?}$
NH_2
—C—OCH_3
　||
　O

(9) 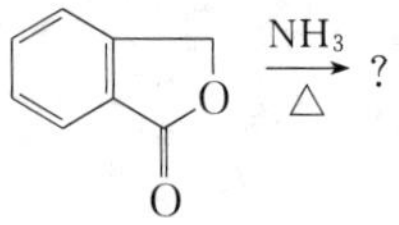
$\xrightarrow[\triangle]{NH_3} ?$

(10) 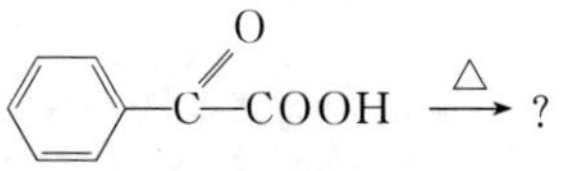
—$\overset{O}{\underset{||}{C}}$—COOH $\xrightarrow{\triangle} ?$

5. 由指定原料合成下列化合物：

(1) 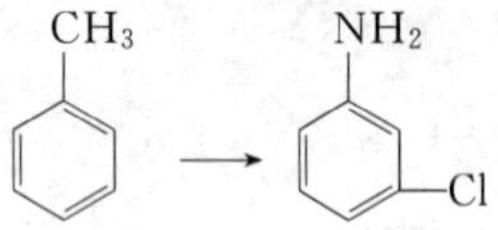
$\longrightarrow$

(2) 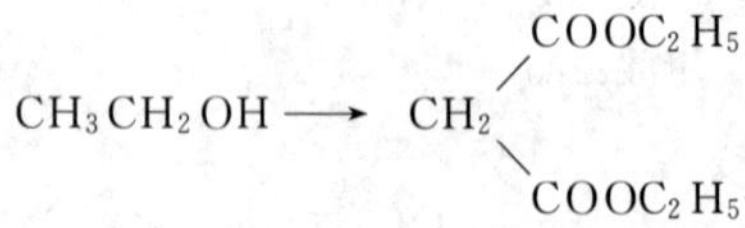 $CH_3CH_2OH \longrightarrow CH_2\overset{COOC_2H_5}{\underset{COOC_2H_5}{\big\langle}}$

(3) $CH_3CHCH_3 \longrightarrow CH_3CHCOOH$
　　　|　　　　　　　　|
　　　OH　　　　　　　CH_3

(4)
—CH_3 $\longrightarrow$
—CH(COOH)_2

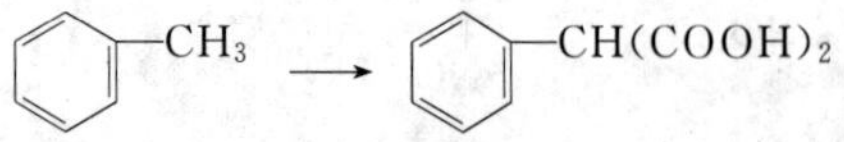

(5) $CH_3CH_2CH_2OH \longrightarrow CH_3CH_2CHCOOH$
　　　　　　　　　　　　　　　|
　　　　　　　　　　　　　　OH

(6) 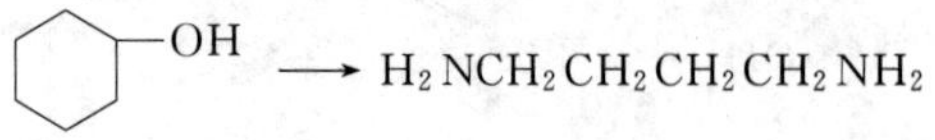
—OH $\longrightarrow H_2NCH_2CH_2CH_2CH_2NH_2$

6. 推导结构式：

(1) A、B、C 三个化合物的分子式均为 $C_3H_6O_2$，A 与 Na_2CO_3 作用放出 CO_2，B 和 C 不能，B 和 C 分别在 NaOH 溶液中加热水解，B 的水解馏出液能发生碘仿反应，C 不能，试写出 A、B、C 的可能构造式。

(2) 有两个酯类化合物 A 和 B，分子式均为 $C_4H_6O_2$。A 在酸性条件下水解成甲醇和另一化合物 C ($C_3H_4O_2$)，C 可使 Br_2-CCl_4 溶液褪色。B 在酸性条件下水解生成一分子羧酸和化合物 D；D 可发生碘仿反应，也可与 Tollens 试剂作用。试推出 A、B、C、D 的构造式。

(3) 某化合物 A，分子式为 $C_4H_6O_2$，它不溶于 NaOH 溶液，和 Na_2CO_3 没有作用，可使溴水褪色。它有类似于乙酸乙酯的香味。A 和 NaOH 溶液共热后变成乙酸钠和乙醛。另一化合物 B 的分子式与 A 相同，它和 A 一样，不溶于 NaOH，和 Na_2CO_3 没有作用，可使溴水褪色，香味与 A 类似。但 B 和 NaOH 溶液共热后生成甲醇和一个羧酸钠盐。该钠盐用 H_2SO_4 中和后的有机物可使溴水褪色。试推测 A 和 B 的构造式。

第十章　含氮和含磷有机化合物

（Nitrogenous and Phosphorous Organic Compounds）

含氮有机化合物是指烃分子中的氢原子被氮原子取代而形成的一大类化合物。如胺类（amines）、酰胺类（amides）、硝基化合物（nitro compounds）、重氮化合物（diazo compounds）、偶氮化合物（azoic compounds）、腈类（nitriles）、异腈类（isocyanides）、肟类（oximes）、腙类（hydrazones）、肼类（hydrazines）、缩氨脲类（semicarbazones）、氨基酸（amino acids）、蛋白质（proteins）以及含氮的杂环化合物（nitrogen-containing heterocyclic compounds）等。含磷有机化合物是指烃分子中的氢原子被磷原子取代形成的化合物，主要是膦和磷酸的衍生物。本章主要讨论胺类化合物，并对重氮盐和偶氮化合物作简略的介绍。

第一节　胺

（Amines）

一、胺的分类和命名（Classification and nomenclature of amines）

胺既可以看做是烃分子中的氢原子被氨基取代的衍生物，也可以看做是氨分子中的氢原子被烃基取代的衍生物。根据胺分子中氮原子上连接的烃基数目不同，可将胺类分为伯胺（1°胺）、仲胺（2°胺）、叔胺（3°胺）和季铵盐。它们的通式为：

RNH_2	R_2NH	R_2N	$R_3N^+X^-$
伯胺	仲胺	叔胺	季铵盐
primary amine	secondary amine	tertiary amine	quaternary ammonium salt

应当注意，这里的"伯"、"仲"、"叔"和"季"，分别对应于氮原子上所连的烃基数目，与碳原子的类型无关。如：

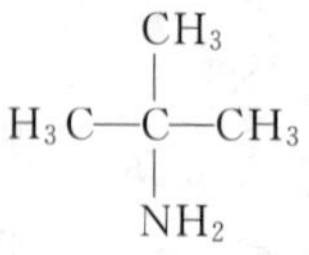

$$
\begin{array}{cc}
& CH_3 \\
H_3C\!-\!\overset{\displaystyle}{\underset{\displaystyle NH_2}{C}}\!-\!CH_3 \qquad\qquad & H_3C\!-\!\overset{\displaystyle CH_3}{\underset{\displaystyle OH}{C}}\!-\!CH_3
\end{array}
$$

伯胺　　　　　　　　　　叔醇

primary amine　　　　　tertiary alcohol

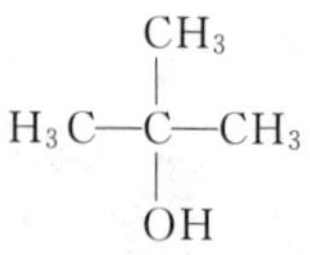

根据胺分子中烃基的种类不同，可以分为脂肪胺（fatty amines）和芳香胺（aromatic amines）。胺的命名有习惯命名法和系统命名法两种。

简单的胺常用习惯命名法，即在烃基的名称后面加上"胺"字，称为"某胺"。对于含有相同烃基的仲胺和叔胺，需要在烃基名称前标明相同烃基的数目。对于含不同烃基的仲胺和叔胺，命名时应按"较低序列"的烃基名称在前，"较高序列"的在后的顺序，分别列出各个烃基名称。例如：

CH$_3$NH$_2$	CH$_3$CH$_2$NH$_2$	CH$_3$-CH-CH$_2$NH$_2$ (CH$_3$)	$\bigcirc$-NH$_2$
甲胺	乙胺	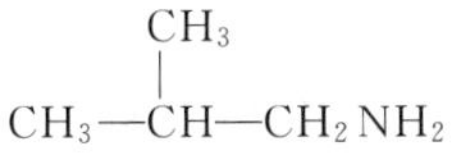 异丁胺	环己胺
methanamine	ethanamine	2-ethylbutan-1-amine	cyclohexanamine

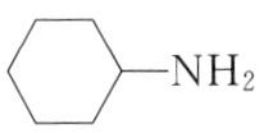

(CH$_3$)$_2$NH	(CH$_3$CH$_2$)$_3$N	CH$_3$CH$_2$NHCH$_2$CH$_2$CH$_3$
二甲胺	三乙胺	乙丙胺
dimethylamine	triethylamine	N-ethylpropan-1-amine

芳香胺命名时常以苯胺为母体，将其他取代基的位次和名称放在母体名称前面：

对溴苯胺	N-甲基苯胺	2-甲基-N-甲基苯胺
4-bromobenzenamine	N-methylbenzenamine	N,2-dimethylbenzenamine

复杂的胺采用系统命名法，把胺看作是烃的氨基衍生物，以烃作母体，氨基作为取代基来命名，例如：

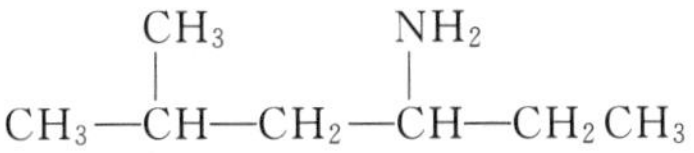

CH$_3$-CH-CH$_2$-CH-CH$_2$CH$_3$

2-甲基-4-氨基己烷

5-methylhexan-3-amine

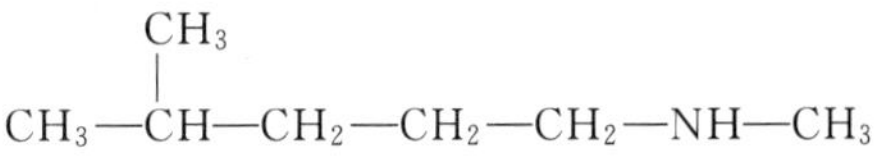

CH$_3$-CH-CH$_2$-CH$_2$-CH$_2$-NH-CH$_3$

4-甲基-1-甲氨基戊烷

N,4-dimethyl amyl amine

季铵类化合物的命名与氢氧化铵的命名相似。例如：

(CH$_3$)$_4$N$^+$OH$^-$ [(CH$_3$)$_3$NCH$_2$CH$_3$]$^+$Cl$^-$

氢氧化四甲铵   氯化三甲基乙基铵

tetramethylammonium hydroxide   N,N,N-trimethylethylammonium chloride

二、 胺的结构（Amine structures）

胺的结构与氨相似，氮原子都是 sp^3 杂化，氮原子用 3 个 sp^3 杂化轨道与 3 个氢或烃基形成 3 个 σ 键，3 个取代基分别占据四面体的 3 个顶点，氮原子上的孤电子对则占据另一个顶点。相应的键角接近于 109.5°（如图 10-1 及图 10-2 所示）。因此氨和胺都呈三棱锥形结构。

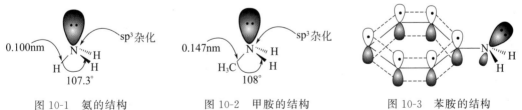

图 10-1 氨的结构
（Structure of ammonia）

图 10-2 甲胺的结构
（Structure of methylamine）

图 10-3 苯胺的结构
（Structure of aniline）

由于胺是三棱锥形结构，当氮上连有 3 个不同的原子或基团时，它也是手性分子。换句话说胺可以看作是近似的四面体结构，未共用电子对所占据的轨道可看作第四个"基"。理论上应该存在一对对映异构体，它们不能完全重叠，但实际上从未分离得到过这样的异构体，这是因为具有未共用电子对的 sp^3 杂化轨道，它不会像一个基团那样使分子的构型固定下来。

季铵类化合物氮原子上的四个 sp^3 杂化轨道都与烃基成键，如果 4 个烃基不同时，与手性碳原子化合物相似，确实存在旋光异构体。

苯胺分子中氮原子也是以 sp^3 方式杂化，它仍然是棱锥形结构。未共用电子对所在的杂化轨道，与氨相比具有更多的 p 轨道成分，可与苯环的 π 轨道共轭（即 sp^3-π 共轭，相似于苯酚的多电子 p-π 共轭体系），形成氮和苯环在内的共轭体系，因此其 H—N—H 键角（113.9°）比氨（107.3°）大，如图 10-3 所示。

三、 胺的物理性质（Physical properties of amines）

低级脂肪胺中的甲胺、二甲胺和三甲胺等是气体，其他的低级胺为液体，12 碳以上的胺为固体。低级胺的气味与氨相似，三甲胺有鱼腥味，高级胺一般没有气味。胺在水中的溶解度比相应的醇大。这是由于胺与水分子间形成氢键的能力大于胺分子间形成氢键的能力。胺的沸点比同分子量的非极性化合物高，而比醇的沸点低。

芳香胺一般为液体或固体，有难闻的气味，在水中的溶解度很小。芳香胺能随水蒸气挥发，可采用水蒸气蒸馏法分离提纯。芳香胺的毒性很大，如苯胺可因吸入或皮肤接触而致中毒，β-萘胺和联苯胺则是致癌物质。一些胺的物理常数见表 10-1。

表 10-1　胺的物理常数
(Physical properties of amines)

名　称 Name	结构式 Structure	沸点/℃ Boiling point	熔点/℃ Melting point	p$K_b^\ominus$(25℃,H$_2$O) Dissociation constant
氨	NH$_3$	−33	−77.7	4.76
甲胺	CH$_3$NH$_2$	−6.5	−92.5	3.38
二甲胺	(CH$_3$)$_2$NH	7.5	−96.0	3.02
三甲胺	(CH$_3$)$_3$N	3.5	−117.0	4.21
乙胺	CH$_3$CH$_2$NH$_2$	16.6	−80.6	3.36
二乙胺	(CH$_3$CH$_2$)$_2$NH	55	−39	3.06
三乙胺	(CH$_3$CH$_2$)$_3$N	89	−115	3.25
乙二胺	H$_2$NCH$_2$CH$_2$NH$_2$	117	8.5	4.00;7.20
苯胺	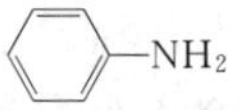 ⬡—NH$_2$	184	−6	9.40
N-甲基苯胺	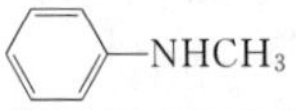 ⬡—NHCH$_3$	196	−57	9.20
N,N-二甲基苯胺	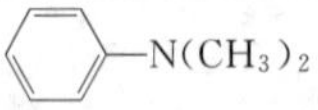 ⬡—N(CH$_3$)$_2$	194	2.0	9.42
邻甲基苯胺	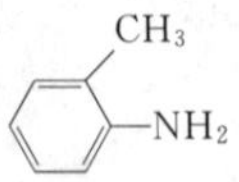 ⬡(CH$_3$)—NH$_2$	200	−23	9.60
间甲基苯胺	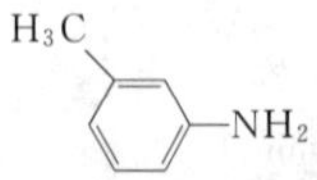 H$_3$C—⬡—NH$_2$	204	−43.6	9.30
对甲基苯胺	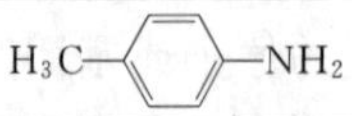 H$_3$C—⬡—NH$_2$	200	44	8.90
苯甲胺(苄胺)	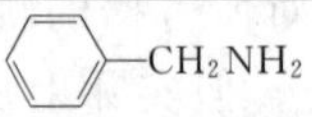 ⬡—CH$_2$NH$_2$	184.5		4.66
邻苯二胺	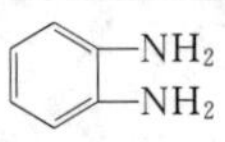 ⬡(NH$_2$)(NH$_2$)	257	103	9.50;12.70

名 称 Name	结构式 Structure	沸点/℃ Boiling point	熔点/℃ Melting point	$pK_b^\ominus(25℃,H_2O)$ Dissociation constant
间苯二胺		284	63	9.30;11.40
对苯二胺		267	140	8.85;10.70
二苯胺		302	54	12.80
α-萘胺		301	49	10.10
β-萘胺		306	112	9.90

四、 胺的化学性质（Chemical properties of amines）

1. 碱性与成盐（Basicity and salt formation）

（1）碱性（Basicity） 胺与氨一样，分子中氨基氮原子上有一对未共用电子对，它具有接受质子或提供电子对的能力，因此，胺具有碱性。

$$R\overset{..}{N}H_2+H^+\rightleftharpoons RN^+H_3$$

当胺溶于水时，可与水中质子作用，发生下列离解反应：

$$RNH_2+H_2O\rightleftharpoons RN^+H_3+OH^-$$

胺类的碱性强弱可以用它们在水中的离解常数 $K_b^\ominus$ 或其对数的负值 $pK_b^\ominus$ 表示。$K_b^\ominus$ 的值愈大或 $pK_b^\ominus$ 值愈小，则碱性愈强。

胺属于弱碱，其碱性强弱与氮原子上连接基团的电子效应、胺正离子的溶剂化能力，以及空间阻碍等因素有关。

① 胺在气态时的碱性（Basicity of amines in the gaseous state） 在气相中，由于没有溶剂存在，胺的碱性主要取决于氮原子上电子云密度的大小，也就是取决于氮原子上所连烃基的种类和数目。在脂肪胺中，由于烷基可以给电子，因此脂肪胺在气相中的碱性随着烷基数目的增多而增加：

$$(CH_3)_3N＞(CH_3)_2NH＞CH_3NH_2$$

② 胺在水溶液中的碱性（Basicity of amines in aqueous solution） 脂肪胺在水溶液中的碱性强弱顺序为：

$$(CH_3)_2NH＞(CH_3)NH_2＞(CH_3)_3N＞NH_3$$

脂肪胺在水溶液中的碱性强弱顺序并不是只取决于氮上电子云密度的大小，它还与脂肪胺正离子溶剂化程度的大小有关。胺正离子的溶剂化作用是指它与水形成氢键的能力。氮上连接氢越多时，形成氢键的溶剂化程度越大，相应的胺正离子也越稳定，分子的碱性也越强。

$$R-\overset{\overset{\displaystyle H\text{---}OH_2}{|}}{\underset{\underset{\displaystyle H\text{---}OH_2}{|}}{N^+}}-H\text{---}OH_2 ＞ \overset{\overset{\displaystyle R}{|}}{\underset{\underset{\displaystyle R}{|}}{N^+}}\overset{H\text{---}OH_2}{\underset{H\text{---}OH_2}{}} ＞ R_3N^+\text{---}OH_2$$

　　从溶剂化形成氢键的角度考虑，应是1°胺的碱性最强，2°胺次之，3°胺最弱。这个碱性强弱顺序正好与烷基的斥电子效应所产生的结果相反。另外，胺在水溶液中的溶剂化效应也与分子的大小有关，如果氮上烷基体积较大，由于空间位阻使胺正离子不易溶剂化，也会使相应胺的碱性减弱。所以，三种脂肪胺在水溶液中的碱性强弱顺序是电子效应和溶剂化效应等因素综合作用的结果。

　　芳香胺在水溶液中的碱性强弱顺序为：

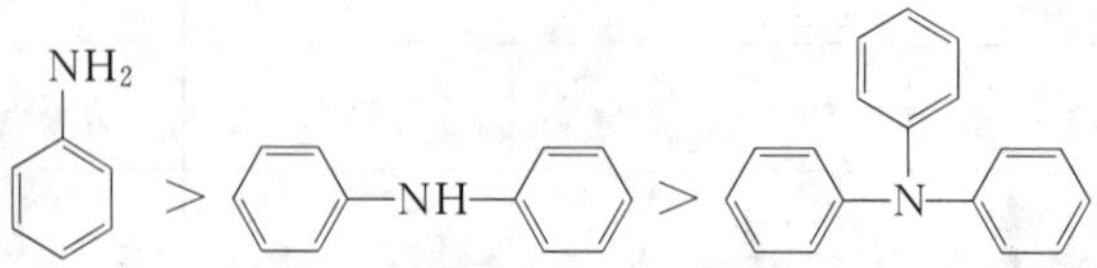

　　这个顺序也是电子效应与溶剂化效应综合作用的结果，但此处两种效应的作用方向是一致的。芳香烃基连于氮上，可通过p-π共轭效应使氮上的电子云向芳环转移，从而降低氮原子与质子的结合能力，氮上连的芳香烃基越多，这种电子效应的作用程度越大，相应胺的碱性也就越弱。氮上连的芳香烃基越多，相应胺正离子的溶剂化作用程度越小，胺的碱性也就越弱。

　　取代芳香胺的碱性强弱，取决于取代基的性质及所处的位置。一般说来，氨基对位有斥电子效应的取代基如氨基、羟基、甲氧基、甲基等，使苯胺碱性增强。这些取代基有的有斥电子的诱导效应，如甲基；有的虽有吸电子的诱导效应，而起作用的是斥电子的共轭效应，如羟基和甲氧基等，它们有孤电子对，可以通过氨基的邻位或对位与苯环的π电子以及氨基上的氮原子共轭，把电子推向氮原子，在间位或邻位（有空间阻碍）时却不能有效提高其碱性。当苯环上连有吸电子基（如硝基等）时，均使其碱性减弱。

　　季铵碱类属于强碱性离子型化合物，其碱性与氢氧化钠等相当。

　　常见不同类型的含氮化合物碱性强弱顺序为：

季铵碱≫脂肪胺＞氨＞芳胺＞酰胺

　　（2）成盐（Salt formation）　有机胺的盐类（铵盐）水溶性较大，而胺一般难溶于水，因此，铵盐遇强碱可游离出胺。可利用这一性质来提取胺或将胺与非碱性有机物加以分离。

　　如苯胺在常温常压下为难溶于水的油状液体，但易溶于强酸溶液：

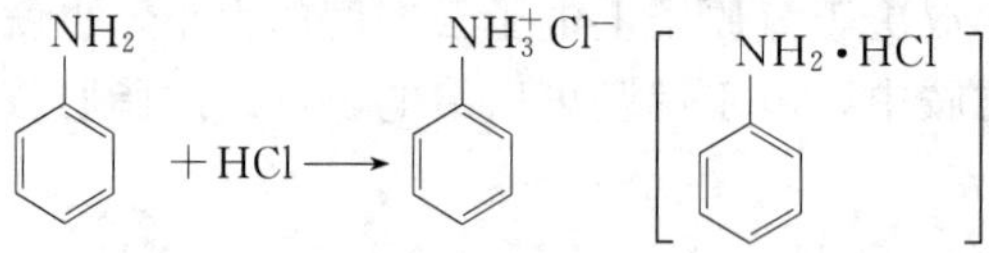

盐酸苯胺
aniline hydrochloride

也常利用此性质将水溶性差的胺类药物制成盐。如：

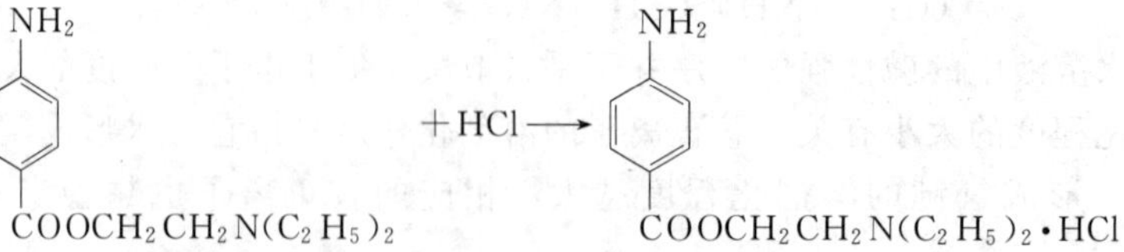

普鲁卡因　　　　　　　　　　　　盐酸普鲁卡因
procaine　　　　　　　　　　　procaine hydrochloride

　　铵盐不仅水溶性好，而且具有比较稳定和无臭等特点。

2. 烷基化反应（Alkylation reactions）

胺与氨一样，都是亲核试剂，能进攻卤代烷分子中电子云密度较低的部位。发生亲核取代反应生成铵盐。铵盐进一步和氨或胺作用得到游离胺。从而在胺的氮原子上引入烷基，称为烷基化反应。例如，氨与卤代烷作用，可以生成伯胺、仲胺、叔胺和季铵盐：

$$NH_3 + RBr \longrightarrow [RNH_3]^+Br^- \xrightarrow{NH_3} RNH_2 + NH_4Br$$

$$RNH_2 + RBr \longrightarrow [R_2NH_2]^+Br^- \xrightarrow{RNH_2} R_2NH + [RNH_3]^+Br^-$$

$$R_2NH + RBr \longrightarrow [R_3NH]^+Br^- \xrightarrow{RNH_2} R_3N + [RNH_3]^+Br^-$$

$$R_3N + RBr \longrightarrow [R_4N]^+Br^-$$

季铵盐与无机铵盐相似，是离子化合物，能溶于水。季铵盐用 AgOH 处理可生成季铵碱，并沉淀出卤化银：

$$[R_4N]^+Br^- + AgOH \longrightarrow [R_4N]^+OH^- + AgBr\downarrow$$

季铵碱是强碱，其碱性与苛性碱相当。例如，它有吸湿性，能吸收 CO_2，受热时会分解，其水溶液能腐蚀玻璃等。

3. 酰基化反应（Acylation reactions）

伯胺、仲胺与酰氯、酸酐等酰基化试剂反应，氨基的氢原子可被酰基取代，生成*N*-取代酰胺或 *N*,*N*-二取代酰胺。叔胺不能进行酰基化反应：

$$RNH_2 + R-\overset{\overset{O}{\|}}{C}-Cl \longrightarrow RNH-\overset{\overset{O}{\|}}{C}-R$$

$$R_2NH + R-\overset{\overset{O}{\|}}{C}-Cl \longrightarrow R_2N-\overset{\overset{O}{\|}}{C}-R$$

酰胺一般都是结晶性固体，具有一定的熔点。通过测定酰胺的熔点，可以鉴定原来的胺。因此酰基化反应可用于定性鉴定伯胺和仲胺。胺经酰基化后生成的取代酰胺呈中性，不能与酸作用生成盐，可以利用此反应，使叔胺和伯胺或仲胺分离。酰胺在酸或碱的催化下，水解释放出原来的胺，所以酰基化反应是有机合成中用来保护氨基的重要方法。因为氨基比较活泼，又容易被氧化。例如，需要在苯胺的苯环上引入硝基时，为防止硝酸将苯胺氧化，则先将氨基进行乙酰化，生成乙酰苯胺，然后再硝化，苯环上导入硝基后，水解除去酰基则得硝基苯胺：

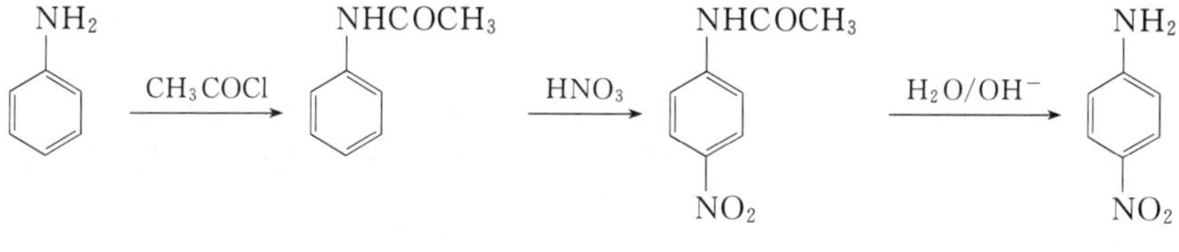

4. 磺酰化反应（Sulfonylation or Hinsberg reactions）

伯胺、仲胺氮原子上的氢和氨的酰基化一样，也可以被磺酰基取代，生成磺酰胺(sulfonamide)，这个反应叫做磺酰化反应。常用的磺酰化试剂是苯磺酰氯或对甲基苯磺酰氯，称为兴斯堡试剂（Hinsberg reagent）。

$$RNH_2 + \underset{}{\bigcirc}-SO_2Cl \xrightarrow{NaOH} \underset{\text{（固体）}}{\bigcirc-\overset{O}{\underset{O}{\overset{\|}{\underset{\|}{S}}}}-NHR\downarrow} \xrightarrow{\text{(NaOH)}} \underset{\text{溶于 NaOH 溶液}}{\bigcirc-\overset{O}{\underset{O}{\overset{\|}{\underset{\|}{S}}}}-N^-Na^+R}$$

$$R_2NH + \underset{}{\bigcirc}-SO_2Cl \xrightarrow{NaOH} \underset{\substack{\text{不溶于 NaOH 溶液}\\\text{（固体）}}}{\bigcirc-\overset{O}{\underset{O}{\overset{\|}{\underset{\|}{S}}}}-NR_2\downarrow}$$

反应需在氢氧化钠或氢氧化钾溶液中进行，伯胺磺酰化后的产物，氮原子上还有一个氢原子，由于苯磺酰基是较强的吸电子基团，使得这个氢原子显酸性，它能与反应体系中的氢氧化钠生成盐而溶于碱液中。仲胺生成的苯磺酰胺，氮原子上已没有氢原子，故不能与碱作用生成盐，也就不能溶于碱液中而呈固体析出。叔胺的氮原子上没有氢，与兴斯堡试剂不能反应。利用这个性质，可以鉴定伯胺、仲胺、叔胺。苯磺酰胺在酸的作用下，还可以水解为原来的胺，因此也可用于伯胺、仲胺、叔胺的分离提纯。

5. 与亚硝酸反应 （Reactions with nitrous acid）

胺和亚硝酸反应，产物随胺的种类不同而异。亚硝酸很不稳定，需用时由亚硝酸钠与盐酸作用产生。

（1）伯胺（Primary amines） 脂肪族伯胺与亚硝酸发生重氮化反应得到极不稳定的脂肪族重氮盐，即便在低温下，脂肪族重氮盐也难以稳定存在，迅速分解释放出氮气并生成碳正离子，碳正离子进一步反应得到包括烯烃、醇和卤代烃的混合物。

$$RNH_2 + NaNO_2 + 2HX \xrightarrow[H_2O]{HONO} \underset{\substack{\text{脂肪族重氮盐不稳定}\\\text{aliphatic diazonium salt(unsteadiness)}}}{R-N^+\equiv NX^-} + NaX + 2H_2O$$

$$\downarrow -N_2$$

$$R^+ + X^- \longrightarrow \text{烯烃、醇、卤代烃}$$

脂肪族伯胺与亚硝酸反应比较复杂，放出氮气并生成其他产物的混合物，在有机合成上没有实用意义，但由于放出的氮气是定量的，因此，这个反应可用于氨基（—NH_2）的定量测定。

胺与亚硝酸的反应中最为重要的当属芳香族伯胺与亚硝酸的反应。芳香族伯胺与亚硝酸反应生成芳香重氮盐。尽管芳香重氮盐也不稳定，但其稳定性远大于脂肪族重氮盐。将反应混合物保持在低于5℃条件下，芳香重氮盐的分解速率很慢。

$$\underset{\substack{\text{芳伯胺}\\\text{primary aromatic amines}}}{ArNH_2} + NaNO_2 + 2HX \xrightarrow[H_2O]{HONO} \underset{\substack{\text{芳香重氮盐(低于5℃时稳定)}\\\text{aromatic diazonium salts}}}{[\,Ar-N^+\equiv NX^-\,]} + NaX + 2H_2O$$

重氮盐加热到室温即分解放出氮气，得到相应的酚。

（2）仲胺（Secondary amines） 脂肪族仲胺或芳香族仲胺与亚硝酸作用，都得到 N-亚硝基胺。

$$R_2NH + HNO_2(NaNO_2 + HCl) \longrightarrow \underset{\substack{N\text{-亚硝基胺}\\N\text{-nitrosamine}}}{R_2N-NO}$$

N-亚硝基胺通常呈黄色油状物从反应物中析出。N-亚硝基胺与稀酸共热则分解为原来的胺，因此可以利用这个性质分离提纯仲胺。N-亚硝基胺还是一类致癌物质。

（3）叔胺（Tertiary amines） 脂肪族叔胺与亚硝酸反应生成不稳定的亚硝酸盐。这种盐溶于水，易分解为游离胺。

$$R_3N + HNO_2 \rightleftharpoons R_3NH^+ NO_2^-$$

芳香族叔胺与亚硝酸作用，在环上发生亚硝化反应，例如：

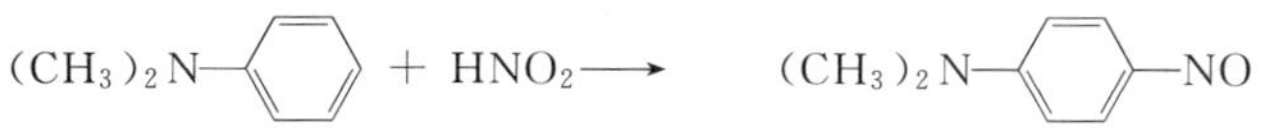

对亚硝基-N,N-二甲基苯胺（草绿色结晶）

N,*N*-dimethyl-p-nitrosoaniline(grass green CHstal)

此反应首先在对位发生，对位被占，则在邻位发生，生成的产物为绿色固体。

利用亚硝酸与不同的胺发生的不同反应，可区别脂肪族或芳香族的三种胺。

6. 芳香环上的取代反应（Electrophilic aromatic substitution）

芳环上的氨基是邻对位定位基，它使苯环活化，所以苯胺很容易发生芳环上的亲电取代反应。

（1）卤代（Halogenated reactions） 芳香胺与卤素的反应速率很快，例如苯胺与溴水作用时，在室温下能立即生成 2，4，6-三溴苯胺，它是难溶于水的固体，因碱性弱，也不能与反应中生成的氢溴酸成盐，因而以白色沉淀的形式析出。此反应能定量完成，可用于苯胺的定量和定性分析。

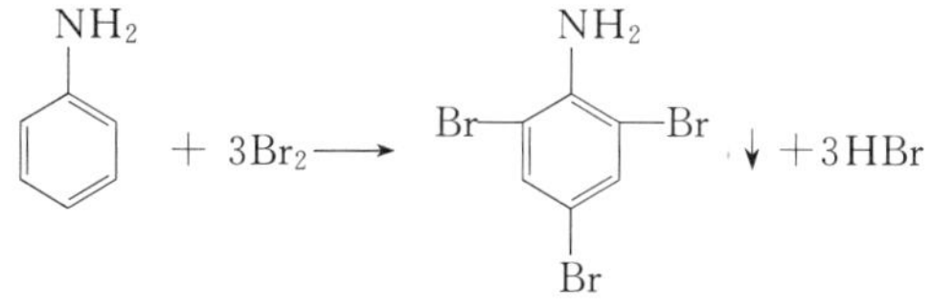

（白色沉淀）

如果只需在苯环上引入一个溴原子，可先将苯胺转化为乙酰苯胺以降低氨基的致活作用，再进行溴代，然后水解除去酰基。

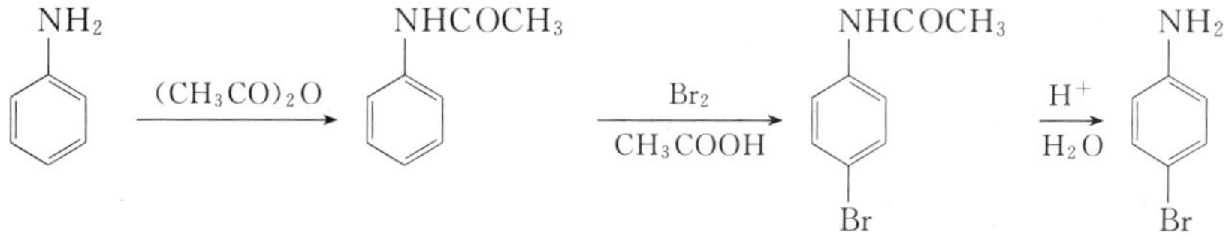

（2）硝化（Nitrification） 作为硝化剂的硝酸具有很强的氧化性，因此芳香胺硝化时，应注意氨基的保护。常见的保护方法有两种，一种是使氨基酰化，例如：

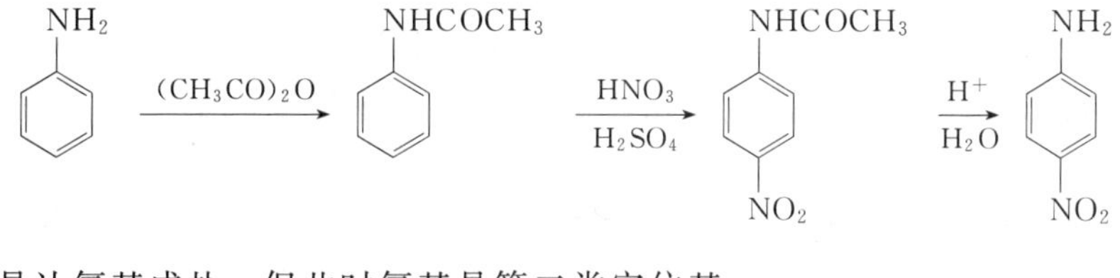

另一种是让氨基成盐，但此时氨基是第二类定位基。

（3）磺化（Sulfonation） 芳香胺的磺化是先将苯胺溶于浓硫酸中让其生成硫酸盐，然后升温至 180～200℃，即可得到对氨基苯磺酸：

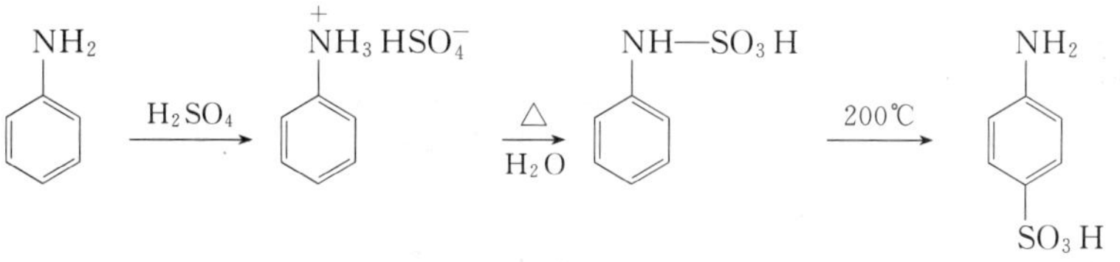

对氨基苯磺酸

p-aminobenzene sulfonic acid

对氨基苯磺酸同时具有酸性基团（—SO₃H）和碱性基团（—NH₂），分子内能成盐叫内盐。它是重要的医药和染料中间体。

五、 胺的制备（Preparation of amines）

胺的制备一般采用以下几种方法。

1. 硝基化合物还原（Reduction of aromatic nitro compounds）

芳香族硝基化合物还原得到胺，此法主要用于芳香胺的制备。

$$ArNO_2 \xrightarrow{Fe,\ HCl} Ar—NH_2$$

2. 卤代烃氨解（Aminolysis of halogenated hydrocarbons）

利用氨和卤代烃分子之间的亲核取代反应，氨上的氢可逐步被烷基取代而生成伯胺、仲胺、叔胺、季铵盐。

$$NH_3 \xrightarrow{RX} RNH_2 \xrightarrow{RX} R_2NH \xrightarrow{RX} R_3N \xrightarrow{RX} [R_4N]^+ X^-$$

反应产物为伯、仲、叔胺和季铵盐的混合物。

3. 腈的还原（Reduction of nitriles）

腈在催化剂镍的作用下和氢气反应生成伯胺：

$$RCN \xrightarrow{H_2,\ Ni} RCH_2NH_2$$

这是制备伯胺的一种重要方法。

4. 霍夫曼降解（Hoffman degradation）

利用 Hoffman 降解反应可以使酰胺失去分子中的羰基，生成少一个碳原子的伯胺。

$$R—\overset{O}{\underset{\|}{C}}—NH_2 + Br_2 + MaOH \longrightarrow RNH_2 + NaBr + Na_2CO_3 + H_2O$$

六、 重要化合物（Important compounds）

1. 乙二胺（Ethylenediamine）

乙二胺是无色透明的黏稠液体，沸点 117℃，有类似氨的气味，能溶于水和醇，水溶液呈碱性。乙二胺是重要的化工原料和试剂，广泛用于制造药物、乳化剂、农药、离子交换树脂等，也是黏合剂环氧树脂的固化剂，以及酪蛋白、白蛋白和虫胶等的良好溶剂。例如，乙二胺在临床上可治疗牛皮癣，对恶性淋巴瘤、头颈部肿瘤、软组织肉瘤也有一定的缓解作用。乙二胺在碳酸钠溶液中与氯乙酸作用，再经酸化得到乙二胺四乙酸（ethylenediamine tetraacetic acid），简称 EDTA。

EDTA 能与多种金属离子形成稳定的配合物，是分析化学中常用的配合剂。

2. 苯胺（Aniline）

苯胺存在于煤焦油中，工业上由硝基苯经活性铜催化氢化制备。苯胺为油状无色有毒液体，沸点 184℃，暴露于空气和日光中会因氧化逐渐变为黑褐色，微溶于水，易溶于乙醇、乙醚等有机溶剂。

苯胺是染料工业上的重要中间体，也是重要的化工原料，主要用于医药和橡胶硫化促进剂。苯胺对血液和神经的毒性非常强烈，可经皮肤吸收或经呼吸道引起中毒。

3. 胆胺和胆碱（Cholamine and choline）

胆胺和胆碱都是胺的衍生物，是生物体内磷脂的重要组成部分，与磷脂代谢有关。

胆胺是一种羟基胺，（H₂NCH₂CH₂OH），其化学名称为乙醇胺或氨基乙醇，为无色黏稠液体，沸点 171℃，能与水混溶。为脑磷脂的组成部分。

胆碱是一种羟基胺的季铵碱 $[HOCH_2CH_2N^+(CH_3)_3]OH^-$，化学名称为氢氧化三甲基-2-羟乙基胺，是卵磷脂的组成成分。由于最初来源于胆汁，所以称胆碱。胆碱为吸湿性很强的无色结晶，易溶于水和乙醇，难溶于乙醚、氯仿等有机溶剂。胆碱能调节肝中的脂肪代谢，有抗脂肪肝的作用。

胆胺与脂肪酸生成的盐既溶于水，又溶于有机溶剂，是良好的乳化剂。例如煤油中加入少量三乙醇胺油酸盐$[(HOCH_2CH_2)_3N^+HC_{17}H_{33}COO^-]$，可以与水混溶形成稳定的乳化剂，在农业上用于化学保护；胆碱是维生素 B 复合物的成分，在生物体内物质代谢过程中起着重要的作用。氯化胆碱 $[(CH_3)_3N^+CH_2CH_2OH]Cl^-$ 是用来治疗肝炎的药物。生物体内存在的乙酰胆碱是传导动物神经冲动的重要物质。

4. 矮壮素（Cycocel）

矮壮素，结构式为 $[(CH_3)_3N^+CH_2CH_2Cl]Cl^-$，化学名称为 2-氯乙基三甲基氯化铵，俗名为氯化氯代胆碱，简称 CCC，属季铵盐。它是白色结晶，熔点 240～241℃，有鱼腥味，极易溶于水而不溶于乙醚、无水乙醇及苯等有机溶剂中。矮壮素其生理功能是控制植株的营养生长（即根茎叶的生长），促进植株的生殖生长（即花和果实的生长），使植株的间节缩短、矮壮并抗倒伏，促进叶片颜色加深，光合作用加强，提高植株的坐果率、抗旱性、抗寒性和抗盐碱能力。

5. 多巴胺（Dopamine）

多巴胺，结构为 $C_6H_3(OH)_2CH_2CH_2NH_2$，是由多巴（dopa，二羟苯丙氨酸）在多巴脱羧酶的作用下生成的：

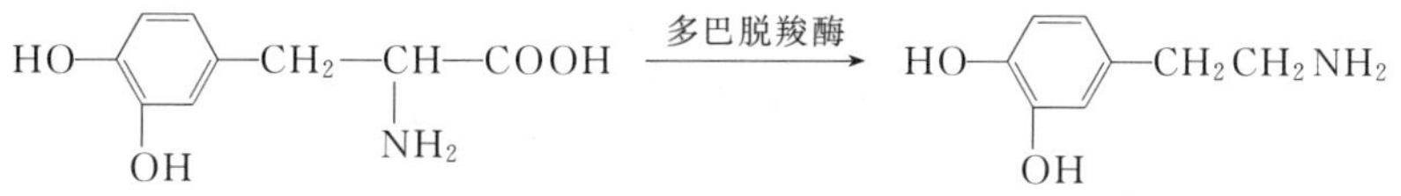

多巴胺是十分重要的中枢神经传导物质（transmitter），用来帮助细胞传送脉冲信号。这种脑内分泌物主要负责大脑的情欲、感觉，将兴奋及开心的信息传递，也与上瘾有关。瑞典科学家 Arvid Carlsson 因确定多巴胺为脑内信息的传递者，获得了 2000 年的诺贝尔医学奖（Nobel prize in medicine）。

第二节 重氮盐和偶氮化合物
（Diazonium Salts and Azoic Compounds）

重氮盐和偶氮化合物不存在于自然界，是人工合成的产物。

一、重氮盐（Diazonium salts）

芳香族伯胺和亚硝酸作用生成重氮盐的反应称为重氮化反应（Diazotization），芳伯胺常称重氮组分，亚硝酸为重氮化剂，因为亚硝酸不稳定，通常使用亚硝酸钠和盐酸或硫酸使反应生成的亚硝酸立即与芳伯胺反应，避免亚硝酸的分解，重氮化反应后生成重氮盐。例如：

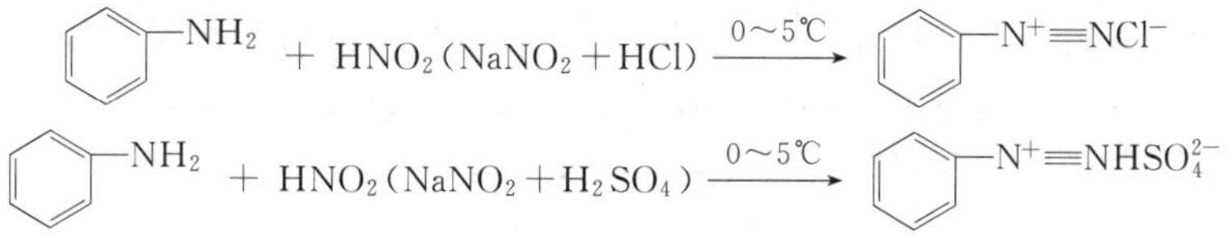

重氮盐可溶于水，不溶于乙醚，重氮盐的水溶液能导电，和湿的氢氧化银作用生成一个

类似于季铵碱的氢氧化重氮化合物。一般的重氮盐是无色晶体，在空气中颜色变深。干燥时不稳定，容易分解甚至会发生爆炸。故大多是现做现用，并保存在冷的水溶液中。

重氮盐是一类非常活泼的化合物，可发生多种反应，生成多种化合物，在有机合成上非常有用。重氮盐的反应可分为两大类：一类为取代反应，这类反应的共同特点是重氮基被其他的原子或基团取代而放出氮气；另一类为偶联反应，这类反应的共同特点是保留着两个氮原子。

1. 取代反应（Substitution reactions）

重氮盐分子中的重氮基带有正电荷，是很强的吸电子基团，它使 C—N 键的极性增大容易断裂；能被羟基、卤素、氰基、氢等多种基团取代生成相应的芳香族衍生物并放出氮气。

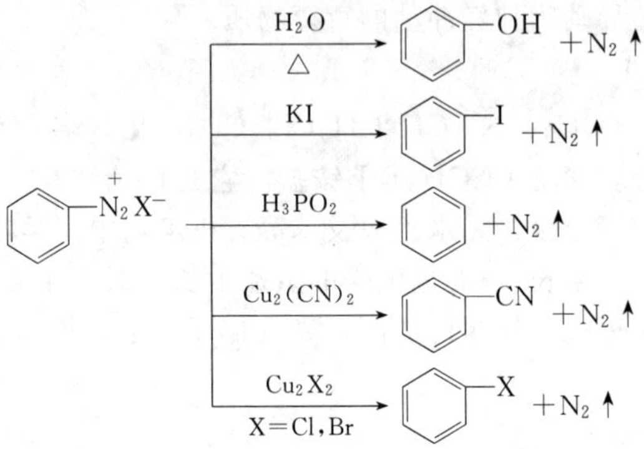

通过重氮化反应，可以制备一些不能用直接方法制备的化合物。例如：

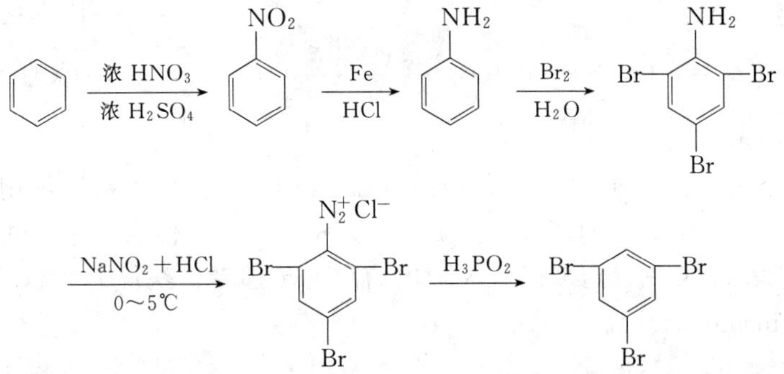

2. 还原反应（Reduction reaction）

重氮盐可以发生保留氮的还原反应，转变为相应的苯肼。苯肼进一步还原，可以得到苯胺，采用的还原剂有 $SnCl_2$、Zn、Na_2SO_3 等，也可进行电解还原。例如：

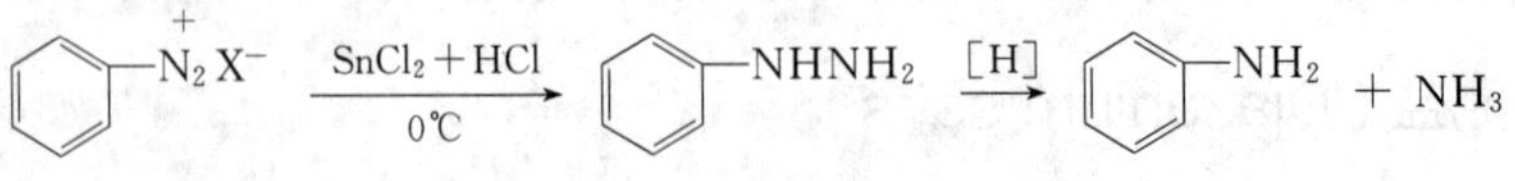

苯肼为无色有毒的液体，是检验醛、酮和碳水化合物的重要试剂，也是合成药物及染料的重要原料。

3. 偶联反应（Coupling reactions）

重氮盐与芳胺或酚类化合物作用，生成颜色鲜艳的偶氮化合物的反应称为偶联反应。偶联反应是亲电取代反应，是重氮阳离子（弱的亲电试剂）进攻苯环上电子云密度较大的碳原子而发生的反应。偶联反应总是优先发生在对位，若对位被占，则在邻位上反应，间位不能发生偶联反应。

(1) 与芳香胺偶联（Coupling with aromatic amines） 反应在中性或弱酸性溶液中进行：

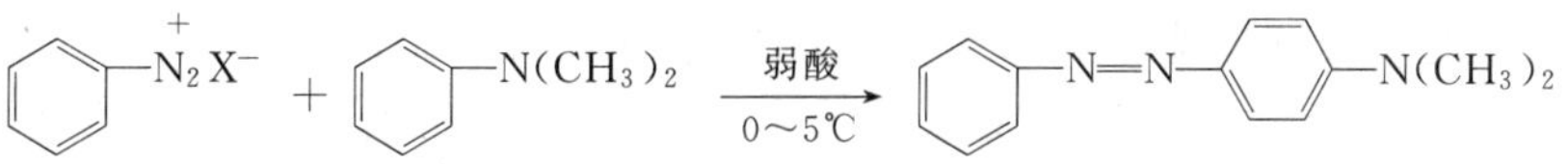

所生成的对二甲氨基偶氮苯为黄色。

(2) 与酚偶联（Coupling with phenols） 反应在弱碱性条件下进行：

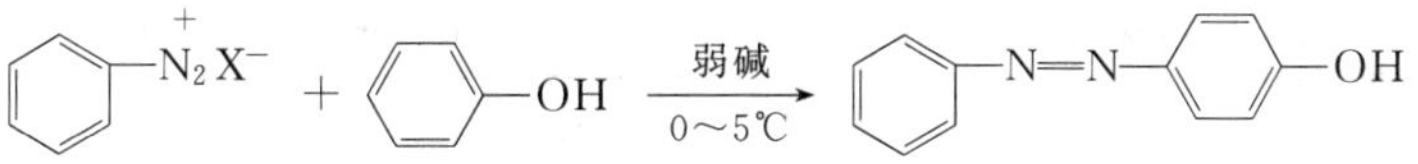

所生成的对羟基偶氮苯为橘黄色。

二、 偶氮化合物(Azoic compounds)

偶氮基（—N═N—）与两个烃基相连接而生成的化合物称为偶氮化合物，通式为 R—N═N—R′。偶氮化合物主要通过重氮盐的偶联反应制得。

氢化偶氮化合物和芳香胺在氧化剂（如 NaOBr、$CuCl_2$、MnO_2 等）存在下，可被氧化为相应的偶氮化合物，氧化偶氮化合物和硝基化合物在还原剂［如 $(C_6H_5)_3P$、$LiAlH_4$ 等］存在下，也可被还原为偶氮化合物。例如：

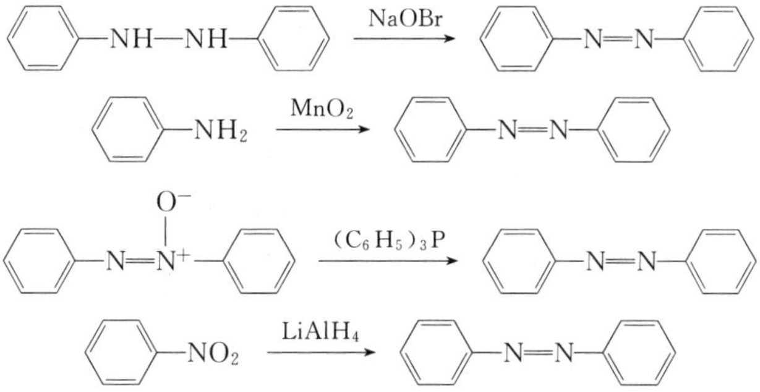

偶氮基能吸收一定波长的可见光，是一个发色团。偶氮染料是品种最多、应用最广的一类合成染料，可用于纤维、纸张、墨水、皮革、塑料、彩色照相材料和食品的着色。有些偶氮化合物可用作分析化学中的酸碱指示剂和金属指示剂，如甲基橙、刚果红等。

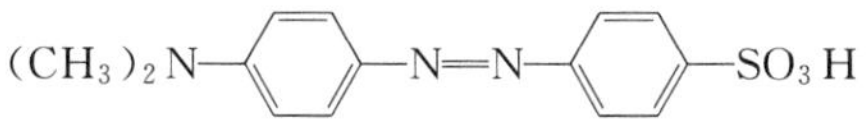

甲基橙 methyl orange

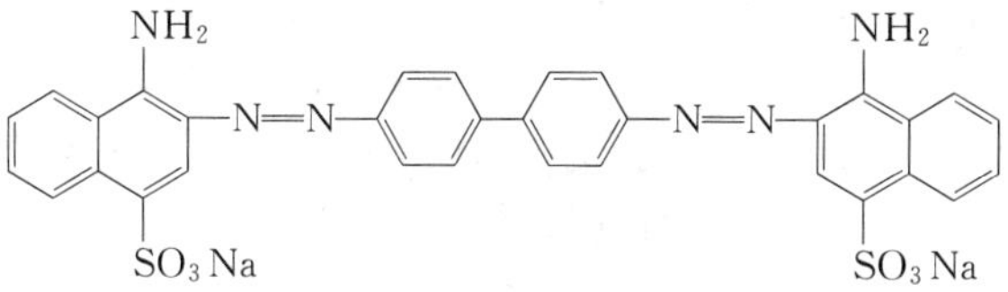

刚果红 Congo red

很多偶氮化合物有致癌作用，如曾用于人造奶油着色的“奶油黄”能诱发肝癌，现已禁用。

三、 有机化合物的颜色与分子结构的关系(Relationship between colors and structures of organic compounds)

光是一种电磁波，它由不同波长的单色光复合而成。人们的眼睛所能看到的是波长在400～760nm 之间的光，叫做可见光。波长小于 400nm 的属于紫外光，波长大于 760nm 的称为红外光。紫外光及红外光都是肉眼看不见的。在可见光区内，不同波长的光显示不同的颜色。

不同的物质可吸收不同波长的光，若有机物吸收的是波长在可见光区以外的光，则这些有机物就是无色的；若有机物吸收可见光区以内某些波长的光，那么这些有机物就是有色的，它的颜色就是被吸收了的光线的互补光的颜色。物质颜色和吸收光颜色的关系见表10-2。

表 10-2 物质颜色和吸收光颜色的关系吸收波长
(Relationship between matter's color and the absorbed color)

物质颜色 Matter's color	吸收光颜色 Absorbed color	$\lambda_{吸}/nm$ Absorption wavelength	物质颜色 Matter's color	吸收光颜色 Absorbed color	$\lambda_{吸}/nm$ Absorption wavelength
黄绿	紫	400～450	紫	黄绿	560～580
黄	蓝	450～480	蓝	黄	580～600
橙	绿蓝	480～490	绿蓝	橙	600～650
红	蓝绿	490～500	蓝绿	红	650～750
紫红	绿	500～560			

有机化合物的颜色与其结构有关。在有机化合物中，有些基团可以造成有机物分子在紫外光及可见光区（200～800nm）内有光的吸收，这些基团被称为生色基团（chromophore groups）或发色基团。属于这些基团的有： 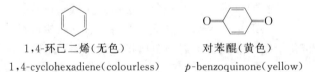

$\diagdown$C=O 等，生色基团都是含有不饱和键的基团。含有生色基团的分子称为发色体（chromophores）或色原体。分子中含有一个上述生色基团的物质，往往由于它们的吸收波段在200～400nm 之间，所以仍是无色的。但如果在化合物分子中有两个或更多的生色基团共轭时，则由于共轭体系的增大，可使分子对光的吸收移向长波方向。当物质吸收光的波长移至可见光区域内时，该物质便有颜色。例如：1，4-环己二烯是无色的，而对苯醌则显黄色。

1,4-环己二烯(无色)　　　　　　　对苯醌(黄色)
1,4-cyclohexadiene(colourless)　　p-benzoquinone(yellow)

此外，分子中有些基团，它们本身在紫外光及可见光区（200～800nm）不产生吸收，不是生色基团，但当它与生色基相连时，它能增长最大吸收峰的波长并增大其强度。这些基团叫助色团（help chromophore）。助色团一般为带有 p 电子的原子或原子团，例如—NH₂、—NHR、—NR₂、—OH、—OR 等。助色基被引入共轭体系时，这些基团上未共用电子对参与共轭体系，提高了整个分子中 π 电子的流动性，使化合物吸收向长波方向移动，导致颜色加深。如蒽醌是浅黄色的，当引入氨基后颜色加深成红色：

浅黄色(light yellow)　　　　　　红色(red)

第三节 硝基化合物
（Nitro compounds）

烃分子中氢原子被硝基（—NO₂）取代而生成的化合物叫硝基化合物，通式为 R—NO$_2$ 或 Ar—NO$_2$（R 为烷基，Ar 为芳基）它与硝酸酯（nitric acid esters）和亚硝酸酯（nitrous acid esters）类化合物不同，硝基化合物的烃基是直接与硝基上的氮原子相连接，而在硝酸酯及亚硝酸酯中，烃基是和硝酸或亚硝酸根中的氧原子相连。

$$R—NO_2 \qquad R—O—NO_2 \qquad R—O—NO$$

硝基化合物 　　　　 硝酸酯 　　　　 亚硝酸酯
nitro compounds 　 nitric acid esters 　 nitrous acid esters

一、硝基化合物的结构（Structures of nitro compounds）

硝基化合物的构造式为（硝基由一个 N═O 和一个 N→O 配位键组成）：

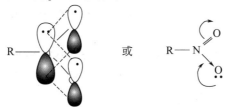

电子衍射法证明：硝基中两个氮氧键的键长是完全相同的，这说明硝基中的 N 原子是以 sp^2 杂化成键的，3 个 sp^2 杂化轨道分别和 2 个氧原子及 1 个碳原子的 2p 轨道重叠形成 3 个 σ 键，氮原子未参加杂化的 2p 轨道和 2 个氧原子上的 2p 轨道相互重叠，形成包括 O、N、O 三个原子在内的分子轨道或 p-π 共轭体系：

R ⋯⋯ 或 R — N 〈O / O〉

由于键长的平均化，硝基中的两个氧原子是等同的，可用共振结构表示如下：

1.22nm R—N〈O / O〉 R—N$^+$〈O / O$^-$〉 ⟷ R—N$^+$〈O$^-$ / O〉
1.22nm

二、硝基化合物分类和命名（Classification and nomenclature of nitro compounds）

硝基化合物也有多种分类方法，按照与硝基相连的烃基不同，可分为脂肪族硝基化合物（aliphatic nitro compounds）和芳香族硝基化合物（aromatic nitro compounds）；根据分子中硝基的数目可分为一硝基化合物和多硝基化合物。

硝基化合物的命名是把硝基作为取代基，烃基作为母体，必要时注明硝基的位置及数目。例如：

CH$_3$—NO$_2$ 　　　 CH$_3$—CH—CH$_3$ 　　　　 〔2,4,6-三硝基甲苯结构式〕
　　　　　　　　　　　　　｜
　　　　　　　　　　　　NO$_2$

硝基甲烷 　　　　 2-硝基丙烷 　　　　 2,4,6-三硝基甲苯
nitromethane 　　 2-nitropropane 　 2,4,6-trinitrotoluene(TNT)
一硝基化合物 　　　　　　　　　　　 多硝基化合物
（脂肪族硝基化合物） 　　　　　　　 （芳香族硝基化合物）

三、 硝基化合物的物理性质（Physical properties of nitro compounds）

脂肪族硝基化合物多数是油状液体，芳香族硝基化合物除了硝基苯是高沸点液体外，其余多是淡黄色固体，有苦杏仁气味，味苦。不溶于水，溶于有机溶剂和浓硫酸（形成盐）。硝基具有强极性，所以硝基化合物是极性分子，有较高的沸点和密度。随着分子中硝基数目的增加，其熔点、沸点和密度增大，苦味增加，热稳定性降低，受热易分解爆炸（如 TNT 是强烈的炸药）。

多数硝基化合物有毒，在储存和使用硝基化合物时应注意。

四、 硝基化合物的化学性质（Chemical properties of nitro compounds）

1. 酸性 （Acidity）

脂肪族硝基化合物中，硝基为强吸电子基，α-氢受硝基的影响，较为活泼，可发生类似酮-烯醇式互变异构，从而具有一定的酸性。

$$RCH_2-\overset{\overset{O}{\|}}{N}\rightarrow O \rightleftharpoons RCH=\overset{\overset{OH}{|}}{N}\rightarrow O$$

酮式（硝基式）　　　　　烯醇式（假酸式）
keto-form　　　　　　　enol form

烯醇式中连在氧原子上的氢相当活泼，反映了分子的酸性，称假酸式，其能与强碱成盐，所以含有 α-氢的硝基化合物可溶于氢氧化钠溶液中，无 α-氢的硝基化合物则不溶于氢氧化钠溶液。利用这个性质，可鉴定是否含有 α-氢的伯硝基化合物、仲硝基化合物和叔硝基化合物。

2. 与羰基化合物缩合 （Condensation with carbonyl compounds）

含有 α-氢的硝基化合物在碱性条件下能与某些羰基化合物起缩合反应。

$$R-CH_2-NO_2 + R'-\overset{\overset{O}{\|}}{C}-H\ (R'') \xrightarrow{OH^-} R'-\overset{\overset{OH}{|}}{\underset{\underset{H}{|}}{C}}-\overset{\overset{H}{|}}{\underset{\underset{R\ (R'')}{|}}{C}}-NO_2 \xrightarrow[\triangle]{-H_2O} R'-\overset{\overset{H}{|}}{\underset{\underset{H}{|}}{C}}=\overset{}{\underset{\underset{R\ (R'')}{|}}{C}}-NO_2$$

3. 与亚硝酸的反应 （Reactions with nitrous acid）

伯硝基烷烃和仲硝基烷烃分子中含有 α-氢，与亚硝酸作用时，α-氢可被亚硝基取代，生成物均为蓝色结晶，其中伯硝基烷烃生成的取代物中还保留一个 α-氢，具有较强的酸性，能溶于氢氧化钠溶液，而仲硝基烷烃生成的取代物中无 α-氢，不具有酸性，不能溶于氢氧化钠溶液。

$$R-CH_2-NO_2 + HONO \longrightarrow R-\overset{}{\underset{\underset{NO}{|}}{C}H}-NO_2 \xrightarrow{NaOH} \left[R-\overset{}{\underset{\underset{NO}{|}}{C}}-NO_2\right]^- Na^+$$

　　　　　　　　　　　　　　　　　蓝色结晶　　　　　　溶于 NaOH 呈红色溶液
　　　　　　　　　　　　　　　　　blue crystal　　dissolved in NaOH solution，appearing red

$$R-\overset{\overset{R'}{|}}{C}H-NO_2 + HONO \longrightarrow R-\overset{\overset{R'}{|}}{\underset{\underset{NO}{|}}{C}}-NO_2 \xrightarrow{NaOH} 不溶于 NaOH$$

蓝色结晶

叔硝基烷烃与亚硝酸不起反应，此性质可用于区别伯、仲、叔硝基化合物。

4. 还原反应（Reduction reactions）

硝基化合物的重要化学性质是硝基的还原反应。脂肪族硝基化合物的还原比较容易，在酸性条件下还原或催化还原都生成伯胺。芳香族硝基化合物的还原，不同条件下其还原产物较复杂，在这里不再详细讨论。硝基苯在酸性条件下用铁、锡等还原，其产物是苯胺，这是工业上制备苯胺的方法。

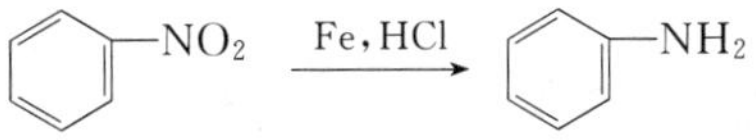

$$\text{C}_6\text{H}_5-\text{NO}_2 \xrightarrow{\text{Fe, HCl}} \text{C}_6\text{H}_5-\text{NH}_2$$

第四节　含磷有机化合物
（Phosphorus Organic Compounds）

一切生物体中都含有磷（phosphorus），许多含磷的化合物不但在动植物体内具有重要的生理功能，而且在农药化学中也具有重要意义。

磷和氮处于周期表中同一族，具有相同的价电子构型，它们也可以形成结构相似的化合物。表 10-3 列出了一些氨、膦衍生物。

表 10-3　氨和膦对应的有机化合物
（Ammonia, phosphine, and the corresponding organic compounds）

含氮有机化合物 Nitroy euous organic compound		含磷有机化合物 Phosphorous organic compound	
构造式 Structural formula	名称 Name	构造式 Structural formula	名称 Name
NH_3	氨	PH_3	膦（磷化氢）
CH_3NH_2	甲胺	CH_3PH_2	甲膦
$(CH_3)_2NH$	二甲胺	$(CH_3)_2PH$	二甲膦
$(CH_3)_3N$	三甲胺	$(CH_3)_3P$	三甲膦
$(C_2H_5)_4N^+Cl^-$	氯化四乙基铵	$(C_2H_5)_4P^+Cl^-$	氯化四乙基镏

上述化合物中，磷和碳直接相连。用"膦"字表示含 C—P 键的化合物，在表示相当于季铵盐类化合物的含磷化合物时用"镏"字。

另外，由于磷位于第三周期，最外电子层存在 3d 空轨道，所以磷原子还有利用 3d 空轨道的成键能力，形成五价磷的化合物，例如：

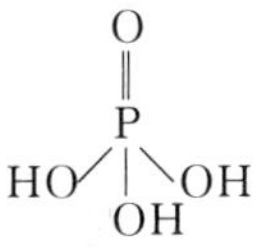

磷酸　　　　　　　膦酸　　　　　　　次膦酸
phosphoric acid　　phosphonic acid　　phosphinic acid

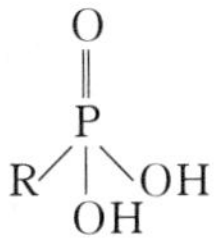

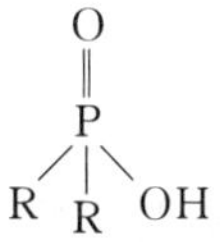

膦酸和次膦酸可看做是磷酸分子中的羟基被烃基取代后的产物，而磷酸酯是磷酸和醇的酯化产物，它们分子中不含 C—P 键，例如：

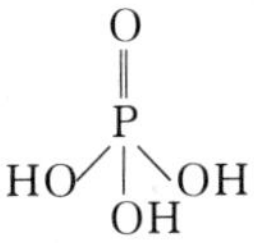

磷酸　　　　　磷酸一烃基酯　　　　磷酸二烃基酯　　　　磷酸三烃基酯
phosphoric acid　phosphomonoester　phosphodiester　　phosphotriester

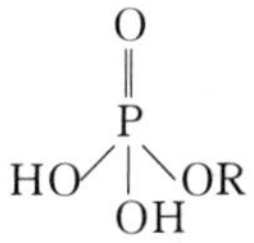

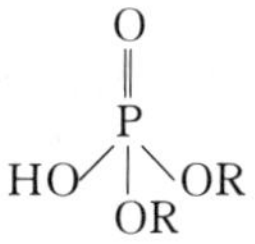

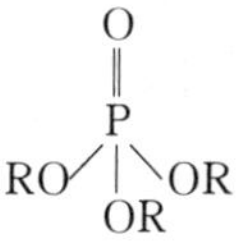

含磷化合物的命名如下：

① 磷和膦酸的命名在相应的类名前加上烃基的名称。例如：

$$CH_3PH_2 \qquad\qquad (C_6H_5)_3P \qquad\qquad\qquad C_6H_5PO(OH)_2$$

甲基膦 　　　　　　　三苯基膦 　　　　　　　　　苯基膦酸

methylphosphine 　　triphenylphosphine 　　phenylphosphonic acid

② 磷酸酯或膦酸酯类凡含氧酯基都用前缀 "*O*-烃基" 表示。例如：

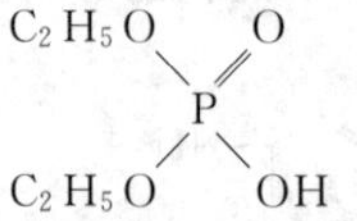

O,O-二乙基磷酸酯 　　*O,O*-二乙基苯基膦酸酯

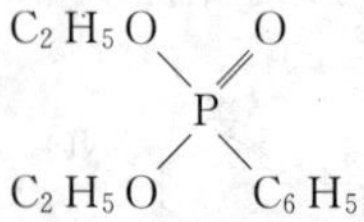

O,O-diethylphosphoric acid ester 　*O,O*-diethylphenylphosphonic acid ester

含磷有机化合物与含氮有机化合物虽然在形式上相似，但由于磷和氮相比，体积较大，电负性小，所以他们在性质上有显著的差异。如胺有碱性，而膦则几乎没有碱性，它们不能使石蕊试纸变蓝。膦分子间不能形成氢键，故其沸点较相应的胺低。膦比胺易被氧化，在空气中就能氧化成膦酸或氧化膦。如：

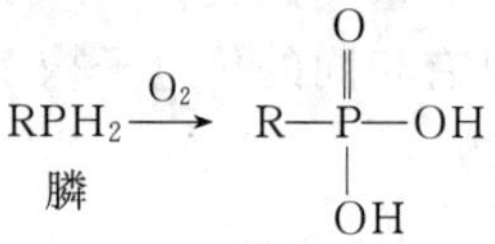

$$RPH_2 \xrightarrow{O_2} R-P(=O)(OH)_2$$

膦 　　　　　　　　　膦酸

phosphine 　　phosphonic acid

在生物体中，含磷有机化合物都是以磷酸单酯、二磷酸单酯或三磷酸单酯的形式存在，如：

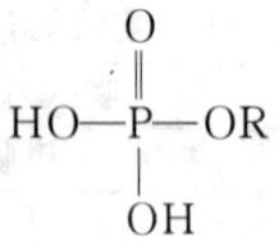

磷酸单酯 　　　　　　二磷酸单酯 　　　　　　三磷酸单酯

phosphomonoester 　　diphosphomonoester 　　triphosphomonoester

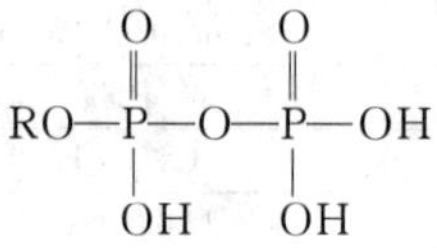

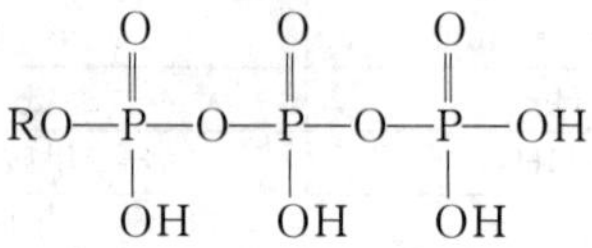

在农业上，许多含磷有机化合物用作杀虫剂、杀菌剂和植物生长调控剂等，如敌百虫、敌敌畏、乙烯利等：

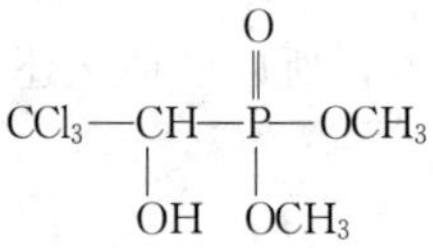

敌百虫 　　　　　　　敌敌畏 　　　　　　　乙烯利

dipterex 　　　　　　dichlorvos 　　　　　ethephon

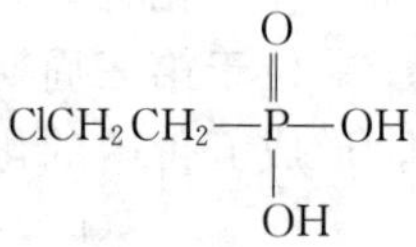

有机磷杀虫剂的特点是效力高，品种多，作用范围广，缺点是对人畜的毒性大。有机磷杀虫剂现在已成为一类极为重要的农药。

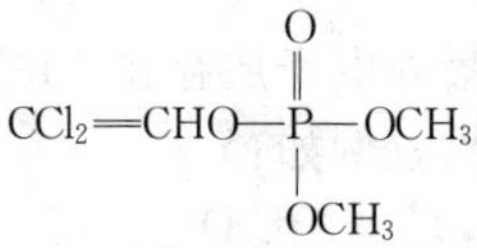

习题（Exercises）

1. 用系统命名法命名下列化合物，并指出它们属于哪一类化合物：

(1) $CH_3CH_2CH_2NO_2$

(2) 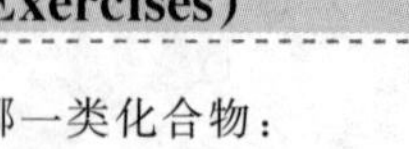 CH_3—⟨benzene⟩—NO_2

(3) $CH_3NHCH_2CH_3$

(4) 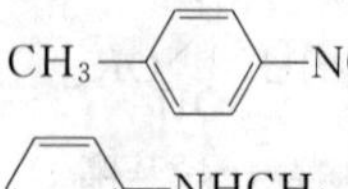 ⟨benzene⟩—$NHCH_3$

(5) $H_2NCH_2CH_2CH_2CH_2NH_2$

(6) 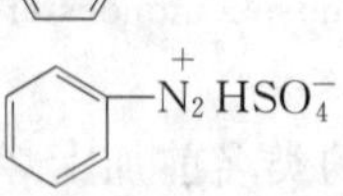 ⟨benzene⟩—$\overset{+}{N_2}\ HSO_4^-$

(7) $(CH_3CH_2)_4 \overset{+}{N}OH^-$

(8) 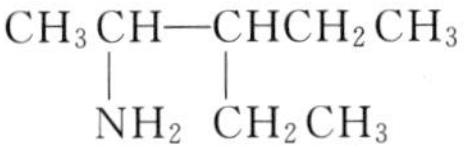 $CH_3CH-CHCH_2CH_3$
    $\quad\quad\ \ |\quad\ \ |$
    $\quad\quad NH_2\ \ CH_2CH_3$

(9) $(CH_3)_2CH-$⬡$-N\begin{smallmatrix}CH_3\\C_2H_5\end{smallmatrix}$

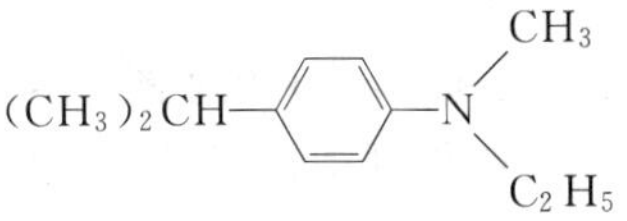

(10)

O
‖
⬠NH
‖
O

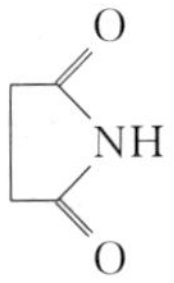

2. 写出下列化合物的构造式：

(1) 3-硝基-4-异丙基苯胺

(2) N,N-二甲基-4-氯苯胺

(3) N,N-二甲氨基对氯苯胺

(4) 氯化三甲基乙基铵

(5) 4-氯-4′-异丙基偶氮苯

(6) 氯化-2,4-二甲基重氮苯

3. 将下列化合物按碱性由强到弱排列：

(1) 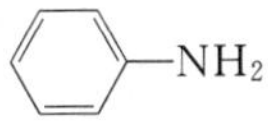 ⬡$-NH_2$ (2) $(CH_3)_3N$ (3) $(C_6H_5)_3N$ (4) CH_3NH_2

(5)  O_2N-⬡$-NH_2$ (6) CH_3-⬡$-NH_2$

(7) O_2N-⬡$-NH_2$ (有 NO_2 取代基)   (8) ⬡$-NH-C_2H_5$ (9) NH_3

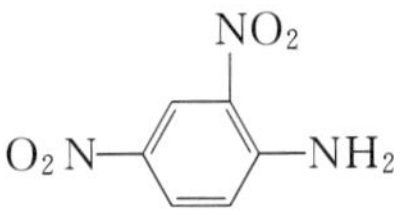

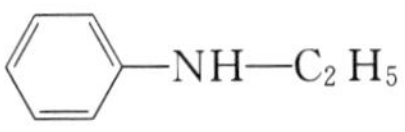

4. 完成下列反应式：

(1) $RNH_2 + HO-NO \xrightarrow[-H_2O]{\text{低温}}$?

(2) 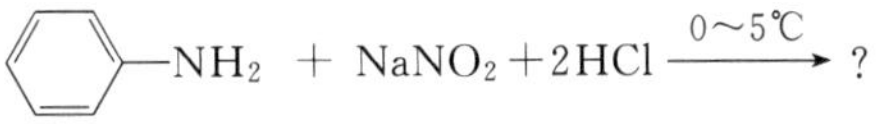 ⬡$-NH_2 + NaNO_2 + 2HCl \xrightarrow{0\sim5℃}$?

(3) 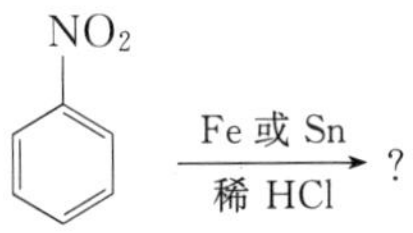 ⬡$-NO_2 \xrightarrow[\text{稀 HCl}]{\text{Fe 或 Sn}}$?

(4) ⬡$-NH_2 + Br_2 \longrightarrow$?

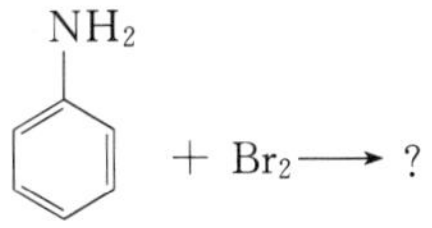

(5) ⬡$-SO_2Cl + R_2NH \xrightarrow{NaOH}$?

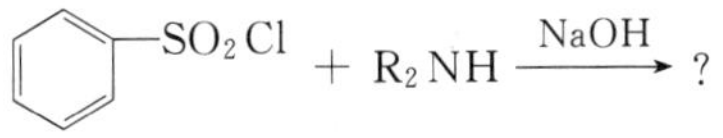

(6) ⬡$-NH_2 \xrightarrow{\text{浓 }H_2SO_4}$? $\xrightarrow[\text{浓 }H_2SO_4]{\text{浓 }HNO_3}$? $\xrightarrow{NaOH}$?

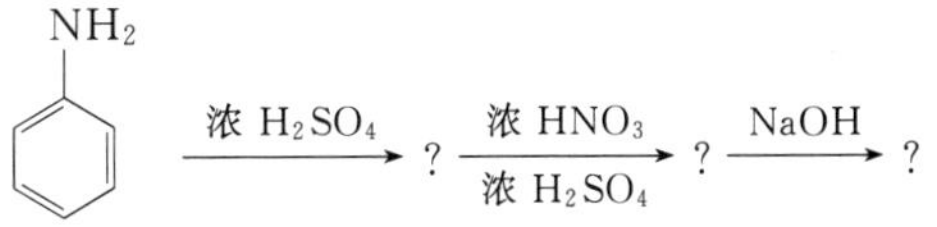

5. 用化学方法鉴别下列各组化合物：

(1) 丁胺，甲丁胺和二甲丁胺

(2)  ⬡$-\overset{+}{N}H_3Cl^-$ 和 ⬡$-NH_2$ (对位 Cl)

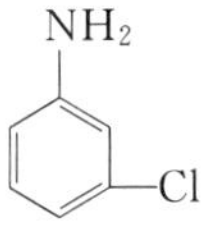

(3) 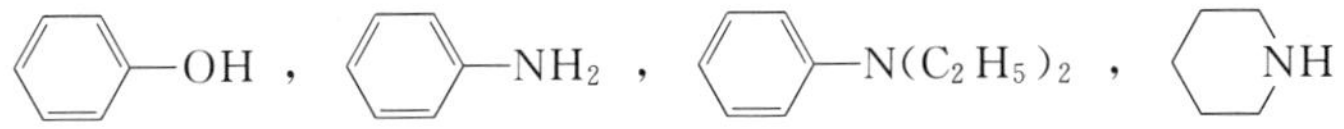 ⬡$-OH$ ，⬡$-NH_2$ ，⬡$-N(C_2H_5)_2$ ，⬠NH

(4) ⬡$-NH_2$ ，⬡$-OH$ ，⬢$-OH$ ，⬢$-NH_2$

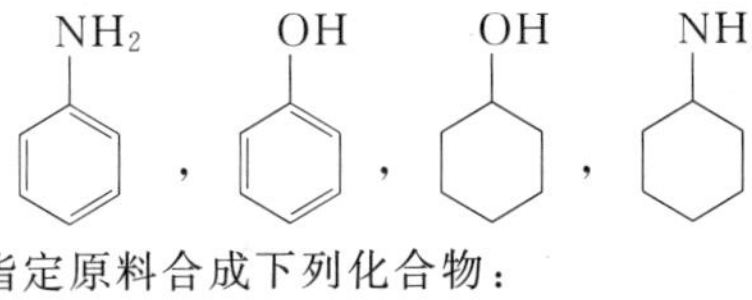

6. 由指定原料合成下列化合物：

(1) 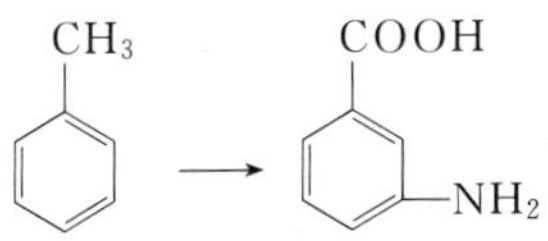 ⬡$-CH_3 \longrightarrow$ ⬡$-COOH$ (间位 NH_2)

(2) ⬡$-CH_3 \longrightarrow$ ⬡$-NH_2$

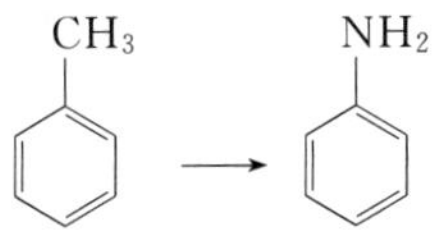

(3) $CH_3CH_2OH \longrightarrow CH_3NH_2$

(4) $CH_3CH_2CH_2CH_2OH \longrightarrow CH_3CH_2CH_2CH_2NH_2$

7. 推断题。

(1) 化合物 A 的化学组成为 $C_7H_{15}N$，不能使溴水褪色；与 HNO_2 作用放出气体，得到化合物 B，化学

组成为 $C_7H_{14}O$，B 能使 $KMnO_4$ 溶液褪色；B 与浓硫酸在加热下作用得到化合物 C，C 的化学组成为 C_7H_{12}；C 与酸性 $KMnO_4$ 溶液作用得到 6-羰基庚酸。试写出 A、B、C 的结构式。

（2）一化合物的分子式为 C_7H_9N，有碱性。将其在盐酸中与 $NaNO_2$ 作用，加热后能放出 N_2，生成对甲苯酚。试推出其结构简式。

（3）芳香族化合物 A($C_7H_7NO_2$)，用铁和盐酸还原时生成碱性物质 B(C_7H_9N)，B 用亚硝酸钠和盐酸在 0℃反应生成盐 C($C_7H_7ClN_2$)，C 的稀盐酸溶液与氰化亚铜、氰化钾加热时，生成化合物 D（C_8H_7N）。将 D 用稀酸完全水解生成 E($C_8H_8O_2$)，E 被高锰酸钾氧化生成另一种酸 F，加热 F 时，生成酸酐 G($C_8H_4O_3$)。试推导出 A～G 的构造式并写出各步反应。

第十一章 杂环化合物和生物碱

(Heterocyclic Compounds and Alkaloids)

在环状化合物中，构成环的原子除碳原子外，还含有其他原子的化合物，称为杂环化合物（heterocyclic compounds）。环上除碳原子以外的其他原子称为杂原子（hetero-atom），常见的杂原子为氮、氧和硫。

杂环化合物及其衍生物种类繁多，是有机化合物中数量最庞大的一类。杂环化合物在自然界中分布广泛，许多杂环化合物具有重要的生理作用。例如，植物中的叶绿素（chlorophylls）、生物碱（alkaloids），动物中的血红素（hemes）以及核酸（nucleic acids）的碱基（basic groups）等。在医药中，大部分药物属于杂环化合物。

前面章节中的内酯、环状酰胺、环状酸酐、环醚等环状化合物的环上虽然也含有杂原子，但它们的性质与相应的开链化合物相似，不属于杂环化合物。本章主要讨论具有一定的稳定性和不同程度芳香性的杂环化合物。

第一节 杂环化合物
(Heterocyclic Compounds)

一、 杂环化合物的分类和命名 (Classification and nomenclature of heterocyclic compounds)

1. 杂环化合物的分类 （Classification of heterocyclic compounds）

根据分子中环的数目，杂环化合物分为单杂环化合物和稠杂环化合物两大类。单杂环化合物根据环上的原子数又可分为五元杂环化合物和六元杂环化合物。稠杂环常见的是苯环并杂环化合物和杂环并杂环化合物。

根据构成杂环的杂原子数，杂环化合物又可分为含有一个杂原子的杂环化合物和含有两个或两个以上杂原子的杂环化合物。根据杂原子的种类，杂环化合物还可分为含氮杂环化合物、含氧杂环化合物和含硫杂环化合物。常见杂环化合物见表 11-1。

表 11-1 常见杂环化合物的种类和名称
(Some heterocyclic compounds and their names)

种类 Class	重要的杂环化合物 Important heterocyclic compounds					
五元杂环	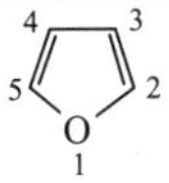 呋喃 furan	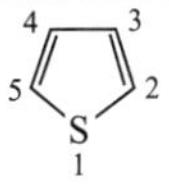 噻吩 thiophene	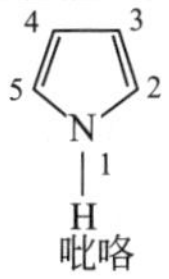 吡咯 pyrrole	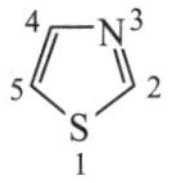 噻唑 thiazole	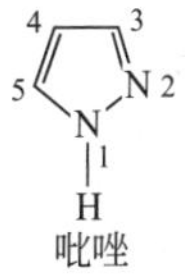 吡唑 pyrazole	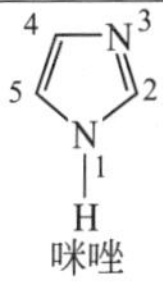 咪唑 imidazole
六元杂环	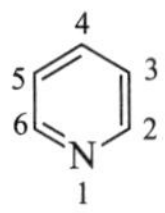 吡啶 pyridine	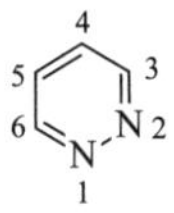 哒嗪 pyridazine	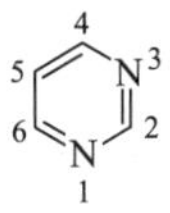 嘧啶 pyrimidine	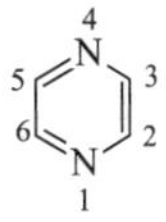 吡嗪 pyrazine	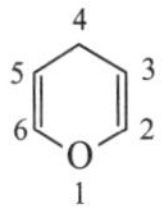 吡喃 pyran	

续表

种类 Class		重要的杂环化合物 Important heterocyclic compouncls
稠 杂 环	稠杂环	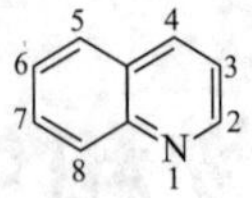  喹啉 quinoline 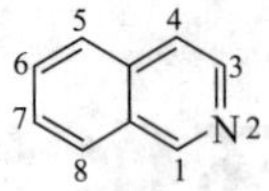　异喹啉 isoquinoline 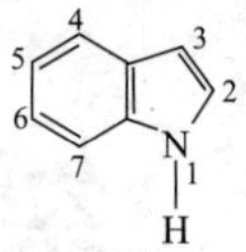　吲哚 indole 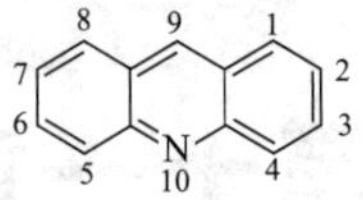　吖啶 acridine 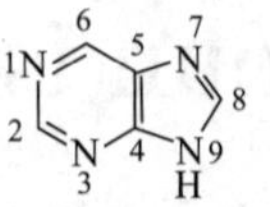 嘌呤 purine 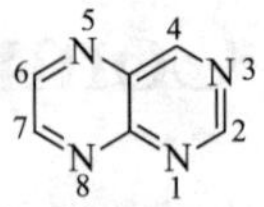　蝶啶 pteridine

2. 杂环化合物的命名 （Nomenclature of heterocyclic compounds）

杂环化合物的命名通常采用"音译法"，即按英文名称的读音，选用带"口"字旁的同音汉字组成杂环母体的名称。例如：

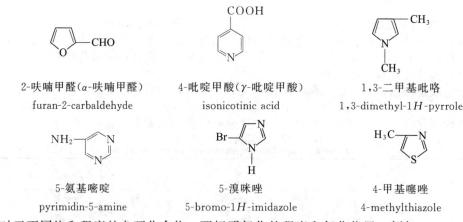

呋喃 furan　噻吩 thiophene　吡啶 pyridine　喹啉 quinoline

当杂环上有取代基时，以杂环为母体，对环上原子进行编号。环的编号从杂原子开始，杂原子编号为 1，依次为 1,2,3……或与杂原子相邻的碳的编号为 α，依次为 α,β,γ……当环上含有两个或两个以上相同杂原子时，应使杂原子的位次和最小；若其中一个杂原子上连有氢，应从连有氢的杂原子开始编号。若环上有多个不同的杂原子，则按 O,S,N 的次序编号。例如：

2-呋喃甲醛(α-呋喃甲醛) furan-2-carbaldehyde　4-吡啶甲酸(γ-吡啶甲酸) isonicotinic acid　1,3-二甲基吡咯 1,3-dimethyl-1H-pyrrole

5-氨基嘧啶 pyrimidin-5-amine　5-溴咪唑 5-bromo-1H-imidazole　4-甲基噻唑 4-methylthiazole

对于不同饱和程度的杂环化合物，要标明氢化的程度和氢化位置。例如：

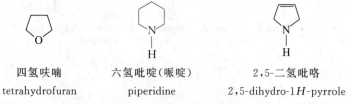

四氢呋喃 tetrahydrofuran　六氢吡啶(哌啶) piperidine　2,5-二氢吡咯 2,5-dihydro-1H-pyrrole

当杂环上含有一个"饱和"原子时，往往存在异构体，为了区别异构体，要将"饱和"原子的位次编号（应有较小编号）以及将大写斜体的"H"写在杂环母体名称之前。例如：

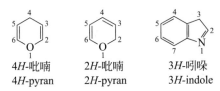

对于稠杂环环上的编号，有的与相应的稠环芳烃相同，有些则具有特定的编号。例如：

8-氨基喹啉
quinolin-8-amine

9H-2,6,8-三羟基嘌呤
9H-purine-2,6,8-triol

二、 五元杂环化合物（Five-membered heterocyclic compounds）

1. 五元杂环化合物的结构（Structures of five-membered heterocyclic compounds）

吡咯、呋喃和噻吩都是含有一个杂原子的五元杂环，它们的结构式为：

吡咯　　　　呋喃　　　　噻吩
pyrrole　　　furan　　　thiophene

在吡咯分子中，碳原子和氮原子均为 sp^2 杂化，每个 sp^2 杂化轨道上各有一个电子，5 个成环原子的 3 个 sp^2 杂化轨道分别与相邻的 2 个成环原子的 sp^2 杂化轨道以及氢原子的 1s 轨道相互重叠成 3 个 σ 键，环上各原子以 σ 键相连成平面五元环结构。每个成环原子都有一个未参与杂化的 p 轨道，碳原子的 p 轨道上有一个电子，而氮原子的 p 轨道上有一对电子，这 5 个 p 轨道都垂直于环所在的平面，互相平行重叠，形成一个五原子、六电子的闭合共轭 π 键。

呋喃、噻吩的结构与吡咯相似，分别形成了 2 个五原子、六电子的闭合共轭体系。不同的是呋喃中的氧原子和噻吩中的硫原子都有两对未共用电子对。其中一对参与共轭体系，另一对处于 sp^2 杂化轨道内。

吡咯、呋喃和噻吩的分子结构如图 11-1 所示。

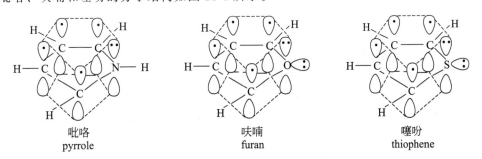

吡咯　　　　　　　呋喃　　　　　　　噻吩
pyrrole　　　　　　furan　　　　　　thiophene

图 11-1　吡咯、呋喃和噻吩的分子结构

（Structures of pyrrole，furan and thiophene）

在吡咯、呋喃和噻吩的分子中，形成闭合共轭 π 键的 π 电子数符合休克尔规则，因此具有芳香性（aromaticity），为芳香杂环化合物（aromatic heterocyclic compounds）。但由于环中杂原子的电负性大小不同（杂原子的电负性大小顺序为 O＞N＞S），电子云密度平均化程度也不同，所以芳香性强弱不同。其中氧原子的电负性较大，不易提供电子参与共轭体系，

因此呋喃环上电子云密度平均化程度较小，芳香性较弱。硫原子电负性在三者中最小，参与共轭的是一对 3p 电子，电子受核约束力较小容易给出，因此噻吩环上电子云密度平均程度较大，芳香性较强。这三个杂环化合物的芳香性都小于电子云密度高度平均化的苯环。因此它们的芳香性（或稳定性）次序为：

苯＞噻吩＞吡咯＞呋喃。

吡咯、呋喃和噻吩环上杂原子均有两个电子参与共轭体系，而每个碳原子只有一个电子离域，因此这三个杂环的杂原子均有供电子的共轭效应。虽然氧原子和氮原子的电负性较碳大，存在吸电子诱导效应，但净结果是环上碳原子的电子云密度升高。这种芳香杂环通常称为多电子芳杂环。多电子芳杂环的亲电取代反应（eletrophilic substitution）比苯容易进行，且取代多发生在 α-碳原子上。

2. 五元杂环化合物的物理性质（Physical properties of five-membered heterocyclic compounds）

吡咯为无色油状液体，存在于煤焦油和骨焦油中。吡咯为无色油状液体，沸点为 130～131℃，难溶于水，易溶于乙醇和乙醚中，具有与苯胺相似的气味，暴露在空气中逐渐变黑。吡咯蒸气遇盐酸浸过的松木片呈现红色，以此可检验吡咯及其低级同系物。

呋喃为无色液体，存在于松木焦油中。沸点为 32℃，难溶于水，易溶于乙醇和乙醚等有机溶剂，具有类似氯仿的气味。呋喃的蒸气遇到盐酸浸过的松木片时显绿色，可用于呋喃的鉴定。

噻吩为无色液体，与苯共存于煤焦油中。沸点为 84℃，不溶于水，溶于乙醇、乙醚、苯和硫酸中。噻吩与苯的沸点相近，用蒸馏的方法不能将二者分离，但噻吩在室温下就能与浓硫酸反应而溶于浓硫酸中，从而与苯分离。

3. 五元杂环化合物的化学性质（Chemical properties of five-membered heterocyclic compounds）

（1）酸碱性（Acidity and basicity）　吡咯分子具有仲胺结构，但碱性很弱（$pK_b = 13.6$）。由于氮原子上的未共用电子对参与环的共轭体系，使其电子云密度降低，对 N-H 键共用电子对的吸引作用增强，使 N-H 键的极性增大，在一定条件下，吡咯可以解离出氢离子，表现出弱酸性。因此吡咯不能与稀酸或弱酸成盐，而能与干燥的氢氧化钾共热生成盐：

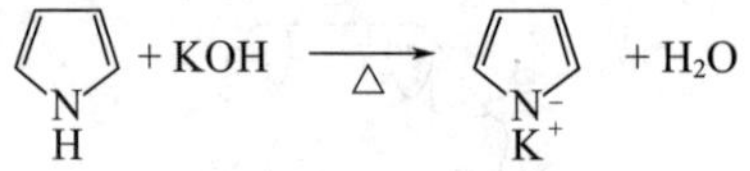

呋喃中的氧原子也因参与形成大 π 键而失去了醚的弱碱性，不易形成锌盐。噻吩分子中的硫原子不能与质子结合，故也不显碱性。

（2）亲电取代反应（Eletrophilic substitutions）　吡咯、呋喃和噻吩中杂原子的孤对电子参与环的共轭，使环上碳原子的电子云密度增大，因而亲电取代反应活性比苯高，吡咯、呋喃和噻吩亲电取代反应活性为：

吡咯＞呋喃＞噻吩

亲电取代反应主要发生在电子云密度较高的 α-位上，若两个 α-位都有取代基，第三个取代基才进入 β-位。

① 卤代反应（Halogenation）　吡咯、呋喃和噻吩在室温与卤素反应很激烈，得到多卤代产物。若要得到一卤代产物，需把溶剂稀释并在低温下进行：

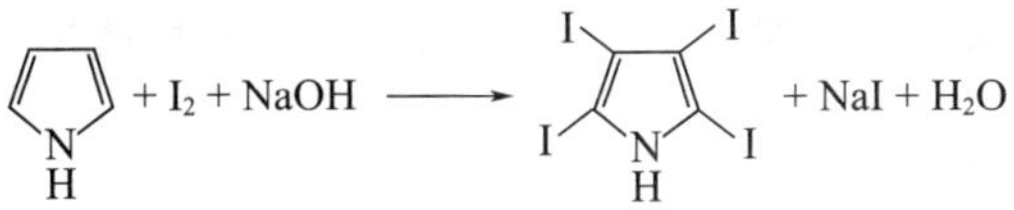

$$\text{吡咯} + I_2 + NaOH \longrightarrow \text{四碘吡咯} + NaI + H_2O$$

四碘吡咯
tetraiodopyrrole

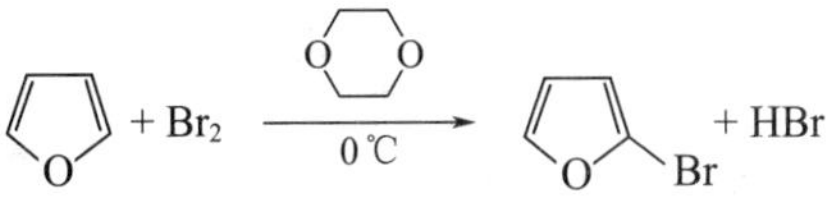

$$\text{呋喃} + Br_2 \xrightarrow[0℃]{O} \text{α-溴呋喃} + HBr$$

α-溴呋喃
α-bromofuran

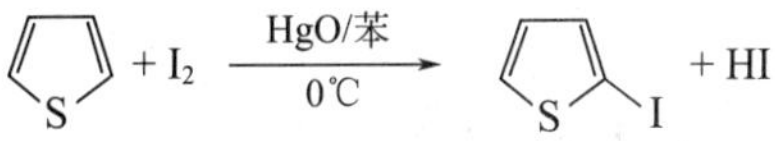

$$\text{噻吩} + I_2 \xrightarrow[0℃]{HgO/苯} \text{α-碘噻吩} + HI$$

α-碘噻吩
α-iodothiophene

② **硝化反应（Nitration）** 吡咯和呋喃在强酸性条件下易质子化而破坏环的共轭体系，进而聚合成树脂状物质。噻吩用混酸作硝化剂时，反应剧烈。因此它们的硝化反应需用较缓和的非质子硝化剂硝酸乙酰酯，并在低温下进行：

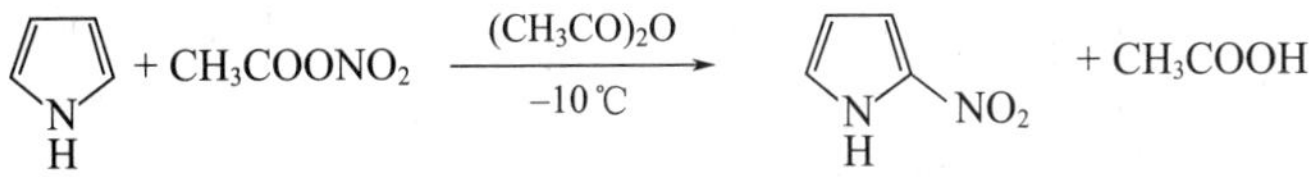

$$\text{吡咯} + CH_3COONO_2 \xrightarrow[-10℃]{(CH_3CO)_2O} \text{α-硝基吡咯} + CH_3COOH$$

α-硝基吡咯
α-nitropyrrole

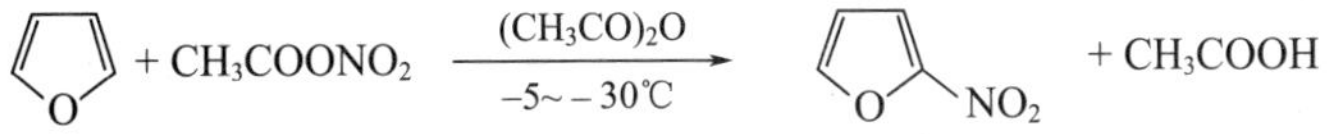

$$\text{呋喃} + CH_3COONO_2 \xrightarrow[-5\sim-30℃]{(CH_3CO)_2O} \text{α-硝基呋喃} + CH_3COOH$$

α-硝基呋喃
α-nitrofuran

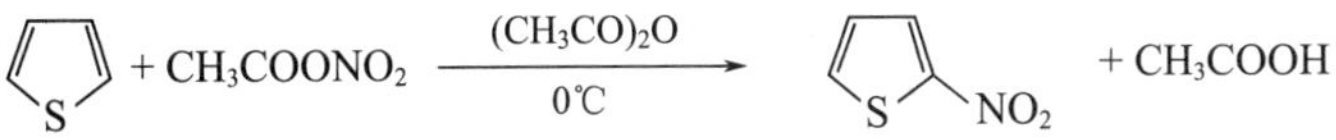

$$\text{噻吩} + CH_3COONO_2 \xrightarrow[0℃]{(CH_3CO)_2O} \text{α-硝基噻吩} + CH_3COOH$$

α-硝基噻吩
α-nitrothiophene

③ **磺化反应（Sulfonation）** 吡咯和呋喃的反应活性比噻吩大，磺化反应也不能用硫酸作磺化剂，需在较缓和的条件下进行，常用吡啶与三氧化硫的混合物作磺化剂：

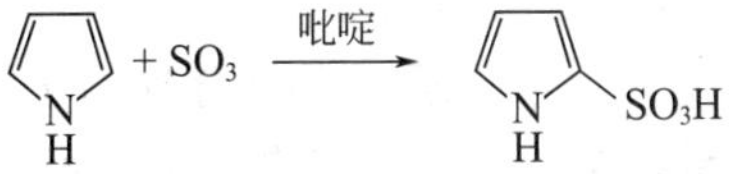

$$\text{吡咯} + SO_3 \xrightarrow{\text{吡啶}} \text{α-吡咯磺酸}-SO_3H$$

α-吡咯磺酸
α-pyrrolesulfonic acid

$$\text{呋喃} + SO_3 \xrightarrow{\text{吡啶}} \text{α-呋喃磺酸}-SO_3H$$

α-呋喃磺酸
α-furansulfonic acid

噻吩比较稳定，可直接用浓硫酸进行磺化反应：

$$\text{噻吩} + H_2SO_4 \longrightarrow \text{α-噻吩磺酸}-SO_3H$$

α-噻吩磺酸
α-thiophenesulfonic acid

（3）还原反应（Reduction） 吡咯、呋喃和噻吩均可进行催化加氢反应，被还原为饱和的杂环化合物：

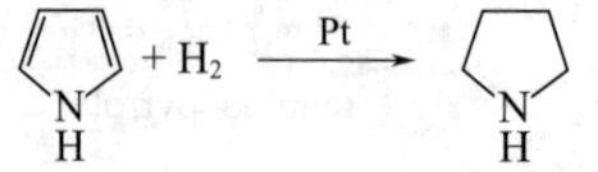

四氢吡咯
tetrahydropyrrole

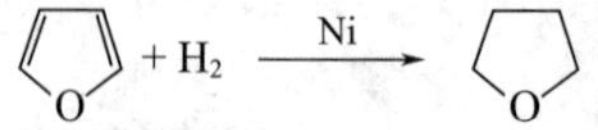

四氢呋喃
tetrahydrofuran

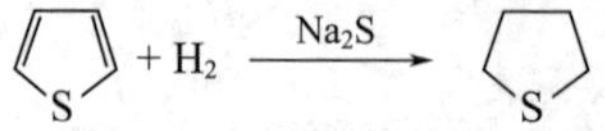

四氢噻吩
tetrahydrothiophene

4. 重要的五元杂环衍生物（Important derivatives of five-membered heterocyclic compound）

（1）吡咯衍生物（Derivatives of pyrrole） 吡咯衍生物广泛存在于自然界，叶绿素（chlorophyl）、血红素（heme）都是吡咯的衍生物，它们都是具有生理作用的细胞色素。维生素 B_{12}（vitamin B_{12}）也含有类似于吡咯环的结构。叶绿素和血红素有相同的基本骨架：卟吩环（porphin ring）。卟吩（porphin）是由四个吡咯环的 α-碳原子通过四个次甲基（＝CH—）连接而成的环状共轭体系。

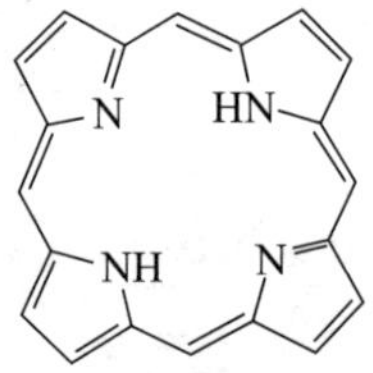

卟吩
porphin

卟吩环中的氮原子可用共价键或配位键与不同的金属离子结合，在叶绿素中结合的是镁，而血红素中结合的是铁。

叶绿素是绿色植物叶和茎的色素，它与蛋白质结合存在于叶绿体中，是植物进行光合作用必需的催化剂，植物通过叶绿素把吸收的太阳能转变成化学能。叶绿素是叶绿素 a 和叶绿素 b 的混合物，它们在植物中的比例为 3∶1。叶绿素 a 是蓝黑色粉末，熔点为 150～153℃，其乙醇溶液呈蓝绿色；叶绿素 b 是暗绿色粉末，熔点为 120～130℃，其乙醇溶液呈黄绿色。它们的乙醇溶液均有很强的荧光。叶绿素不溶于水，易溶于乙醇、丙酮、氯仿等有机溶剂。当用酸性硫酸铜溶液小心处理叶绿素时，铜就会取代镁进入卟吩环的中心，而叶绿素其他部分的结构没有改变，仍呈绿色，而且比原来的绿色更稳定。在浸制植物标本时，常用此法保持植物的绿色。叶绿素还可用作食品、医药和化妆品的着色剂。叶绿素的结构如图 11-2 所示。

血红素是动物体内最重要的色素，它与蛋白质结合成血红蛋白而存在于红细胞中，血红蛋白是高等动物体内输送氧和二氧化碳的载体。其结构见图 11-3。

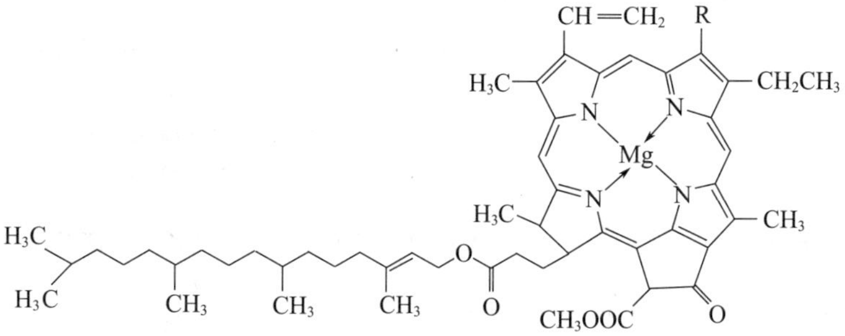

R=—CH₃为叶绿素a; R=—CHO为叶绿素b

图 11-2　叶绿素的结构
(Structure of chlorophylls)

维生素 B_{12} 存在于动物的肝脏中，为暗红色针状晶体，是抗恶性贫血的药物。维生素 B_{12} 含有类似卟吩环的结构，其结构如图 11-4 所示。

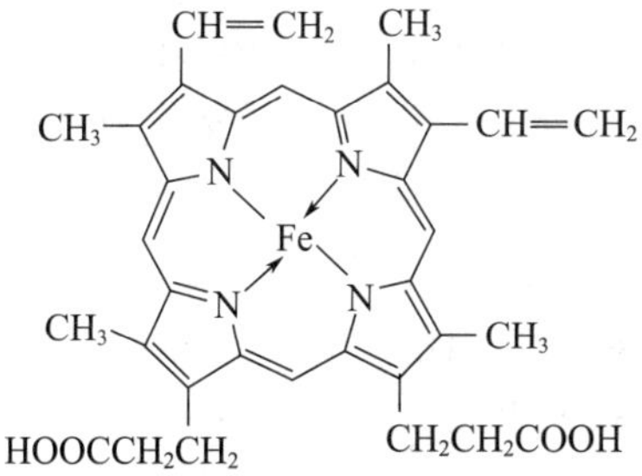

图 11-3　血红素的结构
(Structure of heme)

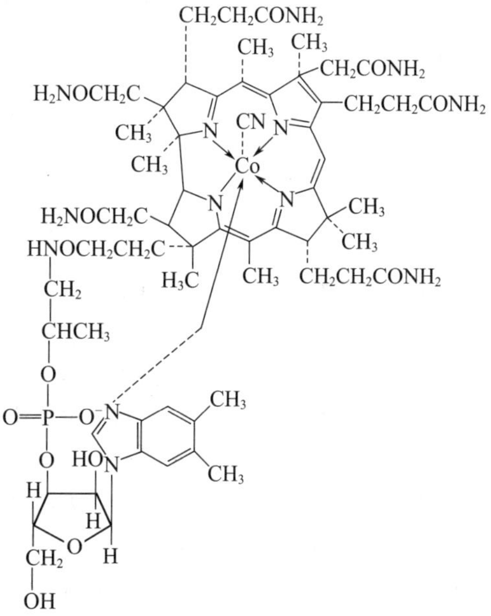

图 11-4　维生素 B_{12} 的结构
(Structure of vitamin B_{12})

（2）呋喃衍生物（derivatives of furan）　α-呋喃甲醛是用稀酸处理米糠、玉米芯、高粱秆等农副产品而制得的，故名糠醛。糠醛为无色液体，沸点为 161.7℃，密度为 $1.16g \cdot cm^{-3}$，可溶于水、乙醚和乙醇中。在光、热、空气和无机酸作用下，α-呋喃甲醛很快变成黄褐色，并发生树脂化。α-呋喃甲醛的结构式为：

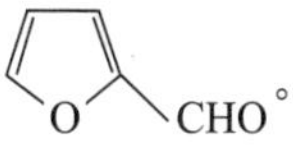

糠醛是不含有 α-H 的醛，其化学性质与甲醛、苯甲醛相似，可发生银镜反应和歧化反应。α-呋喃甲醛是良好的溶剂，也是有机合成的原料，可用于制备酚醛树脂和聚酰胺纤维，也用于制备呋喃类药物，如呋喃西林和呋喃唑酮（痢特灵）：

呋喃西林
furacilin

呋喃唑酮(痢特灵)
furazolidone

三、 六元杂环化合物（Six-membered heterocyclic compounds）

1. 吡啶的结构（Structure of pyridine）

吡啶是含有一个氮原子的六元杂环化合物。结构式为：。

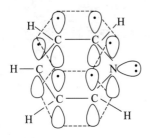

图 11-5　吡啶的结构
Structure of pyridine

吡啶环上的 5 个碳原子和 1 个氮原子都以 sp^2 杂化轨道相互重叠，形成以 σ 键相连的平面六元环。环上每个原子的 p 轨道相互从侧面重叠，且垂直于环平面，构成具有六原子、六电子的闭合共轭体系。吡啶的结构符合休克尔规则，因此具有芳香性。与吡咯不同的是，吡啶环上氮原子只有一个电子参与共轭，与每个碳原子参与共轭的电子数相等。由于环中氮原子的电负性较大，氮原子在环中表现出吸电子的诱导效应，使环上的电子云密度分布不均匀，碳原子上的电子云密度降低，其中 β-碳原子降低得较少。环中碳原子的电子云密度低于苯环，这种芳香杂环通常称为等电子芳杂环。等电子芳杂环的亲电取代反应比苯困难，且取代多发生在 β-碳原子上。吡啶的芳香性和稳定性都比苯差。吡啶的结构如图 11-5 所示。

2. 吡啶的物理性质（Physical properties of pyridine）

吡啶是具有特殊臭味的无色液体。沸点为 115℃，熔点为 −42℃，密度为 0.982g·cm^{-3}。吡啶能与水互溶，还能溶解大多数极性和非极性有机化合物，甚至可以溶解某些无机盐。原因是吡啶氮原子上的未共用电子对能与水形成氢键，还能与某些金属离子形成配合物。所以吡啶是一个良好的溶剂。

3. 吡啶的化学性质（Chemical properties of pyridine）

（1）碱性（Basicity） 吡啶分子的氮原子上有一对未共用电子对，能结合质子而显碱性，吡啶（$pK_b^{\ominus}=8.81$）的碱性比脂肪胺（$pK_b^{\ominus}=3\sim5$）和氨（$pK_b^{\ominus}=4.75$）弱，比苯胺（$pK_b^{\ominus}=9.4$）的碱性略强。吡啶不但能与强酸成盐，还能与路易斯酸成盐。

吡啶三氧化硫是一个温和的非质子磺化剂。

（2）亲电取代反应（Electrophilic substitution） 由于吡啶分子中氮原子的电负性比碳原子大，环上碳原子电子云密度降低，因此，吡啶发生亲电取代反应活性较差，但吡啶环上 β-碳原子电子云密度降低得较少，亲电取代反应主要发生在 β-碳原子上。吡啶可以发生卤代、硝化、磺化反应，但不能发生傅-克反应。一是由于环上的电子云密度较低，二是因为亲电试剂与吡啶作用会形成盐，吡啶成为正离子，增大氮的吸电子能力，更难发生亲电取代反应。

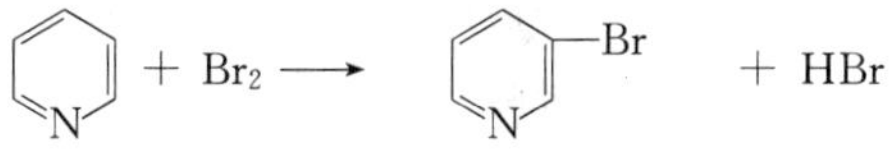

β-溴吡啶
β-bromopyridine

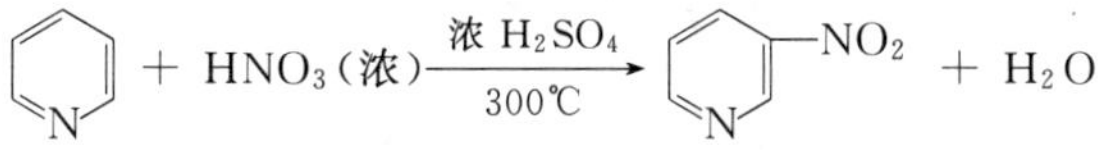

β-硝基吡啶
β-nitropyridine

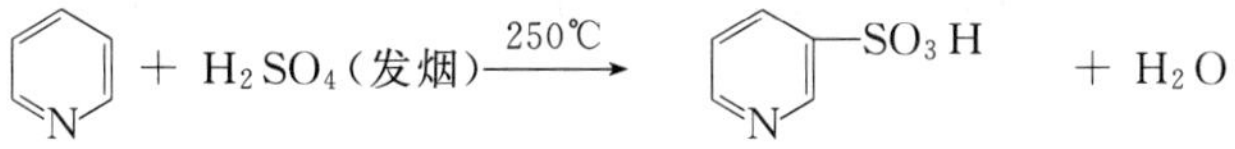

β-吡啶磺酸
β-pyridinesulfonic acid

（3）氧化还原反应（Oxidation and reduction）吡啶环上的电子云密度较低，对氧化剂较苯稳定，不易被氧化开环。当环上有烃基侧链时，侧链容易被氧化剂氧化成相应的吡啶甲酸。

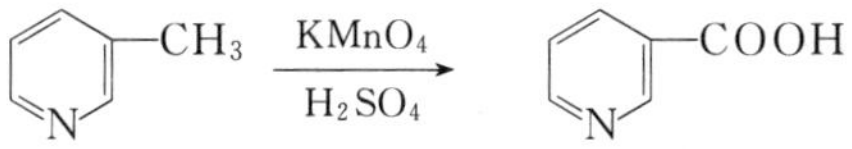

β-吡啶甲酸
β-pyridinecarboxylic acid

吡啶比苯容易还原，用金属钠和无水乙醇或催化加氢均可将吡啶还原为六氢吡啶。

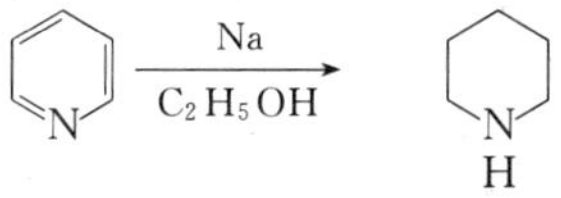

六氢吡啶（哌啶）
hexahydropyridine（piperidine）

4. 重要的六元杂环衍生物（Important derivatives of six-membered heterocyclic compound）

（1）吡啶衍生物（Derivatives of pyridine）　吡啶的重要衍生物有烟酸（nicotinic acid）、烟酰胺（nicotinamide）、异烟肼（isonicotinic acid hydrazide）和维生素 B_6（vitamin B_6）等。

烟酸的化学名称为 β-吡啶甲酸（β-picolinic acid），它存在于肝、肾、酵母和米糠中。烟酸为白色针状结晶，熔点 236.6℃，略溶于水，能溶于乙醇和碱液，不溶于乙醚。烟酸和氨反应可制得烟酰胺，烟酰胺的化学名称为 β-吡啶甲酰胺（β-picolinamide）也是白色晶体，熔点 128～131℃，易溶于水、乙醇和甘油。

烟酸和烟酰胺是人体不可缺少的维生素，称为维生素 PP（vitamin PP），属 B 族维生素。烟酸参与机体的氧化还原过程，促进细胞的新陈代谢机能，体内缺乏维生素 PP 能引起粗皮病。

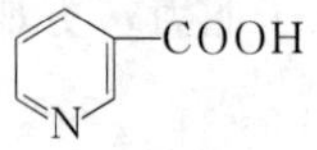

烟酸 | 烟酰胺 | 异烟肼
（β-吡啶甲酸） | （β-吡啶甲酰胺） | （雷米封）
nicotinic acid | nicotinamide | isonicotinic acid hydrazide
（β-picolinic acid） | （β-picolinamide） | （imifon）

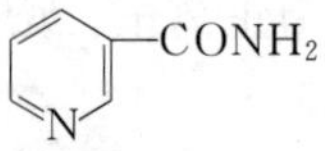

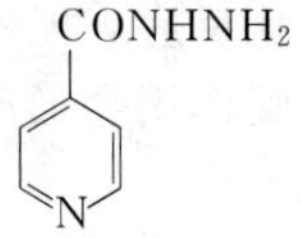

异烟肼的俗名为雷米封（rimifon），化学名称为 4-吡啶甲酰肼〔（4-pyridylcarbonyl）hydrazine〕。

异烟肼是白色晶体，熔点 170～173℃，易溶于水，微溶于乙醇而不溶于乙醚。异烟肼是抗结核药物。

维生素 B$_6$ 包括吡哆醇（pyridoxine）、吡哆醛（pyridoxal）和吡哆胺（pyridoxamine），其结构式为：

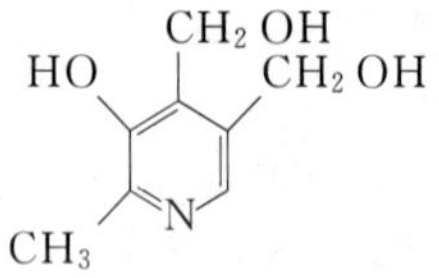

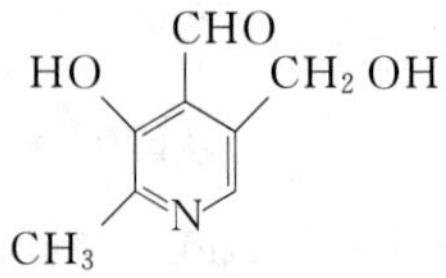

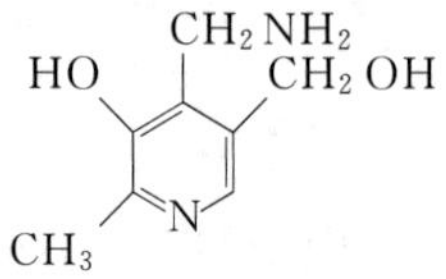

吡哆醇 | 吡哆醛 | 吡哆胺
pyridoxine | pyridoxal | pyridoxamine

维生素 B$_6$ 存在于蔬菜、脂肪、谷类和鱼中。维生素 B$_6$ 为白色晶体，在空气中稳定，遇光逐渐变质，它易溶于水，微溶于乙醇，不溶于乙醚和氯仿。维生素 B$_6$ 是维持蛋白质正常代谢的必需物质。

（2）嘧啶及其衍生物（Derivatives of pyrimidine）　嘧啶为无色晶体，熔点 22℃，易溶于水，具有弱碱性。含嘧啶环的化合物广泛存在于动植物中，它们在动植物的新陈代谢中起重要作用。

核酸碱基中存在有胞嘧啶（cytosine）、尿嘧啶（uracil）和胸腺嘧啶（thymine），其结构式如下：

胞嘧啶(C) | 尿嘧啶(U) | 胸腺嘧啶(T)
（2-氧-4-氨基嘧啶） | （2,4-二氧嘧啶） | （5-甲基-2,4-二氧嘧啶）
cytosine(C) | uraqcil(U) | thymine(T)
4-amino-2-pyrimidinoe | 2,4-dioxy pyrimidine | 2,4-dioxy-5-methyl pryrimidine

这三种嘧啶衍生物都存在酮式-烯醇式互变异构现象，例如尿嘧啶的互变异构：

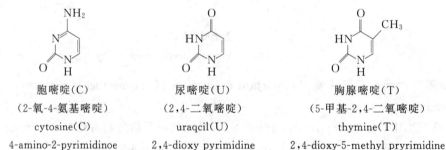

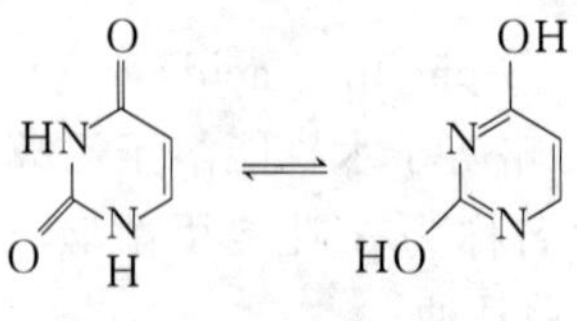

酮式 | 烯醇式
keto form | enol form

维生素 B$_1$ 存在于米糠、麦皮、酵母、花生和豆类中。药用维生素 B$_1$ 是其盐酸盐，结构式为：

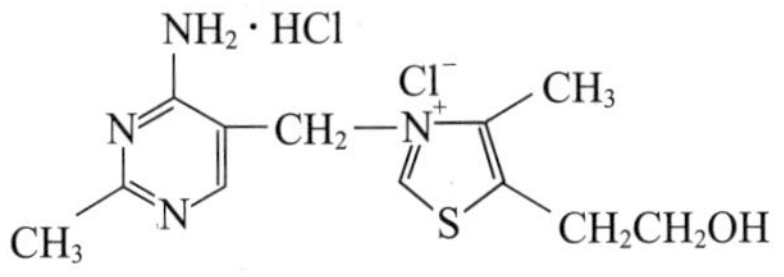

维生素 B₁
Vitamin B₁

某些合成药物的结构中也含有嘧啶环。例如氟尿嘧啶、盐酸阿糖胞苷，它们是临床上治疗癌症的药物，其结构式为：

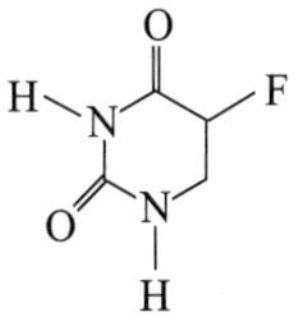

氟尿嘧啶
fluorouracil

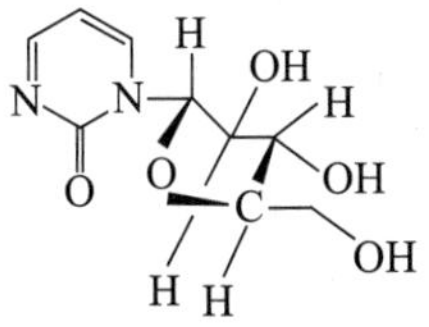

阿糖胞苷
cytarabine hydrochloride

四、 稠杂环化合物（Fused-heterocyclic compounds）

1. 喹啉和异喹啉 （Quinoline and isoquinoline）

喹啉和异喹啉都存在于煤焦油和骨油中，喹啉为无色油状液体，沸点为 238℃，有特殊气味。异喹啉也为无色油状液体，沸点为 243℃。它们均难溶于水，易溶于有机溶剂：

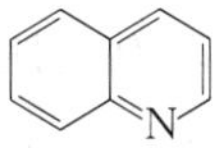

喹啉
quinoline

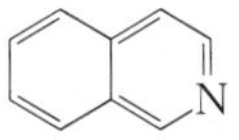

异喹啉
isoquinoline

喹啉和异喹啉是苯环与吡啶环通过共用两个碳原子稠合而成的化合物，其性质与萘和吡啶相似。喹啉和异喹啉环上氮原子的电子结构与吡啶环上氮原子的结构相同，因此其碱性与吡啶接近（喹啉 $pK_b^{\ominus}=9.15$，异喹啉 $pK_b^{\ominus}=8.86$）。

喹啉和异喹啉的结构与萘相似，分子中都含有 10 个电子的大 π 键，其亲电取代反应活性较萘低，但比吡啶的活性高。由于吡啶环的电子云密度低，亲电取代反应发生在喹啉的苯环部分，与萘一样，亲电取代反应主要发生在 C5 位和 C8 位上：

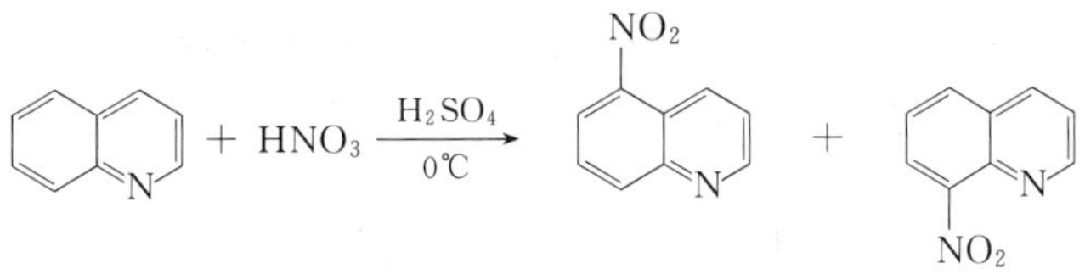

5-硝基喹啉
5-nitroquinoline

8-硝基喹啉
8-nitroquinoline

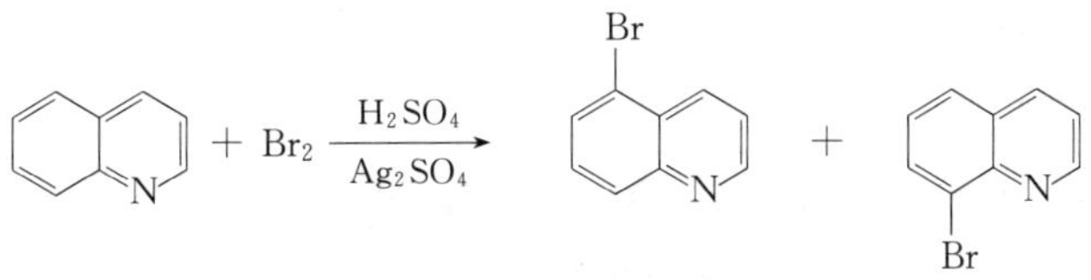

5-溴喹啉
5-bromoquinoline

8-溴喹啉
8-bromoquinoline

同样，喹啉的氧化反应也发生在苯环上。在 KnMO₄ 作用下，喹啉被氧化成 2,3-吡啶二甲酸，进一步加热后，α-位上的羧基发生脱羧反应，生成 β-吡啶甲酸：

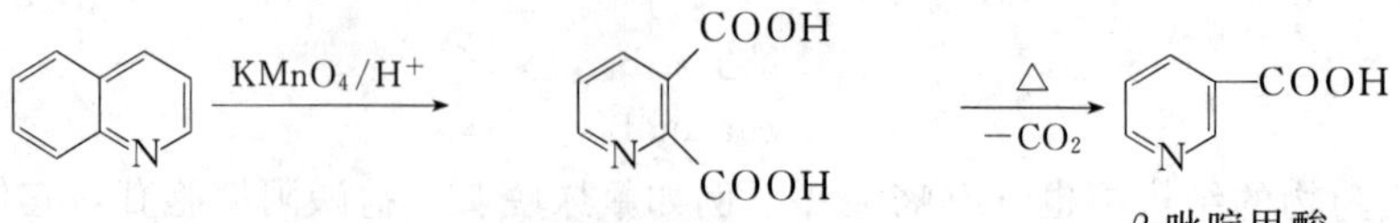

2,3-吡啶二甲酸

2,3-pyridinedicarboxylic acid

β-吡啶甲酸

β-picolinic acid

喹啉还原时，吡啶环优先被还原：

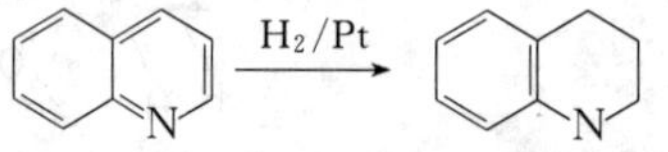

1,2,3,4-四氢喹啉

1,2,3,4-tetra-hydroquinoline

2. 吲哚及其衍生物（Indole and derivatives of indole）

（1）吲哚（Indole）   吲哚是由苯环和吡咯环通过共用两个碳原子稠合而成的化合物。吲哚存在于煤焦油中。它为无色片状结晶，熔点为 52℃，可溶于热水、乙醇及乙醚，有极臭的气味，与 β-甲基吲哚（β-methylindole，粪臭素），共存于粪便中。但纯吲哚在浓度极稀时，有花的香味，可作香料。

吲哚具有芳香性，性质与吡咯相似，但稠合的苯环对其性质有一定的影响，吲哚的碱性很弱（$pK_b^{\ominus}=10.8$），可与钾作用生成吲哚钾。吲哚的亲电取代反应在吡咯环上，取代基主要进入 β 位。

吲哚

indole

β-甲基吲哚

β-methylindole

（2）吲哚衍生物（Derivatives of indole）   吲哚的许多衍生物都具有生理和药理活性。色氨酸广泛存在于天然蛋白质中，但是哺乳动物自身在体内不能合成 L-色氨酸，必须通过饮食摄取，色氨酸在体内经过代谢后生成 5-羟色胺：

色氨酸

tryptophan

5-羟色胺

5-hydroxy tryptamine

临床上应用的消炎药物有些含有吲哚环，如吲哚美辛（消炎痛）和吲哚新是用于治疗风湿性及类风湿性关节炎、痛风性关节炎和红斑狼疮等疾病的药物。

β-吲哚乙酸是存在于植物幼芽中的植物生长激素，最早是从尿中取得。β-吲哚乙酸具有刺激植物生长的作用，农业上主要用于植物无性繁殖、刺激插条生根和加速植物根部生长。

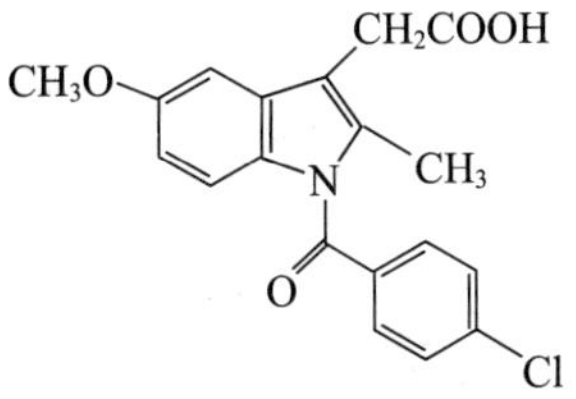

| 吲哚美辛(消炎痛) | 吲哚新 | β-吲哚乙酸 |
| indomeacin | indocin | β-indoleacetic acid |

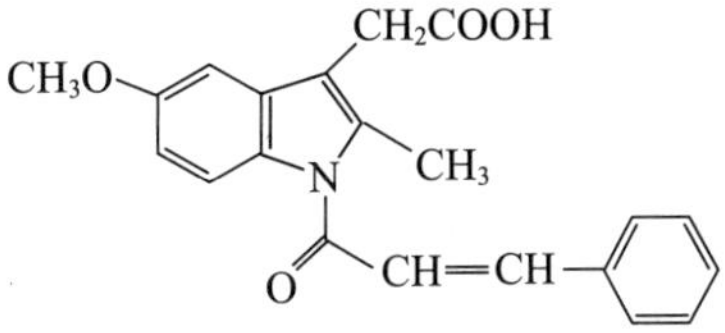

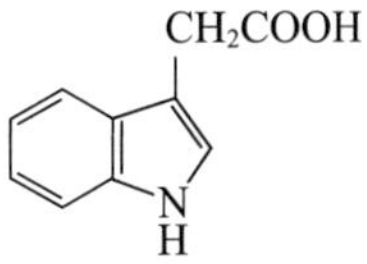

一些生物碱如马钱子碱（vauquline）、利血平（reserpine）、麦角碱（ergot alkaloid）、脑白金（melotonin）、植物染料靛蓝（indigo）等都含有吲哚环。

3. 嘌呤及其衍生物（Purine and derivatives of purine）

（1）嘌呤(Purine)　嘌呤是咪唑和嘧啶稠合而成的稠杂环。嘌呤分子中存在互变异构体，在平衡体系中主要以 9-H 嘌呤为主。

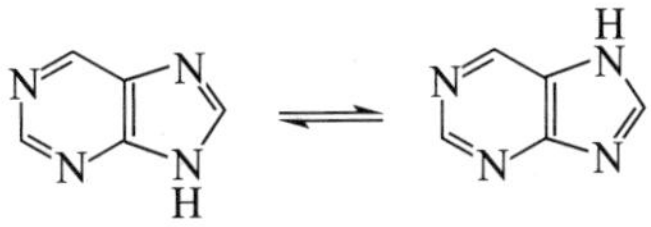

| 9-H 嘌呤 | 7-H 嘌呤 |
| 9-H purine | 7-H purine |

嘌呤为无色结晶，熔点 217℃，易溶于水，难溶于有机溶剂。

（2）嘌呤衍生物（Derivatives of purine）　嘌呤在自然界并不存在，但嘌呤的衍生物广泛存在于动植物体内，并参与生命活动过程，如组成核酸的嘌呤碱有腺嘌呤和鸟嘌呤、以及存在于动物肝脏、血液和尿中的黄嘌呤等：

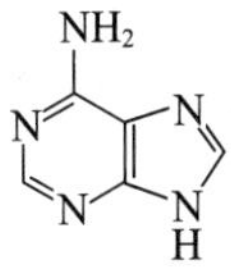

腺嘌呤	鸟嘌呤	黄嘌呤
(6-氨基嘌呤)	(2-氨基-6-羟基嘌呤)	(2-氨基嘌呤)
adenine	guanine	xanthine
(6-aminopurine)	(2-amino-6-hydroxypurine)	(2-aminopurine)

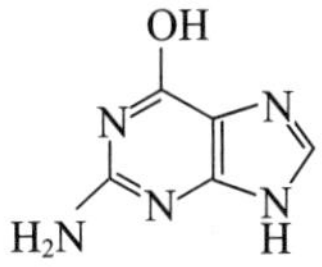

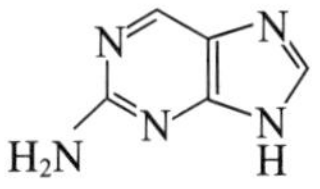

4. 蝶啶及其衍生物（Pteridine and derivatives of pteridine）

（1）蝶啶（Pteridine）　蝶啶由嘧啶环和吡嗪环稠合而成，因最初发现于蝴蝶翅膀的色素中而得名。

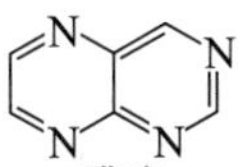

碟啶

蝶啶是黄色片状结晶，熔点 140℃，水溶度为 1:7.2，具有弱碱性（p$K_b^{\ominus}$=9.5）。蝶啶存在于动植物体内，维生素 B_2 和叶酸的分子中都含有蝶啶环系。

（2）蝶啶衍生物（Derivatives of pteridine）　维生素 B_2 又名核黄素，其骨架结构可看作是苯并蝶啶：

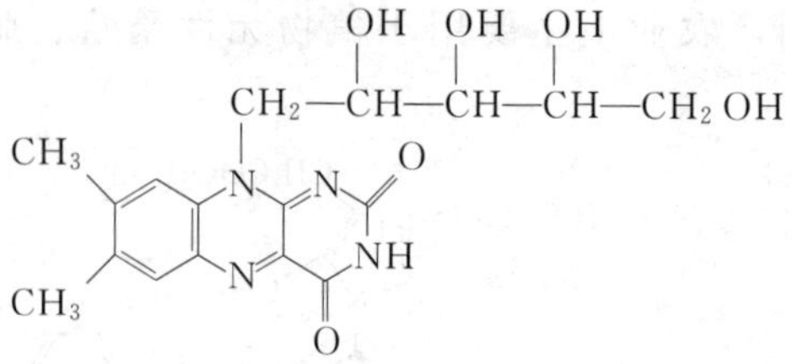

维生素 B₂

维生素 B_2 在自然界中分布很广，存在于小米、大豆、酵母、绿叶菜、肉、肝、蛋、乳等食物中。维生素 B_2 为黄色结晶，熔点 280℃（分解），微溶于水和乙醇。维生素 B_2 对碱敏感，在暗处对酸稳定。体内缺乏维生素 B_2 时，易患口腔炎、角膜炎和结膜炎等症。

叶酸（folic acid）也是 B 族维生素之一，广泛存在于蔬菜、肝、肾、酵母中，为黄色片状结晶，不溶于水和乙醇。叶酸参与体内嘌呤及嘧啶环的生物合成，体内缺乏叶酸则患恶性贫血症。

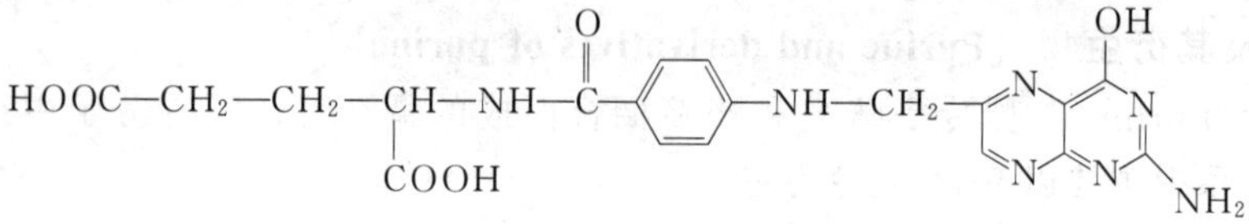

叶酸

第二节　生物碱
（Alkaloids）

一、概述（Introduction）

生物碱（alkaloids）是存在于植物中的含氮有机化合物，由于它们主要存在于植物中，因此也常称为植物碱。生物碱在植物中分布较广，在双子叶植物中尤为普遍，如防己科、罂粟科、毛茛科、豆科、马钱科、夹竹桃科、茄科等植物中，均含有生物碱。生物碱的种类很多，至今已分离出数千种。生物碱对人和动物都有较强的生理作用，大多数是非常有效的药物，在我国中草药方面的应用已有数千年的历史，许多中草药如麻黄、当归、贝母、常山、曼陀罗、黄连等中的有效成分都是生物碱。因此，对生物碱结构和性质的研究，为寻找优良的中草药开辟了新的途径。

大多数生物碱都是结构复杂的多环化合物，分子中大多含有含氮杂环（nitrogen-containing heterocyclic ring），如吡啶（pyridine）、吲哚（indole）、喹啉（quinoline）、嘌呤（purine）等，也有少数是胺类化合物（amines）。生物碱在植物中常与有机酸［如柠檬酸（citric acid）、苹果酸（malic acid）、草酸（oxalic acid）、酒石酸（tartaric acid）、乳酸（lactic acid）、苯甲酸（benzoic acid）等］结合，以盐的形式存在。也有少数生物碱以游离碱（free bases）、糖苷（glycosides）、酯（esters）和酰胺（amides）的形式存在于植物中。

大多数生物碱为结晶形固体或非结晶形粉末，一般为无色或白色，少数含有较长共轭体系的生物碱呈现不同颜色。大多数生物碱味苦。它们均难溶于水，易溶于乙醇、乙醚、氯仿等有机溶剂。大部分生物碱具有旋光性（optical activity），大多数生物碱的左旋体（laevo isomer）的生理活性强于右旋体（dextro isomer）。生物碱与酸作用生成盐，生物碱的盐易溶于水，而不溶于乙醇、乙醚、氯仿等有机溶剂。

生物碱能与许多试剂生成不溶性的沉淀或发生颜色反应（color reaction），这些试剂称为生物碱试剂（alkaloidal reagents）。能与生物碱生成沉淀的试剂有丹宁（tannin）、苦味酸（picric acid）、磷钨酸（phosphotungstic acid）、磷钼酸（phosphomolybdic acid）、碘化汞钾（mercuric potassium iodide）等，可用于生物碱的提取和分离。能与生物碱发生颜色反应的试剂有硫酸、硝酸、甲醛、氨水等，利用生物碱的颜色反应可以鉴别生物碱。

生物碱广泛应用于医药中，它是植物有效成分中研究最多的一类。目前应用于临床的生物碱有100多种，其中有些生物碱有很强的毒性，使用不当会发生危险，还有一些生物碱容易使人产生长期的依赖性，成为严重危害人类健康的毒品。

生物碱一般根据其来源命名。

二、 重要的生物碱（Important alkaloids）

1. 烟碱（Nicotine）

烟碱存在于烟草中，又名尼古丁，属于吡啶族生物碱。

烟碱为无色液体，既溶于水又溶于有机溶剂，沸点246℃。烟碱具有旋光性，天然存在的是左旋体。有剧毒，少量对中枢神经有兴奋作用，能升高血压，内服或吸入40mg即能抑制中枢神经系统，使心脏麻痹以至死亡。烟碱的右旋体的毒性比左旋异构体小得多。烟碱可用作农业杀虫剂。

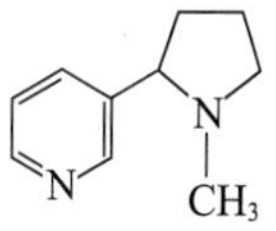

烟碱（尼古丁，nicotine）
3-(1-methylpyrrolidin
-2-y1)pyridine

2. 麻黄碱（Ephedrine）

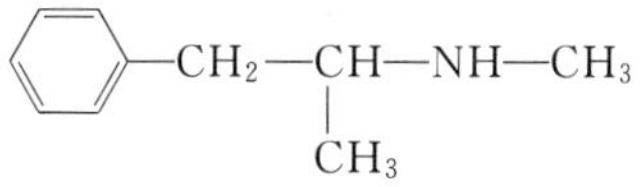

麻黄碱是存在于草药麻黄中的一种生物碱，又称麻黄素（ephedrin）。麻黄碱具有旋光性，为左旋异构体。

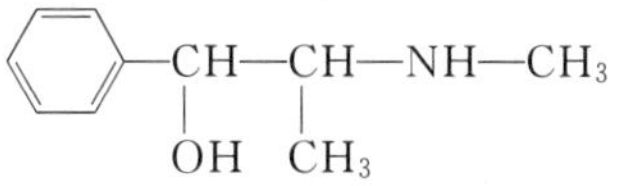

$$\text{C}_6\text{H}_5-\underset{\underset{\text{OH}}{|}}{\text{CH}}-\underset{\underset{\text{CH}_3}{|}}{\text{CH}}-\text{NH}-\text{CH}_3 \qquad \text{C}_6\text{H}_5-\text{CH}_2-\underset{\underset{\text{CH}_3}{|}}{\text{CH}}-\text{NH}-\text{CH}_3$$

麻黄碱　　　　　　　　　　　去氧麻黄素
ephedrine　　　　　　　　　deoxyepherine

麻黄碱是仲胺类生物碱，它为无色结晶，易溶于水和乙醇、乙醚、氯仿等有机溶剂。麻黄碱具有兴奋交感神经，增高血压，扩张气管等作用。在临床上常用盐酸麻黄碱治疗支气管哮喘、过敏性反应、鼻粘膜肿胀以及低血压等。

去氧麻黄素是无色透明晶体，形状象冰糖或冰，故又称为"冰毒"，是国内外严禁的毒品。它对人体的损害更甚于海洛因（heroin），吸、食或注射0.2g即可致死。一般吸食1～2周，即产生严重的依赖性而成瘾，并对心、肺、肝、肾及神经系统等产生严重的毒害作用。

3. 吗啡碱（Morphine base）

罂粟科植物鸦片中含有20余种生物碱，其中重要的是吗啡（morphine）、可待因（codeine）和罂粟碱（papareine）等，属于异喹啉或还原型异喹啉类生物碱。吗啡及其重要衍生物的结构通式以及罂粟碱的结构如下：

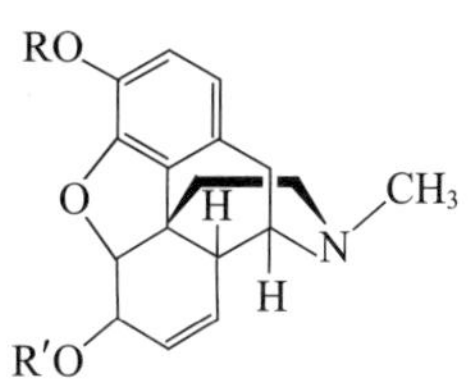

吗啡及其衍生物 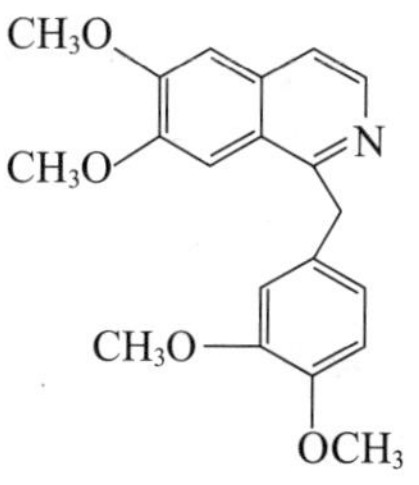　　　　　　罂粟碱
(吗啡：R=R′=H;可待因；R=CH₃,R′=H;海洛因：R=R′=COCH₃)

吗啡是1817年被提纯的第一个生物碱，也是鸦片中最重要、含量最多的有效成分，纯品为无色结晶，味苦。分子结构中含有叔氮原子（tertiary nitrogen）和酚羟基（phenolic hydroxy group），具有酸性和碱性，为两性化合物。吗啡对中枢神经有麻醉作用，是强烈的

镇痛药物。临床用药一般为吗啡的盐酸盐及其制剂，它是一种成瘾药物，一般只为解除晚期癌症患者的痛苦而使用。

可待因为无色结晶，是吗啡的甲基醚。可待因与吗啡有同样的生理作用，成瘾性较吗啡差。临床用药一般是其磷酸盐制剂，主要用于镇咳，其镇痛作用较小。

海洛因纯品为白色结晶性粉末，光照或久置易变为黄色或淡棕色。海洛因是吗啡的二乙酰基衍生物，自然界中不存在，可由吗啡制得，其成瘾性为吗啡的 3～5 倍，故不作为药物，它是对人类危害最大的毒品之一。

罂粟碱也是存在于鸦片中的生物碱。在医药上可用作平滑肌松弛剂以及脑血管扩张剂。

4. 小檗碱（Berberine）

小檗碱又称黄连素，存在于毛茛科植物黄连、芸香科植物黄柏、小檗科植物细叶小檗中。游离的小檗碱主要以季铵碱（quaternary ammonium hydroxide）的形式存在，属于异喹啉类生物碱。

小檗碱呈黄色结晶，味苦，能溶于水，能溶于有机溶剂。小檗碱为广谱抗菌剂，对多种革兰阳性细菌及阴性细菌有抑制作用。同时又具有镇静、降压和健胃的作用，临床上用于治疗痢疾、胃肠炎等症。

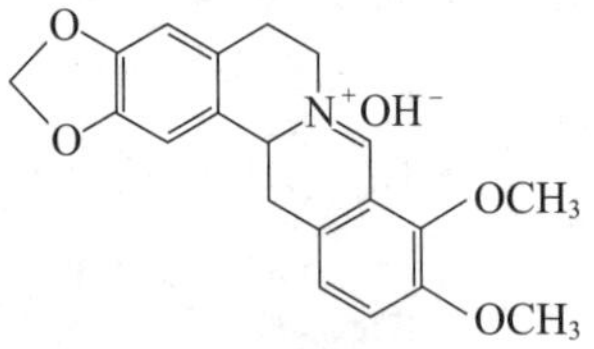

小檗碱
berberine

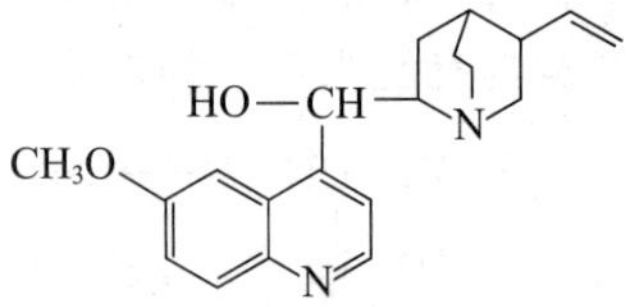

奎宁
quinine

5. 奎宁（Quinine）

奎宁是存在于金鸡纳树皮中一种主要的生物碱，又称金鸡纳碱，属于喹啉类生物碱：

奎宁为无色结晶，微溶于水，易溶于乙醇、乙醚等有机溶剂。奎宁能抑制分瓣疟原虫的繁殖，有抗疟和退热作用。

6. 喜树碱（Camptothecine）

喜树碱存在于喜树的木部和果实中，属于喹啉类生物碱。喜树是我国特有植物，产于西南、东南地区。自然界存在的喜树碱是右旋体。

喜树碱为黄色针状结晶，熔点 264～266℃，难溶于水、可溶于乙醇、氯仿等有机溶剂。喜树碱的毒性较大，具有抗癌作用。

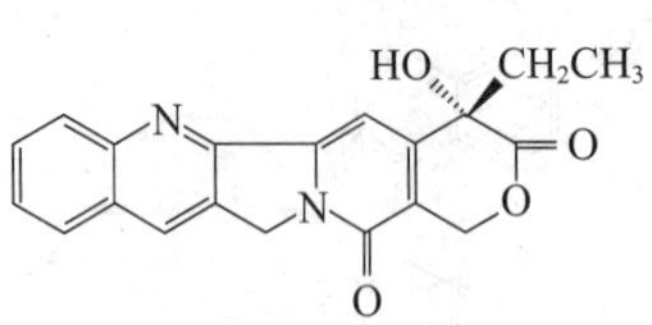

喜树碱
camptothecine

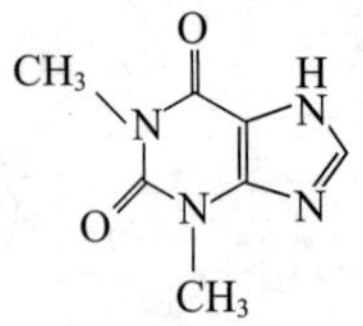

茶碱
theophylline

7. 茶碱（Theophylline）

茶碱存在于茶叶和咖啡中，属于嘌呤类生物碱。

茶碱为白色结晶性粉末，熔点 270～274℃，在空气中稳定，微溶于冷水、乙醇和氯仿，难溶于乙醚，易溶于酸溶液和碱溶液。茶碱具有利尿作用，临床上用于治疗各种水肿症。茶碱还有松弛平滑肌的作用，常用于治疗支气管炎和胆管的痉挛。

8. 莨菪碱（Hyoscyamine）

莨菪碱来源于茄科植物曼陀罗、颠茄中，属于莨菪烷类生物碱。莨菪烷是由四氢吡咯和六氢吡啶合并而成的杂环结构。

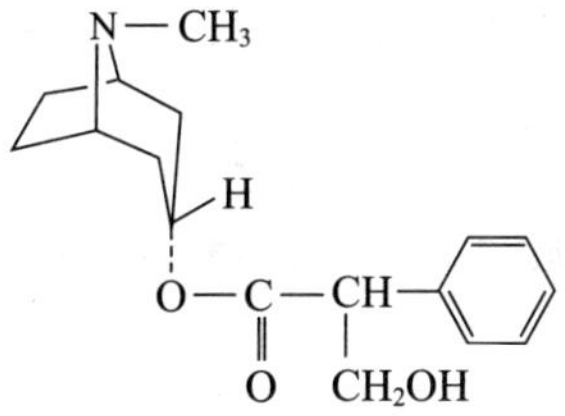

莨菪碱
hyoscyamine

莨菪碱呈左旋性（levorotatory），它的外消旋体，即为阿托品（atropine）。阿托品在临床上用作抗胆碱药，能抑制汗腺、唾液、泪腺、胃液等多种腺体的分泌，并能扩散瞳孔。阿托品常用于治疗平滑肌痉挛、胃溃疡和十二指肠溃疡等病，也可以用作有机磷农药中毒的解毒剂。

习题（Exercises）

1. 命名下列化合物：

（1） 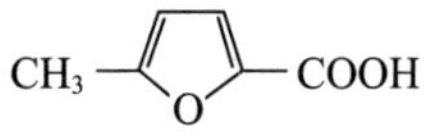　　（2） 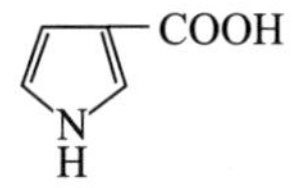　　（3）

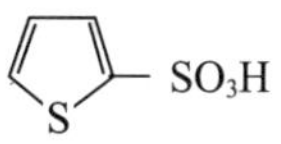

（4） 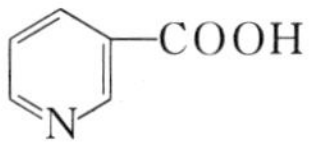　　（5） 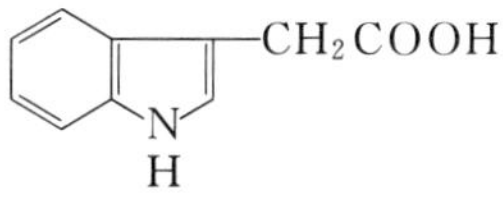　（6）

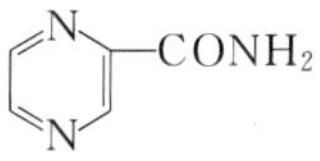

（7） 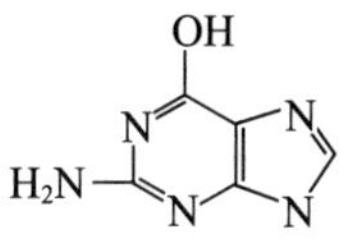　　（8）

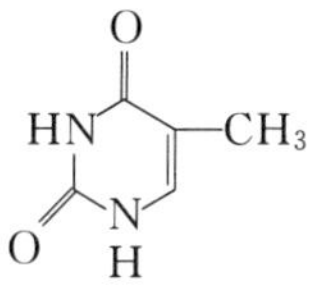

2. 写出下列化合物的构造式：

（1）α-呋喃甲醛　　　　（2）β-吡啶甲酰胺　　　　（3）8-溴异喹啉

（4）4-甲基咪唑　　　　　　（5）5-乙基噻唑　　　　　　（6）4-氟噻吩-2-甲酸

（7）5-硝基喹啉　　　　　　（8）四氢吡咯

3. 写出下列反应的主要产物：

（1）  ＋ KOH（固体）——→ ?　　（2） ＋ H_2SO_4（浓）——→ ?

（3） ＋ I_2 ＋ NaOH ——→ ?　　（4） ＋ H_2 $\xrightarrow{\text{Ni}}$?

（5） $\xrightarrow[\text{H}_2\text{SO}_4]{\text{KMnO}_4}$?　　（6） ＋ H_2SO_4（发烟）$\xrightarrow{250℃}$?

（7） ＋ Br_2 $\xrightarrow{300℃}$?　　（8） $\xrightarrow[\text{H}_2\text{SO}_4]{\text{KMnO}_4}$?

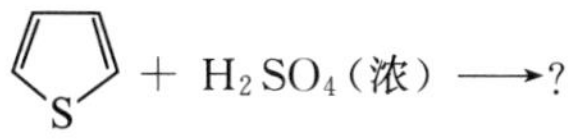

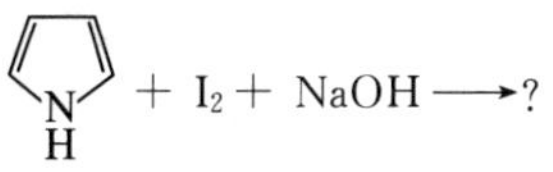

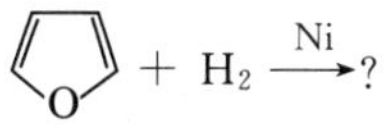

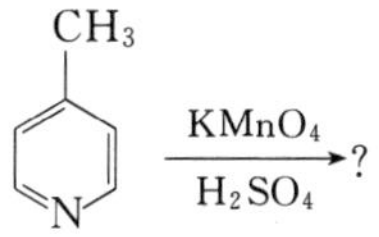

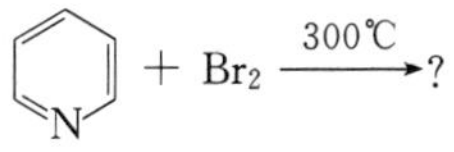

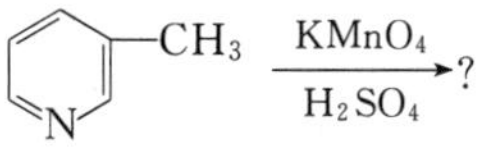

4. 试排列呋喃、噻吩和吡咯沸点的大小顺序，并解释原因。

5. 为什么吡咯和呋喃的硝化、磺化反应不能在强酸性条件下进行，而吡啶的卤代反应一般不使用 FeX_3 等路易斯酸作催化剂？

6. 为什么吡咯不显碱性，而吡啶显碱性？

7. 为什么吡咯、呋喃和噻吩比苯容易进行亲电取代反应，而吡啶却比苯难进行亲电取代反应？

8. 吡啶能否进行付-克反应？为什么？

9. 为什么喹啉的碱性比吡啶弱，但亲电取代反应比吡啶容易？

10. 某杂环化合物（C_6H_6OS），能生成肟，但不能与银氨溶液反应。它与 $I_2/NaOH$ 作用后生成 2-噻吩甲酸，试写出原杂环的构造式。

第十二章　油脂和类脂化合物

(Glycerides and Lipids)

　　油脂（glycerides）和类脂化合物（lipids）是动植物体的重要成分，也是生物体维持正常生命活动所必需的物质。油脂和类脂统称为脂类化合物。油脂包括油（oils）和脂肪（fats），类脂化合物主要包括磷脂（phospholipids）、糖脂（glycolipids）、蜡（waxs）和甾族化合物（steroids）等。油脂和类脂在化学组成、化学结构上有很大差别，但某些物理性质相似，如它们都具有脂溶性，并且难溶于水，易溶于乙醚、氯仿、苯等非极性或弱极性有机溶剂。

　　油脂是动物体内能量的来源，1g 油脂完全氧化可产生 38.9kJ 能量，是糖类物质的两倍。油脂能为动物提供生长发育所需要的脂肪酸。油脂是维生素 A、D、E、K 等脂溶性维生素的良好溶剂，对脂溶性维生素的吸收具有重要作用。皮下和器官周围的脂肪具有保持恒定体温、保护脏器不受损伤的作用。植物种子中的油脂可为种子发芽生长提供能量。油脂也是重要的化工原料，用于制造肥皂、润滑油和油漆等。磷脂、糖脂与蛋白质结合构成各种生物膜。甾族化合物（steroid）具有调节人体代谢、控制生长发育等功能。

第一节　油脂
(Glycerides)

一、油脂的组成和命名 (Constituent and nomenclature of glycerides)

　　从化学结构上看，油脂的主要成分是一分子甘油（glycerin）和三分子高级脂肪酸（fatty acids）形成的酯，称为甘油酯。如果组成甘油酯的三个脂肪酸都相同，称为单甘油酯（monoglycerides）；若组成甘油酯的两个或三个脂肪酸不完全相同，称为混甘油酯（mixed glycerides）。结构式如下：

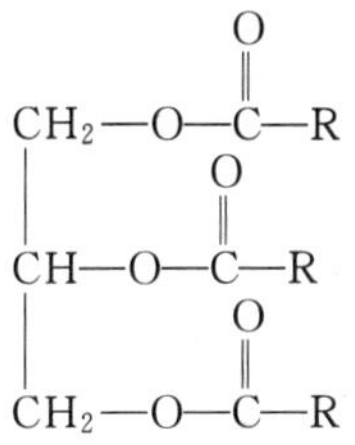

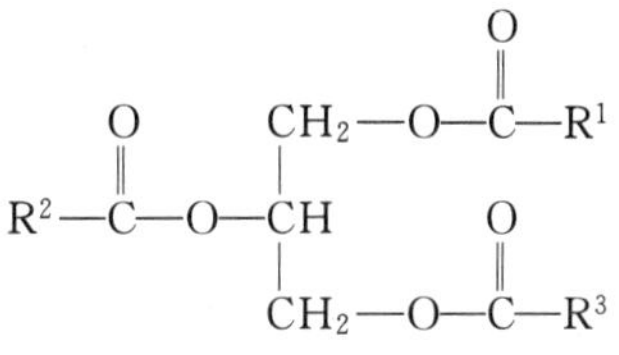

$$
\begin{array}{l}
CH_2-O-\overset{\displaystyle O}{\overset{\|}{C}}-R \\
CH-O-\overset{\displaystyle O}{\overset{\|}{C}}-R \\
CH_2-O-\overset{\displaystyle O}{\overset{\|}{C}}-R
\end{array}
\qquad\qquad
\begin{array}{l}
\ CH_2-O-\overset{\displaystyle O}{\overset{\|}{C}}-R^1 \\
R^2-\overset{\displaystyle O}{\overset{\|}{C}}-O-CH \\
\ CH_2-O-\overset{\displaystyle O}{\overset{\|}{C}}-R^3
\end{array}
$$

单甘油酯　　　　　　　　　　　　　混甘油酯

monoglycerides　　　　　　　　　　mixed glycerides

　　当混甘油酯分子中的三个脂肪酸都不相同时，分子具有手性（chirality）。绝大多数天然油脂是手性分子，且为 L-构型。

　　油脂的命名与酯相同，称为三羧酸甘油酯，也可命名为三酰甘油。若为混甘油酯，则分

别用 α，β，α' 标明脂肪酸的位置。例如：

$$
\begin{array}{l}
CH_2-O-\overset{\displaystyle O}{\overset{\|}{C}}-(CH_2)_{16}CH_3 \\
CH-O-\overset{\displaystyle O}{\overset{\|}{C}}-(CH_2)_{16}CH_3 \\
CH_2-O-\overset{\displaystyle O}{\overset{\|}{C}}-(CH_2)_{16}CH_3
\end{array}
$$

$$
\begin{array}{l}
\alpha\ CH_2-O-\overset{\displaystyle O}{\overset{\|}{C}}-(CH_2)_{16}CH_3 \\
\beta\ CH-O-\overset{\displaystyle O}{\overset{\|}{C}}-(CH_2)_{14}CH_3 \\
\alpha'\ CH_2-O-\overset{\displaystyle O}{\overset{\|}{C}}-(CH_2)_7CH=CH(CH_2)_7CH_3
\end{array}
$$

三硬脂酸甘油酯　　　　　　　　　　α-硬脂酸-β-软脂酸-α'-油酸甘油酯

（三硬脂酰甘油）　　　　　　　　　（α-硬脂酰-β-软脂酰-α'-油酰甘油）

tristearin　　　　　　　　　　α-stearate-β-palmitate-α'-oleate glyceryl

油脂中的脂肪酸大多数以结合成酯键和酰胺键的形式存在于脂类中。组成油脂的脂肪酸的种类很多，天然油脂中已发现的脂肪酸有几十种，它们一般是含有偶数碳原子的直链饱和脂肪酸和不饱和脂肪酸，碳原子数一般在 12～24 之间，以 16 个和 18 个碳原子的脂肪酸含量最高。不饱和脂肪酸多为顺式构型，大部分多烯脂肪酸为非共轭烯酸。例如：

油酸

oleic acid

亚油酸

linoleic acid

α-亚麻酸

α-linolenic acid

脂肪酸常用俗名。油脂中常见的高级脂肪酸见表 12-1。

表 12-1　油脂中常见的高级脂肪酸
(Some fatty acids of glycerides)

名　称 Name	结　构　式 Structure
月桂酸(十二碳酸) lauric(dodecanoic acid)	$CH_3(CH_2)_{10}COOH$
肉豆蔻酸(十四碳酸) myristric acid(tetradcoic acid)	$CH_3(CH_2)_{12}COOH$
软脂酸(十六碳酸) palmitic acid(hexadecoic acid)	$CH_3(CH_2)_{14}COOH$
硬脂酸(十八碳酸) steraric acid(octadecanoic acid)	$CH_3(CH_2)_{16}COOH$
花生酸(二十碳酸) arachic acid(eicosanoic acid)	$CH_3(CH_2)_{18}COOH$
鳌酸(9-十六碳烯酸) palmitoleic acid(9-hexadecenoic acid)	$CH_3(CH_2)_5CH=CH(CH_2)_7COOH$
油酸(9-十八碳烯酸) oleic acid(9- octadecenoic acid)	$CH_3(CH_2)_7CH=CH(CH_2)_7COOH$
亚油酸(9,12-十八碳二烯酸) linoleic acid(9,12- octadecenoic acid)	$CH_3(CH_2)_4CH=CHCH_2CH=CH(CH_2)_7COOH$

名 称 Name	结 构 式 Structure
α-亚麻酸(9,12,15-十八碳三烯酸) α-linolenic acid(9,12,15-octadectrienoic acid)	$CH_3CH_2CH=CHCH_2CH=CHCH_2CH=CH(CH_2)_7COOH$
花生四烯酸(5,8,11,14-二十碳四烯酸) arachidonic acid(5,8,11,14-eicosabutenoic acid)	$CH_3(CH_2)_4-(CH=CHCH_2)_4-(CH_2)_2COOH$

多数脂肪酸在人体内能自身合成，而亚油酸、α-亚麻酸在体内不能合成，只能从食物中获得，花生四烯酸虽然人体能自身合成，但量太少，不能满足人体生理上的需要，也需要食物供给，故亚油酸、α-亚麻酸、花生四烯酸统称为必需脂肪酸（essential fatty acid）。

二、 油脂的物理性质（Physical properties of glycerides）

纯净的油脂是无色、无味的化合物。大多数天然油脂，尤其是植物油，由于含有胡萝卜素，而呈现出不同的颜色。油脂不溶于水，易溶于乙醚、氯仿、苯等有机溶剂中。油脂的密度小于 $1g \cdot cm^{-3}$。

油脂是油和脂肪的总称。通常将常温下呈液态的油脂称为油，油主要存在于植物体内。在常温下呈固态或半固态的油脂称为脂肪，它主要存在于动物体内。

天然油脂都是复杂的混合物，无固定的熔点和沸点。油脂的熔点高低取决于饱和脂肪酸（saturated fatty acid）和不饱和脂肪酸（unsaturated fatty acid）在油脂中的比例，它随不饱和脂肪酸含量的升高而降低，这是由于油脂中不饱和脂肪酸的双键多为顺式构型，使碳链呈一定角度弯曲，分子间距离较远，分子间作用力减小，熔点降低。脂肪中饱和脂肪酸的含量较高，而饱和脂肪酸具有锯齿形的规则长链结构，相邻碳链间能相互靠近而有序排列，分子间作用力增强，故熔点较高。因此，植物油中不饱和脂肪酸含量较高，常温下呈液态，而动物脂肪中含饱和脂肪酸较多，常温下呈固态。

三、 油脂的化学性质（Chemical properties of glycerides）

1. 皂化（Saponification）

油脂具有酯的结构，它在酸、碱或酶的作用下，都能发生水解反应（hydrolysis reaction）。油脂与强碱性溶液共热，进行水解生成甘油和高级脂肪酸盐：

$$
\begin{array}{l}
CH_2-O-\overset{\overset{O}{\|}}{C}-R \\
CH-O-\overset{\overset{O}{\|}}{C}-R' \quad + 3NaOH \longrightarrow \\
CH_2-O-\overset{\overset{O}{\|}}{C}-R''
\end{array}
\quad
\begin{array}{l}
CH_2-OH \quad RCOONa \\
CH-OH + R'COONa \\
CH_2-OH \quad R''COONa
\end{array}
$$

高级脂肪酸的钠盐俗称肥皂（soap），所以油脂在碱性条件下的水解反应又称为皂化（saponification）。将 1g 油脂完全皂化所需要的氢氧化钾的毫克数称为皂化值（saponification number）。根据皂化值的大小可以判断油脂的平均相对分子质量，皂化值越大，油脂的平均相对分子质量越小，反之，油脂的平均相对分子质量越大。皂化值是检验油脂质量的主要常数之一，天然油脂都有正常的皂化值范围。

2. 加成反应（Addition reactions）

油脂中不饱和脂肪酸的碳碳双键可以与氢气、卤素等发生加成反应。

（1）加氢（Addition of hydrogen）　在催化剂的作用下，油脂中不饱和脂肪酸的烯键与氢加成，转化为饱和脂肪酸含量较高的油脂，使液态的油转变为固态或半固态的脂肪，这个过程称为油脂的氢化，又叫油脂的硬化。氢化油脂的熔点升高，稳定，不易变质，同时也便于运输和储存。

（2）加碘（Addition of iodine）　油脂中的碳碳双键可与碘加成。将100g油脂所能吸收碘的最大克数称为碘值（iodine number）。利用碘值可定量测定油脂的不饱和程度，碘值越大，油脂的不饱和程度越高，反之，油脂的不饱和程度越低。

（3）酸败（Rancidity）　油脂在空气中放置过久，便会产生难闻的气味，这种变化称为酸败。酸败是由于油脂在空气中氧、水分和微生物的作用下，发生分解生成脂肪酸，其中不饱和脂肪酸分子中的双键进一步氧化生成过氧化物（peroxide），这些物质继续分解、氧化，产生有特殊气味的低级醛、酮和羧酸等而造成的。

$$—CH_2—CH{=}CH—CH_2— \; + \; O_2 \longrightarrow —CH_2—\overset{\displaystyle |}{\underset{\displaystyle O}{CH}}{-}\overset{\displaystyle |}{\underset{\displaystyle O}{CH}}—CH_2—$$

$$\xrightarrow{\text{霉菌}} \quad —CH_2—\overset{O}{\overset{\|}{CH}} \; + \; HC—CH_2— \xrightarrow{O_2} \; 2—CH_2—\overset{O}{\overset{\|}{C}}—OH$$

油脂酸败的另一个原因是饱和脂肪酸的氧化。饱和脂肪酸在霉菌或微生物作用下，发生 β 氧化，生成 β-酮酸（β-ketoacid），β-酮酸进一步分解成酮和羧酸。饱和脂肪酸的氧化经过脱氢（dehydrogenation）、水化（hydration）、再脱氢和降解（degradation）四个连续反应：

脱氢 $\quad RCH_2CH_2\overset{\beta}{C}H_2\overset{\alpha}{C}H_2COOH \xrightarrow{-2H} RCH_2CH_2\overset{\beta}{C}H{=}CHCOOH$

水化 $\quad RCH_2CH_2CH{=}CHCOOH \xrightarrow{H_2O} RCH_2CH_2\overset{\beta}{\underset{OH}{C}}HCH_2COOH$

再脱氢 $\quad RCH_2CH_2\overset{\beta}{\underset{OH}{C}}HCH_2COOH \xrightarrow{-2H} RCH_2CH_2\overset{\beta}{\underset{O}{C}}CH_2COOH$

降解 $\quad RCH_2CH_2\overset{\beta}{\underset{O}{C}}CH_2COOH$
— 酮式分解 → $RCH_2CH_2\overset{O}{\overset{\|}{C}}CH_3 \; +CO_2$
— 酸式分解 → $RCH_2CH_2COOH+CH_3COOH$

油脂的酸败程度可用酸值（acid number）衡量。油脂的酸值是指中和1g油脂所需氢氧化钾的毫克数。酸值是衡量油脂质量的重要数据之一。酸值大于6.0的油脂不能食用。光、热或潮气可加速油脂酸败。为了防止酸败，把油脂储存在密闭容器中，置于阴凉处，适当添加抗氧化剂（antioxidant），如维生素E（vitamin E）、卵磷脂（lecithin）等。

皂化值、碘值和酸值是油脂重要的理化指标，我国药典对药用油脂的这些指标均有严格规定。常见油脂的皂化值、碘值和酸值见表12-2。

表 12-2 常见油脂的皂化值、碘值和酸值
Saponification number, iodine number, and acid number of some glycerides

名称 Name	皂化值 Saponification value	碘值 Iodin value	酸值 Acid value	名称 Name	皂化值 Saponification value	碘值 Iodin value	酸值 Acid value
猪油	193～200	46～66	1.56	芝麻油	188～193	103～117	9.8
牛油	190～200	31～47	0.66～0.88	棉籽油	191～196	103～115	0.6～0.9
羊油	192～198	31～46	2～3	豆油	189～194	124～136	—
蓖麻油	176～187	81～90	0.12～0.8	亚麻油	189～196	170～204	1～3.5
花生油	185～195	83～93	—	桐油	190～197	160～180	—
菜籽油	170～180	92～109	2.4				

第二节 类脂化合物
（Lipids）

一、磷脂（Phospholipids）

磷脂是一类分子中含有磷酸基团的类脂化合物，广泛存在于动植物组织中，如动物的肝、脑、脊髓、神经组织和植物的种子。磷脂是构成人体及动物体的所有细胞与组织的成分，植物的活细胞也含有磷脂。磷脂的结构和性质与生物膜的功能关系密切。根据磷脂分子中醇的种类不同，可分为甘油磷脂和鞘磷脂两类。由甘油构成的磷脂称为甘油磷脂，由鞘氨醇构成的磷脂称为鞘磷脂。

1. 甘油磷脂 （Glycerophosphatide）

甘油磷脂也称为磷酸甘油酯，可看作是磷脂酸的衍生物，磷脂酸结构式如下：

$$
\begin{array}{c}
\quad\quad\quad\quad\quad\quad\quad\quad O \\
\quad\quad\quad\quad\quad\quad\quad\quad \parallel \\
O\quad\quad\ {}^1CH_2{-}O{-}C{-}R^1 \\
\parallel\quad\quad\ | \\
R^2{-}C{-}O{-}{}^2CH\quad\quad O \\
\quad\quad\quad\quad\ |\quad\quad\quad\ \parallel \\
\quad\quad\quad {}^3CH_2{-}O{-}P{-}OH \\
\quad\quad\quad\quad\quad\quad\quad\quad | \\
\quad\quad\quad\quad\quad\quad\quad\ OH
\end{array}
$$

磷脂酸
phosphatidic acid

磷脂酸结构中的脂肪酸通常有软脂酸、硬脂酸、油酸、亚油酸和花生四烯酸等。甘油的C1 常与饱和脂肪酸相连，C2 常连有不饱和脂肪酸。由于 C3 位连有磷酸，磷脂酸分子具有手性。甘油磷脂分子中的磷酸基与含有羟基的化合物（如胆碱、胆胺、肌醇、丝氨酸等）结合。自然界存在的甘油磷脂都属于 L-构型。最常见的甘油磷脂是卵磷脂和脑磷脂。

（1）卵磷脂（Lecithin） 卵磷脂又称为磷脂酰胆碱，它是由磷脂酸与胆碱 $[HOCH_2CH_2N^+(CH_3)_3OH^-]$ 通过酯键结合而成的化合物。由于磷酸基上未酯化的羟基具有酸性，胆碱具有碱性，故在分子中形成内盐，以偶极离子的形式存在。结构式如下：

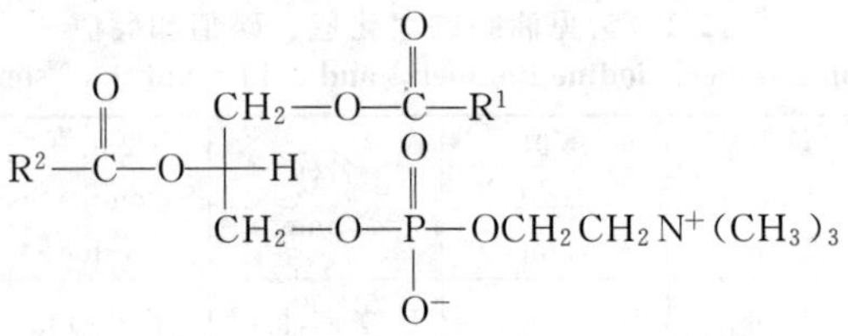

$$\begin{array}{c} O \\ \| \\ R^2-C-O-CH_2-O-C-R^1 \\ | \\ H \\ | \\ CH_2-O-P-OCH_2CH_2N^+(CH_3)_3 \\ | \\ O^- \end{array}$$

卵磷脂

lecithin

磷脂酰胆碱完全水解可得到甘油、脂肪酸、磷酸和胆碱。磷脂酰胆碱中的饱和脂肪酸通常是软脂酸和硬脂酸，不饱和脂肪酸为油酸、亚油酸、亚麻酸和花生四烯酸等。卵磷脂存在于脑组织和大豆中，尤其在禽卵的卵黄中含量丰富。纯净的卵磷脂为白色蜡状固体，在空气中易氧化变成黄色或棕色。不溶于水和丙酮，易溶于乙醇和氯仿中。

卵磷脂分子中含有的胆碱是季铵碱，属于强碱，胆碱具有乳化作用，在人体内与脂肪的代谢有密切关系，可以使油脂转化为磷脂，防止形成脂肪肝。

（2）脑磷脂（Cephalin）　脑磷脂又称为磷脂酰胆胺，它是磷酸酯中的磷酸与胆胺（$HOCH_2CH_2NH_2$）中的羟基通过酯键结合而成的。结构式如下：

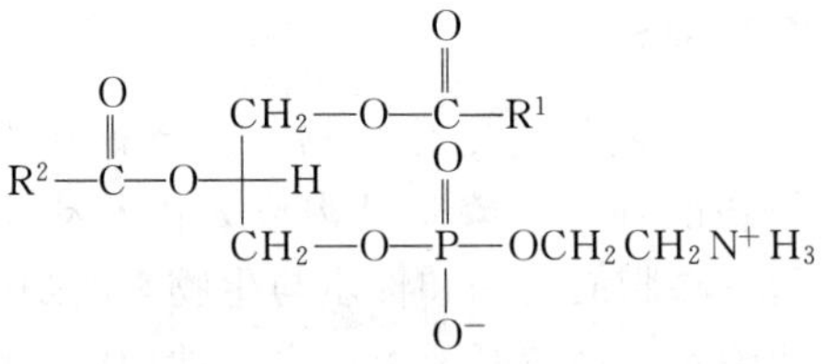

$$\begin{array}{c} O \\ \| \\ R^2-C-O-CH_2-O-C-R^1 \\ | \\ H \\ | \\ CH_2-O-P-OCH_2CH_2N^+H_3 \\ | \\ O^- \end{array}$$

脑磷脂

cephalin

磷脂酰胆胺完全水解可得到甘油、脂肪酸、磷酸和胆胺。磷脂酰胆碱水解生成的脂肪酸一般有软脂酸、硬脂酸、油酸和少量花生四烯酸等。脑磷脂常与卵磷脂共存于机体的各组织器官中，在脑组织中含量较高。

脑磷脂在空气中不稳定，易被氧化成棕黑色，脑磷脂不溶于水、丙酮和冷乙醇，能溶于乙醚，利用脑磷脂和卵磷脂在乙醇中的溶解性能不同，可以将二者分离。脑磷脂具有凝血作用，存在于血小板中的凝血激酶就是脑磷脂与蛋白质组成的。

2. 鞘磷脂（Sphinggomyelins）

鞘磷脂又称为神经磷脂，它是由鞘氨醇、脂肪酸、磷酰胆碱组成。其结构与甘油酯不同，它不含有甘油，其主链是鞘氨醇。鞘氨醇的氨基与脂肪酸通过酰胺键结合成神经酰胺、

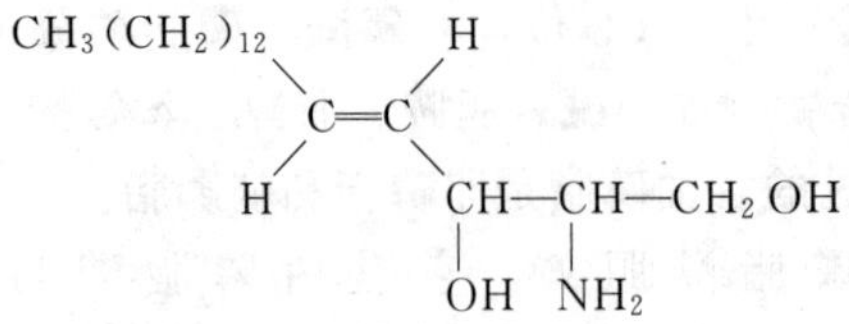

$$\begin{array}{cc} CH_3(CH_2)_{12} \quad H & CH_3(CH_2)_{12} \quad H \\ C=C & C=C \\ H \quad CH-CH-CH_2OH & H \quad CH-CH-CH_2OH \\ OH \quad NH_2 & OH \quad NHCOR \end{array}$$

鞘氨醇　　　　　　　　神经酰胺

sphingosine　　　　　　ceramide

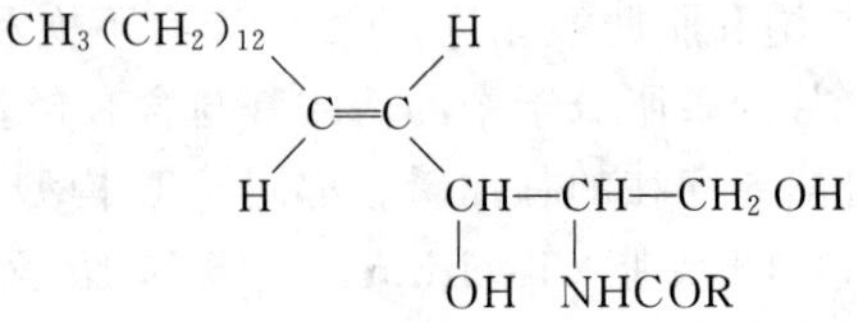

神经酰胺 C1 上的羟基与磷酸胆碱通过磷酸酯键相连的化合物即为鞘磷脂。其结构式

如下：

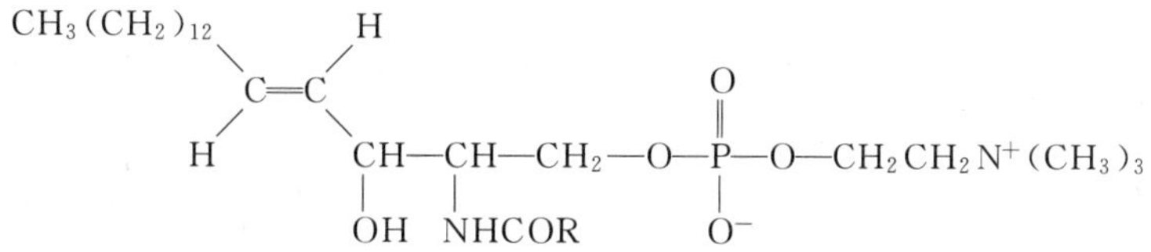

$$CH_3(CH_2)_{12}\text{—}C\text{=}CH\text{—}CH\text{—}CH_2\text{—}O\text{—}P\text{—}O\text{—}CH_2CH_2N^+(CH_3)_3$$

鞘磷脂

sphinggomyelins

在人体组织中发现的鞘磷脂分子中的脂肪酸部分有软脂酸、硬脂酸、二十四碳烯酸和15-二十四碳烯酸等。鞘磷脂是白色晶体，化学性质稳定。不溶于丙酮和乙醇，可溶于热乙醇。鞘磷脂大量存在于脑和神经组织中。鞘磷脂是构成细胞膜的重要磷脂之一。鞘磷脂分子含有两条鞘氨醇残基和脂肪酸残基组成的疏水性碳链，由于亲水性的磷酸胆碱残基，与甘油磷脂类似，也具有乳化作用。

二、 蜡 (Waxs)

蜡在自然界分布很广，是植物的叶、茎、果实以及动物的羽毛、毛皮的保护层。

蜡的主要成分是高级脂肪酸与高级饱和一元醇形成的酯，其中酸和醇一般在 16 个碳以上，且绝大多数是偶数碳。最常见的脂肪酸是软脂酸和二十六碳酸，醇是十六醇、二十六醇、三十醇。除此之外，蜡还常含有少量的高级烷烃、醇、醛、酮和脂肪酸等。

蜡在常温下是固体，比油脂硬而脆，不溶于水，易溶于乙醚、苯等有机溶剂。蜡的稳定性大，不易水解、酸败，难以皂化。

蜡根据来源不同，可分为植物蜡和动物蜡两类。

植物蜡常以薄膜状覆盖在茎、叶、树干、花、种子及果实的表面，少量植物的细胞内也存在有蜡质。植物表面上的蜡层可减少植物体内水分的蒸发以及外部水分的侵入，还能防止微生物和昆虫的侵害。

动物蜡有的存在于动物的分泌腺中，有的存在于体表。昆虫表面上覆盖的蜡，也具有防止体内水分的蒸发和外部水分侵入的作用。如果昆虫表皮的蜡层被破坏，就会因失水而死亡。

由于植物及昆虫的体表有蜡层，施用农药时必须加入表面活性剂才能穿透蜡层，充分发挥药效。蜡一般用作上光剂、鞋油、地板蜡以及药膏基质，也可制成蜡烛，还可作为金属的防锈剂。

三、 糖脂 (Glycolipides)

糖脂 (glycolipides) 是糖通过苷羟基 (glycoside hydroxy) 与类脂 (lipids) 连接而成的化合物。糖脂常与磷脂共存，在脑组织、细胞膜和质网膜中起重要的生理作用。根据类脂部分的不同，糖脂可分为甘油糖脂和鞘糖脂。

甘油糖脂结构与磷脂相类似，主链是甘油，含有脂肪酸，但不含磷酸及胆碱等化合物。糖类残基是通过糖苷键连接在 1,2-甘油二酯的 C3 碳上构成糖基甘油酯分子。常见的甘油糖脂有单半乳糖基二羧酸甘油酯和二（半乳糖基）二羧酸甘油酯。其结构简式如下：

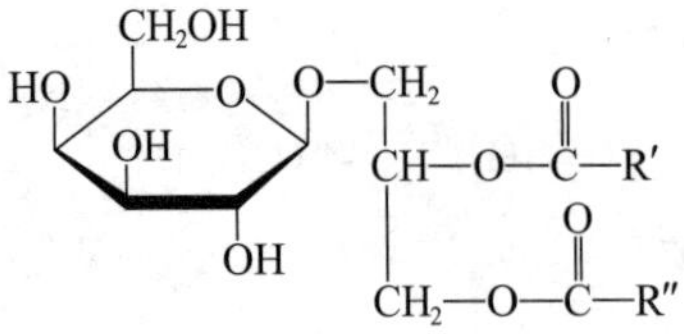

单半乳糖基二羧酸甘油酯
monogalactosyl diglycerides

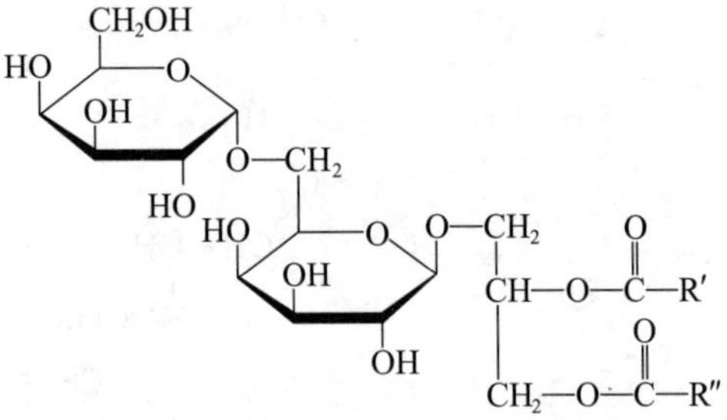

二(半乳糖基)二羧酸甘油酯
digalactosyl diglycerides

自然界存在的甘油糖脂分子中的糖主要有葡萄糖、半乳糖。脂肪酸多为不饱和脂肪酸。

鞘糖脂分子母体结构是神经酰胺。脂肪酸连接在长链鞘氨醇 C2 的氨基上，构成的神经酰胺糖类主要是 D-葡萄糖和 D-半乳糖等，脂肪酸部分以含 16～24 个碳原子的饱和脂肪酸和低不饱和脂肪酸为主。

最早从人脑中获得的鞘糖脂称为脑苷脂（cerebroside）。脑苷脂是由鞘糖脂（glycosphingolipid）与单糖通过糖苷键相连所形成的化合物。若单糖是半乳糖，则为半乳糖基神经酰胺，也称为半乳糖脑苷脂，其结构如下：

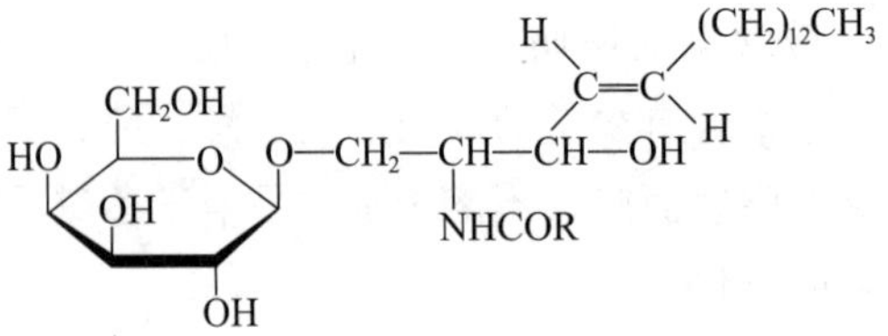

半乳糖脑苷脂
galactocerebrosides

脑苷脂存在于脑组织中，是脑细胞的重要组分。脑苷脂分子中亲脂部分是神经酰胺的长碳链和脂肪酸残基的碳氢链；亲水部分是连在神经酰胺上的糖残基，因亲水的极性头不带电荷，故脑苷脂是中性鞘糖脂。它的非极性端可深入到细胞膜的脂双层结构内部，而极性糖基露在细胞表面。细胞表面的鞘糖脂使血液具有血型专一性，同时也与其他组织器官的专一性有关。

四、 磷脂与细胞膜（Phospholipids and cell membrane）

细胞膜（cell membrane）是一种将细胞内容物与外界隔开的半透膜（semipermeable membrane），又称质膜。膜的基本作用是既要隔开细胞内外组织形成界面，同时又要使细胞与外界环境不断地进行物质、能量和信息的交流。细胞膜的主要功能是进行离子转运、能量转换和信息传递，以维持细胞的正常生理功能。

细胞膜的化学组成为脂质、蛋白质、糖、水、无机盐和金属离子等。其中脂质和蛋白质是主要成分。脂质与蛋白质通过非共价键结合，形成膜质蛋白。糖则通过共价键与膜上的脂质或蛋白质结合，分别形成糖脂和糖蛋白。组成膜的脂质很多，其中最主要的是甘油磷脂类，也有一些胆固醇和糖脂。

磷脂在水中能自发形成脂质双分子层结构（lipid bilayer structure），这是由磷脂的结构特点决定的，磷脂分子中的磷酸和碱基组成的极性亲水头部因对水的亲和力而指向水相；分子中的脂肪酸的两条长链疏水尾部因对水的排斥而相互聚集，以双分子层形式排列，形成了稳定的脂双分子层结构。这种脂双分子层结构是细胞膜的基本构架（如图12-1）。

多年来许多学者提出了不少细胞膜的结构模型，其中得到普遍认可的是液态镶嵌模型，该模型认为膜的结构成分是动态的，细胞膜是由流动的脂双分子层中镶嵌着可以移动的球蛋白以二维排列的形式组成的；而且蛋白质镶嵌在脂类中表现出分布的不对称性，有的球蛋白镶嵌在脂双分子层的表面，有的则部分或全部嵌入，有的横跨整个脂双分子层。这对保证膜功能的方向性有重要意义。

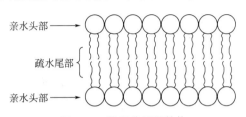

图 12-1　脂双分子层结构
（Structure of lipid bilayer）

细胞膜的功能与脂双层分子的流动性相关，如红细胞具有相当大的流动性才能使膜有变形的能力，从而穿越毛细血管进行氧的运输。细胞膜的流动性取决于膜本身的成分，磷脂分子中脂肪链的不饱和程度和长度是影响细胞膜流动性的重要因素，还与卵磷脂和鞘磷脂在膜中含量的比例有关，除此之外，胆固醇能加强膜脂双层的稳定性，对膜的流动性有调节作用。

五、 甾族化合物（Steroids）

1. 甾族化合物的结构 （**Structure of steroids**）

甾族化合物（steroid）是指分子中含有环戊烷并多氢菲基本骨架的化合物。甾族化合物结构中的四个环分别称为 A 环、B 环、C 环和 D 环，环上碳原子按固定顺序用阿拉伯数字编号，在 C10 和 C13 上各连有一个甲基，称为角甲基（angular methyl group），在 C17 上连有一个烃基，构成了甾族化合物的基本结构。

环戊烷并多氢菲
cyclopentanoperhydrophenanthrene　　　　甾族化合物基本骨架
　　　　　　　　　　　　　　　　　basic skeleton of steroids

甾族化合物的"甾"字形象地表示这类化合物的基本结构特点，"甾"字中的"ㄑㄑㄑ"象征地表示两个角甲基和 C17 上的一个取代基，在基本结构上连有羟基、羧基、双键等官能团，其数量和位置各异，构成了各种不同类型的甾族化合物。

甾族化合物通常采用俗名，如胆固醇（cholesterol）、胆酸（cholic acid）、黄体酮（progesterone）等。

天然甾族化合物中 B 环和 C 环、C 环和 D 环之间都是以反式稠合，只有 A 环和 B 环之间有顺式稠合，也有反式稠合，因此存在两种不同的构型。A 环与 B 环反式稠合时，C5 上的氢原子与 C10 上的角甲基在环平面的两侧，C5 上的氢原子处于环平面的后方，用虚线表示，C10 上的角甲基在环平面前方，用楔形线表示。A 环与 B 环顺式稠合时，C5 上的氢原子与 C10 上的角甲基位于环平面的后方，用楔形线表示。

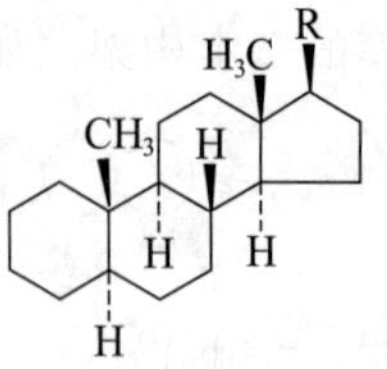

A环与B环反式稠合
trans-fused A ring and B ring

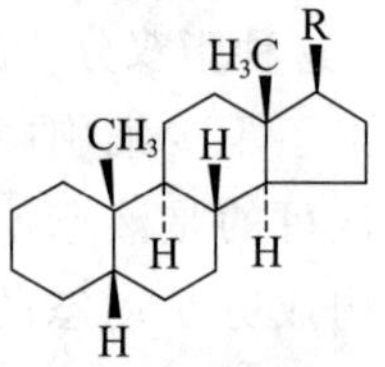

A环与B环顺式稠合
cis-fused A ring and B ring

2. 甾醇（Sterol）

甾醇又称为固醇。甾醇常以游离状态、酯或苷的形式广泛存在于动植物体内。天然甾醇在 C3 上有一个羟基，并且与角甲基在环平面的同侧。

（1）胆固醇（Cholesterol）　胆固醇是一种动物甾醇，是最早发现的一个甾族化合物，因从胆结石中发现而得名。其结构特点是：母核 C3 上连有一个羟基，C5 与 C6 之间为双键，C17 上连接一个含 8 个碳原子的烷基。胆固醇的结构式如下所示。

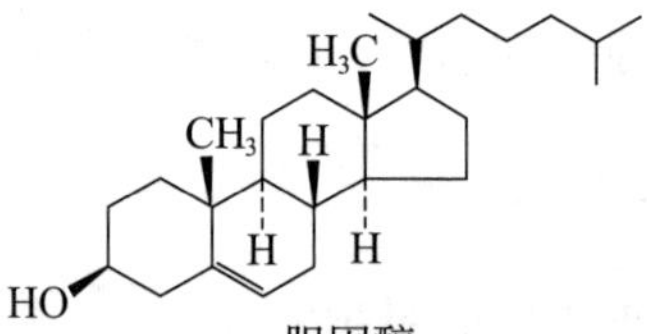

胆固醇
cholesterol

胆固醇为无色或微黄色固体，熔点为 148.5℃，难溶于水，易溶于热乙醇、乙醚和氯仿等有机溶剂。当用氯仿溶解时，加入乙酐和浓硫酸后，颜色由浅红变为深蓝，最后转变为绿色。临床上常用此反应测定血清中胆固醇的含量。

胆固醇是细胞膜的重要组成成分，也是血中脂蛋白复合体的组成成分，还是生物合成胆甾酸、性激素和维生素 D 的前体。胆固醇通常以脂肪酸酯的形式存在于人和动物的组织中，特别是在血液、脊髓和脑组织中。正常人血液中含胆固醇 $2.82 \sim 5.95 \text{mmol} \cdot \text{L}^{-1}$。人体内胆固醇的来源有两个途径，一是从动物性脂肪中摄取，二是由人体组织细胞自身合成。胆固醇是人体生理的必需物质，但过多就会引发多种疾病，如胆固醇沉积在动脉血管壁上，导致高血脂症、动脉粥样硬化、冠心病等；若在胆汁中沉积，则形成胆结石。

（2）7-脱氢胆固醇（7-Dehydrocholsterol）　7-脱氢胆固醇也是动物甾醇，可由胆固醇在酶的催化下脱氢生成，在 C7 与 C8 之间形成双键。7-脱氢胆固醇的结构式如下：

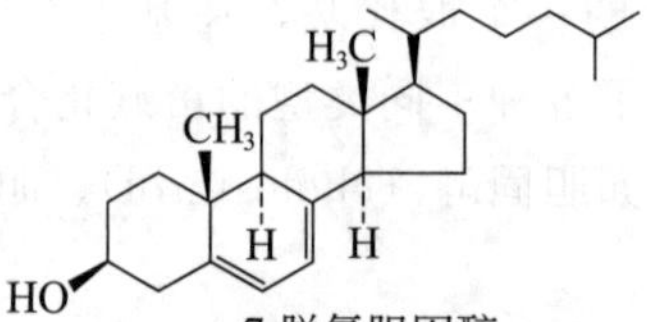

7-脱氢胆固醇
7-dehydrocholsterol

7-脱氢胆固醇存在于人体皮肤中，经紫外线照射，B 环打开而转变为维生素 D_3，因此日光浴是机体获得维生素 D_3 的最简便方法：

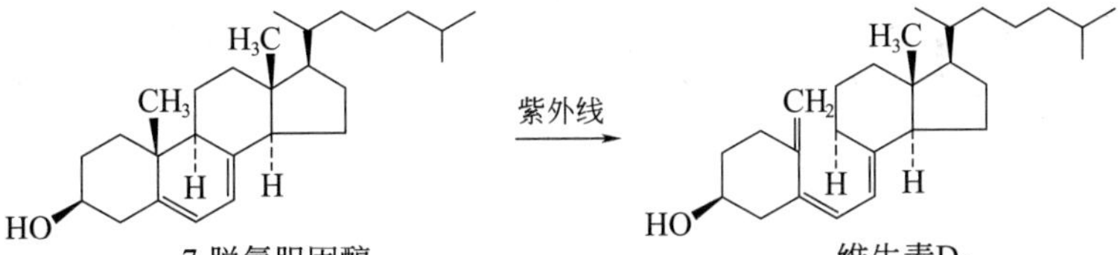

7-脱氢胆固醇　紫外线　维生素D₃

（3）麦角固醇（Ergosterol）　麦角固醇是一种植物性甾醇，最初是从麦角中提取出来的，存在于酵母和某些植物中。麦角固醇的结构与 7-脱氢胆固醇相似，不同之处是麦角固醇 C17 的侧链上有一个双键并多一个甲基。麦角固醇在紫外线的照射下，B 环也会打开，生成维生素 D_2。

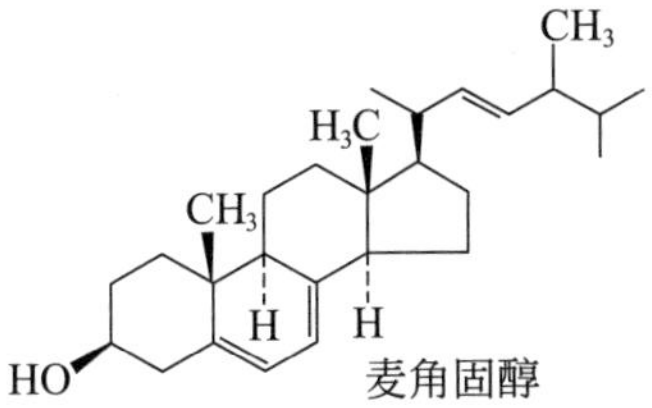

麦角固醇
ergosterol

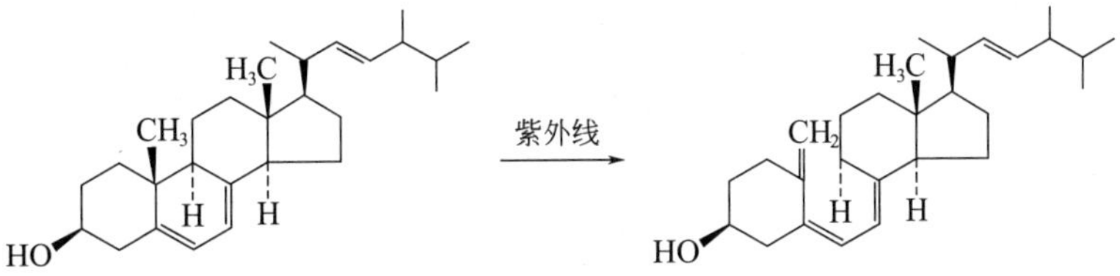

麦角固醇　紫外线　维生素D₂

维生素 D_2、D_3 都属于 D 族维生素。维生素 D 是抗佝偻病维生素的总称，维生素 D 的主要生理功能是调节钙、磷代谢，促进骨骼正常发育。缺乏维生素 D 则影响骨骼的生长，导致佝偻病或软骨病。

3. 胆甾酸（Bile acids）

胆酸、脱氧胆酸、鹅脱氧胆酸（chenodeoxycholic acid）等存在于动物的胆汁中，总称为胆甾酸。胆甾酸在人体内可以由胆固醇为原料直接生物合成。胆甾酸的结构特点是甾环上无双键，其中 C3、C7、C12 上连有羟基，C17 上结合一个含 5 个碳原子、末端碳为羧基的侧链。人体内重要的胆甾酸是胆酸和脱氧胆酸，它们的结构式如下：

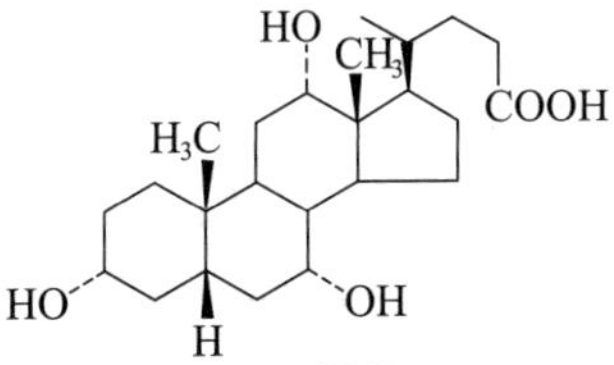

胆酸
cholic acid

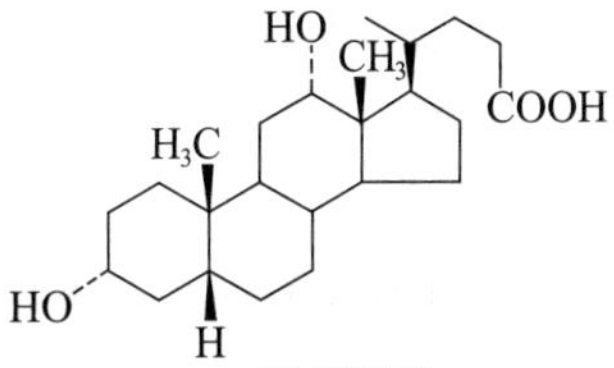

脱氧胆酸
deoxycholic acid

胆汁中的胆甾酸常与甘氨酸（H_2NCH_2COOH）和牛磺酸（$H_2NCH_2CH_2SO_3H$）通过酰胺键结合形成甘氨胆酸和牛磺胆酸。这种结合胆甾酸称为胆汁酸。结构式如下：

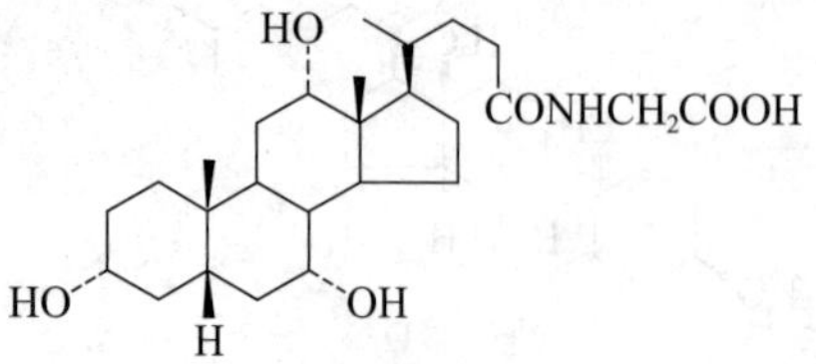

甘氨胆酸
glycocholic acid

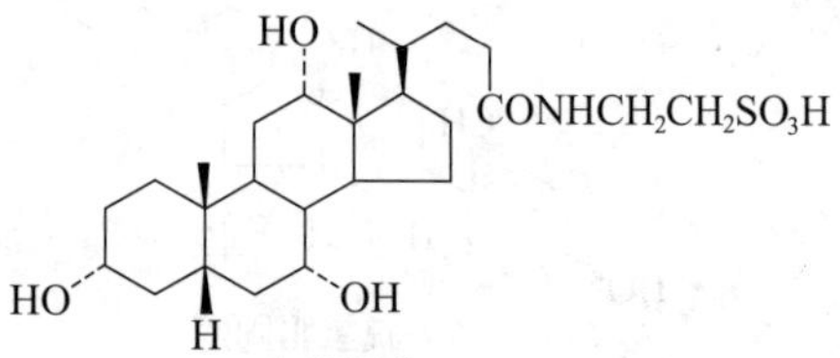

牛磺胆酸
taurocholic acid

胆汁酸在碱性胆汁中是以钠盐和钾盐的形式存在的，称为胆汁酸盐。在胆汁酸盐分子中既含有疏水基甾环，又含有亲水性的羟基、羧基或磺酸基，因此是良好的表面活性剂，能促进油脂在肠胃中乳化，易于消化吸收。临床上常用甘氨胆酸钠和牛磺胆酸钠的混合物治疗胆汁酸分泌不足而引起的疾病。

4. 甾体激素（Steroid hormones）

激素（hormones）是由内分泌腺及具有内分泌功能的一些组织产生的，并通过血液循环分布于体内的不同组织或器官，具有调节各种物质代谢或生理功能的微量化学信息分子。已发现人和动物的激素有几十种，它们按化学结构可分为两大类，一类是含氮激素，包括胺、氨基酸、多肽和蛋白质等。另一类是甾族激素，根据其来源又可分为性激素、肾上腺皮质激素和昆虫脱皮激素。

（1）性激素（Sex hormones） 性激素是高等动物性腺（睾丸、卵巢、黄体）的分泌物，是具有促进动物生长发育、决定和维持性特征等生理功能的甾族激素。性激素可分为雄性激素和雌性激素两类。

① 雄性激素（Male hormones） 天然雄性激素是含 19 个碳原子的固醇类化合物，C17上不含碳侧链，而是连有羟基或酮基。常见的雄性激素有睾丸酮、雄酮、脱氢异雄酮和肾上腺雄酮：

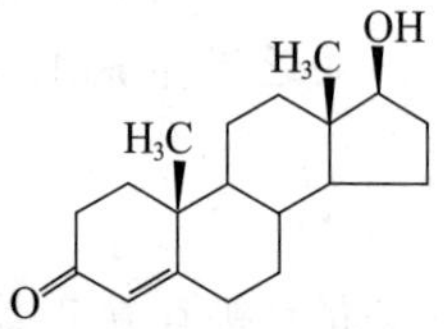

睾丸酮
testosterone

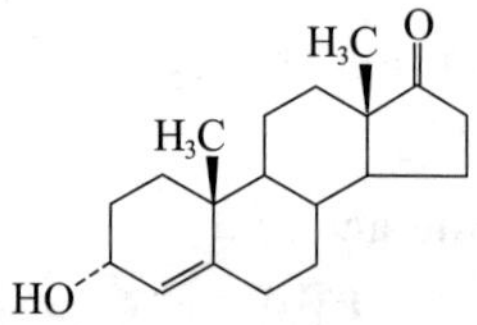

雄酮
androsterone

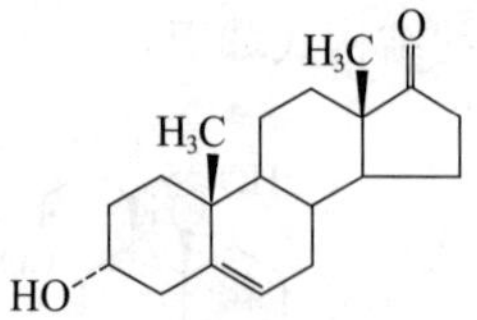

脱氢异雄酮
dehydroepiandrosterone

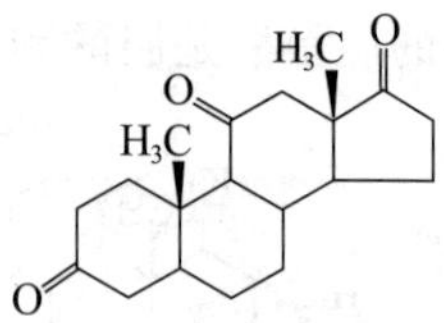

肾上腺雄酮
adrenosterone

睾丸酮是由睾丸分泌、活性最大的雄性激素。在动物体内睾丸酮和雄酮处于动态平衡，并不断相互转变。

雄性激素具有促进蛋白质的合成、抑制蛋白质代谢的作用，能使雄性变得肌肉发达，骨骼粗壮。能促进幼畜性器官的发育，促进精子生成和第二特征的显现，能促进成畜发情，并维持雄性特征。在畜牧业中，普遍采用甲基睾丸酮（methyltestosterone）作为天然睾丸酮的代用品，治疗雄畜性机能不足等疾病。

② 雌性激素（Female hormones） 雌性激素主要由卵巢分泌，分为两类。一类是雌激素（estrogens）；另一类是孕激素（progestogens）。

雌激素是由成熟卵泡产生的，具有维持雌性第二性征和促进第二雌性生殖器官发育的作用。雌激素包括雌二醇、雌酮和雌三醇。雌二醇是卵泡分泌的原始雌激素，它的活性最强，雌三醇和雌酮是雌二醇的代谢产物，三种激素在体内可以相互转化。

天然雌激素的结构特点是：A 环为苯环，C10 上没有甲基，C3 上有一个酚羟基，C17 为酮基或羟基。构效关系表明酚环和 C17 位氧的存在是生物活性所必需的。

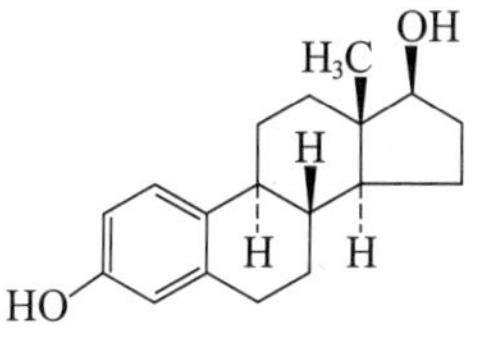

雌二醇
estraciol

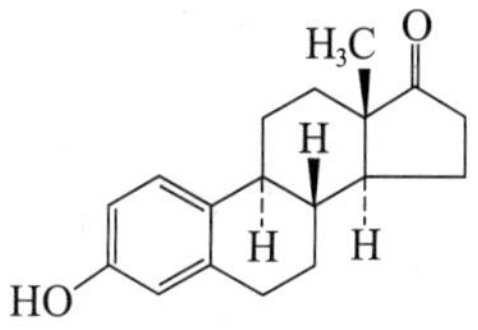

雌酮
estrone

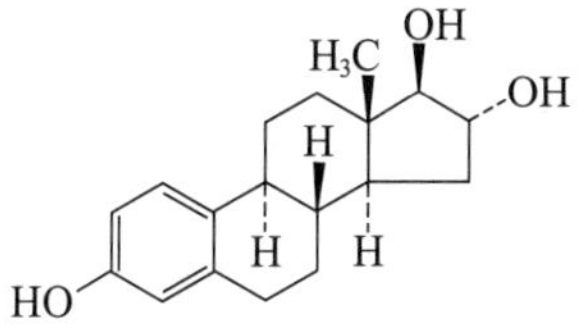

雌三醇
estriol

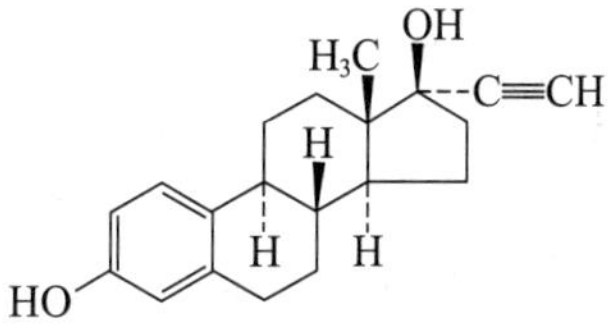

炔雌醇
ethinyl estradiol

雌激素的生理功能主要是促进雌性动物性器官的发育，使其产生性欲，促进乳腺的发育及产生月经等。人工合成的炔雌醇的活性比雌二醇高 7～8 倍，对排卵有抑制作用，可用作口服避孕药。

孕激素（progestogen）是从排卵后的破裂卵泡组织形成的黄体中得到的，具有保证受精卵着床，维持妊娠和保胎作用。黄体酮是天然孕激素的代表。黄体酮的结构与睾丸酮相似，区别在于 C17 上连接的是乙酰基，因此黄体酮又称为孕二酮。

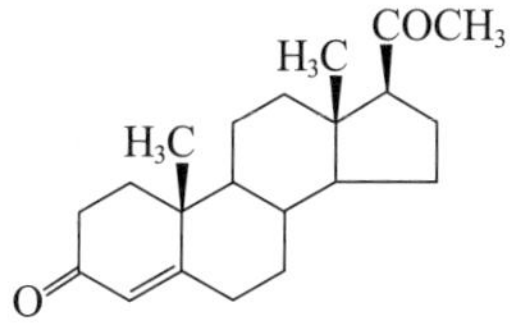

黄体酮
progesterone

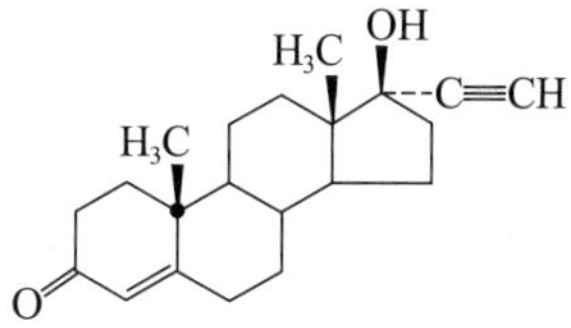

炔诺酮
norethisterone

在制药工业中，以黄体酮分子为先导化合物对其进行结构改造，合成了一系列具有孕激素活性的黄体酮衍生物。如在黄体酮分子中 C17 位引入羟基和乙炔基生成炔诺酮，它是性能优良的女性口服避孕药。孕激素临床上用于治疗痛经、功能性子宫出血、月经失调和习惯性流产等疾病，还可与雌激素联用作为避孕药。

（2）肾上腺皮质激素（Adrenal cortical hormone） 肾上腺皮质激素是肾上腺皮质分泌

的一类激素。它分泌的激素很多，根据其生理功能可分为糖代谢皮质激素（glucocorticoid）和盐代谢皮质激素（mineralocorticoid）两类。这两类皮质激素均为含有 21 个碳原子的甾族化合物，结构相似，C3 上有酮基，C4 和 C5 之间有一个双键，C17 上连有 2-羟基乙酰基。常见皮质激素的结构如下：

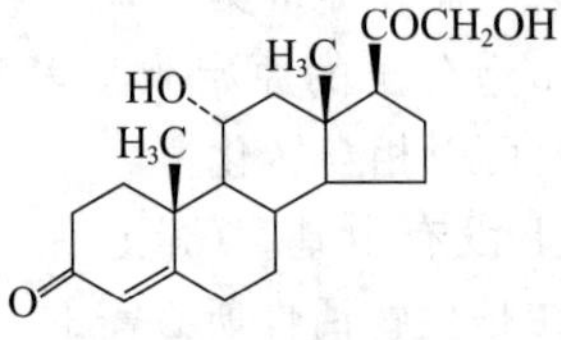

皮质酮
corticosterone

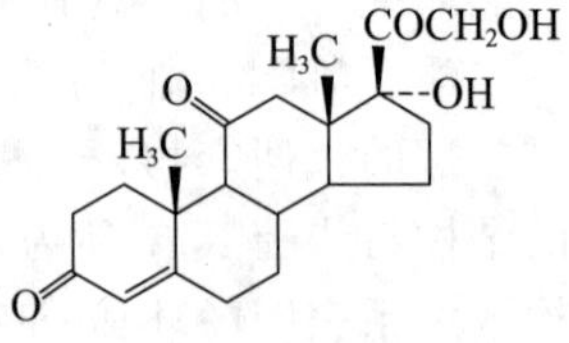

可的松
cortisone

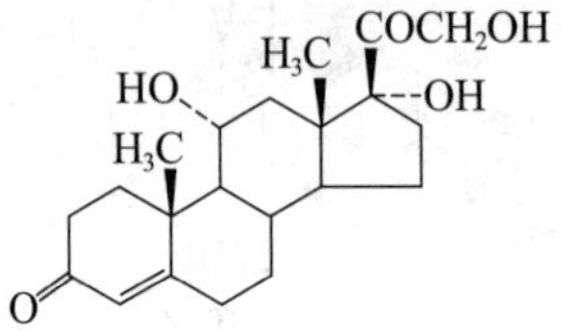

氢化可的松(皮质醇)
hydrocortisone

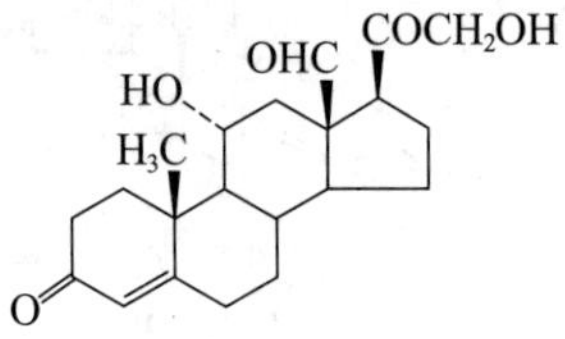

醛甾酮
aldosterone

① 糖代谢皮质激素（Glucocorticoids）　糖代谢皮质激素能抑制糖的氧化，促使蛋白质转化为糖，调节糖、蛋白质与脂质代谢，可升高血糖含量，并能利尿，还具有减轻炎症和抗过敏的作用。糖代谢皮质激素主要有皮质酮（corticosterone）、可的松（cortisone）、氢化可的松（hydrocortisone）等。

糖代谢皮质激素是具有重要生理和药理作用的甾族激素，强的松（prednisone）、氢化可的松、地塞米松（dexamethasone）等都是临床上较好的抗炎、抗过敏药物。

② 盐代谢皮质激素（Mineralocorticoids）　盐代谢皮质激素的主要生理功能是调节水盐代谢，主要影响组织中电解质的转运和水的分布。盐代谢皮质激素生理活性最强的是醛甾酮（aldosterone）。

第三节　肥皂和表面活性剂
（Soaps and Surfactants）

一、肥皂（Soaps）

1. 肥皂的组成（Constituents of soaps）

肥皂的主要成分是高级脂肪酸钠。高级脂肪酸的钾盐称为软皂（soft soap），软皂在医药上用作乳化剂，如含 50% 甲苯酚的软皂溶液是作消毒用的煤酚皂液。

以前的肥皂由天然油脂经皂化制得。近年来由于石油工业及石油化工的发展，可以将高级烷烃在催化剂作用下氧化为高级脂肪酸，用人工合成的脂肪酸制取肥皂，可节约大量天然油脂。

2. 肥皂的乳化作用及表面活性剂（Emulsification of soaps and surfactants）

肥皂的去油垢作用是由高级脂肪酸钠的结构所决定的。高级脂肪酸钠分子中含有极性基团—COO⁻Na⁺，—COO⁻Na⁺对水的亲和力很强，易溶于水而难溶于油，称为亲水基

（hydrophilic groups）或疏油基（lipophbic groups）；分子中还含有非极性物质的基团—R，对油的亲和力较强，难溶于水而易溶于油，称为亲油基（lipophilic groups）或疏水基（hydrophobic groups）。这两类基团称为两亲基团（amphiphilic groups）。含有两亲基团的分子又称表面活性剂（surface active substancs）。表面活性剂的结构如图 12-2。

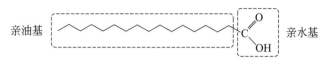

图 12-2 表面活性剂的基本结构示意图

（The fundamental structure of surfactants）

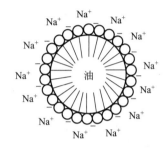

图 12-3 肥皂的乳化作用

（Emulsification of soaps）

在肥皂的水溶液中，分子中的疏水基靠范德华聚集在一起形成球形，亲水基—COO⁻ Na⁺露在球面上，形成了许多表面被亲水基包着的小球，叫作胶束（micelle），分散在水中。若在肥皂水溶液中加入一些油，搅动后，油被分散成细小颗粒，肥皂分子中的烃基溶入油中，亲水基在油珠表面，每个油珠外面都被亲水基包裹着而悬浮于水中，它们之间的斥力使油珠不易聚集分层，得到乳浊液（emulsion）。肥皂能使油脂乳化（如图 12-3），称为乳化剂（emulgent）。乳化剂是表面活性剂中的一种。因此肥皂是一种表面活性剂，可降低水的表面张力，将油污分散在水中形成乳浊液，从而随水漂洗除去。

二、 表面活性剂（Surfactants）

表面活性剂是指溶于水后能显著降低水表面自由能的物质，如肥皂、洗涤剂、蛋白质等都是表面活性物质。

表面活性物质的结构特征是分子中含有两亲基团，亲水基团如—OH、—COOH、—SH、—NH$_2$、—SO$_3$H 等，亲油基团如脂肪烃基—R、芳香烃基—Ar 等。

表面活性剂通常分为离子型和非离子型两大类。离子型表面活性剂又可分为阳离子表面活性剂、阴离子表面活性剂以及两性表面活性剂。

1. 阳离子表面活性剂（Cationic surfactants）

阳离子表面活性剂在水中解离出带正电荷的亲油基。属于此类的主要是季铵盐型阳离子表面活性剂。

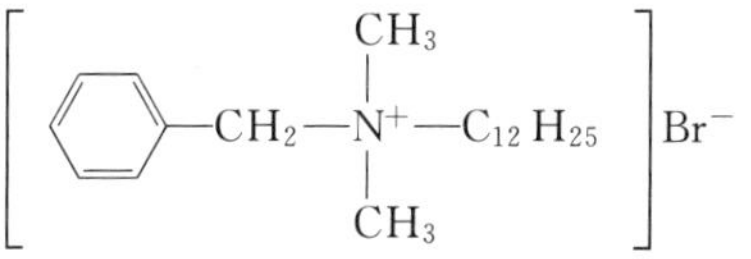

新洁尔灭(溴化二甲基十二烷基苄基铵)
benzalkonium bromide   杜灭芬(溴化二甲基十二烷基苯氧乙基铵)
domiphen bromide

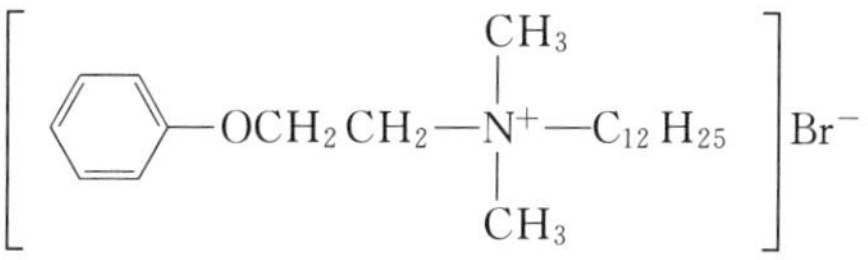

上述化合物不仅具有乳化作用，还有较强的杀菌能力。如新洁尔灭主要用于外科手术时的皮肤和器械的消毒；杜灭芬则为预防和治疗口腔炎、咽炎的药物。

2. 阴离子表面活性剂（Anionic surfactants）

阴离子表面活性剂在水中解离出带负电荷的亲油基。肥皂属于此类，日常使用的合成洗涤剂如烷基硫酸钠（$ROSO_3Na$）、烷基磺酸钠（RSO_3Na）及烷基苯磺酸钠等，均属阴离子表面活性剂。

肥皂是弱酸盐，在酸性溶液中会失去乳化作用，因而不能在酸性溶液中使用，肥皂在含有 Ca^{2+}、Mg^{2+} 的硬水中会转化为不溶性的高级脂肪酸的钙盐或镁盐，所以也不能在硬水中使用。

烷基苯磺酸钠（sodium alkylbenzenesulfonate）、十二烷基硫酸钠（sodium lauryl sulfate）等均为合成洗涤剂。十二烷基硫酸钠是牙膏中的起泡剂，烷基苯磺酸钠是洗衣粉的主要成分。它们都是强酸强碱盐，且钙盐和镁盐在水溶液中的溶解度较大，可以在酸性溶液或硬水中使用。

3. 非离子型表面活性剂（Nonionic surfactants）

非离子型表面活性剂是以在水中不解离的羟基（—OH）或以醚键（—O—）结合为亲水基的表面活性剂，主要有聚乙二醇醚和聚氧乙烯烷基酚醚。

$$R-\!\!\bigcirc\!\!-O(CH_2CH_2O)_nH \qquad n\text{-}C_{12}H_{25}O(CH_2CH_2O)_nH \quad (R=C_8\sim C_{10}, n=6\sim12)$$

聚氧乙烯烷基酚醚　　　　　　聚乙二醇醚

alkylphenol ehtoxylate　　　polyglycol ether

上述化合物在水中不解离，分子中含有许多能与水形成氢键的羟基和醚键，这些基团为亲水基，而烷基或烷基苯是亲油基。这类表面活性剂是黏稠液体，可混溶于水，常用作洗涤剂（detergent）、乳化剂（emulsifier）、润湿剂（humectant）等。

4. 两性离子型表面活性剂（Amphoteric surfactants）

两性表面活性剂是指与分子疏水基相连的既有阳离子又有阴离子的表面活性剂，在酸性溶液中呈阳离子表面活性，在碱性溶液中呈阴离子表面活性。如氨基酸型，其通式为：

$$\begin{array}{c} R-CH-COO^- \\ | \\ NH_3^+ \end{array}$$

两性表面活性剂性能温和，对皮肤刺激性小，且有极好的乳化作用。

习　题（Exercises）

---

1. 命名下列化合物：

(1) $CH_3(CH_2)_4CH\!=\!CHCH_2CH\!=\!CH(CH_2)_7COOH$

(2) $CH_3CH_2CH\!=\!CHCH_2CH\!=\!CHCH_2CH\!=\!CH(CH_2)_7COOH$

(3)
$$CH_3(CH_2)_7CH\!=\!CH(CH_2)_7-\overset{O}{\underset{\|}{C}}-O-CH\begin{array}{l} CH_2-O-\overset{O}{\underset{\|}{C}}-(CH_2)_{14}CH_3 \\[6pt] \\[6pt] CH_2-O-\overset{O}{\underset{\|}{C}}-(CH_2)_{16}CH_3 \end{array}$$

2. 写出下列化合物的构造式：

(1) 三硬脂酸甘油酯　　　(2) 三油酸甘油酯　　　(3) L-磷脂酸　　　(4) 胆酸

3. 天然油脂中的脂肪酸在结构上有什么特点？最常见的脂肪酸有哪些？

4. 什么是必需脂肪酸？常见的必需脂肪酸有哪些？

5. 什么是皂化值、碘值和酸值？它们各有什么意义？

6. 指出下列各对化合物结构上的主要差异：

（1）三酰甘油和甘油磷脂　　（2）卵磷脂和脑磷脂　　（3）甘油磷脂和鞘磷脂

7. 试比较卵磷脂和脑磷脂的水解产物有哪些？其中哪些相同？哪些不同？

8. 为什么胆汁酸盐是油脂的乳化剂？

9. 甾族化合物的结构特点是什么？写出其基本结构式。

第十三章 碳水化合物

（Carbohydrates）

早在 18 世纪，人们就发现葡萄糖、果糖等单糖的分子是由 C、H、O 三种元素组成，而且实验式符合 $C_n(H_2O)m$，这种组成就好像是碳和水结合形成的化合物，故将它们称为碳水化合物（carbohydrates）。实际上碳水化合物这个名称并不能确切反映所有糖类化合物结构上的特点，如鼠李糖（rhamnose，$C_5H_{12}O_5$）、脱氧核糖（deoxyribose，$C_5H_{10}O_4$）并不符合以上通式，但在结构和性质上都属于碳水化合物。有些糖还含有氮元素，如甲壳中的氨基糖（amino sugar）等，也有些化合物如甲醛、乙酸、乳酸等的组成虽然符合这个通式，但在性质上却与糖化合物相差很大。因沿用已久，现在习惯上仍常用碳水化合物来表示糖类及与其相关的化合物。

从分子结构上看，碳水化合物是多羟基醛（polyhydroxy aldehydes）或多羟基酮（polyhydroxy ketones）及它们的缩合物。一些多羟基的酸和胺也属于碳水化合物的研究范畴。糖类化合物是自然界分布最广的一类有机化合物，常见的糖有葡萄糖、果糖、蔗糖、麦芽糖、乳糖、淀粉、纤维素、糖原及肝素等。糖不仅可以供给和储存生命活动所需要的能量，而且还具有重要的生理活性。

糖是绿色植物光合作用的产物，故也是储存太阳能的物质。

糖类化合物根据其结构和性质可以分为以下三大类。

1. 单糖（Monosaccharides）

单糖是不能水解的多羟基醛或多羟基酮。如葡萄糖（glucose）、果糖（fructose）、阿拉伯糖（arabinose）、甘露糖（mannose）、半乳糖（galactose）等。

2. 低聚糖（Oligosaccharides）

经水解后可生成 2-20 个单糖的糖类化合物称为低聚糖。麦芽糖水解生成两分子葡萄糖，蔗糖水解生成一分子葡萄糖和一分子果糖。麦芽糖和蔗糖都属于常见的低聚糖——二糖（disaccharides）。

3. 多糖（Polysaccharides）

含有 20 个以上单糖结构单元的一类高分子化合物称为多糖，如淀粉和纤维素等。

第一节 单糖

（Monosaccharides）

按分子中所含官能团的不同，单糖可分为两大类：醛糖（aldoses）和酮糖（ketoses）。按分子中碳原子的数目，单糖又可分为丙糖、丁糖、戊糖、己糖和庚糖等。两种分类方法常合并使用。例如：

```
                                              CH2OH
                               CHO            C=O
                               CHOH           CHOH
        CHO        CH2OH       CHOH           CHOH
        CHOH       C=O         CHOH           CHOH
        CH2OH      CH2OH       CH2OH          CH2OH
        丙醛糖      丙酮糖        戊醛糖           己酮糖
      aldotriose  acetone svgal aldopentose   ketopeatose
```

一、 单糖的结构（Structures of monosaccharides）

1. 单糖的开链构型 （Open chain configurations of monosaccharides）

单糖分子中（除丙酮糖外）都含有手性碳原子，因而都具有旋光异构现象。根据 $N = 2^n$ 可计算出旋光异构体的数目。如己醛糖分子中有四个手性碳原子，应有 16（2^4）个旋光异构体，即八对对映体；己酮糖分子中有三个手性碳原子，应有八个旋光异构体。单糖的构型可用 R/S 构型标记法，但更常用的是 D/L 构型标记法。在 2^n 个旋光异构体中，一半为 D型，另一半为 L 型。自然界存在的糖类化合物一般为 D 型。单糖构型的确定是以甘油醛为标准。凡由 D-（＋）-甘油醛通过增碳反应转变成的醛糖称为 D 型；由 L-（－）-甘油醛经过增碳反应转变成的醛糖称为 L 型。

```
              CHO                        CHO
          H——OH                     HO——H
              CH2OH                      CH2OH
         D-（＋）-甘油醛                 L-（－）-甘油醛
      D-（＋）-glyceraldehyde        L-（－）-glyceraldehyde
```

最简单的醛糖是甘油醛（glyceraldehyde），由 D-甘油醛通过增碳衍生可得到 D-（－）-苏阿糖和赤藓糖。手性碳的增加只涉及醛基的反应，反应的立体化学决定新生成的手性碳有两种可能，因此产生两种四碳糖的异构体，二者为非对映异构体。反应中不涉及决定构型的羟基，这样生成的两种四碳糖（D-赤藓糖和 D-苏阿糖）的 C3 的构型与 D-甘油醛 C2 的构型相同。

```
        CHO            CHO            CHO            CHO
    H——OH          HO——H          HO——H          H——OH
    H——OH          HO——H          H——OH          HO——H
        CH2OH          CH2OH          CH2OH          CH2OH
   D-（－）-赤藓糖     L-（＋）-赤藓糖    D-（－）-苏阿糖    D-（＋）-苏阿糖
   D-（－）-erythrose  L-（＋）-erythrose  D-（－）-threose   D-（＋）-threose
```

依次类推，由 D-甘油醛衍生得到的一系列醛糖距离醛基最远的手性碳（决定构型）上的羟基均在费歇尔投影式（Fischer projection）的右侧，所以都属于 D 型糖。图 13-1 是六个碳原子以下的 D 型醛糖的旋光异构体。同理，若从 L-甘油醛开始增碳衍生，得到 L 系列醛糖。

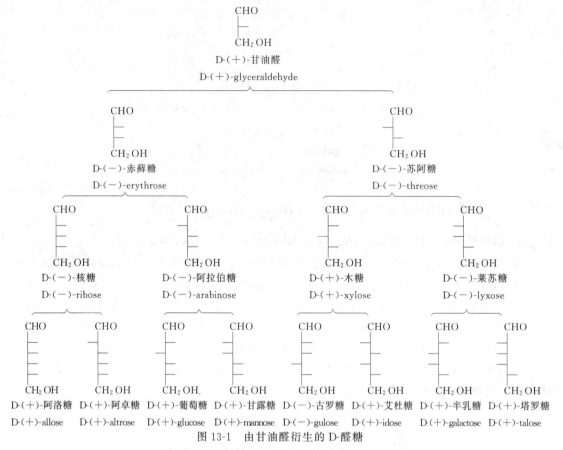

图 13-1　由甘油醛衍生的 D-醛糖

(The D series of aldose derivatives from glyceraldehyde)

D-系列醛糖多数存在于自然界。如 D-葡萄糖广泛存在于生物细胞和体液中；D-甘露糖存在于种子、象牙果内；D-半乳糖存在于乳液、乳糖和琼脂中；D-核糖和 D-脱氧核糖是核酸的组成部分，广泛存在于生物细胞中；D-木糖存在于玉米芯、麦稻秆等中。少数 D-醛糖是人工合成的，在自然界也存在一些 D-酮糖。

酮羰基一般位于 2 位上，比相同碳数的醛糖少一个手性碳原子，所以异构体的数目也相应减少。如存在于甘蔗、蜂蜜中的 D-果糖，为一个重要的六碳酮糖。费歇尔投影式如右所示。

2. 单糖的环状结构 (Cyclic structures of monosaccharides)

糖的构型虽然已经确定，但是许多反应现象却与开链结构不符。如 D-葡萄糖，它具有醛基，可被托伦试剂和斐林试剂氧化，但不与饱和亚硫酸氢钠起加成反应，它只能与一分子醇发生缩醛反应等。

葡萄糖结晶时可以生成两种不同的晶体，一种是常温下在乙醇和水的混合溶剂中得到的，熔点为 146℃，比旋光度 $[\alpha]_D^{20}$ 为 +112°，人们称之为 α-型。另一种是在超过 90℃的水溶液或吡啶中得到的，熔点为 150℃，比旋光度 $[\alpha]_D^{20}$ 为 +18.7°，人们称之为 β-型。新制的 α-型葡萄糖晶体在水溶液中放置后，它的比旋光度会慢慢变化下降到 +52.7°。同样，将 β-型的水溶液放置后，它的比旋光度也会慢慢变化上升到 +52.7°。无论是 α-型还是 β-型或它们的混合物，当比旋光度达到 +52.7°时，就都不再变化。人们把这种自然改变比旋光度的现象称为变旋现象 (mutarotation)。这些事实是无法从葡萄糖的开链结构得到解释的。

我们知道，醛和醇可以生成缩醛，γ-羟基醛（酮）和 δ-羟基醛（酮）也主要是以环状半缩醛（酮）［cyclic hemiacetal（cyclic hemiketal）］的形式存在的。那么，同时含有羟基和醛基的糖也有可能在分子内生成一个半缩醛。这样，分子中并不存在游离的醛基，故不与亚硫酸氢钠反应，但半缩醛可以和一分子甲醇作用，形成甲基葡萄糖苷。在半缩醛结构中，C1成为一个新的手性中心，因此形成 α-型和 β-型两个非对映异构体。分子中其他碳原子的立体构型都是相同的，区别只是在 C1 的构型，故它们又称端基异构体或正位异构体或异头物。在糖的半缩醛环状结构的费歇尔投影式中，半缩醛羟基与决定构型的羟基在同侧定为 α-异构体，在异侧定为 β-异构体，当把这两个异构体分别溶于水中，它们可通过开链结构进行半缩醛形式的相互转化，最终达到平衡。D-葡萄糖平衡混合物中 α-异构体占 36%，β-异构体占 64%，开链结构仅为 0.02%，这个混合物的比旋光度即为 $+52.7°$。

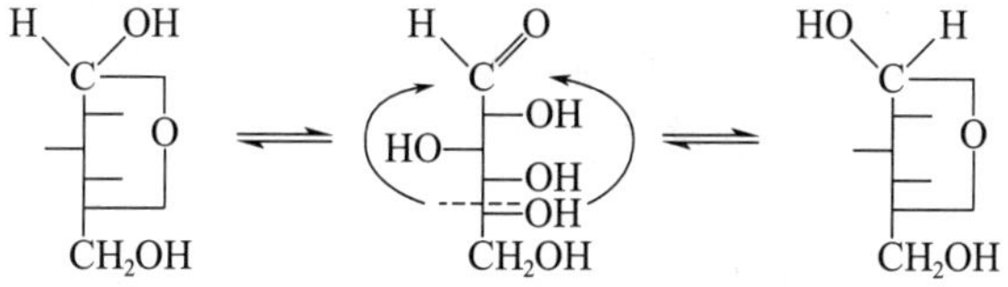

α-型	开链式	β-型
36%	0.02%	64%
112°		19°
	52.7°	

3. 单糖的哈沃斯式（Haworth projection）

费歇尔投影式描述糖的环状结构不能直观地反应出原子和基团在空间的相互关系，所以常常把糖的环状结构写成哈沃斯透视式。以 D-葡萄糖为例，说明哈沃斯式的书写规则。

① 画垂直于纸平面的六元氧环（或五元氧环），氧原子一般位于右后方（或后方），环碳原子略去，并按顺时针方向排列。

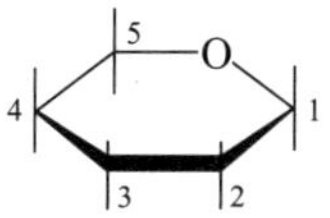

② 将氧环式中碳链左侧的原子或基团写在环的上方，右侧的原子或基团写在环的下方，即左上右下的原则。

③ D-型糖的尾基—CH_2OH 写在环的上方，L-型糖的尾基—CH_2OH 写在环的下方。

按此规则，α-D-(＋)-葡萄糖和 β-D-(＋)-葡萄糖的哈沃斯式如下：

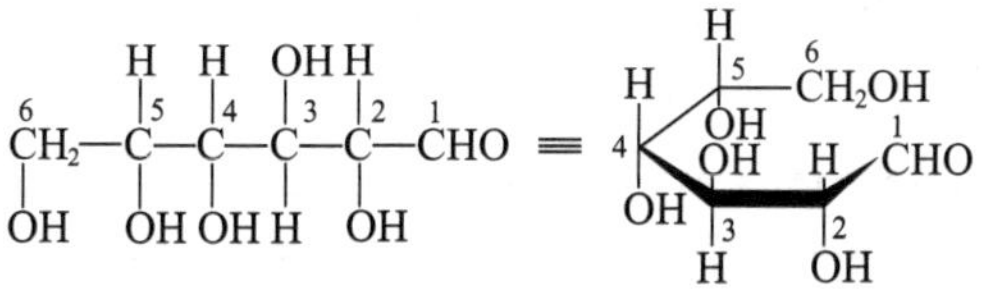

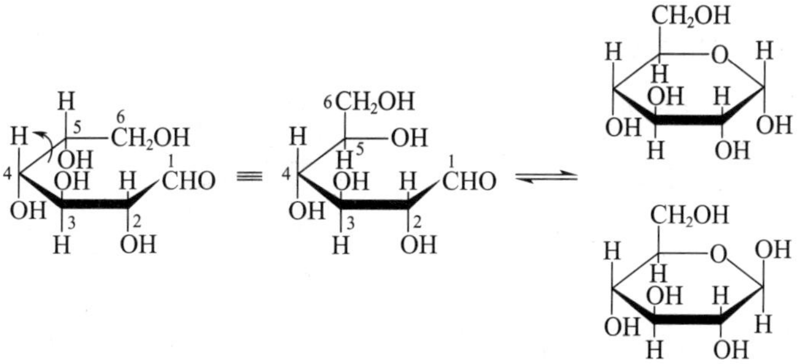

D-（＋）-葡萄糖的六元环与杂环化合物中的吡喃环相似，所以六元环单糖又称为吡喃型单糖。自然界存在的己糖多为吡喃糖（pyranoses）：

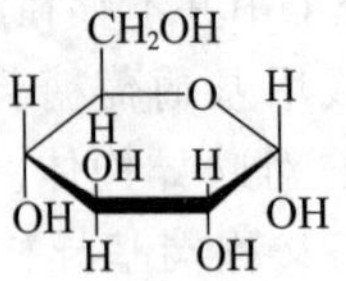

α-D-(+)-吡喃葡萄糖
α-D-(+)-glucopyranose

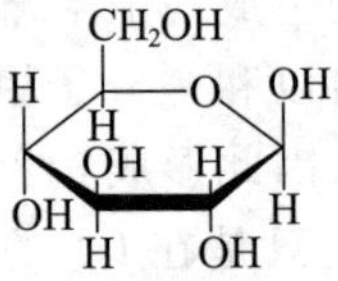

β-D-(+)-吡喃葡萄糖
β-D-(+)-glucopyranose

D-（－）-果糖是己酮糖，按同样方法也可写成哈沃斯透视式。一般自然界中化合态的果糖多为五元环糖，即 C2 与 C5 形成的环状结构，五元环与呋喃相似，故称为呋喃型果糖，而游离态的果糖一般为六元环，故称为吡喃型果糖。

果糖的吡喃型与呋喃型异构体的透视式为：

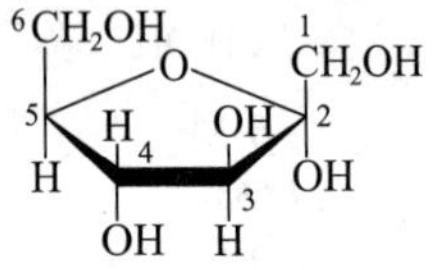

α-D-(－)-呋喃果糖
α-D-(－)-fructofuranose

α-D-(－)-吡喃果糖
α-D-(－)-fructopyranose

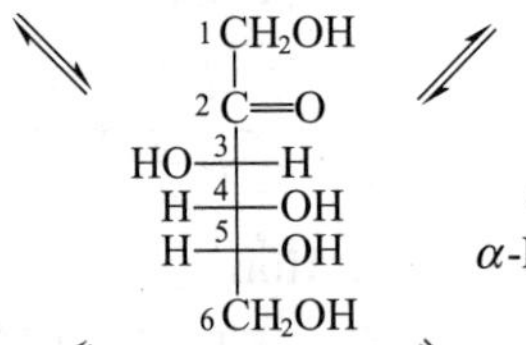

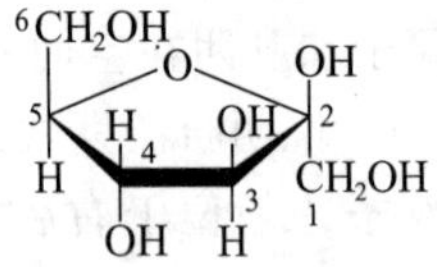

D-（－）-果糖
D-(－)-fructose

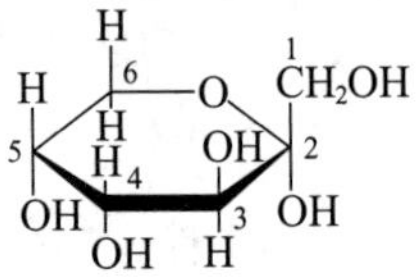

β-D-(－)-呋喃果糖
β-D-(－)-fructofuranose

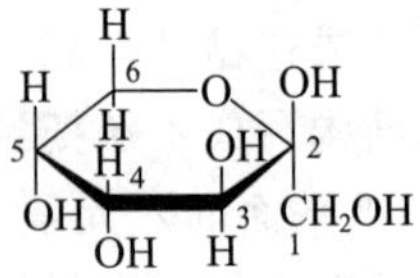

β-D-(－)-吡喃果糖
β-D-(－)-fructopyranose

下面是其他几种常见单糖的透视式：

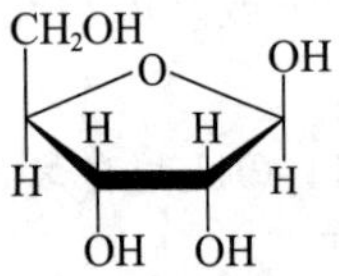

β-D-(－)-核糖
β-D-(－)-ribose

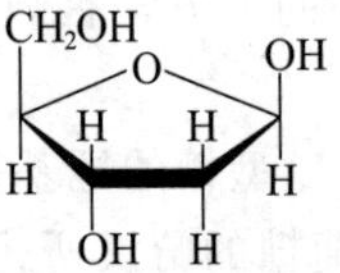

β-D-(－)-2-脱氧核糖
β-D-(－)-2-deoxy-ribose

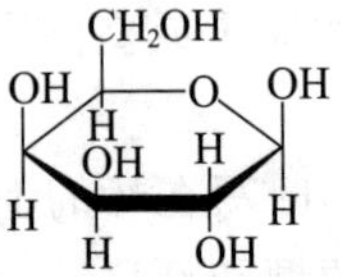

β-D-(+)-半乳糖
β-D-(+)-galactose

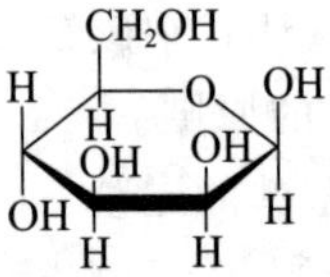

β-D-(+)-甘露糖
β-D-(+)-mannose

4. 单糖的构象（Configurations of monosaccharides）

吡喃糖（pyanose）为六元环，属氧杂环己烷，与环己烷类似，占优势的构象为椅式构象。在六碳吡喃醛糖中第六位都是—CH_2OH，它作为较大基团连在 e 键上为稳定构象。如α-吡喃葡萄糖和 β-吡喃葡萄糖的稳定构象可用下式表示：

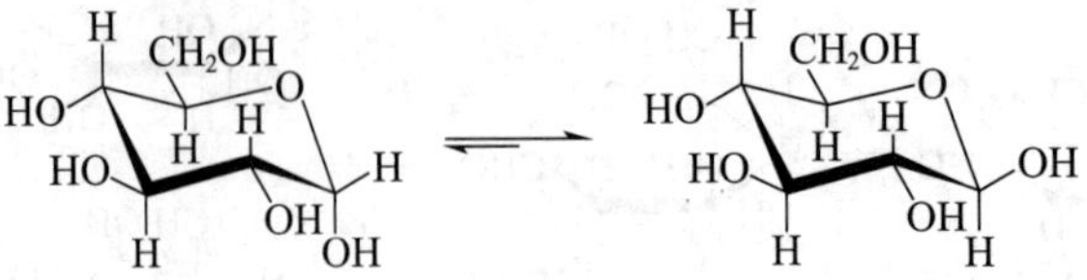

α-型 37%

β-型 63%

在 α-D-吡喃葡萄糖和 β-D-吡喃葡萄糖的稳定构象中，—CH_2OH 均处在 e 键上。在 α-异构体中，C1 位半缩醛羟基在 a 键上，其他羟基都在 e 键上，相比之下，β-异构体构象中所有羟基均在 e 键上，因此 β-异构体大于 α-异构体的稳定性。在葡萄糖水溶液平衡混合物中，β-异构体（63％）大于 α-异构体是必然的。在已知的 8 种 D-己醛糖的所有优势构象中，只有 β-D-葡萄糖中所有较大基团都在 e 键上，这就是自然界所有糖中葡萄糖存在最多的原因之一。

二、 单糖的物理性质（Physical properties of monosaccharides）

单糖都是无色结晶，大多有甜味。易溶于水，可溶于乙醇，难溶于乙醚、丙酮、苯等有机溶剂，但能溶解于吡啶。在色层分析中常以吡啶作溶剂提取糖，因无机盐不溶于吡啶，可避免无机离子干扰色层分析。除丙酮糖外，所有的单糖都具有旋光性，并且溶于水后存在变旋现象。由于糖分子间氢键多，所以单糖的熔点、沸点都很高。

三、 单糖的化学性质（Chemical properties of monosaccharides）

单糖是多羟基醛（酮），它具有醛（酮）和醇的一般化学性质，也有各基团间相互影响而产生的一些特性。

1. 差向异构化 （Epimerization）

用稀碱处理 D-葡萄糖、D-甘露糖和 D-果糖中的任意一种，可以通过羰基-烯醇式互变，最后都能得到三种单糖的动态平衡混合物。单糖的这种转化过程称为差向异构化。由于 D-葡萄糖和 D-甘露糖仅 C2 构型不同，故它们互称为 C2 差向异构体。

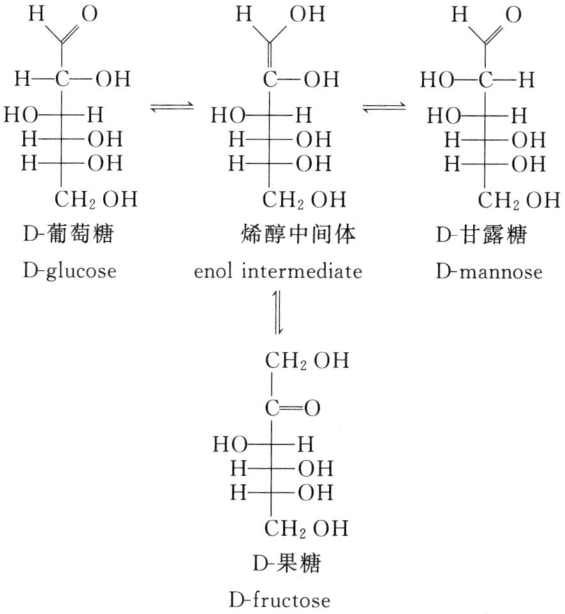

糖的差向异构化作用是通过烯二醇式中间体完成的，仅发生在 C1 和 C2 所连的原子和原子团上。在碱溶液中 D-葡萄糖变为烯醇中间体，使 C2 失去手性。由于烯醇式结构不稳定，故 C1 的烯醇氢回到 C2 时可从烯平面上或下两侧与 C2 结合，恢复醛基，并产生 C2 的两种构型，完成 D-葡萄糖和 D-甘露糖的转化。同样 C2 上的烯醇氢可与 C1 结合，使 C2 变成酮羰基，生成 D-果糖。

2. 氧化反应 （Oxidation of monosaccharides）

① 托伦试剂、斐林试剂及班氏试剂的氧化 （Oxidation by Tollens, Fehling and

Benedict reagents）

醛糖具有醛基（或半缩醛羟基），很容易被 Tollens 试剂、Fehling 试剂（硫酸铜、氢氧化钠和酒石酸钾钠混合液）和 Benedict 试剂（硫酸铜、氢氧化钠和柠檬酸钾钠混合液）等弱氧化剂氧化。如 D-葡萄糖用这些氧化剂处理可分别生成银镜和氧化亚铜砖红色沉淀。

酮糖如 D-果糖，尽管具有酮羰基，但在碱性条件下也可以差向异构化，所以同样可被氧化。这种可被托伦和斐林试剂等氧化剂氧化的糖称作还原性糖。含有半缩醛羟基的糖，在平衡混合物中具有开链结构，可显示醛基性质，一般均可被氧化。所有的单糖都是还原性糖。因此，上述反应可用来区别还原性糖和非还原性糖。糖与铜盐的氧化反应还常用作血液和尿中葡萄糖含量的测定。如六碳单糖分别与上述三种弱氧化剂作用可生成银镜或氧化亚铜砖红色沉淀，而糖本身被氧化成复杂的氧化物：

$$C_6H_{12}O_6 + Ag(NH_3)_2^+ \xrightarrow{\triangle} 复杂的氧化物 + Ag\downarrow$$

$$C_6H_{12}O_6 + Cu^{2+} \xrightarrow{\triangle} 复杂的氧化物 + Cu_2O\downarrow$$

② 溴水氧化（Oxidation by bromine water）

在酸性条件下糖不发生差向异构化，因此溴水只氧化醛糖而不氧化酮糖。该反应可用于鉴别醛糖和酮糖，也可用于糖酸的制备。

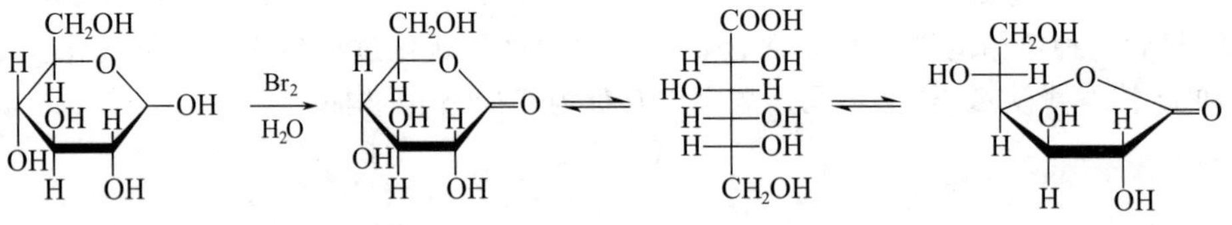

D-葡萄糖   D-葡萄糖酸-δ-内酯   D-葡萄糖酸-γ-内酯
D-glucose   D-glucon-δ-lactone   D-glucon-γ-lactone

③ 硝酸氧化（Oxidation by nitric acid）

稀硝酸的氧化性比溴水强，不但可以氧化糖的醛基，还可氧化端基的羟甲基，生成糖二酸。如：

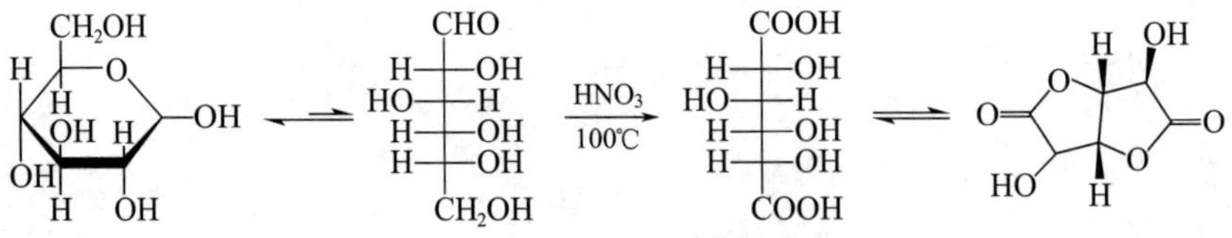

D-葡萄糖   D-葡萄糖二酸   内酯
D-glucose   D-saccharic acid   lactone

④ 高碘酸氧化（Oxidation by periodic acid）

单糖分子中有 α-二醇、α-羟基醛、α-羟基酮结构，可以被高碘酸所氧化，碳碳键发生断裂。反应是定量的，每破裂一个碳碳键消耗 1mol 的高碘酸。因此，此反应可用于确定糖环大小、多糖中糖苷键连接的位置，是研究糖类结构的重要手段之一。

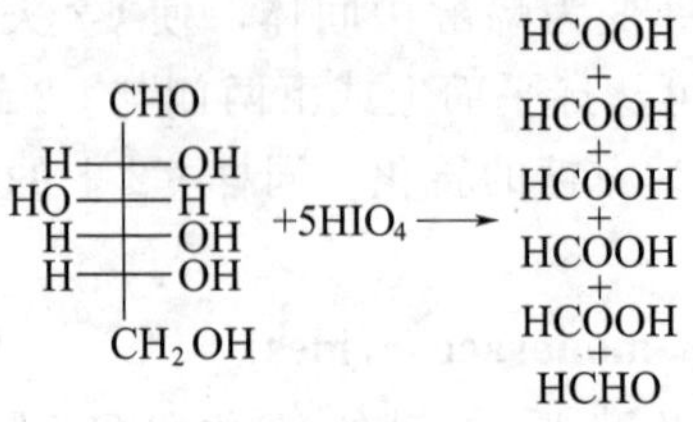

⑤ 酶催化氧化 （Oxidation by enzymatic catalysis）

葡萄糖氧化酶在氧存在下能氧化葡萄糖生成 D-葡萄糖酸内酯，同时消耗氧生成过氧化氢。

D-葡糖糖 / D-glucose，D-葡萄糖醛酸 / D-glucuronic acid，D-葡萄糖醛酸-γ- 内酯 / D-glucurono-6,3-lactone

D-葡萄糖醛酸-γ-内酯，制剂名为肝泰乐（glucurolactone），是一种常用的护肝型保健药品，主要用于预防和治疗流行性肝炎、肝硬化、食物及药物中毒等。肝泰乐进入体内在酶的催化下变成葡萄糖醛酸，与肝内或肠内含有羟基、羧基和氨基的有毒物质及药物结合而排出，又能降低肝淀粉酶的活性，阻止糖原分解，使肝糖原增加。

3. 还原反应 （Reduction reactions）

单糖的醛基或酮羰基可被许多试剂还原成羟基，常用的还原剂有 $LiAlH_4$、$NaBH_4$、H_2/Ni 等，还原产物为糖醇。例如：

D-核糖 / D-ribose，D-核糖醇 / D-ribitol，D-葡萄糖 / D-glucose，D-葡萄糖醇 / D-glucitol

4. 成脎反应 （Formation of osazones）

单糖具有醛基和酮羰基，可与苯肼反应，首先生成糖苯腙（phenylhydrazone），在过量苯肼存在下，α-羟基继续与苯肼作用生成糖脎（osazone）。

D-(+)-葡萄糖 / D-(+)-glucose，D-葡萄糖脎 / D-glucosazone

反应在羰基和具有羟基的 α 碳上进行，即反应在 C1 和 C2 上发生。若糖只是 C1 和 C2 构型或羰基不同而其他手性碳都相同，则生成的脎也相同，如 D-葡萄糖、D-甘露糖和 D-果糖与苯肼反应可生成完全相同的脎。

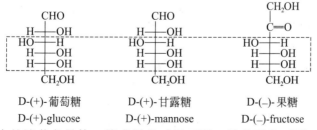

D-(+)-葡萄糖 / D-(+)-glucose，D-(+)-甘露糖 / D-(+)-mannose，D-(−)-果糖 / D-(−)-fructose

糖脎为不溶于水的淡黄色晶体。糖成脎的时间不同，结晶形状不同。结构上完全不同的糖脲熔点不同，因此，利用该反应可作糖的定性鉴定。差向异构体的糖形成的脲相同，给糖的结构测定提供了信息。几个成脲相同的糖中，若已知其中一个糖的结构，那么另外几个差向异构糖不与苯肼作用的其他手性碳构型即可确定。

5. 成酯和成苷反应 (Formation of esters and glycosides)

糖的羟基具有醇的性质，可用正常的方法酯化，如在醋酸钠、吡啶催化下与醋酐反应，可得到所有羟基都被酯化的产物。

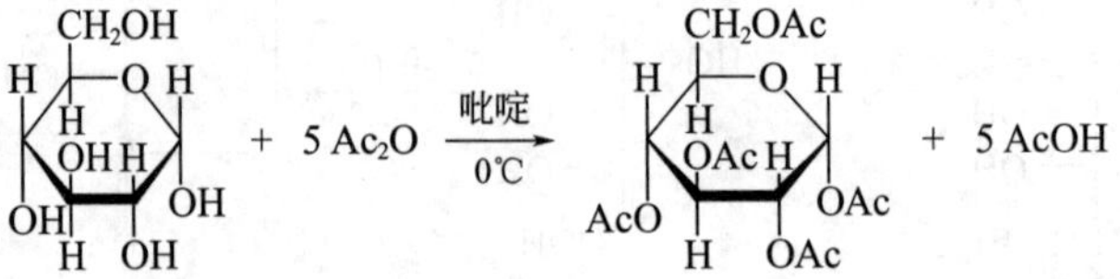

在生物体内，糖能在酶作用下形成一些单酯或双酯，其中最重要的是糖的磷酸酯。如 α-D-葡萄糖在酶的催化下与磷酸发生酯化反应，生成 1-磷酸-α-D-葡萄糖和 1,6-二磷酸-α-D-葡萄糖：

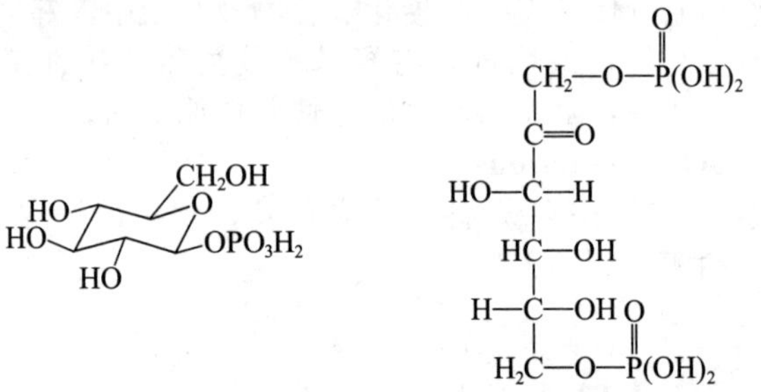

1-磷酸-β-D-葡萄糖 　　　　　　1,6-二磷酸-α-D-葡萄糖

β-D-ghrcose-1-(diogen phosphate)　　α-D-ghrcose-1,6-diphosphate

3-磷酸甘油醛和磷酸二羟丙酮都是光合作用的中间产物，它们在醛缩酶的作用下可进行下列反应：

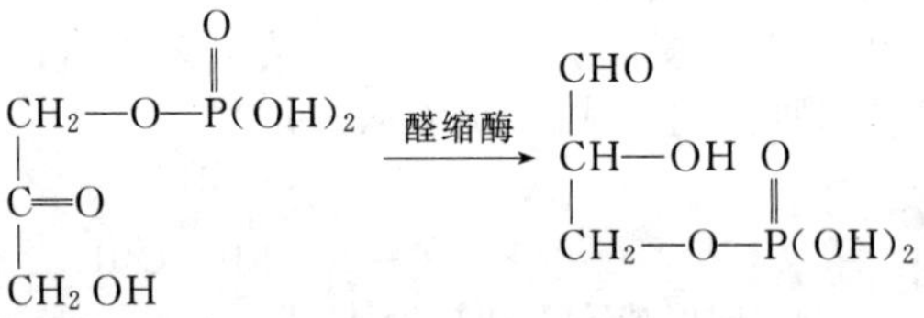

己糖磷酸酯和丙糖磷酸酯是生物体内糖类化合物合成及分解的重要中间产物，作物缺磷可导致光合作用等不能正常进行。

单糖的半缩醛羟基较分子内的其他羟基活泼，易与—OH、￫NH、—SH 等基团上的氢原子脱水生成缩醛型化合物，这种物质叫做苷，有时也叫糖甙或配糖物，其中糖的部分叫做糖基，非糖部分叫做配基。形成的键叫做糖苷键。如 β-D-葡萄糖，在干燥氯化氢的催化下，与甲醇作用生成甲基-β-D-葡萄糖苷。

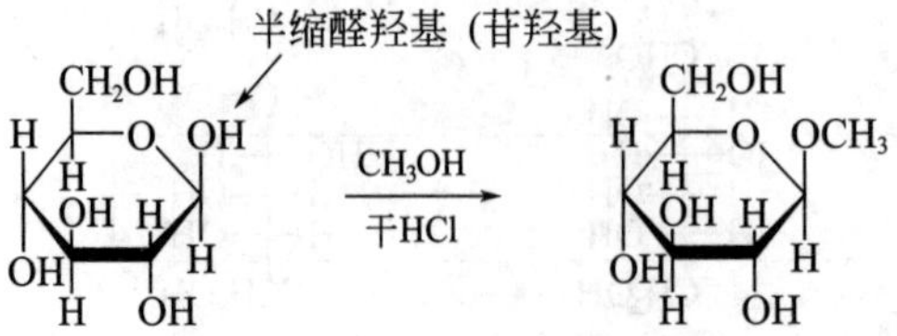

甲基-β-D-(+)-吡喃葡萄糖　　　　m.p　　168℃

methyl-β-D-glucopyranoside　　　　$[\alpha]_D^{20}$　　+158.9°

糖苷的性质类似于缩醛。在水中、碱性条件下稳定，无变旋现象，也不与 Tollens 试剂和 Fehling 试剂发生反应。在酸或生物酶催化下可水解成原来的糖和非糖物质。

6. 脱水反应（Dehydration reactions）

单糖在浓酸（盐酸或硫酸）作用下，可以发生分子内脱水，生成糠醛或糠醛的衍生物。例如戊糖脱水生成糠醛，己糖脱水生成糠醛的衍生物。

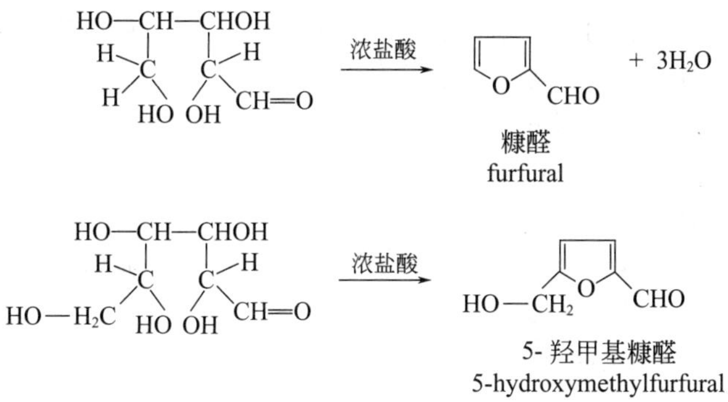

糠醛
furfural

5-羟甲基糠醛
5-hydroxymethylfurfural

酚类、蒽酮等可与糠醛及其衍生物缩合生成有色化合物，这些显色反应可用于糖的鉴定。例如所有的糖（包括单糖、低聚糖和多糖）都能在浓硫酸存在下与 a-萘酚反应，生成紫色物质，此反应叫莫利希（molisch）反应。

四、 重要的单糖及其衍生物（Important monosaccharides and their derivatives）

1. D-核糖和 D-2-脱氧核糖（D-Ribose and 2-deoxy-D-ribose）

D-核糖和 D-2-脱氧核糖的熔点分别是 87℃ 和 90℃，$[\alpha]_D^{20}$ 分别为 $-215°$ 和 $-57°$。与磷酸和一些杂环化合物结合后存在于核蛋白中，是核糖核酸（RNA）和脱氧核糖核酸（DNA）的重要组成成分。其开链式和哈沃斯式如下：

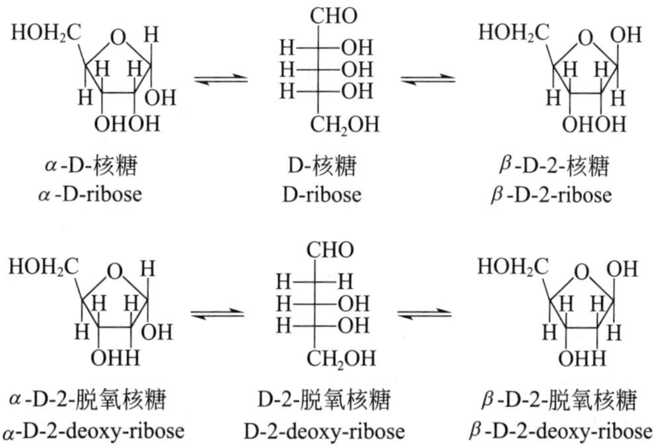

2. D-葡萄糖（D-Glucose）

D-葡萄糖是自然界中分布极广的重要己醛糖，以苷的形式存在于蜂蜜、成熟的葡萄和其他果汁以及植物的根、茎、叶、花中，在动物的血液、淋巴液和脊髓液中也含有葡萄糖。

它是人体内新陈代谢必不可少的重要物质。D-葡萄糖易溶于水，微溶于乙醇和丙酮，不溶于乙醚和烃类化合物，熔点146℃，天然的葡萄糖是右旋的，故 $[\alpha]_D^{20}=+52.7$，故称右旋糖。葡萄糖的甜度不如蔗糖（约为蔗糖的70%）。在工业上，可由淀粉或纤维素水解得到。葡萄糖在医药上用作营养剂，并有强心、利尿、解毒等作用。在食品工业上用来制造糖浆及印染工业上用作还原剂。它也是合成维生素C的原料。

3. 果糖（Fructose）

果糖是自然界发现最甜的一种糖，因为它是左旋的，故称左旋糖。果糖存在于水果和蜂蜜中，为无色结晶，易溶于水，可溶于乙醇和乙醚中，熔点102℃（分解），$[\alpha]_D^{20}=-92°$。

果糖是蔗糖和菊粉的组成部分。工业上用酸或酶水解菊粉来制取果糖。果糖不易发酵，用它制成的糖果不易形成龋齿，用它制成的面包不易干硬。

4. D-半乳糖（D-Galactose）

它是许多低聚糖如乳糖、棉子糖等的组成部分，也是组成脑髓的重要物质之一。它以多糖的形式存在于许多植物，如石花菜等的种子或树胶中。半乳糖是无色结晶，熔点167℃，$[\alpha]_D^{20}=+80°$；从水溶液中结晶时含有1分子结晶水。能溶于水及乙醇，是右旋糖。它在有机合成及医药上用处较大。其结构式如下：

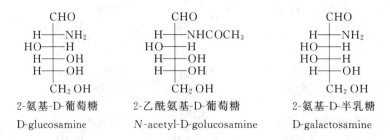

5. 氨基己糖（Hexosamines）

天然氨基己糖是醛糖分子中C2上的羟基被氨基取代后的衍生物。2-乙酰氨基-D-葡萄糖（N-acetyl-D-golucosamine）的高聚体为昆虫甲壳素，又叫几丁质（chitin）。常见的氨基己糖有：

$$
\begin{array}{ccc}
\text{CHO} & \text{CHO} & \text{CHO} \\
\text{H——NH}_2 & \text{H——NHCOCH}_3 & \text{H——NH}_2 \\
\text{HO——H} & \text{HO——H} & \text{HO——H} \\
\text{H——OH} & \text{H——OH} & \text{HO——H} \\
\text{H——OH} & \text{H——OH} & \text{H——OH} \\
\text{CH}_2\text{OH} & \text{CH}_2\text{OH} & \text{CH}_2\text{OH}
\end{array}
$$

2-氨基-D-葡萄糖　　　2-乙酰氨基-D-葡萄糖　　　2-氨基-D-半乳糖
D-glucosamine　　　N-acetyl-D-golucosamine　　　D-galactosamine

2-乙酰氨基-D-半乳糖（N-acetyl-D-galactose）是软骨素中多糖的基本单位，黏蛋白、链霉素中也含有氨基糖类物质。

6. 维生素C（Vitamin C）

维生素C（又名抗坏血酸，ascorbic acid），不属于糖类，但它在工业上是由D-葡萄糖合成而得。在结构上可看成是不饱和的糖酸内酯，故视其为糖的衍生物。

维生素C是无色结晶，熔点191℃，$[\alpha]_D^{20}=+21$，易溶于水。是L-构型。它的分子内具有烯醇型烃基，可以电离出 H^+，呈酸性。它在生物体内生物氧化过程中具有传递电子和

氢的作用:

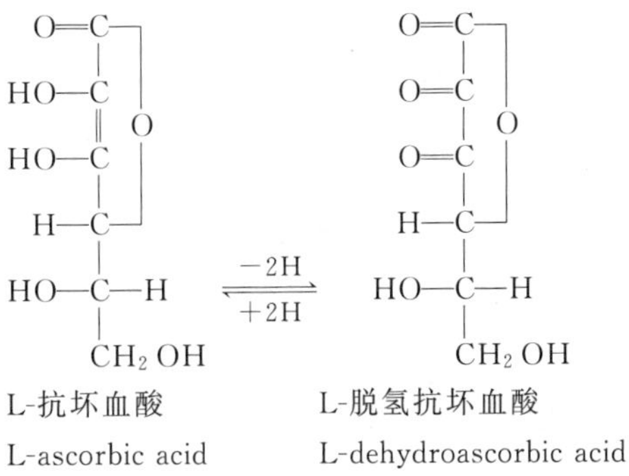

L-抗坏血酸　　　　　L-脱氢抗坏血酸

L-ascorbic acid　　　L-dehydroascorbic acid

　　人体自身不能合成维生素C，必须从食物中获取，人若缺乏维生素C就会引起坏血病。维生素C有预防和减轻感冒的作用，能阻止亚硝胺的生成，可降低血脂和胆固醇。

　　维生素C广泛存在于新鲜水果和蔬菜中，尤以辣椒、鲜枣、猕猴桃、沙棘、野玫瑰茄、刺梨的含量较高。由猕猴桃、沙棘、野玫瑰茄和刺梨加工的食品和饮料在市场上深受欢迎。

7. 糖苷（Glycoside）

　　糖苷在自然界分布极广，但主要存在于植物的根、茎、叶、花和种子中。下面举几个重要的糖苷实例。

　　(1) 苦杏仁苷（Laetrile）　苦杏仁苷是由两分子 β-D-葡萄糖以 1，6-苷键结合形成龙胆二糖（gentiobiose），龙胆二糖的苷羟基再与苦杏仁脂的羟基脱水生成 β-糖苷:

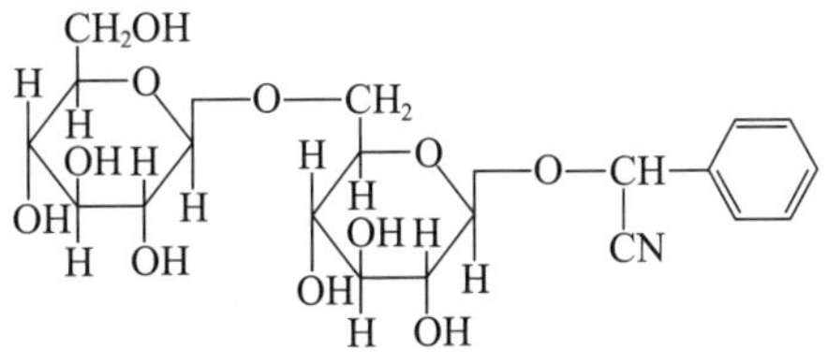

苦杏仁苷

lactrile

苦杏仁苷水解后可生成两分子 D-葡萄糖、一分子苯甲醛和一分子氢氰酸，因此人畜误食含苦杏仁苷的食物和饲料可引起氢氰酸中毒。

　　青梅、银杏（白果）、杏仁、桃仁中亦含有苦杏仁苷，不可多食。牛羊放牧误食含苦杏仁苷的植物如欧洲三叶草、鸟脚车轴草、某些大戟科植物亦可导致死亡。微量苦杏仁苷有镇咳作用，故可少量用作止咳药。

　　(2) 甜叶菊酯苷（Stevioside）　甜叶菊糖苷是近几年来我国食品工业采用的一种优良的有益于人体健康的新的甜味剂。从甜叶菊叶中，每公斤干叶可提取 60~70g 甜叶菊糖苷。

　　甜叶菊糖苷比蔗糖甜 300 倍。其味清甜爽口，性质稳定，高温下保持不变，不吸潮、不易发酵，是天然的防腐剂。它所含热量只有蔗糖的 1/300，不仅不会引起糖尿病，对糖尿病且有治疗作用，可辅助治疗高血压、心脏病。

　　(3) 水杨苷（Salicin）　水杨苷存在于松针内，是由 β-D-葡萄糖和水杨醇形成的糖苷。其结构如右。

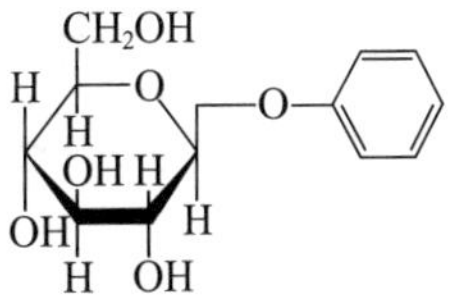

水杨苷

salicin

第二节　二糖

（Disaccharide）

单糖分子中的半缩醛羟基（苷羟基）与另一分子单糖中的羟基（可以是苷羟基，也可以是其他羟基）作用，脱水而形成的糖苷称为二糖（disaccharides）。二糖是低聚糖中最重要的一类，物理性质和单糖相似——能结晶、易溶于水、有甜味。天然存在的二糖可分为还原性二糖和非还原性二糖两类。还原性二糖是由一分子单糖的苷羟基与另一分子糖的羟基缩合而成，非还原性二糖是由一分子单糖的苷羟基与另一分子糖的苷羟基缩合而成。

一、非还原性二糖（Nonreductive disaccharides）

非还原性二糖（nonreductive disaccharide）是通过两个苷羟基缩合而成，因无游离的苷羟基而不具有还原性，也无变旋光现象。其主要代表为蔗糖。

蔗糖的熔点为 $180℃$，$[\alpha]_D^{20} = +66.5°$，其甜度仅次于果糖，是广泛存在于植物中的一种非还原性二糖，利用光合作用合成的植物的各个部分都含有蔗糖。甘蔗中含蔗糖 14% 以上，北方甜菜中含蔗糖 $(16\sim20)\%$，但蔗糖一般不存在于动物体内。

蔗糖是由 α-D-吡喃葡萄糖的苷羟基和 β-D-呋喃果糖的苷羟基脱水而成。其结构如下：

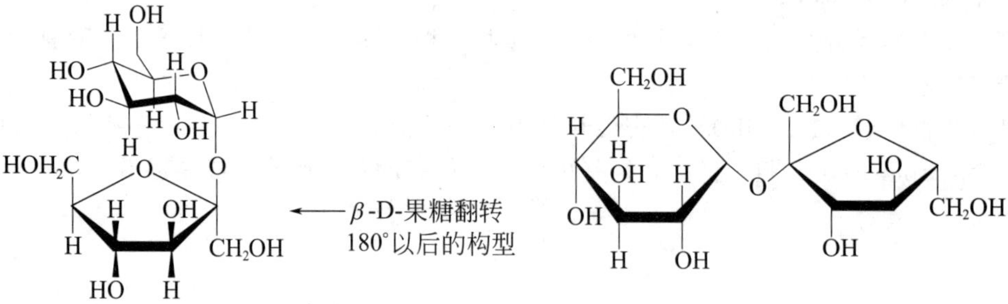

← β-D-果糖翻转 180°以后的构型

蔗糖
sucrose

蔗糖无游离的醛基，不能与 Tollens 试剂和 Fehling 试剂反应，不与苯肼反应，无变旋光现象。蔗糖水解后，旋光度发生改变。由于水解前后旋光度发生改变（由右旋变为左旋），所以蔗糖的水解产物叫作转化糖，转化糖具有还原糖的一切性质。

$$蔗糖 \underset{}{\overset{H_3O^+}{\rightleftharpoons}} 葡萄糖 + 果糖$$

$$[\alpha]_D^{20}=66.5° \qquad \underbrace{+52.7° \qquad -92°}$$

$$[\alpha]_D^{20}=-20°$$

二、还原性二糖（Reductive disaccharides）

1. 麦芽糖（Moltose）

麦芽糖的熔点为 $103℃$，$[\alpha]_D^{20} = +137°$，甜度约为蔗糖的 40%。在淀粉酶催化下由淀粉水解而得，在大麦芽中含量很高，是饴糖的主要成分。麦芽糖是由一分子 α-D-葡萄糖的半缩醛羟基和另一分子葡萄糖的 C4 羟基脱水形成的二糖。麦芽糖的构象和哈沃斯式如下：

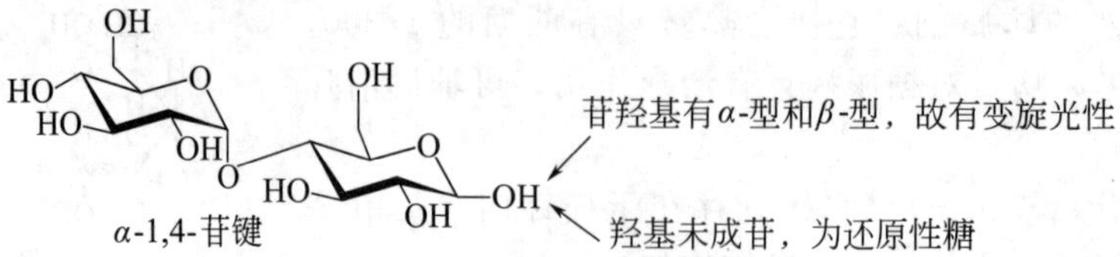

苷羟基有α-型和β-型，故有变旋光性

羟基未成苷，为还原性糖

α-1,4-苷键

麦芽糖
maltose

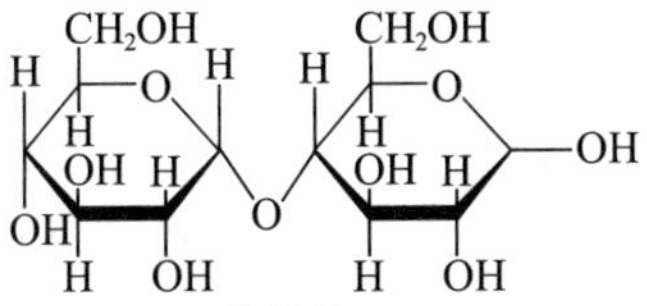

麦芽糖
maltose

在麦芽糖的分子中还保留了一个半缩醛羟基，因此具有还原性，属于还原性二糖。能产生变旋光现象，能被氧化剂氧化，也能形成糖脲（与葡萄糖相似）。

$$麦芽糖 \begin{cases} \xrightarrow[\text{Cu(NH}_3)_2]{\text{Ag(NH}_3)_2\text{OH}} \begin{array}{l} Ag\downarrow \\ Cu_2O\downarrow \end{array} + 麦芽糖酸 \\ \xrightarrow{3C_6H_5NHNH_2} 黄色\downarrow（有麦芽糖脲生成） \\ \text{——} 有变旋光现象 \quad \begin{array}{l} \alpha\text{-型} \quad [\alpha]_D^{20}=+168° \\ \beta\text{-型} [\alpha]_D^{20}=+112° \end{array} \Big\} 137° \end{cases}$$

说明麦芽糖有游离的苷羟基

2. 乳糖（Lactose）

乳糖的熔点为 202℃（含一个结晶水），$[\alpha]_D^{20}=+53.5°$，甜度为蔗糖的 70%，存在于哺乳动物的乳汁中，人乳中含乳糖（5~8）%，牛乳中含乳糖（4~6）%。乳糖是由 β-D-吡喃半乳糖的苷羟基与 D-吡喃葡萄糖 C4 上的羟基缩合而成的半乳糖苷，具有还原糖的通性。

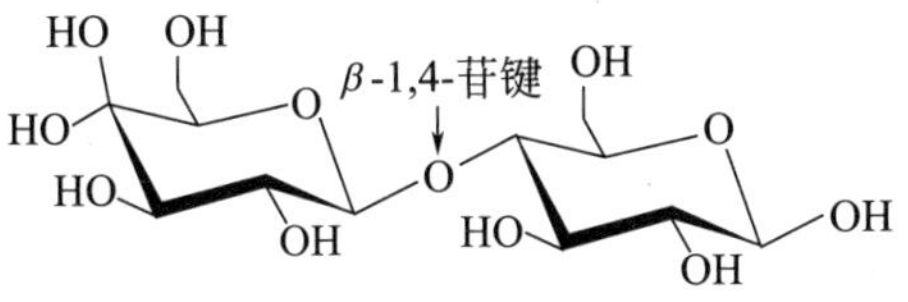

乳糖
lactose

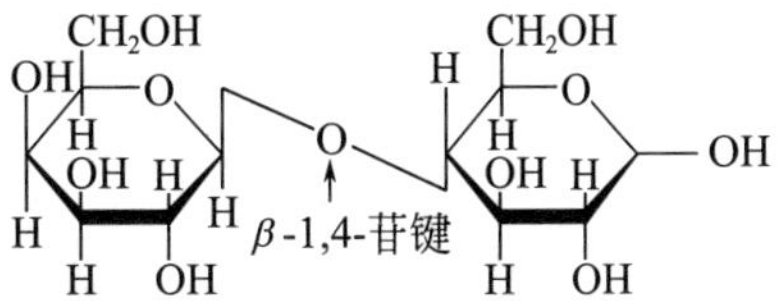

β-D-吡喃半乳糖
β-D-galactopyranose

D-吡喃葡萄糖
D-glucopyranose

3. 纤维二糖（Cellobiose）

纤维二糖的熔点为 225℃（分解），$[\alpha]_D^{20}=+36.4°$（15h）。自然界中不存在游离的纤维二糖。它不能被麦芽糖酶水解，可被苦杏仁酶水解。其化学性质与麦芽糖相似，在结构上与麦芽糖的唯一区别是苷键的构型不同，即麦芽糖为 α-1,4-苷键，而纤维二糖为 β-1,4-苷键。纤维二糖的构象和哈沃斯式为：

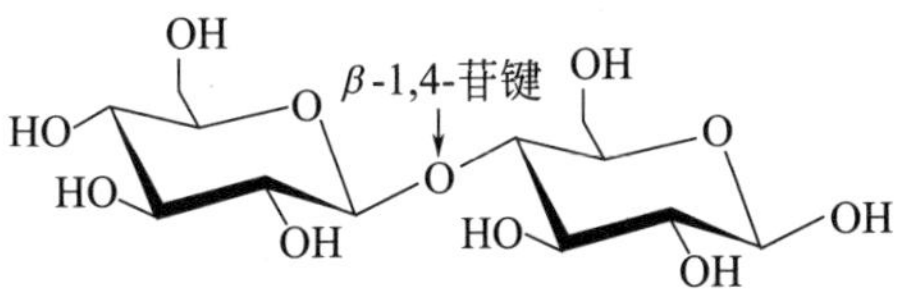

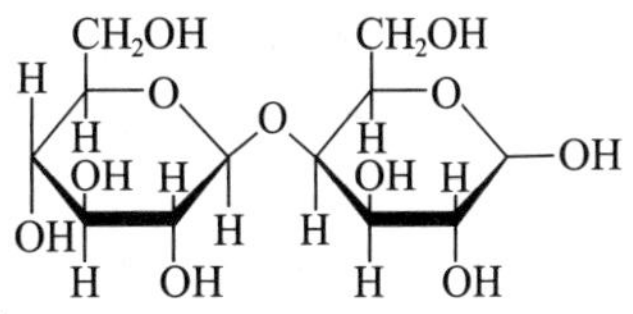

纤维二糖
cellobiose

第三节 多糖
（Polysaccharides）

多糖是重要的天然高分子化合物，由数百以至数千个单糖分子通过 α-或 β-糖苷键连接而成。多糖与单糖及低聚糖有较大差异。多糖无还原性，无变旋光现象，无甜味，大多难溶于水，有的能和水形成胶体溶液。

按其组成可分为均多糖和杂多糖。均多糖由许多单糖或其衍生物组成，例如淀粉、纤维素等。杂多糖由不同单糖或其衍生物组成，例如果胶，琼脂等。按结构不同可分为淀粉（starch）、纤维素（cellulose）、糖原（glycogen）、氨基糖（amino sugar）、壳聚糖（chitin）等多种。在自然界分布最广，最重要的多糖是淀粉和纤维素。

一、纤维素（Cellulose）

纤维素是构成植物细胞膜的主要成分，是由许多葡萄糖结构单位以 β-1,4-苷键互相连接而成。性质稳定，机械强度大，不溶于水，不溶于弱酸、弱碱，难水解，无还原性。将纤维素用纤维素酶（β 糖苷酶）水解或在酸性溶液中完全水解，生成 D-(+)-葡萄糖。

人体内的消化酶（淀粉酶）只能水解淀粉的 α-1,4-苷键，而不能水解 β-1,4-苷键，所以人不能消化纤维素，但纤维素对人又是必不可少的，因为纤维素可帮助肠胃蠕动，以提高消化和排泄能力。纤维素常用于制造纤维素硝酸酯、纤维素乙酸酯、黏胶纤维和造纸等。

二、淀粉（Starch）

淀粉大量存在于植物的种子和地下块茎中，是人类的三大食物之一。淀粉用淀粉酶水解得麦芽糖，在酸的作用下，能彻底水解为葡萄糖。所以，淀粉是麦芽糖的高聚体。

淀粉是白色无定形粉末，由直链淀粉和支链淀粉两部分组成。直链淀粉（amylose）可溶于热水，又叫可溶性淀粉，占 10～20％。支链淀粉（amylopectin）为不溶性淀粉，与热水成糊状，占 80～90％。

直链淀粉由 1000～4000 个 α-D-葡萄糖分子通过 α-葡萄糖-1,4-苷键连接成直链状大分子。其结构可表示如下：

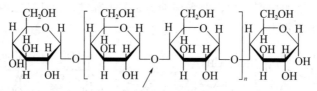

聚-α-1,4-苷键葡萄糖
相对分子质量在(2~200)万之间，即含120~1200个葡萄糖单位

直链淀粉不溶于冷水，不能发生还原糖的一些反应，遇碘显深蓝色，可用于鉴定碘的存在。这是因为直链淀粉不是伸开的一条直链，而是螺旋状结构。螺旋状空穴正好与碘的直径相匹配，允许碘分子进入空穴中，形成包合物而显色。淀粉-碘包合物（深蓝色），加热解除吸附，则蓝色退去。

支链淀粉由 600～6000 个 α-D-葡萄糖通过 α-1,4 苷键及 α-1,6 苷键连接而成，有分枝，无规律，约隔 20 个葡萄糖有一分支，每一分支约由 20 余个葡萄糖分子组成，相对分子质量为 1000000～6000000。水解后最终都得到 α-D-葡萄糖，支链淀粉遇碘呈紫色。

淀粉是食物的一种主要成分，也可作为工业原料用来制葡萄糖和酒精等。淀粉在淀粉酶的作用下，先转化为麦芽糖，再转化为葡萄糖。葡萄糖受酒曲里的酒化酶的作用，变成酒精。这就是含淀粉物质酿酒的主要过程。

三、 黏多糖（Mucopolysaccharides）

黏多糖是一类含氮的杂聚多糖，存在于动物的结缔组织和细胞间质中。通常由糖醛酸及氨基己糖组成，有的含磺酸基团。黏多糖类又称为糖胺聚糖（glycosaminoglycans），它们的基本结构单元都是以氨基己糖和糖醛酸组成的二糖单位，经过这种单位的多次重复而构成糖胺聚糖大分子。由于这类多糖含有糖醛酸及磺酸基，显酸性，所以这类多糖也称为酸性多糖。由糖胺聚糖链（一条或数条）以共价方式与蛋白质大分子连接组成的蛋白聚糖，在体内分布广泛，具有重要的生理功能。

重要的黏多糖有：透明质酸（hyaluronic acid），硫酸软骨素（chondroitin sulfate），肝素（heparin）等。

透明质酸存在于动物的结缔组织、眼球的玻璃体、角膜、关节液中。因为其吸水性很强，在水中能形成黏度很大的胶状溶液，故对细胞具有黏合和保护作用。在某种细菌和蜂毒中存在着透明质酸酶可以水解透明质酸，使其特有的黏性丧失而利于异物的入侵。透明质酸酶也可以是一种药物，利用它对透明质酸的水解作用，作为药物的渗透剂，解除细胞外围透明质酸的防护作用，使药物更容易扩散到病变部位，从而提高对疾病的治疗效果。透明质酸由 D-葡萄糖醛酸和 N-乙酰氨基葡萄糖交替排列组成。分子结构中葡萄糖醛酸与 N-乙酰氨基葡萄糖以 β-1,3-糖苷键连接组成二糖单位，后者再以 β-1,4-糖苷键同另一个二糖单位连接成线性结构。

硫酸软骨素是体内含量最高的黏多糖，为软骨的主要成分。其结构也是一类二糖的聚合物，分为 A、B、C 三种，其组成单位如下：硫酸软骨素 A——葡萄糖醛酸-1,3-N-乙酰氨基半乳糖-4-硫酸酯；硫酸软骨素 B——艾杜糖醛酸-1,3-N-乙酰氨基半乳糖-4-硫酸酯；硫酸软骨素 C——葡萄糖醛酸-1,3-N-乙酰氨基半乳糖-6-硫酸酯。硫酸软骨素具有降血脂和温和的抗凝血作用，临床用于冠心病和动脉粥样硬化的治疗。

肝素最早是在肝脏中发现的，故称为肝素，但它也存在于肺、血管壁、肠黏膜等组织中，是动物体内一种天然的抗凝血物质。肝素是由硫酸氨基葡萄糖、葡萄糖醛酸和艾杜糖醛酸的硫酸酯组成。在临床上肝素用于体外血液循环时的抗凝剂，也用于防止脉管中血栓的形成。肝素能使细胞膜上的脂蛋白脂酶释放进入血液，该酶能水解低密度脂蛋白所携带的脂肪，因而肝素具有降血脂的作用。经水解去除硫酸基制成的改构肝素，其抗凝血作用降低，但降血脂作用不改变，可以使降血脂过程中的溶血反应降低。

习 题（Exercises）

1. 完成下列反应式：

(1)
$$\begin{array}{c} \text{CHO} \\ \text{H}\!-\!\!-\!\text{OH} \\ \text{H}\!-\!\!-\!\text{OH} \\ \text{CH}_2\text{OH} \end{array} \xrightarrow{\text{Ag}^+(\text{NH}_3)_2\text{OH}^-} ?$$

(2)
$$\begin{array}{c} \text{CHO} \\ \text{H}\!-\!\!-\!\text{OH} \\ \text{HO}\!-\!\!-\!\text{H} \\ \text{H}\!-\!\!-\!\text{OH} \\ \text{H}\!-\!\!-\!\text{OH} \\ \text{CH}_2\text{OH} \end{array} \xrightarrow[\text{H}_2\text{O}]{\text{Br}_2} ?$$

(3)
$$\text{（吡喃葡萄糖环式结构）} \xrightarrow[\text{干燥 HCl}]{CH_3OH} ? \xrightarrow{(CH_3)_2SO_4} ?$$

(4)
$$\begin{array}{c} CH_2OH \\ | \\ C=O \\ | \\ H\!-\!\!\!-OH \\ | \\ H\!-\!\!\!-OH \\ | \\ CH_2OH \end{array} \xrightarrow{\text{过量苯肼}} ?$$

(5)
$$\text{（吡喃糖环式结构）} \xrightarrow{(CH_3C)_2O} ?$$

(6)
$$\begin{array}{c} CHO \\ | \\ H\!-\!\!\!-OH \\ | \\ H\!-\!\!\!-OH \\ | \\ CH_2OH \end{array} \xrightarrow{HCN} ?$$

(7)
$$\begin{array}{c} CHO \\ | \\ HO\!-\!\!\!-H \\ | \\ H\!-\!\!\!-OH \\ | \\ CH_2OH \end{array} \xrightarrow{NaBH_4} ?$$

(8)
$$\text{（吡喃糖苷环式结构，OCH_3）} \xrightarrow{HIO_4} ?$$

(9)
$$\begin{array}{c} CHO \\ | \\ H\!-\!\!\!-OH \\ | \\ H\!-\!\!\!-OH \\ | \\ CH_2OH \end{array} \xrightarrow{HNO_3} ?$$

2. 用化学方法区别下列各组化合物：

(1) 葡萄糖、果糖、蔗糖　　　(2) D-葡萄糖、D-葡萄糖苷

3. 回答下列问题：

(1) 写出 D-（＋）-葡萄糖的对映体。α 和 β 的 δ-氧环式 D-（＋）-葡萄糖是否是对映体？

(2) 糖苷既不与 Fehling 试剂作用，也不与 Tollens 试剂作用，且无变旋光现象，试解释之。

(3) 什么叫差向异构体？它与异头物有无区别？

(4) 酮糖和醛糖一样能与 Tollens 试剂或 Fehling 试剂反应，但酮不与溴水反应，为什么？

(5) 写出（＋）-麦芽糖的优势构象。

4. 推测结构

(1) 某双糖（$C_{12}H_{22}O_{11}$）是还原性糖，可被苦杏仁酶水解成 D-葡萄糖，该双糖甲基化后水解，得 2,3,4,6-O-四甲基-D-葡萄糖和 2,3,4-O-三甲基-D-葡萄糖，试推出该二糖的结构。

(2) 有两个具有旋光性的 D-丁醛糖 A 和 B，与苯肼作用生成相同的脎。用硝酸氧化，A 和 B 都生成含有 4 个碳原子的二元酸，但前者有旋光性，后者无旋光性。试推测 A 和 B 的结构式。

(3) 光学活性化合物 A（$C_5H_{10}O_4$），有 3 个活性碳原子，构型均为 R。A 与 NH_2OH 生成肟。A 用 $NaBH_4$ 处理得到光学活性化合物 B（$C_5H_{12}O_4$），B 与乙酐反应得到四乙酸酯；在酸存在下，A 与甲醇作用生成 C（$C_6H_{12}O_4$），C 与 HIO_4 反应得到 D（$C_6H_{10}O_4$），D 经酸性水解得到乙二醛（OHC—CHO）、D-α-羟基丙醛和甲醇。试写出 A～D 的结构式。

(4) 有一戊糖（$C_5H_{10}O_4$）与羟胺反应生成肟，与硼氢化钠反应生成 $C_5H_{12}O_4$。后者有光学活性，与乙酐反应得四乙酸酯。戊糖（$C_5H_{10}O_4$）与 CH_3OH、HCl 反应得 $C_6H_{12}O_4$，再与 HIO_4 反应得 $C_6H_{10}O_4$。它（$C_6H_{10}O_4$）在酸催化下水解，得等量乙二醛（CHO—CHO）和 D-乳醛（$CH_3CHOHCHO$）。从以上实验导出戊糖 $C_5H_{10}O_4$ 的构造式。导出的构造式是否还有其他结构？

第十四章　氨基酸　蛋白质　核酸

（Amino Acids, Proteins, and Nucleic Acids）

　　蛋白质和核酸都是天然高分子化合物，是生命物质的基础。蛋白质是一切活细胞的组织物质，也是酶、抗体和许多激素中的主要组成部分。所有蛋白质都是由 α-氨基酸（α-amino acid）通过肽键连接而成，因此，α-氨基酸是蛋白质的基本结构单元。

　　核酸（nucleic acids）是控制生物遗传和支配蛋白质合成的模型。没有核酸，就没有蛋白质。因此，核酸是最根本的生命的物质基础。对核酸的研究是现代科学研究领域最吸引人的课题。

第一节　氨基酸
（Amino Acids）

一、 氨基酸的结构、 分类和命名（Structure, classification and nomenclature of amino acids）

　　天然蛋白质的水解最终产物都是 α-氨基酸，即在 α-碳原子上有一个氨基，可用下式表示：

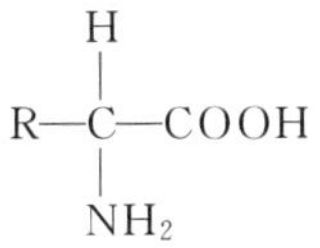

$$R-\underset{\underset{NH_2}{|}}{\overset{\overset{H}{|}}{C}}-COOH$$

　　目前已知的天然 α-氨基酸已超过 100 种以上，但在生物体内作为合成蛋白质的 α-氨基酸只有二十种（表 14-1）。

表 14-1　蛋白质中 α-氨基酸的结构和俗名
(Structures and names of α-amino acids from proteins)

名称 Name	R	缩写符号 Abbreviation	等电点(pI) Isoelectric point
甘氨酸(Glycine)	—H	Gly	5.97
丙氨酸(Alanine)	—CH₃	Ala	6.02
缬氨酸＊(Valine)	—CH(CH₃)₂	Val	5.96
亮氨酸＊(Leucine)	—CH₂CH(CH₃)₂	Leu	5.98
异亮氨酸＊(Isoleucine)	—CH(CH₃)CH₂CH₃	Ile	6.02
丝氨酸(Serine)	—CH₂OH	Ser	5.68
苏氨酸＊(Threonine)	—CH(OH)CH₃	Thr	5.60
半胱氨酸(Cysteine)	—CH₂SH	Cys	5.02
甲硫氨酸＊(Methionine)	—CH₂CH₂SCH₃	Met	5.06
天冬氨酸(Aspartic acid)	—CH₂COOH	Asp	2.98
谷氨酸(Glutamic acid)	—CH₂CH₂COOH	Glu	3.22
天冬酰胺(Asparagine)	—CH₂CONH₂	Asn	5.41
谷酰胺(Glutamine)	—CH₂CH₂CONH₂	Gln	5.70

续表

名称 Name	R	缩写符号 Abbreviation	等电点(pI) Isoelectric point
赖氨酸 * (Lysine)	$-CH_2CH_2CH_2CH_2NH_2$	Lys	9.74
组氨酸(Histidine)	$-H_2C$〔咪唑环〕	His	7.59
精氨酸(Arginine)	$-CH_2CH_2CH_2NHC(NH)NH_2$	Arg	10.76
苯丙氨酸 * (Phenylalanine)	$-CH_2-C_6H_5$	Phe	5.18
酪氨酸(Tyrosine)	$-H_2C$〔苯环〕$-OH$	Tyr	5.67
色氨酸 * (Tryptophan)	$-H_2C$〔吲哚环〕	Trp	5.88
脯氨酸(Proline)	〔吡咯烷-COOH〕 (完整结构)	Pro	6.30

* 为必需氨基酸。指人体不能自身合成或合成的量较少不能满足人体需要，而必须从食物中摄取的氨基酸。

氨基酸多按其来源或性质而命名，国际上有通用的符号（见表 14-1）。按烃基类型不同，氨基酸可分为脂肪族氨基酸、芳香族氨基酸、含杂环氨基酸。按分子中氨基和羧基的数目分为中性氨基酸、酸性氨基酸、碱性氨基酸。除氨基和羧基外，还可根据连的基团（或原子）不同而分为氢氨基酸（甘氨酸）、烃基氨基酸（丙氨酸、缬氨酸、亮氨酸、异亮氨酸、异氨酸、苯丙氨酸）、羟基氨基酸（丝氨酸、苏氨酸、酪氨酸）、氨基氨基酸（色氨酸、赖氨酸、精氨酸、组氨酸）、含硫氨基酸（半胱氨酸、蛋氨酸）、含羧基氨基酸（门冬氨酸、谷氨酸）、含酰胺基氨基酸（谷氨酰胺）、含杂环氨基酸（脯氨酸）。

氨基酸的构型常用 D/L 标记，即以距羧基最近的手性碳原子为标准，在费歇尔投影式中氨基位于横键右边的为 D 型，位于左边的为 L 型。如下所示：

$$\begin{array}{ccc}
COOH & & COOH \\
| & & | \\
H-C-NH_2 & & H_2N-C-H \\
| & & | \\
R & & R
\end{array}$$

D-氨基酸　　　　　　　L-氨基酸
D-amino acid　　　　L-amino acid

除甘氨酸外，其余 19 种氨基酸中的 α-碳原子都是手性碳原子，都有旋光性，其相对构型主要是 L 型。若用 R/S 标记，则除半胱氨酸为 R 构型外，其余为 S 构型。

二、 氨基酸的物理性质（Physical properties of amino acids）

氨基酸都是难挥发的固体，具有较高熔点，并常常在熔化时分解，氨基酸一般不溶于乙醚、苯等非极性有机溶剂，在水中有一定溶解度。红外光谱中 1600cm^{-1} 处有一羧酸负离子的吸收带（1720cm^{-1} 没有羧基的典型谱带）。在 3100～2600cm^{-1} 间有一强而宽的 N—H 键伸缩吸收带。

三、 氨基酸的化学性质（Chemical properties of amino acids）

氨基酸分子中既含有氨基又含有羧基，因此它们具有胺类和羧酸类的某些典型性质，又由于这两种官能团在分子中相互影响，而还表现出一些综合的特性。

1. 氨基酸的酸碱性 （Acidity and basicity properties of amino acids）

氨基酸分子中的氨基是碱性的，而羧基是酸性的，因而氨基酸既能与酸反应，也能与碱反应，是一个两性化合物。

$$R-\underset{\overset{|}{\overset{+}{N}H_3}}{\overset{|}{C}H}-COOH \xleftarrow{H^+} R-\underset{\overset{|}{N}H_2}{\overset{|}{C}H}-COOH \xrightarrow{OH^-} R-\underset{\overset{|}{N}H_2}{\overset{|}{C}H}-COO^-$$

（1）两性（Amphoteric behavior） 氨基酸在一般情况下不是以游离的羧基或氨基存在，而是两性电离，在固态或水溶液中形成内盐（inner salt）。

$$R-\underset{\overset{|}{N}H_2}{\overset{|}{C}H}-COOH \rightleftharpoons R-\underset{\overset{|}{\overset{+}{N}H_3}}{\overset{|}{C}H}-COO^-$$

（2）等电点（Isoelectric Point） 在氨基酸水溶液中加入酸或碱，至使羧基和氨基的离子化程度相等（即氨基酸分子所带电荷呈中性——处于等电状态）时溶液的 pH 值称为氨基酸的等电点，常以 pI 表示。

$$R-\underset{\overset{|}{N}H_2}{\overset{|}{C}H}-COOH$$

$$R-\underset{\overset{|}{N}H_2}{\overset{|}{C}H}-COO^- \underset{\overset{\longrightarrow}{H^+}}{\overset{OH^-}{\rightleftharpoons}} R-\underset{\overset{|}{\overset{+}{N}H_3}}{\overset{|}{C}H}-COO^- \underset{\overset{\longrightarrow}{OH^-}}{\overset{H^+}{\rightleftharpoons}} R-\underset{\overset{|}{\overset{+}{N}H_3}}{\overset{|}{C}H}-COOH$$

溶液 pH＞等电点　　　　等电点（pI）　　　　溶液 pH＜等电点

值得注意的是，等电点为电中性而非水溶液中性，在溶液中插入电极时其电荷迁移为零。一般中性氨基酸的等电点 pH≈6，酸性氨基酸的等电点 pH≈3，碱性氨基酸的等电点 pH≈10。等电点时，偶极离子在水中的溶解度最小，易结晶析出。

2. 氨基酸氨基的反应（Reactions of the amino group in amino acids）

（1）氨基的酰基化（Acylation of amino group） 氨基酸分子中的氨基能酰基化成酰胺。

$$R'-COCl + NH_2-\underset{\overset{|}{R}\,}{\overset{R}{\underset{}{C}}H}-COOH \longrightarrow R'-\underset{\overset{|}{O}}{\overset{|}{C}}-NH-\underset{\overset{|}{\,}}{\overset{R}{C}}H-COOH + HCl$$

乙酰氯、醋酸酐、苯甲酰氯、邻苯二甲酸酐等都可用作酰化剂。在蛋白质的合成过程中为了保护氨基则用苄氧甲酰氯作为酰化剂。选用苄氧甲酰氯这一特殊试剂，是因为这样的酰基易引入，对以后应用的各种试剂较稳定，同时还能用多种方法把它脱下来。

$$\underset{}{\text{C}_6\text{H}_5}-CH_2-O-\underset{\overset{\|}{O}}{\overset{}{C}}-Cl + NH_2-\underset{}{\overset{R}{C}}H-COOH \longrightarrow \underset{}{\text{C}_6\text{H}_5}-CH_2-O-\underset{\overset{\|}{O}}{\overset{}{C}}-NH-\underset{}{\overset{R}{C}}H-COOH$$

（2）氨基的烃基化（Alkylation of amino group） 氨基酸与 RX 作用则烃基化成 *N*-烃基氨基酸。氨基酸能与 2，4-二硝基氟苯（DNFB, dinitrofluorobenzene）反应生成 *N*-（2，4-二硝基苯基）氨基酸，简称 *N*-DNP-氨基酸。这个化合物显黄色，可用于氨基酸的比色测定。英国科学家桑格尔（Sanger）首先用这个反应来标记多肽或蛋白质的 *N*-端氨基酸，再将肽链水解，经层析检测，就可识别多肽或蛋白质的 *N*-端氨基酸。

$$NO_2-\underset{}{\underset{}{\bigcirc}}(NO_2)-F + NH_2-\overset{R}{C}H-COOH \longrightarrow NO_2-\underset{}{\underset{}{\bigcirc}}(NO_2)-NH-\overset{R}{C}H-COOH$$

N-DNP-氨基酸（黄色）

（3）与亚硝酸反应（Reactions with nitrous acid） 大多数氨基酸中含有伯氨基，可以定量与亚硝酸反应，生成 α-羟基酸，并放出氮气。该反应定量进行，从释放出的氮气的体积可计算分子中氨基的含量。这个方法称为范斯莱克（Van Slyke）氨基测定法，可用于氨基酸定量和蛋白质水解程度的测定。

$$R-\underset{\underset{NH_2}{|}}{CH}-COOH + HNO_2 \longrightarrow R-\underset{\underset{OH}{|}}{CH}-COOH + N_2\uparrow + H_2O$$

（4）与醛和酮的反应（Reaction with aldehydes and ketones）　氨基酸分子中的氨基能作为亲核试剂进攻甲醛的羰基，生成 N,N-二羟甲基氨基酸。

$$R-\underset{\underset{NH_2}{|}}{CH}-COOH + 2HCHO \longrightarrow \overset{H}{\underset{HOH_2C-N-CH_2OH}{R-\underset{|}{\overset{|}{C}}-COOH}}$$

在 N,N-二羟甲基氨基酸中，由于羟基的吸电子诱导效应，降低了氨基氮原子的电子云密度，削弱了氮原子结合质子的能力，使氨基的碱性削弱或消失，这样就可以用标准碱液来滴定氨基酸的羧基，用于氨基酸含量的测定。这种方法称为氨基酸的甲醛滴定法。

在生物体内，氨基酸分子中的氨基在某些酶的催化下，可与醛酮反应生成弱碱性的席夫碱（Schiff base），它是植物体内合成生物碱及生物体内酶促转氨基反应的中间产物。

$$R'CHO + H_2N-\underset{\underset{R}{|}}{CH}-COOH \longrightarrow R'CH=N-\underset{\underset{R}{|}}{CH}-COOH$$
席夫碱

（5）氧化脱氨反应（Oxidative deamination）　氨基酸分子的氨基可以被双氧水或高锰酸钾等氧化剂氧化，生成 α-亚氨基酸（α-imino acid），然后进一步水解，脱去氨基生成 α-酮酸。生物体内在酶催化下，氨基酸也可发生氧化脱氨反应，这是生物体内蛋白质分解代谢的重要反应之一。

$$R-\underset{\underset{NH_2}{|}}{CH}-COOH \xrightarrow{[O]} R-\underset{\underset{NH}{\|}}{C}-COOH \longrightarrow R-\underset{\underset{NH_2}{|}}{\overset{\overset{OH}{|}}{C}}-COOH \xrightarrow{-NH_3} R-\overset{\overset{O}{\|}}{C}-COOH$$
　　　　　　α-亚氨基酸　　α-羟基-α-氨基酸

3. 氨基酸羧基的反应（Reactions of the carboxyl group in amino acids）

（1）与醇反应（Reactions with alcohols）　氨基酸在无水乙醇中通入干燥氯化氢，加热回流时生成氨基酸酯。

$$R-\underset{\underset{NH_2}{|}}{CH}-\overset{\overset{O}{\|}}{C}-OH + C_2H_5OH \xrightarrow{\text{干 HCl}} R-\underset{\underset{NH_2}{|}}{CH}-\overset{\overset{O}{\|}}{C}-O-C_2H_5 + H_2O$$

α-氨基酸酯在醇溶液中又可与氨反应，生成氨基酸酰胺。这是生物体内以谷氨酰胺和天冬酰胺形式储存氮的一种主要方式。

$$R-\underset{\underset{NH_2}{|}}{CH}-\overset{\overset{O}{\|}}{C}-O-C_2H_5 + NH_3 \longrightarrow R-\underset{\underset{NH_2}{|}}{CH}-\overset{\overset{O}{\|}}{C}-NH_2 + C_2H_5OH$$

（2）脱羧反应（Decarboxylation）　将氨基酸缓缓加热或在高沸点溶剂中回流，可以发生脱羧反应生成胺。生物体内的脱羧酶也能催化氨基酸的脱羧反应，这是蛋白质腐败发臭的主要原因。例如赖氨酸脱羧生成 1,5-戊二胺（尸胺）。

$$H_2N-CH_2(CH_2)_3-\underset{\underset{NH_2}{|}}{CH}-COOH \xrightarrow{\triangle} H_2N-(CH_2)_5-NH_2$$

戊二胺（尸胺）
pentamethylenediamine

4. 氨基酸中氨基和羧基共同参与的反应 （Reactions of amino and carboxyl groups in amino acids）

（1）与水合茚三酮的反应（Reactions with ninhydrin） α-氨基酸与水合茚三酮（ninhydrin）的弱酸性溶液共热，一般认为先发生氧化脱氨、脱羧，生成氨和还原型茚三酮，产物再与水合茚三酮进一步反应，生成蓝紫色物质。

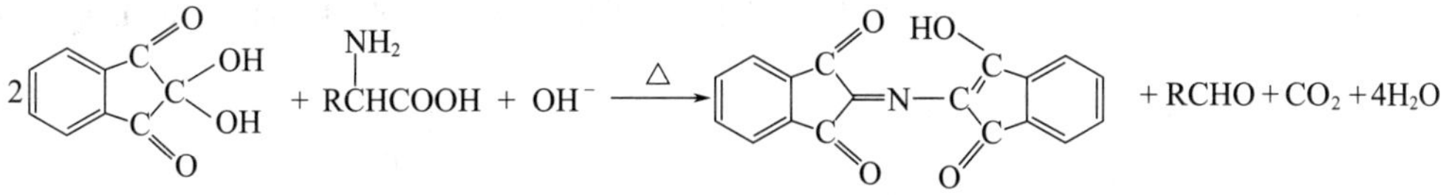

水合茚三酮   蓝紫色
ninhydrin   violetdye

这个反应非常灵敏，可用于氨基酸的定性及定量测定，是鉴别 α-氨基酸的灵敏方法。

凡是有游离氨基的氨基酸都和水合茚三酮试剂发生显色反应，多肽和蛋白质也有此反应，脯氨酸和羟脯氨酸与水合茚三酮反应时，生成黄色化合物。

（2）脱羧失氨作用（Decarboxylation and deamination） 氨基酸在酶的作用下，同时脱去羧基和氨基得到醇。

$$(CH_3)_2CH-CH_2-\underset{\underset{NH_2}{|}}{CH}-COOH +H_2O \xrightarrow{酶} (CH_3)_2CHCH_2CH_2OH+CO_2+NH_3$$

工业上发酵制取乙醇时，杂醇就是这样产生的。此外，一些氨基酸侧链具有的官能团，如羟基、酚基、吲哚基、胍基、巯基及非 α-氨基等，均可以发生相应的反应，这是进行蛋白质化学修饰的基础。α-氨基酸还可通过分子间的—NH_2 基与—COOH 基缩合脱水形成多肽，该反应是形成蛋白质一级结构的基础，将在蛋白质部分介绍。

5. 氨基酸的受热分解反应 （Thermal decomposition of amino acids）

α-氨基酸受热时发生分子间脱水生成交酰胺。

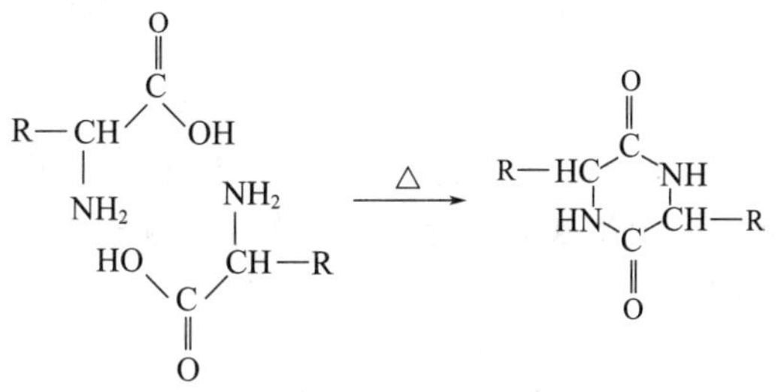

α-氨基酸   交酰胺（哌嗪二酮衍生物）

四、 氨基酸的制备 （Preparation of amino acids）

氨基酸的制备主要有三条途径：即蛋白质水解、有机合成和发酵法。氨基酸的合成方法主要有以下三种。

（1）由醛制备（Preparation by aldehydes） 醛在氨存在下加氢氰酸生成 α-氨基腈，后者水解生成 α-氨基酸。

$$C_6H_5CH_2CHO \xrightarrow{NH_3,HCN} \underset{\underset{NH_2}{|}}{C_6H_5CH_2CHCN} \xrightarrow[②H_3O^+]{①NaOH,H_2O} \underset{\underset{+NH_3}{|}}{C_6H_5CH_2CHCO_2^-}$$

苯丙氨酸
phenylalanine

（2）α-卤代酸的氨化（Ammoniation by α-halo carboxylic acids）

$$\underset{\underset{X}{|}}{R-CH-COOH} + NH_3 \longrightarrow \underset{\underset{NH_2}{|}}{R-CH-COOH} + HX$$

此法有副产物仲胺和叔胺生成，不易纯化。因此，常用盖伯瑞尔法（Gabrial）代替上法。

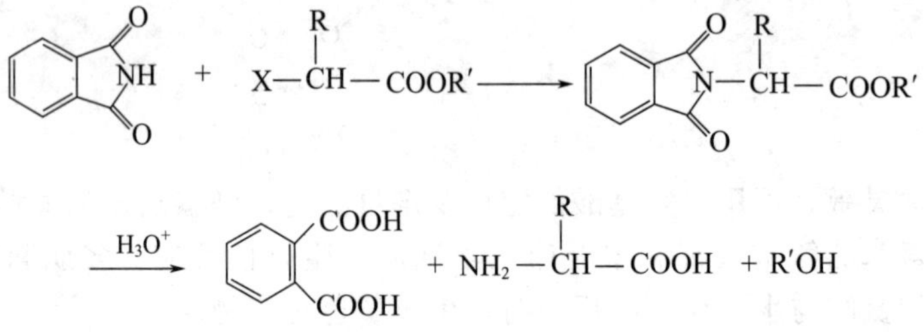

盖伯瑞尔法生成的产物较纯，适用于实验室合成氨基酸。

（3）由丙二酸酯法合成（Preparation by malonic ester）　此法应用的方式多种多样，其基本合成路线是：

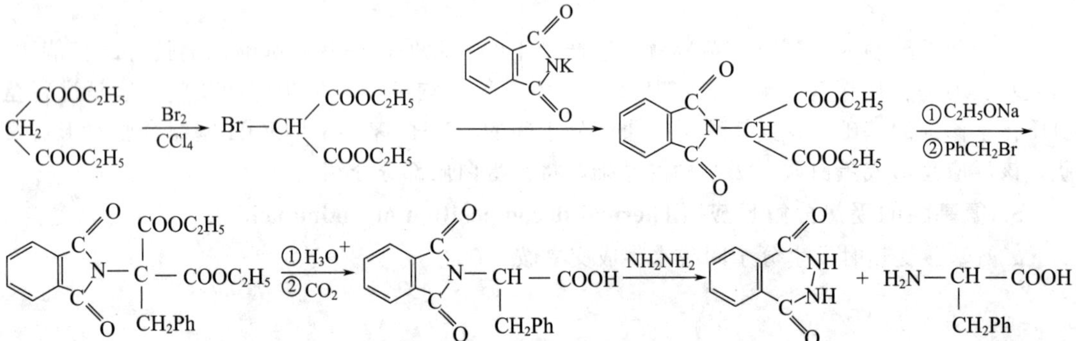

合成法合成的氨基酸是外消旋体（racemic），拆分后才能得到 D-和 L-氨基酸。氨基酸的化学合成 1850 年就已实现，但氨基酸的发酵法生产在一百年后的 1957 年才得以实现，如用糖类（淀粉）发酵生产谷氨酸。

第二节　多肽
（Polypeptides）

一、　多肽的组成和命名（Components and nomenclature of polypeptides）

1. 肽和肽键（Peptides and peptide bonds）

一分子氨基酸中的羧基与另一分子氨基酸分子的氨基脱水而形成的酰胺叫作肽（peptides），其形成的酰胺键称为肽键（peptide bonds）。

$$\text{NH}_2-\overset{R}{\underset{}{\text{CH}}}-\overset{O}{\underset{}{\text{C}}}-\text{OH} + \text{NH}_2-\overset{R'}{\underset{}{\text{CH}}}-\text{COOH} \xrightarrow{-\text{H}_2\text{O}} \text{NH}_2-\overset{R}{\underset{}{\text{CH}}}-\overset{O}{\underset{}{\text{C}}}-\text{NH}-\overset{R'}{\underset{}{\text{CH}}}-\text{COOH}$$

肽键
peptide bond

由 n 个 α-氨基酸缩合而成的肽称为 n 肽，由多个 α-氨基酸缩合而成的肽称为多肽（poly peptide）。一般把含 100 个以上氨基酸的多肽（有时含 50 个以上）称为蛋白质。无论肽链有多长，在链的一端有游离的氨基（—NH$_2$），称为 N 端（N-terminal）；链的另一端有游离的羧基（—COOH），称为 C 端（C-terminal）。

$$\boxed{\text{NH}_2}-\overset{R}{\underset{}{\text{CH}}}-\overset{O}{\underset{}{\text{C}}}-\text{NH}-\overset{R'}{\underset{}{\text{CH}}}-\overset{O}{\underset{}{\text{C}}}-\text{NH}-\overset{R''}{\underset{}{\text{CH}}}-\boxed{\text{COOH}}$$

N 端　　　　　　　　　　　　　　　　C 端
N-terminal　　　　　　　　　　　　　C-terminal

三肽有 6 种可能的方式；四肽有 24 种可能的方式；六肽有 720 种可能的方式。氨基酸和二肽类的整个酰胺基是共平面的，即羰基碳、氮以及连接它们的 4 个原子都处于一个平面中。

2. 肽的命名 （Nomenclature of peptides）

根据组成肽的氨基酸的顺序称为某氨酰某氨酰…某氨酸（简写为某-某-某）：

$$\text{NH}_2-\overset{\text{CH}_3}{\underset{}{\text{CH}}}-\overset{}{\underset{\text{O}}{\text{C}}}-\text{NH}-\overset{\text{CH}_2\text{OH}}{\underset{}{\text{CH}}}-\overset{}{\underset{\text{O}}{\text{C}}}-\text{NH}-\overset{\text{CH}_2\text{C}_6\text{H}_5}{\underset{}{\text{CH}}}-\text{COOH}$$

丙氨酰丝氨酰苯丙氨酸（丙-丝-苯丙）

很多多肽都采用俗名，如催产素、胰岛素等。

二、 多肽结构的测定（Determination of polypeptide structures）

由氨基酸组成的多肽数目惊人，情况十分复杂。假定 100 个氨基酸聚合成线形分子，可能具有 20^{100} 种多肽。测定一个多肽的结构，包括测定构成多肽分子的氨基酸组成和测定氨基酸的连接顺序。测定多肽氨基酸的组成是用酸对多肽进行彻底水解（不能用碱来水解，因为碱性水解会引起氨基酸外消旋化），然后分析水解产物中各种氨基酸的数目。测定氨基酸的连接顺序，可采用以下几种方法。

（1）测定 N 端（N-terminal determination）

① 2,4-二硝基氟苯法 （Dinitrofluorobenzene method）

2,4-二硝基氟苯（DNFB）为标记 N 端试剂。DNFB 与氨基酸的 N 端氨基反应后，再水解，分离出 N-二硝基苯基氨基酸，用色谱法分析，即可知道 N 端为何氨基酸。

$$\text{O}_2\text{N}-\underset{\text{NO}_2}{\overset{}{\bigcirc}}-\text{F} + \text{H}_2\text{N}-\overset{}{\underset{R}{\text{CH}}}-\text{CONH}-\overset{}{\underset{R'}{\text{CH}}}-\text{CONH}\sim\sim\sim \xrightarrow{\text{Na}_2\text{CO}_3}$$

$$O_2N-\text{（苯环）}-HN-\underset{R}{CH}-CONH-\underset{R'}{CH}-CONH-\sim\sim \xrightarrow{HCl}$$

$$O_2N-\text{（苯环）}-HN-\underset{R}{CH}-COOH + H_2N-\underset{R'}{CH}-COOH$$

此法的主要缺点是当水解分离 N-二硝基苯氨基酸的同时，整个多肽链也会分解成氨基酸。

② 异硫氰酸酯法（Phenyl isothiocyanate method or Edman degradation）

$$C_6H_5N=C=S + NH_2CHCONH-\boxed{多肽} \xrightarrow{pH>7} C_6H_5NHC\overset{S}{\underset{NH-\underset{R}{CH}}{}}\ \overset{O}{\underset{}{C}}-NH-\boxed{多肽}$$

$$\xrightarrow{pH<7} \text{（环状结构）} CH-R + H_2N-\boxed{多肽}$$

末端氨基与异硫氰酸酯中的碳进行亲核加成得到标记的肽，小心水解，则末端氨基酸与标记试剂环化，形成苯乙内酰硫脲而从多肽链上分离，再与标准试剂比较，可确定为哪种氨基酸。这个方法的特点是，除多肽 N-端的氨基酸外，其余多肽链会保留下来。这样可继续不断的测定其 N-端。此方法的原理已被现代氨基酸自动分析仪所采用。

（2）测定 C-端（C-terminal determination）

氨基酸的酯与肼反应生成酰肼的方法也是测定 C-端的方法。因为只有酯、酰胺能与肼反应而生成酰肼，而羧基不能与肼反应。所以多肽与肼反应时，所有的肽键（酰胺）都与肼反应而断裂成酰肼，只有 C-端的氨基酸有游离的羧基，不会与肼反应成酰肼。这就是说与肼反应后仍具有游离羧基的氨基酸就是多肽 C-端的氨基酸。

① 多肽与肼反应（Reactions of polypeptides with hydrazine）所有的肽键（酰胺）都与肼反应而断裂成酰肼，只有 C-端的氨基酸有游离的羧基，不会与肼反应成酰肼。所以多肽与肼反应时，所有的肽键（酰胺）都与肼反应而断裂成酰肼，只有 C-端的氨基酸有游离的羧基，不会与肼反应成酰肼。这就是说与肼反应后仍具有游离羧基的氨基酸就是多肽 C-端的氨基酸。

② 羧肽酶水解法（Carboxypeptidases-catalyzed hydrolysis）在羧肽酶催化下，多肽链中只有 C-端的氨基酸能逐个断裂下来。只要连续检验水解出来的氨基酸的结构，就可知道多肽中氨基酸的连接顺序。但这种水解通常也只能重复有限几次，所以它只适合较小的肽的分析。

（3）肽链的选择性断裂及鉴定（Selective cleavage of peptide chains）上述测定多肽结构顺序的方法，对于相对分子质量大的多肽是不适用的。对于大相对分子质量的多肽顺序的测定，是将其多肽用不同的蛋白酶进行部分水解，使之生成二肽、三肽等碎片，再用端基分析法分析各碎片的结构，最后将各碎片在排列顺序上比较并合并，即可推出多肽中氨基酸的顺序。

部分水解法（partial hydrolysis）常用的蛋白酶有：胰蛋白酶——只水解羧基属于赖氨酸、精氨酸的肽键；糜蛋白酶——水解羧基属于苯丙氨酸、酪氨酸、色氨酸的肽键；溴化氰——只能断裂羧基属于蛋氨酸的肽键。

【例】某八肽完全水解后，经分析氨基酸的组成为：丙氨酸、亮氨酸、赖氨酸、苯丙氨酸、脯氨酸、丝氨酸、酪氨酸、缬氨酸。端基分析：N-端丙氨酸……亮氨酸 C-端。糜蛋白酶催化水解：分离得到酪氨酸，一种三肽和一种四肽。用 Edman 降解法分别测定三肽、四肽的顺序，结果为：丙氨酸-脯氨酸-苯丙氨酸；赖氨酸-丝氨酸-缬氨酸-亮氨酸。

由上述信息得知，八肽的顺序为：

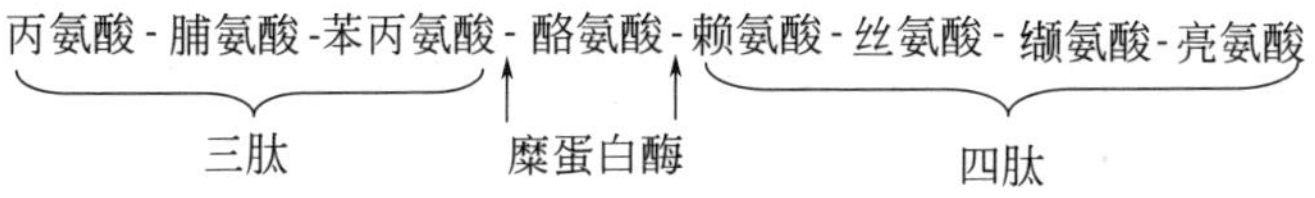

三、 多肽的合成（Synthesis of polypeptides）

要使各种氨基酸按一定的顺序连接起来形成多肽是一向十分复杂的化学工程，需要解决许多难题，最主要的是要解决三大问题。

（1）保护—NH₂ 或—COOH（Amino group protection or carboxyl group protection）

氨基酸是多官能团化合物，在按要求形成肽键时，必须将两个官能团中的一个保护起来，留下一个去进行指定的反应，才能达到合成的目的。对保护基的要求是：易引入，之后又易除去。我们把保护—NH₂ 称为"戴帽子"，保护—COOH 称为"穿靴子"。

（2）活化羧基（Activation of the carboxyl group）

通常是保护—NH₂、—OH 及—SH 等，活化—COOH。

（3）生物活性（Biological activity）

合成多肽必须保证氨基酸的排列顺序与天然多肽相同，并与天然多肽不论在物理、化学性质和生物活性各方面都一样，才具有意义。例如胰岛素是一种激素，可用于治疗糖尿病，但只能用和人体结构相近的胰岛素，如猪胰岛素，其他的则不起疗效。

第三节 蛋白质
（Proteins）

一、 蛋白质的组成、分类和功能（Compositions, classification and function of proteins）

蛋白质是由多种 α-氨基酸组成的一类天然高分子化合物，相对分子质量一般为 $10^4 \sim 10^6$，有的甚至可达几千万，但元素组成比较简单，主要含有碳、氢、氮、氧、硫，有些蛋白质还含有磷、铁、镁、碘、铜、锌等。

各种蛋白质的含氮量很接近，平均为 16%，即每克氮相当于 $6.25g$ 蛋白质，生物体中的氮元素，绝大部分都是以蛋白质形式存在，因此，常用定氮法先测出农副产品样品的含氮量，然后计算成蛋白质的近似含量，称为粗蛋白含量。

$$W_{粗蛋白} = W_{氮} \times 6.25$$

蛋白质有不同的分类方法。按溶解性可分为两大类：溶于水、酸、碱或盐溶液的球形蛋白质和不溶于水的纤维蛋白质。按蛋白质的化学组成可分为：简单蛋白质和结合蛋白质。简单蛋白质水解只产生 α-氨基酸，结合蛋白质水解除生成 α-氨基酸外，还有非氨基酸物质（辅基）。辅基为糖时称为糖蛋白；辅基为核酸时称为核蛋白；辅基为血红素时称为血红素蛋白等。

蛋白质具有组织结构和生物调节作用，如角蛋白组成皮肤、毛发、指甲。各种酶对生物化学起催化作用，如血红蛋白在血液中输送氧气。

二、 蛋白质的结构 (Structures of proteins)

各种蛋白质的特定结构，决定了各种蛋白质的特定生理功能。蛋白质种类繁多，结构极其复杂。通过长期研究确定，蛋白质的结构可分为一级结构、二级结构、三级结构和四级结构。

1. 蛋白质的一级结构 （Primary structure of proteins）

由各氨基酸按一定的排列顺序结合而形成的多肽链（50 个以上氨基酸）称为蛋白质的一级结构。氨基酸组成或排列的任何不同都会产生不同的蛋白质。蛋白质的一级结构只是蛋白质的最基本结构，也成为蛋白质的初级结构，蛋白质的其他结构称为蛋白质的高级结构。蛋白质的一级结构决定蛋白质的性质类别。蛋白质的生理作用及变性等特征主要与蛋白质的高级结构有关。蛋白质的一级结构中，肽键是主要的连接键，多肽链是一级结构的主体。

对某一蛋白质，若结构顺序发生改变，则可引起疾病或死亡。例如，血红蛋白是由两条 α-肽链（各为 141 肽）和两条 β-肽链（各为 146 肽）四条肽链（共 574 肽）组成的。

在 β-肽链中，N6 为谷氨酸，若换为缬氨酸，则造成红细胞附聚，即由球状变成镰刀状，这种病即为镰刀形贫血症。

2. 蛋白质的二级结构 （Secondary structure of proteins）

多肽链中互相靠近的氨基酸通过氢键的作用而形成的多肽在空间排列（构象）称为蛋白质的二级结构。蛋白质的多肽链在空间的折叠方式不是任意的，主要有 α-螺旋式和 β-折叠式。如图 14-1 所示。

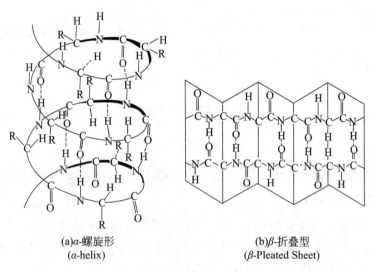

(a)α-螺旋形
(α-helix)

(b)β-折叠型
(β-Pleated Sheet)

图 14-1 蛋白质的二级结构
(Secondary structures of proteins)

3. 蛋白质的三级结构 （Tertiary structure of proteins）

由蛋白质的二级结构在空间盘绕、折叠、卷曲而形成的更为复杂的空间构象称为蛋白质的三级结构。维持三级结构的作用力有：共价键（—S—S—）、静电键（盐键）、氢键（总称为副键）。形成三级结构后，亲水基团在结构外，憎水基团在结构内，故球状蛋白溶于水。

图 14-2 是肌红蛋白的三级结构示意。

4. 蛋白质的四级结构 （Quaternary structure of proteins）

由一条或几条多肽链构成蛋白质的最小单位称为蛋白质亚基，由几个亚基借助各种副键的作用而构成的一定空间结构称为蛋白质的四级结构。图 14-3 是血红蛋白的四级结构示意。

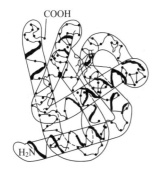

图 14-2 肌红蛋白的三级结构示意
（Tertiary structure of myoglobin）

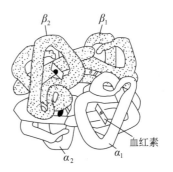

图 14-3 血红蛋白的四级结构示意
（Quaternary structure of hemoglobin）

三、 蛋白质的性质（Properties of proteins）

1. 两性及等电点（Amphoteric behaviors and isoelectric points）

多肽链中有游离的氨基和羧基等酸碱基团，具有两性。蛋白质分子在酸性溶液中能电离成阳离子，在碱性溶液中能电离成阴离子，在某一 pH 值溶液中蛋白质成两性离子，这时溶液的 pH 值就是该蛋白的等电点 pI。

$$P = Protein \atop 蛋白质 \quad P\!\!<\!\!{COO^- \atop NH_2} \underset{OH^-}{\overset{H^+}{\rightleftharpoons}} P\!\!<\!\!{COO^- \atop \overset{+}{NH_3}} \underset{OH^-}{\overset{H^+}{\rightleftharpoons}} P\!\!<\!\!{COOH \atop \overset{+}{NH_3}}$$

$$pH>pI \qquad\qquad pH \qquad\qquad pH<pI$$

蛋白质在等电点时水溶性最小，在电场中既不向阳极移动，也不向阴极。因此可利用蛋白质的两性和等电点分离、提纯蛋白质。

2. 胶体性质（Colloidal properties）

蛋白质是大分子化合物，分子颗粒的直径在胶粒幅度之内（0.1～0.001μm）呈胶体性质。蛋白质溶液的胶体性质在生命活动中起着极为重要的作用。蛋白质形成胶体溶液，它具有一定的稳定性，主要原因是：蛋白质分子中含有许多亲水基如—COOH、—NH₂、—OH等，它们处在颗粒表面，在水溶液中能与水发生水合作用形成水化膜，水化膜的存在增强了蛋白质的稳定性。另外，蛋白质是两性化合物，颗粒表面都带有电荷，由于同性电荷相互排斥，使蛋白质分子间不会互相凝聚。

3. 沉淀作用（Precipitation）

蛋白质溶液与其他胶体一样，在各种不同的因素影响下，也会从溶液中析出沉淀，其方法很多。

（1）盐析法（Salting out）　在蛋白质溶液中加入大量盐〔如 $NaCl$、Na_2SO_4、$(NH_4)_2SO_4$ 等〕，由于盐既是电解质又是亲水性物质，它能破坏蛋白质的水化膜，因此当加入的盐达到一定的浓度时，蛋白质就会从溶液中沉淀析出。

$$蛋白质溶液 \xrightarrow{\text{碱金属盐或铵盐}} 沉淀 \xrightarrow{H_2O} 溶解$$
$$（蛋白质）$$

（2）重金属法（Heavy metal methods）

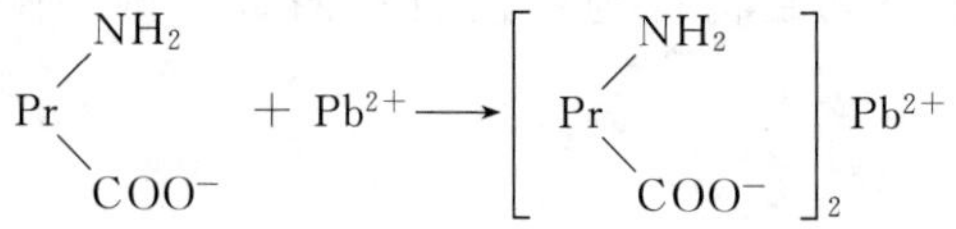

$$\underset{\substack{| \\ \text{COO}^-}}{\overset{\substack{\text{NH}_2 \\ |}}{\text{Pr}}} + \text{Pb}^{2+} \longrightarrow \left[\underset{\substack{| \\ \text{COO}^-}}{\overset{\substack{\text{NH}_2 \\ |}}{\text{Pr}}} \right]_2 \text{Pb}^{2+}$$

在蛋白质溶液中加入 Hg^{2+}、Pb^{2+} 等能与蛋白质结合成不溶性蛋白质的重金属离子（盐）。故重金属中毒，可用蛋白质（如牛奶、豆浆、生鸡蛋等）解毒。

（3）生物碱试剂沉淀法（Precipitation by alkaloid reagents）　苦味酸、三氯乙酸、鞣酸、磷钨酸、磷钼酸等生物碱沉淀剂，能与蛋白质阳离子结合，使蛋白质产生不可逆沉淀。例如：

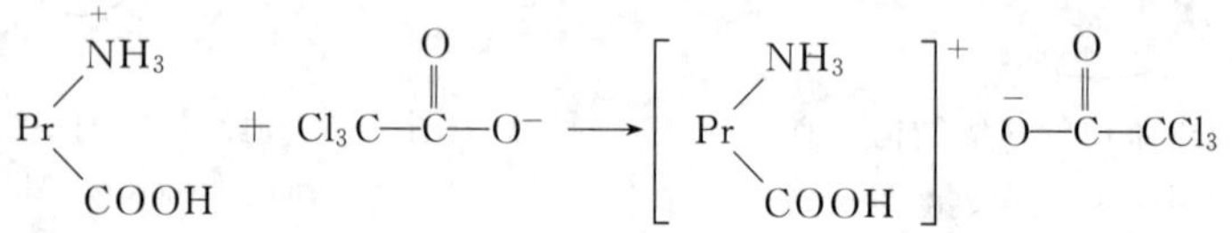

$$\underset{\substack{| \\ \text{COOH}}}{\overset{\substack{\overset{+}{\text{NH}_3} \\ |}}{\text{Pr}}} + \underset{}{\text{Cl}_3\text{C}\overset{\overset{\text{O}}{\|}}{-}\text{C}-\text{O}^-} \longrightarrow \left[\underset{\substack{| \\ \text{COOH}}}{\overset{\substack{\overset{+}{\text{NH}_3} \\ |}}{\text{Pr}}} \right]^+ \text{O}^- -\overset{\overset{\text{O}}{\|}}{\text{C}}-\text{CCl}_3$$

此外，强酸或强碱以及加热、紫外线或 X 射线照射等物理因素，都可导致蛋白质的某些副键被破坏，引起构象发生很大改变，使疏水基外露，引起蛋白质沉淀，从而失去生物活性。这些沉淀也是不可逆的。不可逆沉淀是指不能恢复原蛋白质的结构，如重金属法则是不可逆沉淀；而可逆沉淀是指沉淀出来的蛋白质分子的各级结构基本不变，只要消除沉淀因素，沉淀物能重新溶解，盐析法就属于可逆沉淀。

4. 水解（Hydrolysis）

蛋白质在酸或碱催化下能使各级结构彻底破坏，最后水解为各种氨基酸的混合物。蛋白质的水解过程：蛋白质→多肽→小肽→二肽→α-氨基酸。研究蛋白质水解中间产物的结构和性质，可以为蛋白质的研究提供有价值的资料。

5. 蛋白质的变性（Denaturation of proteins）

变性作用是指蛋白质受物理因素（如加热、强烈振荡、紫外线或 X 射线的照射等）或化学因素（如强酸、重金属、乙醇等有机溶剂）的影响，其性质和内部结构发生改变的作用。

蛋白质的变性通常被认为是蛋白质的二级、三级结构有了改变或遭受破坏，结果使肽链松散开来，导致蛋白质一些理化性质的改变和生物活性的丧失。如用酒精、煮沸、高压、紫外线消毒或杀菌等手段，就在于这些条件均可导致细菌或病毒体内蛋白质变性，从而造成细菌死亡或病毒丧失活性。

6. 蛋白质的颜色反应（Color reactions）

氨基酸、肽、蛋白质可与许多化学试剂反应，显出一定的颜色（见表 14-2），这些反应常用于它们的定性及定量分析。例如，茚三酮反应是检验 α-氨基酸、多肽、蛋白质最通用的反应之一。

分子中含有两个或两个以上酰胺键（肽键）的化合物如多肽、蛋白质等都能与双缩脲剂发生紫色反应。这是因为蛋白质及多肽的肽键与双缩脲的结构类似，也能与 Cu^{2+} 形成紫红色络合物（如下图所示）。氨基酸分子中没有肽键，二肽分子中只有一个肽键，所以双缩脲试剂可以用于检测蛋白质和多肽，但不能用于检测二肽和氨基酸。

铜-蛋白质配合物的分子式
proteins-copper complex

二缩脲反应中肽键越多,颜色越深。这两个反应可用于蛋白质的定性和定量测定,也可用于检测蛋白质的水解程度。

表 14-2　蛋白质的重要颜色反应
(Color reactions of proteins)

名称 Name	试剂 Reagent	现象 Color	反应基团 Reactive group	使用范围 Usabler ange
茚三酮反应	水合茚三酮试剂	蓝紫	游离氨基	氨基酸,蛋白质,多肽
二缩脲反应	稀碱,稀硫酸铜溶液	粉红~蓝紫	两个以上肽键	多肽,蛋白质
黄蛋白反应	浓硝酸、加热、稀 NaOH	黄~橙黄	苯基	含苯基的多肽及蛋白质
米隆反应	米隆试剂、加热	白~肉红	酚基	含酚基的多肽及蛋白质
乙醛酸反应	乙醛酸试剂、浓硫酸	紫色环	吲哚基	含吲哚基的多肽及蛋白质

第四节　核酸
(Nucleic acids)

一、核酸的组成(Chemical components of nucleic acids)

核蛋白 →蛋白质
　　　胰酶
　　　→核酸 →核苷酸 肠酶→磷酸
　　　　　　　　　　　　　→核苷 →碱基
　　　　　　　　　　　　　　　　→核糖(脱氧核糖)

核酸和蛋白质一样,是由许多核苷酸(nucleotide)结合而成的高分子化合物。核苷酸是由磷酸、核糖及碱基组成的。

1. 核糖和 2-脱氧核糖 (D-ribose and D-2-deoxyribose)

β-D-呋喃核糖
β-D-ribofuranose

β-D-2-脱氧呋喃核糖
β-D-2-deoxyribofuranose

2. 碱基（basic groups）

核苷酸中的碱基主要有五种，都是嘧啶或嘌呤的衍生物。它们是胞嘧啶、脲嘧啶、胸腺嘧啶、腺嘌呤及鸟嘌呤。

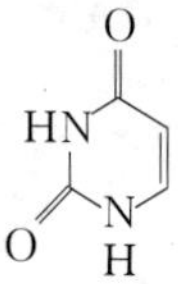

脲嘧啶　　　　胞嘧啶　　　　胸腺嘧啶　　　　腺嘌呤　　　　鸟嘌呤
uracil（U）　cytosine（C）　thymine（T）　adenine（A）　guanine（G）

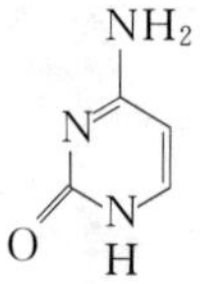

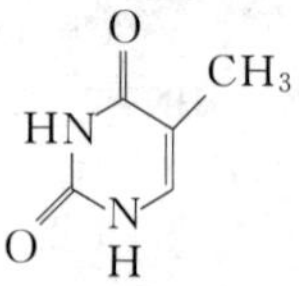

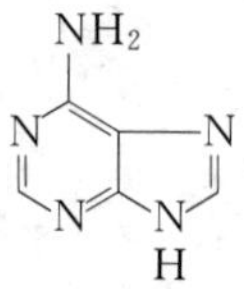

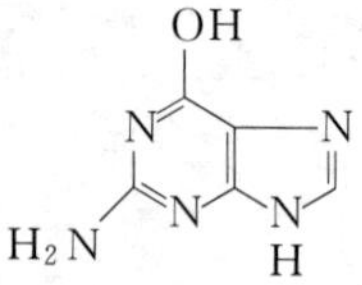

3. 核苷（Nucleoside）

核苷是核糖的 β-苷羟基与碱基氮原子上的氢脱水而形成的苷，根据核糖的不同，核苷有以下两类。

（1）核苷（Nucleosides）　由核糖核酸（RNA，ribonucleic acid）水解而得。

核　糖 Ribose	核　苷 Nucleoside	碱　基 Basic group	核苷名称 Name of basic group
		B＝U	脲嘧啶核苷［脲苷（U）］
		A	腺嘌呤核苷［腺苷（A）］
		C	胞嘧啶核苷［胞苷（C）］
		G	鸟嘌呤核苷［鸟苷（G）］

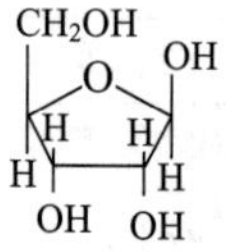

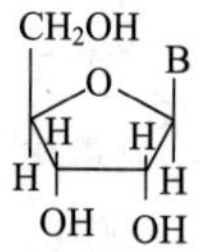

（2）2-脱氧核苷（2-Deoxynucleosides）　由脱氧核糖核酸（DNA，deoxyribonucleic acids）水解而得。

2-脱氧核糖 2-deoxyribose	2-脱氧核苷 2-Deoxynucleoside	碱　基 Basic group	核苷名称 Name of basic group
		B＝T	2-脱氧胸腺苷（dT）
		A	2-脱氧腺苷（dA）
		C	2-脱氧胞苷（dC）
		G	2-脱氧鸟苷（dG）

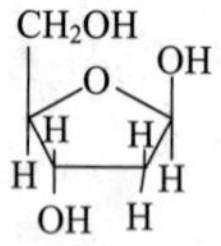

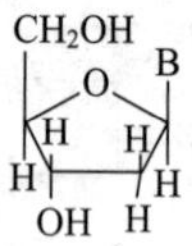

4. 核苷酸（nucleotide）

核糖 C5 上的羟基与磷酸酯化便得到核苷酸。

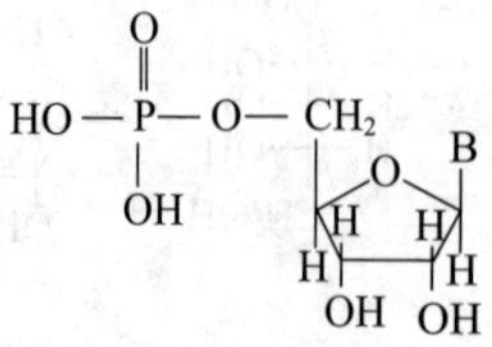

RNA中的核苷酸单体
Nucleotides in RNA

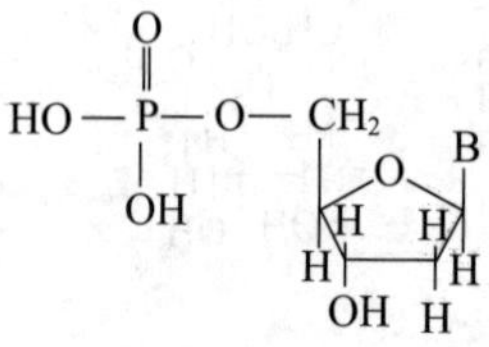

DNA中的核苷酸单体
Nucleotides in DNA

二、 核酸的结构（Structures of nucleic acids）

核酸是核苷酸单体中核糖的 C3′ 位羟基和 C5′ 位上的磷酸基酯化而成的高分子化合物。核酸和蛋白质一样，也有单体排列顺序和空间关系问题，因此，核酸也有一级结构、二级结构和三级结构的问题。

1. 核酸一级结构（Primary structure of nucleic acids）

核苷酸的顺序组成了核酸的一级结构。RNA 中的多核苷酸链如图 14-4 所示。

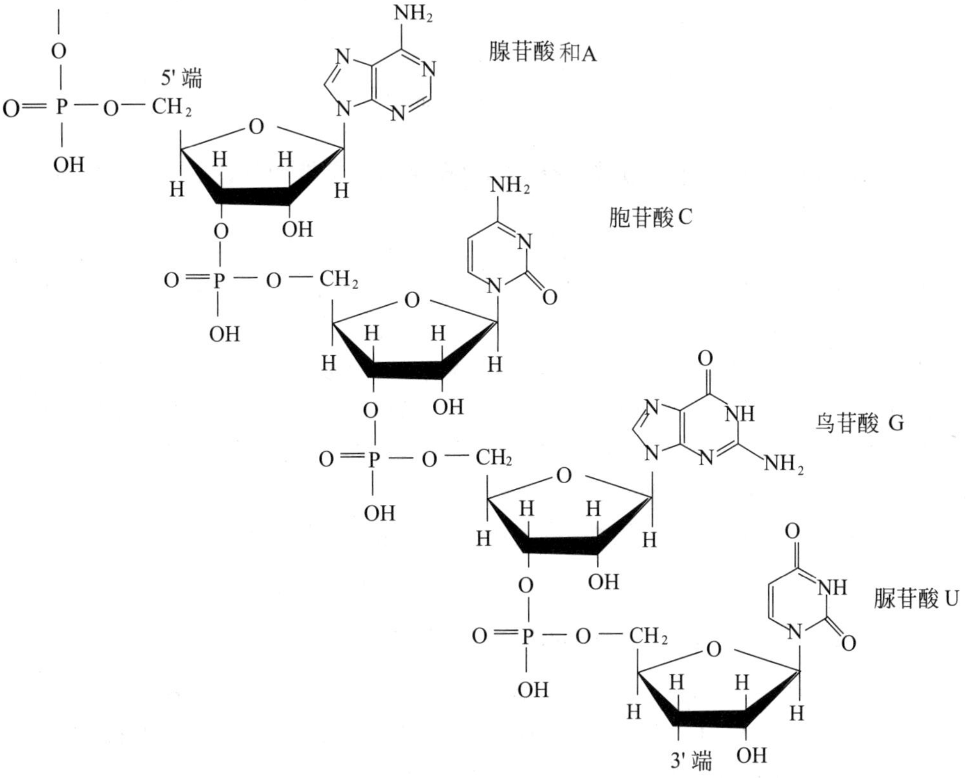

图 14-4　RNA 中的多核苷酸链
(Polynucleotide chain of RNA)

如果 RNA 或 DNA 中的多核苷酸链都按图 14-4 所示的方式表示，显然太繁复了，所以现在都用简化的示意法来表示。如上图可简化为（图 14-5、图 14-6）：

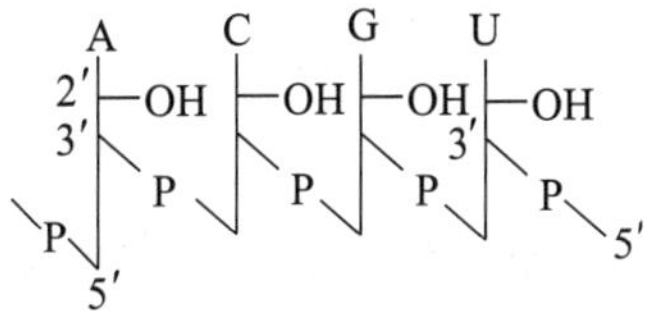

RNA链简化图

图 14-5　RNA 链简化图
(Simplified figure of the RNA chain)

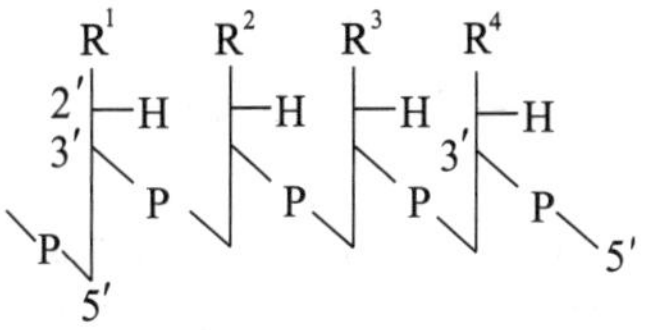

DNA链简化图

图 14-6　DNA 链简化图
(Simplified figure of the DNA chain)

其中 R^1、R^2、R^3、R^4 表示碱基，P 表示磷酸基，一竖表示糖分子，2′、3′、5′ 表示糖中 C 原子编号。核酸的结构还可以进一步简化成 PA-C-G-UP。

RNA 与 DNA 的区别：核糖——RNA 中为核糖，DNA 中为 2-脱氧核糖；碱基——RNA 中为 A、U、C、G，DNA 中为 A、T、C、G。

2. 核酸的二级结构（Secondary structure of nucleic acids）

DNA 的二级结构为右手双股螺旋结构（Right-handed double helix structure）。

$$
\text{两条链的走向相反} \quad \begin{cases} 3' \\ 5' \end{cases} \begin{cases} 5' \\ 3' \end{cases}
$$

$$
\text{碱基是配对的} \quad \begin{array}{l} A \equiv\!\equiv\!\equiv T \ (1.1nm) \\ C \equiv\!\equiv\!\equiv G \ (1.06nm) \end{array} \Bigg\} \text{维持双螺旋的力量}
$$

两条螺旋链以相反的走向，通过一条链的碱基和另一条链的碱基配对（以氢键结合）交织起来形成相当稳定的构象（双螺旋结构），像螺旋式的梯子。

碱基配对只能是 A 与 T（RNA 中是 A 与 U）配对，G 与 C 配对。其原因是：① 只有当一个嘌呤环和一个嘧啶环成对排列时，碱基的连接才吻合；② 只有腺嘌呤与胸腺嘧啶成对，鸟嘌呤与胞嘧啶成对才能吻合。

RNA 的二级结构的规律性不如 DNA。有些 RNA 的多核苷酸链，可以形成螺旋结构，其二级结构是和 DNA 相似的双螺旋。但多数 RNA 的分子是由一条弯曲的多核苷酸链所构成，其中有间隔着的双股螺旋与单股非螺旋体结构部分。

3. 核酸的三级结构（Tertiary structure of nucleic acids）

核酸的三级结构是在二级结构的基础上进一步紧缩、扭曲成闭链状环或开链状环以及麻花状的一定空间关系的结构。

三、 核酸的生物功能（Biological function of nucleic acids）

任何有机体包括病毒、细菌、植物和动物，都无例外地含有核酸。核酸可分为核糖核酸（RNA）和脱氧核糖核酸（DNA）两类，RNA 主要存在于细胞质中，控制生物体内蛋白质的合成；DNA 主要存在于细胞核中，决定生物体的繁殖、遗传及变异。"种瓜得瓜，种豆得豆"是劳动人民对核酸遗传信息子孙相传的最早认识。因此，核酸在生物的遗传变异、生长发育及蛋白质的合成中起着重要作用。

DNA——遗传基因，转录副本，将遗传信息传到子代，是蛋白质合成的模板。

RNA——决定蛋白质的生物合成（合成蛋白质的工厂）。

根据在蛋白质合成中所起的作用，RNA 分为以下三类：

① 信使核酸（mRNA）——传递 DNA 的遗传信息，合成模板；

② 核糖体核酸（rRNA）——合成蛋白质的场所；

③ 转移核糖核酸（tRNA）——搬运工具。

在蛋白质的合成中 tRNA 按照 mRNA 传递的指令，将某一氨基酸搬运到指定的位置进行合成。tRNA 的专一性很高，一种 tRNA 只能搬运一种氨基酸。

在核苷酸分子中，每 3 个核苷酸组成一个联体，决定着生物体内合成蛋白质中的一种氨基酸，即遗传密码。在多肽链的合成中，氨基酸是基本原料，mRNA 是模板，tRNA 是运载工具，rRNA 是合成肽链的现场（工作台）。合成中所需的能量由 GPT（鸟苷三磷酸）、APT（腺苷三磷酸）供应。

习　题（Exercises）

1. 写出下列氨基酸的投影式，并用 R/S 标记法表示它们的构型：

    （1）L-天冬氨酸　　　　　（2）L-半胱氨酸　　　　　（3）L-异亮氨酸

2. 用化学方法鉴别下列各组物质。

    （1）用简单的化学方法鉴别下列各组化合物：

        a. 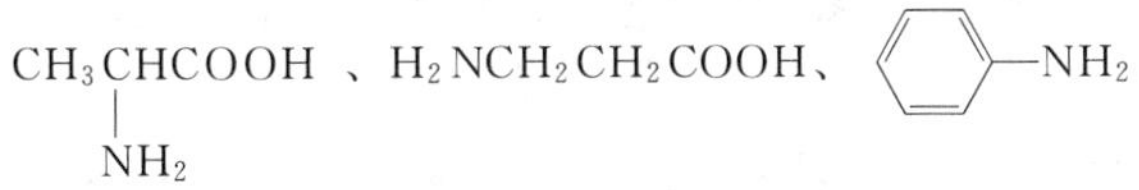　$CH_3CHCOOH$　、$H_2NCH_2CH_2COOH$、　
             |
            NH_2

        b. 苏氨酸、丝氨酸　　　　c. 乳酸、丙氨酸

    （2）a. 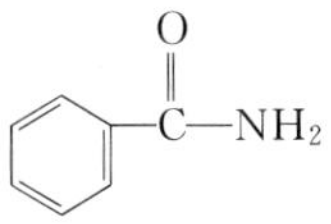　　　　　b. 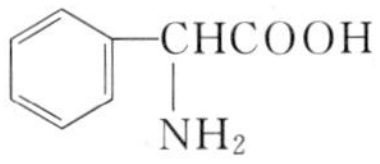　

3. 完成下列反应：

    （1）

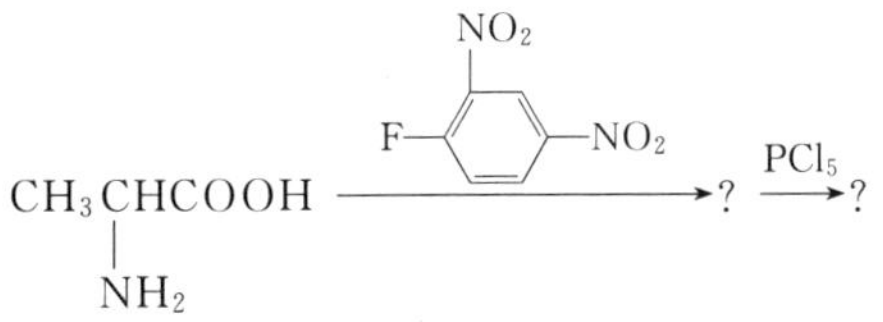

    （2）

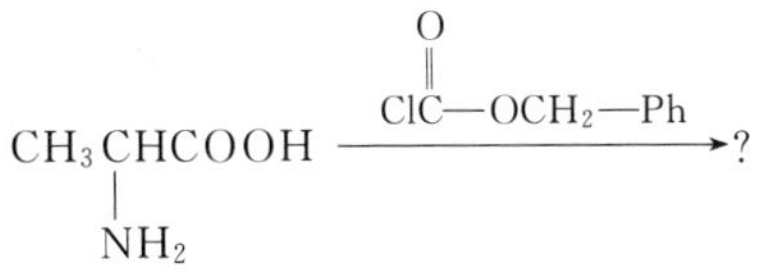

    （3）

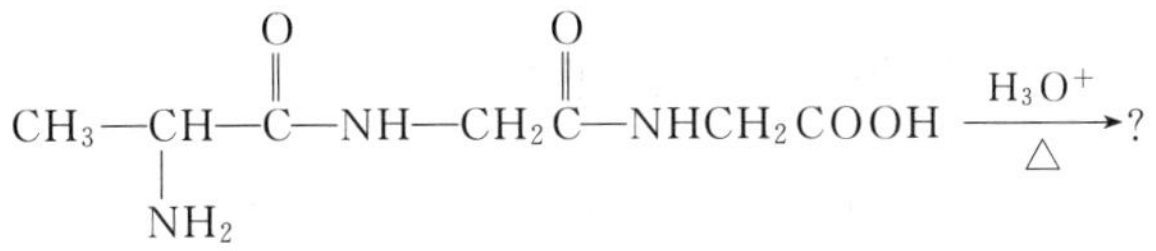

    （4）

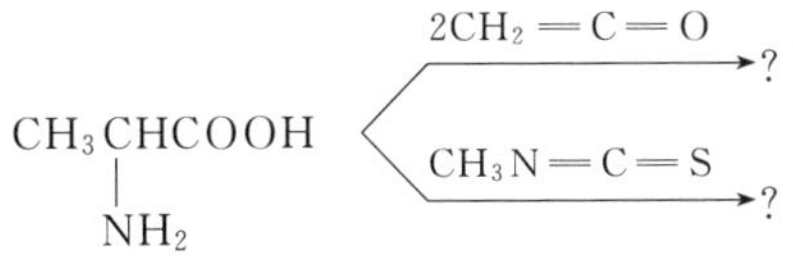

4. 合成下列物质：

    （1）从丙烯及必要试剂合成 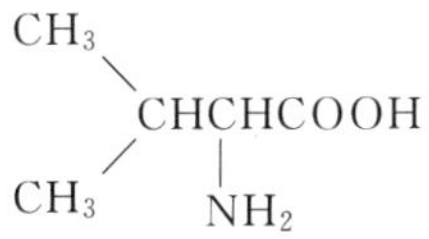　　。

    （2）从 $CH_2{=}CH{-}COOH$ 及必要试剂合成　$HOOCCH_2CH_2CHCOOH$　。
                                         |
                                       NH_2

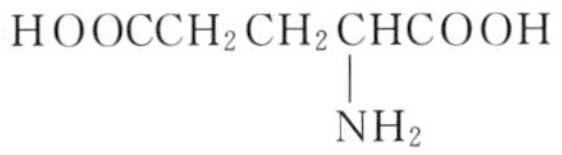

    （3）从苯丙氨酸及必要试剂合成 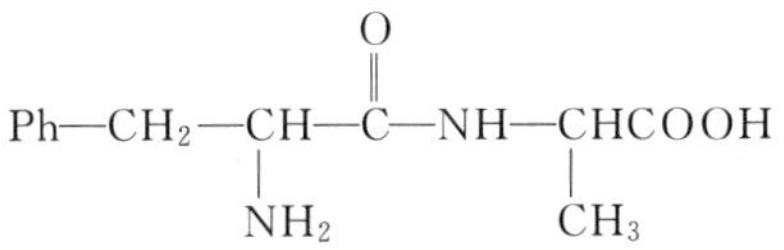　　。

5. 氨基酸既具有酸性又具有碱性，但等电点都不等于 7，即使含一氨基一羧基的氨基酸，其等电点也不等于 7，这是为什么？

6. 某三肽与 2,4-二硝基氟苯作用后水解得到下列化合物：N-2,4-二硝基苯基甘氨酸，N-2,4-二硝基苯基甘氨酰丙氨酸、丙氨酰亮氨酸、丙氨酸和亮氨酸，推测此三肽的结构。

第十五章 有机波谱分析基础

(Fundamentals of Organic Spectrum Analysis)

20 世纪 70 年代以前，测定有机化合物的结构主要通过化学方法，即通过对有机化合物的化学性质和合成的认识来获得结构信息。这种方法耗时、费力，对一个复杂的分子，需要通过很多化学转化，几年或几十年的时间才能搞清其构造式，而且对其空间结构还无能为力。运用现代物理学技术，只需微量样品、极少的时间就能准确、快速地测定出化合物的结构，包括空间构型。目前，常用红外光谱（infrared spectroscopy，简写为 IR）、紫外光谱（ultraviolet spectrum，简写为 UV）、核磁共振波谱（nuclear magnetic resonance，简写为 NMR）、质谱（mass spectrum，简写为 MS）、X-射线单晶衍射（X-ray single crystal diffraction）、顺磁共振波谱（electron spin resonance spectroscopy，ESR）等物理技术进行有机化合物的结构测定，这些物理技术称为波谱分析技术（spectral analysis technique）。本章简单介绍红外光谱、紫外光谱、核磁共振氢谱的基本原理及其在有机化合物结构分析中的应用。

第一节 电磁波谱的概念
(Concepts of Electromagnetic Wave Spectrum)

电磁波的波长范围很广，可以从极短的宇宙射线一直到较长的无线电波。电磁波的波长与频率的关系可用下式表示：

$$\nu = \frac{c}{\lambda}$$

式中：ν 代表频率，Hz；c 代表光速，其量值为 $3\times10^{10}\,cm\cdot s^{-1}$；$\lambda$ 代表波长，cm，常用单位为 nm（$1nm=10^{-7}cm$）。

电磁波具有能量，分子吸收电磁波从低能级跃迁到高能级，其吸收能量与频率之间的关系为：

$$\Delta E = h\nu$$

式中，ΔE 为吸收能量，即光子的能量，J（焦耳）；h 是普朗克（Planck）常数，$6.62\times10^{-34}J\cdot s$；$\nu$ 为光的频率，Hz（赫兹）。

分子内的各种跃迁都是不连续的，即量子化的，只有当光子的能量与两个能级之间的能量差相等时，这个光子的能量才能被吸收产生分子内跃迁。分子吸收电磁波所形成的光谱叫吸收光谱。由于分子结构不同，各能级之间的能量差不同，因而可形成不同的特征吸收光谱，故可以鉴别和测定有机化合物的结构。电磁波的区域与相应的波谱分析列于表 15-1。

表 15-1 电磁波谱与光谱方法
（Electromagnetic wave spectrum and spectral methods）

波长	0.005nm	0.1nm	10nm	200nm	400nm	800nm	2.5m	15m	300m	1m 1000m
区域	γ射线	X射线	远紫外线	紫外线	可见光	近红外线	中红外线	远红外线	微波	无线电波
激发类型	核	内层电子跃迁	σ电子跃迁	n和π电子跃迁		振动与转动			分子转动电子自旋	原子核自旋
光谱方法		X射线光谱法	真空紫外光谱法	紫外-可见光谱法		近红外光谱法	红外光谱法拉曼光谱法	远红外光谱法	电子自选波谱法	核磁共振波谱法

第二节 红外光谱
（Infrared Spectroscopy）

用红外光照射试样分子，引起分子中振动和转动能级的跃迁所产生的吸收光谱称为红外光谱（IR）。红外光谱图以波长 λ 或波数 σ（波长的倒数）为横坐标，表示吸收峰的位置；以透射率（$T\%$）为纵坐标，表示吸收强度。

对于不同类型的有机化合物，由于其结构不同，分子的振动和转动跃迁时吸收不同波长的红外光，产生特征红外吸收。因此，根据吸收峰的位置、强度以及形状可以判断分子中存在哪些官能团。对于简单的分子，可以用 IR 进行未知物的结构判断。

一、 分子的振动形式和红外光谱（Molecular vibration mode and infrared spectroscopy）

分子的振动分为两大类：一类是伸缩振动，即键长改变，键角不变的振动；伸缩振动又分为对称伸缩振动（ν_s）和不对称伸缩振动（ν_{as}）两种；另一类是弯曲振动，即键角改变、键长不变的振动，弯曲振动又分为面内弯曲振动和面外弯曲振动。前者又分为剪式振动和平面摇摆，后者又分为扭曲振动和非平面摇摆。各种振动形式如图 15-1 所示。

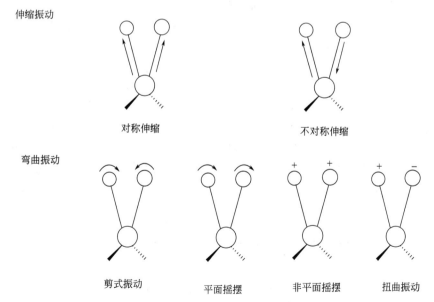

图 15-1 分子振动示意图（＋、－表示纸面垂直方向）
（Diagram of molecular vibration）

分子的振动形式很多，但不是所有的振动都能产生红外吸收，只有偶极矩发生变化的振动，才能在红外光谱中出现吸收峰。如对称炔烃（RC≡CR）C≡C 的对称伸缩振动无偶极矩变化，不产生红外吸收。偶极矩变化大的振动，吸收峰强，如醛、酮分子中 C＝O（醛、酮分子固有的偶极矩就很大，如丙酮的 $\mu = 2.85D$）的伸缩振动变化较大，其伸缩振动在 $1725cm^{-1}$ 处出现很强的吸收峰。

两个原子之间的伸缩振动可以看作是一种简谐振动，其振动频率可根据虎克（Hooke）定律近似的估算如下。

振动频率
$$\nu = \frac{1}{2\pi}\sqrt{\frac{\kappa}{\mu}} \qquad \mu = \frac{m_1 m_2}{m_1 + m_2}$$

波数
$$\bar{\nu} = \frac{1}{\lambda} = \frac{\lambda}{c} = \frac{1}{2\pi c}\sqrt{\frac{\kappa}{\mu}}$$

式中，m_1、m_2 为两原子的质量；μ 为折合质量；κ 为力常数。

从式中可以看出，化学键的振动频率与化学键的力常数 κ 的平方根成正比，与原子折合质量的平方根成反比。κ 越大，μ 越小，振动频率越高。κ 的大小与键能、键长有关，键长越短，键能越大，κ 值就越大。例如，C≡C 与 C＝C 具有相同的折合质量，叁键比双键的键能大，键长短，前者振动频率高，C≡C 的吸收峰在 $2200cm^{-1}$ 左右，而 C＝C 的吸收峰在 $1650cm^{-1}$ 左右。对于 O—H、N—H、S—H 等单键的键能较大，即力常数大，氢的原子质量又小，故红外吸收出现在高频区（$3200\sim3650\ cm^{-1}$）。

二、 有机化合物基团的特征吸收（Characteristic absorption of organic functional group）

大量实验表明，在不同的化合物中，同一类型的化学键或官能团的红外吸收频率总是出现在一定的波数范围内。例如 C＝O 的伸缩振动频率在 $1850\sim1650cm^{-1}$，因此认为这一频率是羰基的特征频率。当然，同一类型的基团在不同物质中所处的化学环境不同，吸收频率在特征频率范围内会有些差别。例如，酰氯中羰基的吸收频率为 $1810\sim1770cm^{-1}$，醛羰基的吸收频率为 $1740\sim1720cm^{-1}$，酰胺羰基的吸收峰频率为 $1690\sim1650cm^{-1}$。

红外光谱可分为两个区域：$4000\sim1350cm^{-1}$，是由伸缩振动产生的吸收带，称为官能团特征频率区（characteristic frequency region）。该区域内出现的吸收峰受分子的化学环境影响较少，只要分子内存在这样的官能团，不管在什么化合物中，在相应的频率范围内都会出现吸收峰；$1350\sim650cm^{-1}$，称为指纹区（fingerprint region），该区域内主要出现各种单键（C—C、C—O、C—N 等）的伸缩振动及各种弯曲振动的吸收。该区域内的吸收峰特别密集，分子结构稍有不同，吸收峰就有明显的差别，如同人的指纹一样。除对映异构体外，每个化合物都有自身特有的指纹光谱，这对未知物的鉴定非常重要。如果两个化合物的红外谱图在指纹区的吸收峰位置和形状都相同，那么可以粗略地判断这两个化合物是同一个化合物。表 15-2 列出了一些常见官能团的红外特征频率。

表 15-2　常见官能团的红外特征频率
（Characteristic absorption of common functional groups）

键的振动类型 Type of bond vibration	化合物 Compound	吸收峰位置（cm⁻¹）及特征 Peak position and characteristic
O—H 伸缩振动	醇、酚	单体 3650～3590(s)*；缔合 3400～3200(s,b)
	酸	单体 3560～3500(m)；缔合 3000～2500(s,b)

键的振动类型 Type of bond Vibration	化合物 Compound	吸收峰位置(cm^{-1})及特征 Peak position and characteristic
N—H 伸缩振动	伯胺	3500～3400(m,双峰);仲胺 3500～3300(m,单峰)
	亚胺	3400～3300(m)
	酰胺	3350～3180(m)
≡C—H 伸缩振动	炔烃	3300(s)
=C—H 伸缩振动	烯烃	3095～3010(m)
	芳烃	约 3030(m)
饱和 C—H 伸缩振动		2962～2850(m～s)
C≡C 伸缩振动	炔	2260～2100(w)
C≡N 伸缩振动	腈	2260～2240(m)
C=O 伸缩振动	酰卤	1815～1770(s)
	酸酐	1850～1800(s);1790～1740(s)
	酯	1750～1730(s)
	醛	1740～1720(s)
	酮	1725～1705(s)
	酸	1725～1700(s)
	酰胺	1690～1630(s)
C=C 伸缩振动	烯	1680～1620(v)
	芳烃	1600(v);1580(m);1500(v);1450(m)
C=N 伸缩振动	亚胺、肟	1690～1640(v)
	偶氮	1630～1575(v)
C—O 伸缩振动	醇、醚	1275～1025(s)
C—X 伸缩振动	卤代烃	C—F:1350～1100(s);C—Cl:750～700(m)C—Br:700～500(m);C—I:610～485(m)
饱和 C—H 面内弯曲振动	烷烃	CH_3:1470～1430(m),1380～1370(s)CH_2:1485～1445(m);CH:1340(w)CH$(CH_3)_2$:1385(m),1375(m),两峰强度相等 C$(CH_3)_3$:1395(m),1365(m),后者强度为前者的两倍
不饱和 C—H 面外弯曲振动	烯	R—CH=CH_2:995～985(s),920～905(s)
		R—CH=CH—R(Z):730～650(m)
		R—CH=CH—R(E):980～950(s)
		R_2C=CH_2:895～885(s)
		R_2C=CH—R:830～780(m)
	芳烃	一取代苯:770～730(vs),710～690(s)
		邻二取代苯:770～735(s)
		间二取代苯:950～860(s),810～750(vs),720～680(s)
		对二取代苯:860～800(vs)
		均三取代苯:860～810(s),735～675(s)
		连三取代苯:780～760(s),725～680(m)
		偏三取代苯:885～870(s),823～805(vs)
		四取代苯:870～800(s)
		五取代苯:900～850(s)
	炔	665～625(s)

注:强度符号:vs—很强,s—强,m—中,w—弱,v—可变,b—宽。

三、 红外谱图解析实例(Analysis and examples of infrared spectroscopy)

如何解析红外光谱图,至今尚未有一定的规则,主要是依靠化学结构与红外光谱的关系及经验的积累。红外光谱可以提供化合物中所含有的基团,但对于复杂的分子,必须结合核磁共振谱、紫外光谱、质谱、元素分析等分析方法,才能完全推断其结构。

【例】 某化合物的分子式为 C_7H_8,其红外光谱图如下,推测其结构。

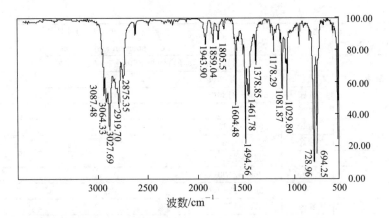

解：首先计算出该化合物的不饱和度 Ω 为 4，该分子中可能有苯环结构，IR 谱中，$3000\sim3100cm^{-1}$ 处有吸收，为不饱和 C—H 伸缩振动的特征峰，在 $1604cm^{-1}$ 和 $1494cm^{-1}$ 处有苯环 C═C 键的伸缩振动特征峰，在 $729cm^{-1}$ 和 $694cm^{-1}$ 处有两个较强的吸收峰，因此，推测该化合物为甲苯：　$\langle\ \rangle$—CH$_3$ 。

不饱和度的计算公式为：

$$\Omega=\frac{\sum n_i(V_i-2)}{2}+1$$

式中，Ω 为不饱和度；n_i 为每种元素的原子个数；V_i 为该元素通常表现的化合价，H 为 1 价，C 为 4 价，X（卤素）为一价，O 为二价，S 为二价，N 为三价等。例如，分子式为 C_7H_8 的不饱和度的计算方法为：

$$\Omega=\frac{7\times(4-2)+8\times(1-2)}{2}+1=4$$

再如，分子式为 C_8H_8BrNO 的不饱和度为：

$$\Omega=\frac{8\times(4-2)+8\times(1-2)+1\times(1-2)+1\times(3-2)+1\times(2-2)}{2}=5$$

一个化合物的不饱和度超过 4，该分子结构中就可能有苯环。

第三节　核磁共振谱
（Nuclear Magnetic Resonance Spectroscopy）

一、核磁共振现象与核磁共振谱（Phenomenon and spectroscopy of nuclear magnetic resonance）

核磁共振主要是由原子核的自旋引起的，当无线电波照射处于磁场中的试样分子时，原子核自旋能级发生跃迁而产生共振现象。原子核的自旋运动状况可用自旋量子数 I 表示，自旋量子数与原子的质量和原子序数有一定的关系，当原子的质量数和原子序数两者之一是奇数或均为奇数时，$I\neq0$，这时，原子核就像陀螺一样绕轴做旋转运动。例如 ^1H、^{13}C、^{19}F、^{51}P 等都可以做自旋运动，由于原子核带正电，自旋时产生磁矩。当质量与原子序数都为偶数时，如 ^{12}C、^{16}O 等，$I=0$，就不自旋产生磁矩。有机化学中，应用最广泛的是氢原子核（即质子）的核磁共振谱，称为质子核磁共振谱或氢谱，用 ^1H NMR 表示。现以质子为例，说明核磁共振的产生。质子带正电，其自旋量子数为 $I=1/2$，可以自旋产生磁矩，自旋有两种取向，每一种自旋地原子核就相当于一个小磁铁，在无外磁场下，小磁铁的方向是无序的。在外磁场的作用下，小磁矩做定向排列，一种是顺着外磁场方向的，能量低；一种是逆着外磁场方向的，能量高，两者产生能级差 ΔE。如图 15-2 所示。

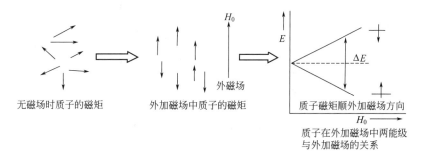

图 15-2　质子在外加磁场作用下的能量变化
（Energetic changes of protons in applied electric field）

ΔE 与外加磁场的磁场强度有关：

$$\Delta E = \gamma \frac{h}{2\pi} H_0 = h\nu, \quad \nu = \frac{\gamma H_0}{2\pi}$$

式中，γ 为磁旋比，是物质的特征常数；ν 是照射频率；h 为普朗克常数。

当照射电磁波的能量恰好等于两能级能量之差时，质子吸收电磁波从低能级跃迁到高能级，这时就发生了核磁共振。

核磁共振波谱仪主要由永久磁铁或超导磁体、射频发生器、检测器、放大器和记录仪等组成。图 15-3 为超导核磁共振波谱仪，图 15-4 为核磁共振仪的工作原理图。测量核磁共振谱时，一种方法是固定磁场改变频率，称扫频；另一种是固定频率改变磁场，称为扫场，一般常用扫场。样品放在磁铁两极之间，用固定频率的无线电波照射试样，调节磁场强度达到一定值（H_0），使共振频率（ν）恰好等于照射频率时，试样中的某一类质子发生能级跃迁，检测器检测并放大接收到的信号，由记录器记录下来，就得到核磁共振谱，因此，核磁共振谱也是一种吸收光谱。图 15-5 为对硝基甲苯的核磁共振谱。

图 15-3　超导核磁共振波谱仪
（NMR spectrometer with superconducting magnet）

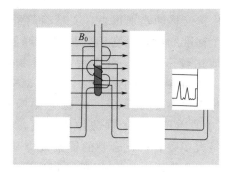

图 15-4　核磁共振仪的工作原理示意
（Working diagram of NMR spectrometer）

二、 化学位移（Chemical shift）

1. 化学位移的产生 （Generation of chemical shift）

在一定的外磁场中，质子的能级之差是一定的，因此有机分子中的质子似乎都应在同一

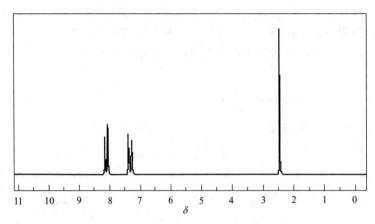

图 15-5 对硝基甲苯的核磁共振谱

(NMR spectra of paranitrotoluene)

照射频率下发生共振，就应该有一个吸收峰。但有机分子的核磁共振谱能分辨出分子中的各类质子（见图 15-5）。这是因为任何有机分子中的质子周围都有电子，在外加磁场作用下，电子的运动产生感应磁场，而感应磁场的方向与外加磁场的方向相反，所以质子实际感受到的磁场强度并非是外加磁场的强度，而是外加磁场强度减去感应磁场强度，即

$$H_{实} = H_0 - H' = H_0 - \sigma H_0 = H_0(1-\sigma)$$

式中，$H_{实}$ 为质子实际感受到的磁场强度；H_0 为外加磁场强度；H' 为感应磁场强度；σ 为屏蔽常数。核外电子对质子产生的这种作用称为屏蔽效应。质子周围的电子云密度越大，屏蔽效应越强，只有增加磁场强度才能使质子发生共振。反之，若感应磁场与外加磁场方向相同，质子实际感受到的磁场强度为外加磁场与感应磁场强度之和，这种作用称去屏蔽效应，只有减小外加磁场强度才能使质子共振。由于分子中每类质子周围的电子云密度各有不同，或者说质子所处的化学环境（即核周围的电子云密度）不同，因此它们发生核磁共振所需的外磁场强度各有不同，即产生了化学位移（chemical shift）。

2. 化学位移的表示方法（Representation of chemical shift）

化学位移的差别很小，要精确测量其数值相当困难，故采用相对数值表示法，即选用一个标准物质，以它的共振吸收峰所处的位置定为零，其他吸收峰的化学位移与标准物质比较来确定。最常用的标准物质是四甲基硅烷［（CH_3）$_4$Si］，简称 TMS。选 TMS 为标准物有两个原因：一是 TMS 为对称分子，4 个甲基上的氢所处的化学环境相同，称为化学等价质子，核磁共振吸收峰只有一个；二是碳和硅的电负性差不多，TMS 中的质子受到的屏蔽作用较大，共振吸收出现在高场。将 TMS 的共振吸收定为零，绝大多数有机化合物的屏蔽效应都比 TMS 小，它们的共振吸收都在低场。规定化学位移用 δ 来表示，TMS 的 δ 值为零。

核磁共振谱通常以 δ 值为横坐标，吸收强度为纵坐标。化合物质子的核磁共振吸收频率与 TMS 相比，共振吸收频率低、在低场的，峰在左边，δ 值为正值；共振吸收频率高、在高场的，峰在右边，δ 值为负值。

由于感应磁场与外加磁场成正比，所以化学位移与外加磁场有关，在实际测定中，为了消除因采用不同磁场强度的核磁共振仪对化学位移变化的影响，将 δ 值定义为：

$$\nu = \frac{\nu_{样} - \nu_{标}}{\nu_{仪}} \times 10^{-6}$$

式中，$\nu_{样}$和$\nu_{标}$分别代表样品和标准化合物的共振频率；$\nu_{仪}$为操作仪器的频率。待测样品一般制成溶液，所用溶剂为氘代溶剂，如 $CDCl_3$、CCl_4、CD_3COCD_3 等。

3. 影响化学位移的因素（Influence factors of chemical shift）

化学位移取决于核外电子对核产生的屏蔽效应，因此影响电子云密度的因素都会影响化学位移，其中影响最大的是电负性和各向异性效应。

（1）电负性（Electronegativity）　电负性大的基团吸引电子能力强，通过诱导效应使邻近质子核外电子云密度降低，屏蔽效应减小，共振吸收移向低场（左移）；相反，给电子基团使质子核外电子云密度增加，屏蔽效应增大，共振吸收移向高场（右移）。例如，CH_3X 中的质子化学位移随电负性的增加而移向低场：

CH_3X	CH_3H	CH_3I	CH_3Br	CH_3NH_2	CH_3Cl	CH_3OH	CH_3F
X 的电负性	2.1	2.5	2.8	3.0	3.0	3.5	4.0
$\delta/\times 10^{-6}$	0.23	2.16	2.68	2.7	3.05	3.4	4.26

（2）磁各向异性效应（Effects of magnetic anisotropy）　分子中某些基团的电子云排布不呈球形对称时，它对邻近的质子产生一个各向异性的磁场。磁各向异性是指处于基团不同位置的核受到不同的屏蔽作用的现象。处于屏蔽区的核，δ 值向高场位移；处于去屏蔽区的核，δ 值向低场位移。以下是几个典型的例子。

a. 双键碳上的氢　双键 π 电子环电流在外加磁场的作用下产生一个与外加磁场相反的感应磁场，该感应磁场在双键及双键平面上、下方与外场方向相反，故该区为屏蔽区。由于磁力线的闭和合，在双键的侧面，感应磁场的方向与外磁场方向相同，为去屏蔽区，双键碳上的质子正好处于去屏蔽区内，故 δ 值较大，处于较低场，$\delta=4.5\sim5.7$。如图 15-6 所示。

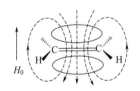
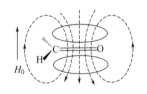
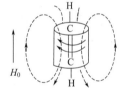

图 15-6　C＝C 的屏蔽效应　　　图 15-7　C＝O 的屏蔽效应　　　图 15-8　C≡C 的屏蔽效应
（Shielding effect of C＝C）　　（Shielding effect of C＝O）　　（Shielding effect of C≡C）

b. 羰基碳上的氢　与碳碳双键相似，羰基碳上所连的氢（醛氢）位于羰基的去屏蔽区（见图 15-7），同时，羰基（C＝O）中氧的电负性较大，具有吸电子的诱导效应，使得醛氢的化学位移更加移向低场，所以，醛氢的 δ 值（$\delta=9\sim10$）比烯氢大。

c. 叁键碳上的氢　叁键 sp 杂化碳的电负性比双键 sp^2 杂化碳的电负性大，似乎叁键碳所连质子的 δ 值应该比双键碳所连质子的 δ 值大，但事实上，叁键质子的 δ 值为 $2\sim3.1$。这是因为炔键氢正好处于碳碳叁键的屏蔽区内，如图 15-8 所示，故 δ 值移向高场。

d. 芳环上的氢　苯环上 π 电子环流所产生的感应磁场使得苯环内及苯环上、下为屏蔽区，苯环侧面为去屏蔽区，芳氢正好处于去屏蔽区内，δ 值较大。由于苯环 π 电子云密度比双键大，产生的感应磁场强度也大，故芳氢的去屏蔽效应比双键强，δ 值（$\delta=7\sim8.5$）比烯氢的大。如图 15-9 所示。

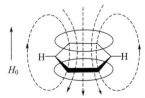

图 15-9　苯环的屏蔽效应
（Shielding effect of benzene ring）

表 15-3 列出了一些特征质子的化学位移。

表 15-3　特征质子的化学位移
(Chemical shifts of characteristic protons)

质子类型 Type of proton	化学位移 δ Chemical shift	质子类型 Type of proton	化学位移 δ Chemical shift
RCH_3	0.9	ArSH	3～5
R_2CH_2	1.3	ArOH	4.7～7.7
R_3CH	1.5	RCH_2OH	3.4～4
$R_2C{=}CH_2$	4.5～5.9	$ROCH_3$	3.5～4
$R_2C{=}CRCH_3$	1.7	RCHO	9～10
$RC{\equiv}CH$	2.0～3.1	$RCOCH_2R$	2.0～2.6
$ArCH_3$	2.2～3	R_3CCOOH	10～13
ArH	6.4～9.5	RCH_2COOR	2～2.2
RCH_2F	4～4.5	$RCOOCH_3$	3.7～4
RCH_2Cl	3.6～4	RNH_2,R_2NH	0.5～3.5(峰不尖锐,常呈馒头形)
RCH_2Br	3.4～3.8	$ArNH_2,ArNHR$	2.9～6.5
RCH_2I	3.1～3.5	$RCONH_2$	5～9
ROH	0.5～5.5(温度、溶剂、 浓度改变时影响很大)	R_2NCH_3	2.1～3.2
RSH	0.9～2.5	$R_2CONHCH_3$	2.7～3.8
$RSCH_2R$	2.4～3.2	RSO_3H	11～12

三、 自旋偶合和自旋裂分（Spin coupling and spin-spin splitting）

1. 自旋偶合的起因 （Causes of spin coupling）

在高分辨核磁共振仪上测定的溴乙烷的氢谱，如图 15-10 所示。

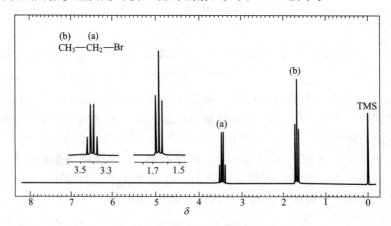

图 15-10　溴乙烷的核磁共振谱

(NMR spectra of bromoethane)

溴乙烷有 CH_3 和 CH_2 两组氢，CH_2 直接与 Br 相连，化学位移值出现在低场，CH_3 出现在高场。从图 15-10 可以看出，亚甲基裂分为四重峰，甲基裂分为三重峰，这是因为 CH_3 和 CH_2 之间互相影响的结果，使得谱线增多。这种原子核之间的相互作用称为自旋偶合（spin coupling）。因自旋偶合而引起的谱线增多的现象称为自旋裂分（spin-spin splitting）。

那么，自旋裂分是怎样产生的？在外磁场（磁场强度为 H_0）的作用下，自旋的质子产生小磁矩（磁场强度为 H'），通过成键电子对邻近质子产生影响。质子的自旋有两种取向，自旋取向与外磁场方向相同的质子，使邻近质子感受到的总磁场强度为 H_0+H'，自旋取向与外磁场方向相反的质子，使邻近质子感受到的总磁场强度为 H_0-H'。因此，当发生核磁共振时，一个质子的吸收信号被另一个质子裂分为两个，这两个峰强度相等，这就产生了自旋裂分。显然，一个质子的吸收信号裂分的数目，与邻近质子数有关。图 15-11 说明了一个质子 H_a 被邻近一个、两个或三个质子裂分的结果。

Ⅰ. H_a 被一个邻近质子裂分

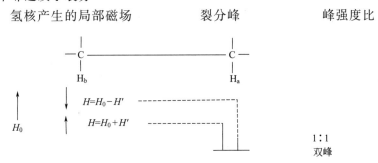

Ⅱ. H_a 被两个邻近质子裂分

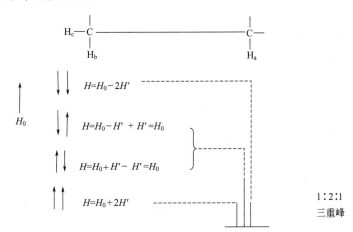

Ⅲ. H_a 被三个邻近质子裂分

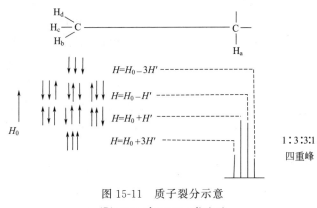

图 15-11 质子裂分示意
(Diagram of proton splitting)

在核磁共振谱中，常以 s（singlet）表示单峰；d（doublet）表示双峰；t（triplet）表示三重峰；（quartet）表示四重峰；m（mutiplet）表示多重峰。

2. 偶合常数（Coupling constant）

自旋偶合的量度称为偶合常数，用符号 J 表示，单位是 Hz。J 的大小表示偶合作用的强弱。根据偶合质子间相隔的化学键的数目，可将偶合作用分为同碳偶合（$^2J_{ab}$）、邻碳偶合（$^3J_{ab}$）和远程偶合。J 的右下方的字母代表相互偶合的质子，左上方的数字表示相互偶合的质子相隔的键数。J 值的大小与两个作用核之间的相对位置有关，随着相隔键数的增加会很快减弱，两个质子相隔 2 个或 3 个单键可以发生偶合，超过 3 个单键以上时，偶合常数趋于零。例如在 $^aCH_3^bCH_2$—O—$^cCH_3$ 中，H_a 与 H_b 之间相隔 3 个单键，它们之间可以发生偶合裂分，而 H_a 与 H_c 或 H_b 与 H_c 之间相隔 3 个以上单键，它们之间的偶合作用极弱，即偶合常数趋于零。但中间插入双键或叁键的两个质子，可以发生远程偶合。例如在 $^aCH_2$=CH^bCH_3 中，H_a 与 H_b 相隔 4 个键，但两者之间可以发生远程偶合。芳环上的质子，如甲苯中的质子，

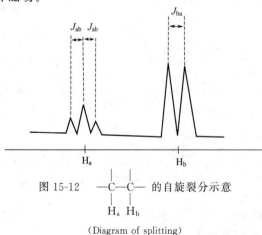

H_a 与 H_c（相隔 4 个键）、H_a 与 H_d（相隔 5 个键）之间可以发生远程偶合。因此，芳烃中苯环的核磁共振吸收是很复杂的。

相互偶合的两组质子，彼此间作用相同，所以偶合常数相等。例如：

H_a 被 H_b 裂分，H_b 被 H_a 裂分。由于 H_a 和 H_b 之间作用相同，因此，$J_{ab}=J_{ba}$，如图 15-12 所示。

化学位移随外磁场的改变而改变。而偶合常数与外磁场无关，它不随外磁场的改变而改变。因为自旋偶合的产生是磁核之间的相互作用的结果，是通过成键电子来传递的，不涉及外磁场。

图 15-12 —C—C— 的自旋裂分示意

（Diagram of splitting）

3. 化学等价、磁等价和磁不等价（Chemical equivalence，magnetic equivalence and magnetic non equivalence）

化学环境（即核周围的电子云密度）相同的核称为化学等价核。化学等价的核必然具有相同的化学位移，因此化学位移相同的核称为化学位移等价核。例如，溴乙烷（CH_3CH_2Br）中，甲基的 3 个质子为化学等价的，亚甲基的 2 个质子为化学等价的。再如，2-甲基丙烯中的 H_a、H_b 为化学等价的，但 2-氯丙烯中的 H_a、H_b 为化学不等价的，因为 H_a 和 H_b 所处的化学环境

不同。

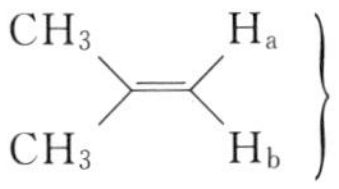

$$\begin{matrix} CH_3 \\ CH_3 \end{matrix} C=C \begin{matrix} H_a \\ H_b \end{matrix}$$ 化学等价 $$\begin{matrix} CH_3 \\ Cl \end{matrix} C=C \begin{matrix} H_a \\ H_b \end{matrix}$$ 化学不等价

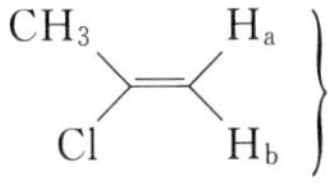

2-甲基丙烯   2-氯丙烯

一组化学位移等价的核，如果对组外任一核的偶合常数也相等，则这组核称为磁等价核。例如，CH_3CHCl_2 中甲基的 3 个质子 H_a、H_b、H_c 是化学等价的，并且每个质子对 H_d 的偶合常数都是相等的，即 $J_{ad}=J_{bd}=J_{cd}$，因此，H_a、H_b、H_c 为磁等价核，如右图所示。

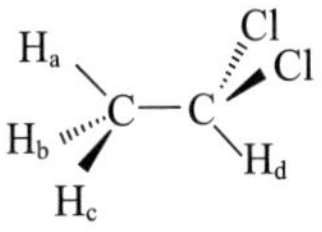

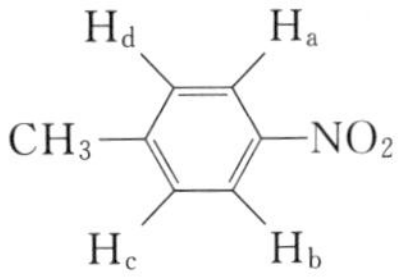

有些核虽然化学位移等价，但却是磁不等价的。例如对硝基甲苯中的 H_a 和 H_b，两者的化学位移是等价的，但对 H_c 或 H_d 的偶合常数是不同的，即 $J_{ac}\neq J_{bc}$，$J_{ad}\neq J_{bd}$，因此，H_a 和 H_b 虽然是化学位移等价质子，却是磁不等价质子。同理，H_c 和 H_d 也是磁不等价质子，如左图所示。

磁等价的核一定是化学等价核，但化学等价的核不一定是磁等价的。1,1-二氟乙烯中的两个质子 H_a 和 H_b 为化学等价的，它们具有相同的化学位移，但对每一个 F 的偶合常数是不同的，即 $J_{ac}\neq J_{bc}$，$J_{ad}\neq J_{bd}$，因此，H_a 和 H_b 虽然是化学等价质子（它们的化学环境相同），却是磁不等价质子，如右图所示。

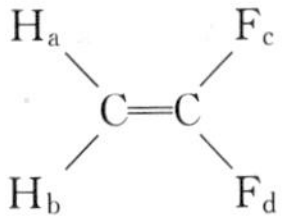

1,1-二氟乙烯

1,1-二氟乙烯磁等价核间的偶合作用不产生峰的裂分，只有磁不等价核间的偶合作用，才会产生峰的裂分。

4. 峰面积和氢原子数 （Peak area and hydrogen atom number）

核磁共振谱中，吸收峰下面的面积与产生峰的质子数成正比，因此峰面积比即为不同类型质子数的相对数目。例如，图 15-10 溴乙烷的核磁共振谱中，亚甲基和甲基的峰面积比为 2：3，亦为两者的质子数比。

5. 一级谱和 $n+1$ 规律 （Primary spectrum and $n+1$ rule）

当两组（或几组）质子的化学位移之差 $\Delta\nu$ 与其偶合常数 J 之比至少大于 6 时，（$\Delta\nu/J>6$），呈现一级谱。一级谱中，吸收峰的裂分数目符合 $n+1$ 规律，n 为相邻碳原子上磁等价核的数目。例如溴乙烷中，亚甲基被甲基（临近质子，$n=3$）裂分为四重峰，甲基被亚甲基（$n=2$）裂分为三重峰。丙烷（$CH_3CH_2CH_3$）分子中，2 个甲基中的 6 个氢为磁等价的，因此，甲基被亚甲基（$n=2$）裂分为三重峰，亚甲基被甲基（$n=6$）裂分为七重峰。乙二醇二甲醚（$CH_3OCH_2CH_2OCH_3$）分子中，2 个 CH_3 化学环境相同，2 个 CH_2 化学环境相同，为磁等价氢，它们之间不偶合，因此，乙二醇二甲醚的氢谱中有二组峰，一组为 4 个氢的单峰，一组为 6 个氢的单峰。而对于氯丙烷（$^aCH_3{}^bCH_2{}^cCH_2Cl$）有三组氢，H_a 为三重峰，H_c 为三重峰，H_b 受 H_a、H_c（两者为不等价氢）的影响，裂分为多重峰。

对于分子中含有活泼氢的基团，如 OH、COOH、NH_2、SH 等，如果待测试样中带有少量水，则活泼质子交换的速度很快，这些基团的共振吸收为单峰，且与邻近碳上的质子不发生偶合。在试样中加入重水（D_2O）后，这些活泼质子的吸收峰消失。图 15-13 为乙醇的 ^1HNMR 谱，羟基为单峰，亚甲基只与甲基有偶合，与羟基没有偶合。

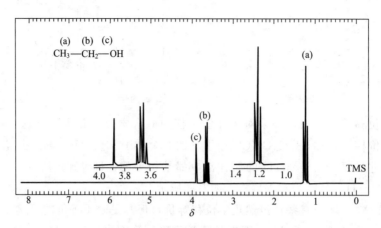

图 15-13 乙醇的 ^{1}H NMR 谱
(HNMR of ethanol)

四、^{1}H NMR 谱解析举例（Analysis and examples of ^{1}HNMR）

【例 1】 某化合物分子式为 C_3H_7I，^{1}H NMR 谱如下，推断其结构式。

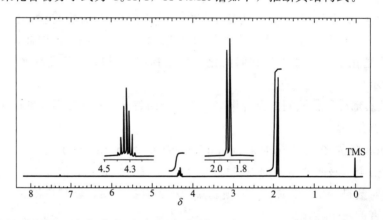

解： 由分子式可知，该化合物为饱和化合物，谱图中有两组质子峰，从放大谱可以看出，$\delta1.9$ 处的峰为两重峰，$\delta4.3$ 处的峰为七重峰，质子比例数为 6：1。因此，该化合物为 2-碘丙烷。

$$\begin{array}{c} CH_3CHCH_3 \\ | \\ I \end{array}$$

【例 2】 某化合物的分子式为 C_9H_{12}，其 IR 和 ^{1}H NMR 谱如下，推断其结构式。

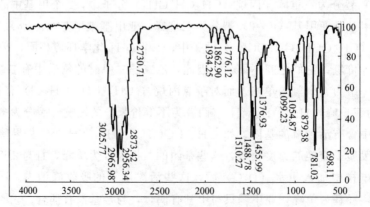

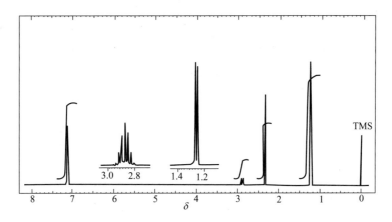

解： 该化合物的不饱和度 Ω 为：

$$\Omega = \frac{9 \times (4-2) + 12 \times (1-2)}{2} + 1 = 4$$

该化合物中可能有苯环。^{1}H NMR 中有五组氢，分别在 $\delta 7.2$、7.0、2.86、2.35、1.24，各组氢的比例为 $1:3:2:3:3$。$\delta 7.2$ 和 $\delta 7.0$ 为苯环的共振吸收峰，共有 4 个质子，说明苯环为二取代的；$\delta 2.86$ 处有一组 2 个氢的四重峰，说明它连着一个含有 3 个质子（$n=3$）的基团，即甲基，而 $\delta 1.24$ 处有一组 3 个氢的三重峰，因此，这两组质子相互偶合，为乙基 CH_2CH_3，$\delta 2.35$ 处有一组 3 个氢的单峰，为甲基，因此，该化合物为甲基乙基苯：

$$CH_3 - \text{（苯环）} - CH_2CH_3$$

从 ^{1}H NMR 谱中苯环氢 $1:3$ 比例可初步证明该化合物为间位取代，从 IR 谱中可以知道，在 $879cm^{-1}$、$781cm^{-1}$ 和 $698cm^{-1}$ 处有三个很强的吸收峰，证明该化合物为间位二取代。此外，符合 IR 谱中的特征吸收峰（如 $3025cm^{-1}$ 处的峰为 $=C-H$ 伸缩振动，$1510cm^{-1}$ 和 $1488cm^{-1}$ 处吸收峰为 $C=C$ 伸缩振动），因此，该化合物为 1-甲基-3-乙基苯。

$$CH_3 - \text{（苯环）} - CH_2CH_3$$

【例 3】 化合物 A，分子式为 C_8H_9Br。^{1}H NMR 谱为 $\delta 2.0$（3H, d），5.15（1H, q），7.35（5H, m）。写出 A 的构造式。

解： $\delta 7.35$ 处，有一组 5 个氢的多重峰，这组氢为苯环上的氢，说明该苯环为一取代的，$\delta 2.0$ 处的 3 个氢的双峰，说明是甲基，并且邻碳上连有一个氢，$\delta 5.15$ 处一个氢的四重峰，说明与甲基氢相偶合，而且化学位移在低场，说明与该氢相连的碳连有一个强吸电子基团 Br，因此，化合物 A 的构造式为：

$$\text{（苯环）} - CHCH_3 \quad (Br)$$

碳 13 核磁共振谱（^{13}C NMR）

碳-13 核磁共振谱（^{13}C NMR，简称碳谱）也是测定有机化合物结构的一种常规技术，它能够提供 ^{1}H NMR 无法得到结构信息，因此是对 ^{1}H NMR 技术的重要补充。^{13}C 与 ^{1}H 一样，有核磁共振现象。但^{13}C在自然界的丰度只有1.1%，因此，^{13}C信号的灵敏度仅为^{1}H的$1/5700$。再加上^{1}H与^{13}C的偶合，使得信号更弱，谱图更加复杂。质子噪声去偶又称宽带去偶技术，采用了双照射法，照射场的频率包括所有共振氢的共振频率，能将所有氢核与^{13}C的偶合作用消除，使得^{13}C的信号都变成单峰，这样，所有不等性的^{13}C核就都有了自己的独立信号。图15-14为3-甲基-1-溴丁烷的质子去偶谱。

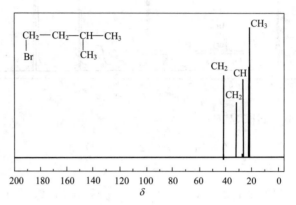

图15-14　3-甲基-1-溴丁烷^{13}C的质子噪音去偶谱

(^{13}C proton complete decoupling of 3-methyl-1-bromobutane)

与^{1}H NMR谱图相比，^{13}C NMR谱有如下特点：

① ^{13}C的化学位移比^{1}H的大得多，^{1}H NMR谱中，δ值一般在$0\sim15$内，而^{13}C NMR谱中，δ值通常在$0\sim240$内。由于δ的范围宽广，碳核的化学环境稍有不同，谱图上都会有区别，因此，很少出现谱峰重叠的现象，基本上是一个峰代表一个碳。但化学环境相同的碳有时会重叠在一起。

② 一张^{1}H NMR谱中可以给出化学位移、偶合常数及氢的数目比三个信息，碳谱中，尤其是宽带去偶谱，只能给出各类碳的化学位移，不能给出偶合常数和碳原子数目的信息。表15-4列出了一些特征碳的^{13}C化学位移值。

表15-4　一些特征碳的^{13}C化学位移值
(^{13}C chemical shifts of some characteristic carbons)

碳的类型 Type of carbon	δ	碳的类型 Type of carbon	δ
CR_4	$0\sim70$	—CHO	$175\sim205$
$CH_2{=}CH_2$	123.3	RCOR'	$200\sim220$
$R_2C{=}CHR'$	$100\sim150$	$\overset{\mid}{C}H{-}O{-}$	$60\sim75$
$CH{\equiv}CH$	71.9	$-CH_2{-}O{-}$	$40\sim70$
$RC{\equiv}CR'$	$65\sim90$	$CH_3{-}O{-}$	$40\sim60$
⬡	128	RCOOH, RCOOR'	$160\sim185$
C_6H_5R	$120\sim160$	$CH_3{=}N\diagup$	$20\sim45$

第四节　紫外吸收光谱

（Ultraviolet Spectroscopy）

一、紫外光谱的基本概念（Basic concepts of ultraviolet Spectroscopy）

紫外光的波长范围是 10～400nm，分为远紫外区（10～200nm）和近紫外区（200～400nm）。

远紫外光能被空气中的氮、氧、二氧化碳和水吸收，因此只能在真空中进行操作，故这个区域的吸收光谱称真空紫外。可见光的波长为 400～800nm，常见的分光光度计一般包括紫外及可见两部分，波长在 200～800nm，因此，又称为紫外-可见光谱。

通常情况下，分子处于能量最低态——基态，当分子受到不同波长的光照射时，分子的某一种运动从低能级跃迁到高能级。分子吸收红外光可使分子的振转能级改变，产生红外光谱；分子吸收无线电波，可使磁核的能级改变，产生核磁共振谱。如果用波长短的紫外光照射分子，分子中的价电子可从低能级跃迁到高能级，产生的吸收光谱即为紫外光谱（ultraviolet Spectroscopy，UV）。由于紫外光谱涉及的是核外价电子的跃迁而产生的，因此，紫外光谱又称为电子光谱。

电磁辐射能量 E、频率 ν、波长 λ 符合下面的关系式：

$$E = h\nu = h\,\frac{c}{\lambda}$$

式中，h 是普朗克常数，6.624×10^{-34} J·s；c 是光速，3×10^{10} cm·s^{-1}。

分子中的价电子主要有三种类型：形成单键的 σ 电子、形成双键的 π 电子、杂原子（如 O，N，S，Cl 等）上未成键的孤对电子，也称 n 电子。通常状况下，各类电子处于基态，受紫外光辐射后，向高一级能级跃迁。有机分子最常见的跃迁有 $\sigma \to \sigma^*$，$\pi \to \pi^*$，$n \to \sigma^*$，$n \to \pi^*$，如图 15-15 所示。

从图 15-15 可见，各类跃迁所需能量顺序为：

$\sigma \to \sigma^* > n \to \sigma^* > \pi \to \pi^* > n \to \pi^*$

$\sigma \to \sigma^*$ 跃迁所需能量最高，在近紫外区无吸收；$n \to \sigma^*$ 跃迁所需能量仍较高，大部分吸收在远紫外区；$n \to \pi^*$ 跃迁（如 C=O，C=N 中杂原子的 n 电子向 π^* 跃迁）所需能量最少，吸收波长在近紫外区，但吸收强度弱；$\pi \to \pi^*$ 跃迁的吸收能量与分子共轭程度有关，孤

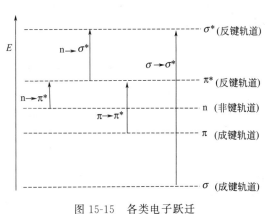

图 15-15　各类电子跃迁

（All kinds of electronic transition）

立双键 $\pi \to \pi^*$ 跃迁的吸收在远紫外区，但分子内有共轭结构，$\pi \to \pi^*$ 跃迁吸收在近紫外区，对研究分子结构很有意义。

二、紫外光谱图（UV spectrum）

1. 紫外光谱图的表示 （Express of UV spectrum）

紫外光谱图的横坐标一般为波长（单位为 nm），纵坐标为吸收强度，通常用吸光度 A、摩尔吸光系数 ε 或 lgε 表示。吸收强度遵守朗伯-比耳（Lambert-Beer）定律：

$$A = \lg \frac{I_0}{I} = \frac{1}{T} = \varepsilon c l$$

式中，A 为吸光度；I_0 为入射光强度；I 为透射光强度；$T = I/I_0$ 为透射率或透光率，%；$\varepsilon = A/cl$，称为摩尔吸光系数，$L \cdot mol^{-1} \cdot cm^{-1}$，是浓度为 $1mol \cdot L^{-1}$ 的溶液在 1cm 厚度的吸收池中，于一定波长下测得的吸光度；c 为溶液的摩尔浓度，$mol \cdot L^{-1}$；l 为液层厚度，cm。图 15-16 是以吸光度 A 为纵坐标的紫外光谱图，图 15-17 是以 lgε 为纵坐标的紫外光谱图。

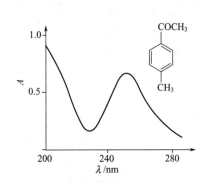

图 15-16　对甲基苯乙酮的紫外吸收光谱
（UV spectrum of *p*-methylacetophenone）

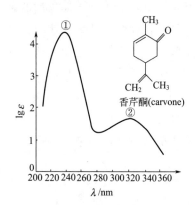

图 15-17　香芹酮在乙醇中的紫外吸收光谱
（UV spectrum of carvone in EtOH）

2. 生色团和助色团、红移和蓝移 （Chromophore，auxochromes，red shifts and blue shifts）

凡是能在某一段光波内产生吸收的基团，就称为这一段波长的生色团。紫外光谱的生色团有碳碳共轭结构、含有杂原子的共轭结构、能进行 n→π* 跃迁并在近紫外区产生吸收的原子或基团。表 15-5 列出了一些生色团的吸收峰位置。

表 15-5　一些生色团的吸收峰
（Absorption peaks of some chromophores）

生色团 Chromophore	化合物 Compound	λ_{max}/nm	跃迁类型 Transition type	ε_{max}	溶剂 Solvent
$\diagup C{=}C\diagdown$ *	乙烯	171	π→π*	15530	气态
	反-3-己烯	184	π→π*	10000	
—C≡C— *	乙炔	173	π→π*	6000	气态
	1-辛炔	185	π→π*	2000	
$\diagup C{=}O$	乙醛	289	n→π*	12.5	蒸气
	丙酮	279	n→π*	14.8	己烷
—COOH	乙酸	204	n→π*	41	乙醇
—COCl	乙酰氯	204	n→π*	40	水
—COOR	乙酸乙酯	240	n→π*	34	庚烷
—CONH₂	乙酰胺	204	n→π*	60	水
—NO₂	硝基甲烷	295	n→π*	160	甲醇
$\diagup C{=}N{-}$	丙酮肟	270	n→π*	14	水
		190	π→π*	5000	气态

续表

生色团 Chromophore	化合物 Compound	λ_{max}/nm	跃迁类型 Transition type	ε_{max}	溶剂 Solvent
C=C—C	反-1,3-戊二烯	223	$\pi \rightarrow \pi^*$	23000	乙醇
C=C—C=O	丙烯醛	210	$\pi \rightarrow \pi^*$	25500	水
		315	$n \rightarrow \pi^*$	13.8	乙醇
	丁烯酮	203	$\pi \rightarrow \pi^*$	9600	水
		331	$n \rightarrow \pi^*$	25	乙醇
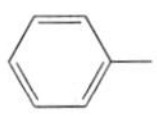	苯	210	$\pi \rightarrow \pi^*$	25500	水
		315	$n \rightarrow \pi^*$	13.8	乙醇
		204	$\pi \rightarrow \pi^*$	7900	正己烷
	甲苯	256	$n \rightarrow \pi^*$	200	
		206.5	$\pi \rightarrow \pi^*$	7000	水
		261	$n \rightarrow \pi^*$	225	

助色团是指本身在紫外光或可见光区不产生吸收，当连接一个生色团后，使生色团的波长移向长波，并可能使其吸收强度增加的原子或基团。具有孤对电子的原子，如—OH、—OR、—NR₂、—NH₂、—SR、—X等都是助色团。

紫外光谱都是在溶剂中测定的，而溶剂对吸收峰的位置及形状有明显的影响，会产生"红移"或"蓝移"现象。

"红移"是指由于取代基或溶剂的影响使吸收峰向长波方向移动的现象。

"蓝移"是指由于取代基或溶剂的影响使吸收峰向短波方向移动的现象。

紫外光谱可以提供分子中生色团和助色团的信息。不共轭的生色团的紫外吸收波长大多在远紫外区，当分子中存在共轭（p-π 共轭和 π-π 共轭）结构时，紫外吸收波长落在近紫外区。共轭双键越多，吸收波长越长，共轭双键增加到一定程度，吸收波长可进入可见区，如 β-胡萝卜素分子中共有 11 个共轭双键，$\lambda_{max} = 445nm$，为橙红色。

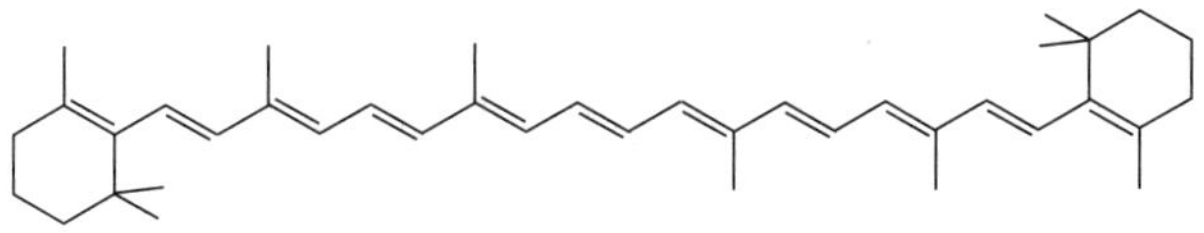

β-胡萝卜素

紫外光谱是判断分子内是否含有共轭结构的最有效方法。

第五节 质 谱
(Mass Spectrometry)

在质谱仪的离子源中，被测试样品在高真空条件下气化，用高能电子流（称 EI 源）轰击气态分子，使其失去一个电子成为带正电的分子离子（M⁺·），分子离子进一步断裂成碎片离子，所有的正离子在电场和磁场的共同作用下，按质荷比（m/z），即质量与所带电荷之比的大小依次排列而得到的谱图，称为质谱图。质谱图都用棒图表示，以质荷比（m/z）为横坐标，把最高峰的高度定为 100%，称为基峰，其他峰的高度为该峰的相对百分比，称为相对强度，并以此为纵坐标。图 15-18 为质谱仪实物照片，图 15-19 为苯甲醇的质谱图。

图 15-18 质谱仪实物照片
(Object picture of mass spectrometer)

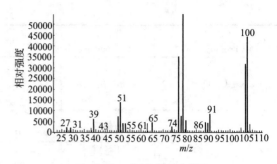

图 15-19 苯甲醇的质谱图
(Mass-spectrogram of benzoic alcohol)

质谱可用于测定化合物的分子量和分子式。分子离子和碎片离子通常只带有一个电荷，因此，质荷比通常即为分子离子或碎片离子的相对分子质量。高分辨质谱仪能精确测定出百万分之一的质量差别。通过计算机检索可以推断其分子式。例如，N_2 的精确摩尔质量为 $28.0062g \cdot mol^{-1}$，C_2H_4 的精确摩尔质量为 $28.0313g \cdot mol^{-1}$。

质谱可用于测定化合物的结构。在质谱图中，首先找到分子离子峰后，根据常见化合物的裂分规律，解析每一个离子碎片的结构，从而可确定化合物的结构。例如，在正己烷的质谱图（见图 15-20）中，正己烷的分子离子峰为 86（$M^{+\cdot}$），m/z 为 57 的峰为分子离子打掉 29（$CH_3CH_2\cdot$）后的离子碎片，m/z 为 43 的峰为分子离子打掉 43（$CH_3CH_2CH_2$）的离子碎片，按同样道理解析其他的碎片。

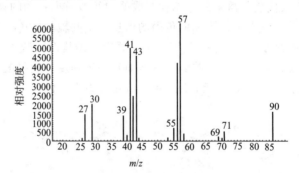

图 15-20 正己烷的质谱图
(Mass-spectrogram of *n*-hexane)

习 题（Exercises）

1. 指出下列化合物有哪些红外特征吸收？

(1) $CH_3CH_2C{\equiv}CH$

(2) ⬡—CH_2CH_3

(3) ⬡—$CH{=}CH_2$ (邻位 Cl)

(4) $CH_3CHCH_2CHCH_3$ （OH、Br 取代）

(5) CH_3CH_2、CH_3 / CH_3、H （烯烃）

(6) CH_3—⬡—CH_3

(7) $CH_3CH_2C{\equiv}CCH_3$

(8) CH_3、H / H、CH_3 （烯烃）

(9) ⬡（环己烯）

2. 下列化合物中的 H_a 和 H_b 是否为磁等价质子？

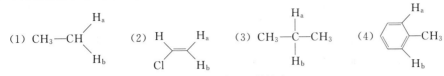

(1) $CH_3-CH\begin{smallmatrix}H_a\\H_b\end{smallmatrix}$ (2) H / C=C / H_a, Cl / H_b (3) $CH_3-\overset{H_a}{\underset{H_b}{C}}-CH_3$ (4)

3. 写出下列分子式中核磁吸收信号只有两个单峰的结构式：

 (1) C_4H_8 (2) $C_4H_{10}O_2$ (3) C_8H_{10}

4. 写出下列分子式中核磁吸收信号只有一个单峰的结构式：

 (1) C_5H_{12} (2) C_2H_6O (3) C_4H_6 (4) $C_2H_4Cl_2$ (5) C_4H_8 (6) $C_3H_4Cl_2$ (7) C_6H_{12}

5. 下列化合物的 ^1H NMR 谱中，各有几组峰，每组峰分别裂分成几重峰？

 (1) $CH_2ClCHCl_2$ (2) CH_3CHBr_2 (3) $CH_3CH_2-O-CH_3$ (4) CH_3COOCH_3

 (5) CH_3CHO (6) $CH_2BrCH_2CH_2Br$ (7) $CH_3CH(OH)CH_3$

6. 分子式为 C_4H_8，氢谱中有两组峰：$\delta\,2.2\,(6H, s)$，$\delta\,5.4\,(2H, s)$，推测化合物的结构。

7. 某化合物的分子式为 C_6H_{10}，氢谱中有两组峰：$\delta\,0.9\,(6H, t)$，$\delta\,1.8\,(4H, q)$，推测化合物的结构。

8. 分子式为 $C_2H_4Cl_2$ 的红外光谱和氢谱如下，推测其结构。

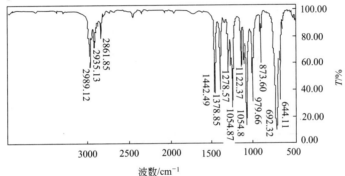

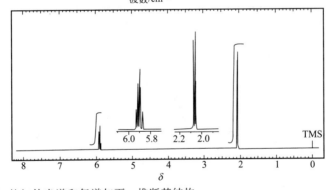

9. 分子式为 $C_3H_6Cl_2$ 的红外光谱和氢谱如下，推断其结构。

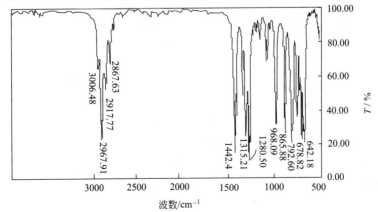

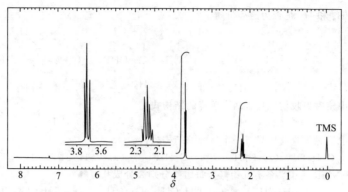

10. 某化合物的分子式为 C_9H_{10}，IR 和 ^1H NMR 谱图如下，试推断该化合物的结构。

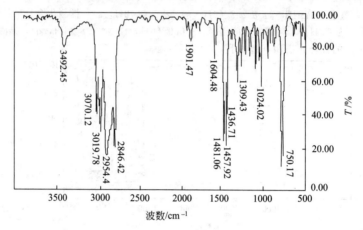

波数/cm^{-1}

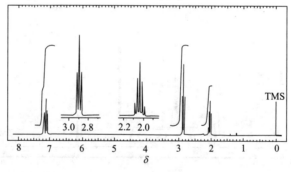

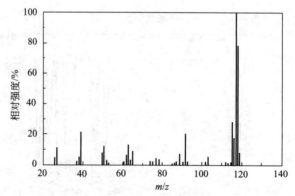

11. 某化合物的分子式为 $C_{10}H_{14}$，其 IR 和 ^1H NMR 谱图如下，试推断该化合物的结构。

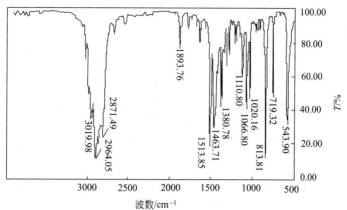

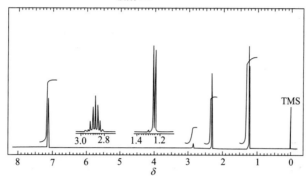

12. 有下列四组紫外最大吸收波长 λ_{max} （1）$=171nm$（$\varepsilon=15530$），λ_{max}（2）$=258nm$（$\varepsilon=35000$），λ_{max}（3）$=2951nm$（$\varepsilon=27000$），λ_{max}（4）$=334nm$（$\varepsilon=40000$），这四组数据分别对应下列哪个化合物？

（1）$CH_2=CH_2$

（2）⬡—$CH=CH-CH=CH$—⬡

（3）⬡—$CH=CH$—⬡

（4）$CH_2=CH-CH=CH-CH=CH_2$

13. 将下列化合物按吸收波长的长短顺序排列：

（1）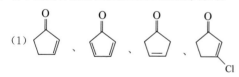

（2）$CH_2=CH-CH=CH-CH=CH-NH_2$、$CH_2=CH-CH=CH-CH_2-CH_2-CH=CH_2$、$CH_2=CH-CH_2-CH=CH-CH_2-CH=CH_2$、$CH_2=CH-CH=CH-CH=CH-CH_2CH_3$

部分习题参考答案

(Answer to Some Exercises)

第一章

7. 键长：C—Br>C—Cl>C—C>C—N>C—O>C—H；键能：C—H>C—O>C—C>C—Cl>C—N> C—Br；键的极性：C—Cl>C—Br>C—O>C—N>C—H>C—C

8. （1）烷烃；（2）烯烃；（3）醚；（4）羧酸；（5）卤代烃；（6）炔烃；（7）腈；（8）硫醇；（9）脂环烃；
（10）醛；（11）酮；（12）醚；（13）胺；（14）硝基化合物；（15）磺酸；（16）杂环

第二章

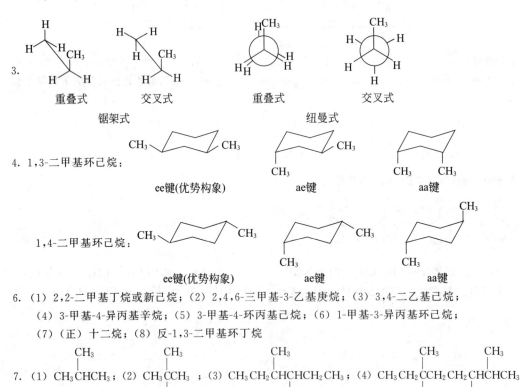

3.

重叠式　　　　交叉式　　　　重叠式　　　　交叉式

锯架式　　　　　　　　　　纽曼式

4. 1,3-二甲基环己烷：

ee键(优势构象)　　　　ae键　　　　aa键

1,4-二甲基环己烷：

ee键(优势构象)　　　　ae键　　　　aa键

6. （1）2,2-二甲基丁烷或新己烷；（2）2,4,6-三甲基-3-乙基庚烷；（3）3,4-二乙基己烷；
（4）3-甲基-4-异丙基辛烷；（5）3-甲基-4-环丙基己烷；（6）1-甲基-3-异丙基环己烷；
（7）（正）十二烷；（8）反-1,3-二甲基环丁烷

7. （1）CH₃CHCH₃；（2）CH₃CCH₃；（3）CH₃CH₂CHCHCH₂CH₃；（4）CH₃CH₂CCH₂CH₂CHCHCH₃

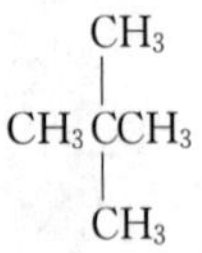

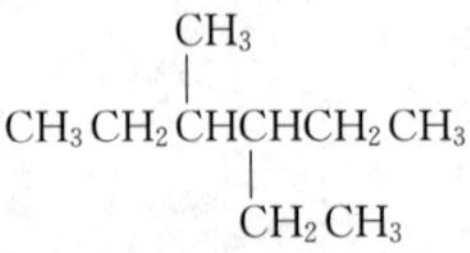

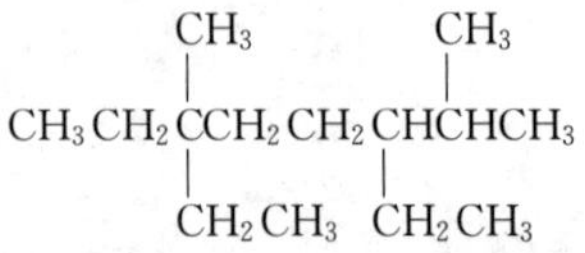

8. （CH₃）₃CC（CH₃）₃

9. （1） 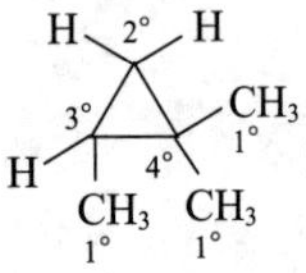　　　　　；（2）　　　　　

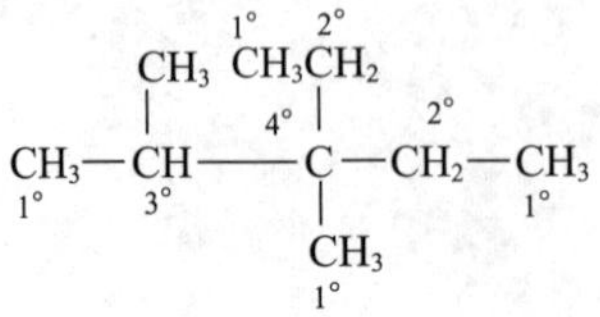

	(1)	(2)
伯氢	9	15
仲氢	2	4
叔氢	1	1

10. 5 种：

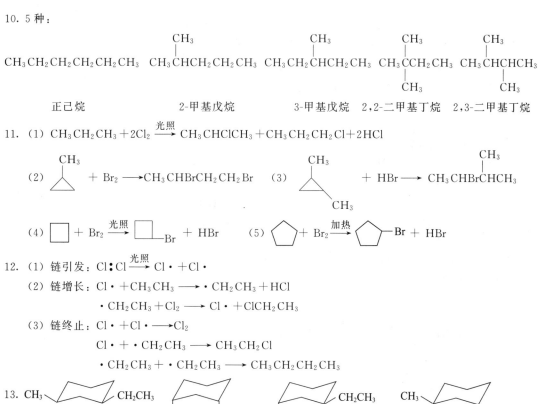

$$CH_3CH_2CH_2CH_2CH_2CH_3 \qquad CH_3CHCH_2CH_2CH_3 \qquad CH_3CH_2CHCH_2CH_3 \qquad$$

正己烷　　　　　　2-甲基戊烷　　　　　3-甲基戊烷　2,2-二甲基丁烷　2,3-二甲基丁烷

11. (1) $CH_3CH_2CH_3 + 2Cl_2 \xrightarrow{\text{光照}} CH_3CHClCH_3 + CH_3CH_2CH_2Cl + 2HCl$

(2) 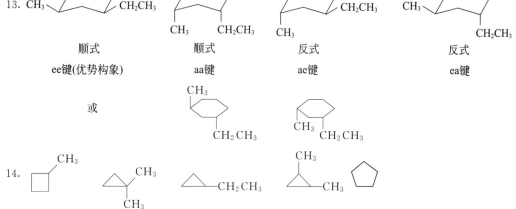 $+ Br_2 \longrightarrow CH_3CHBrCH_2CH_2Br$ (3) 　　 $+ HBr \longrightarrow CH_3CHBrCHCH_3$

(4) □ $+ Br_2 \xrightarrow{\text{光照}}$ □—Br $+ HBr$ (5) ⬠ $+ Br_2 \xrightarrow{\text{加热}}$ ⬠—Br $+ HBr$

12. (1) 链引发：$Cl\!:\!Cl \xrightarrow{\text{光照}} Cl\cdot + Cl\cdot$

(2) 链增长：$Cl\cdot + CH_3CH_3 \longrightarrow \cdot CH_2CH_3 + HCl$

$\cdot CH_2CH_3 + Cl_2 \longrightarrow Cl\cdot + ClCH_2CH_3$

(3) 链终止：$Cl\cdot + Cl\cdot \longrightarrow Cl_2$

$Cl\cdot + \cdot CH_2CH_3 \longrightarrow CH_3CH_2Cl$

$\cdot CH_2CH_3 + \cdot CH_2CH_3 \longrightarrow CH_3CH_2CH_2CH_3$

13.

顺式　　　　　　顺式　　　　　　反式　　　　　　反式

ee键(优势构象)　　aa键　　　　　ae键　　　　　ea键

或

14.

15. A. $CH_3CH_2CH_2CH_2CH_2CH_3$　B. $(CH_3)_3CCH_2CH_3$

16. A.　　　　　　　　B.

H_3C　CH_3

第三章

6. (1) 3-甲基-1-己烯；(2) 3-乙基-2-己烯；(3) 4-甲基-1,3-戊二烯；

(4) 4-甲基-2-己炔；(5) 5,6-二甲基-1-庚烯-3-炔；(6) 2,5-二甲基-3-庚炔；

(7) (Z)-3-甲基-3-己烯；(8) (E)-2,2,3,5-四甲基-4-乙基-3-己烯

7. (1) $CH_3CHCH=CH_2$ ；(2) $CH_3CHCH=CH_2$ ；(3) $CH_2=CHCHC=CH$ ；

　　CH_3　　　　　　　CH_3　　　　　　　　　　　　CH_3

　　CH_3

(4) $\underset{\underset{CH_3}{|}}{\overset{\overset{CH_3}{|}}{CH_3CH=CC=CH_2}}$ ；(5) $\underset{\underset{CH_2CH_3}{|}}{\overset{\overset{CH_3}{|}}{CH_3CH_2CHCHC=CH}}$ ；(6) $\underset{\underset{H}{|}}{\overset{\overset{CH_3}{|}}{C}}=\underset{\underset{CH_2CH_3}{|}}{\overset{\overset{H}{|}}{C}}$

9. (2)

$\underset{\underset{H}{|}}{\overset{\overset{CH_3CH_2}{|}}{C}}=\underset{\underset{H}{|}}{\overset{\overset{CH_2CH_3}{|}}{C}}$ $\underset{\underset{H}{|}}{\overset{\overset{CH_3CH_2}{|}}{C}}=\underset{\underset{CH_2CH_3}{|}}{\overset{\overset{H}{|}}{C}}$

(Z)-3-己烯   (E)-3-己烯

(4)

$\underset{\underset{CH_3}{|}}{\overset{\overset{CH_3CH_2}{|}}{C}}=\underset{\underset{CH_3}{|}}{\overset{\overset{CH_3CH_2CH_3}{|}}{C}}$ $\underset{\underset{CH_3}{|}}{\overset{\overset{CH_3CH_2}{|}}{C}}=\underset{\underset{CH_2CH_2CH_3}{|}}{\overset{\overset{CH_3}{|}}{C}}$

(Z)-3,4 二甲基-3-庚烯   (E)-3,4-二甲基-3-己烯

10. (1) $\underset{\underset{CH_3}{|}}{\overset{\overset{CH_3}{|}}{CH_3CH_2C=CH_2}} + Br_2 \longrightarrow CH_3CH_2CBrCH_2Br$

(2) $CH_3CH_2CH=CH_2 + HBr \longrightarrow CH_3CH_2CHBrCH_3$

(3) $CH_3C\equiv CH \xrightarrow{HBr} CH_3CBr=CH_2 \xrightarrow{HBr} CH_3CBr_2CH_3$

(4) $CH_3CH_2CH=CH_2 \xrightarrow{KMnO_4/OH^-} \underset{\underset{HO\ \ OH}{|\ \ \ |}}{CH_3CH_2CHCH_2}$

(5) $CH_3CH_2C\equiv CH \xrightarrow{KMnO_4/H^+} CH_3CH_2COOH+CO_2+H_2O$

(6) $CH_3CH_2CH=CH_2 \xrightarrow{KMnO_4/H^+} CH_3CH_2COOH+CO_2+H_2O$

(7) $(CH_3)_2C=CH_2 + H_2SO_4 \longrightarrow \underset{\underset{CH_3}{|}}{\overset{\overset{OSO_3H}{|}}{(CH_3)_2CCH_3}}$

(8) $(CH_3)_2C=CH_2 + HBr \xrightarrow{H_2O_2} (CH_3)_2CHCH_2Br$

(9) $(CH_3)_2C=CH_2 \xrightarrow[\text{②}Zn+H_2O]{\text{①}O_3} (CH_3)_2C=O+HCHO$

(10) $CH_3CH_2C\equiv CH + H_2O \xrightarrow{HgSO_4/H_2SO_4} CH_3CH_2COCH_3$

(11) $CCl_3CH=CH_2 + HCl \longrightarrow CCl_3CH_2CH_2Cl$

(12) ▷—$CH_2CH=CH_2$ + $2HBr \longrightarrow CH_3CH_2CHBRCH_2CHBRCH_3$

(13) $CH_2=CHCH=CH_2 + HCl \longrightarrow CH_2=CHCHClCH_3 + CH_3CH=CHCH_2Cl$

(14) $CH_2=CHCH=CH_2 + CH_3CH=CHCH_3 \xrightarrow{\triangle}$ （环己烯，带两个CH₃）

11. (1)

乙烷 ⎫ $\xrightarrow{Br_2(CCl_4)}$ （—）
乙烯 ⎬ （+） $\xrightarrow{[Ag(NH_3)_2]^+}$ （—）
乙炔 ⎭ （+） （+）

(2)

1-戊炔 ⎫ $\xrightarrow{[Ag(NH_3)_2]^+}$ （+）
2-戊炔 ⎭ （—）

(3)

丙烷 ⎫ （—）
环丙烷 ⎬ $\xrightarrow{Br_2(CCl_4)}$ （+） $\xrightarrow{KMnO_4/H^+}$ （—）
丙烯 ⎬ （+） （+） $\xrightarrow{[Ag(NH_3)_2]^+}$ （—）
丙炔 ⎭ （+） （+） （+）

12. (1) $CH_3CH_2CH_2-<(CH_3)_2CH-$ (2) $(CH_3)_3C-<CH\equiv C-$

(3) $CH_2=CH-<(CH_3)_3C-$ (4) $NH_2-<HO-$

(5) $(CH_3)_2CH-<CH_2=CH-$ (6) $CH\equiv C-<N\equiv C-$

13. $+I:$ $-C(CH_3)_3>-CH(CH_3)_2>-C_2H_5>-CH_3$

$-I:$ $-Cl>-Br>-I>-OH>-CH=CH_2$

14. (1) $(CH_3)_3C^+>(CH_3)_2CH^+>CH_3CH_2^+>CH_3^+$

(2) $(CH_3)_2\overset{+}{C}CH=CH_2>CH_3\overset{+}{C}HCH=CH_2>CH_3CH=CH\overset{+}{C}H_2>CH_2=CHCH_2\overset{+}{C}H_2$

15. 结构式为：$(CH_3)_2C=CHCH_3$

反应式：$(CH_3)_2C=CHCH_3 \xrightarrow{KMnO_4/H^+} (CH_3)_2C=O+CH_3COOH$

16. 结构式为：$(CH_3)_2C=CHCH=CH_2$、$(CH_3)_2CHC\equiv CCH_3$、$(CH_3)_2CHCH_2C\equiv CH$、

$CH_3CH=CHC=CH_2$（CH_3）、 $CH_2=CHCH_2C=CH_2$（CH_3）

17. 结构式为：$CH_2=CHCH_2CH_3$、$CH_3CH=CHCH_3$ 和 （环丙基）$-CH_3$

第四章

10. A. （甲苯-乙炔） B. （甲苯-乙基） C. （苯二甲酸 COOH/COOH）

11. A. CH_3CH_2-（苯）$-CH_2CH_3$ 12. A. （邻甲基苯乙烯） B. （邻甲基乙苯）

13. A. （邻甲基苯乙炔） B. （邻甲基乙苯） C. （邻苯二甲酸 COOH/COOH） D. （邻苯二甲酸酐） E. （甲基联苯）

第五章

8. $H-\underset{CH_3}{\overset{CH_2CH_3}{\underset{|}{\overset{|}{C}}}}-C\equiv CH$ $CH_3-\underset{CH_3}{\overset{CH_2CH_3}{\underset{|}{\overset{|}{C}}}}-CH_2CH_3$ 9. （胆固醇结构式）

A. C_6H_{10} B. 饱和烃，无旋光性

10. A. $CH_3CH_2CH=CHCH_2CH_3$ B. $CH_3CH_2\overset{*}{C}H(OH)CH_2CH_2CH_3$，有旋光性

C. 顺式 $CH_3CH_2\overset{*}{C}H(OH)\overset{*}{C}H(OH)CH_2CH_3$，内消旋体

11. （环丙基-CH₂OH），（环丙基-OCH₃）   12. A. $H-\underset{CH_3}{\overset{CH(CH_3)_2}{|}}-NH_2$ B. $H-\underset{CH_3}{\overset{CH(CH_3)_2}{|}}-OH$ C. $\underset{CH_3}{\overset{CH(CH_3)_2}{|}}C=O$

13. (1)(2)环上存在对称面，没有旋光性。(3) 环上没有对称因素，具有旋光性。(4) 分子中存在两个手性碳原子，没有对称面，具有旋光性。(5) 是丁烷的对位交叉式构象，没有手性碳原子，有对称中心，没有旋光性。(6) 联苯的两个平面互相垂直，每个苯环的两个α-位都有不同取代基，分子没有对称面，具有旋光性。(7) 联苯中一个苯环的两个α-位有相同取代基，分子有对称面，没有旋光性。

第六章

2. (1) 2-甲基-1-氯丙烷；(2) 2-甲基-2-溴丙烷；(3) 3-碘环己烯；(4)（*E*）或顺-1 甲基-3-氯环己烷；(5)（*Z*）-3-甲基-2-氯-2-戊烯；(6) 4-氯-2-乙基甲苯；(7) 1-溴-1-苯基丙烷

3. (1) $CH_3CH_2CH_2CH_2CH_2OH$ (2) $CH_3CH_2CH_2CH_2CH_2MgBr$ (3) $CH_3CH_2CH_2CH_2CH_2ONO_2$

     (4) $CH_3CH_2CH_2CH_2CH_2C\equiv CCH_3$ (5) $CH_3CH_2CH_2CH_2CH_2CN$ (6) $CH_3CH_2CH_2CH_2CH_2OCH_2CH_3$

     (7) $CH_3CH_2CH_2CH_2CH_2I$ (8) $CH_3CH_2CH_2CH=CH_2$

4. (1) $BrCH_2CH=CH_2$；$NCCH_2CH=CH_2$ (2) $CH_3CHBrCH(CH_3)_2$；$CH_3CHICH(CH_3)_2$

     (3)  ；    (4) 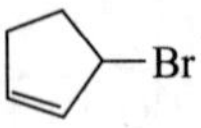 (5) 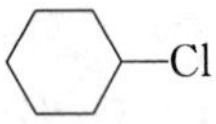 ； 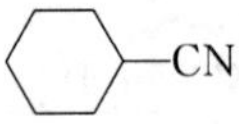 (6) 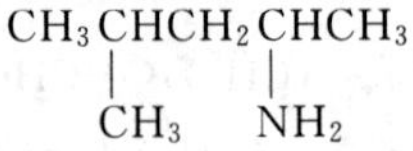 $CH_3CHCH_2CHCH_3$ (带 CH_3 和 NH_2 取代基)

     (7) 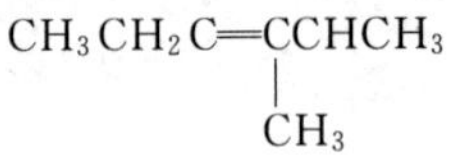 $CH_3CH_2C=CCHCH_3$ (带 CH_3 取代基)   (8) 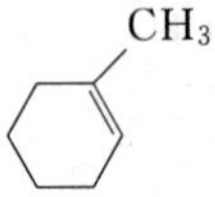   (9) $CH_3C\equiv CNa$；$CH_3C\equiv CCH_3$

5. (1) c＞b＞a；   (2) a＞c＞d＞b；(3) a＞b＞c；(4) a＞b＞c；(5) a＞d＞b＞c

6. 发生 S_N1 反应的是（1）、（2）、（5）、（7）；发生 S_N2 反应的是（3）、（4）、（6）、（8）。

7. (1) $AgNO_3$ 的乙醇溶液，反应生成沉淀的速率不同；(2) $AgNO_3$ 的乙醇溶液，生成卤化银的颜色和速率不同。

8. A. 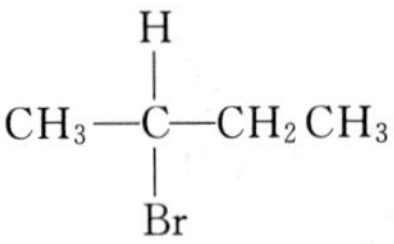 B. 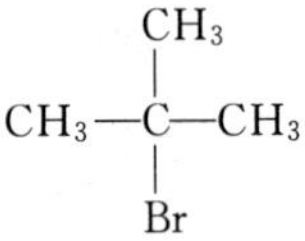 C. 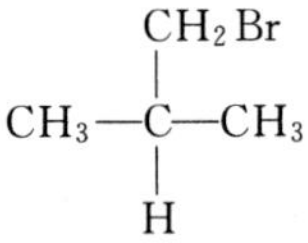 D. $BrCH_2CH_2CH_2CH_3$

9. A.  B. 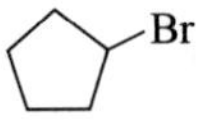 C.  10. A. 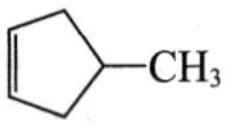 B. 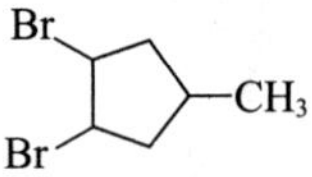 C.

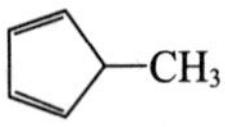

11. A. 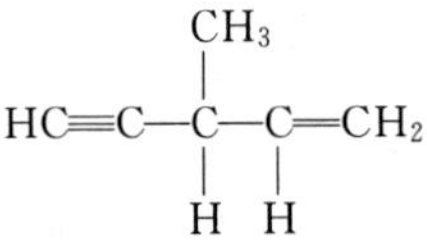 B. 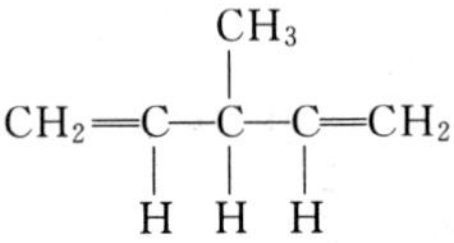 C.

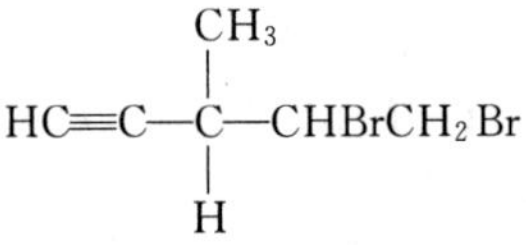

第七章

2. (5) ＞ (4) ＞ (1) ＞ (3) ＞ (2)

3. (1) 酸性大小：Ⅰ.a＞c＞b   Ⅱ.c＞b＞a   Ⅲ.a＞b   Ⅳ.b＞a

     (2) 与 HBr 反应的相对速率：a. 对硝基苄醇＞苄醇＞对甲基苄醇；b. α-苯乙醇＞苄醇＞β-苯乙醇；

                     c. $(CH_3)_3COH＞CH_3CH_2CH(OH)CH_3＞CH_3CH_2CH_2CH_2OH$

     (3) 脱水反应的难易程度：c＞b＞a

4. (1) ①$FeCl_3$，②Na；(2) Lucas 试剂；(3) ①Lucas 试剂；②$AgNO_3$

5. (1) 碳酸氢钠，分离，酸化；(2) 水蒸气蒸馏；(3) 碳酸氢钠，分离，酸化

6. (1) 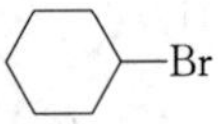 ；(2) 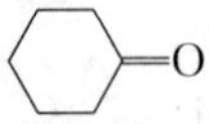 ；(3) 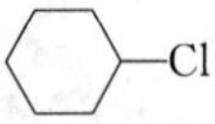 ；(4) 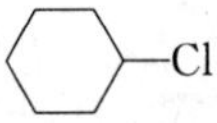 ；

     (5)  ；(6) 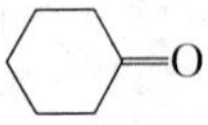 ；(7)

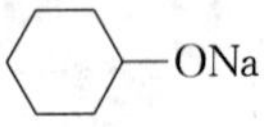

7. (1) 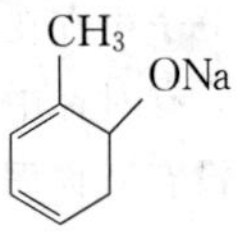 ；(2) 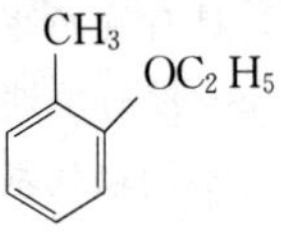 ；(3) 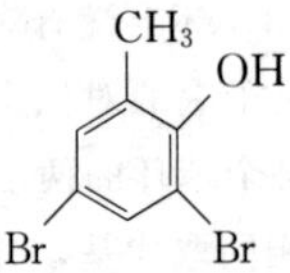 ；(4) 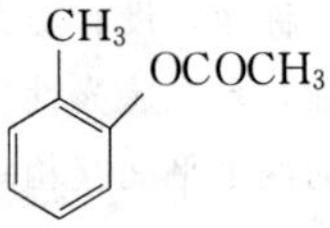 ；

(5) 2-甲基-6-硝基苯酚结构 , 2-甲基-4-硝基苯酚结构 ；(6) 2-甲基-1,4-苯醌结构 ；

(7) HO—(3-甲基苯基)—CH₂—(3-甲基苯基)—OH ； (8) HO—(3-甲基苯基)—C(CH₃)₂—(3-甲基苯基)—OH ；

(9) $H_3[Fe(\text{—C}_6H_4(CH_3)\text{—O—})_6]$ ；(10) 2-甲基环己烯醇钠结构

8. A. 环己醇—OH　B. 环己烯　C. 1,2-二溴环己烷　D. 环氧环己烷　E. 反-1,2-环己二醇—OH,OH　F. 顺-1,2-环己二醇—OH,OH

9. (1) $(CH_3)_3COH \xrightarrow{HBr} (CH_3)_3CBr \xrightarrow{Mg/Et_2O} (CH_3)_3CMgBr \xrightarrow[H_3O^+]{\text{环氧乙烷}} (CH_3)_3CCH_2CH_2OH$

(2) $CH_3COCH_3 \xrightarrow[THF]{LiAlH_4} CH_3CH(OH)CH_3 \xrightarrow{Na} CH_3CH(ONa)CH_3 \longrightarrow CH_3\text{—}CH(CH_3)OCH_2CH_2CH_3$

$CH_3CH(OH)CH_3 \xrightarrow{H^+/\triangle} CH_3CH=CH_2 \xrightarrow{HBr/H_2O_2} CH_3CH_2CH_2Br$

(3) 环戊酮 $\xrightarrow[THF]{LiAlH_4}$ 环戊醇—OH $\xrightarrow{H^+/\triangle}$ 环戊烯 $\xrightarrow{RCOOOH}$ 环氧环戊烷 $\xrightarrow[H_3O^+]{C_2H_5MgBr}$ 2-乙基环戊醇—OH

(4) $HC\equiv CH \xrightarrow{H_2/Lindlar} CH_2=CH_2 \xrightarrow{HBr} CH_3CH_2Br \xrightarrow{HC\equiv CNa} CH_3CH_2C\equiv CH \xrightarrow[\text{环氧乙烷}]{Na}$

$HC\equiv CH \xrightarrow{Na} HC\equiv CNa$ ；$\xrightarrow{RCOOOH}$ 环氧乙烷

$CH_3CH_2C\equiv CCH_2CH_2OH \xrightarrow{H_2/Lindlar}$ 顺式—OH

(5) 苯酚—OH $\xrightarrow{HNO_3(浓)}$ 2,4,6-三硝基苯酚 $\xrightarrow[C_2H_5Br]{NaOH}$ 2,4,6-三硝基苯乙醚

(6) 苯酚—OH $\xrightarrow[100℃]{H_2SO_4(浓)}$ HO_3S—苯酚—OH $\xrightarrow{Br_2}$ HO_3S—二溴苯酚—OH $\xrightarrow{H_3O^+}$ 2,6-二溴苯酚—OH

(7) 苯酚—OH $\xrightarrow{CH_3COCl}$ 苯基—OCOCH₃ $\xrightarrow{\triangle}$ 邻羟基苯乙酮—OH,COCH₃

(8) 苯 $\xrightarrow[FeBr_3]{Br_2}$ 溴苯—Br $\xrightarrow{Mg/Et_2O}$ 苯基—MgBr $\xrightarrow[H_3O^+]{\text{环氧乙烷}}$ 苯基—CH₂CH₂OH

$\xrightarrow{HBr}$ 苯基—CH₂CH₂Br $\xrightarrow{Mg/Et_2O}$ 苯基—CH₂CH₂MgBr $\xrightarrow[H_3O^+]{\text{环氧乙烷}}$ 苯基—CH₂CH₂CH₂CH₂OH

10. A.

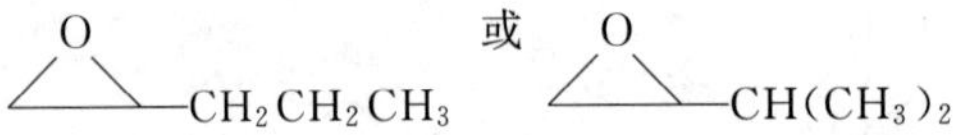

B.

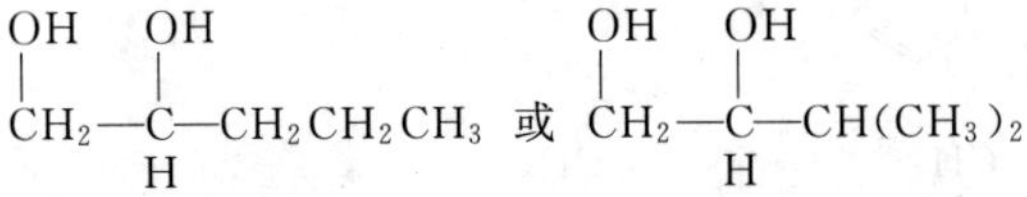

C. $CH_3CH_2CH_2CHO$ 或 $(CH_3)_2CHCHO$

第八章

1. (1) 3-甲基戊醛；(2) 5-甲基-4-乙基-5-苯基-3-庚酮；(3) 4-戊烯-2-酮；
   (4) 5-甲基-2-甲氧基环己酮；(5) 1-苯基-2-丙酮；(6) 邻羟基苯甲醛；
   (7) 3-己烯-2,5-二酮；(8) 1,3-二苯基-2-丙酮；(9) 2-甲基-1,4-苯醌；(10) 1,4-萘醌

2. 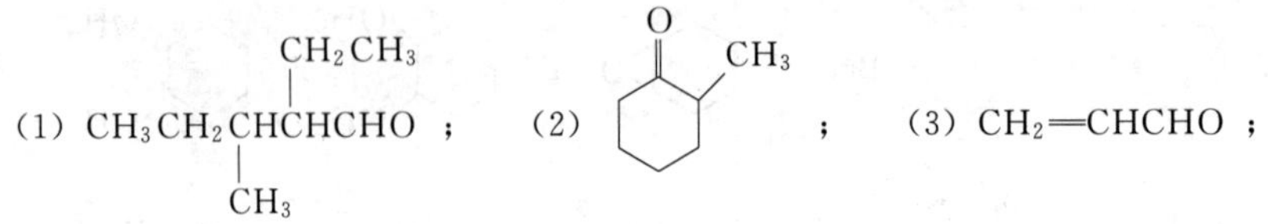 (1) ; (2) ; (3) $CH_2{=}CHCHO$;

   (4) ; (5) ; (6)

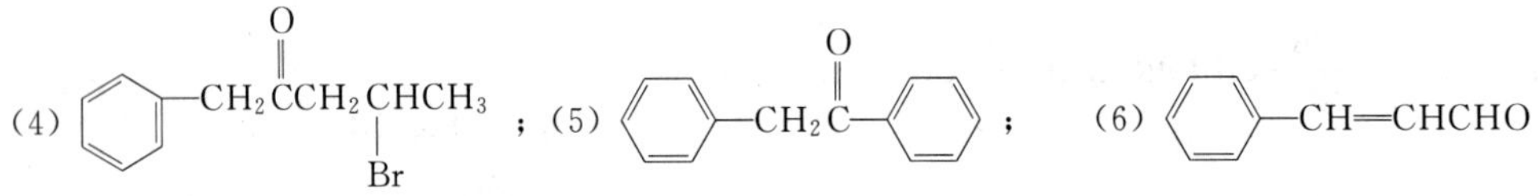

4. (1) $CF_3CHO > CH_2ClCHO > HCHO > CH_3CHO > CH_3COCH_3 > CH_3CH_2COCH_2CH_3$

   (2)

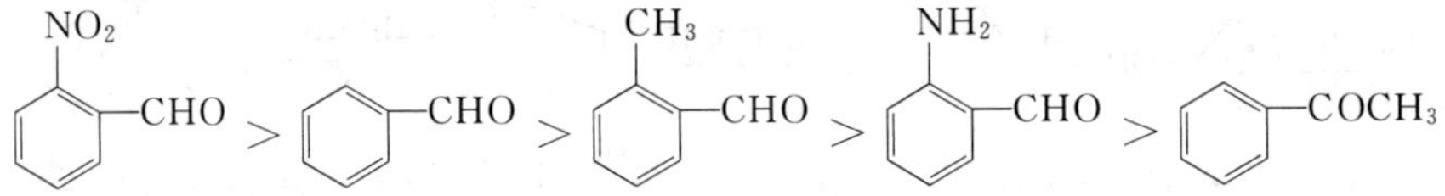

5. 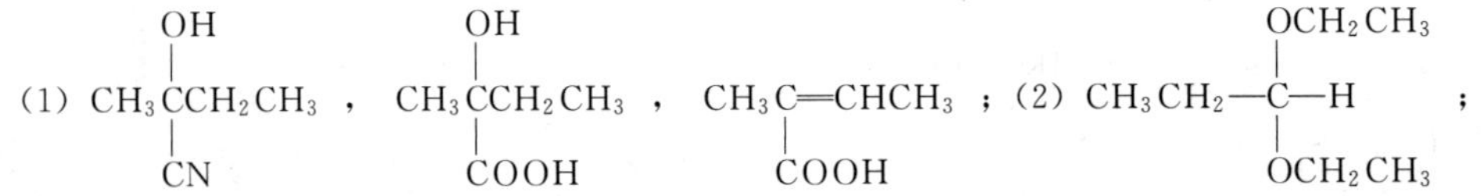 (1) ; (2) ;

   (3) ; (4) ; (5)

   (6) ; (7) ;

   (8) ;

   (9) ;

   (10) $CH_2{=}CH{-}CH_2OH$; (11) ; (12)

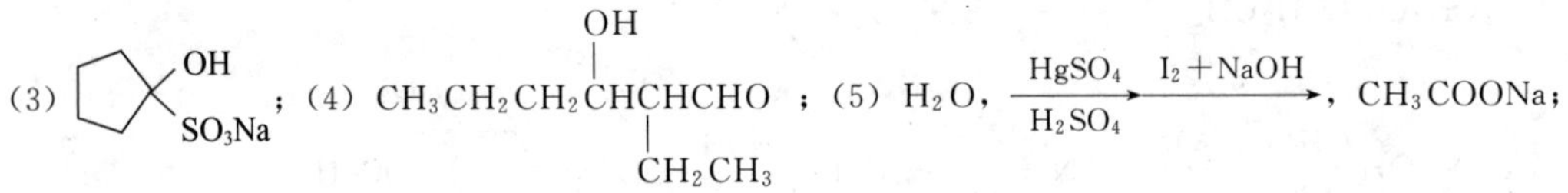

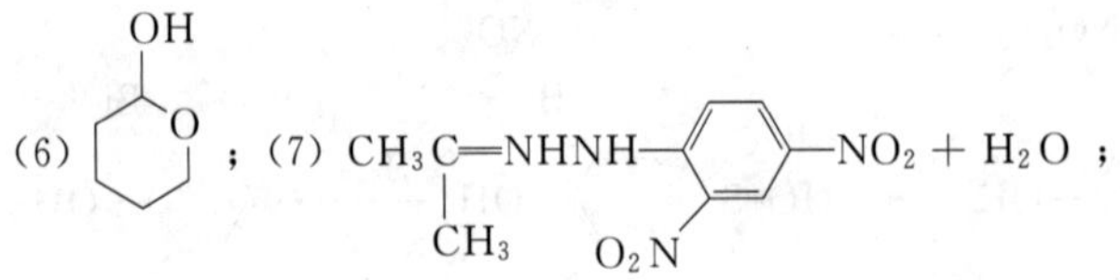

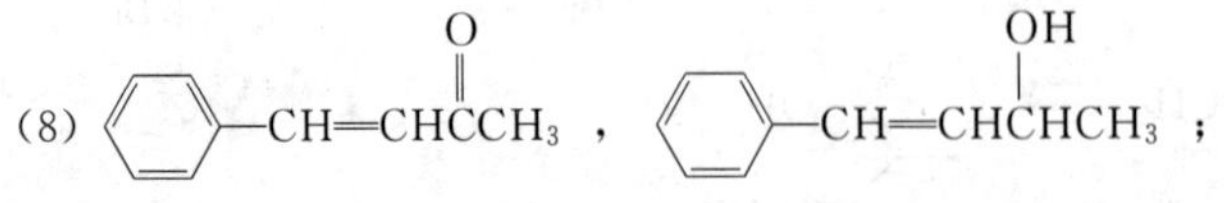

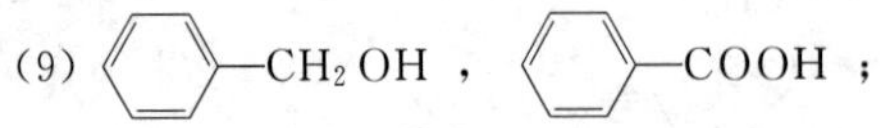

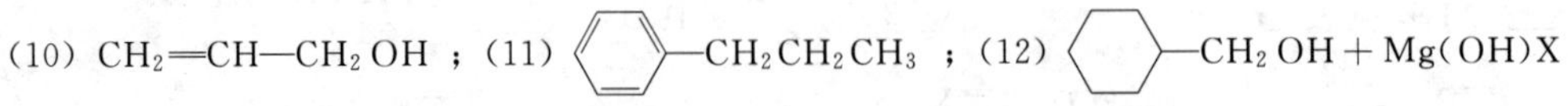

6. (1)
$$\left.\begin{matrix}\text{丙醛}\\\text{丙酮}\\\text{丙醇}\end{matrix}\right\}\xrightarrow{2,4\text{-二硝基苯肼}}\left.\begin{matrix}\text{黄色沉淀}\\\text{黄色沉淀}\\\times\end{matrix}\right\}\xrightarrow{I_2+NaOH}\times\text{黄色沉淀}$$

(2)
$$\left.\begin{matrix}\text{乙醛}\\\text{苯乙醛}\\\text{苯乙醇}\end{matrix}\right\}\xrightarrow{\text{托伦试剂}}\left.\begin{matrix}\text{银镜}\\\text{银镜}\\\times\end{matrix}\right\}\xrightarrow{\text{斐林试剂}}\times\text{砖红色沉淀}$$

(3)
$$\left.\begin{matrix}\text{2-戊酮}\\\text{3-戊酮}\\\text{环戊酮}\end{matrix}\right\}\xrightarrow{I_2+NaOH}\left.\begin{matrix}\text{黄色沉淀}\\\times\\\times\end{matrix}\right\}\xrightarrow{\text{饱和 }NaHSO_3}\times\text{白色沉淀}$$

(4)
$$\left.\begin{matrix}\text{苯甲醛}\\\text{苯乙酮}\\\text{苯酚}\end{matrix}\right\}\xrightarrow{\text{托伦试剂}}\left.\begin{matrix}\text{银镜}\\\times\\\times\end{matrix}\right\}\xrightarrow{FeCl_3}\times\text{显色}$$

7. 化合物中既能起碘仿反应又能与饱和亚硫酸氢钠加成的是（2）、（6）。

8. (1) $2CH_3CHO \xrightarrow{\text{稀 }NaOH} CH_3\underset{\underset{OH}{|}}{C}HCH_2CHO \xrightarrow{\triangle} CH_3CH\!=\!CHCHO$

(2) $CH_3CH_2OH \xrightarrow{CrO_3(C_5H_5N)_2} CH_3CHO \xrightarrow{HCN} CH_3\underset{\underset{OH}{|}}{C}HCN \xrightarrow{H_3O^+} CH_3\underset{\underset{OH}{|}}{C}HCOOH$

(3)

(4) $CH_3CHO +$ $\xrightarrow{\text{干燥 }HCl}$

(5)

(6)

9. (1)

(2) $CH_3CH_2CHO + (CH_3)_2CHCH_2MgBr \xrightarrow[\text{②}H_3O^+]{\text{①无水乙醚}} CH_3CH_2\underset{\underset{OH}{|}}{C}HCH_2CH(CH_3)_2$

(3) $CH_3CH_2CHO +$ $\xrightarrow[\text{②}H_3O^+]{\text{①无水乙醚}}$

11. A. $CH_3CH_2\overset{\overset{O}{\|}}{C}\underset{\underset{CH_3}{|}}{C}HCH_3$ ； B. $CH_3CH_2\underset{\underset{CH_3}{|}}{C}H\underset{\underset{OH}{|}}{C}HCH_3$ ； C. $CH_3CH_2CH\!=\!\underset{\underset{CH_3}{|}}{C}CH_3$ ；

D. $CH_3\overset{O}{\underset{\|}{C}}CH_3$; E. CH_3CH_2CHO

12. A. $CH_3CH_2\overset{O}{\underset{\|}{C}}$—⬡—$OCH_3$; B. $CH_3\overset{OH}{\underset{|}{CH}}CH_2$—⬡—$OCH_3$;

C. $CH_3\overset{O}{\underset{\|}{C}}CH_2$—⬡—$OH$; D. $CH_3CH_2CH_2$—⬡—OH

有关反应：$CH_3\overset{O}{\underset{\|}{C}}CH_2$—⬡—$OCH_3 + H_2NOH \longrightarrow HON\text{=}C CH_2$—⬡—$OCH_3 + H_2O$
$\underset{CH_3}{}$

$CH_3\overset{O}{\underset{\|}{C}}CH_2$—⬡—$OCH_3 \xrightarrow{LiAlH_4} CH_3\overset{OH}{\underset{|}{C}}CHCH_2$—⬡—$OCH_3$

$CH_3\overset{O}{\underset{\|}{C}}CH_2$—⬡—$OCH_3 + HI \xrightarrow{\triangle} CH_3\overset{O}{\underset{\|}{C}}CH_2$—⬡—$OH + CH_3I$

第九章

1. (1) 3-甲基丁酸；(2) (E)-3-甲基-2-己烯酸；(3) N-甲基氨基甲酸-1-萘酯；(4) 3-甲基戊二酸酐；
   (5) 3-甲基丁酸乙酯；(6) 甲酸异丙酯；(7) 1,2-环氧丙基甲酸；(8) N-甲基-苯氧基甲酰胺；
   (9) 邻羟基苯甲酸乙酯；(10) 对乙酰基苯甲酸；(11) 5-羟基-1萘乙酸；(12) 4-甲基丁酸内酯；

   (13) ⬡$\underset{COOH}{\overset{}{}}$—$O$—$\overset{O}{\underset{\|}{C}}$—$CH_3$; (14) $HOOC$—$\overset{O}{\underset{\|}{C}}$—$CH_2$—$\overset{O}{\underset{\|}{C}}$—$OC_2H_5$

2. (1) $\left.\begin{array}{l}水杨酸\\苯甲酸\\肉桂酸\end{array}\right\}\xrightarrow{FeCl_3}\begin{array}{l}紫色\\无\\无\end{array}\xrightarrow{溴水}\begin{array}{l}不褪色\\\\褪色\end{array}$；(2) $\left.\begin{array}{l}草酸\\丙酮酸\\丙酸\end{array}\right\}\xrightarrow{KMnO_4/H^+}\begin{array}{l}褪色\\褪色\\无\end{array}\right\}\xrightarrow[\triangle]{Tollen's 试剂}\begin{array}{l}无\\CHI_3\end{array}$；

   $CO_2\uparrow$

   (3) $\left.\begin{array}{l}⬡\text{—COCOOH}\\⬡\text{—CH}_2\text{COOH}\\⬡\text{—COOH}\end{array}\right\}\xrightarrow[\triangle]{稀 H_2SO_4}\begin{array}{l}无\\\\无\end{array}\right\}\xrightarrow[\triangle]{KMnO_4/H^+}\begin{array}{l}褪色\\\\不褪色\end{array}$; (4)、(5)、(6)、(7) 略

3. (1) d＞c＞b＞a. 硝基的诱导效应和共轭效应方向一致，都是吸电子的。当硝基处于间位时，其共轭效应影响不到羧基，所以对硝基苯甲酸的酸性大于间硝基苯甲酸；而对于氯原子而言，其诱导效应为吸电子，共轭效应为供电子，对羧基的作用相反，当氯原子在间位时，其供电子的共轭效应影响不到羧基，所以间氯苯甲酸的酸性大于对氯苯甲酸。

   (2) a＞c＞d＞b。羟基具有吸电子诱导效应和供电子共轭效应。邻位，羟基与羧基形成分子内氢键，稳定负离子，酸性相对最强；间位，羟基的吸电子诱导效应大于其供电子共轭效应，所以间羟基苯甲酸的酸性大于苯甲酸；对位，羟基的供电子共轭效应大于其吸电子诱导效应，所以对羟基苯甲酸的酸性比苯甲酸小。

5. (1) $⬡\underset{CH_3}{\overset{}{}} \xrightarrow[\triangle]{KMnO_4/H^+} ⬡\text{—COOH} \xrightarrow[\triangle]{NH_3} ⬡\text{—CONH}_2 \xrightarrow[\triangle]{Cl_2，Fe} ⬡\underset{Cl}{\overset{CONH_2}{}} \xrightarrow{Br_2，NaOH} ⬡\underset{Cl}{\overset{NH_2}{}}$

（2）$CH_3CH_2OH \xrightarrow[H^+]{K_2Cr_2O_7} CH_3COOH \xrightarrow[P]{Cl_2} \underset{\displaystyle Cl}{\underset{|}{CH_2COOH}} \xrightarrow{NaCN} \underset{\displaystyle CN}{\underset{|}{CH_2COOH}}$

$\xrightarrow[H^+]{H_2O} \underset{\displaystyle COOH}{\underset{|}{CH_2COOH}} \xrightarrow[H_2SO_4,\ \triangle]{C_2H_5OH} \underset{\displaystyle COOC_2H_5}{\underset{|}{CH_2COOC_2H_5}}$

（3）$\underset{\displaystyle OH}{\underset{|}{CH_3CHCH_3}} \xrightarrow{HBr} \underset{\displaystyle Br}{\underset{|}{CH_3CHCH_3}} \xrightarrow{NaCN} \underset{\displaystyle CN}{\underset{|}{CH_3CHCH_3}} \xrightarrow[H^+]{H_2O} \underset{\displaystyle COOH}{\underset{|}{CH_3CHCH_3}}$

（4）、（5）、（6）略

6. （1）A. CH_3CH_2COOH；B. $HCOOC_2H_5$；C. CH_3COOCH_3

（2）A. $CH_2{=}CHCO_2CH_3$；B. $CH_3CO_2CH{=}CH_2$；C. $CH_2{=}CHCOOH$；D. CH_3CHO

（3）A. $CH_3CO_2CH{=}CH_2$；B：$CH_2{=}CHCO_2CH_3$

第十章

1. （1）1-硝基丙烷（脂肪族硝基化合物）；（2）对硝基甲苯（芳香族硝基化合物）；（3）甲乙胺（仲胺）；（4）*N*-甲基苯胺（芳胺）；（5）1,4-丁二胺（二元胺）；（6）重氮苯硫酸盐（重氮盐）；（7）氢氧化四乙基铵（季铵盐）；（8）3-乙基-2-氨基戊烷（伯胺）；（9）*N*-甲基-*N*-乙基-4-异丙基苯胺（叔胺）；（10）丁二酰亚胺

2. （1）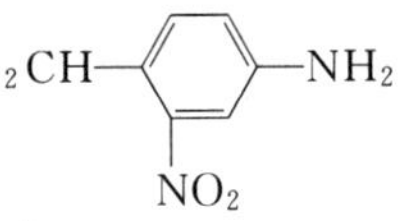；（2）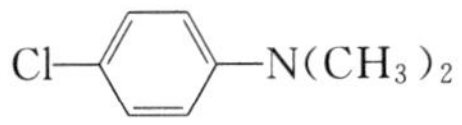；（3）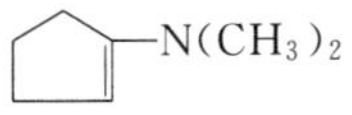；

（4）$[CH_3CH_2N(CH_3)_3]^+Cl^-$；（5）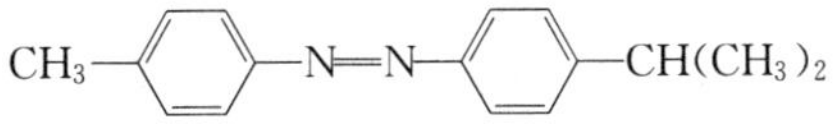；

（6）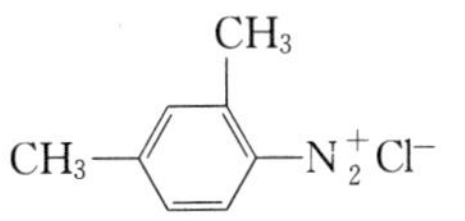

3. 碱性由强到弱的次序是：（2）＞（4）＞（9）＞（8）＞（6）＞（1）＞（5）＞（7）＞（3）

4. （1）$R_2N{-}N{=}O$；（2）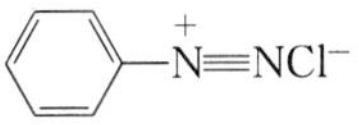；（3）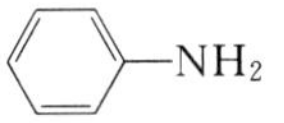；

（4）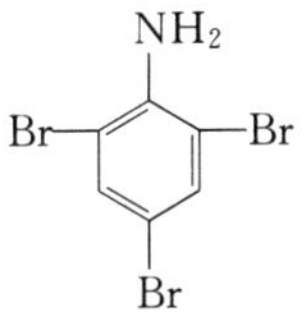；（5）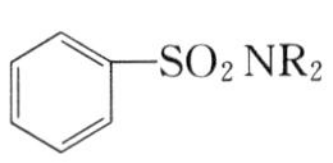；（6）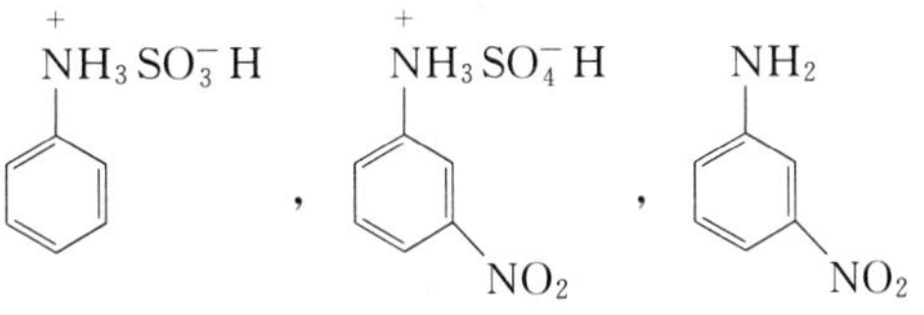

5. （1）丁胺、甲丁胺、二甲丁胺 $\xrightarrow[HCl]{NaNO_2}$ N_2↑；黄色油状物；既无 N_2，也无黄色油状物生成

（2）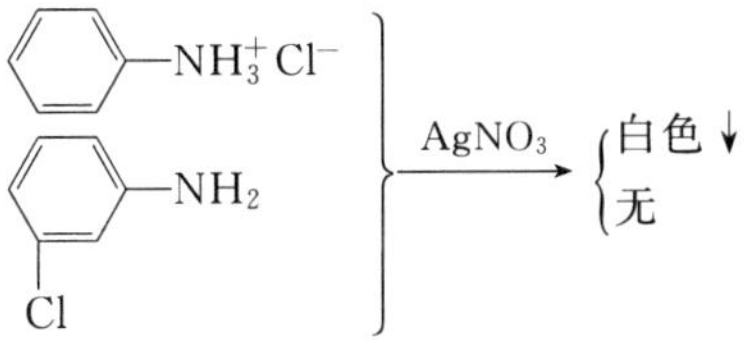

（3）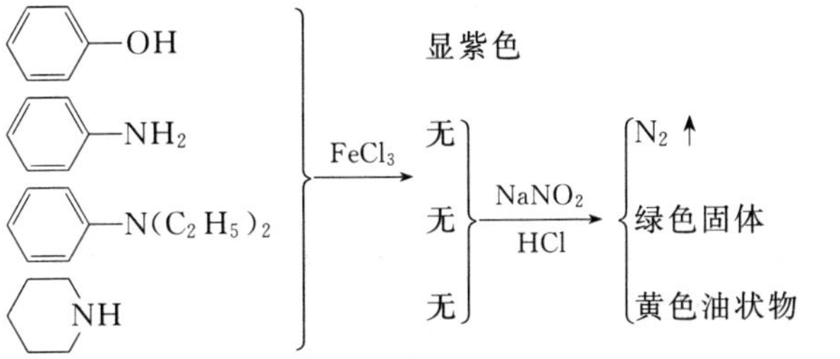

(4)

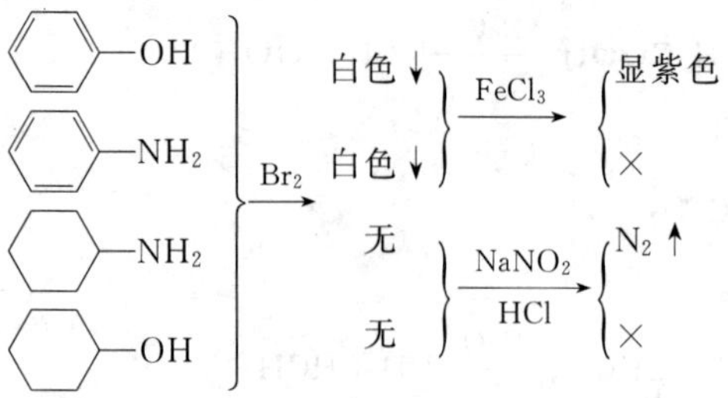

6. (1)

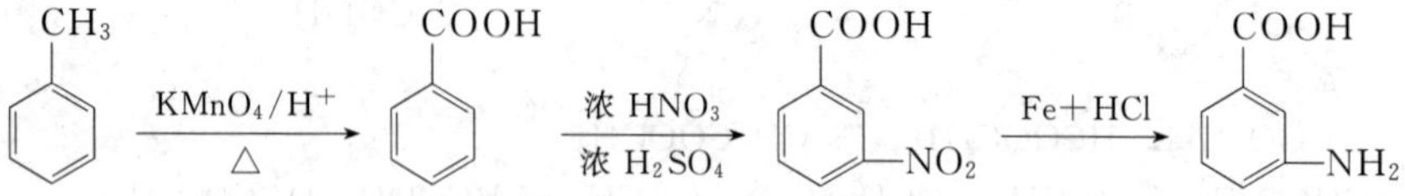

(2)

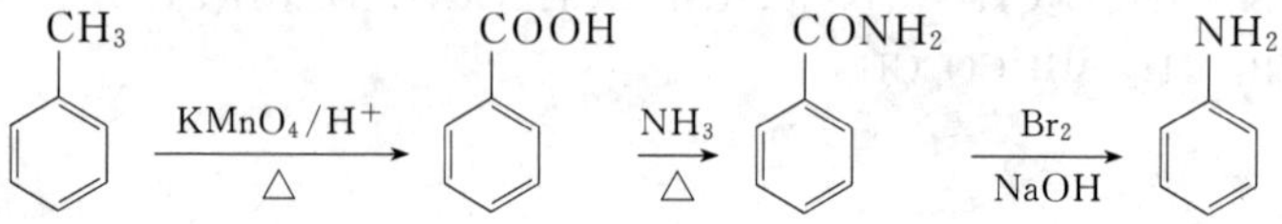

(3) $CH_3CH_2OH \xrightarrow{[O]} CH_3COOH \xrightarrow[\triangle]{NH_3} CH_3CONH_2 \xrightarrow[NaOH]{Br_2} CH_3NH_2$

(4) $CH_3CH_2CH_2CH_2OH \xrightarrow{HBr} CH_3CH_2CH_2CH_2Br \xrightarrow{NaCN} CH_3CH_2CH_2CH_2CN$

$\xrightarrow[Ni]{H_2} CH_3CH_2CH_2CH_2CH_2NH_2$

7. (1) A 的化学组成为 $C_7H_{15}N$，是胺类有机物；不使溴水褪色说明氨基不在苯环上，碳链上也无不饱和碳—碳键；能与 HNO_2 作用放出气体说明此胺是伯胺；得到的 B 应是醇类；由 B 脱水生成 C 应是烯烃，但氧化后双键断裂还是 7 个碳原子的庚酸，说明，A 是环烃类带有一个甲基侧链的胺，根据 C 中羰基在 C6 位，可以确定甲基与氨基在邻位上。因此，A、B、C 结构式为：

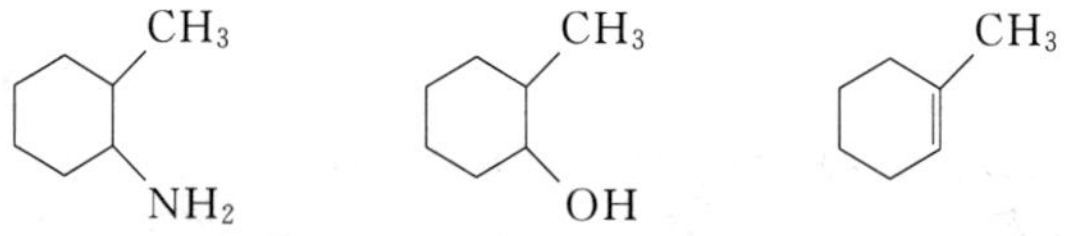

(2) 结构式为：

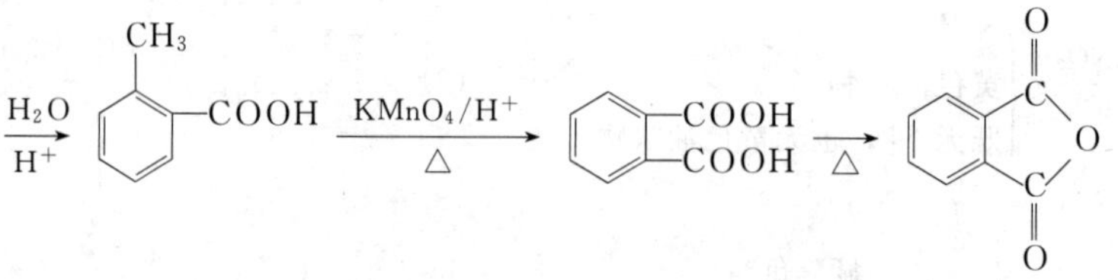

(3)

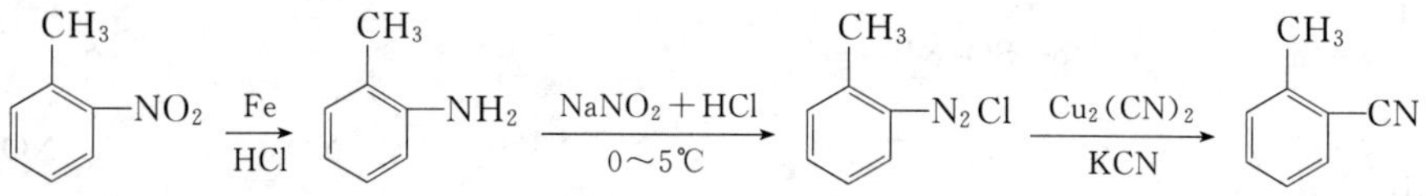

第十一章

1. （1）4-甲基-2-呋喃甲酸；（2）3-乙基吡咯；（3）2-噻吩磺酸；（4）3-吡啶甲酸；（5）3-吲哚乙酸；（6）2-吡嗪甲酰胺；（7）2-氨基-6-羟基嘌呤；（8）5-甲基-2,4-二氧嘧啶

2. (1) 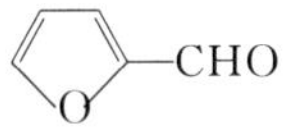 ；(2) 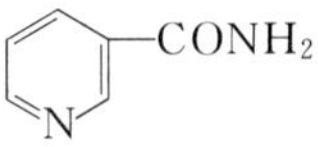 ；(3) 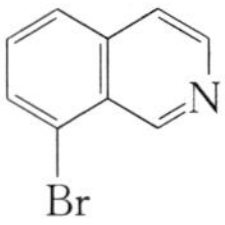 ；(4) 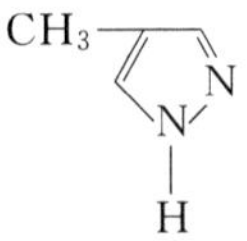 ；

(5) 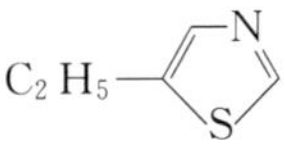 C_2H_5 ；(6) F $COOH$ ；(7) 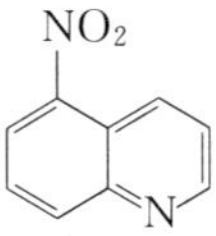 ；(8)

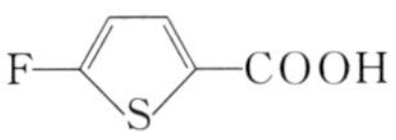

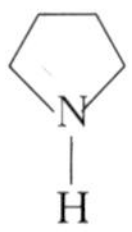

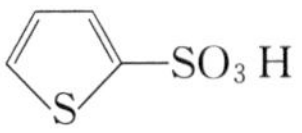

3. (1) 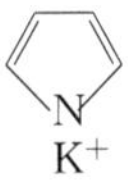 ；(2) SO_3H ；(3) 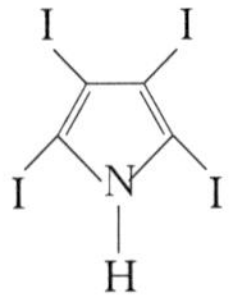 ；(4)  ；

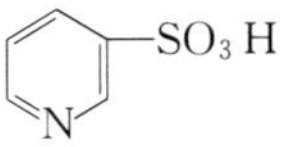

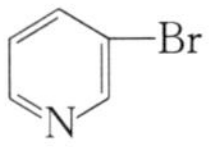

(5) 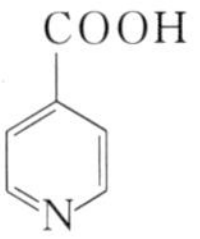 ；(6) SO_3H ；(7) Br ；(8) $COOH$

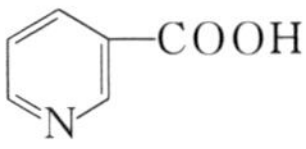

10. 原杂环的结构为：

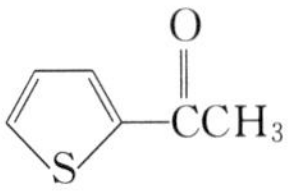

第十二章

1. (1) 9,12-十八碳二烯酸；(2) 9,12,15-十八碳三烯酸；(3) L-甘油-α-软脂酸-β-油酸-α'-硬脂酸酯

2. (1) 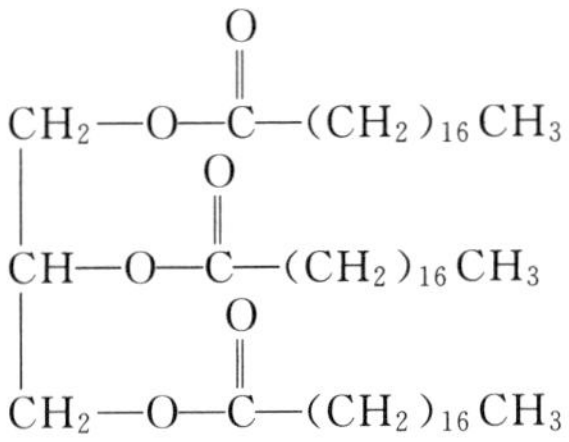 (2)

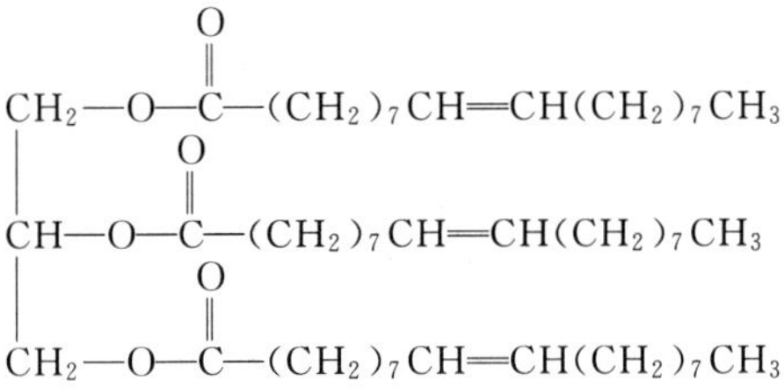

(3) 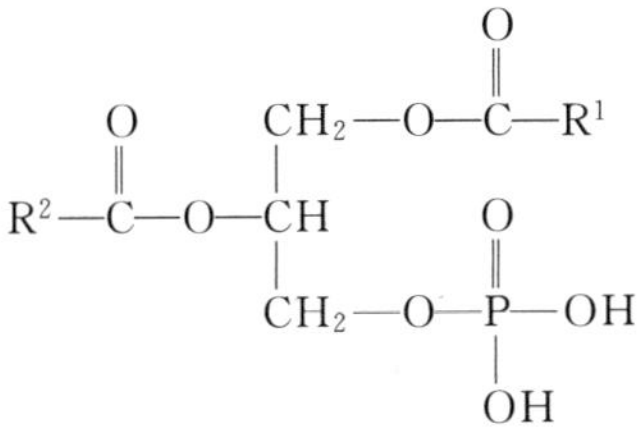 (4)

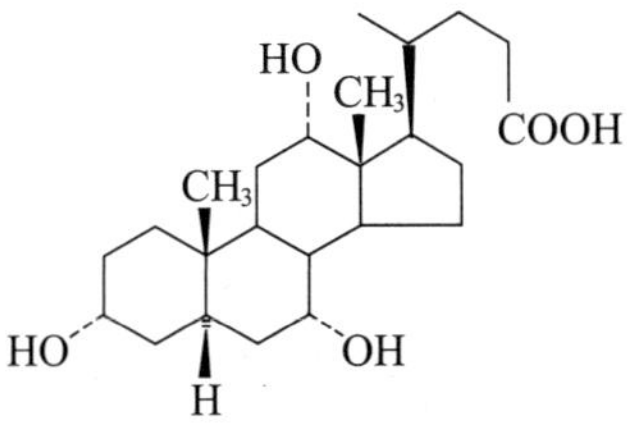

9. 甾族化合物的分子中含有环戊烷并多氢菲基本骨架，在 C10 和 C13 上各连有 1 个甲基，在 C17 上连有 1 个烃基。基本结构式为：

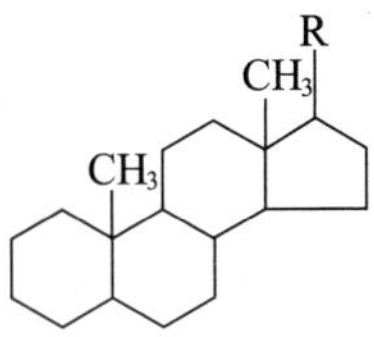

第十三章

1. (1)
$$
\begin{array}{c}
\text{COOH} \\
\text{H}\!-\!\!-\text{OH} \\
\text{H}\!-\!\!-\text{OH} \\
\text{CH}_2\text{OH}
\end{array}
$$
；(2) ；(3) ，；

(4)
$$
\begin{array}{c}
\text{CH}\!=\!\text{N}\!-\!\text{NHPh} \\
\text{C}\!=\!\text{N}\!-\!\text{NHPh} \\
\text{H}\!-\!\!-\text{OH} \\
\text{H}\!-\!\!-\text{OH} \\
\text{CH}_2\text{OH}
\end{array}
$$
；(5) ；

(6)
$$
\begin{array}{c}
\text{CN} \\
\text{H}\!-\!\!-\text{OH} \\
\text{H}\!-\!\!-\text{OH} \\
\text{H}\!-\!\!-\text{OH} \\
\text{CH}_2\text{OH}
\end{array}
\;+\;
\begin{array}{c}
\text{CN} \\
\text{HO}\!-\!\!-\text{H} \\
\text{H}\!-\!\!-\text{OH} \\
\text{H}\!-\!\!-\text{OH} \\
\text{CH}_2\text{OH}
\end{array}
$$
；(7) 旋光性丁四醇

(8) ＋ HCOOH　　(9) 内消旋酒石酸

2. (1)
葡萄糖
果糖　$\xrightarrow[\text{H}_2\text{O}]{\text{Br}_2}$　褪色为葡萄糖
蔗糖　　　　　　　　不褪色者为果糖、蔗糖　$\xrightarrow{\text{Tollens 试剂}}$　有银镜者为果糖
　　　　　　　　　　　　　　　　　　　　　　　　　无银镜者为蔗糖

(2)
D-葡萄糖
D-葡萄糖苷　$\xrightarrow[\text{H}_2\text{O}]{\text{Br}_2}$　褪色者为 D-葡萄糖，反之为 D-葡萄糖苷

3. (1) 解：D-(＋)-葡萄糖的对映体为
$$
\begin{array}{c}
\text{CHO} \\
\text{HO}\!-\!\!-\text{H} \\
\text{H}\!-\!\!-\text{OH} \\
\text{HO}\!-\!\!-\text{H} \\
\text{HO}\!-\!\!-\text{H} \\
\text{CH}_2\text{OH}
\end{array}
$$
［L-(－)-葡萄糖］。α 和 β 的 δ-氧环式 D-(＋)-葡萄

糖不是对映体，因为 α 和 β 的 δ-氧环式 D-(＋)-葡萄糖之间不具有实物与镜像的关系。

α 和 β 的 δ-氧环式 D-(＋)-葡萄糖分子中均含有 5 个手性碳原子，其中有 4 个手性碳的构型相同，只有苷原子的构型不同，所以它们互为差向异构体或异头物。

(2) 答：糖苷是稳定的缩醛结构，不能形成氧环式和开链式的动态平衡，因而不能通过开链式发生差向异构化和逆羟醛缩合反应。所以，糖苷既不与 Fehling 试剂作用，也不与 Tollens 试剂作用。

(3) 答：两个含有多个手性碳原子的手性分子中，构造相同，只有一个手性碳的构型不同，而其他手性碳的构型均相同时，这两个旋光异构体互为差向异构体；两个末端手性碳的构型不同的差向异构体互为异头物。

(4) 答：因为酮糖可以在碱性介质中发生差向异构化反应及逆羟醛缩合反应，使原来的酮糖转化为醛糖，达到动态平衡，从而使原来的酮糖被氧化；而溴水不是碱性介质，不能使酮糖发生差向异构及逆羟醛缩合反应，所以溴水不能氧化酮糖。

（5）

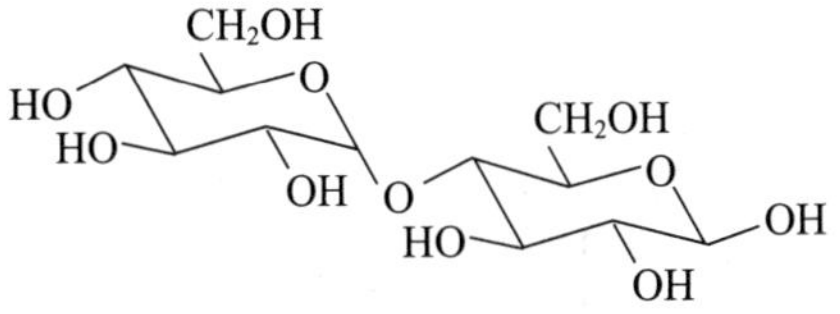

4.（1）

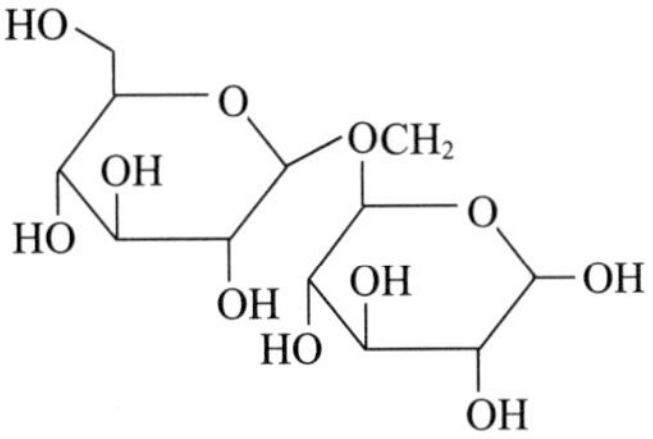

（2）A 的结构式为：

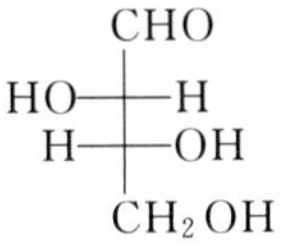

$$
\begin{array}{c}\text{CHO}\\\text{HO——H}\\\text{H——OH}\\\text{CH}_2\text{OH}\end{array}
\quad\text{或}\quad
\begin{array}{c}\text{CHO}\\\text{H——OH}\\\text{HO——H}\\\text{CH}_2\text{OH}\end{array}
\quad;
$$

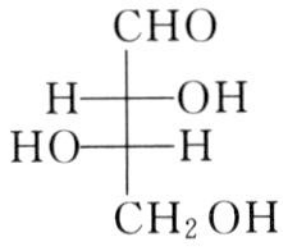

B 的结构式为：

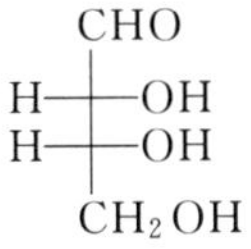

$$
\begin{array}{c}\text{CHO}\\\text{H——OH}\\\text{H——OH}\\\text{CH}_2\text{OH}\end{array}
\quad\text{或}\quad
\begin{array}{c}\text{CHO}\\\text{HO——H}\\\text{HO——H}\\\text{CH}_2\text{OH}\end{array}
$$

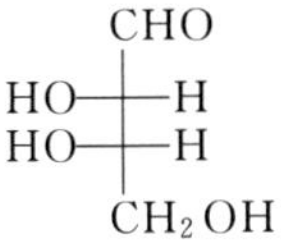

（3）

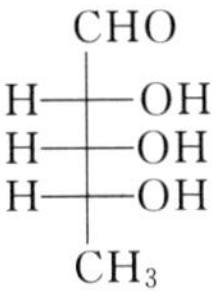

A 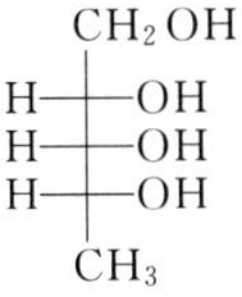   B 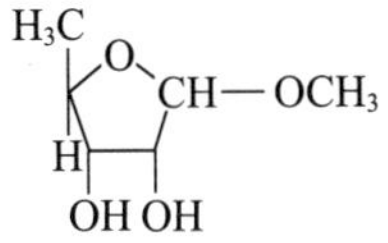   C 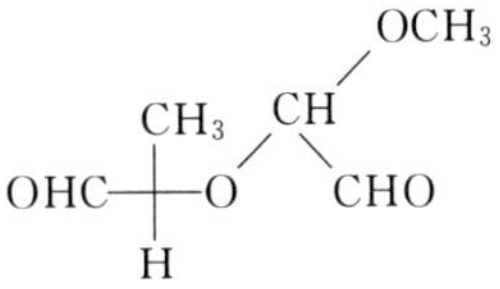   D

（4）①戊糖与苯肼反应生成脎，说明有羰基存在；②戊糖与 $NaBH_4$ 反应生成 $C_5H_{12}O_4$，说明是一个手性分子；③$C_5H_{12}O_4$ 与乙酐反应得四乙酸酯说明是四元醇（有一个碳原子上不连有羟基）；④$C_5H_{10}O_4$ 与 CH_3OH、HCl 反应得糖苷 $C_6H_{12}O_4$，说明有一个半缩醛羟基与之反应。糖苷被 HIO_4 氧化得 $C_6H_{10}O_4$，碳数不变，只氧化断链，说明糖苷中只有两个相邻的羟基，为环状化合物，水解得乙二醛和 D-乳醛，说明甲基在分子末端，氧环式是呋喃型。递推反应如下：

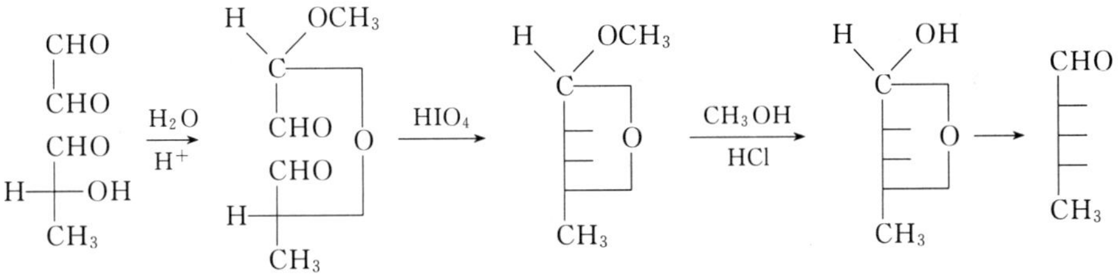

$C_5H_{10}O_4$ 可能的结构式为：

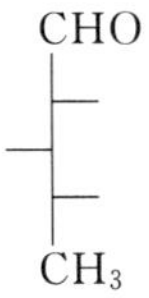

第十四章

1. (1) 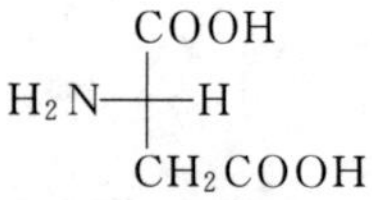 H$_2$N—CH(COOH)—CH$_2$COOH   (2) H$_2$N—CH(COOH)—CH$_2$SH   (3) H$_2$N—/CH$_3$—CH(COOH)—C$_2$H$_5$

S-天冬氨酸   S-半胱氨酸   (2S,3S)-异亮氨酸

2. (1) a.

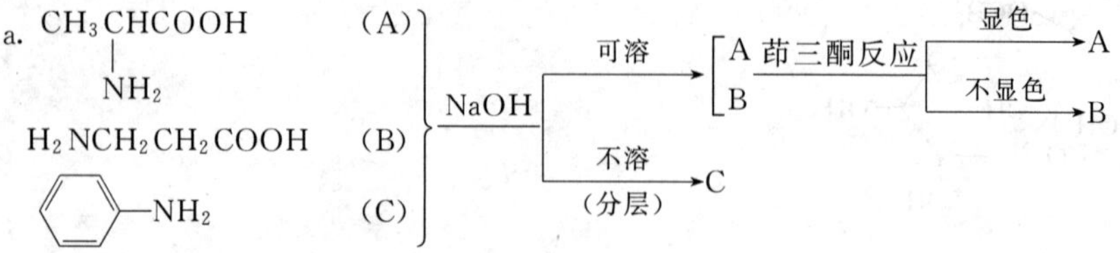

CH$_3$CHCOOH（A）／NH$_2$
H$_2$NCH$_2$CH$_2$COOH（B）
（苯基）—NH$_2$（C）

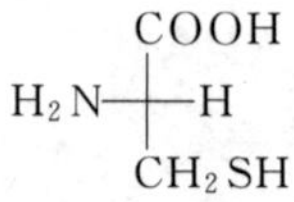

⎫
⎬
⎭ NaOH →

可溶 → [A B] 茚三酮反应 → 显色→A ／ 不显色→B

不溶（分层）→C

b.

苏氨酸 H$_3$CCH—CHCOOH ／ OH NH$_2$

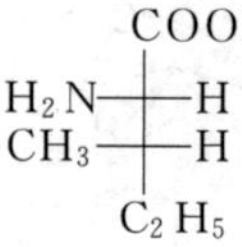

丝氨酸 HOCH$_2$CHCOOH ／ NH$_2$

⎫
⎬
⎭ I$_2$/NaOH → [CHI$_3$↓ 无变化]

c.

乳酸 H$_3$CCHCOOH ／ OH

丙氨酸 H$_3$CCHCOOH ／ NH$_2$

⎫
⎬
⎭ 茚三酮 △ → [不显色 显色]

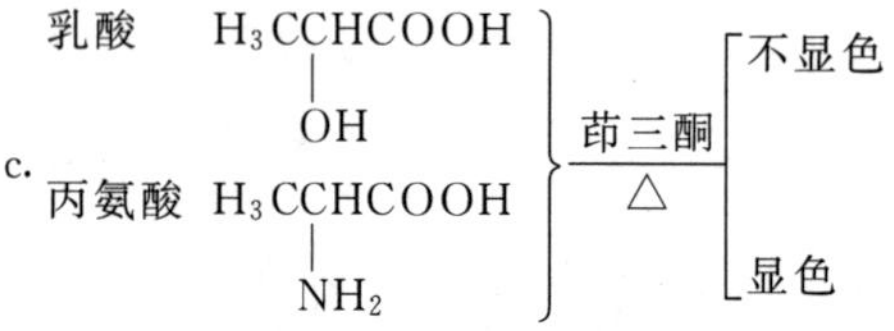

(2) a、b —水合茚三酮→ 有蓝紫色者为 b，未变色的为 a

3. (1) 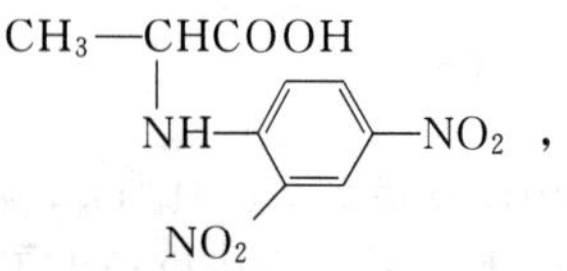 CH$_3$—CHCOOH ／ NH—(2,4-二硝基苯基) ，CH$_3$CHCCl ／ O／NH—(2,4-二硝基苯基) ；(2) CH$_3$—CHCOOH ／ NHCOCH$_2$Ph ／ O ；

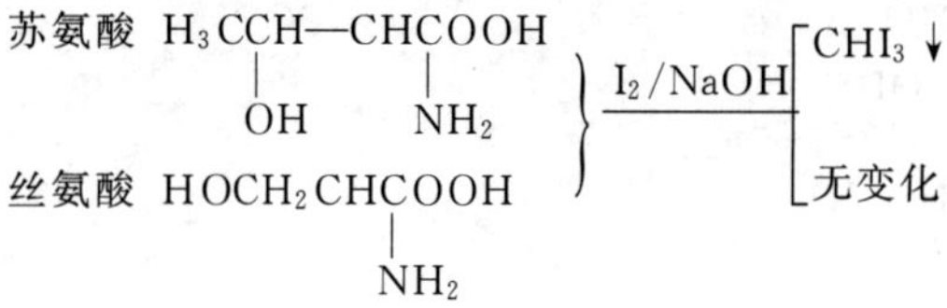

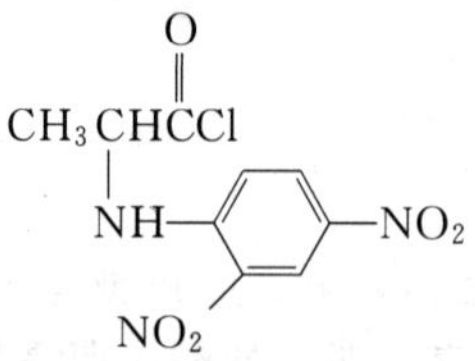

(3) CH$_3$—CHCOOH ／ NH$_2$ ，CH$_2$COOH ／ H$_2$N ，CH$_2$COOH ／ NH$_2$ ；

(4) CH$_3$—CHCOCCH$_3$ ／ O O ／ NHCCH$_3$ ／ O ，(CH$_3$、S、NH、CH$_3$、O 咪唑环结构) ;

4. (1) CH$_3$CH=CH$_2$ —HBr→ CH$_3$CHCH$_3$ ／ Br —CH$_2$(COOEt)$_2$／Na$_2$OC$_2$H$_5$→ CH$_3$—CH—CH—COOEt ／ CH$_3$ COOEt —①OH⁻, H$_2$O／②H⁺, △→

CH$_3$、CH$_3$—CH—CH$_2$COOH —P／Cl$_2$→ CH$_3$、CH$_3$—CH—CHCOOH ／ Br —大量NH$_3$→ CH$_3$、CH$_3$—CH—CHCOOH ／ NH$_2$

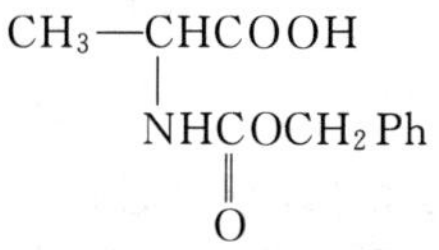

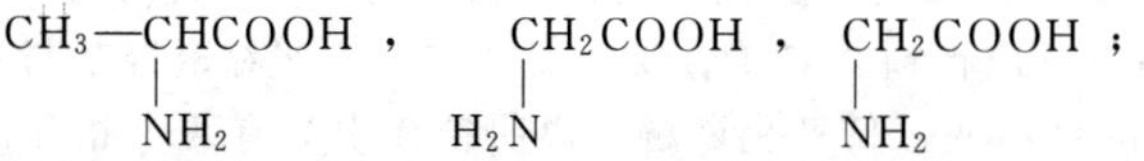

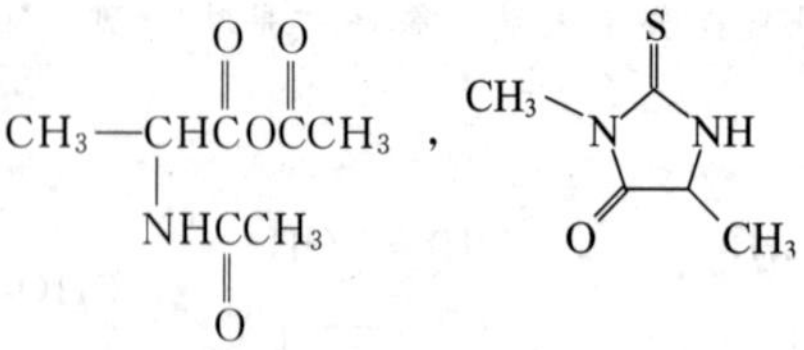

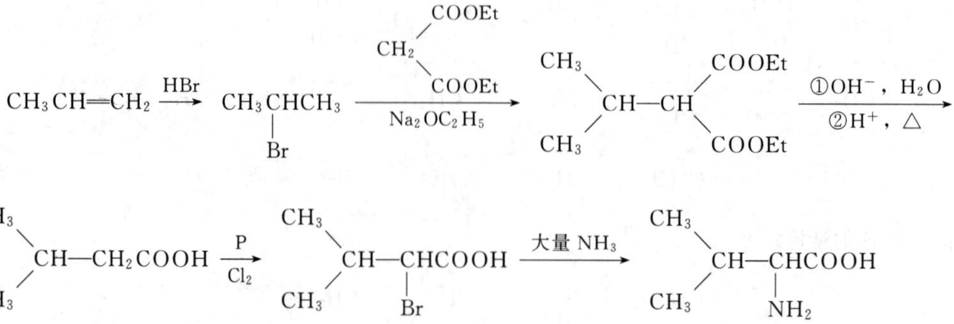

(2) $CH_2\!=\!CHCOOH$ $\xrightarrow[NaOC_2H_5]{}$

$\xrightarrow[②H^+,\ \triangle]{①OH^-,\ H_2O}$ $HOOCCH_2CH_2CHCOOH$ 下标 NH_2

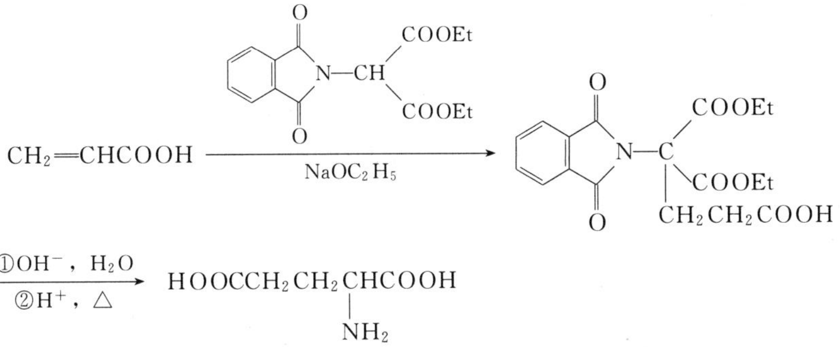

(3) 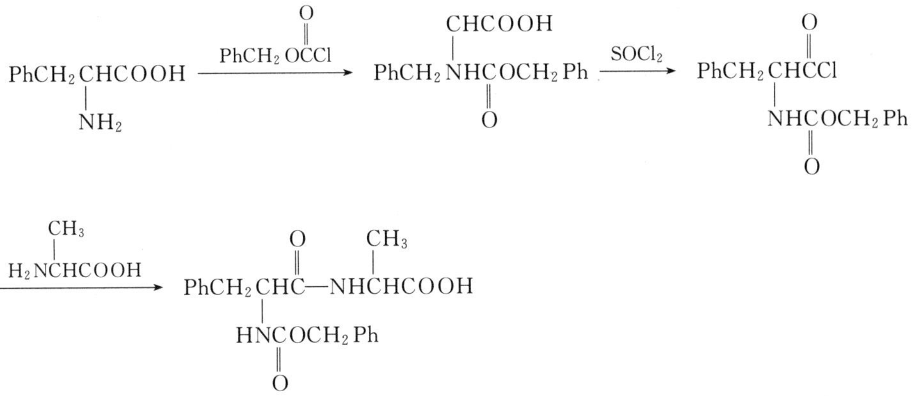 $PhCH_2CHCOOH$ （下 NH_2） $\xrightarrow{PhCH_2OCCl}$ $PhCH_2NHCOCH_2Ph$ （上 CHCOOH，下 O） $\xrightarrow{SOCl_2}$ $PhCH_2CHCCl$ （上 O，下 NHCOCH_2Ph，O）

$\xrightarrow{H_2NCHCOOH\ (CH_3)}$ $PhCH_2CHC\!-\!NHCHCOOH$ （O, CH_3, HNCOCH_2Ph, O）

5. 答：因为在水（pH＝7）中氨基酸中的羧基电离程度大于氨基，因此必须加入一定量的酸抑制羧基的电离，才能使两者的电离程度相等。所以氨基酸既具有酸性又具有碱性，但等电点都不等于 7，即使含一氨基一羧基的氨基酸，其等电点也不等于 7。

6. 甘、丙、亮 $CH_2\!-\!C\!-\!NHCH\!-\!C\!-\!NH\!-\!CH\!-\!C\!-\!OH$ （O, O, O 上; NH_2, CH_3, $CH_2CH(CH_3)_2$ 下）

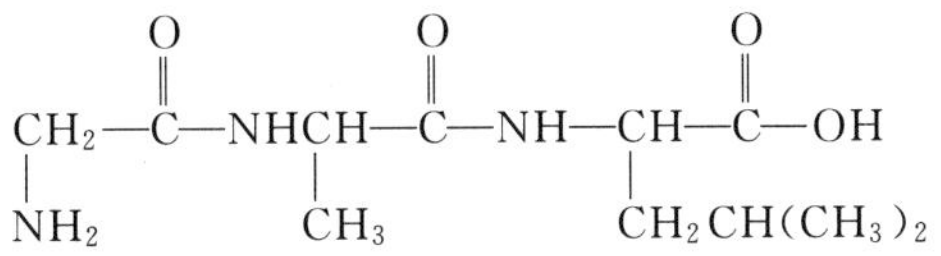

第十五章

2. (1)、(3)、(4) 是磁等价质子；(2) 不是磁等价质子

3. (1) 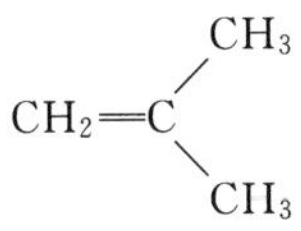 $CH_2\!=\!C$ （上 CH_3，下 CH_3）; (2) $CH_3CHCHCHCH_3$ （OHOH）; (3) $CH_3\!-\!\langle\ \rangle\!-\!CH_3$

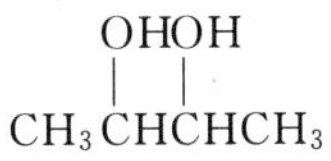

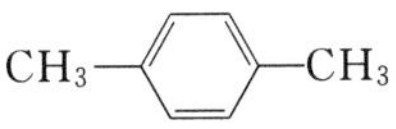

4. (1) 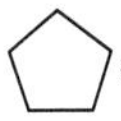 $\pentagon$; (2) CH_3OCH_3; (3) $CH_3\!-\!C\!\equiv\!C\!-\!CH_3$; (4) $ClCH_2CH_2Cl$; (5) $\square$;

(6) 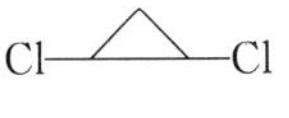 $Cl\!-\!\triangle\!-\!Cl$; (7) $\hexagon$

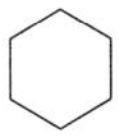

6. 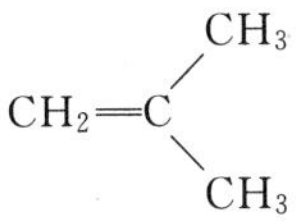 $CH_2\!=\!C$ （上 CH_3，下 CH_3）   7. $CH_3CH_2\!-\!C\!\equiv\!C\!-\!CH_2CH_3$ 8. CH_3CHCl_2

9. $ClCH_2CH_2CH_2Cl$ 10. 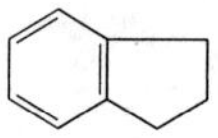   11. 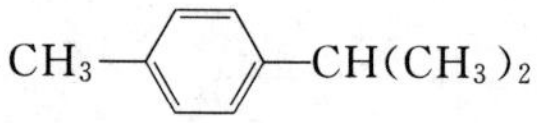 CH_3—⬡—$CH(CH_3)_2$

12. (1) $CH_2{=}CH_2$

$\lambda_{max}(1){=}171nm(\varepsilon{=}15530)$,

(2) 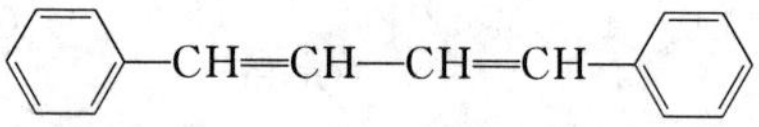 ⬡—$CH{=}CH{-}CH{=}CH$—⬡

$\lambda_{max}(4){=}334nm(\varepsilon{=}40000)$

(3) 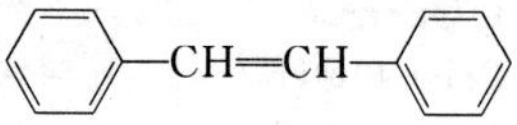 ⬡—$CH{=}CH$—⬡

$\lambda_{max}(3){=}295.1nm(\varepsilon{=}27000)$

(4) $CH_2{=}CH{-}CH{=}CH{-}CH{=}CH_2$

$\lambda_{max}(2){=}258nm(\varepsilon{=}35000)$

13. (1) 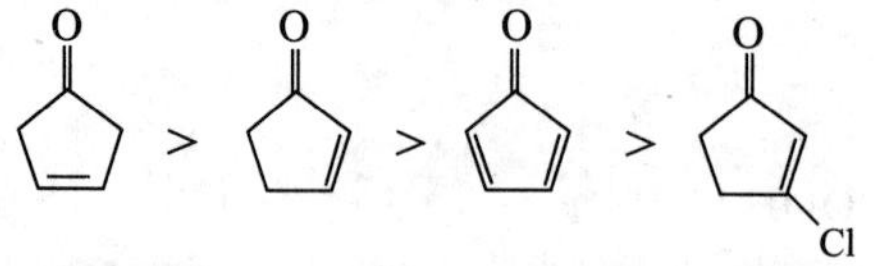 > > >

(2) $CH_2{=}CH{-}CH_2{-}CH{=}CH{-}CH_2{-}CH{=}CH_2{>}CH_2{=}CH{-}CH{=}CH{-}CH_2{-}CH_2{-}CH{=}CH_2{>}$
$CH_2{=}CH{-}CH{=}CH{-}CH{=}CH{-}CH_2CH_3{>}CH_2{=}CH{-}CH{=}CH{-}CH{=}CH{-}NH_2$

参考文献

(References)

[1] 马军营，郭进武．有机化学［M］．北京：化学工业出版社．2011.

[2] 刑其毅，裴伟伟，徐瑞秋，裴坚．基础有机化学（第 3 版）（上、下）［M］．北京：高等教育出版社．2005.

[3] 裴伟伟．基础有机化学习题解析［M］．北京：高等教育出版社．2006.

[4] ［美］史密斯，马奇著，李艳梅译．高等有机化学：反应、机理与结构（原著第 5 版修订）［M］．北京：化学工业出版社．2010.

[5] 韦德．有机化学（第 6 版）（改编版）［M］．北京：高等教育出版社．2009.04

[6] ［美］David J. Hart，Christopher M. Hadad，Leslie E. Craine，Harold Hart．有机化学（原著第 13 版）．［M］．北京：化学工业出版社．2013.

[7] 王彦广，吕萍，傅春玲等．有机化学（第 3 版）［M］．北京：化学工业出版社．2015.

[8] 龚跃法．有机化学［M］．武汉：华中科技大学出版社．2012.

[9] 徐寿昌．有机化学（第 2 版）［M］．北京：高等教育出版社．1993.

[10] 朱红军，王兴涌．有机化学（中文版）［M］．北京：化学工业出版社．2011.

[11] 朱红军，王兴涌．有机化学（英文版）［M］．北京：化学工业出版社．2011.

[12] 吕以仙，有机化学（第 7 版）［M］．北京：人民卫生出版社．2008.

[13] 胡春．有机化学［M］．北京：高等教育出版社．2013.

[14] 陈琳，杨小钢．有机化学［M］．北京：人民军医出版社．2013.

[15] 陆阳，刘俊义．有机化学（第 8 版）［M］．北京：人民卫生出版社．2013.

[16] 杨红．有机化学（第 3 版）［M］．北京：中国农业出版社．2015.

[17] 孔祥文．有机化学［M］．北京：化学工业出版社．2010.

[18] 杨建奎，张薇．有机化学［M］．北京：化学工业出版社．2015.

[19] 付建龙，李红，有机化学［M］．北京：化学工业出版社．2009.

[20] 荣国斌，秦川，大学基础有机化学［M］．北京：化学工业出版社．2011.

[21] 倪沛洲．有机化学（第 6 版）［M］．北京：人民卫生出版社．2010.

[22] 张文勤，郑燕，马宁，赵温特．有机化学（第 5 版）［M］．北京：高等教育出版社．2014.